3.3 还原真实色彩

3.5 照片去色

3.2 使灰暗的照片变亮

3.7 校正阴影和高光

3.8 变色球

3.12 调整照片的色温

3.11 匹配两个图像颜色

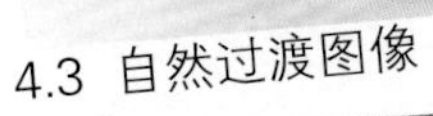

4.3 自然过渡图像

4.3 简单制作色调美女

7.11 雪花飘飘

7.12 花儿如何更娇艳

7.2 适当提高色彩饱和度

6.2 处理照片中杂乱的背景

7.14 用“可选颜色”精调色彩

7.15 黑白世界中的一点红

9.7 增加照片的局部光源

7.6 调整照片的白平衡错误

9.9 提亮照片的局部

10.4 增强夜景照片的霓虹灯光效果

10.5 调整夜景照片灯光的颜色

10.6 修正曝光不足的夜景照片

10.7 修正夜景照片中杂乱的灯光

12.1 红色的恋曲

12.2 绿色的浪漫

13.2 宝宝照之浪漫童直

12.7 优雅古装

13.4 宝宝照之童趣涂鸦

14.2 水彩画效果

14.6 制作油画效果

14.9 制作国画效果

14.10 淡彩钢笔画效果

15.6 制作非主流写真照片

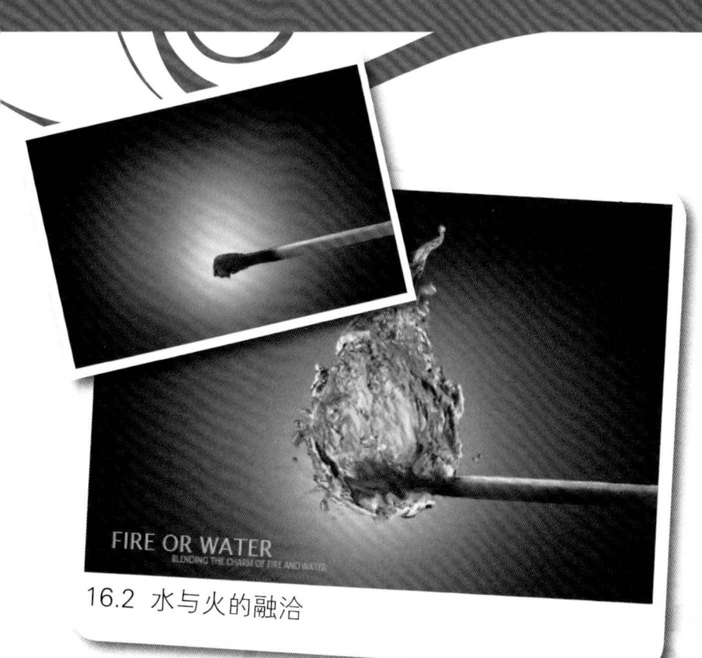

16.2 水与火的融洽

16.3 勇敢的心

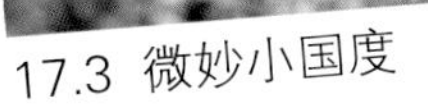
17.3 微妙小国度

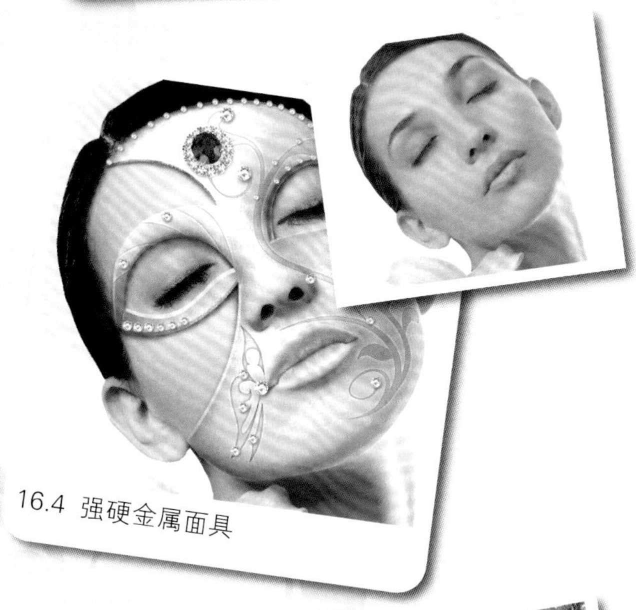
16.4 强硬金属面具

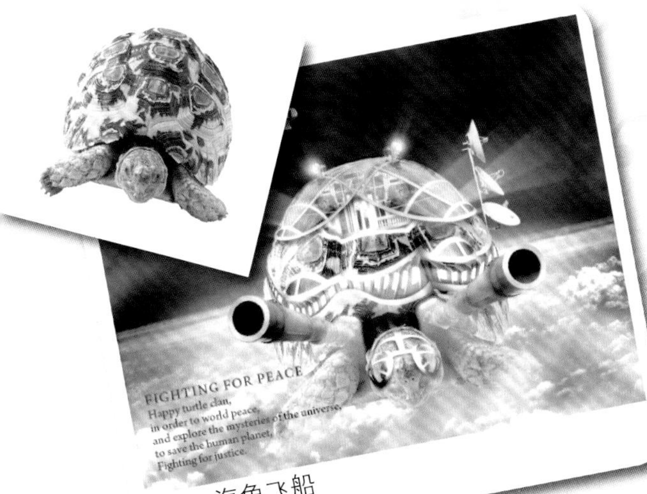

18.3 海龟飞船

19.1 幻象森林

18.2 帽子下的脸

19.3 人与自然

19.2 梦幻国度

20.2 单色艺术写真

20.3 绚丽艺术写真

# 悟透 Photoshop CS5 数码照片处理完全自学手册

许基海 张倩 谷玉兰 编著

電子工業出版社
Publishing House of Electronics Industry
北京•BEIJING

# 内容简介

本书内容丰富多彩，不仅覆盖了Photoshop CS5所有的基础、重点及难点知识，而且根据当今时代的流行趋势，主要讲解通过Photoshop CS5对数码照片进行处理、美化和设计的技巧。

本书的案例都经过精挑细选，并且通过笔者深思熟虑，为初学者量身设计和规划了一套学习方案，内容从易到难、由浅入深，不仅全面介绍了软件的使用技法，而且还包括更多数码照片常见的疑难问题处理、相关的设计知识等。全书分为4篇，总共有20章，由120多个案例组成，每个案例中融合了各种简便方法、有效快速调整照片的专业高级技巧等。丰富的内容、精致的案例，将Photoshop CS5独具的艺术创造魅力展露得淋漓尽致。

随书附带的光盘中收录了本书中所有实例的素材、源文件。

本书内容讲求理论与实践并重，因此不仅适合没有任何基础的初级读者，也适合有一定基础，并希望进行深入学习的中级读者，还可作为大、中专院校及相关培训班的理想教材。



图书在版编目（CIP）数据

悟透Photoshop CS5 数码照片处理完全自学手册/许基海，张倩，谷玉兰编著. -- 北京 : 电子工业出版社,2010.12
ISBN 978-7-121-11905-7

Ⅰ. ①悟… Ⅱ. ①许… ②张… ③谷… Ⅲ. ①图形软件，Photoshop CS5 Ⅳ. ①TP391.41

中国版本图书馆CIP数据核字（2010）第188519号

策划编辑：林瑞和
责任编辑：许　艳
印　　刷：
装　　订：北京画中画印刷有限公司
出版发行：电子工业出版社
　　　　　北京市海淀区万寿路173信箱　　邮编：100036
开　　本：850×1168　1/16　印张：31.5　字数：947.5千字　彩插：4
印　　次：2010年12月第1次印刷
印　　数：4 000 册　定价：89.00 元　（含DVD光盘2张）

凡所购买电子工业出版社图书有缺损问题，请向购买书店调换。若书店售缺，请与本社发行部联系，联系及邮购电话：（010）88254888。

质量投诉请发邮件至zlts@phei.com.cn，盗版侵权举报请发邮件至dbqq@phei.com.cn。

服务热线：（010）88258888。

# 前 言

随着电脑技术的飞速发展、数码相机的日益普及，数码照片已经走进千家万户。数码照片不仅可以作为生活的记忆永久保存，我们还可以对数码照片进行编辑和美化，也就是数码照片的后期处理。在当今时代，相信大家都已经接触到许多数码照片后期处理的作品，比如说个性化的个人网页照片、绚丽多彩的个人电子相册、具有视觉冲击力的网络广告、创意的户外广告、震撼的电影海报等。而在图形图像的后期处理领域中，Photoshop软件相较于其他同类软件，更能体现出其强大的图像处理功能。在形形色色的图像处理软件世界中，它的存在是令人瞠目结舌的，它是同类软件中的佼佼者，并有着不可逾越的稳固地位。Photoshop在应用领域不断地强化和扩大其自身的创造功能，所以在平面设计、广告设计、网页设计、工业造型方面深受用户的青睐。

对于一些正想跨入这些领域的朋友，也许非常迫切地需要一本既能手把手带领他们步入图像处理的大门，又能为他们抛砖引玉，引导他们创作出优秀作品的好书，使他们在竞争激烈的社会中有一技之长。而本书正是在这样的前提下孕育而生的。

## 本书特点

本书内容丰富多彩，不仅覆盖了Photoshop CS5所有的基础、重点及难点知识，而且根据当今时代的流行趋势，主要讲解通过Photoshop CS5对数码照片进行处理、美化和设计的技巧。基础部分的学习是初学者入门的关键，所以在基础部分配以小案例帮助读者理解基础知识，还精心为读者安排了多个精品实例章节，详细展示了从打开文件到导入素材，再到最终完成实例操作的详细步骤，手把手式的教学方式，让读者更直观地了解数码照片的处理方法。还对每个案例进行 “案例点评”、“前后效果对比”等，读者可以更加了解数码照片处理的理论知识，以及设计过程中的思维和方法。在实例讲解的过程中合理地穿插“提示”、“注意”、“技巧”等栏目，对操作中需要拓展、开发思维的地方进行说明，让读者学到更多实用的操作技巧。为了便于读者课后练习，随书附带的光盘中收录了本书中所有实例的素材、源文件。

## 内容提要

本书的案例都经过精挑细选，并且通过深思熟虑，为初学者量身设计和规划了一套学习方案，内容从易到难、由浅入深，不仅全面介绍了软件的使用技法，而且还包括更多数码照片常见的疑难问题处理、相关的设计知识等。全书总共有20章，分为4篇，由120多个案例组成，每个案例中融合了各种简便方法、有效快速调整照片的专业高级技巧等。丰富的内容、精致的案例，将Photoshop CS5独具的艺术创造魅力展露得淋漓尽致。

第1篇：针对数码照片处理必备知识进行讲解，也作为本书的基础篇。由第1~4章组成，包括数码基础知识，了解修图工具Photoshop CS5，数码照片调色基础，图层、通道及蒙版的使用等。本部分从易到难、由浅入深地讲解了Photoshop CS5的基础知识，主要目的是带领读者轻松地一步步迈进图像处理的领域。

第2篇：针对日常图片精妙处理进行讲解，作为技巧篇。由第5~11章组成，包括人物面部美容、挽救拍摄不当的照片、五彩斑斓的色彩修饰、弥补相机自身的缺陷、消除光影的影响、室内与夜景照片的缺陷、修理受损的照片等。本部分直接列举了许多常见的数码照片问题，分别讲解了精妙的处理方法和修正技巧，将读者头脑中含糊不清的概念明朗化，让理论付诸于实践，学习的过程不再纸上谈兵。

第3篇：针对写真照片的艺术化修饰进行讲解，作为影楼篇。由第12~15章组成，包括装点婚纱照、装饰儿童照、照片特效、流行时尚照等。本部分在讲解时尽可能做到全面、细致、清晰，更加注重技术与艺术的完美结合，展示了设计者在创作中的大量经验和独家秘技，对数码照片的处理有一个更新的认识和深入的了解。

第4篇：针对以假乱真的修图、改图技术进行讲解，作为本书的高级篇。由第16~20章组成，包括灵感最重要、超现实的世界、奇异图片缝合、意——修图之美、极——绚丽写真等。本部分包含极具技术含量和艺术价值的精彩案例，为读者介绍目前最流行和最高端的数码照片处理技法，不仅可以让前面学到的专业知识得到综合实践，还可以学到更多非常有用的设计、绘画的知识，将读者带入一个创作、求新的领域，在短时间内掌握点石成金的照片处理秘技。

## 适用范围

本书内容讲求理论与实践并重，因此不仅适合没有任何基础的初级读者，也适合有一定基础，并希望进行深入学习的中级读者，还可作为大、中专院校及相关培训班的理想教材。

## 特别申明

本书的编著来源于团队的努力，除封面署名作者以外，还有曹旭、向小平、唐晓锋三位老师参与了本书的创作。

本书创作时间充足，但由于作者的水平有限，难免存在不足之处，欢迎广大读者朋友来函批评指正。

本书光盘中的素材图片、源文件允许购买者进行练习使用，不得用于销售、网络资源共享或任何商业用途。

编 著 者

# 目　录

## 第1篇　基础篇

### 第1章　了解数码基础知识

1.1　数码相机的选购及使用……3
　1.1.1　数码相机的选择……3
　1.1.2　数码相机的使用……5
　1.1.3　数码相机的保养……10
1.2　数码照片的管理……12
　1.2.1　数码照片的存储……12
　1.2.2　数码照片的分类……12
1.3　扫描图片……14
　1.3.1　扫描仪的基础知识……14
　1.3.2　选择合理分辨率……16


### 第2章　了解修图工具Photoshop CS5

2.1　操作界面……19
2.2　使用调板……19
　2.2.1　拆分与组合调板……19
　2.2.2　存储和选择工作区……20
　2.2.3　文件操作……20
　2.2.4　新建文件……20
　2.2.5　保存文件……21
　2.2.6　打开文件……22
　2.2.7　使用Bridge打开文件……22
　2.2.8　颜色模式的转换……24
　2.2.9　窗口的应用……24
　2.2.10　修改画布大小……24
　2.2.11　旋转图像……25
　2.2.12　复制文件……26
2.3　使用“存储为Web或设备所用格式”功能……26

# 第3章 数码照片调色基础

3.1 颜色的理论……29
3.1.1 三基色……29
3.1.2 互补色、邻近色和同类色……29
3.2 从直方图到色阶……30
3.2.1 直方图……30
3.2.2 色阶……31
3.3 使用曲线调整色调……33
3.3.1 综合通道曲线……33
3.3.2 单独通道曲线……34
3.4 让图像变化多彩——色相/饱和度……35
3.5 照片去色和负片效果……38
3.5.1 去色……38
3.5.2 负片效果……39
3.6 调整阴影/高光……39
3.7 变化……41
3.8 色彩平衡……42
3.9 替换颜色……44
3.10 统一多幅图像的色调……45
3.11 照片滤镜……47

# 第4章 图层、通道、蒙版的使用

4.1 图层之妙……49
4.1.1 正片叠底轻松换背景……50
4.1.2 邮票效果……53
4.1.3 百叶窗效果……57
4.2 活用通道……59
4.2.1 通道的分类……59
4.2.2 通道的作用……60
4.2.3 通道调板……60
4.2.4 在通道中抠出发丝……60
4.2.5 使用"通道混合器"创建灰度图像……63
4.3 巧用蒙版……64
4.3.1 图层蒙版……64
4.3.2 矢量蒙版……65
4.3.3 快速蒙版……66
4.3.4 剪贴蒙版……67
4.3.5 简单制作色调美女……67
4.3.6 自然过渡图像……69

# 第2篇 技巧篇

## 第5章 人物面部美容

5.1 去除面部的斑点……73
5.2 去除脸部的皱纹……74
5.3 去除面部油光……76
5.4 脸部整形……77
5.5 去除眼袋……78
5.6 消除人物的红眼……80
5.7 美白牙齿……81
5.8 涂唇彩……83
5.9 皮肤美白……85
5.10 增加酒窝……88
5.11 染发……89
5.12 明星级美容……90

## 第6章 挽救拍摄不当的照片

6.1 不留痕迹去除多余人物……95
6.2 处理照片中杂乱的背景……96
6.3 消除因抖动造成模糊的照片……98
6.4 去除拍摄投影……99
6.5 去除遮挡镜头的物体……101
6.6 清晰动态拍摄下的模糊人物……102
6.7 修正闭眼的照片……106
6.8 添加合影人……107
6.9 合影变为单人照……111

## 第7章 五彩斑斓的色彩修饰

7.1 色阶、对比度、颜色的自动调整……116
7.2 适当提高色彩饱和度……118
7.3 用色阶调整灰调照片……119
7.4 调整照片的曝光不足……120
7.5 校正照片的偏色……121
7.6 调整照片的白平衡错误……122
7.7 调整照片的光影……124
7.8 调整阴天、雨天、雾天照片……126
7.9 晨雾效果……127
7.10 雨中情怀……129
7.11 雪花飘飘……131
7.12 花儿如何更娇艳……132
7.13 让照片色彩更有味道……133
7.14 用“可选颜色”精调色彩……134
7.15 黑白世界中的一点红……136


## 第8章 弥补相机自身的缺陷

8.1 去除照片的噪点……139
8.2 制作照片的微距效果……141
8.3 制作照片的景深效果……143
8.4 突出人物的五官……144
8.5 突出风景照片中景物的质感……147
8.6 合成广角全景照片……149

## 第9章 消除光影的影响

9.1 去除人物眼镜上的反光 ······152
9.2 修正局部过亮的照片 ······153
9.3 修复侧光造成的人物脸部阴影 ······156
9.4 修正曝光不足的照片 ······159
9.5 修正曝光过度的照片 ······160
9.6 去除照片中的光斑 ······163
9.7 增加照片的局部光源 ······167
9.8 突出照片的光影 ······169
9.9 提亮照片的局部 ······173


## 第10章 室内与夜景照片的缺陷

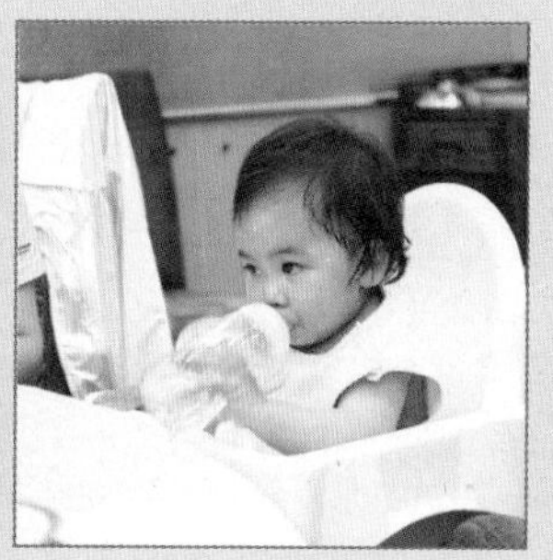

10.1 调整白炽灯下偏暖色调的照片 ······176
10.2 修正闪光灯造成的人物过亮 ······177
10.3 调整背光照片的暗部 ······179
10.4 增强夜景照片的霓虹灯光效果 ······180
10.5 调整夜景照片灯光的颜色 ······181
10.6 修正曝光不足的夜景照片 ······182
10.7 修正夜景照片中杂乱的灯光 ······183


## 第11章 修复受损的照片

11.1 处理老照片网纹……188
11.2 旧照翻新……189
11.3 修复褪色的照片……191
11.4 黑白照变为彩色照……193
11.5 修复照片上的划痕……197
11.6 修复照片上的污点……198
11.7 修补缺失的照片……199

# 第3篇 影楼篇

## 第12章 装点婚纱照

12.1 红色的恋曲……203
12.2 绿色的浪漫……210
12.3 蓝色经典……215
12.4 怀旧的感觉……219
12.5 花样的女子……225
12.6 画卷之美……231
12.7 优雅古装……238
12.8 海报主题……243

## 第13章 装饰儿童照

13.1 宝宝照之时尚台历设计……250
13.2 宝宝照之浪漫童直……254
13.3 宝宝照之生肖星座……262
13.4 宝宝照之童趣涂鸦……270
13.5 特色宝宝照片……278

## 第14章 照片特效

14.1 铅笔素描的效果……287
14.2 水彩画效果……288
14.3 铜版雕刻般的版画效果……292
14.4 陈旧、褪色的老照片效果……295
14.5 陈旧的电影胶片效果……297
14.6 制作油画效果……302
14.7 制作百叶窗效果……304
14.8 制作拼图效果……305
14.9 制作国画效果……308
14.10 淡彩钢笔画效果……310


## 第15章 流行时尚照

15.1 制作自己的个性QQ头像……315
15.2 制作自己的个性博客头像……317
15.3 制作个性化名片……321
15.4 制作大头贴……329
15.5 制作Cosplay效果……335
15.6 制作非主流写真照片……340
15.7 冷酷刚猛的男性纹身……342
15.8 性感孤傲的女子纹身……346
15.9 制作杂志封面明星照……347

# 第4篇 高级篇

## 第16章 灵感最重要

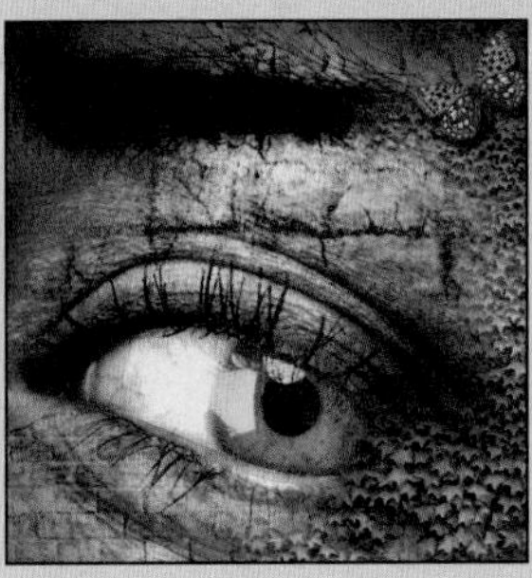
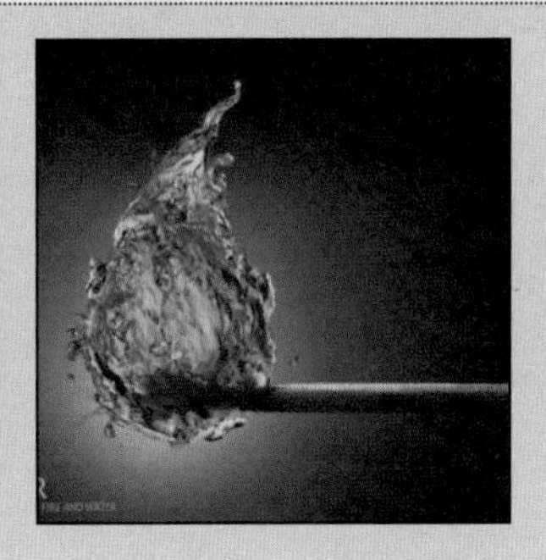
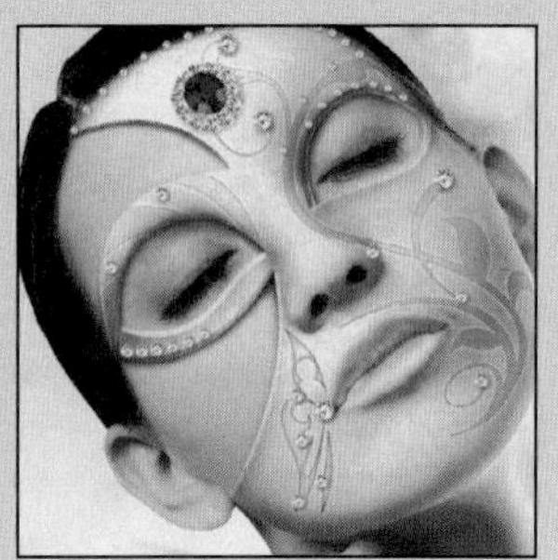


16.1 石壁之眸……354

16.2 水与火的融洽……358

16.3 勇敢的心……367

16.4 强硬金属面具……380


## 第17章 超现实的世界

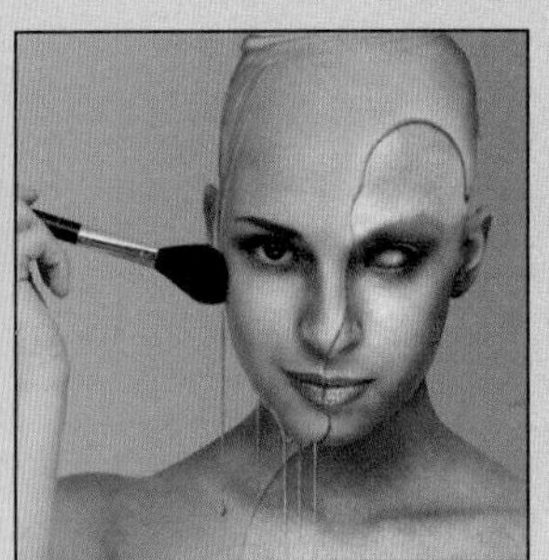

17.1 爱人是个精灵……394

17.2 终结者5……408

17.3 微妙小国度……416


## 第18章 奇异图片缝合

18.1 猫与狗……425

18.2 帽子下的脸……426

18.3 海龟飞船……428

# 第19章 意——修图之美

19.1 幻象森林······447

19.2 梦幻国度······453

19.3 人与自然······460


# 第20章 极——绚丽写真

20.1 梦幻写真······467

20.2 单色艺术写真······473

20.3 绚丽艺术写真······479

20.4 个性艺术写真······484

每一段路都是一段
领悟。
珍珠再夺目
留不住心头热呼呼
真心的鼓舞
能温暖一生的旅途 每一段路
难免荆棘密布 把坚持牢牢握住 不怕艰难险阻

# 第1篇 基础篇

针对数码照片处理必备知识进行讲解，由第1~4章组成，包括数码基础知识，了解修图工具Photoshop CS5，数码照片调色基础，图层、通道及蒙版的使用等。本部分从易到难、由浅入深地讲解了Photoshop CS5中的基础知识，主要目的是带领读者轻松地一步步迈进图像处理的领域。


- 第1章 了解数码基础知识
- 第2章 了解修图工具Photoshop CS5
- 第3章 数码照片调色基础
- 第4章 图层、通道、蒙版的使用

# 第1章 了解数码基础知识

数码相机是传入数字图像的主要设备之一，也是摄影师或者摄影爱好者手中必不可少的利器。摄影不但是一种将美丽瞬间记录下来的艺术，也是一种对情感、事物、美景的珍藏方式。摄影不仅需要掌握很多技术和技巧，其中硬件对摄影的辅助也是必不可少的。那么如何才能选择一款得心应手的相机呢？如何才能随心驾驭、正确保护好相机呢？只有多方面地了解数码相机的基础知识和性能，才能让相机发挥出它最佳的工作状态，拍摄出自己心中理想的效果。本章主要讲解内容包括：数码相机的选购及使用、数码照片的管理、扫描图片等多方面的相关知识和技巧。

# 1.1 数码相机的选购及使用

随着数字时代的飞速发展，数码相机已经取代传统的胶片相机，并且已经普及到各家各户，在目前市面上数码相机的品牌、类型及配套设备也在逐渐增多，同时数码相机的价格、质量、性能、用途都有各自的差异，所以在购买数码相机前，少不了多面了解，货比三家。本节主要为读者介绍数码相机的类型、使用、保养等多方面的相关知识和技巧。

## 1.1.1 数码相机的选择

选择一款数码相机，就像选择电脑一样，要根据自己的需要而定，首先要考虑自己需要拍摄什么样的照片，喜欢哪种款式的数码相机，哪些品牌相机的质量能够满足自己的需求，通过一系列的考虑后，再对符合自己心中条件的相机进行比较和进一步筛选，最后要在正规的数码相机销售柜台进行购买，这样才能保证相机的整体质量和售后服务。

根据数码相机最常用的用途可以简单分为单反相机、卡片相机、长焦相机和家用相机等，下面将分别对各类型相机进行详细介绍。

### 1. 数码单反相机

数码单反相机就是指单镜头反光数码相机，即digital（数码）、single（单独）、lens（镜头）、reflex（反光）的英文缩写DSLR。市场中的代表机型常见的有尼康、佳能、宾得、富士等。数码单反相机的最大优点和特点就是可以交换不同规格的镜头，可以使用偏振镜等附加镜片以及专业的闪光灯等一些辅助设备，它具有很强的扩展性，对于环境适应能力占有绝对的优势。

数码单反相机有手动对焦模式和自动对焦模式，其中手动对焦需要拍摄者自己通过手工转动对焦环来调节相机镜头，从而让拍摄后的照片更加清晰，也是一种不受自动化制约的、能充分体现摄影者主观意识的对焦模式，受到专业人士的喜爱。而自动对焦，相机一般会自动选择对焦点、曝光、卷片、过片等，在操作上相对来说变得比较简便快捷。总体来说数码单反相机适合于专业用户使用，比如记者、摄影师和发烧级摄影爱好者等。图1-1和图1-2所示为两款单反相机。

图1-1 尼康单反相机

图1-2 佳能单反相机

### 2. 卡片相机

卡片相机在业界内没有明确的概念，小巧的外形、相对较轻的机身及超薄时尚的设计是衡量此类数码相机的主要标准。虽然它们的功能没有单反相机强大，但是最基本的曝光补偿功能是超薄数码相机的标准配置。它们最大的优点，在于时尚的外观、大屏幕液晶屏、小巧纤薄的机身，操作便捷，其中索尼T系列、奥林巴斯AZ1和卡西欧Z系列等都应划分于这一领域，适合于时尚前卫的消费者选择。图1-3和图1-4所示为两款卡片相机。

图1-3 索尼相机

图1-4 奥林巴斯相机

## 3. 长焦相机

长焦相机指的是具有较大光学变焦倍数的机型，而光学变焦倍数越大，能拍摄的景物就越远，主要特点其实和望远镜的原理差不多，通过镜头内部镜片的移动而改变焦距，可以拍摄清晰的远景和一些特殊的微距效果。适用于一些爱好旅游摄影的专业人士，图1–5所示为一款长焦相机，图1–6和图1–7所示为长焦相机拍摄的效果。

图1-5 富士长焦相机

图1-6 清晰的远景

图1-7 微距效果

## 4. 家用相机

普通家用相机在相机业界也没有明确的定义，仅指操作简单易懂、实用、性能一般、价格适中，在日常生活中能够方便使用的相机。家用相机一般用于拍摄一些家庭聚会、旅游留念等，大多数是对于人像的拍摄，满足这一需求一般相机达到400万像素或500万像素成像就可以了。目前市面上的家用相机多数都带有自动识别人脸功能，在拍摄前会自动将人脸作为拍摄主体，自动调整对焦和曝光，并且在相机屏幕上会显示出绿色方框，这类相机容易被大多数用户所掌握。图1–8和图1–9所示为人脸识别效果。

图1-8 单人人脸识别效果

图1-9 多人人脸识别效果

## 1.1.2 数码相机的使用

拥有了一款数码相机，如何合理使用，如何使相机拍摄出最佳的效果，在摄影创作中也是一大关键。本节主要讲解一些使用相机需要掌握的基本摄影知识，比如说在拍摄作品之前，需要确定自己拍摄的主体、照片的风格、画面的构图取景、光线的运用等，下面将对这一系列摄影知识进行详细的介绍。

### 1. 人像摄影的主题

在日常生活中人像的摄影比较多，也是比较容易掌握的，一般对摄影器材的要求不是很高，普通相机就能够完成拍摄。但在拍摄前需要了解一些拍摄人像的基本常识和技巧。拍摄人像的主要目的，就是让照片中的人物呈现出最美妙的瞬间，并且照片要清晰、整体要美观。我们可以通过在人像的照片中观察到，人像的照片其实由环境、人物的表情、姿态、穿着、人物的位置等部分所组成，所以在对人像拍摄时，首先要考虑人物所在的位置能不能突出主题，会不会受到环境色强烈的影响，人物的穿着与环境会不会有差异。然后要考虑光线对人物会不会造成太大的影响，比如人物处于背光，拍摄后的照片人物正面常常会比较暗，甚至有的背光照片人物的面部根本看不清楚。最后再考虑如何瞬间抓住人物美妙的表情和优美的姿态，让照片更具备保存的价值。图1–10所示为普通家用相机拍摄的人物效果。

图1-10 普通家用相机拍摄

### 2. 风景摄影的主题

要拍摄出高质量的风景照片，需要选择一款高端的单反相机，一般家用的普通相机达不到拍摄高质量风景照的需求。拥有了一款单反相机，还需要根据风景的主题选择适合的镜头。例如，要拍摄远景，并且要让远处微小的景色都能清晰地表现出质感，那么就要选择长焦镜头进行拍摄，图1–11所示为长焦镜头拍摄的远景效果，图1–12所示为一款长焦镜头。再比如，要拍摄一幅宽广的全景照片，此时需要运用广角镜头进行拍摄，这样可以轻松地将宽广的美景尽收眼底，图1–13和图1–14所示为一款广角镜头和广角镜头拍摄的全景效果。此外单反相机的镜头还有标准镜、中长焦镜、微距镜等，各种镜头有各自的功能，只有根据不同的风景主题选择适合的镜头，才能让拍摄出来的风景照片展现出最优质的效果。

图1-11 长焦镜头拍摄远景

图1-12 长焦镜头

图1-13 广角镜头

图1-14 广角镜头拍摄全景

### 3. 静物拍摄的主题

静物的拍摄常常以微距的表现手法呈现在照片中，这种拍摄手法可以让照片的主体物更加突出，并且能够高质量、清晰、精细地表现在照片上。例如，拍摄一些花朵、昆虫等生物类静物时，首先需要选择一款极高端的单反相机，配合一款微距镜头，然后选择好拍摄的角度，此时要拍摄出高质量照片，还需要进行手动调整细微的焦距，将焦距调整到最佳时再进行拍摄。由于生物类静物一般比较微小，所以在手动调整焦距时不是很容易掌握，有一些微距效果质量是比较高的，可以达到让昆虫的细微毛发在照片中清晰可见。因此在拥有高端的设备同时还需要掌握好手中的相机，这样才能拍摄出最理想的效果。图1–15、图1–16所示为生物类、生活类静物微距效果，图1–17所示为一款微距镜头。

图1-15 生物类静物微距效果

图1-16 生活类静物微距效果

图1-17 微距镜头

### 4. 如何构图取景

照片构图取景是根据自己对现实场景的认识，判断出最有利的表现部分，要让观众了解和知道拍摄的照片表达的是什么，主要说明的观点是什么，最终传达的信息和含义是什么。也可以简单地理解为写一篇作文，首先要考虑如何才能运用照片表现出自己对眼前场景的中心思想，然后围绕着中心思想考虑需要什么样的角度才能突出照片内容的主体物，最后考虑照片中应该包含哪些物体元素才能表达出具有代表性的说明信息。如图1–18至图1–22所示为不同的效果。

图1-18 取景视角

图1-19 建筑类取景

图1-20 风景类取景

图1-21 人物类取景

图1-22 意境类取景

## 5. 光线的运用

光包含了所有的色彩，能够穿过任何透明的物体，而缺光的部分就产生了阴影，在拍摄照片时，光线的运用极其重要。光落在被摄物体不同的部分，会产生不同的效果，我们没必要去探寻光的奥秘，只要能合理地利用光就足够了。对于摄影师来说光线不仅仅只有色彩，还有色调、范围、变化和音色，多方面运用光线，它可以让画面锐化或者柔和，可以改变画面的意义，能让照片传达出一些特殊的情感。图1–23所示为光的情景表现。

图1-23 光的情景表现

在摄影界通常将光分为4个基本光线，包括正面光线、45度侧光、90度侧光、逆光光线。有很多人在拍摄照片时，为了让照片变得明亮，往往选择正面光对人物或物体进行拍摄，如果直射到物体上的光比较强或者被摄物体表面比较光滑，有可能会造成很强的反光，或者造成曝光过度的现象，直接影响到照片的质量。对于采用正面光拍摄的照片来说，由于被摄物体上阴影部分的表现过少，体现不出物体的立体感，会让照片中的人物或物体变得扁平没有层次感，内容不够丰富多彩，缺乏生机和活力，图1–24所示为采用正面光线拍摄的照片效果。因此，大多数摄影师都采用45度的侧光进行拍摄，45度侧光能产生良好的光和影的相互作用，被多数人看做是自然光，也有许多摄影师认为是人像摄影的最佳光线类型，图1–25所示为采用45度侧光拍摄的人物效果。当然90侧光和逆光也有它们独特之处，利用这两种光与物体的配合，可以让照片表现出一些特殊的情景和感觉，常常会让这种照片效果和摄影方法推向一种独特个性的潮流。图1–26和图1–27所示为采用90度侧光和逆光拍摄的照片效果。

图1-24 正面光线

图1-25 45度侧光

图1-26 90度侧光

图1-27 逆光拍摄

在外出摄影时，应该注意天气和场地的选择，那什么样的天气和场地最适合拍摄外景呢？有很多人会想到在阳光明媚的天气中才能拍摄最佳的效果，其实不然，许多摄影师拍摄外景往往会选择一些阴天或树林等场地进行拍摄，让人物在环境中处于一种散射的漫射阳光状态，以避免强烈阳光对人物直射造成的许多影响。散射的漫射阳光相对来说显得更为平淡，但是与直射阳光相比，对于照片的色彩表现能力却是非常优秀的，它可以让照片的色彩主题均匀地表现出来，而且不会影响被摄物的本质色彩，能让照片颜色更趋于饱和，体现出丰富多彩的效果，物体的层次细腻表现得更加理想。图1–28至图1–31所示为在散射的漫射阳光下拍摄的人物效果。

图1-28 树林中摄影

图1-29 阴云天气摄影

图1-30 树影光斑

图1-31 散射的漫射阳光

而在室内拍摄时，主要的光源来自于灯光，相对室外来说室内的光线更容易掌控一些，因为室内的光源我们可以人为调节和控制，比如说灯光的色调、光照的位置、灯光的柔和度和明暗度等。在室内拍摄照片时，摄影师通常会采取两种光同时在场景中结合，一种是主光源，一种是辅助光，主光源主要用于突出照片中的主题物，而辅助光主要是补偿主光源直射产生的阴影部分，其目的是让照片中人物或物体明暗表现得更加柔和，避免一些照片中因主光源直射而造成的生硬阴影。图1-32所示为采取主光源与辅助光结合拍摄的室内照片。

图1-32 室内照片主光源与辅助光的表现

## 1.1.3 数码相机的保养

相机是每个摄影师手中的利器，只有多了解它、爱惜它，才能随心所欲地驾驭它，展示它最佳的工作状态，让拍摄的照片质量更加理想、更加完美，所以摄影不是仅仅懂得如何拍照就够了，应该要了解相机多方面的知识，尤其是要懂得如何保养数码相机，如何正确地使用数码相机，以免造成一些不必要的设备损害和一些由相机故障带来的困扰和影响。

数码单反相机外部设备主要由相机机身、镜头、存储卡、电池等部分组成，如图1-33所示。下面将为大家讲解如何正确保护相机的相关知识。

数码相机机身

镜头

存储卡

相机电池

图1-33 数码相机外部设备的主要组成部分

### 1. 数码相机的保护措施

用户不应在雨天、太热的天气、结冰的环境、大风的环境中使用相机。为了更好地保护好相机，最好准备一个防震保护好一点的摄影包，在不使用时将设备放置到摄影包中，以免碰击到其他物体上，造成相机及设备的损坏。

### 2. 使用时要注意防烟避尘

数码相机应在清洁的环境中使用和保存，这样可以减少许多外界的灰尘、污物和油烟等对相机的危害。如果必须在恶劣的环境中拍摄，应随时保持相机的清洁，以免导致相机产生故障，同时如果污染物落到相机的镜头上会弄脏镜头，影响照片的清晰度和质量。如在户外空旷地区拍摄时，要避免一些迎面而来的狂风，因为风沙容易刮伤相机的镜头，而且风沙一旦渗入对焦环等机械装置中，将不容易清洁，还会造成一些损伤，因此除了正在拍摄外应随时用护盖将镜头盖住。

### 3. 数码相机要注意预防高温和寒冷

数码相机在外出携带时，不应长时间暴露于高温环境下，避免将相机放在被太阳晒得炙热的汽车里。如果相机不得不在太阳下晒，应用一块有色而且避沙的毛巾或裱有锡箔的遮挡工具来避光，不要用黑色工具，因为黑色只会吸光，会使情况变得更严重。在室内时，也不应将相机放在高温、潮湿的环境里。

预防寒冷对使用数码相机也很重要。通过将相机藏于口袋的方法，可以让相机保持适宜温度，而且要携带额外的电池，因为相机在低温下可能会停止工作，这就好像在寒冷天气下要给汽车预热一样。将相机从寒冷区带入温暖区时，往往会有结露现象发生，因而需要用报纸或塑料袋将相机包好，直至相机温度升至室内温度时再使用。除了结露现象，将相机从低温处带到高温处还会使相机出现一些压缩现象，肉眼不易看出，所以要注意不要使相机的温度在骤然间变化。

### 4. 数码相机要注意防水防潮

数码相机的防水防潮是最不能忽视的，但在实际使用过程中不排除有突发原因或者其他方面的因素，假如必须在潮湿环境下工作，此时一定要采取严格的防护措施，确保在这种恶劣的环境下相机不受伤害或者减少受到的不良影响。许多有经验的摄影师遇见这样的环境，会随身携带一个塑料拉锁链袋子，在非常潮湿或尘土的环境中，可以在侧面挖一个刚好放得下相机镜头的小洞，然后把相机放在袋子里，不让雾气、湿气和尘土进入相机，这样会延长相机的使用寿命。如果相机不小心喷到水、淋到咖啡和饮料时，切记不要马上急着开机测试，否则可能造成相机电路上的短路。此时一定要赶快将电源关掉和取下电池，然后擦拭机身上的水渍，再用橡皮吹气球将各部位的细缝喷一次，最后风干几个小时后，再测试相机是否有故障。最好不要用吹风机之类的器件把相机烘干，因为相机本身构造就很精密，内设组件也很小，这样有可能会让相机外部或内部变形。

### 5. 相机镜头的清洗

镜头是数码相机的一个重要组成部分，经常暴露在空气中，因此镜头上落一些灰尘也是很正常的，但是如果长时间使用相机而不注意镜头的维护和清洁，会让镜头上的灰尘越聚越多，这样会大大降低数码相机的工作性能。镜头上的灰尘会严重降低图像质量，使照片出现一些斑点或减弱图像对比度的现象。另外在使用过程中，手碰到镜头而在镜头上留下指纹，也是不可避免的，这些指纹同样也会使取景的效果下降，而且指印还对镜头的色料涂层非常有害，应尽快清除。但相机的镜头也不必频繁清洗，镜头上有微小的尘土并不会影响图像质量，只有在非常必要时才对镜头进行清洗，以免减少对镜头的磨损。在清洗镜头时，应用软刷和橡皮吹气球清除尘埃颗粒，然后再使用镜头清洗布轻轻擦一次，将镜头清洗液滴一小滴在拭纸上，注意不要将清洗液直接滴在镜头上，并用专用棉纸反复擦拭镜头表面，在擦洗时，不要用力挤压，因为镜头表面覆有一层比较容易受损的涂层，然后再用一块干净的棉纱布擦净镜头，直至镜头干爽为止。如果没有专用的清洗液，可以在镜头表面哈口气，虽然效果不比清洗液，但同样能使镜头干净。另外，千万别用硬纸、纸巾或餐巾纸来清洗镜头。这些产品都含有刮擦性的木质纸浆，会严重损害相机镜头上的易损涂层。在清洗相机的其他部位时，切勿使用溶剂苯等挥发性物质，以免使相机变形甚至溶解。

### 6. 注意数码相机的存放

在存放数码相机时，应远离灰尘多和潮湿的地方，存放前应先把皮套、机身和镜头上的指纹、灰尘擦拭干净。如果数码相机长期不使用，应取出电池，卸掉皮套，存放在有干燥剂的盒子里。有条件的情况下，应该放在能够控制温度、湿度的封闭空间。数码相机是精密的机器，放在平常的衣橱、柜子里容易受到湿气的影响，虽然不会立刻损坏，但时间长了也会造成一些影响。

# 1.2 数码照片的管理

数码照片可以记录每个人、物、景的美丽瞬间，也是用于留恋和珍藏情景、感动、快乐的美好时刻，所以数码照片将会随着时间的推移越积越多，为了更好地查找和存放，我们可以对繁多的数码照片进行分类和管理。下面将为读者讲解数码照片存储和分类的相关知识和方法。

## 1.2.1 数码照片的存储

数码相机存放照片的主要位置是存储卡，存储卡也可以独立使用，它不但可以完成照片的输出和输入，还可以作为U盘使用，但前提条件是在有读卡器的情况下。目前市面上，存储卡种类很多，由于相机的不同，所使用的存储卡也有所区别，大多数相机使用的是SD卡，其中索尼系列的相机使用的存储卡是记忆棒，在体积上要比SD卡小一些，但只能在索尼公司的产品上使用。图1-34所示为各种相机存储卡。

相机存储卡

SD存储卡

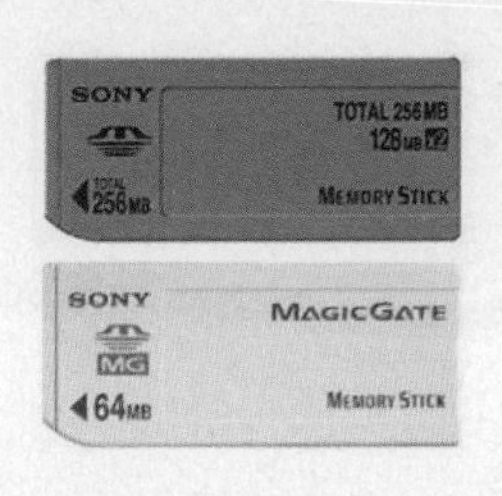


记忆棒

图1-34 相机储存卡种类

存储卡不仅有种类之分，还有容量的大小之分，目前市面上，大多数使用的是2GB、4GB、8GB的存储卡，当然也有更大容量的，用户可以根据个人对存储容量的具体要求进行选择。例如，根据相机的待机时间而定，一般相机的待机时间所能拍摄的照片为300~500张，而1GB的存储卡可以存储250张4MB左右大小的照片。对于一些经常外出摄影的爱好者，通常都会准备一张或者多张容量大一点的存储卡，作为备用卡，以免因存储的问题错过眼前的美景，造成一大遗憾。图1-35所示为各类相机存储卡的容量。

2GB的SD卡

8GB的SD卡

16GB的SD卡

记忆棒各大容量

图1-35 各类相机储存卡的容量

## 1.2.2 数码照片的分类

在拍摄的照片达到一定数量时，我们可以通过数据线或读卡器，将照片传输到电脑中进行存放。将相机的数据线或读卡器插入电脑USB接口，我们可以打开“我的电脑”，找到存储磁盘，将其打开，如图1-36所示。进入照片所在的文件夹后，选择需要导出的照片，如图1-37所示，然后以复制、粘贴的方式，将照片复制到电脑中所要存放的位置。

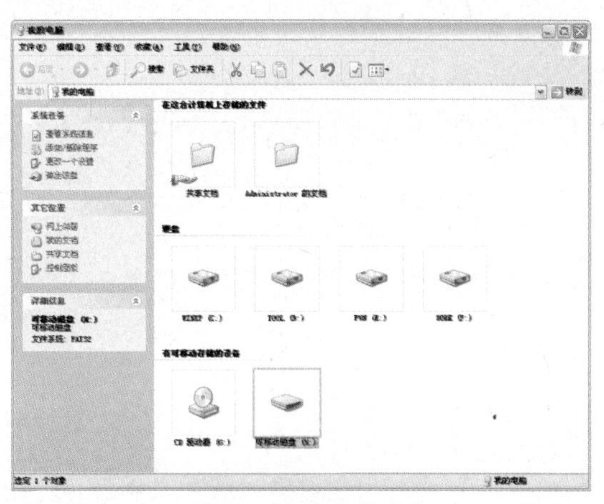

图1-36 选择存储磁盘

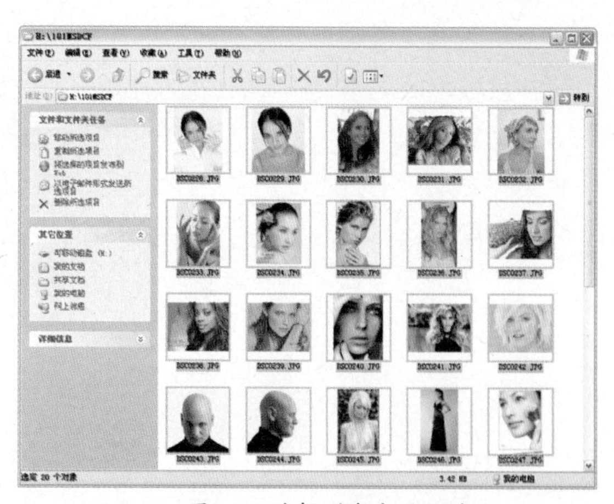

图1-37 选择磁盘中的照片

相机在拍摄过程中，通常将存放的照片以从小到大依次类推的数字形式命名，在我们将照片导入到电脑后，由于照片数量繁多，不方便查找和管理，此时我们可以运用一些简易的软件，对照片进行不同场景、不同人物、不同主题、不同类型、不同风格等的重命名分类管理。

运用ACDSee图像软件，可以很方便地以正常和幻灯片的模式查看照片，同时也可以对照片进行格式的转换、重命名、分类和管理等操作。首先使用ACDSee图像软件在存放照片的文件夹中打开一张照片，如图1–38所示，然后在打开的照片上双击，此时会在ACDSee图像软件中显示出整个文件夹中的照片，如图1–39所示。

图1-38 打开一张照片

图1-39 双击缩览图后显示文件夹照片

可以通过按住“Shift”键或者按住“Ctrl”键，在ACDSee图像软件中选择多幅需要更改的照片，然后在图像缩览图中单击鼠标右键，弹出快捷菜单，我们能看到在菜单中可以对照片进行查看、打印、设置为壁纸、批量转换、剪切、复制、删除、批量重命名等操作，如图1–41所示，同时在软件的上方属性栏上也可以执行这些操作。此时，选择快捷菜单中的“批量重命名”命令。

图1-40 选择多幅照片

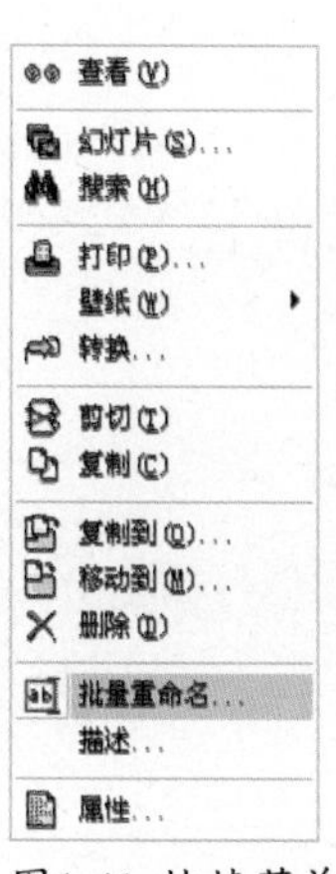


图1-41 快捷菜单

选择“批量重命名”命令之后，将会弹出“批量重命名”对话框，在对话框中可以选择“数字”和“字母”替换模板中的“#”号，并且在“开始于”数据框中，可以设置重命名后的名字从多少数或字母开始往下排列，如图1-42所示。例如，在“开始于”数据框中输入“1”，在“模板”文本框中输入“人物类#”，那么在单击“确定”按钮后，将会把选中的照片批量重命名为“人物类1”数字开始依次类推的名字。并且在批量重命名的同时还可以对图像的文件格式进行更改，方法很简单，就是在“模板”文本框中名称的“#”号后面添加“.”和需要更改的格式名称。例如，需要将“JPG”格式的图像更改为“TIF”格式，那么在“模板”文本框中输入“人物类#.tif”即可，如图1-43所示。

图1-42 设置批量重命名

图1-43 批量重命名后的照片

## 1.3 扫描图片

随着数码相机的发展和普及，扫描仪在日常的生活中相对运用得比较少，对于家庭用户来说，扫描仪主要用来把一些老相片和一些海报、招贴、图文素材等进行数字化转换，输入到电脑中作为最佳的珍藏方式，或者运用软件进行处理，这样不仅可随时取用，而且不会褪色，作为永久的保存。

### 1.3.1 扫描仪的基础知识

扫描仪是把传统的模拟影像转化为数字影像的设备之一。它把原始稿件的模拟光信号转换为一组像素信息，最终以数字化的方式存储于数字文件中，实现影像的数字化。总体来说，扫描仪可以将印刷件、书面文稿、照片等平面媒介信息输入到电脑里，然后可以通过软件随心所欲地加以处理，以适合不同的应用和保存。图1-44和图1-45所示为一款明基扫描仪和一款惠普扫描仪。

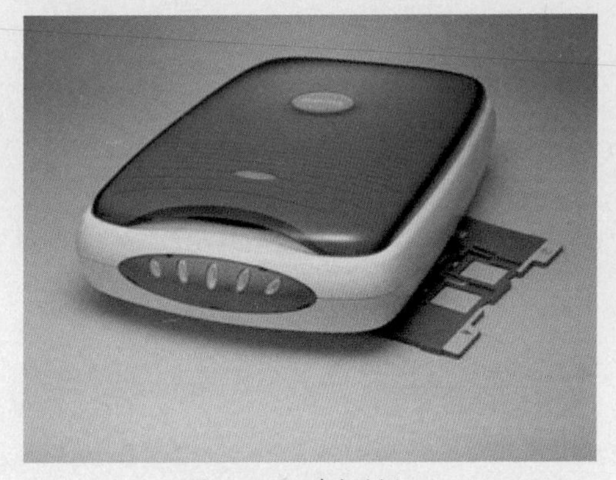

图1-44 明基扫描仪

图1-45 惠普扫描仪

目前市面上见到的扫描仪采用的是两种完全不同的制造原理。一种是CCD技术，以镜头成像到感光元件上；另一种则是CIS接触式扫描。CIS技术过去主要使用在传真机制造方面。它的图像在用LED灯管扫过之后会直接通过CID感光元件记录下来，不需要使用镜片折射，因此整个机体能够做得很轻薄。它比较适合用在文件或一般平面图文的扫描，而不适合用来扫描立体物品或透射稿，如底片、幻灯片等。

扫描仪在市面上种类很多，如手持式、平板式、胶片专用、滚筒式和CIS扫描仪等，各有各的性能和用途。

（1）手持式扫描仪，是很久以前大多数人所使用的扫描仪，随着科技不断提高这种扫描仪在当今时代几乎难以见到，如图1-46所示。它的光学分辨率一般为100DPI~600DPI，大多只提供黑白扫描。

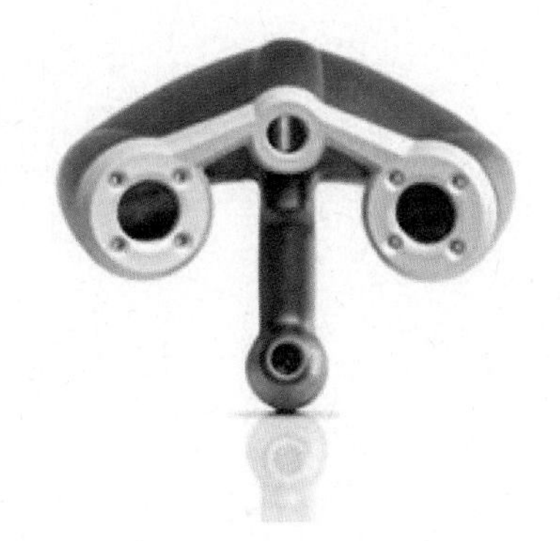
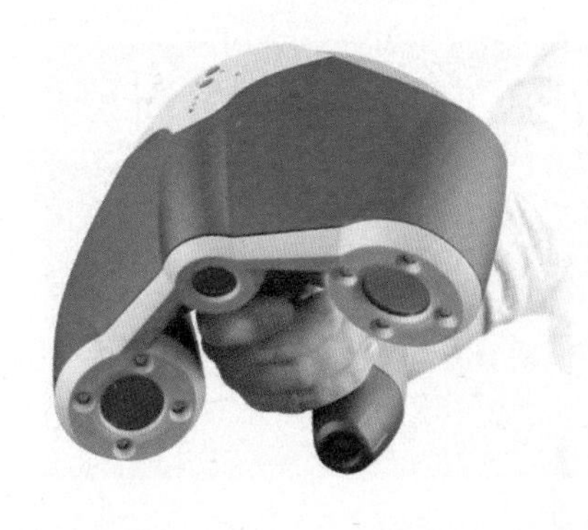

图1-46 手持式扫描仪

（2）平板式扫描仪，又称CCD扫描仪，主要扫描反射稿等物件，如图1-47所示。它的光学分辨率为300DPI~2400DPI，色彩位数可达48位。

图1-47 平板式扫描仪

（3）胶片扫描仪，主要用来扫描幻灯片、摄影负片、CT片及专业胶片，高精度、层次感强，附带的软件较专业，如图1-48所示。

图1-48 胶片扫描仪

（4）滚筒式扫描仪，也是专业级的扫描仪，它采用RGB分色技术，以点光源一个一个像素地进行采样，如图1-49所示。

图1-49 滚筒式扫描仪

（5）CIS扫描仪，CIS的意思是“接触式图像传感器”，它不需要光学成像系统，结构简单、轻巧实用，但是对扫描稿的厚度和平整度要求严格，成像效果比CCD差，如图1-50所示。

图1-50 CIS扫描仪

不同的扫描仪有不同的数据线接口，不同的接口又有不同的功效和传输速度，目前扫描仪常见的接口有SCSI、EPP、USB 三种。

（1）SCSI接口，安装相对复杂，有可能和其他配件发生冲突，它需要一块SCSI卡将扫描仪与电脑连接，早期的扫描仪大多数采用SCSI接口。它的优点是传输速度较快，扫描质量高。

（2）EPP接口，就是我们常说的打印口（并口）。大多采用EPP接口的扫描仪后部都有两个接口，一个连接到电脑，另一个连接其他的并口设备，如打印机。它和SCSI的扫描仪相比速度较慢，扫描质量稍差，但是安装比较方便，兼容性比较好，一般不会与其他设备造成冲突。

（3）USB接口，是目前最常见的接口形式，大多数新型扫描仪都采用这种接入方式。它的传输速度比EPP快，还可以即插即用，较新的USB的扫描仪可直接由USB接口取电，无须另加电源。

## 1.3.2 选择合理分辨率

了解扫描仪的基础知识和主要用途之后，我们来学习如何将老相片或者其他平面图像和文件扫入电脑中，以及选择合理的分辨率。分辨率是衡量一台扫描仪档次高低的重要参数，它所体现的是扫描仪在扫描时所能达到的精细程度。扫描精度通常以DPI（分辨率）表示，和喷墨打印机的技术指标类似，DPI值越大，则扫描仪扫描的图像越精细。扫描分辨率分为光学分辨率（真实分辨率）和插值分辨率（最大分辨率）两类，前者是硬件形式的，后者是软件形式的。

扫描相片或其他平面文件的过程相当简单，只需要将要扫描的材料放在扫描仪的玻璃台面上，需要注意的是要将相片的正面面向扫描仪的玻璃面，如图1-51所示，然后再运行扫描软件，如图1-52所示。目前扫描软件有很多，一般在购买的扫描仪中会自带扫描软件，按一下“扫描”键，扫描仪就将图像扫描到图像编辑软件中，而且能以文件格式存储。

为了得到最佳的扫描效果，需要对扫描分辨率进行设置。要选择最佳的扫描分辨率，需要综合考虑扫描的图像类型和输出打印的方式。如果以高分辨率扫描图像需要更长的时间，更多的内存和磁盘空间，同时分辨率越高，扫描得到的图像就越大。以印刷行业来说，一般所采用的分辨率用LPI（LinePer Inch）每英寸线数来度量，与电子图像的分辨率（DPI）是不同的。计算最佳分辨率简易办法是用输出设备所打印的线数（LPI）乘以1.5~2.0，例如，扫描图像适用133LPI的杂志印刷，最佳分辨率应该是133×1.5≈200DPI。在通常情况下，对照片的扫描设为240¯300就已经足够了。

图1-51 照片的放置位置

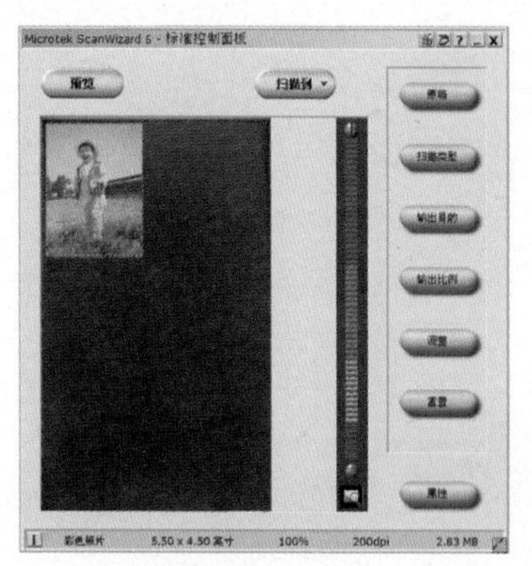

图1-52 扫描照片

# 第2章 了解修图工具 Photoshop CS5

本章将带领读者认识修图工具Photoshop CS5，主要讲解Photoshop CS5的基本操作，认识操作界面及文件的各种操作方法。本章没有难点，着重是让读者了解和熟悉Photoshop CS5，只有熟悉了我们手里的工具，才能随心所欲地制作各种精美的图片。

# 2.1 操作界面

双击桌面上的Photoshop CS5按钮，启动Photoshop CS5软件，呈现出Photoshop CS5的操作界面，Photoshop CS5的操作界面与之前版本的界面相差不大，保留CS4版本灵活自如而且简洁的调板设置。熟悉软件的工作环境，能为更熟练地操作软件奠定坚实的基础。其操作界面如图2-1所示。

图2-1 Photoshop CS5的操作界面

# 2.2 使用调板

## 2.2.1 拆分与组合调板

为了更方便地使用软件，Photoshop CS5可以根据用户的需求和习惯，随意地拆分或组合面板。以“颜色”调板为例，来学习如何拆分、组合调板。

在调板窗口中，按住“颜色”调板不放，拖动鼠标至调板外的位置并释放，“颜色”调板则被拆分出来，如图2-2所示。

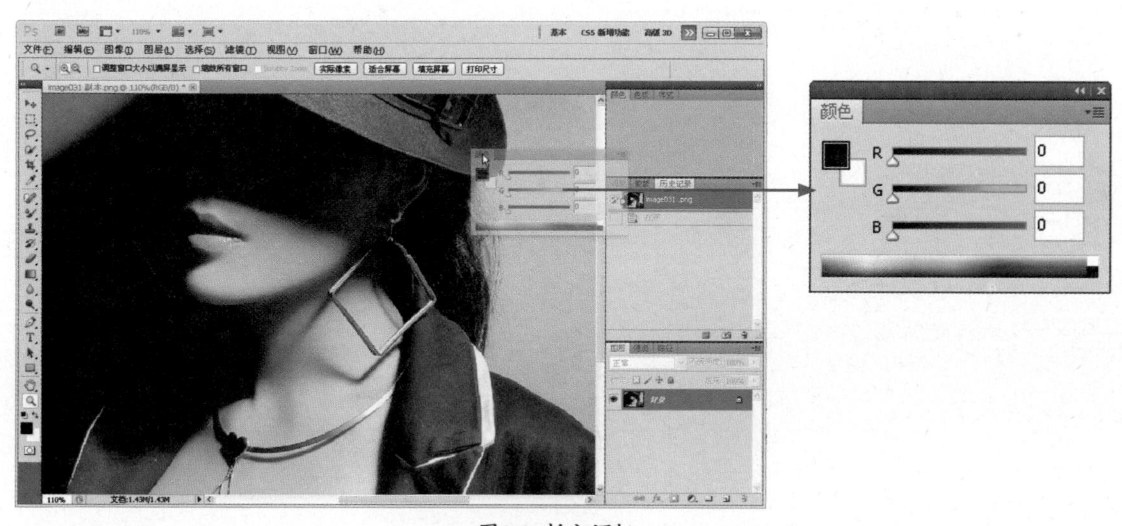


图2-2 拆分调板

按住拆分出来的“颜色”调板不放，拖动鼠标至调板窗口并释放，“颜色”调板则被重新组合到调板窗口中，如图2-3所示。

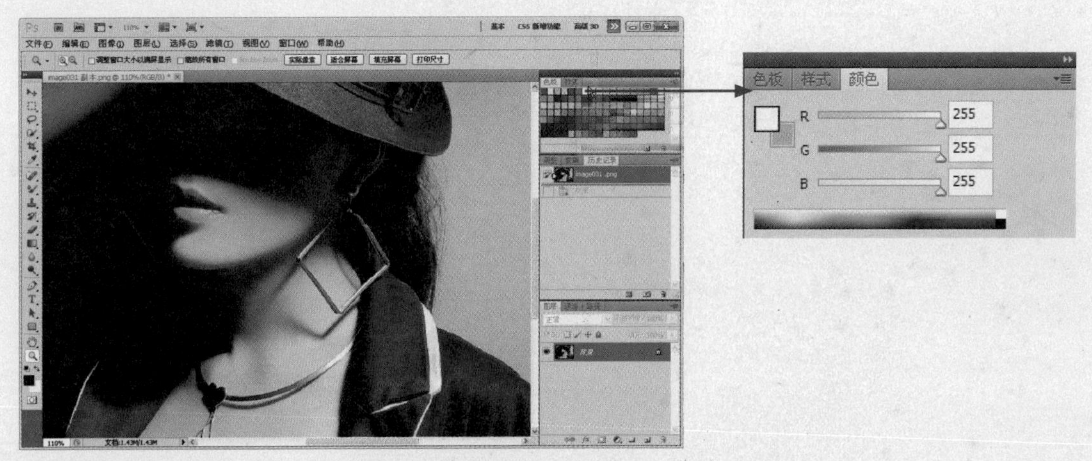

图2-3 组合调板

**提示** 用户可以根据自己的需求随意地将调板进行拆分、组合，使调板更符合个人的习惯，使工作事半功倍。

## 2.2.2 存储和选择工作区

用户根据自己的需求设置好满意的工作区后，可单击界面右上方的“基本设置”旁的按钮»，在弹出的下拉列表中单击“New Workspace”选项，如图2-5所示，打开“New Workspace”对话框，如图2-5所示，在“名称”文本框中输入名称，单击“存储”按钮，此时，该工作区被存储，并罗列在此下拉列表中，以便用户选择。

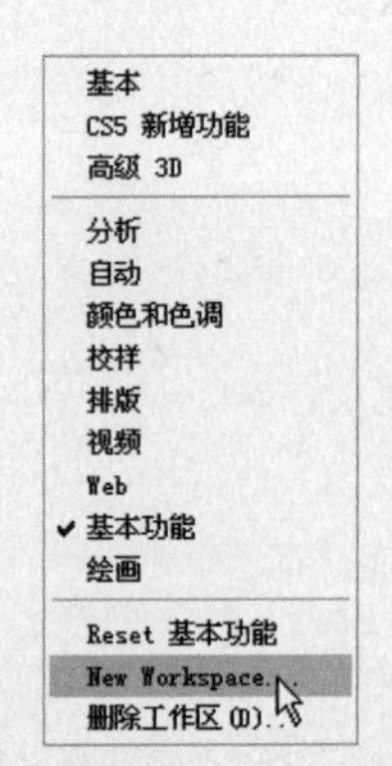


图2-4 “基本设置”下拉列表

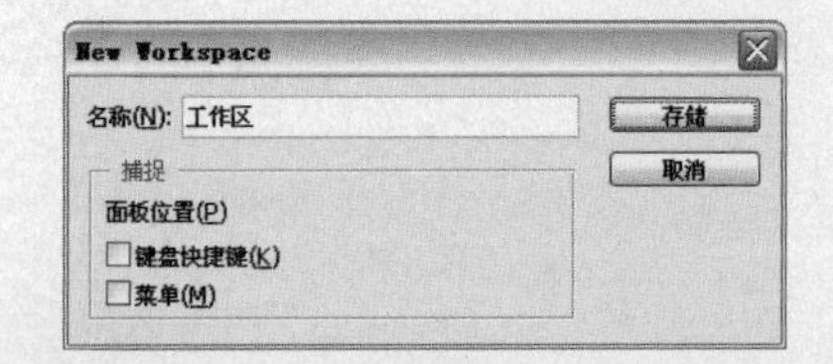


图2-5 打开“存储工作区”对话框

## 2.2.3 文件操作

文件是Photoshop在电脑中的存储形式，目前绝大部分的软件资源都是以文件的形式存储、管理和利用的。电脑中存储了许多文件，每个文件就应该有不同的存放位置，路径就是用来描述文件存放位置的。下面将为读者讲述关于文件的新建、打开、关闭等基本操作。

## 2.2.4 新建文件

在制作一幅图像文件之前，首先需要建立一个图像文件。选择“文件→新建”命令，即可打开图2-6所示的“新建”对话框。

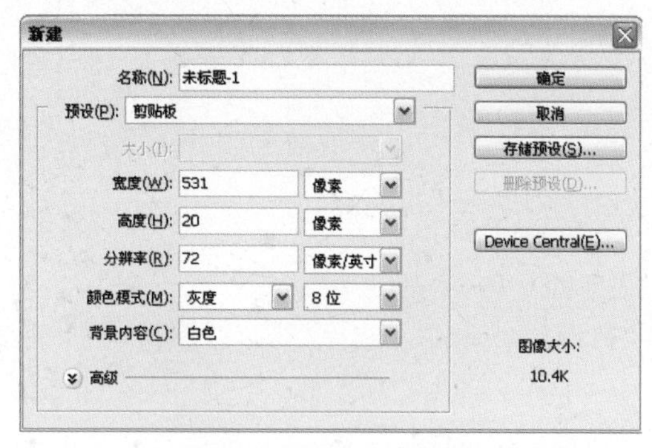


图2-6 “新建”对话框

“新建”对话框中各种参数的解释如下。

- 名称：设置新建文件的名称，默认情况下为〞未标题-1〞。
- 预设：新建文件的尺寸设置。单击其下拉列表，可选择软件提供的尺寸参数。用户也可在下面设置文件尺寸，该选项将自动变为〞自定〞。
- 宽度：设置新建文件的宽度。在其下拉列表中可以选择所使用的单位。
- 高度：设置新建文件的高度。
- 分辨率：设置新建文件的分辨率。
- 模式：设置新建文件所使用的颜色模式。在其下拉列表中包含位图、灰度、RGB模式、CMYK模式和Lab模式5个选项。
- 背景内容：新建文件的〞背景〞图层的颜色。选择白色选项或选择透明选项，则新建文件的〞背景〞图层是透明的。
- 高级：单击〞高级〞按钮，可设置颜色配置文件和像素的长宽比例。

## 2.2.5 保存文件

完成一幅图像的编辑后，选择“文件→存储”命令，或按“Ctrl+S”组合键，即可将当前文件保存起来。

当该文件是第一次选择“存储”命令时，系统会自动打开图2-7所示的“存储为”对话框，此时，需要指定文件存储的路径，单击“保存”按钮，系统将以指定路径对图像进行存储。

在“存储选项”栏中有下列几种设置存储的选项。

- 作为副本：以副本的方式保存图像文件。
- Alpha通道：是否保存当前文件中Alpha通道的信息。
- 图层：是否保留当前文件中的图层信息。
- 注释：保存或忽略当前文件中的注释内容。
- 专色：保存或忽略当前文件中的专色通道信息。
- 使用校样设置：检测CMYK图像溢色功能。
- ICC配置文件：设置图像在不同显示器中所显示的颜色一致。
- 缩览图：只适用于PSD、JPG、TIF等一些文件格式。选中该项可以保存图像的缩览图，即用此选项保存的文件，能够在〞打开〞对话框中进行预览。

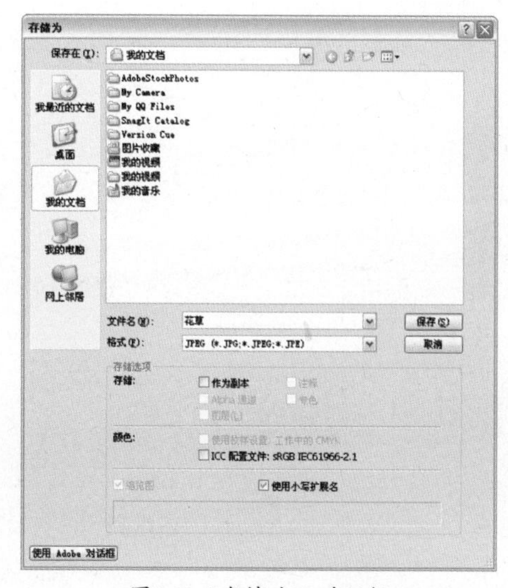


图2-7 “存储为”对话框

**提 示** 在编辑图像的过程中，为了防止因为停电或是电脑死机等意外而前功尽弃，一般每5~10分钟应按“Ctrl+S”组合键，对图像进行保存。

## 2.2.6 打开文件

打开一个图像文件，可以使用打开文件命令。选择“文件→打开”命令，打开图2-8所示的“打开”对话框。

图2-8 “打开”对话框

“打开”对话框中的各项参数的解释如下。

- 查找范围：指定文件所在的路径。
- 文件类型：指定文件的格式。
- 转到已访问的上一个文件夹：单击按钮，可以回到上一次访问的文件夹。
- 向上一级：单击按钮，按照查找路径，依次返回到上一次访问的文件夹中。
- 新建文件夹：单击按钮，在当前路径下创建一个新的文件夹。
- 查看菜单：单击按钮，设置预览的显示状态。

**提 示** 按“Ctrl+O”组合键，可快速打开“打开”对话框，或在文件夹中选择需要打开的图像文件，直接将其拖动到Photoshop CS5中，即可打开该文件。在Photoshop CS5中，可以同时打开多个图像文件，只需在“打开”对话框中选中一个文件后按住“Shift”键或“Ctrl”键，然后再选中要打开的多个图像文件后单击“打开”按钮，即可将选中的所有图像打开。

## 2.2.7 使用Bridge打开文件

Adobe Bridge是Photoshop CS5中附带的一个图像浏览软件，它可以帮助用户浏览、查找、管理图片。并可以非常方便地在Photoshop CS5中打开。选择“文件→在Bridge中浏览”命令，或单击Photoshop CS5中特有的快捷方式栏中的“启动Bridge”按钮，即可打开Adobe Bridge窗口，如图2-9所示。

图2-9 Adobe Bridge CS4窗口

在Adobe Bridge窗口左侧的“文件夹”中，选择文件路径，准确地查找文件。当打开图像所在的文件夹后，在“内容”列表中会显示该文件夹中所有的图像文件缩览图。单击某一个图像缩览图，便可在“预览”栏中预览图像效果。与此同时，在“元数据”栏中，将会显示该图像文件的各项属性，如图2-10所示。

图2-10 Adobe Bridge CS4窗口

双击图像缩览图，将在Photoshop CS5中打开该图像文件，如图2-11所示。

图2-11 打开图像文件

## 2.2.8 颜色模式的转换

Photoshop CS5中常见的颜色模式有RGB、CMYK、HSB、Lab和索引色等。

选择“图像→模式”中的各种命令，即可将图像在各种颜色模式之间转换。在图像的各个颜色模式之间自由转换时，会因为模式特性不同而导致一些图像信息丢失。

**提示** 并非所有颜色模式之间都能自由转换，比如，只有灰度模式才可以转换为位图模式。

## 2.2.9 窗口的应用

Photoshop CS5与之前的版本在窗口上的区别不是很大。打开图像后，在默认情况下，图像最大化，如图2-12所示。如果将其移动到独立的窗口中，可以用鼠标右键单击其标签，选择“移动到新窗口”命令即可，如图2-13所示。

在独立窗口模式下，将光标移到文件窗口的标题栏上按住鼠标左键不放，并拖动窗口至目标位置后释放鼠标，即可移动窗口。

将鼠标指针移动到图像窗口的外框线，鼠标指针随即变成↕、↔、⤡或⤢形状，按住鼠标拖曳，即可改变图像窗口的大小。

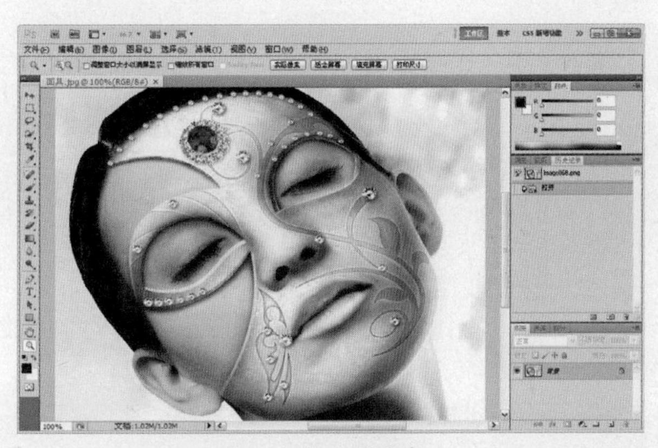

图2-12 整合图像窗口

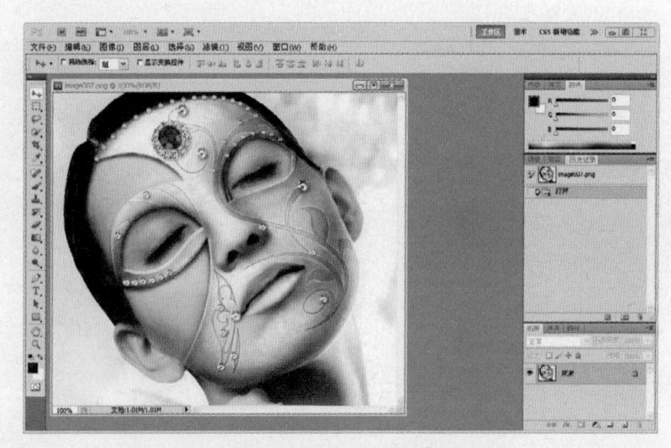

图2-13 独立图像窗口

## 2.2.10 修改画布大小

选择“图像→画布大小”命令，打开“画布大小”对话框，如图2-14所示，直接在“宽度”和“高度”的文本框中输入数字，即可修改画布的大小。

- 当前大小：文件实际大小和当前画布尺寸。
- 新建大小：设置图像的宽度和高度。
- 相对：设置“新建大小”栏中的“宽度”和“高度”在原画布的基础上增加或是减少的尺寸。
- 画布扩展颜色：在此下拉列表中选择扩展画布的颜色，单击可自行设置。
- 定位：设置收缩或扩展的中心点。

图2-14 “画布大小”对话框

**提示** 在图像标题栏上单击鼠标右键，弹出快捷菜单，菜单中可执行复制、打印等操作，并且还可以打开“图像大小”、“画布大小”等对话框。

示范“定位”的各种效果，如图2-15所示。

（a）向中间对齐 （b）向左对齐 （c）向右对齐

（d）向上对齐 （e）向下对齐 （f）向左上角对齐

（g）向右上角对齐 （h）向左下角对齐 （i）向右下角对齐

图2-15 “定位”的各种效果

## 2.2.11 旋转图像

选择“图像→旋转画布”命令，可以对图像进行旋转操作，旋转图像的各种效果如图2-16所示。

（a）原图像

（b）旋转180度

（c）顺时针旋转90度

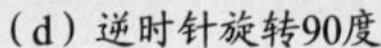

（d）逆时针旋转90度　　（e）水平翻转　　（f）垂直翻转

图2-16 旋转图像的各种效果

### 2.2.12 复制文件

选择“图像→复制”命令，打开“复制图像”对话框，如图2-17所示，可设置复制文件的名称。单击“确定”按钮，可得到一个与源图像一模一样的副本。

图2-17 “复制图像”对话框

## 2.3 使用“存储为Web或设备所用格式”功能

在Photoshop CS5中，可将图像存储为网页或设备所用的格式，这种存储方式可以将用户制作的动画存储为动态图像。通常我们用它来制作GIF格式的网页动画。

选择“文件→存储为Web和设备所用格式”命令，即可打开“存储为Web和设备所用格式”对话框，如图2-18所示。

在右边的“预设”区设置存储图像的各项基本参数，如格式、颜色数量、透明度、杂边颜色等。可在“图像大小”区设置存储文件的大小和品质，当所存的图像源文件是动画时，可在“动画”区设置动画的循环方式，并可以进行动画效果预览。

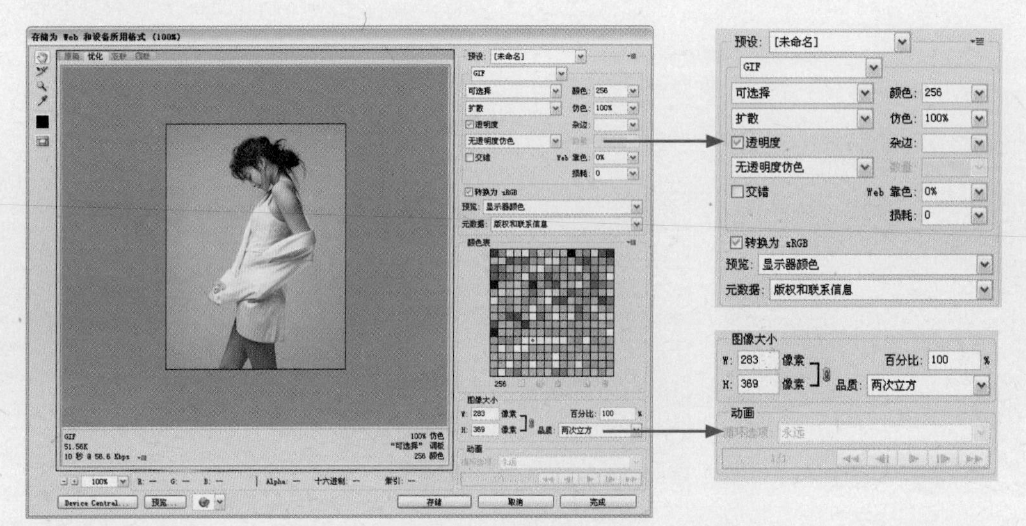


图2-18 “存储为Web和设备所用格式”对话框

对话框中的4个不同优化设置。

- 原稿：原稿图像设置。
- 优化：预览优化后的图像。
- 双联：预览2个优化结果，如图2-19所示。
- 四联：预览4个优化结果，如图2-20所示。

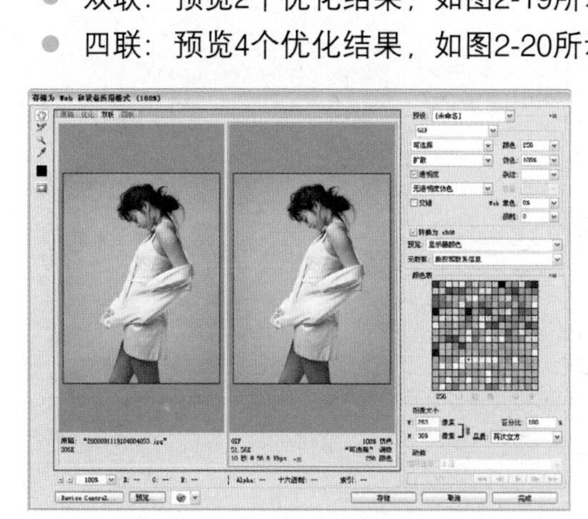

图2-19 “双联”预览图像

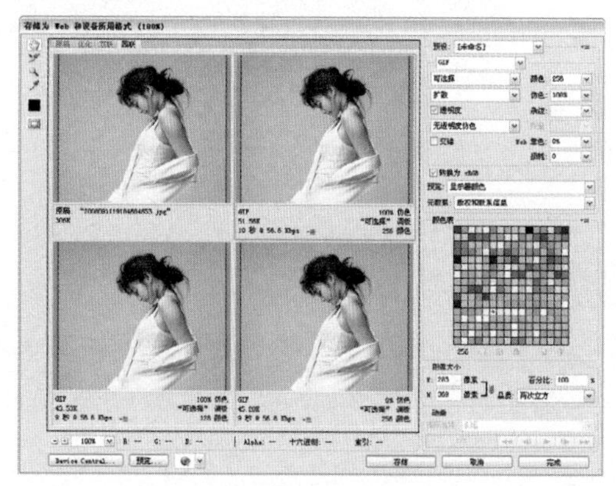

图2-20 “四联”预览图像

# 第3章 数码照片调色基础

颜色调整是数码照片处理的基石，调整曝光过度、曝光不足、色彩偏差或制作特殊的颜色效果，都与其密不可分。颜色调整这个功能在Photoshop CS5中占有极其重要的位置。在数码照片的领域中，我们必须掌握在颜色调整中几个较为常用的功能，如色阶、曲线、色相/饱和度、色彩平衡等。本章将从颜色理论入手，以几个重要的颜色调整命令为主，为读者打开颜色调整的神秘之门。

# 3.1 颜色的理论

## 3.1.1 三基色

在光学上，通过棱镜试验，可以看到白光通过棱镜后被分解成多种颜色逐渐过渡的色谱，颜色依次为红、橙、黄、绿、青、蓝、紫，这就是可见色谱。其中人眼对红、绿、蓝最为敏感，人的眼睛就像一个三色接收器的体系，大多数的颜色可以通过红、绿、蓝三色按照不同的比例合成。同样绝大多数单色光也可以分解成红、绿、蓝3种色光。这是色度学的最基本原理，即三基色原理。3种基色是相互独立的，任何一种基色都不能由其他两种颜色合成。红、绿、蓝是三基色，这3种颜色合成的颜色范围最为广泛。红、绿、蓝三基色按照不同的比例相加合成的混色称为相加混色， 如图3-1所示。

光学三基色：红、绿、蓝。

三基色可以互相叠加形成其他颜色。

红＋绿＝黄；

绿＋蓝＝青；

红＋蓝＝品红；

红＋绿＋蓝＝白。

美术意义上说的三基色指：红、黄、蓝。

基色，就是最基本的颜色，不能分解为任何颜色，而其他颜色都是在这个基础上合成的。因为一共只有3种基本色，所以我们称为三基色。颜色的3种基本色是红、黄、蓝。

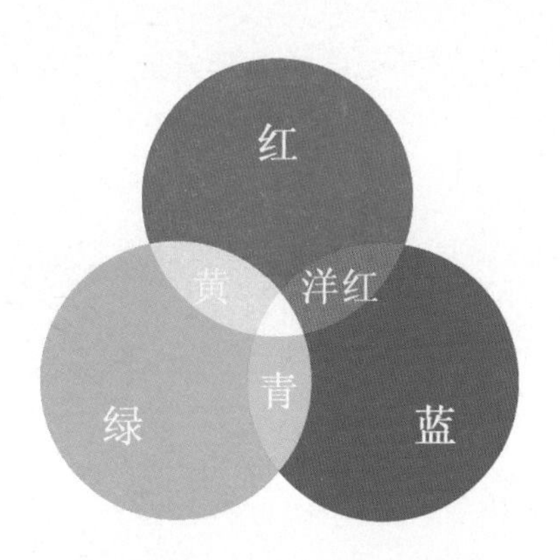


图3-1 三基色示意图

## 3.1.2 互补色、邻近色和同类色

色彩学上称间色与三基色之间的关系为互补关系，是指某一间色与另一原色之间互相补足三原色成分。例如，绿色是由黄加蓝而成，红色则是绿的互补色，橙色是由红加黄而成，蓝色则补足了三原色；紫色是由红加蓝而成，黄色则是紫的互补色。如果将互补色并列在一起，则互补的两种颜色对比最强烈、最醒目、最鲜明：红与绿、橙与蓝、黄与紫是三对最基本的互补色。在色环中颜色相对应的颜色是互补色，它们之间的色彩对比最强烈，如图3-2所示。

而邻近色则正好相反，虽然在色相上有很大差别，但在视觉上却比较接近。在色环中，凡在60度范围之内的颜色都属邻近色。

同类色则比邻近色更加接近，它主要指在同一色相中不同的颜色变化。

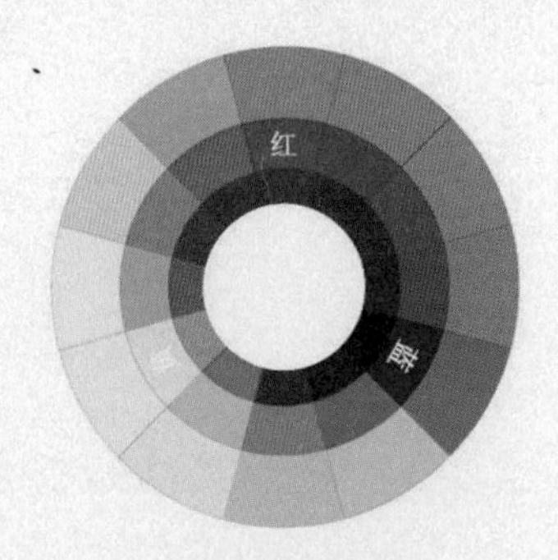


图3-2 色环示意图

# 3.2 从直方图到色阶

## 3.2.1 直方图

直方图是以图形显示图片信息，其描述的是图片显示范围内图像的分布曲线。它可以帮助分析图片的曝光水平、色彩参数等一些信息。直方图的左边显示了图像的暗部信息，直方图的中间显示了图像的灰度色调信息，直方图的右边显示了图像的高光信息。

选择“窗口→直方图”，即可打开“直方图”调板，如图3-3所示。单击“直方图”调板右上方的选项按钮，选择“扩展视图”，可打开附有详细信息的直方图，如图3-4所示；选择“全部通道视图”，可打开附有详细信息及各个通道的直方图，如图3-5所示。

直方图的横轴从左到右代表照片从暗部到亮度的像素总量，其左边最暗处的值为0，右边最亮处的值为255。直方图的垂直轴方向代表了在对应值下像素的数量。

**提示** 要想显示直方图中某点的信息，可将光标移到该点，则会在图的下面显示相关的信息；要想显示直方图中某范围内的信息，可将光标在直方图中拖动选定该区域，这时也会在图的下面显示相关的信息。

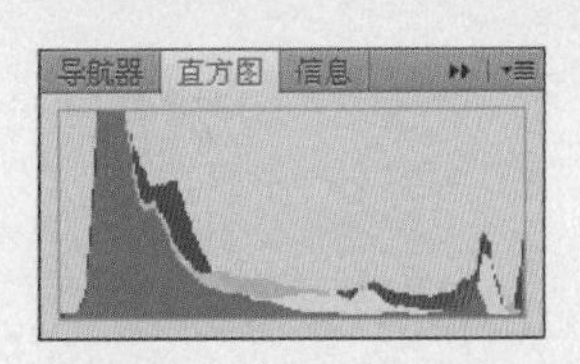


图3-3 “直方图”调板

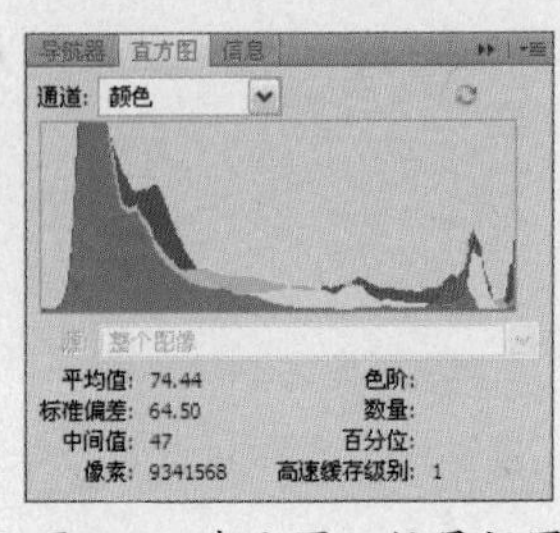


图3-4 “直方图”扩展视图

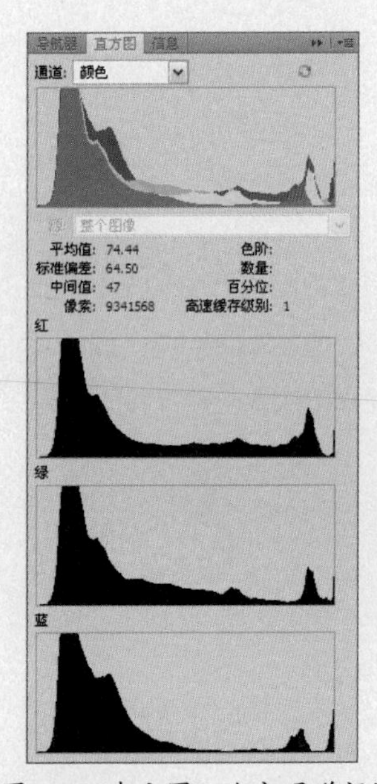


图3-5 “直方图”全部通道视图

“直方图”调板上各种信息的含义如下。

- 平均值：图像色调的平均值。
- 标准偏差：色阶的变换幅度。值越小，所有像素的色调分布越靠近平均值。
- 中间值：色阶的中间值。
- 像素：像素的总量。
- 色阶：当前光标所指部位的色阶值。
- 数量：当前光标所指部位色阶的像素数量。
- 百分比：显示低于当前光标或选区色调的像素的累计数。该值是以在整幅图像的总像素中所占的比例来表示的。
- 高速缓存级别：显示图像高速缓存的设置。该值与“预置”对话框中的“内存与图像高速缓存”设置有关。

解读直方图信息：

一幅曝光正常的图应该明暗细节都有，在直方图上就是从左到右都有分布，同时直方图的两侧不会有像素溢出。而直方图的竖轴就表示相应色阶下像素所占画面的面积，峰值越高说明该明暗值的像素数量越多。

如果直方图显示只在左边有，说明画面没有明亮的部分，整体偏暗，曝光不足。

如果直方图显示只在右边有，说明画面缺乏暗部细节，整体过亮，曝光过度。

如果整个直方图贯穿横轴，没有峰值，明暗两端溢出，说明照片反差过高，这将给画面明暗两极都产生不可逆转的明暗细节损失。

当然，要真正地认识到画面上的问题，仅仅靠直方图上的数据是远远不够的，通过肉眼对图片的观察，以及大脑的理解才更有助于解读照片信息。

## 3.2.2 色阶

“色阶”命令用于调整图像的明暗程度。色阶调整是使用高光、中间调和暗调3个变量进行图像色调调整的。这个命令不仅可以对整个图像进行操作，也可以对图像的某一选取范围、某一图层图像或者某一个颜色通道进行操作。下面来讲解一下应用该命令调整图像色彩的方法。

打开图像文件，选择“图像→调整→色阶”命令，或按“Ctrl+L”组合键，可打开“色阶”对话框，如图3-6所示。

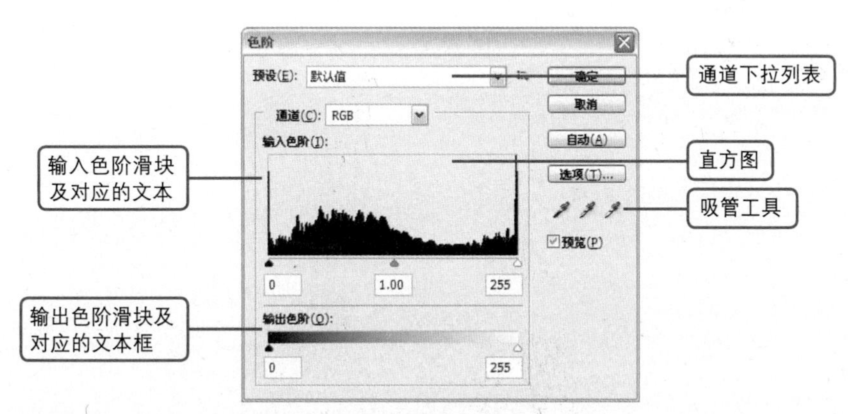


图3-6 “色阶”对话框

“色阶”对话框中各项参数的解释如下。

- 通道：选择图像的颜色通道。
- 输入色阶：第一个编辑框用来设置图像的暗部色调，低于该值的像素将变为黑色，取值范围为0~253；第二个编辑框用来设置图像的中间色调，取值范围为0.10~9.99；第三个编辑框用来设置图像的亮部色调，高于该值的像素将变为白色，取值范围为1～255。滑动其对应的滑块，可改变图像的明暗程度。

- 输出色阶：左边的编辑框用来提高图像的暗部色调，取值范围为0～255；右边的编辑框用来降低亮部的色调，取值范围为0～255。滑动其对应的滑块，可改变图像的高光和暗部的像素值。
- 自动：单击该按钮，Photoshop CS5将以0.5的比例来调整图像，把最亮的0.5%像素调整为白色，而把最暗的0.5%像素调整为黑色。
- 载入：单击该按钮可载入格式为*.alv的文件，以及色阶调整方案文件。
- 存储：单击该按钮可保存该设置，以备调用。
- 预览：选择该复选框，可以在图像窗口中预览图像效果。
- 吸管工具：这3个吸管工具位于对话框的右下方，双击其中某一吸管即可打开“拾色器”对话框，在“拾色器”对话框中输入分配高光、中间调和暗调的值。使用黑色吸管单击图像，图像上所有像素的亮度值都会减去该选取色的亮度值，使图像变暗；使用灰色吸管单击图像，Photoshop CS5将用吸管单击处的像素亮度来调整图像所有像素的亮度；使用白色吸管单击图像，图像上所有像素的亮度值都会加上该选取色的亮度值，使图像变亮。

## 实例3-1：使灰暗的照片变亮

1 按“Ctrl+O”组合键，打开配套光盘“第3章/素材/3-1”中的素材照片“仰望.jpg”，这是一幅曝光有问题的照片，如图3-7所示。观察照片的直方图和照片本身，通过直方图数据和肉眼的观察，不难发现该照片的灰场分布太广，整个照片显得灰暗。

2 选择“图像→调整→色阶”命令，或按“Ctrl+L”组合键，打开“色阶”对话框，将表示灰阶的滑块向左移动一点，使整个图片亮起来，并分别调整暗调和高光，增强对比度，参数如图3-8所示。

图3-7 打开素材照片

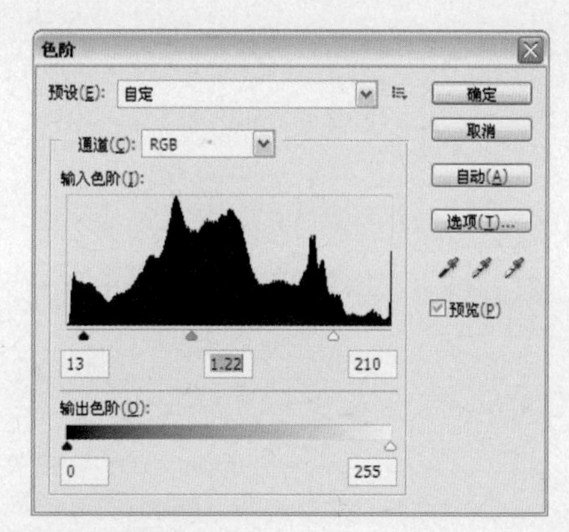


图3-8 设置“色阶”参数

3 单击“确定”按钮，调整色阶后的效果如图3-9所示。

图3-9 最终效果

# 3.3 使用曲线调整色调

打开图片文件，并选择“图像→调整→曲线”命令，或按“Ctrl+M”组合键，可打开“曲线”对话框，如图3-10所示。在对话框的曲线上直接单击鼠标，可增加控制点，拖动添加的控制点，可对图像的色调进行调整。

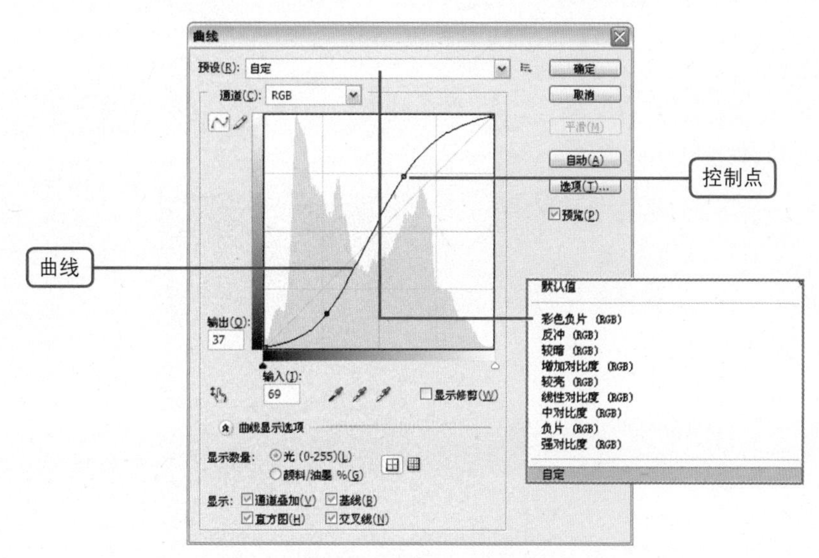


图3-10 “曲线”对话框

“曲线”对话框中各项参数的解释如下。

- 预设：该列表中罗列了多种Photoshop CS5预设的曲线调整方案，可快速对图像进行调整。
- 通道：可在其下拉列表中选择需要调整的颜色通道。
- 调节线：用于添加控制点的载体，为曲线形态。
- 控制点：通过拖动控制点，即可对曲线进行调整
- 输入：显示原来图像的亮度值，与色调曲线的水平轴相同。
- 输出：显示图像处理后的亮度值，与色调曲线的垂直轴相同。
- 光谱条：单击图标下边的光谱条，可在黑色和白色之间切换。
- 曲线工具：曲线工具用来在图表的各处制造结点来产生色调曲线。拖动鼠标可改变结点位置，向上拖动时色调变亮，向下拖动则变暗。若想将曲线调整成比较复杂的形状，可多次产生结点并进行调整。
- 铅笔工具：铅笔工具用来在图表上画出需要的色调曲线，选中它，然后将光标移至图表中，光标变成画笔，可用画笔绘制色调曲线。

## 3.3.1 综合通道曲线

下面通过一个实例来理解综合通道曲线对图像进行调整，来增强图像的对比度。

### 实例3-2：增强照片对比度

**1** 按“Ctrl+O”组合键，打开配套光盘“第3章/素材/3-2”中的素材图片“湖边.jpg”，如图3-11所示。

**2** 选择“图像→调整→曲线”命令，或按“Ctrl+M”组合键，打开曲线对话框。分别在曲线中表示暗部和表示亮部的位置单击鼠标，添加控制点，并对其分别进行调整：将暗部向下拖移，将亮部向上拖移，拉开明暗的对比，如图3-12所示。

图3-11 打开素材照片

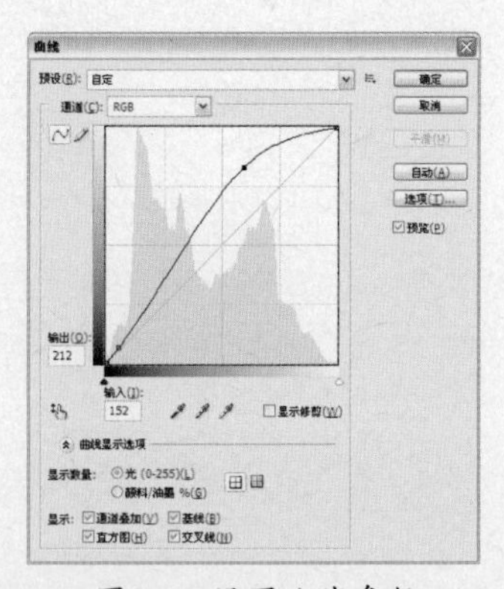

图3-12 设置曲线参数

3 单击“确定”按钮，最终效果如图3-13所示。

图3-13 最终效果

## 3.3.2 单独通道曲线

在“曲线”对话框中的“通道”下拉列表中，默认选项是“RGB”，此时调整曲线，将对图像的整体色调进行修饰，即上述对通道进行整合的调整。

若在“通道”下拉列表中选择某一通道，如红、绿、蓝通道，可对其中一个通道进行单独调整，并且调整任意一个通道都会影响图像的颜色，因此，此方法可以用于对图像的色彩进行校正。

下面通过一个实例来加深理解单独通道曲线对图像的调整。

### 实例3-3：还原真实色彩

1 按“Ctrl+O”组合键，打开配套光盘“第3章/素材/3-3”中的素材图片“美景.jpg”，如图3-14所示。

2 选择“图像→调整→曲线”命令，或按“Ctrl+M”组合键，打开“曲线”对话框，在其“通道”下拉菜单中选择“红”，调整其参数如图3-15所示。

图3-14 打开素材照片

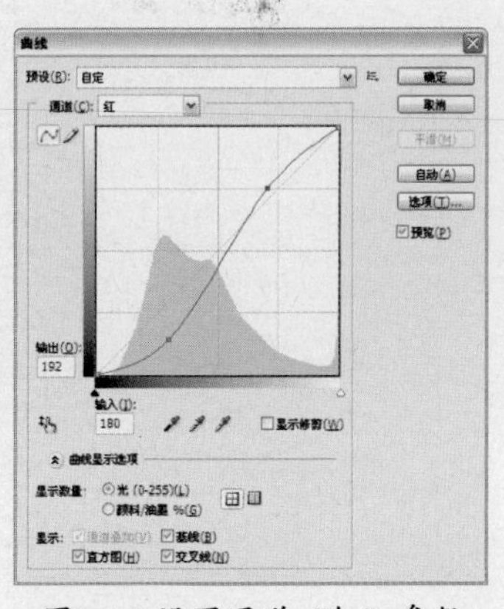

图3-15 设置通道“红”参数

**3** 在“通道”下拉列表中选择“绿”，并调整其参数，如图3–16所示。

**4** 在“通道”下拉列表中选择“蓝”，并调整其参数，如图3–17所示。

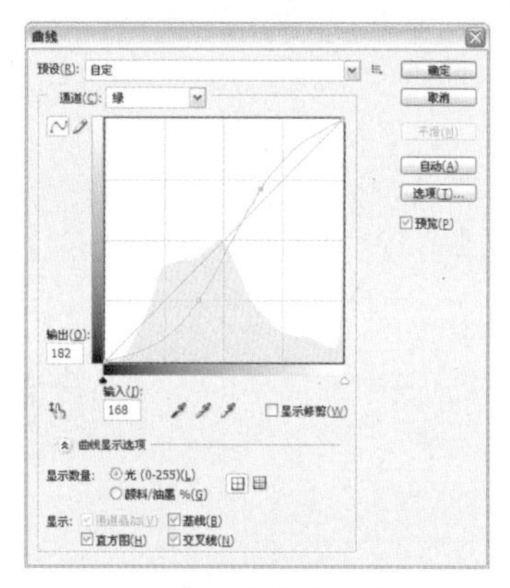
图3-16 设置曲线参数

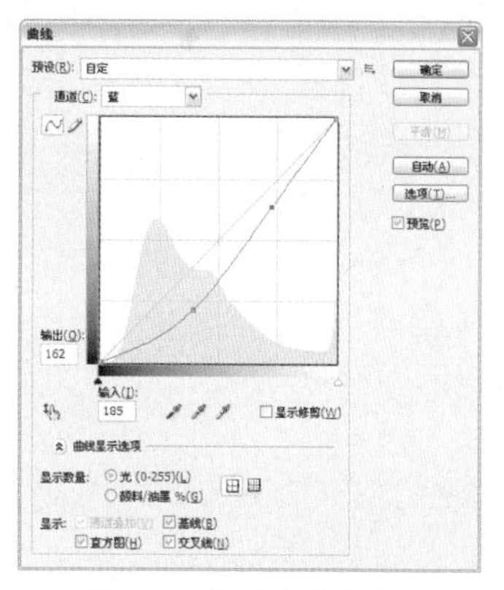
图3-17 设置曲线参数

**5** 在“通道”下拉列表中选择“RGB”，并调整其参数，如图3–18所示。

**6** 单击“确定”按钮，最终效果如图3–19所示。

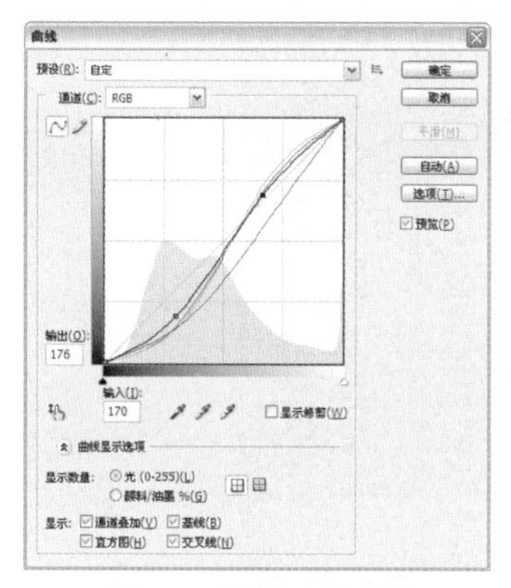
图3-18 设置曲线参数

图3-19 最终效果

## 3.4 让图像变化多彩——色相/饱和度

通过“色相/饱和度”命令可以调整图像整体的色相、饱和度和明度，也可以对图像中的某个颜色像素进行色相、饱和度和明度的调整，还可以通过给像素指定新的色相和饱和度，从而使灰度图像添加颜色。

选择“图像→调整→色相/饱和度”命令，或按“Ctrl+U”组合键，打开“色相/饱和度”对话框，如图3–20所示。

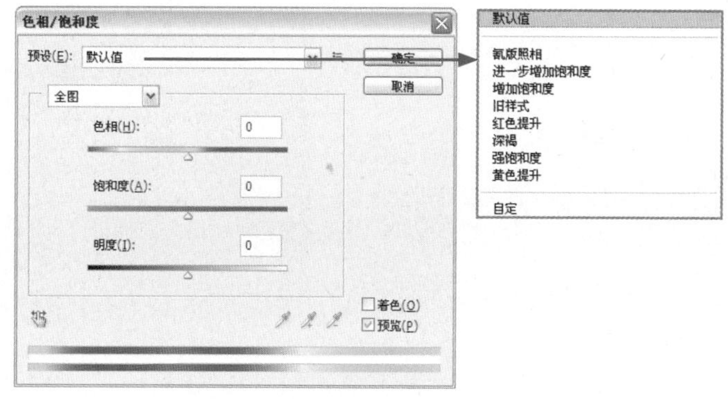

图3-20 “色相/饱和度”对话框

“色相/饱和度”对话框中各项参数的解释如下。

- 预设：Photoshop CS5中，软件自带的色彩调整方案。用户可以根据需要直接使用。
- 色相：即颜色。在数值框中输入数字或拖动下方的滑块可改变图像的颜色。
- 饱和度：颜色的鲜艳程度，色彩纯度。在数值框中输入数字或拖动下方的滑块可改变图像的饱和度。当饱和度为-100时，为灰度图像。
- 明度：是指图像的明暗度。
- 着色：直接为图像叠加一个新的颜色来制作单色图像效果。

通过”色相/饱和度”命令的调整，可对图像的整体色相、饱和度和亮度进行修饰，同时能够改变图像的整体颜色。使用选区选择图像的某一部分，也可对图像的选择区域进行单独调整，此方法常常用于修饰图像局部的色相和饱和度。

下面通过一个简单的实例来讲解”色相/饱和度”命令。

### 实例3-4：优化照片色彩

1 按“Ctrl+O”组合键，打开配套光盘“第3章/素材/3–4”中的素材图片 “瀑布.jpg”，这张照片的饱和度不足，如图3–21所示。

图3-21 打开照片素材

2 选择“图像→调整→色相/饱和度”命令，或按“Ctrl+U”组合键，打开“色相/饱和度”对话框，向右滑动饱和度滑块，调整其饱和度参数为42，如图3–22所示。

3 整个图像的饱和度增强，效果如图3–23所示。

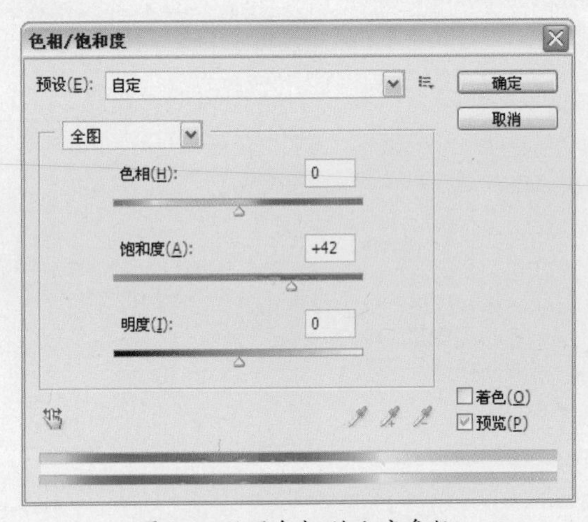



图3-22 设置色相/饱和度参数

图3-23 调整后的效果

4 在“色相/饱和度”对话框中的颜色下拉列表中选择“红色”，并向左滑动饱和度滑块，调整其饱和度参数为–11，如图3–24所示。

5 单击“确定”按钮，此时，画面中红色像素的饱和度降低，效果如图3–25所示。

图3-24 设置色相/饱和度参数

图3-25 调整后的效果

6 在“色相/饱和度”对话框中的颜色下拉列表中选择“黄色”，并向左滑动饱和度滑块，调整其饱和度参数为–44，如图3–26所示。

7 此时，画面中黄色像素的饱和度降低，效果如图3–27所示。

图3-26 设置色相/饱和度参数

图3-27 调整后的效果

8 在“色相/饱和度”对话框中的颜色下拉列表中选择“绿色”，并设置其各项参数分别为16，50，–3，如图3–28所示。

9 画面效果如图3–29所示。

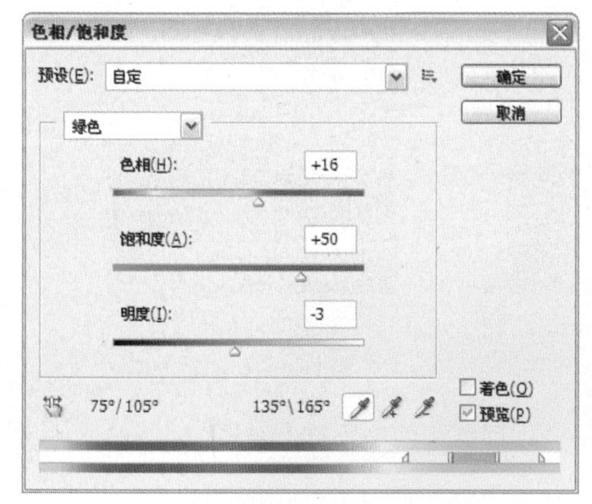


图3-28 设置色相/饱和度参数

图3-29 调整后的效果

10 在“色相/饱和度”对话框中的颜色下拉列表中选择“青色”，并向右滑动色相滑块，调整其参数为26，如图3-30所示。

11 单击“确定”按钮，最终效果如图3-31所示。

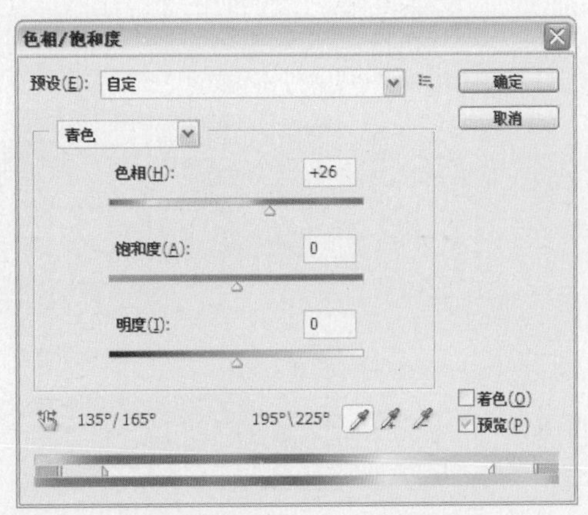


图3-30 设置色相/饱和度参数

图3-31 最终效果

## 3.5 照片去色和负片效果

### 3.5.1 去色

选择“图像→调整→去色”命令，可以将图像中的颜色信息丢失，使其呈现出灰度图片效果。此命令可在不转换色彩模式的前提下，将色彩图像转换成灰度图像，并保留原来像素的亮度不变。

下面通过一个实例来对“去色”命令进行讲解。

#### 实例3-5：照片去色

1 按“Ctrl+O”组合键，打开配套光盘“第3章/素材/3-5”中的素材图片“荷花.jpg”，如图3-32所示。

2 单击工具箱中的“钢笔工具”，沿着荷花外轮廓绘制路径，如图3-33所示。

3 按“Ctrl+Enter”组合键，将路径转换为选区，如图3-34所示。

图3-32 打开素材照片

图3-33 绘制路径

图3-34 转换选区

4 按“Shift+Ctrl+I”组合键，反选选区，如图3-35所示。

5 选择“色彩→调整→去色”命令，或按“Shift+Ctrl+U”组合键，将选区内的像素去色，按“Ctrl+D”组合键，取消选择，如图3-36所示。

图3-35 反选选区

图3-36 最终效果

### 3.5.2 负片效果

选择“图像→调整→反相”命令，可将图像的颜色进行反转，此时图像的色彩转换为相应颜色的补色，而且不会丢失图像的颜色信息。从而转化为传统相机的负片效果，或将负片转换为图像。

将一幅照片进行“反相”操作后，将得到负片效果。

下面通过一个简单的实例来讲解负片效果。

#### 实例3-6：负片效果

1 按“Ctrl+O”组合键，打开配套光盘“第3章/素材/3-6”中的素材图片“公园.jpg”，如图3-37所示。

2 选择“图像→调整→反相”命令，得到负片效果如图3-38所示。

图3-37 打开素材照片

图3-38 负片效果

## 3.6 调整阴影/高光

“阴影/高光”命令不是单纯地使图像变亮或变暗，而是通过计算对图像局部进行明暗处理。

选择“图像→调整→阴影/高光”命令，打开“阴影/高光”对话框，如图3-39所示，选择“显示更多选项”复选框，可将该命令下的所有选项完整地显示出来，如图3-40所示。

“阴影/高光”对话框中各项参数的解释如下。

- 数量：分别对阴影和高光的校正量进行调整。数值越大，则阴影越亮高光越暗；反之则阴影越暗高光越亮。
- 色调密度：调整校正阴影或高光的色调范围。

- 半径：调整应用阴影和高光效果的范围。
- 颜色校正：该命令可以微调彩色图像中已被改变区域的颜色。
- 中间调对比度：调整中间色调的对比度。
- 存储为默认值：单击该按钮，可将当前设置存储为"阴影/高光"命令的默认值。若要恢复默认值，按住"Shift"键，将光标移动到 存储为默认值(V) 按钮上，则该按钮会变成"恢复默认值"，单击该按钮即可。

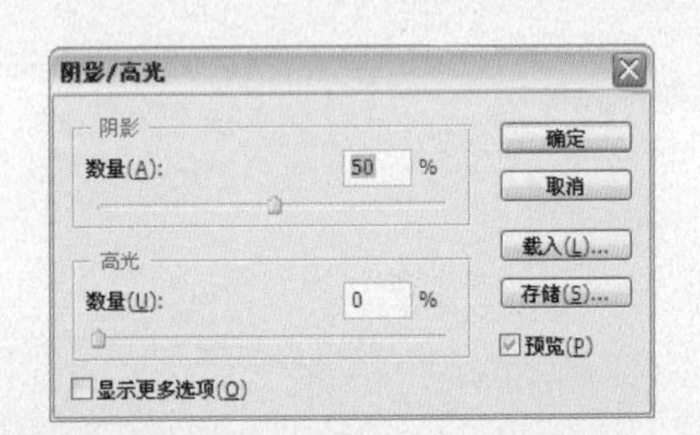


图3-39 "阴影/高光"对话框

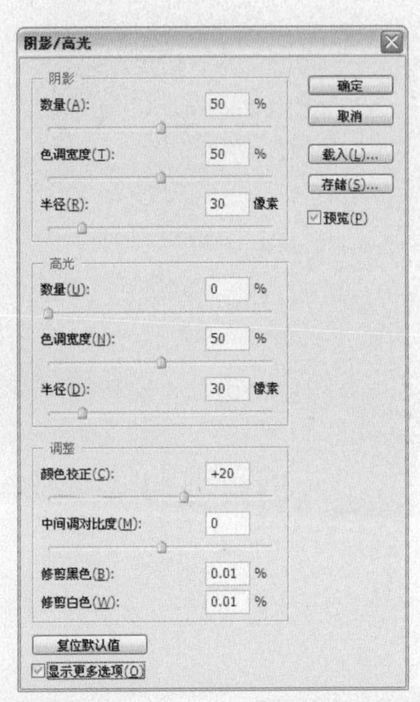


图3-40 "阴影/高光"所有选项对话框

下面通过一个简单的实例来讲解"阴影/高光"命令。

## 实例3-7：校正阴影和高光

1 按"Ctrl+O"组合键，打开配套光盘"第3章/素材/3-7"中的素材图片"小径.jpg"，如图3-41所示。

2 选择"图像→调整→阴影/高光"命令，打开"阴影/高光"对话框，选择"显示更多选项"复选框，并分别对各个参数进行调整，如图3-42所示。

图3-41 打开照片素材

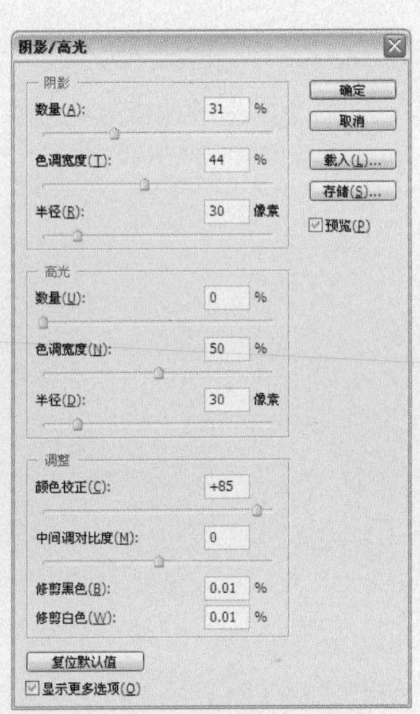


图3-42 设置"阴影/高光"参数

**2** 单击“确定”按钮，最终效果如图3-43所示。

图3-43 最终效果

## 3.7 变化

使用“变化”命令可让用户直观地调整图像或选区中图像的色彩平衡、对比度和饱和度。应用该命令可制作偏色效果图像。

选择“图像→调整→变化”命令，打开“变化”对话框，如图3-44所示。单击或连续单击相应的颜色缩略图，可在图像中增加某种颜色；单击其互补色，可从图像中减去颜色。

对话框顶部的两个缩略图分别显示原图和调整效果的预览图；右侧的缩略图用于调整图像亮度值，单击其中一个缩略图，所有的缩略图都会随之改变亮度；名为“当前挑选”的缩略图反映当前的调整状况。其余各图分别代表增加某种颜色后的情况，调整完毕后单击“确定”按钮即可。

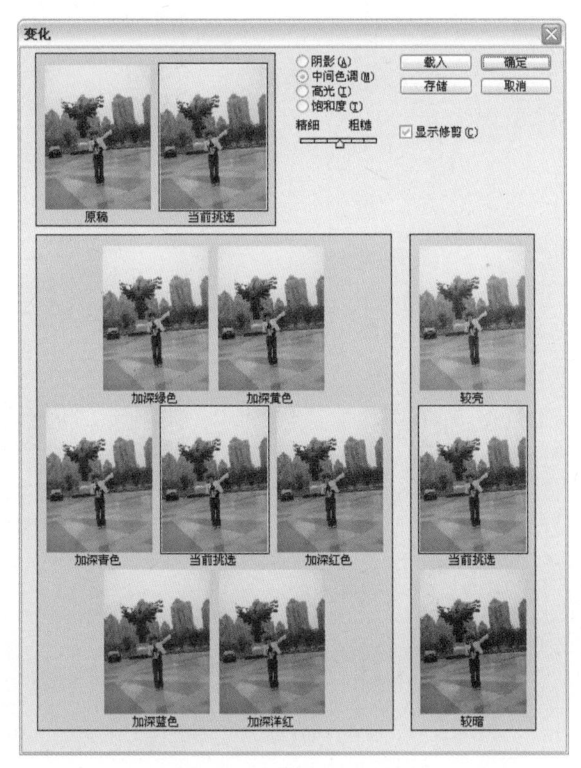


图3-44 “变化”对话框

“变化”对话框中各项参数的解释如下。

- 暗调、中间色调、高光：这3个单选项用于选择要调整像素的色阶范围。
- 饱和度：设置图像颜色的鲜艳程度。
- 精细/粗糙：控制图像调整时的幅度，向粗糙项靠近一格，幅度就增大一倍。
- 显示修剪：决定是否显示图像中颜色溢出的部分。

下面通过一个实例来对“变化”命令进行讲解。

### 实例3-8：变色球

**1** 按“Ctrl+O”组合键，打开配套光盘“第3章/素材/3-8”中的素材图片“水晶球.jpg”，如图3-45所示。

图3-45 打开水晶球素材照片

**2** 选择“图像→调整→变化”命令，打开“变化”对话框，并连续单击“加深洋红”缩览图，如图3-46所示。

**3** 单击“确定”按钮，最终效果如图3-47所示。

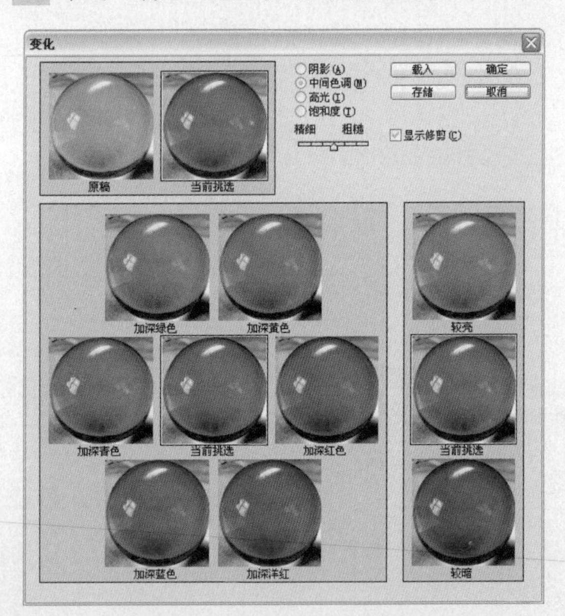


图3-46 设置“变化”参数

图3-47 最终效果

## 3.8 色彩平衡

“色彩平衡”命令常用于校正图像的偏色。

选择“图像→调整→色彩平衡”命令，或按“Ctrl+B”组合键，打开“色彩平衡”对话框，如图3-48所示。

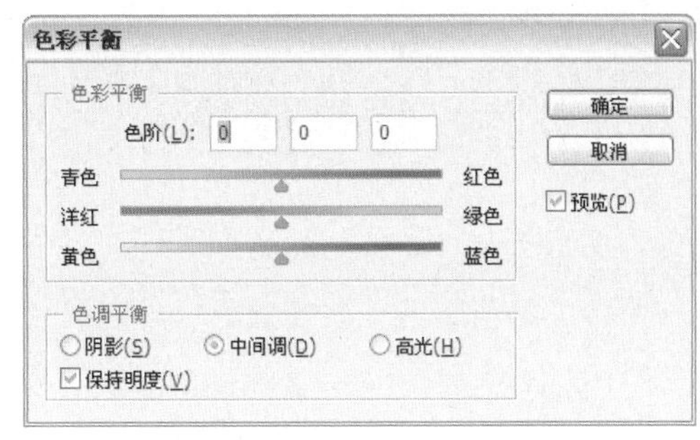


图3-48 “色彩平衡”对话框

“色彩平衡”对话框中各项参数的解释如下。

- 色彩平衡：分别用来显示3个滑块的值，也可直接在色阶文本框中输入相应的值来调整色彩平衡。
- 阴影：选择对图像阴影部分的颜色进行调节。
- 中间调：选择对图像中间色调的颜色进行调节。
- 高光：选择对图像高光部分的颜色进行调节。
- 保持亮度：选择该复选框，操作中只改变图像的颜色值，亮度值则保持不变。

下面通过一个简单的实例对“色彩平衡”命令进行讲解：

## 实例3-9：校正偏黄的照片

1 按“Ctrl+O”组合键，打开配套光盘“第3章/素材/3-9”中的素材图片“艺术照.jpg”，如图3-49所示。

2 选择“图像→调整→色彩平衡”命令，或按“Ctrl+B”组合键，打开“色彩平衡”对话框，并分别调整其色阶的参数为-29，0，51，如图3-50所示。

图3-49 打开照片素材

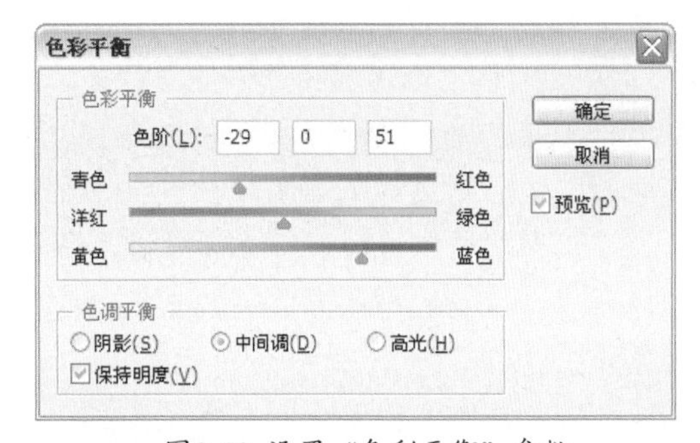


图3-50 设置“色彩平衡”参数

3 单击“确定”按钮，偏黄的照片得到有效的校正，最终效果如图3-51所示。

图3-51 最终效果

## 3.9 替换颜色

“替换颜色”命令常用于替换图像中某个特定范围的颜色。

选择“图像→调整→替换颜色”命令，即可打开“替换颜色”对话框，如图3-52所示。

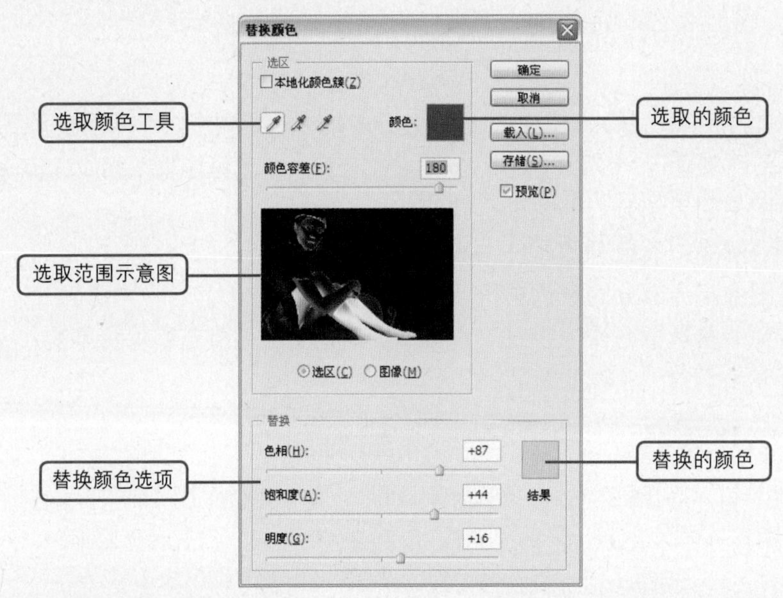


图3-52 “替换颜色”对话框

对该对话框中各项参数的解释如下。

- 吸管工具：选取需要替换的颜色。
- 添加到取样：添加需要替换的颜色。
- 从取样中减去：减去需要替换的颜色。
- 选取的颜色：指选择的需要替换的颜色色相。单击该颜色示意图，可打开“选取目标颜色”对话框，在该对话框中可以直接选择图像的某种颜色。
- 颜色容差：设置此项参数，可以控制选取的当前颜色范围。设置的参数越大，被替换颜色的图像区域越大。
- 选取范围示意图：当选择示意图下方的“选区”单选按钮时，示意图中将显示当前选取的图像，图像中的“白色”部分，是当前选取的图像颜色，“黑色”部分，是当前未选取部分，可以通过对话框中的“选取颜色工具”，在示意图中直接选取替换范围；当选择示意图下方的“图像”单选按钮时，将会显示源图像。
- 替换颜色选项：通过“替换”选项组中的“色相”、“饱和度”和“明度”参数设置，可以对图像中当前选取的范围进行颜色替换。
- 替换的颜色：在“结果”颜色中，显示当前替换后的图像颜色。同时可以单击“颜色”按钮，打开“选取目标颜色”对话框，在该对话框中可以直接选择某个颜色，对当前选取的颜色进行替换。

下面通过一个实例来讲解”替换颜色”这个命令的用法。

### 实例3-10：替换服装的颜色

**1** 按“Ctrl+O”组合键，打开配套光盘“第3章/素材/3-10”中的素材图片“娴静.jpg”，如图3-53所示。

**2** 选择“图像→调整→替换颜色”命令，打开“替换颜色”对话框，将光标移动到人物的衣服上单击鼠标，选择需要替换的颜色，并调整颜色容差为200，按图3-54所示的参数对“替换”选项组中的参数进行设置。

图3-53 打开素材照片

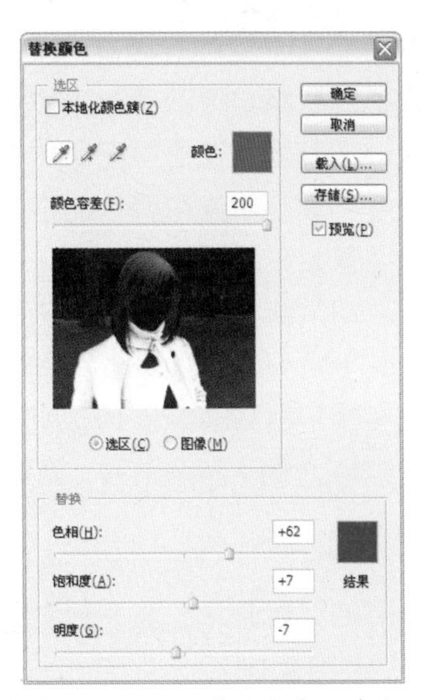


图3-54 设置“替换颜色”参数

3 单击“确定”按钮，最终效果如图3-55所示。

图3-55 最终效果

## 3.10 统一多幅图像的色调

“匹配颜色”命令可以使多个图像文件、多个图层、多个色彩选区进行颜色的匹配，将两个颜色毫无关联的图像色调进行统一。

打开图像文件，选择“图像→调整→匹配颜色”命令，打开“匹配颜色”对话框，如图3-56所示。

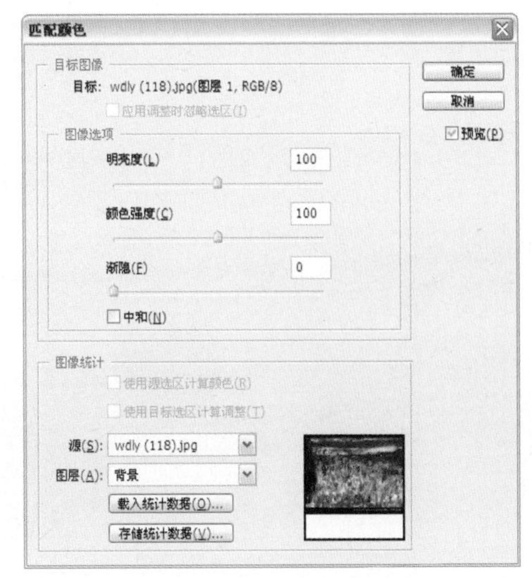


图3-56 “匹配颜色”对话框

对该对话框中各项参数的解释如下。

- 应用调整时忽略选区：将效果应用到整个目标图层上，忽略图层中的选区。
- 明亮度：调整当前图层中图像的亮度。
- 颜色强度：调整图像中颜色的饱和度。
- 渐隐：设置效果的程度。
- 中和：自动消除目标图像中的色彩偏差。
- 源：在其下拉列表中选择要将其颜色匹配到目标图像中的源图像。
- 图层：在其下拉列表中选择源图像中带有需要匹配颜色的图层。

下面通过一个简单的实例来讲解“匹配颜色”命令。

## 实例3-11：匹配两个图像颜色

**1** 按“Ctrl+O”组合键，打开配套光盘，“第3章/素材/3-11”中的素材图片 “奔跑.jpg”和“花卉.jpg”，如图3-57和图3-58所示。

图3-57 打开照片素材

图3-58 打开照片素材

**2** 在素材1中选择“图像→调整→匹配颜色”命令，打开“匹配颜色”对话框，设置源为花卉，如图3-59所示，单击“确定”按钮。

**3** 匹配颜色后的效果，如图3-60所示。

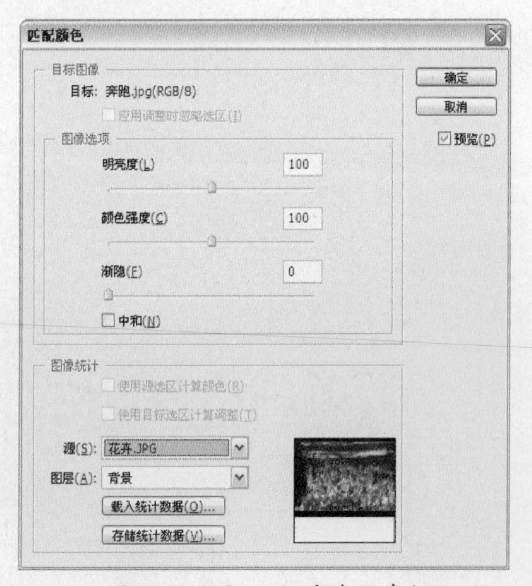


图3-59 设置“匹配颜色”参数

图3-60 最终结果

**提示** 使用“匹配颜色”命令时，应将颜色模式设置为RGB颜色。

## 3.11 照片滤镜

使用“照片滤镜”命令，可以模拟在传统相机镜头前加颜色补偿滤镜，我们常用于调整照片的色温，使其形成一定程度的偏色，也可用于制作特殊效果。

选择“图像→调整→照片滤镜”命令，打开“照片滤镜”对话框，如图3-61所示。

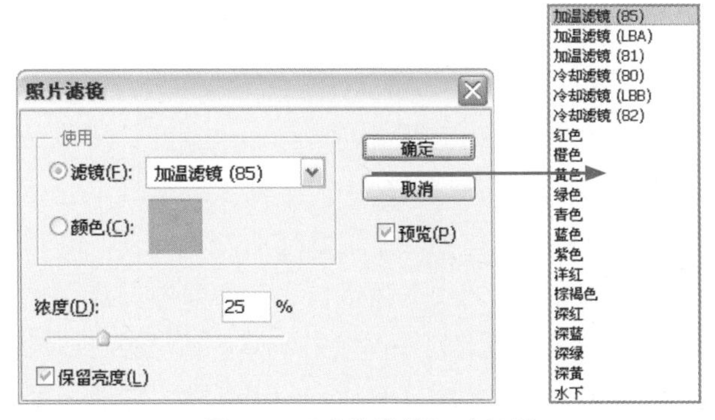


图3-61 “照片滤镜”对话框

对该对话框中各项参数的解释如下。

- 滤镜：软件提供的预置滤镜效果。
- 颜色：选择该单选按钮中的色块来设置滤镜的颜色。
- 浓度：调整应用到图像中的颜色量。值越高，色彩就越接近设置的滤镜颜色。
- 保留亮度：选择该复选框，图像的明度不会因为其他选项的设置而改变。

### 实例3-12：调整照片的色温

1 按“Ctrl+O”组合键，打开配套光盘“第3章/素材/3-12”中的素材图片“绵羊.jpg”，如图3-62所示。

2 选择“图像→调整→照片滤镜”命令，打开“照片滤镜”对话框，并设置其参数，如图3-63所示。

图3-62 打开照片素材

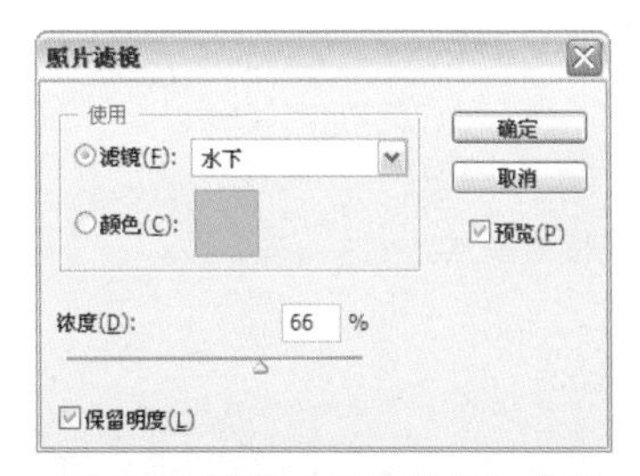


图3-63 设置“照片滤镜”参数

3 调整照片色温后的效果如图3-64所示。

图3-64 最终效果

# 第4章 图层、通道、蒙版的使用

图层、蒙版、通道在 Photoshop CS5中非常重要，也是许多初学者在学习Photoshop的过程中最难以理解的部分。图层是组合成图像的单位，很多的特殊效果都是通过直接对图层进行操作来实现，这是一种既简便，又有效的方法，并且不会影响其他图层的像素。Photoshop 中蒙版和通道的知识，由于许多不易被理解，造成初学者对蒙版和通道功能的忽视。然而只有真正掌握了蒙版和通道这两个看似抽象的知识，才能渐渐从初学者的领域向更深一层迈进，只有熟练、灵活地将蒙版和通道应用到图像处理和设计中，才能真正地踏入高手的行列。

本章向读者讲解了图层、蒙版和通道的基础知识，比如图层的基本概念、各种蒙版的使用、通道的类别和作用及操作方法等。并用实例来展示图层混合模式换背景、蒙版混合图像、通道抠图等应用较为广泛的修图方法。读者应该在学习的过程中去思考、实践，从而更加深入地理解并掌握难点。知难而进才能获得进一步的成功。

## 4.1 图层之妙

图层是Photoshop CS5中重要的功能之一。自从Photoshop引入了图层的概念后，图像的编辑就变得极为方便。图层是创作各种合成效果的重要途径。可以将不同的图像放在不同的图层上进行独立操作且对其他图层没有影响。在默认情况下，图层中灰白相间的方格表示该区域没有像素，能保存透明区域是图层的特点。

图层可以形象地理解为叠放在一起的胶片，如图4-1所示。

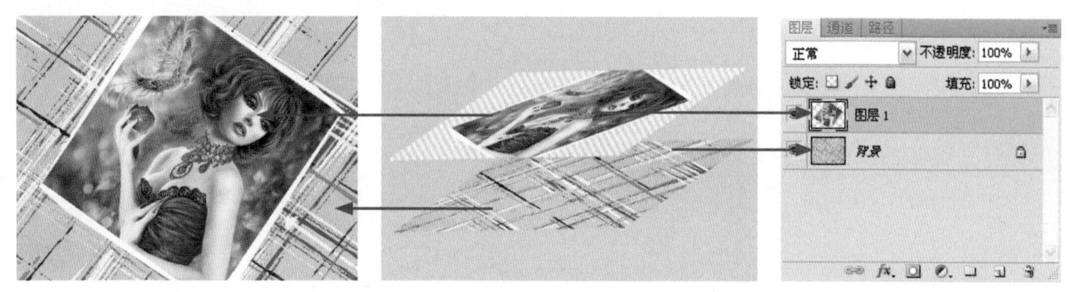


图4-1 图层之间的关系

图层的基本操作包括新建、复制、删除、合并图层及图层顺序调整等，这些操作都可以通过选择“图层”菜单中的相应命令或 “图层”调板来完成。

使用“图层”调板，可以更为方便地控制图层，在其中可以添加或删除图层、添加图层蒙版、添加图层组、更改图层名称、调整图层不透明度、增加图层样式、调整图层混合模式等。“图层”调板如图4-2所示。

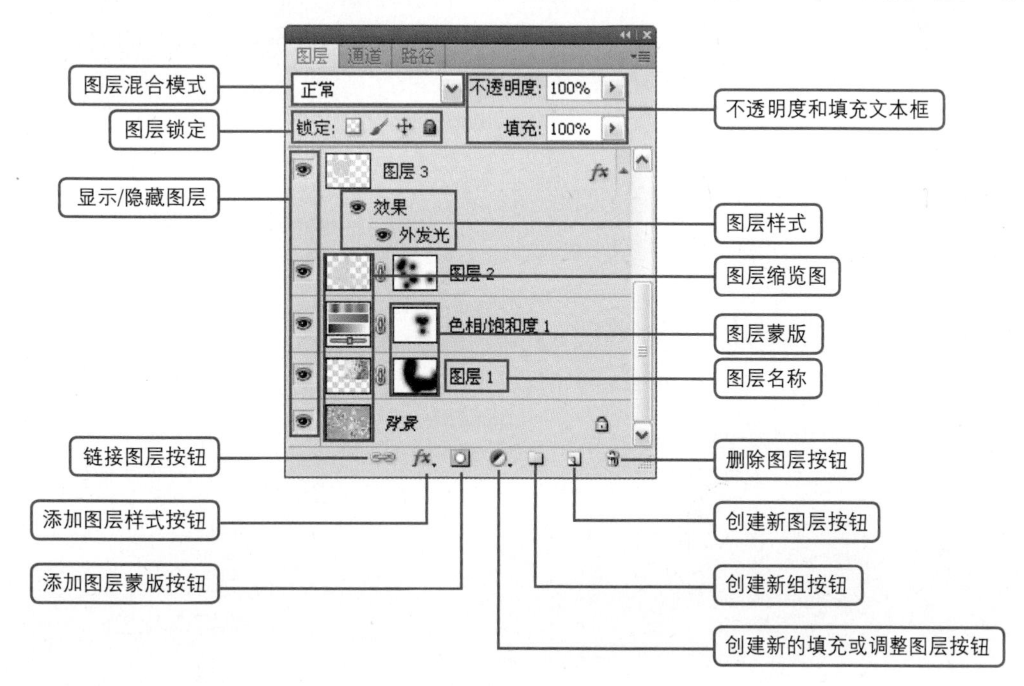


图4-2 “图层”调板

## 4.1.1 正片叠底轻松换背景

前后效果对比

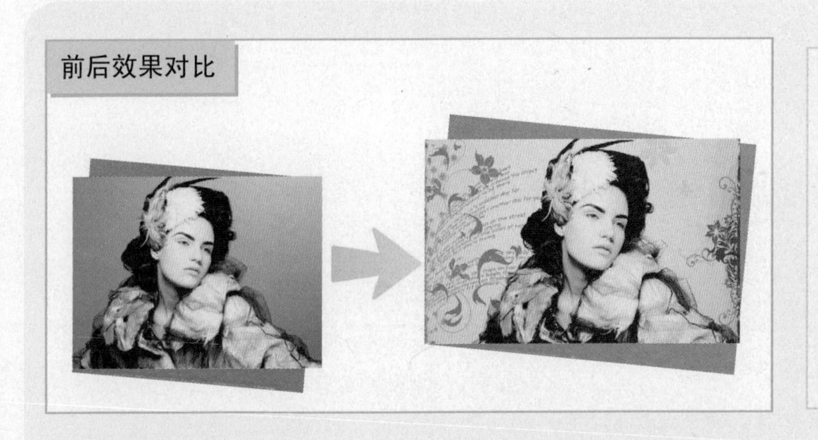

素材文件 背景.tif、人物.tif

效果文件 正片叠底轻松换背景.psd

存放路径 光盘\源文件与素材\第4章\4.1图层之妙\4.1.1正片叠底轻松换背景

### 案例点评

本案例主要学习用正片叠底轻松换背景的方法。主要通过“色阶”命令中的“白场吸管”对人物背景进行调整，尽可能地调整成白色，然后利用“正片叠底”混合模式的特性，将人物照片中白色区域进行去除，最后将原照片与当前照片进行组合，使照片的背景能够轻松、快捷地被换取。同时在讲解过程中还为读者详细讲解了如何更改图层名、更改图层颜色、隐藏图层、显示图层等基本操作。

修图步骤

**1** 选择“文件→打开”命令，或按“Ctrl+O”组合键，打开配套光盘中的素材图片“背景.tif”，如图4-3所示。

**2** 选择“文件→打开”命令，打开配套光盘中的素材图片 “人物.tif”，如图4-4所示。

图4-3 打开素材图片

图4-4 打开素材图片

**3** 单击工具箱中的“移动”工具，将选区图片拖曳到“背景”文件窗口中释放，并按“Ctrl+T”组合键，对素材的大小和位置进行调整，如图4-5所示，双击图像确定变换。

**4** 将“人物”素材图片导入到“背景”图片中后，“图层”面板自动将素材图片设为“图层1”，如图4-6所示。

图4-5 导入素材图片

图4-6 图层面板

**5** 在“图层”面板中，拖曳“图层1”到下方的“创建新图层”按钮 上，创建“图层1副本”，如图4-7所示。

**提示** 按“Ctrl+J”组合键，同样可以快速创建副本图层。

**6** 在“图层1”上单击鼠标右键，选择快捷菜单中的“图层属性”命令，打开“图层属性”对话框，在“名称”文本框中输入“人物下层”，并在“颜色”下拉列表中选择红色，如图4-8所示。

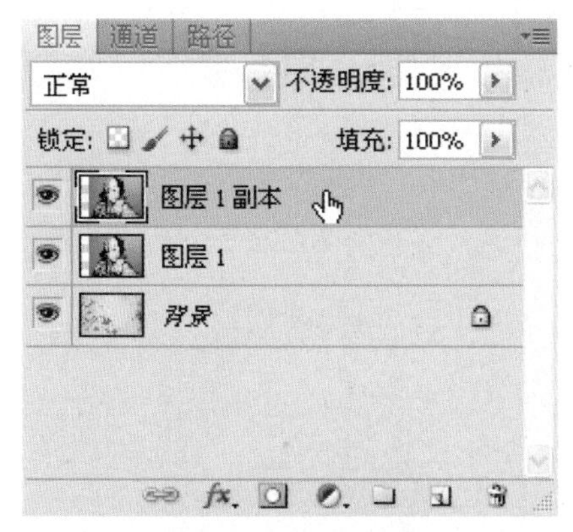


图4-7 创建图层副本

图4-8 更改图层名和颜色

**提示** 在“图层”面板中，可以双击图层名，对图层的名称进行更改，更改图层颜色，可以在“图层”面板中，直接用鼠标右键单击图层前的“指示图层可视性”按钮，在弹出的快捷菜单中选择颜色即可。

**7** 运用同样的方法，输入副本的名称为“人物上层”，选择图层颜色为黄色，单击“人物下层”的“指示图层可视性”按钮，隐藏该图层，如图4-9所示。

**8** 选择“图像→调整→色阶”命令，打开“色阶”对话框，在对话框中单击“设置白场”按钮，并在画布中单击人物素材的背景区域，让人物素材的背景尽可能地变为白色，如图4-10所示，单击“确定”按钮。

图4-9 隐藏图层

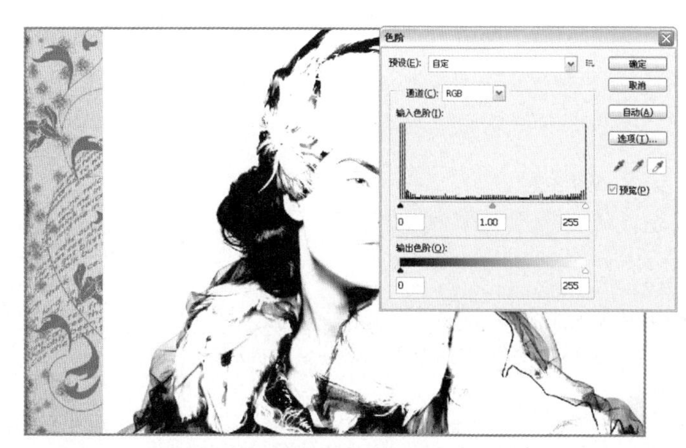


图4-10 吸取背景颜色

**9** 在“图层”面板左上方的“图层混合模式”下拉列表中选择“正片叠底”图层样式，如图4-11所示。

**10** 设置“人物上层”的“图层混合模式”后，画布中的效果如图4-12所示。

图4-11 设置“图层混合模式”

图4-12 画布中的“正片叠底”效果

11 选择“人物下层”，并单击“指示图层可视性”按钮，显示该图层，如图4-13所示。

12 单击工具箱中的“橡皮擦”工具，对人物的背景部分进行擦除，去除背景的效果如图4-14所示。

图4-13 显示图层

图4-14 去除背景的效果

**提示** 在擦除背景时，只对人物的背景部分进行擦除；擦除人物边缘时，可通过按键盘上的“[”键和“]”键，将工具调整到合适的大小后再进行细节擦除，以免擦除到人物内部部分。

13 选择“图像→调整→色彩平衡”命令，或按“Ctrl+B”组合键，打开“色彩平衡”对话框，选择“中间调”单选按钮，设置参数为44，5，–100，如图4–15所示。

14 选择“阴影”单选按钮，设置参数为41，0，–49，如图4–16所示。

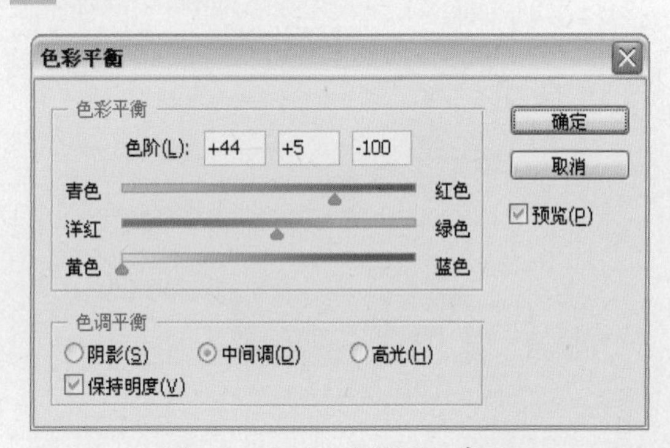


图4-15 设置“中间调”参数

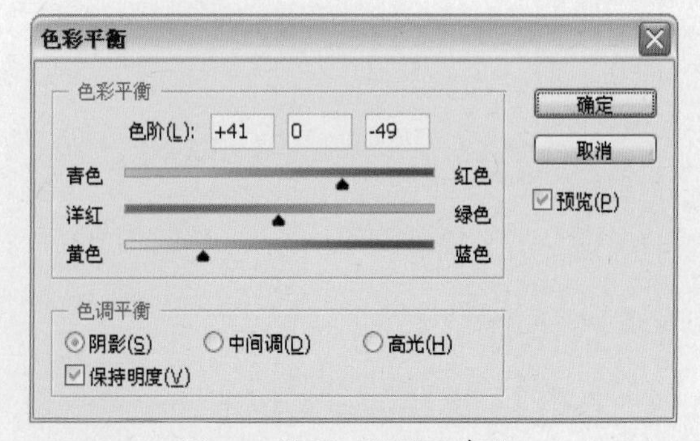


图4-16 设置“阴影”参数

15 调整“色彩平衡”命令后，让人物图片的整体颜色更融合于背景中，效果如图4–17所示。

16 选择“图像→调整→色相/饱和度”命令，打开“色相/饱和度”对话框，设置“明度”为20，如图4–18所示。

图4-17 调整“色彩平衡”后的效果

图4-18 设置“色相/饱和度”参数

**17** 单击“确定”按钮，更换背景的最终效果如图4-19所示。

图4-19 最终效果

## 4.1.2 邮票效果

**素材文件** 吉祥猫.tif

**效果文件** 邮票效果.psd

**存放路径** 光盘\源文件与素材\第4章\4.1图层之妙\4.1.2邮票效果

### 案例点评

本案例主要学习制作邮票效果的方法。主要运用“橡皮擦”工具，在“画笔”调板中对“间距”进行调整，然后对白色边框的边缘进行擦除，制作出邮票的边框特征，然后运用高斯模糊、曲线、添加杂色等命令，对照片进行调整，使制作的邮票效果更加逼真。在制作过程中，还为读者讲解了如何在“图层”面板中载入图像外轮廓选区等操作方法和技巧。

修图步骤

01 选择“文件→新建”命令，或按“Ctrl+N”组合键，打开“新建”对话框，在“名称”文本框中输入“邮票效果”，分别设置“宽度”为8厘米，“高度”为8厘米，“分辨率”为150像素/英寸，“颜色模式”为RGB颜色，设置其他参数如图4-20所示，单击“确定”按钮。

02 设置“前景色”为灰蓝色（R:103，G:122，B:127），按“Alt+Delete”组合键，填充颜色如图4-21所示。

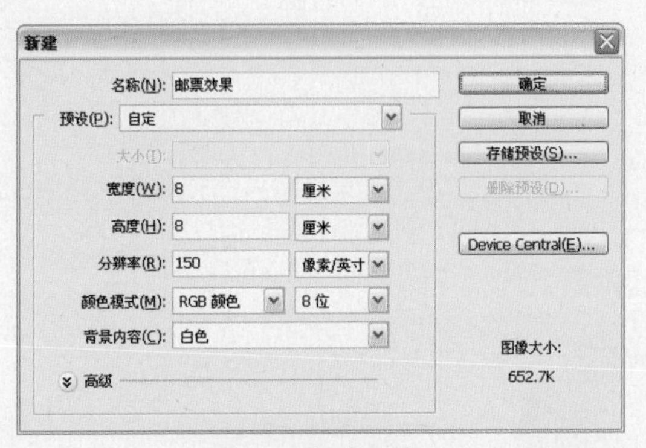


图4-20 新建文件

图4-21 填充颜色

03 在“图层”面板的右下方，单击“创建新图层”按钮，新建“图层1”，如图4-22所示。

04 单击工具箱中的“矩形选框”工具，在窗口中拖动光标，绘制矩形选区，并设置“前景色”为白色，按“Alt+Delete”组合键，填充选区颜色，如图4-23所示，按“Ctrl+D”组合键取消选区。

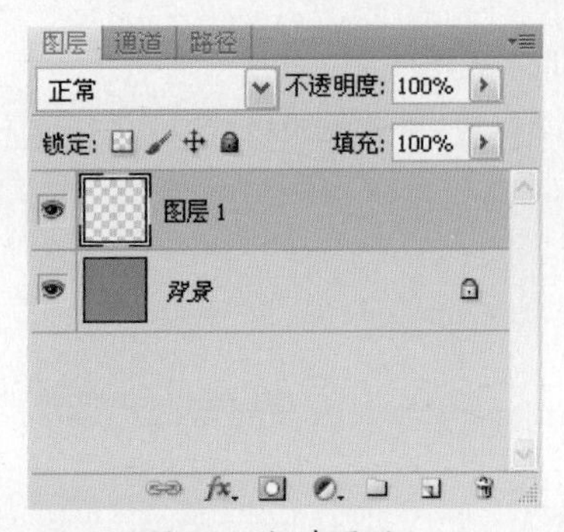


图4-22 新建图层

图4-23 填充选区颜色

**提示** 设置“前景色”，可以在工具箱下方单击“设置前景色”按钮，打开“拾色器”进行颜色调整。

05 选择“文件→打开”命令，或按“Ctrl+O”组合键，打开配套光盘中的素材图片“吉祥猫.tif”，如图4-24所示。

06 单击工具箱中的“移动”工具，将素材图片拖曳到“邮票效果”文件窗口中，并按“Ctrl+T”组合键，对素材的大小和位置进行调整，双击图像确定变换，如图4-25所示。

图4-24 打开素材图片

图4-25 导入素材图片

07 按住“Ctrl”键，在“图层”面板中单击“图层1”的缩览图窗口，载入图像外轮廓选区，如图4–26所示。

08 选择“选择→修改→收缩”命令，打开“收缩选区”对话框，设置“收缩量”为15像素，如图4–27所示，单击“确定”按钮。

图4-26 载入图像外轮廓选区

图4-27 收缩选区

09 选择“选择→反向”命令，反选选区，并按“Delete”键删除选区内容，如图4–28所示，按“Ctrl+D”组合键取消选区。

10 单击工具箱中的“橡皮擦”工具，单击其属性栏上的“切换画笔调板”按钮，打开“画笔”调板，选择“画笔笔尖形状”命令，设置“直径”为15px，“硬度”为100%，“间距”为125%，设置其他参数如图4–29所示。

图4-28 删除选区内容

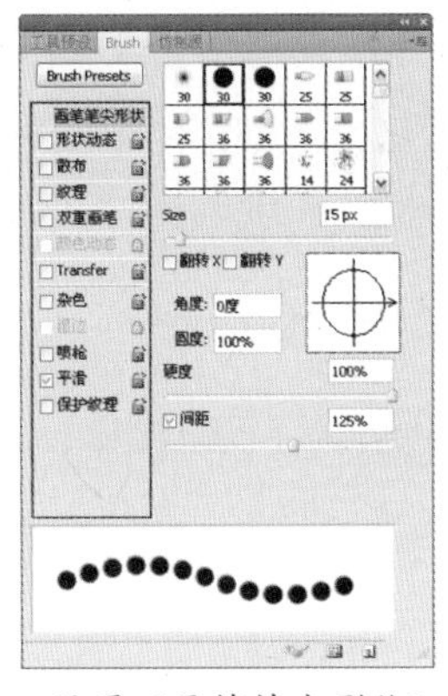

图4-29 设置“画笔笔尖形状”参数

11 选择“图层1”，在画布中白色边缘部分按住“Shift”键不放，垂直向下拖动鼠标，擦除效果如图4–30所示。

12 运用同样的方法，擦除其他三条边的边缘，效果如图4–31所示。

图4-30 擦除边缘

图4-31 擦除边缘

**13** 按住“Ctrl”键，在“图层”面板中单击“图层2”的缩览图窗口，载入图像外轮廓选区，如图4-32所示。

**14** 选择“选择→修改→收缩”命令，打开“收缩选区”对话框，设置“收缩量”为3像素，单击“确定”按钮，并按“Ctrl+Shift+I”组合键，反选选区，如图4-33所示。

图4-32 载入图像外轮廓选区

图4-33 收缩选区并反向

**15** 选择“滤镜→模糊→高斯模糊”命令，打开“高斯模糊”对话框，设置“半径”为1.1像素，如图4-34所示，单击“确定”按钮。

**16** 按“Ctrl+D”组合键取消选区，对照片的边缘进行模糊后，使照片更能融合在白色边框中，让制作的邮票效果更加逼真，效果如图4-35所示。

图4-34 设置“高斯模糊”参数

图4-35 模糊边缘后的效果

**17** 选择“图像→调整→曲线”命令，打开“曲线”对话框，调整曲线如图4-36所示。

**18** 单击“确定”按钮，照片色彩变得更亮，对比度变得更强烈，效果如图4-37所示。

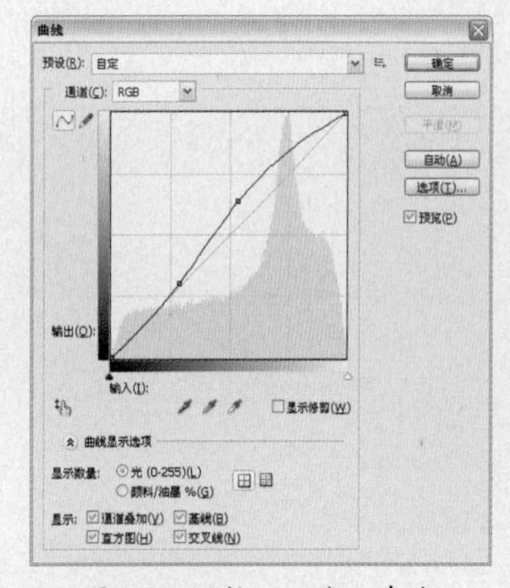


图4-36 调整“曲线”命令

图4-37 调整“曲线”后的效果

**19** 选择“滤镜→杂色→添加杂色”命令，打开“添加杂色”对话框，设置“数量”为2%，选择“高斯分布”单选按钮，选择“单色”复选框，如图4-38所示。

**20** 最后分别运用“横排文字”工具T和“直排文字”工具IT，在邮票中输入相关文字，制作完成后的邮票最终效果如图4-39所示。

图4-38 设置“添加杂色”参数

图4-39 最终效果

## 4.1.3 百叶窗效果

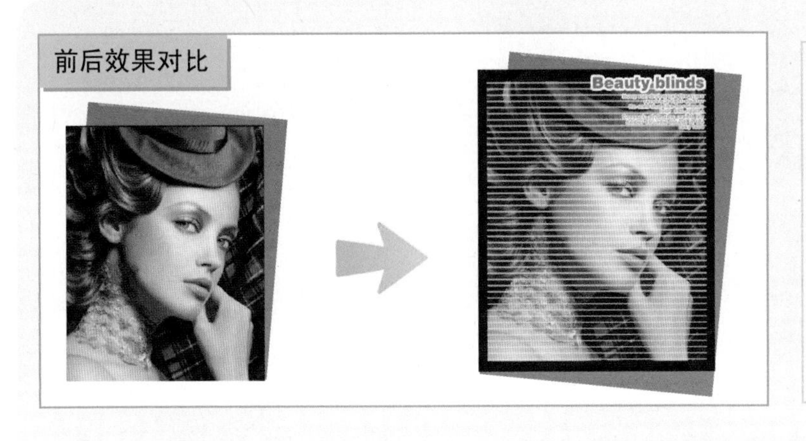


素材文件 人物.tif

效果文件 百叶窗效果.psd

存放路径 光盘\第4章\源文件与素材\4.1图层之妙\4.1.3百叶窗效果

**案例点评**

本案例主要学习制作百叶窗效果的方法。主要运用移动复制操作，制作多条白色线条，然后更改线条的不透明度，形成若隐若现的百叶窗效果，同时在制作过程中还将学习到图层组的相关知识。在创作某一复杂的作品时，常常会遇到许多凌乱而又烦琐的图层，此时可以运用图层组，将烦琐的图层进行分组管理，这样可将凌乱的图层变得清晰可见，一目了然，同时也能提高工作效率。

修图步骤

**01** 选择“文件→打开”命令，或按“Ctrl+O”组合键，打开配套光盘中的素材图片“人物.tif”，如图4-40所示。

**02** 在“图层”面板中，单击“创建新组”按钮，创建“组1”，并单击“创建新图层”按钮，在组中新建“图层1”，如图4-41所示。

图4-40 打开素材图片

图4-41 新建组

03 设置“前景色”为白色，单击工具箱中的“矩形选框”工具，在窗口中绘制线条选区，并按“Alt+Delete”组合键，填充选区颜色，如图4-42所示，按“Ctrl+D”组合键取消选区。

04 按“Ctrl+Alt+T”组合键，打开“自由变换”调节框，并按键盘上的方向键，向下移动线条图形，“图层”面板将自动创建副本图层，如图4-43所示，按“Enter”键确定。

05 按“Ctrl+Alt+Shift+T”组合键，重复上一次的移动复制操作，复制多个线条图形，效果如图4-44所示。

图4-42 填充选区颜色

图4-43 移动复制线条

图4-44 重复移动复制操作

06 在“图层”面板中，选择“组1”，并调整“不透明度”为60%，效果如图4-45所示。

**提示** 在“图层”面板中，单击“组”前方的三角形按钮，可以展开和收起组中的图层。

07 设置“背景色”为黑色，选择“图像→画布大小”命令，打开“画布大小”对话框，在对话框中设置“宽度”为21厘米，设置“高度”为26厘米，如图4-46所示，

图4-45 调整“不透明度”

图4-46 设置“画布大小”

**提示** 运用“画布大小”调整图像，所扩展的参数将只对画布执行，并不会更改图像的原始大小和形状，同时扩展的区域将自动填充工具箱中的“背景”颜色，所以在扩展画布时要首先设置工具箱中的背景色。

08 单击“确定”按钮，效果如图4–47所示。

09 最后运用“横排文字”工具T，在窗口中输入绿色文字，并添加白色描边效果，制作完成后的最终效果如图4–48所示。

图4-47 扩展画布后的效果

图4-48 最终效果

# 4.2 活用通道

通道在很多初学者的眼里都是一个难点，尽管关于通道的介绍层出不穷，但是由于通道应用的灵活性，还是让很多读者感到困惑，甚至觉得它很神秘。那么，通道究竟是什么呢？可以很简单地理解它，其实通道就是一种选区。无论通道有多少种表示选区的方法，它终归还是选区。

## 4.2.1 通道的分类

在Photoshop CS5中有4种通道类型：一是复合通道，它是预览并编辑所有颜色通道的一个组合方式；二是颜色通道，它们把图像分解成一个或多个色彩成分，图像的模式决定了颜色通道的数量，RGB模式有3个颜色通道，CMYK模式有4个颜色通道，灰度图只有一个颜色通道；三是专色通道，它是一种特殊的颜色通道，它可以使用除了青色、洋红、黄色、黑色以外的颜色来指定油墨印刷的附加印版；四是Alpha通道，它最基本的用处在于可将选择范围存储为8位灰度图像，并且不会影响图像的显示和印刷效果。

比如RGB颜色模式的图像有3个默认的颜色通道，分别为红（R）、绿（G）、蓝（B）；并可以在其“通道”调板中添加专色通道和Alpha通道，如图4–49所示。

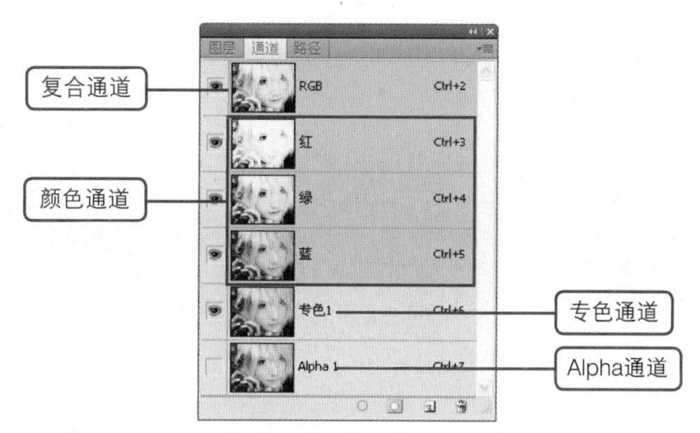


图4-49 RGB模式的“通道”调板

**注意** 只有在以支持图像颜色模式的格式（如PSD、PDF、PICT、TIFF或RAW等格式）存储文件时才能保留Alpha通道。以其他格式存储文件会导致通道信息丢失。

## 4.2.2 通道的作用

通道能记录图像的大部分信息，其作用大致有以下几点：

（1）记录选择的区域。在"通道"调板中，每个通道都是一个8位灰度图像，其中白色的部分表示所选的区域。

（2）记录不透明度。通道中黑色部分表示透明，白色部分表示不透明，灰色部分表示半透明。

（3）记录亮度。通道是用256级灰阶来表示不同的亮度，灰色程度越大，亮度越低。

## 4.2.3 通道调板

在"通道"调板中可通过调板前面的眼睛图标显示或隐藏通道。按住"Shift"键单击需要选择的通道，可同时选中多个通道。选择"窗口→通道"命令，可以显示CMYK模式的"通道"调板，如图4-2所示。

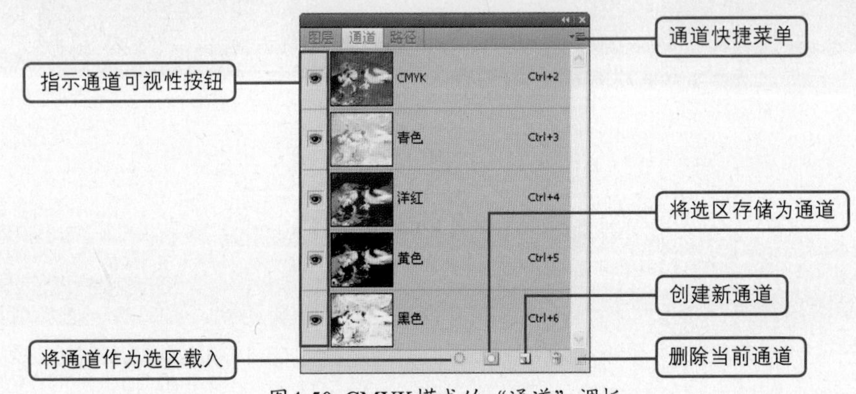


图4-50 CMYK模式的"通道"调板

"通道"调板上各项参数的解释如下。

- 将通道作为选区载入：可以将通道的内容以选区的方式表现，即将通道转换为选区。
- 将选区存储为通道：单击该按钮，可将图像中的选区存储为一个新的Alpha通道。选择"选择→存储选区"命令，可达到相同目的。
- 创建新通道：创建一个新的Alpha通道。
- 删除当前通道：单击该按钮，可以删除当前选择的通道。拖动通道到该按钮释放，也可将其删除。

## 4.2.4 在通道中抠出发丝

**素材文件** 乱发美女.tif

**效果文件** 在通道中抠出发丝.psd

**存放路径** 光盘\第4章\源文件与素材\4.2活用通道\4.2.4在通道中抠出发丝

## 案例点评

本案例主要讲解如何在通道中轻松抠选出头发丝的方法，在通道中首先选择一个黑白分化最明显的通道进行复制，然后通过对通道的一系列处理和调整，让通道中所需要选取的区域与背景成黑、白分离状态，最后载入通道中的选区，对图像进行抠选。具体的抠选方法和操作技巧在以下实例中将为读者详细讲解。

修图步骤

**01** 选择“文件→打开”命令，或按“Ctrl+O”组合键，打开配套光盘中的素材图片“乱发美女.tif”，如图4–51所示。

**02** 在“图层”面板位置选择“通道”面板，并拖动“蓝”通道到“创建新通道”按钮上，创建“蓝 副本”通道，如图4–52所示。

图4-51 打开素材图片

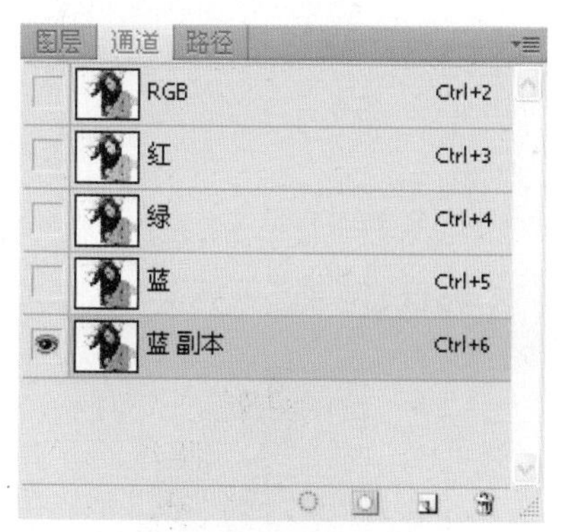


图4-52 复制“蓝”通道

**03** 选择“图像→调整→色阶”命令，打开“色阶”对话框，设置参数为92，1.16，228，如图4–53所示。

**04** 单击“确定”按钮，通道中的照片黑白分化更明显，如图4–54所示。

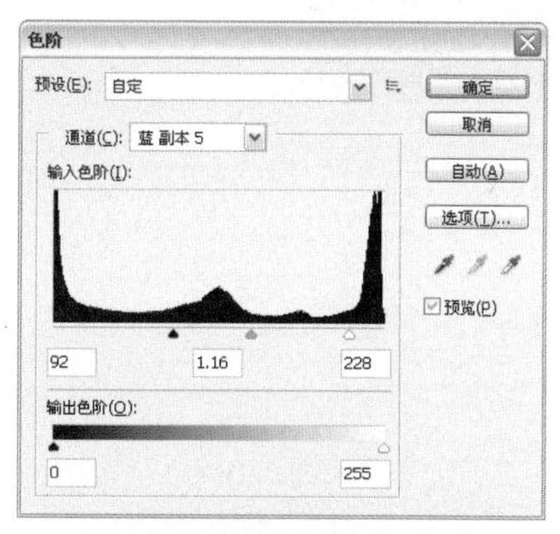


图4-53 调整“色阶”参数

图4-54 调整后的效果

**提示** 在副本通道和新建通道中所做的更改，都不会影响到图像，所以在通道中我们可以运用任何方法，只要能将所需要选取的区域与背景进行明显地黑白色区分，那就达到了最终目的。

**05** 设置“前景色”为黑色，单击工具箱中的“画笔”工具，在通道中将人物的面部涂抹成黑色，如图4–55所示。

**06** 单击工具箱中的“魔棒”工具，选择属性栏上的“连续”复选框，并在窗口中加选白色的背景区域，如图4–56所示。

**提示** “魔棒”属性栏上的“连续”，表示只对颜色连续起来的区域进行选取，如果没有选择“连续”复选框，则表示对图像中整个相同颜色的区域进行选取。

图4-55 涂抹颜色

图4-56 选择背景区域

**07** 按“Ctrl+Shift+I”组合键，反向选区，并单击工具箱中的“画笔”工具，在人物身体灰色部分进行涂抹，涂抹成黑色，效果如图4-57所示，按“Ctrl+D”组合键取消选区。

**08** 选择“图像→调整→反相”命令，或按“Ctrl+I”组合键，反转图像颜色，效果如图4-58所示。

图4-57 涂抹黑色

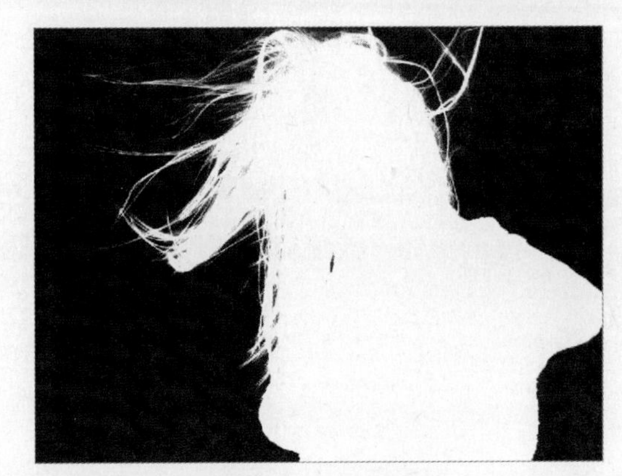

图4-58 反相图像

**09** 在“通道”中，按住“Ctrl”键单击“蓝 副本”通道的缩览图，将载入通道中的白色外轮廓选区，如图4-59所示。

**10** 选择通道中的“RGB”通道，回到“图层”面板，选择“背景”图层，此时可以看到成功地选取出了人物和头发丝的外轮廓选区，如图4-60所示。

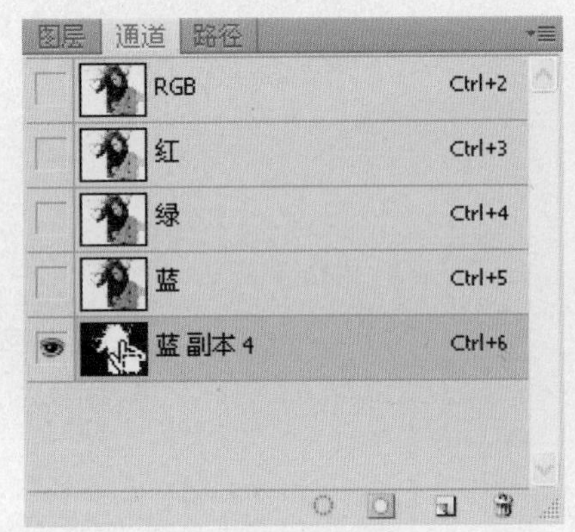


图4-59 载入通道选区

图4-60 选择背景图层

11 按“Ctrl+J”组合键，将选区图像复制到新建图层中，如图4-61所示。

12 选择“背景”图层，填充背景颜色为橘黄色，抠选出的人物和头发丝最终效果如图4-62所示。

图4-61 复制选区图像

图4-62 最终效果

## 4.2.5 使用“通道混合器”创建灰度图像

素材文件 面部斑点.tif

效果文件 使用“通道混合器”创建灰度图像.psd

存放路径 光盘\第4章\源文件与素材\4.2活用通道\4.2.5使用通道混合器创建灰度图像

### 案例点评

本案例主要讲解使用“通道混合器”创建灰度图像的方法，“通道混合器”与图像的“通道”是密切相连的，可以在混合器中对照片的通道进行单独调整。在调整灰度图像时，主要利用“通道混合器”中的“单色”命令，将照片转换为灰度，通过更改各单通道的参数调整灰度图像的细节。

修图步骤

01 选择“文件→打开”命令，或按“Ctrl+O”组合键，打开配套光盘中的素材图片“美女照片.tif”，如图4-63所示。

02 选择“图像→调整→通道混合器”命令，打开“通道混合器”对话框，在对话框中选择“单色”复选框，并分别调整各通道的颜色，如图4-64所示。

03 单击“确定”按钮，图像变成灰度图像，最终效果如图4-65所示。

**提示** 在调整“通道混合器”命令时，一定要对照片进行调整，以免造成照片曝光过度、曝光不足等现象。

图4-63 打开素材图片

图4-64 调整“通道混合器”

图4-65 最终效果

## 4.3 巧用蒙版

蒙版是一种对图像的无损操作，无论蒙版怎么变化，图像都保持原样。在Photoshop中包含4种蒙版，分别是图层蒙版、矢量蒙版、快速蒙版、剪贴蒙版，每种蒙版都拥有自己的特点和使用方法，下面将对这4种蒙版进行详尽地讲解。

### 4.3.1 图层蒙版

图层蒙版是一种基于图层的遮罩，它是一个8位灰度图像，所有可以处理灰度图像的工具，如“画笔”工具、“反向”命令、部分“滤镜”命令，都可以对其进行编辑。图层蒙版与图像的尺寸和分辨率相同。图层蒙版中黑色部分，对应位置的图像被完全屏蔽变为透明；图层蒙版白色部分，对应位置的图像保持原样；图层蒙版灰色部分对应位置的图像则根据灰色的程度变为半透明，灰色越深越透明。

01 选择工具箱中的任意一种选择工具在窗口中创建选区，选择“图层→添加图层蒙版”命令，或单击“图层”调板中的“添加图层蒙版”按钮，即可得到一个图层蒙版，应用“画笔”工具对蒙版进行编辑后，蒙版状态如图4-66所示。

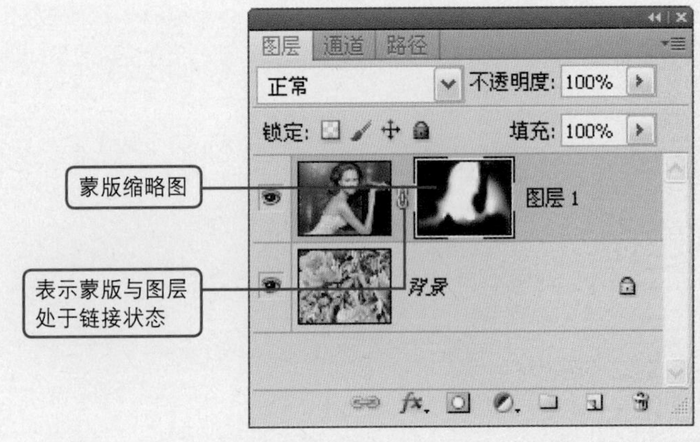

图4-66 添加图层蒙版

02 单击图层控制面板中图层蒙版的缩览图，使蒙版处于编辑状态，如图4-67和图4-68所示。

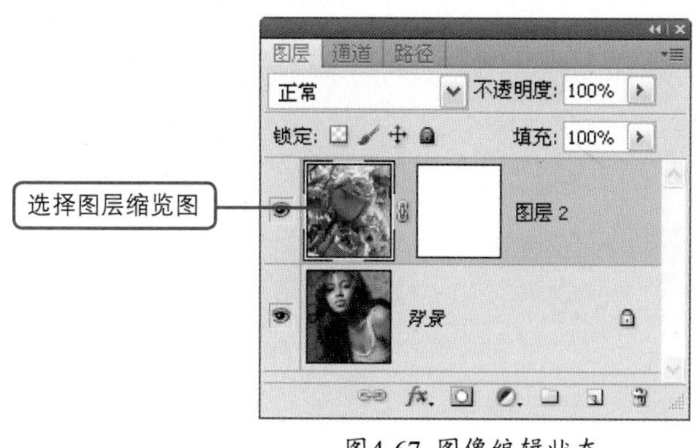


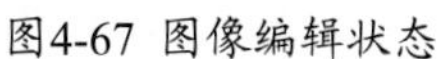
图4-67 图像编辑状态

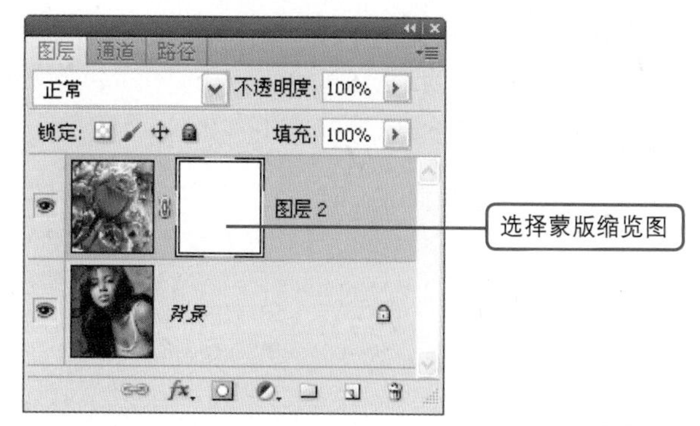


图4-68 蒙版编辑状态

03 为图层添加蒙版后，选择“图层→图层蒙版”命令，子菜单中的“删除”、“应用”和“停用”命令将被激活，如图4-69所示。选择“删除”命令，将删除图层蒙版；选择“应用”命令，将应用蒙版并将其删除；选择“停用”命令，将关闭蒙版，关闭后可再次选择“启用”命令，将其打开。

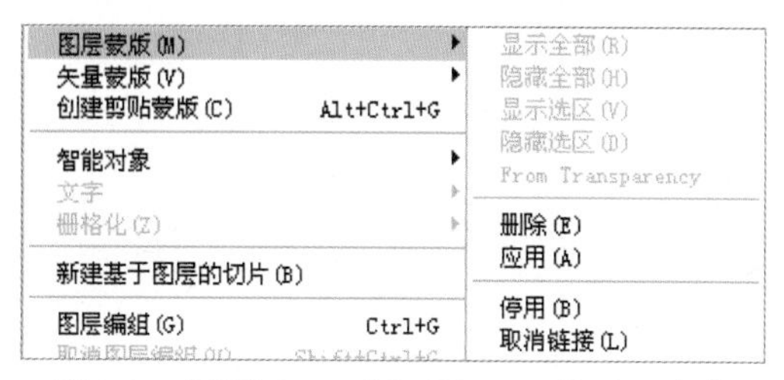


图4-69 “删除”、“应用”、“停用”命令

**注意** 1、不能为背景图层或“全部锁定”的图层添加图层蒙版。

2、按住“Alt”键，单击“图层”调板中的“添加图层蒙版”按钮，可为该图层添加一个黑色蒙版，即屏蔽全部。

3、按住“Shift”键，单击图层蒙版缩览图，可停用图层蒙版；再次执行该操作，即可启用图层蒙版。

## 4.3.2 矢量蒙版

矢量蒙版和路径有着很大的关系，它通过路径（比如“钢笔”工具或“形状”工具）创建遮罩，简单地说，就是路径包围的地方被遮盖，路径以外的地方显露。矢量蒙版与分辨率无关。

01 选择“图层→矢量蒙版→隐藏全部/显示全部”命令，在“路径”调板中会自动添加一个矢量蒙版。添加矢量蒙版后，就可以绘制显示形状内容的矢量蒙版，可以使用“形状”工具或“钢笔”工具直接在图像上绘制路径，如图4-70所示。

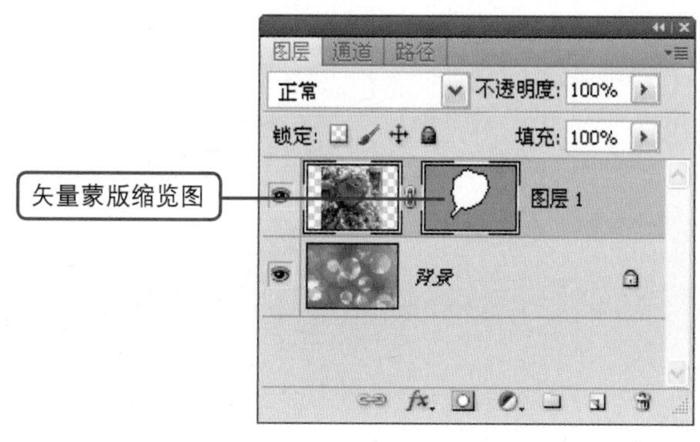

图4-70 添加矢量蒙版

02 当图像中已经建立了一个封闭的路径，并被选中时，“图层→矢量蒙版”菜单下的“当前路径”命令将被激活，如图4-71所示。选择该命令，图层上的图像将以此路径作为图像的显示部分创建一个矢量蒙版。如果当前的矢量蒙版不满意，可以单击“图层”调板上的矢量蒙版缩览图选中该矢量蒙版，然后使用“钢笔”工具调整当前路径。

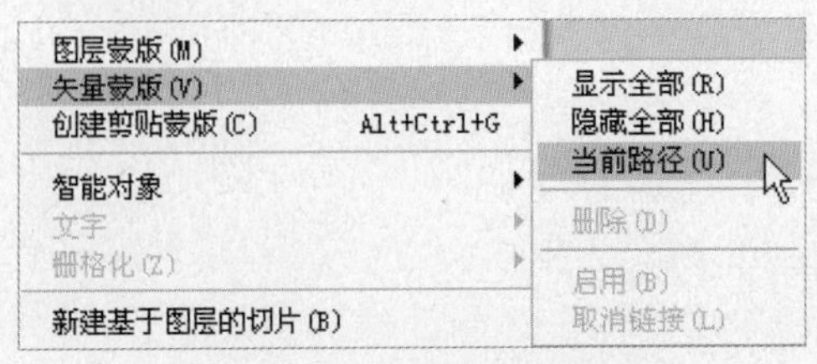


图4-71 “当前路径”命令

03 选中“图层”调板中的矢量蒙版，选择“图层→栅格化→矢量蒙版”命令，可将矢量蒙版转换为图层蒙版，如图4-72所示，即可用绘图工具对蒙版继续进行编辑。

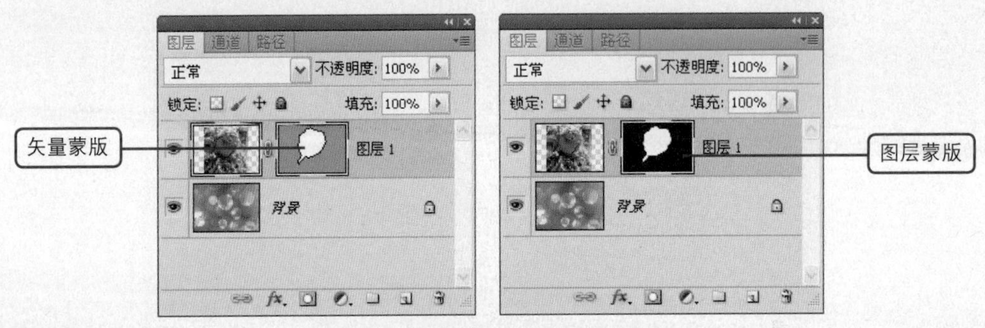


图4-72 将矢量蒙版转换为图层蒙版

注意
- 矢量蒙版转换为图层蒙版后，无法再将其转换为矢量蒙版。
- 矢量蒙版和图层蒙版可以共存，可以同时使用两种蒙版调整图像局部的不透明度。
- 与图层蒙版一样，按住“Shift”键，单击矢量蒙版缩览图，可停用矢量蒙版；再次执行该操作，即可启用矢量蒙版。

## 4.3.3 快速蒙版

快速蒙版是一种临时的蒙版，它其实是一种通道。进入快速蒙版后，会创建一个临时的图象屏蔽，同时也会在“通道”调板中创建一个临时的Alpha通道以保护图像不被操作，而不处于蒙版范围的图像则可以进行编辑。快速蒙版作为一个8位灰度图像来编辑，可使用绘画、选区、擦除、滤镜等各种编辑工具，建立更复杂的蒙版。

单击工具箱中的“以快速蒙版模式编辑”按钮，如图4-73所示，则可进入快速蒙版编辑状态；再次单击该按钮，则退出快速蒙版以标准模式编辑。按键盘上的“Q”键，可在两种模式间切换。双击该按钮，则会打开“快速蒙版选项”对话框，如图4-74所示，在该对话框中，可以改变蒙版的颜色及不透明度，以及有色部分所指示的目标。

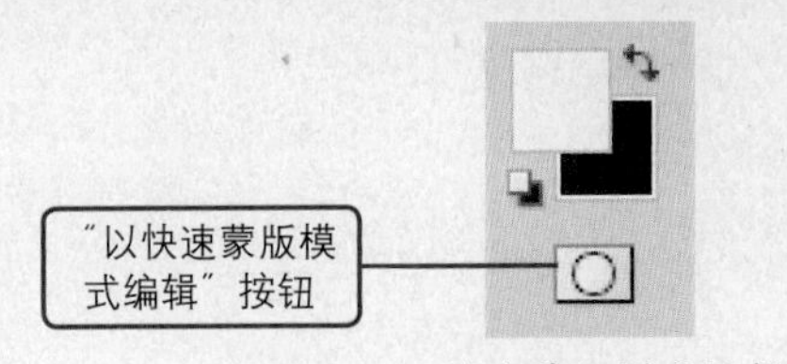


图4-73 “以快速蒙版模式编辑”按钮

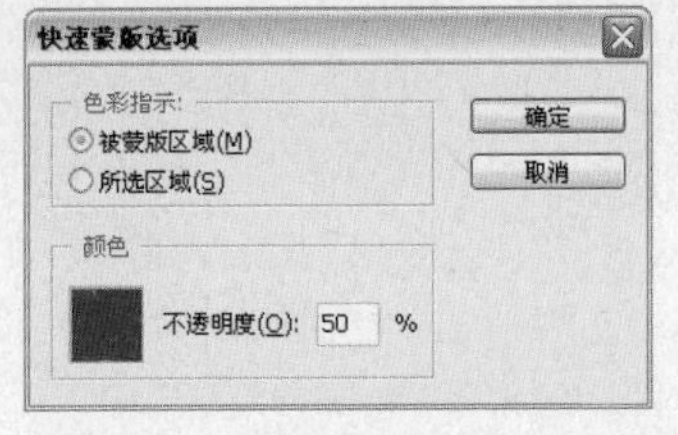


图4-74 “快速蒙版选项”对话框

## 4.3.4 剪贴蒙版

选择“图层→创建剪贴蒙版”命令，或按住“Alt”键，在两个图层的连接处单击，如图4-75所示，即可创建一个剪贴蒙版，如图4-76所示。剪贴蒙版通过处于下方的图层的形状，来限制上方图层的显示状态，从而使上方图层的显示范围不超过下方图层的实际范围，效果如图4-77所示。

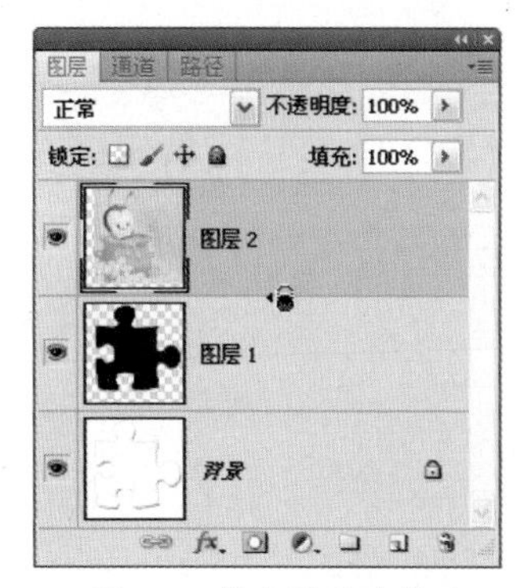

图4-75 单击图层连接处

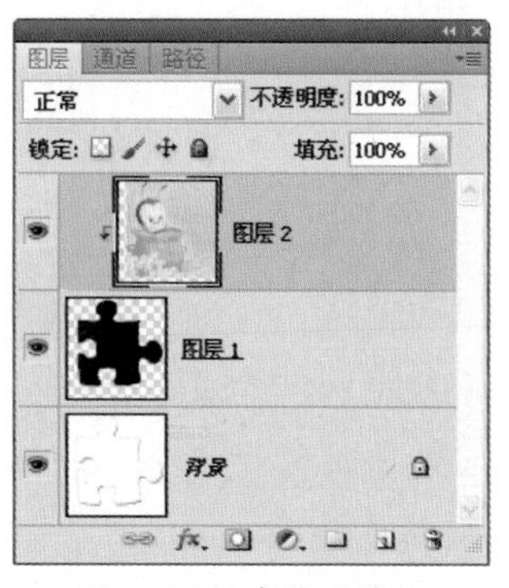

图4-76 创建剪贴蒙版

图4-77 剪贴蒙版效果

## 4.3.5 简单制作色调美女

**素材文件** 美女照片.tif

**效果文件** 简单制作色调美女.psd

**存放路径** 光盘\第4章\源文件与素材\4.3巧用蒙版\4.3.5简单制作色调美女

### 案例点评

本案例将制作一幅简单的色调美女，主要通过简单的案例来介绍图层蒙版的使用方法。在制作过程中，首先将图层中的背景复制一层，然后将背景通过“渐变”工具进行颜色的填充，最后在副本图层中创建图层蒙版。运用同样的方法，采用“渐变”工具渐变蒙版。由于蒙版会将彩色转换为灰度，蒙版中的黑色部分，会将当前图层中的图像设为完全透明，显示出下一层的图像，蒙版中白色的部分将不会对当前图层的透明度做任何更改，而灰色的部分则设为半透明度，所以当前的美女照片，将以深浅不一的半透明状态显示在彩色的背景上，形成了一幅简单的色调美女。

修图步骤

**01** 选择“文件→打开”命令，或按“Ctrl+O”组合键，打开配套光盘中的素材图片“美女照片.tif”，如图4-78所示。

**02** 在“图层”面板中，拖动“背景”图层到“创建新图层”按钮上，创建“背景 副本”图层，并单击“指示图层可视性”按钮，隐藏该图层，如图4-79所示。

图4-78 打开素材图片

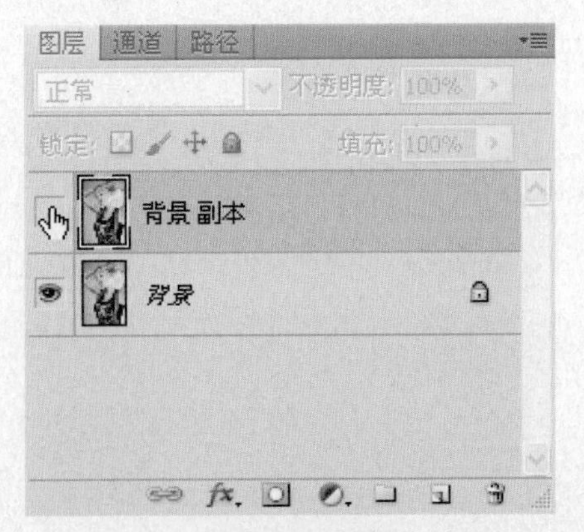


图4-79 隐藏“背景副本”图层

**03** 单击工具箱中的“渐变”工具，单击其属性栏上的“编辑渐变”按钮，打开“渐变编辑器”对话框，在对话框中选择“色谱”渐变样式，如图4-80所示，单击“确定”按钮。

**04** 选择“背景”图层，在窗口中按住“Shift”键不放，从上往下垂直拖动鼠标，渐变效果如图4-81所示。

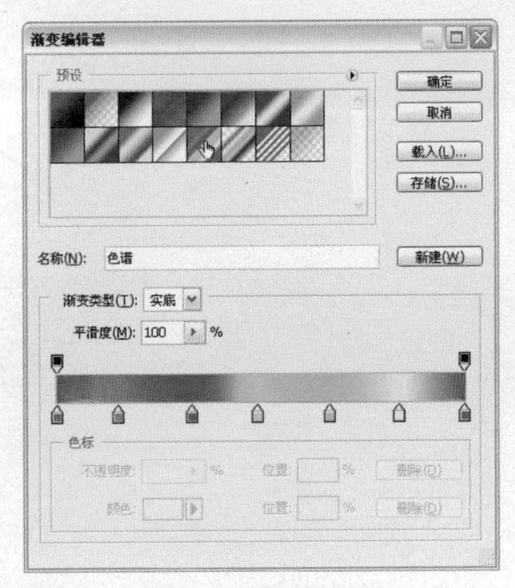


图4-80 选择渐变样式

图4-81 渐变效果

**05** 选择“背景 副本”图层，单击“指示图层可视性”按钮，显示该图层，并单击“图层”面板下方的“添加图层蒙版”按钮，创建图层蒙版如图4-82所示。

**06** 运用同样的方法，单击工具箱中的“渐变”工具，在窗口中按住“Shift”键不放，从上往下垂直拖动鼠标，渐变蒙版效果如图4-83所示。

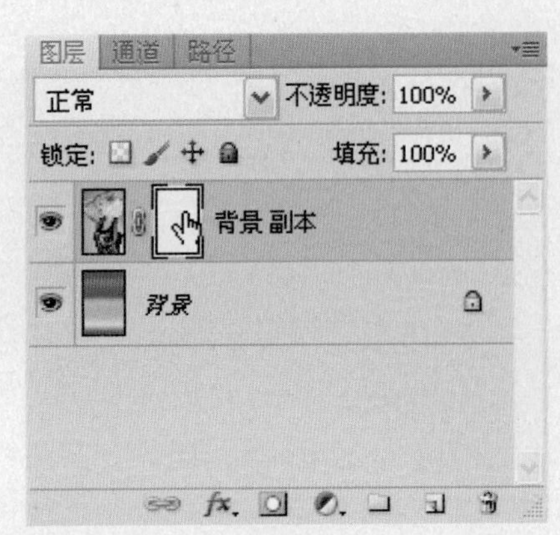


图4-82 创建图层蒙版

图4-83 最终效果

## 4.3.6 自然过渡图像

前后效果对比

素材文件 夜晚.tif、晚霞.tif

效果文件 自然过渡图像.psd

存放路径 光盘\第4章\源文件与素材\4.3巧用蒙版\4.3.6自然过渡图像

**案例点评**

本案例主要学习让两幅画形成自然过渡图像的方法。主要运用“渐变”工具，在新图层中创建前景到透明的渐变效果，然后利用“剪贴蒙版”的特性，使两幅画很自然地组合在一起，具体的操作步骤和技巧以下将为读者详细讲解。

修图步骤

**01** 选择“文件→打开”命令，或按“Ctrl+O”组合键，打开配套光盘中的素材图片“夜晚.tif”，如图4-84所示。

**02** 选择“文件→打开”命令，打开配套光盘中的素材图片 “晚霞.tif”，如图4-85所示。

图4-84 “夜晚”素材图片

图4-85 “晚霞”素材图片

**03** 单击工具箱中的“移动”工具，将图片拖曳到“夜晚”文件窗口中释放，调整素材图片的位置，并单击“图层”面板下方的“创建新图层”按钮，新建“图层2”，将该图层拖拽到“图层1”的下一层，如图4-86所示。

**04** 设置“前景色”为黑色，单击工具箱中的“渐变”工具，再单击其属性栏上的“编辑渐变”按钮，打开“渐变编辑器”对话框，在对话框中选择“前景色到透明渐变”的渐变样式，如图4-87所示，单击“确定”按钮。

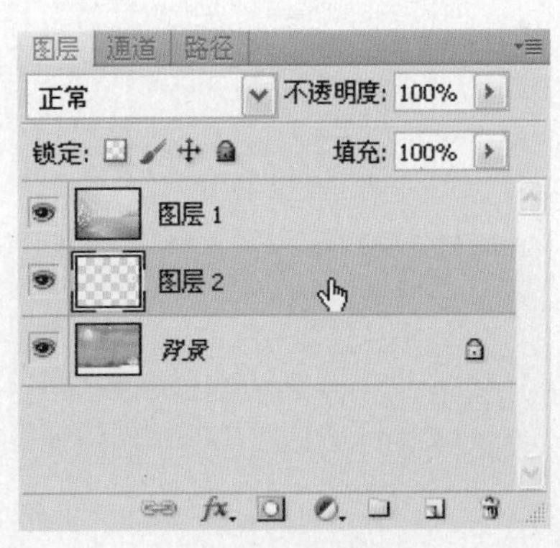


图4-86 新建图层

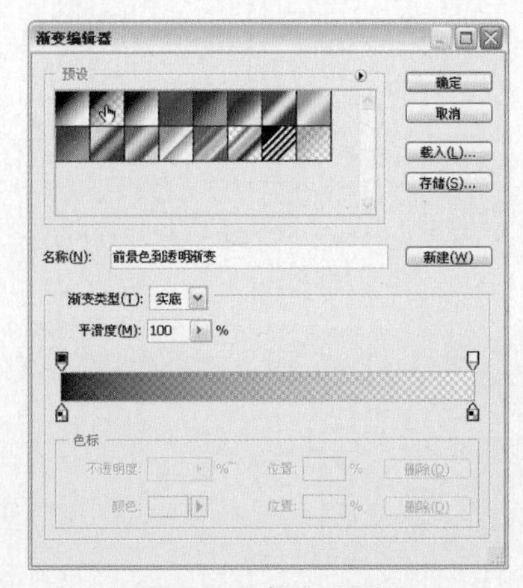

图4-87 选择渐变样式

05 在窗口中，按住“Shift”键不放，从右往左平衡拖动鼠标，渐变效果如图4-88所示。

06 选择“图层1”，选择“图层→创建剪贴蒙版”命令或按“Ctrl+Alt+G”组合键，创建剪贴蒙版，此时的“图层”面板如图4-89所示。

**提 示** 创建剪贴蒙版，还可以直接在“图层”面板中，按住“Alt”键不放，将光标移动到两个图层之间的位置，当箭头变为图样时，单击鼠标即可创建剪贴蒙版。剪贴蒙版主要是运用下一层的图形形状与当前图层的图像进行重合，在窗口中将保留当前图像与下一层重合的部分，而下一层中透明的部分将自动剪去当前图层的图像。

图4-88 渐变效果

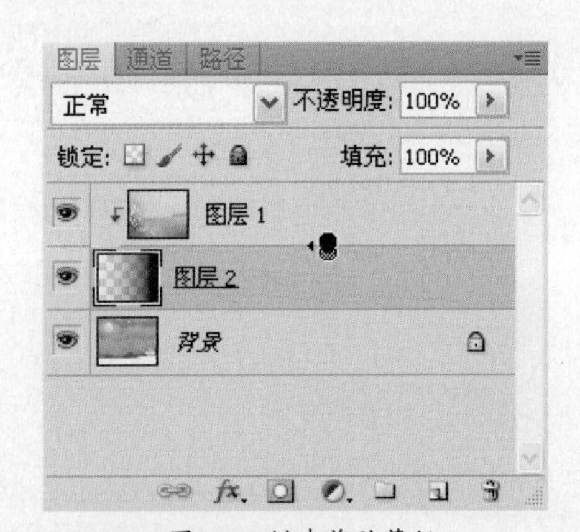


图4-89 创建剪贴蒙版

07 创建剪贴蒙版后，将两幅画形成了自然过渡，使两幅画合二为一，制作完成后的最终效果如图4-90所示。

图4-90 最终效果

# 第2篇 技巧篇

针对日常图片精妙处理进行讲解，由第5~11章组成，包括人物面部美容，挽救拍摄不当的照片，五彩斑斓的色彩修饰，弥补相机自身的缺陷，消除光影的影响，室内与夜景照片的缺陷，修理受损的照片等。本部分直接列举许多常见的数码照片问题，分别讲解了精妙的处理方法和修正技巧，将读者头脑中含糊不清的概念明朗化，让理论付诸于实践，学习的过程不再纸上谈兵。

- 第5章 人物面部美容
- 第6章 挽救拍摄不当的照片
- 第7章 五彩斑斓的色彩修饰
- 第8章 弥补相机自身的缺陷
- 第9章 消除光影的影响
- 第10章 室内与夜景照片的缺陷
- 第11章 修复受损的照片

# 第5章 人物面部美容

实际上，人们拍摄数码照片，99%是要拍摄人像，而拍摄人像，自然是要拍摄人脸，因而对于面部的修复可以说是修图中最为常用的部分。

对于菜鸟和老手来说，美容的水准是完全不一样的。诚然，Photoshop软件中提供了很多修复面部的工具，比如去污点、去红眼之类的简单操作，本书也有讲解，不过需要说明的是，真正的面部数码美容可完全不只是那么小儿科的内容。我们常看见很多明星杂志封面上的那些漂亮迷人的帅哥靓妹和气质非凡的业界精英，实际上都是经过面部数码加工过的，而我们的目标正是这样！

# 5.1 去除面部的斑点

前后效果对比

素材文件 面部斑点.tif
效果文件 去除面部斑点.psd
存放路径 光盘\源文件与素材\第5章\5.1去除面部的斑点

## 案例点评

本案例主要学习去除面部斑点的方法。在拍摄照片后，如果发现面部的痣或者斑点过于明显，可以运用“污点修复画笔”工具对其进行处理。该工具主要的特点是可以自动选取周边的肌肤对斑点进行覆盖，并且将覆盖的部分与周边的肌肤进行自动融合，使去斑后的肌肤完美无瑕，更加美观。

修图步骤

**1** 选择“文件→打开”命令，或按“Ctrl+O”组合键，打开配套光盘中的素材图片“去痔.tif”，如图5-1所示。

**2** 单击工具箱中的“污点修复画笔”工具，在属性栏上单击“画笔”下拉按钮，设置“直径”为35px，其他参数不变，如图5-2所示。

**技 巧**

选择“污点修复画笔”工具以后，可以直接在画布中单击鼠标右键，打开画笔设置列表，对画笔的“直径”、“硬度”等进行设置。

图5-1 打开素材图片

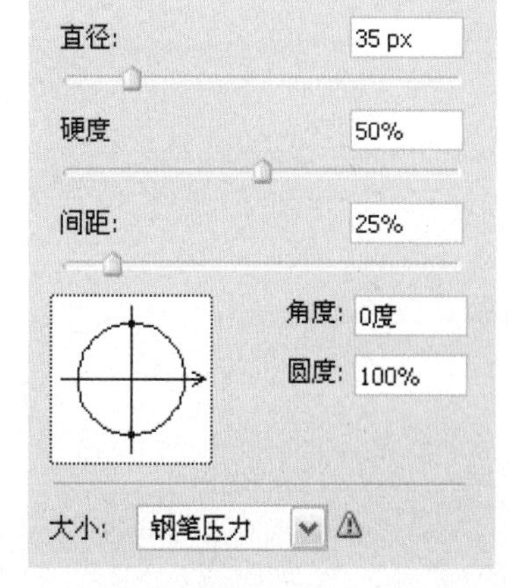


图5-2 设置“画笔”大小

**3** 使用“污点修复画笔”工具，在人物的斑点部分单击鼠标，此时工具将变为“黑色”原点，如图5-3所示。

**技 巧**

选择“污点修复画笔”工具以后，可以直接按键盘上的“[”键和“]”键，对工具的大小进行快速调整。

**4** 释放鼠标后，“污点修复画笔”工具将自动选取斑点周围的肌肤，并且对斑点进行覆盖，去除斑点后的效果如图5-4所示。

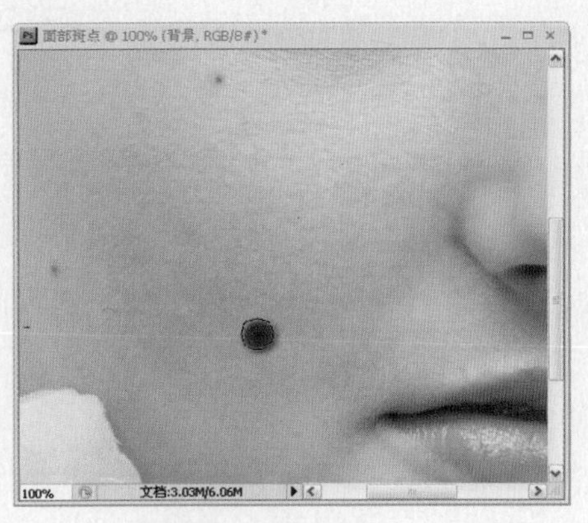

图5-3 去除斑点

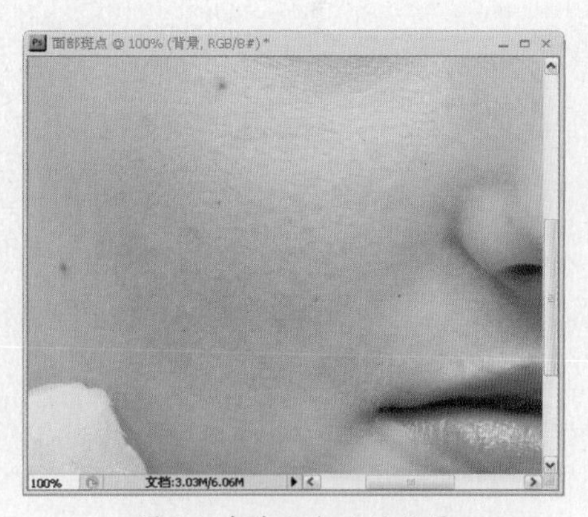

图5-4 去除斑点后的效果

**5** 运用上述同样的方法，使用“污点修复画笔”工具，快速地去除人物面部其他斑点，效果如图5-5所示。

图5-5 去除人物面部其他斑

## 5.2 去除脸部的皱纹

前后效果对比

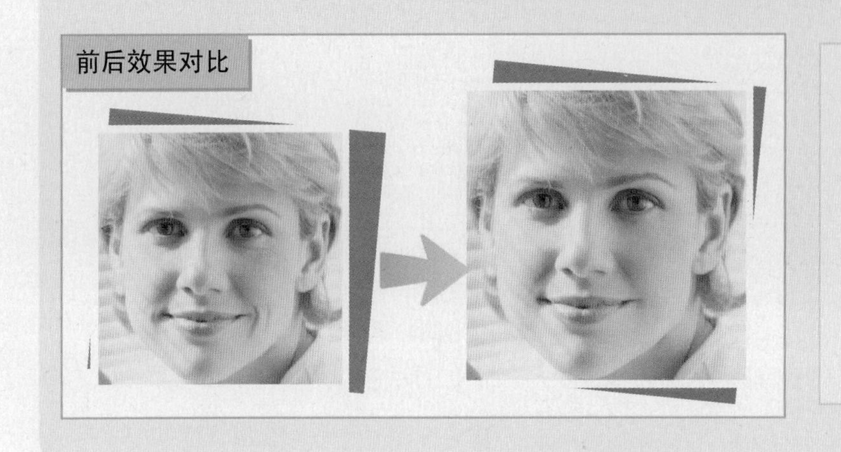

素材文件 皱纹.tif

效果文件 去除脸部的皱纹.psd

存放路径 光盘\源文件与素材\第5章\5.2去除脸部的皱纹

## 案例点评

本案例主要学习去除面部皱纹的方法。利用“修复画笔”工具的强大功能，可以轻松地去除照片中人物的皱纹，而且毫无痕迹。运用此工具对皱纹进行修复后，将会自动根据周围不同肤色的变化而变化。

修图步骤

1 选择“文件→打开”命令，或按“Ctrl+O”组合键，打开配套光盘中的素材图片“皱纹.tif”，如图5-6所示。

2 单击工具箱中的“修复画笔”工具，在窗口中按住“Alt”键，并单击人物的肌肤部分，选择仿制的位置如图5-7所示。

图5-6 打开素材图片

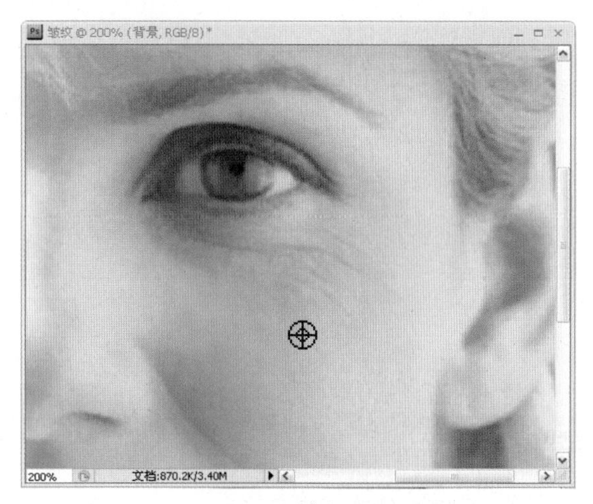

图5-7 选择仿制位置

3 释放鼠标，在面部的皱纹部分单击，去除皱纹效果如图5-8所示。

4 运用以上同样的方法，去除面部的其他皱纹，效果如图5-9所示。

### 技 巧

去除不同位置的皱纹，可以选取相近肌肤进行覆盖。

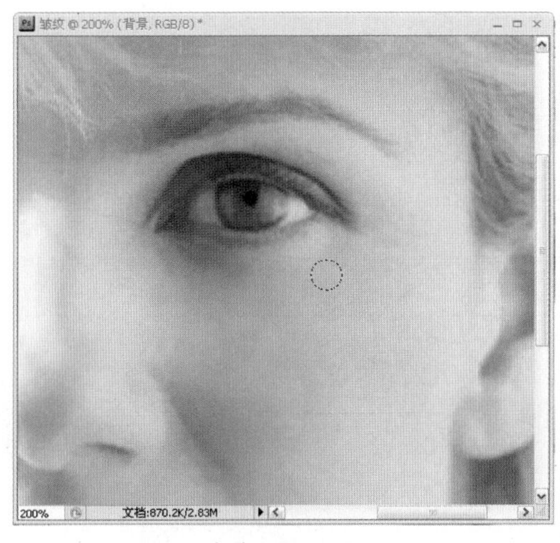

图5-8 去除皱纹效果

图5-9 去除面部的其他皱纹

## 5.3 去除面部油光

前后效果对比

素材文件 面部油光.tif
效果文件 去除面部油光.psd
存放路径 光盘\源文件与素材\第5章\5.3去除面部油光

### 案例点评

本案例主要学习去除面部油光的方法，通过转换“CMYK颜色”模式，将图片转换为青色、洋红、黄色、黑色等4个通道，其中运用“加深”工具，对洋红和黄色通道中的高光部分进行处理，快速地去除面部油光部分。

修图步骤

1 选择“文件→打开”命令，或按“Ctrl+O”组合键，打开配套光盘中的素材图片“脸部油光.tif”，如图5-10所示。

2 选择“图像→调整→亮度/对比度”命令，打开“亮度/对比度”对话框，设置“亮度”为76，“对比度”为-18，如图5-11所示。

图5-10 打开素材图片

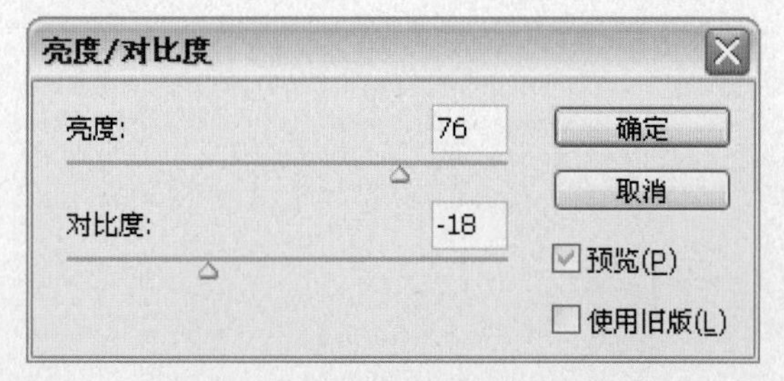


图5-11 设置“亮度/对比度”参数

3 应用“亮度/对比度”命令后，照片的整体亮度和对比度变得强烈，效果如图5-12所示。

4 选择“图像→模式→CMYK颜色”命令，将图像转换为“CMYK颜色”模式，单击“通道”面版，选择“洋红”通道，并按“Shift”键，选择“黄色”通道，单击“CMYK”的“指示通道可见性”按钮，显示所有通道，如图5-13所示。

**提 示** 在此选择“洋红”通道和“黄色”通道，单击“CMYK”的“指示通道可见性”按钮，主要是为了显示所有的通道，并不是要选中所有的通道。

5 单击工具箱中的“加深”工具，对人物面部的油光部分进行涂抹处理，去除面部油光的最终效果如图5-14所示。

图5-12 “亮度/对比度”效果

图5-13 显示所有通道

图5-14 去除面部油光

## 5.4 脸部整形

前后效果对比

素材文件 面部笑容.tif
效果文件 脸部整形.psd
存放路径 光盘\源文件与素材\第5章\5.4脸部整形

### 案例点评

本案例主要学习面部整形的方法。在整形过程中，主要运用“液化”命令，通过液化命令中的“向前变形”工具，将人物的面部修瘦，使漂亮的人物面部更加完美。

修图步骤

1 选择“文件→打开”命令，或按“Ctrl+O”组合键，打开配套光盘中的素材图片“面部笑容.tif”，如图5-15所示。

图5-15 打开素材图片

2 选择“滤镜→液化”命令，打开“液化”对话框，在对话框中单击工具箱中的“向前变形”工具，并在人物的脸部部分进行拖动涂抹，修瘦人物的脸部，如图5-16所示。

3 单击“确定”按钮，脸部的整形效果如图5-17所示。

图5-16 修瘦人物的脸部

图5-17 脸部整形效

## 5.5 去除眼袋

前后效果对比

素材文件 面部眼袋.tif
效果文件 去除眼袋.tif
存放路径 光盘\源文件与素材\第5章\5.5去除眼袋

### 案例点评

本案例主要学习去除人物眼袋的方法。运用Photoshop CS5中“修补”工具，可以轻松地去除人物的眼袋，“修补”工具主要针对块面图像进行修复。通过框选选中人物的眼袋部分，将框选的部分拖动到相似的位置即可快速去除。

修图步骤

1 选择“文件→打开”命令，或按“Ctrl+O”组合键，打开配套光盘中的素材图片“面部眼袋.tif”，如图5-18所示。

图5-18 打开素材图片

2 单击工具箱中的"修补"工具，在窗口中拖动光标，绘制选区，选择人物的眼袋部分，如图5-19所示。

3 拖动选区图像到相近的肤色部分，如图5-20所示。

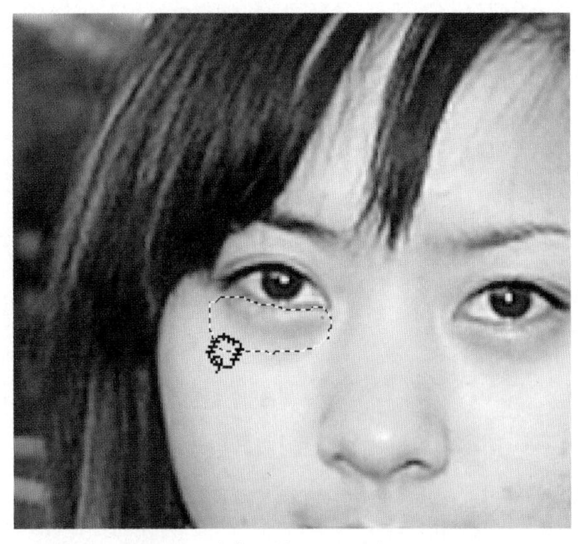

图5-19 选择人物的眼袋部分

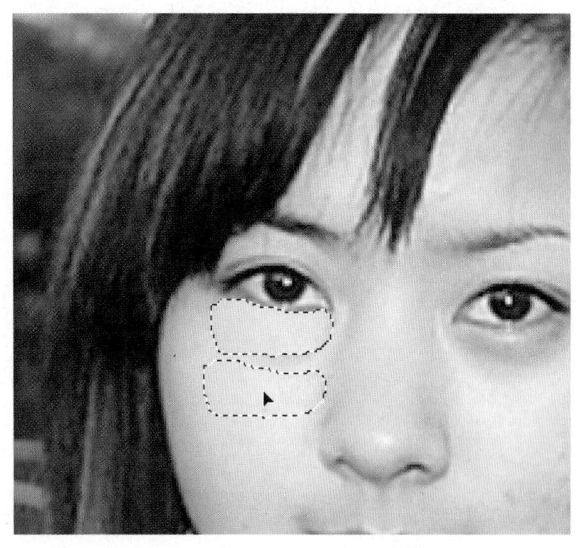

图5-20 拖动选区修补眼袋

4 释放鼠标后，将成功地去除人物的眼袋部分，效果如图5-21所示。

**提示** "修补"工具，主要针对块面图像进行修复，通过修复后的图像区域，将根据周围肤色的变化而变化，能与周围的图像融为一体。

5 运用以上同样的方法，利用"修补"工具，去除另一只眼睛的眼袋，效果如图5-22所示。

图5-21 去除眼袋的效果

图5-22 最终结果

# 5.6 消除人物的红眼

前后效果对比

素材文件 红眼.tif

效果文件 消除人物的红眼.psd

存放路径 光盘\源文件与素材\第5章\5.6消除人物的红眼

## 案例点评

本案例主要学习去除人物红眼的方法。在比较暗的环境中，由于人物的眼睛反射了闪光灯的光轴，使成像以后的照片形成了红眼现象，通过本案例的学习，可以轻松地解决这一现象，运用Photoshop CS5中的“红眼”工具，可以快速地去除人物的红眼现象。

修图步骤

**1** 选择“文件→打开”命令，或按“Ctrl+O”组合键，打开配套光盘中的素材图片“红眼.tif”，如图5-23所示。

**2** 单击工具箱中的“红眼”工具，如图5-24所示，在人物眼睛中的红色部分上单击，去除红眼。

图5-23 打开素材图片

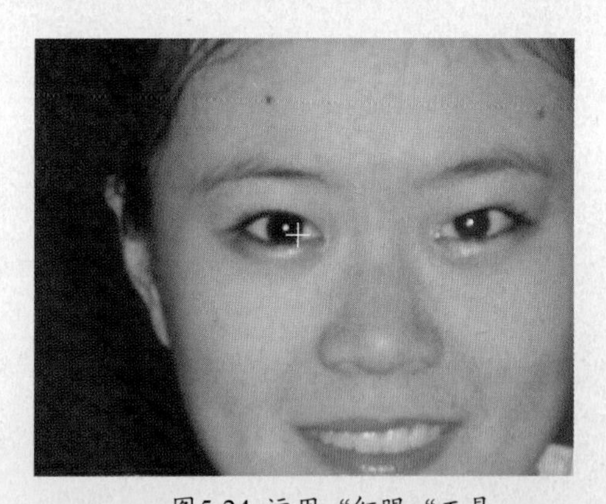

图5-24 运用“红眼“工具

**3** 运用同样的方法，使用“红眼”工具，对人物另一只眼睛的红眼部分进行去除，最终效果如图5-25所示。

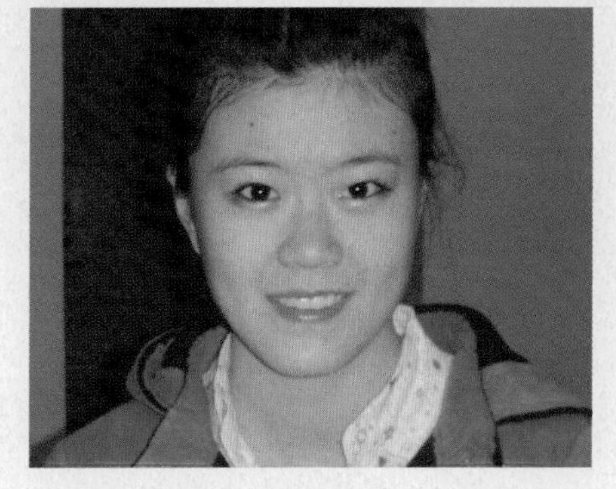

图5-25 最终结果

# 5.7 美白牙齿

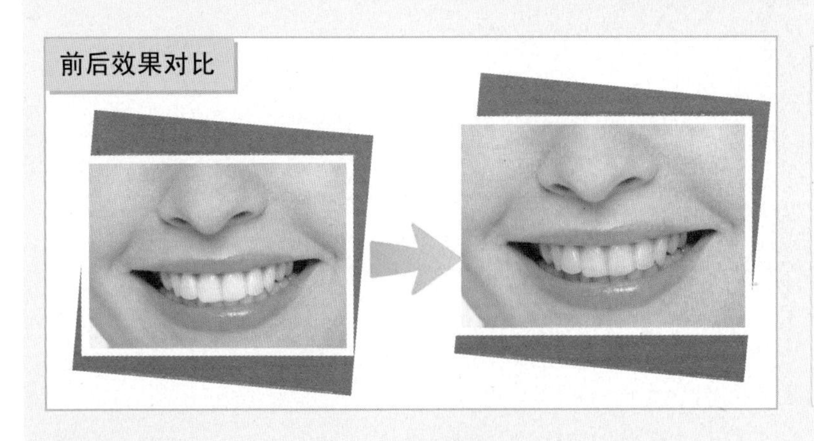


素材文件 人物牙齿.tif
效果文件 美白牙齿.psd
存放路径 光盘\源文件与素材\第5章\5.7美白牙齿

## 案例点评

本案例主要学习美白牙齿的方法。首先使用“钢笔”工具，选取出人物的牙齿部分；然后去掉牙齿部分的颜色，通过“色阶”命令，对人物的牙齿部分进行美白；最后运用“色彩平衡”命令，为美白后的牙齿添加环境颜色，使美白后的牙齿显得更加自然。

修图步骤

**1** 选择“文件→打开”命令，或按“Ctrl+O”组合键，打开配套光盘中的素材图片“人物牙齿.tif”，如图5-26所示。

**2** 单击工具箱中的“钢笔”工具，勾选出图像中的“牙齿”部分，并按“Ctrl+Enter”组合键，将路径转换为选区，如图5-27所示。

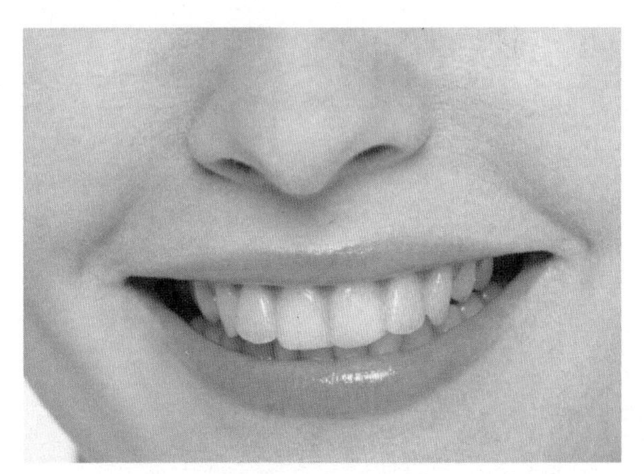

图5-26 打开素材图片

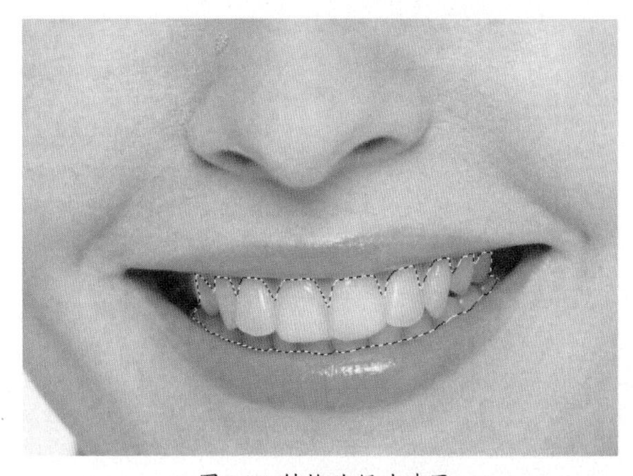

图5-27 转换路径为选区

**3** 选择“选择→修改→羽化”命令，或按“Shift+F6”组合键，打开“羽化”对话框，设置“羽化半径”为4像素，如图5-28所示，单击“确定”按钮。

羽化选区

羽化半径(R): 4 像素

确定

取消

图5-28 设置“羽化”参数

4 选择“图像→调整→去色”命令，或按“Ctrl+Shift+U”组合键，去掉选区图片颜色，如图5-29所示。

5 选择“图像→调整→色阶”命令，打开“色阶”对话框，设置参数为0，1.39，226，如图5-30所示。

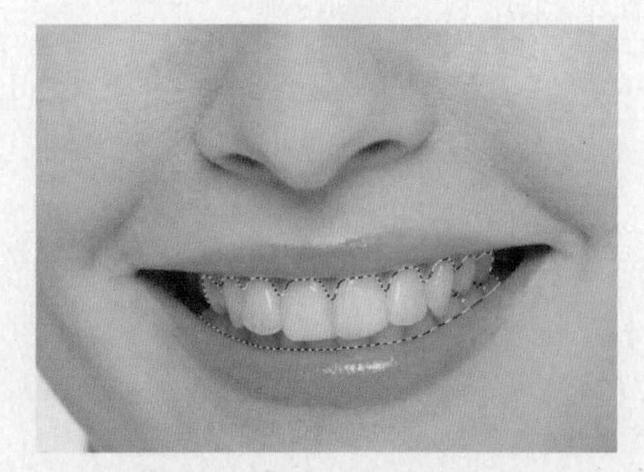

图5-29 去掉选区图片颜色

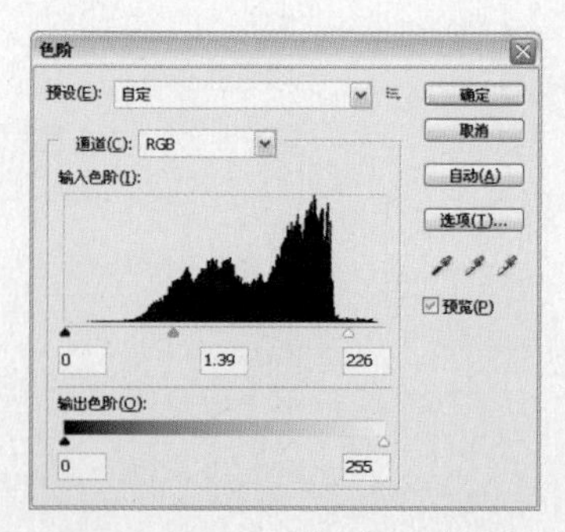


图5-30 设置“色阶”参数

6 单击“确定”按钮，人物牙齿部分变亮，效果如图5-31所示。

7 选择“图像→调整→色彩平衡”命令，打开“色彩平衡”对话框，设置参数为+16，+12，-6，如图5-32所示。

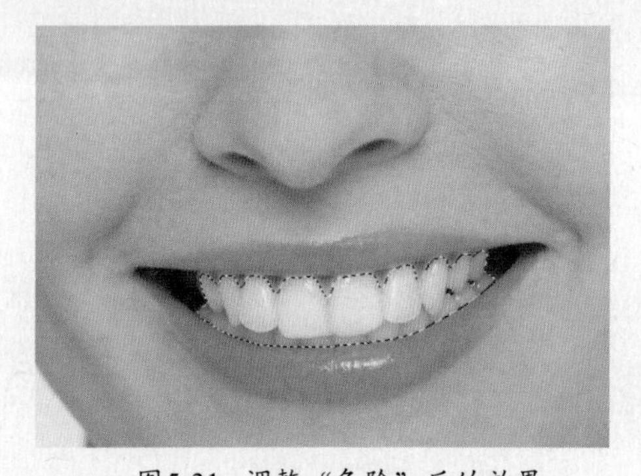

图5-31 调整“色阶”后的效果

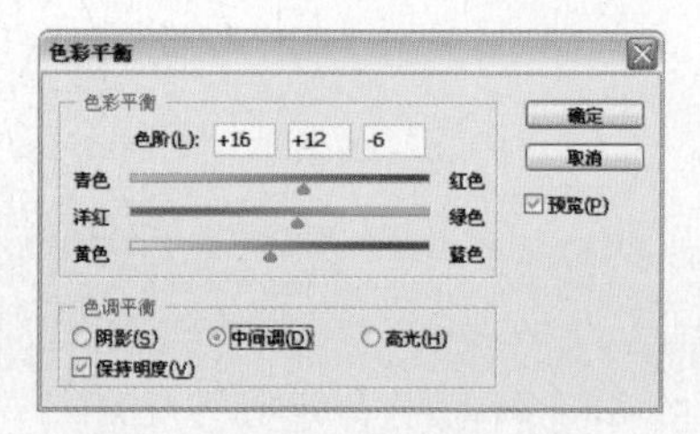


图5-32 设置“中间调”参数

8 选择“阴影”单选按钮，设置参数为+37，+8，0，如图5-33所示。

9 选择“高光”单选按钮，设置参数为+13，+6，+6，如图5-34所示。

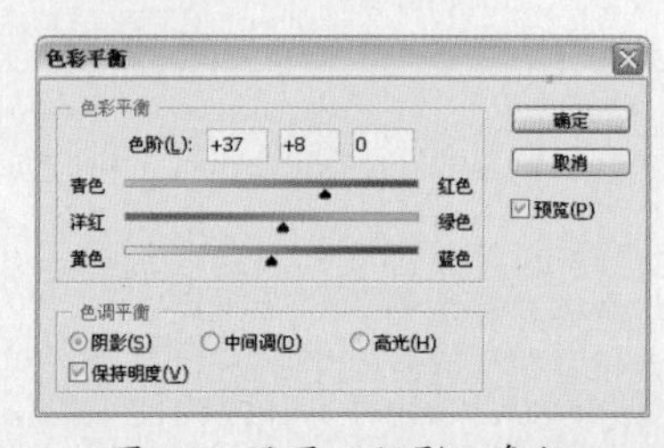


图5-33 设置“阴影”参数

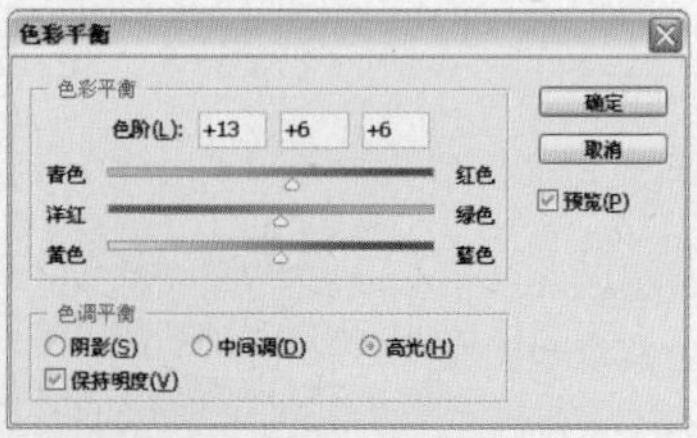

图5-34 设置“高光”参数

10 单击“确定”按钮，并按“Ctrl+D”组合键取消选区，最终效果如图5-35所示。

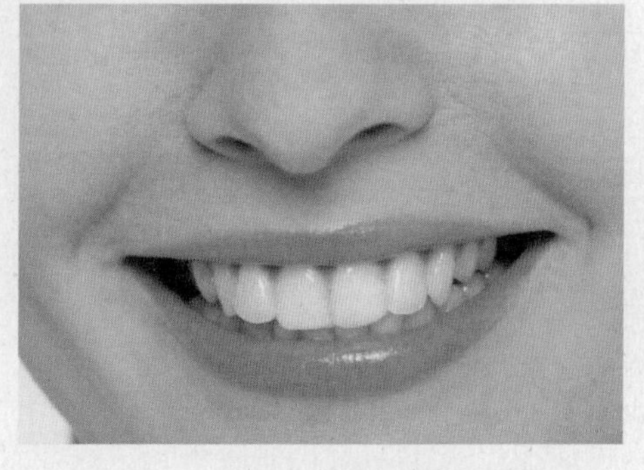

图5-35 最终效果

## 5.8 涂 唇 彩

前后效果对比

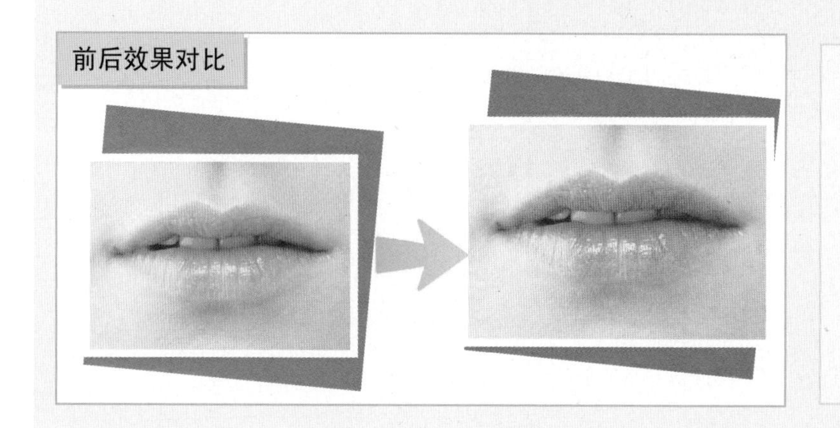

素材文件 嘴唇.tif
效果文件 涂唇彩.psd
存放路径 光盘\源文件与素材\第5章\5.8涂唇彩

### 案例点评

本案例主要学习添加唇彩的方法。首先运用“钢笔”工具选取人物的嘴唇，然后使用“曲线”、“亮度/对比度”和“色彩平衡”命令，添加嘴唇上的唇彩效果。学习了本案例的方法以后，照片中人物的唇彩颜色想变就变，轻松添加。

修图步骤

**1** 选择“文件→打开”命令，或按“Ctrl+O”组合键，打开配套光盘中的素材图片“嘴唇.tif”，如图5-36所示。

**2** 单击工具箱中的“钢笔”工具，勾选出嘴唇图像，按“Ctrl+Enter”组合键，将路径转换为选区，如图5-37所示。

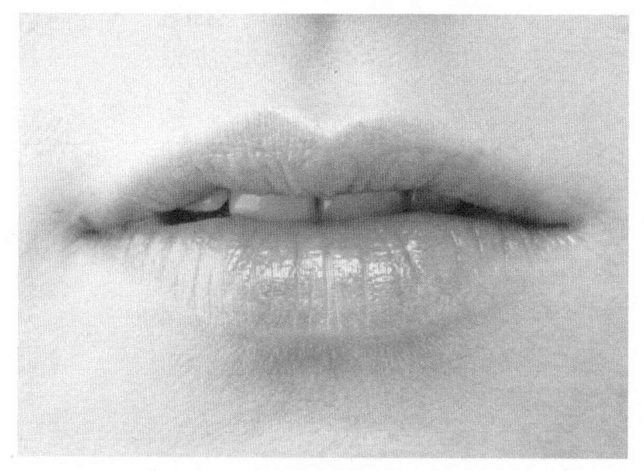

图5-36 打开素材图片

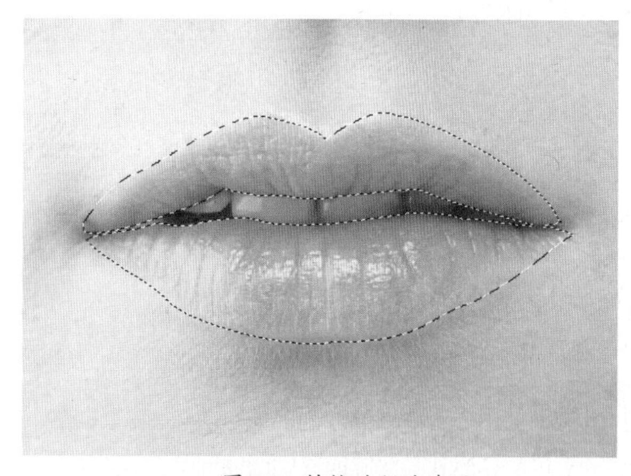

图5-37 转换路径为选区

**3** 选择“选择→修改→羽化”命令，或按“Shift+F6”组合键，打开“羽化”对话框，设置“羽化半径”为4像素，如图5-38所示，单击“确定”按钮。

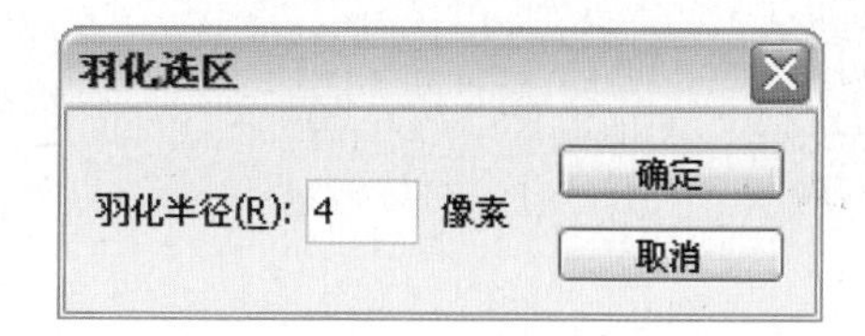


图5-38 设置“羽化”参数

**4** 选择“图像→调整→曲线”命令，打开“曲线”对话框，在对话框中调整“曲线”，如图5–39所示。

**5** 单击“确定”按钮，效果如图5–40所示。

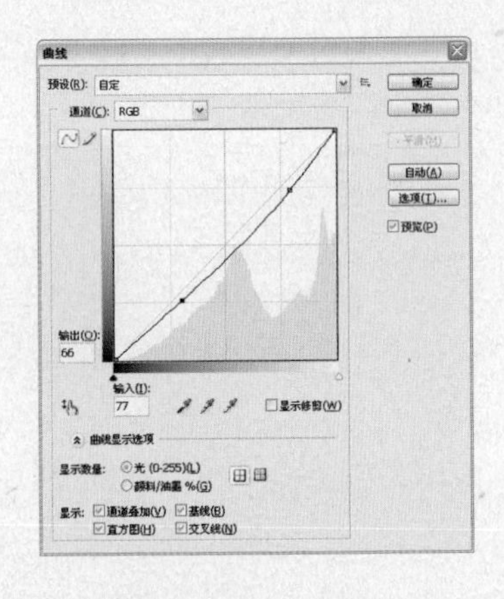

图5-39 调整“曲线”

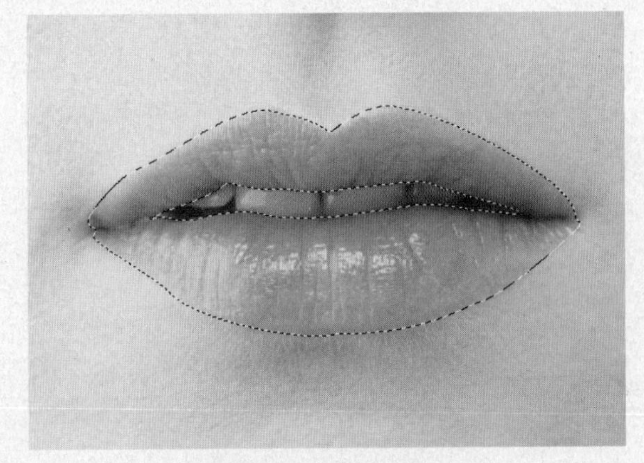

图5-40 “曲线”效果

**6** 选择“图像→调整→亮度/对比度”命令，打开“亮度/对比度”对话框，设置“亮度”为21，“对比度”为18，如图5–41所示。

**7** 单击“确定”按钮，嘴唇的亮度和对比度变得强烈，如图5–42所示

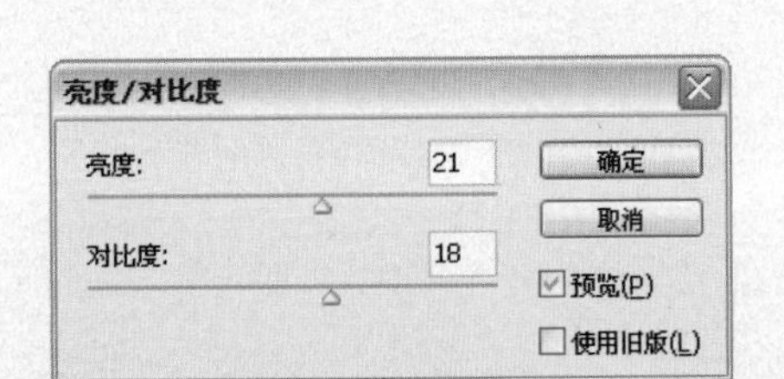


图5-41 设置“亮度/对比度”参数

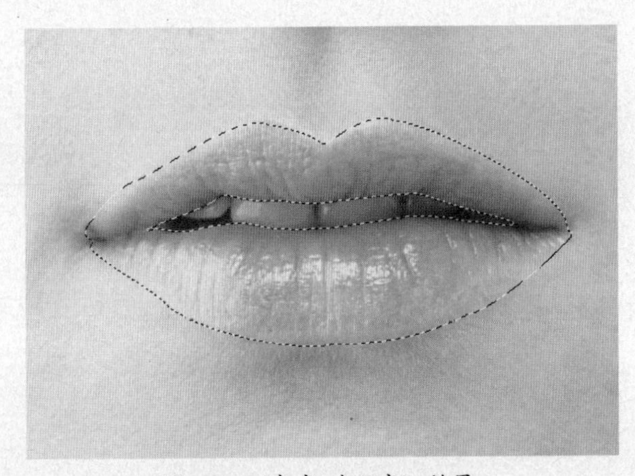

图5-42 “亮度/对比度”效果

**8** 选择“图像→调整→色彩平衡”命令，打开“色彩平衡”对话框，设置参数为+23，–31，–5，如图5–43所示。

**9** 选择“阴影”单选按钮，设置参数为+5，–6，+19，如图5–44所示。

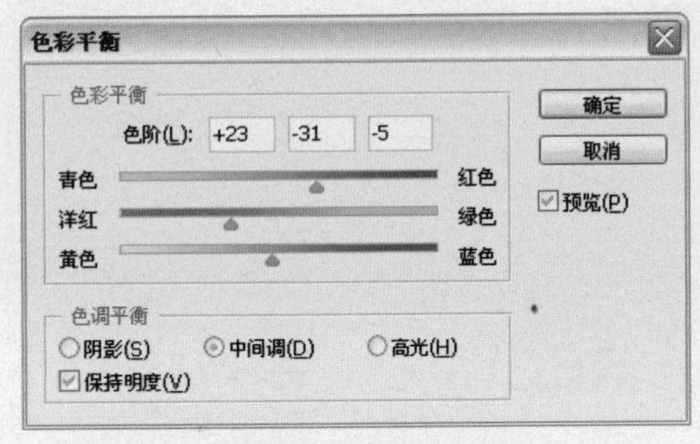


图5-43 设置“中间调”参数

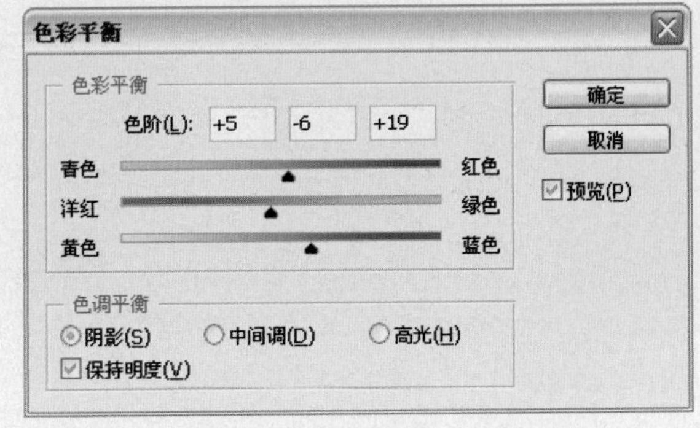


图5-44 设置“阴影”参数

10 选择“高光”单选按钮，设置参数为0，-10，+17，如图5-45所示。

11 单击“确定”按钮，嘴唇的颜色效果如图5-46所示。

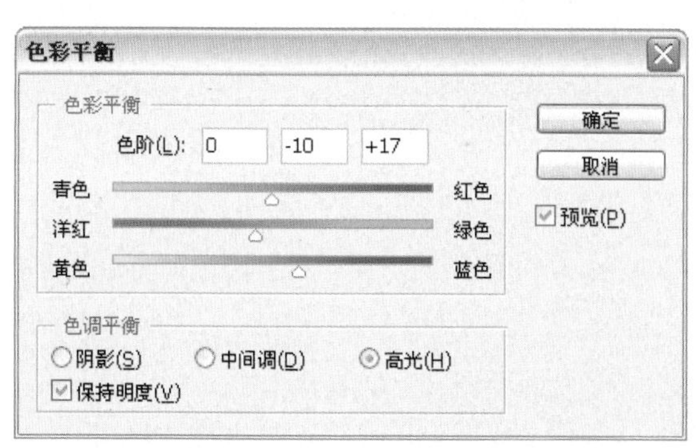


图5-45 设置“高光”参数

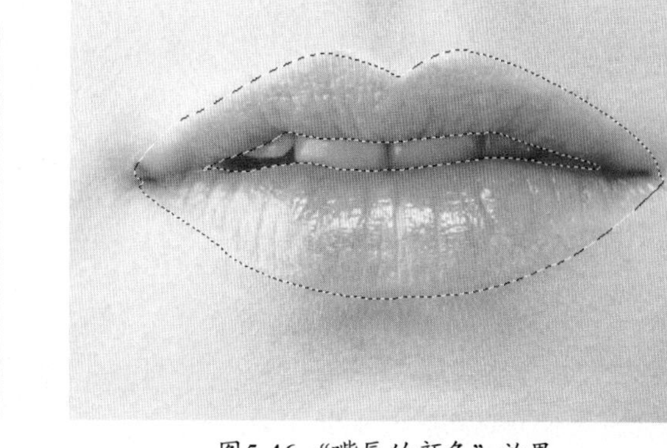

图5-46 “嘴唇的颜色”效果

12 选择“滤镜→杂色→添加杂色”命令，打开“添加杂色”对话框，设置“数量”为6，选择“单色”复选框，如图5-47所示。

13 单击“确定”按钮，按“Ctrl+D”组合键取消选区，完成后的最终效果如图5-48所示。

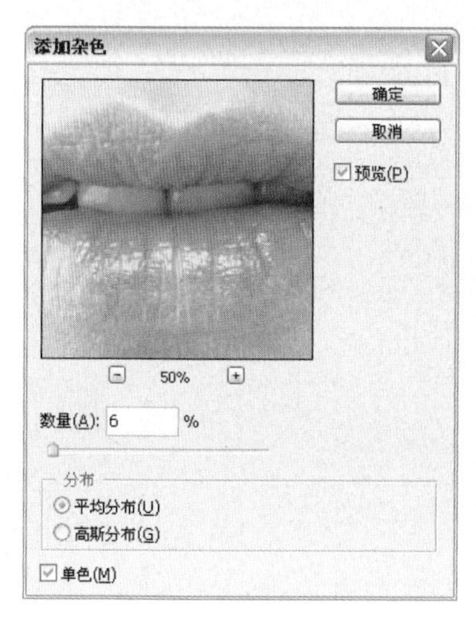


图5-47 设置“添加杂色”参数

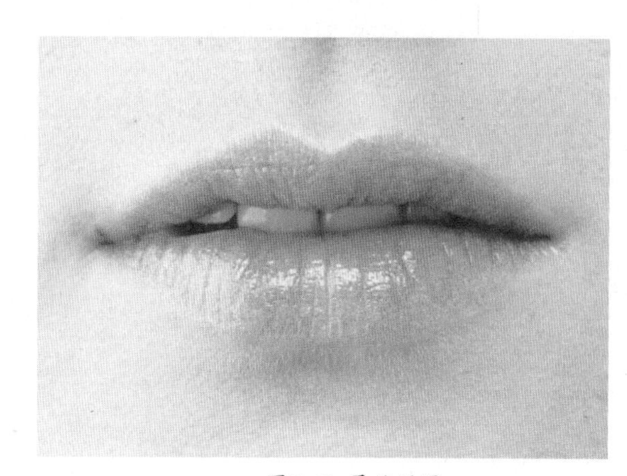

图5-48 最终效果

## 5.9 皮肤美白

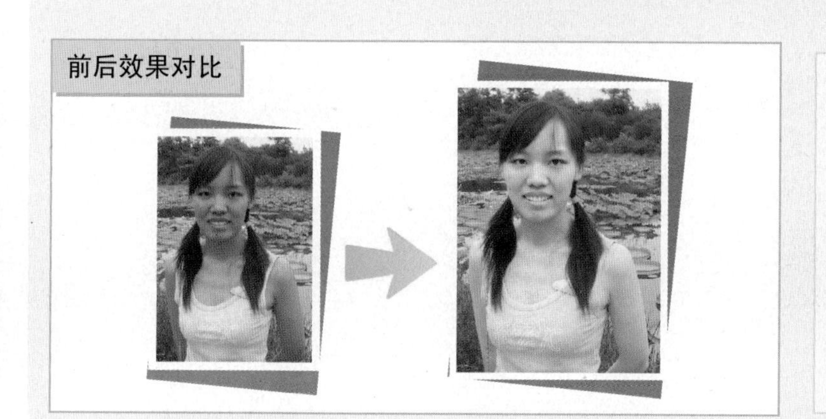


素材文件 美女.tif

效果文件 皮肤美白.psd

存放路径 光盘\源文件与素材\第5章\5.9皮肤美白

## 案例点评

本案例主要学习皮肤美白的方法。运用“画笔”工具，在快速蒙版中可以快速地选取出人物的肌肤，通过“亮度/对比度”和“色相/饱和度”命令调整，可将人物的肌肤美白，运用“表面模糊”命令，可以自动查找人物的肌肤部分，并且模糊肌肤部分，能使美白后的肌肤更加柔美。

修图步骤

1 选择“文件→打开”命令，或按“Ctrl+O”组合键，打开配套光盘中的素材图片“美女.tif”，如图5-49所示。

2 单击工具箱中的“以快速蒙版模式编辑”按钮，选择工具箱中的“画笔”工具，对图像中的“肌肤”部分进行涂抹，效果如图5-50所示。

图5-49 打开素材图片

图5-50 涂抹“肌肤”部分

3 单击工具箱中的“以标准模式编辑”按钮，将转换为选区，并按“Ctrl+Shift+I”组合键，反选选区，如图5-51所示。

4 选择“图像→调整→亮度/对比度”命令，设置“亮度”为70，“对比度”为5，如图5-52所示。

图5-51 反选选区

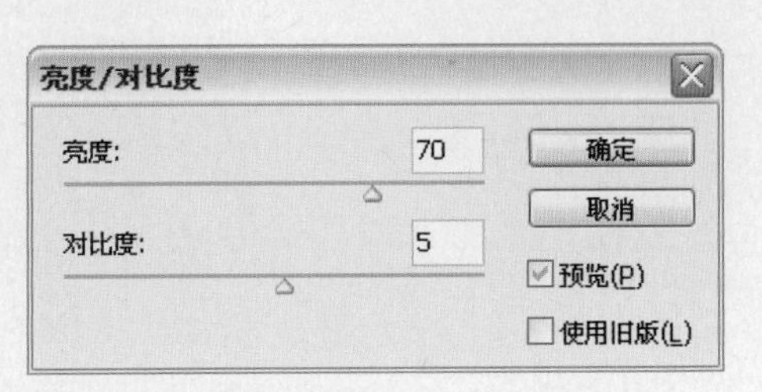


图5-52 设置“亮度/对比度”参数

**5** 单击“确定”按钮，选区效果如图5–53所示。

**6** 选择“图像→调整→色相/饱和度”命令，打开“色相/饱和度”对话框，设置“饱和度”为–45，如图5–54所示。

图5-53 “亮度/对比度”效果

图5-54 设置“色相/饱和度“参数

**7** 单击“确定”按钮，效果如图5–55所示。

**8** 选择“滤镜→模糊→表面模糊”命令，打开“表面模糊”对话框，设置“半径”为5，“阈值”为8，如图5–56所示。

图5-55 “色相/饱和度”效果

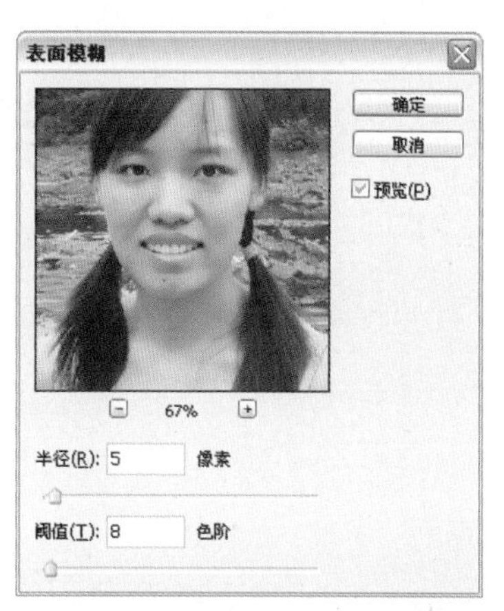


图5-56 设置“表面模糊”参数

**9** 单击“确定”按钮，美白肌肤的最终效果如图5–57所示。

图5-57 最终效果

## 5.10 增加酒窝

前后效果对比

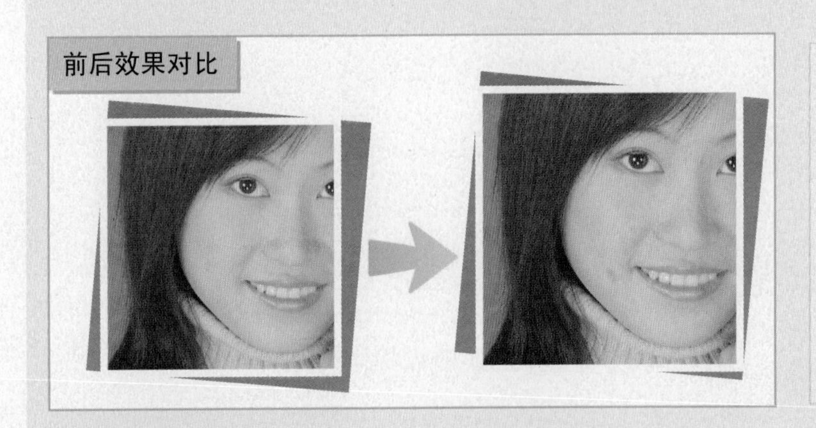

素材文件 笑脸.tif

效果文件 增加酒窝.psd

存放路径 光盘\源文件与素材\第5章\5.10增加酒窝

### 案例点评

本案例主要学习如何增加人物的酒窝。首先通过选取对人物的脸部图形进行复制，然后通过“图层样式”中的“斜面和浮雕”命令，制作人物的酒窝效果，能使增加的酒窝以假乱真。

修图步骤

1 选择“文件→打开”命令，或按“Ctrl+O”组合键，打开配套光盘中的素材图片“笑脸.tif”，如图5-58所示。

2 单击工具箱中的“椭圆选框”工具，在窗口中拖动光标，绘制椭圆选区，并选择“选择→变换选区”命令，打开变换选区调节框，旋转选区，如图5-59所示，按“Enter”键确定。

图5-58 打开素材图片

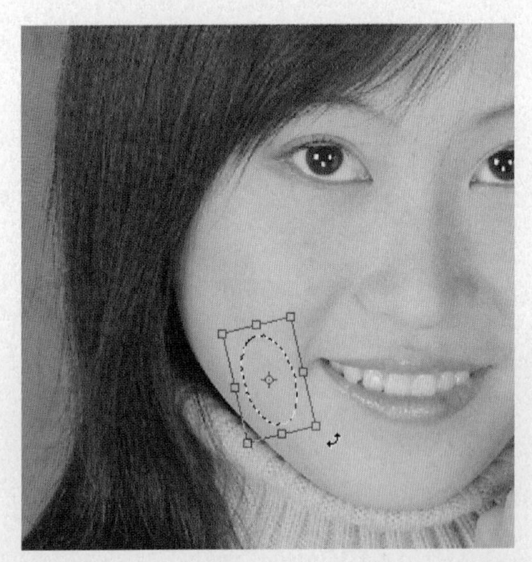

图5-59 旋转选区

3 按“Ctrl+J”组合键，将选区图像复制到新建“图层1”中，如图5-60所示。

4 双击“图层1”后的空白区域，打开“图层样式”对话框，在对话框中选择“斜面和浮雕”复选框，设置“高光模式”颜色为棕色（R:116，G:67，B:50），设置“阴影模式”颜色为粉色（R:228，G:206，B:200），并分别设置其他参数如图5-61所示。

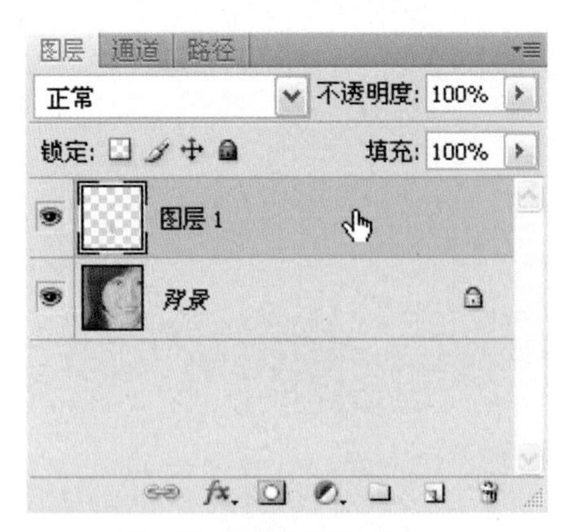


图5-60 复制选区图像

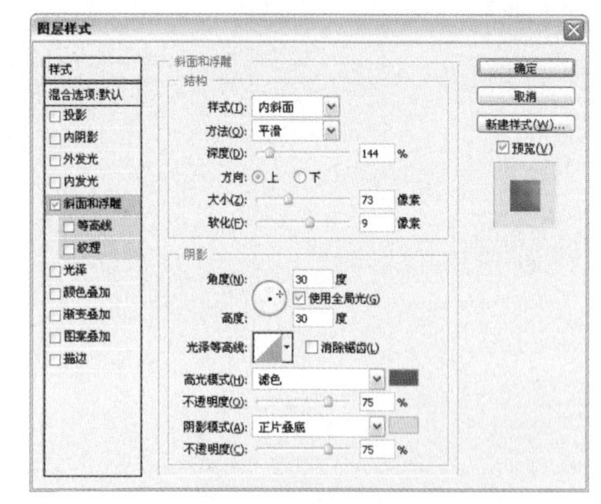


图5-61 设置“斜面和浮雕”参数

**5** 选择“等高线”复选框，单击“等高线”下拉按钮，在打开的下拉菜单中选择图5-62所示的等高线样式，设置“范围”为50%。

**6** 单击“确定”按钮，增加的人物酒窝如图5-63所示。

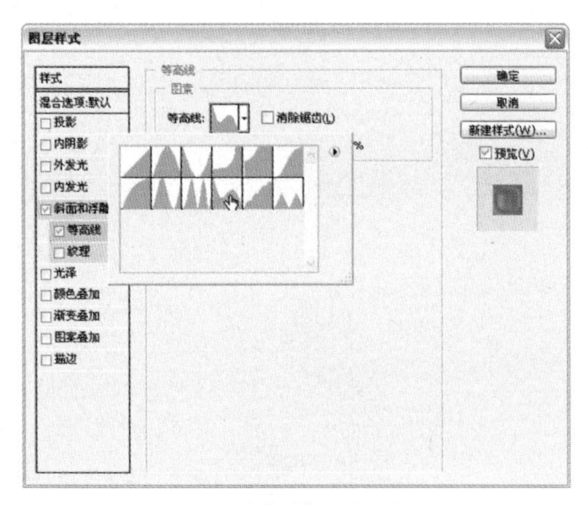


图5-62 选择等高线样式

图5-63 增加的酒窝效果

## 5.11 染 发

素材文件 人物头发.tif

效果文件 染发.psd

存放路径 光盘\源文件与素材\第5章\5.11染发

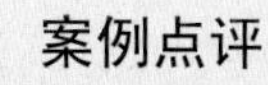

### 案例点评

本案例主要学习染发的方法。运用“钢笔”工具选取人物的头发部分，并且填充颜色，通过“图层混合模式”的调整，让填充的颜色叠加在人物的头发上，达到染发的效果。

修图步骤

1 选择“文件→打开”命令，或按“Ctrl+O”组合键，打开配套光盘中的素材图片“人物头发.tif”，如图5-64所示。

2 单击工具箱中的“钢笔”工具，勾选出头发部分，并按“Ctrl+Enter”组合键，将路径转换为选区，效果如图5-65所示。

图5-64 打开素材图片

图5-65 转换路径为选区

3 新建图层，设置“前景色”为橘红色（R:221，G:95，B:10），并按“Alt+Delete”组合键，填充选区颜色，如图5-66所示。

4 单击图层面板上的“图层混合模式”下拉按钮，设置“图层混合模式”为柔光，并按“Ctrl+D”组合键取消选区，最终效果如图5-67所示。

图5-66 填充选区颜色

图5-67 最终效果

## 5.12 明星级美容

前后效果对比

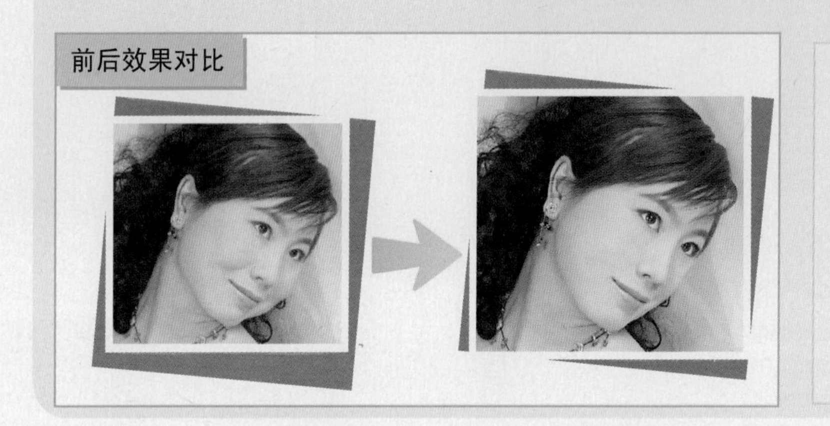

素材文件 艺术写真.tif

效果文件 明星级美容.psd

存放路径 光盘\源文件与素材\第5章\5.12明星级美容

## 案例点评

本案例主要学习明星级美容。在讲解过程中，将采用一幅普通的人像艺术写真照，通过全套美容方法，对其进行处理，使一幅普通的人像艺术写真照变得更加特别，更有明星气质。

修图步骤

1 选择“文件→打开”命令，或按“Ctrl+O”组合键，打开配套光盘中的素材图片“艺术写真.tif”，如图5-68所示。

2 选择“滤镜→液化”命令，打开“液化”对话框，在对话框中单击工具箱中的“向前变形”工具，并在人物的脸部部分进行拖动涂抹，修瘦人物的脸部，如图5-69所示。

图5-68 打开素材图片

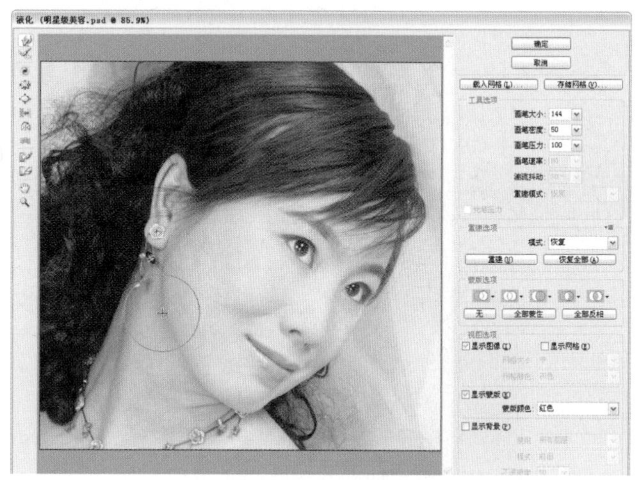

图5-69 修瘦人物的脸部

3 单击“确定”按钮，脸部效果如图5-70所示。

4 单击工具箱中的“修复画笔”工具，在窗口中按住“Alt”键，并单击人物的肌肤部分，选择仿制的位置，如图5-71所示。

图5-70 “液化”效果

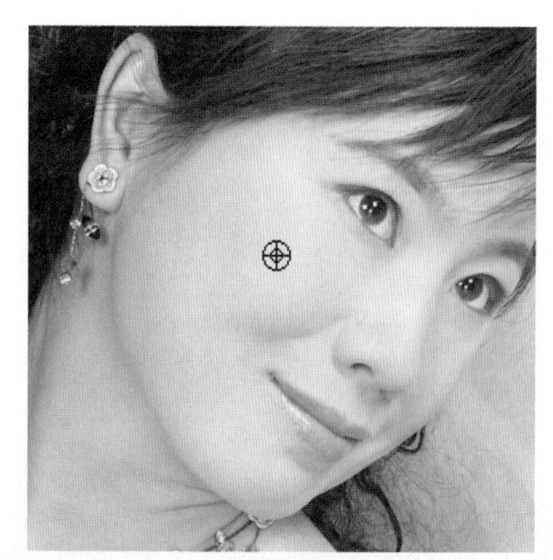

图5-71 选择仿制的位置

5 释放鼠标，在面部的表情纹部分单击鼠标，去除表情纹效果如图5-72所示。

6 选择“图像→调整→色相/饱和度”命令，打开“色相/饱和度”对话框，在对话框中设置“饱和度”为-32，如图5-73所示。

图5-72 去除表情纹

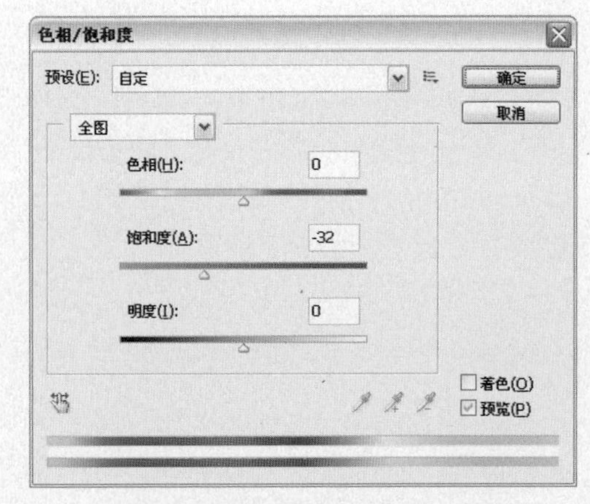


图5-73 设置“色相/饱和度”参数

**7** 单击“确定”按钮，照片的整体饱和度降低，效果如图5-74所示。

**8** 选择“图像→调整→曲线”命令，打开“曲线”对话框，在对话框中调整“曲线”，如图5-75所示。

图5-74 降低照片整体饱和度

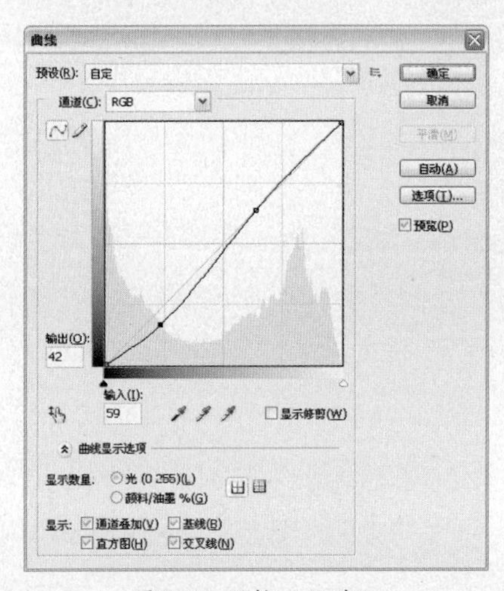


图5-75 调整“曲线”

**9** 单击“确定”按钮，照片的整体亮度和对比度增强，效果如图5-77所示。

**10** 选择“图像→调整→表面模糊”命令，打开“表面模糊”对话框，在对话框中设置“半径”为8像素，设置“阈值”为5色阶，如图5-78所示。

图5-76 “曲线”效果

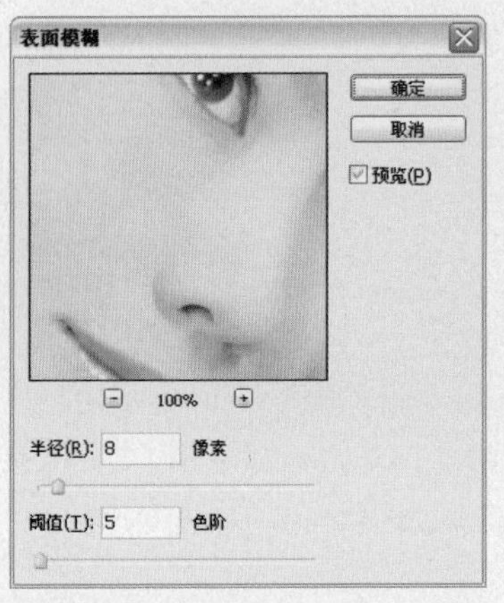


图5-77 设置“表面模糊”参数

11 单击“确定”按钮，人物的皮肤变得更加柔美，效果如图5–78所示。

12 选择“图像→调整→USM锐化”命令，打开“USM锐化”对话框，在对话框中设置“数量”为64%，“半径”为3.7像素，“阈值”为9像素，如图5–79所示。

图5-78 “表面模糊”效果

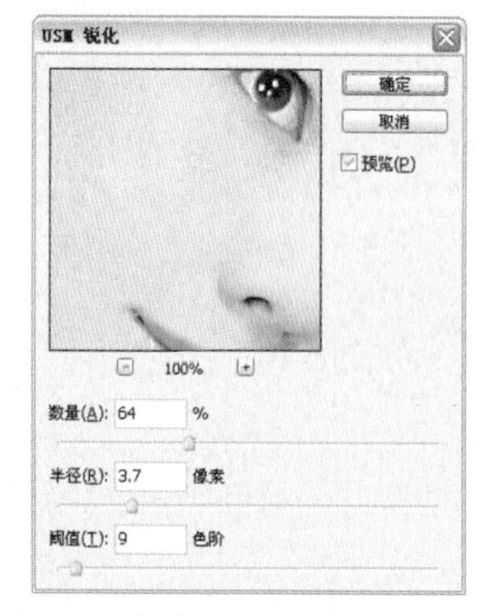


图5-79 设置“USM锐化”参数

13 单击“确定”按钮，照片更加清晰，效果如图5–80所示。

14 单击工具箱中的“减淡”工具，在人物的鼻梁部分涂抹，增强人物的面部高光，使人物的五官更加突出，效果如图5–81所示。

图5-80 “USM锐化”效果

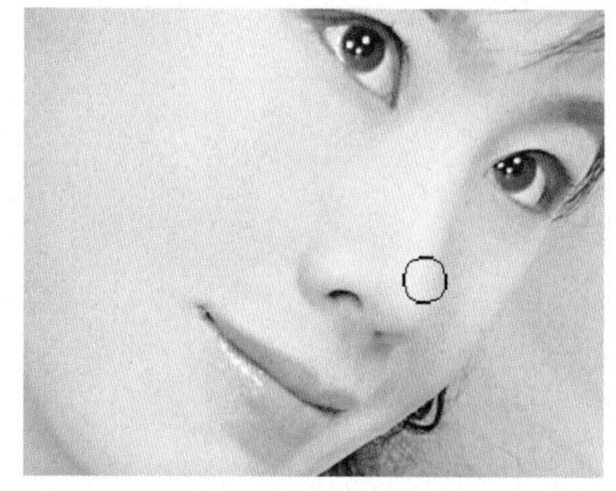

图5-81 突出人物五官

15 新建“图层1”，设置“前景色”为蓝色（R:37，G:177，B:156），单击工具箱中的“画笔”工具，在人物的眼睛部位绘制颜色，如图5–82所示。

16 设置“图层1”的“图层混合模式”为颜色加深，设置“不透明度”为77%，效果如图5–83所示。

17 单击工具箱中的“橡皮擦”工具，在人物的眼睛部位擦除多余的眼影效果，如图5–84所示。

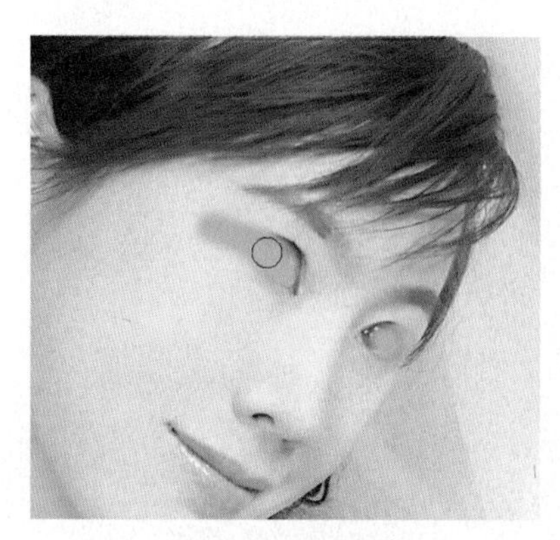

图5-82 绘制颜色

图5-83 “图层混合模式”效果

图5-84 擦除眼影效果

# 第6章　挽救拍摄不当的照片

有了数码相机也不一定就是摄影师了，所以常常会出现拍摄不当的照片，比如说照片中有多余的人物出现，不能突出自己；拍摄了杂乱的背景，影响照片的整体美观；在拍摄时因为抖动造成照片模糊；在光线较暗的情况下，采用了闪光灯，拍摄的照片往往会出现投影；照片中出现遮挡镜头的物体；拍摄了闭眼的照片等，这些问题都是常常出现的。

当你认识了Photoshop CS5软件以后，了解Photoshop CS5的强大功能，你会发现原来许多拍摄不当的照片是可以挽救的。本章将列举许多拍摄不当的照片，并且对这些照片纷纷展开挽救行动，还照片一个理想的效果。

# 6.1 不留痕迹去除多余人物

前后效果对比

素材文件 旅游照.tif

效果文件 不留痕迹去除多余人物.psd

存放路径 光盘\源文件与素材\第6章\6.1不留痕迹去除多余人物

## 案例点评

本案例主要学习如何去除照片中多余人物的方法。很多时候由于风景区人流量比较多，在拍摄的照片中，往往会出现许多游客的身影，本案例将运用Photoshop CS5中的“仿制图章”工具，不留痕迹地去除照片中多余的游客。

修图步骤

**1** 选择“文件→打开”命令，或按“Ctrl+O”组合键，打开配套光盘中的素材图片“旅游照.tif”，如图6-1所示。

**2** 单击工具箱中的 “仿制图章”工具，在属性栏上单击“画笔”下拉按钮，设置“直径”为63px，“硬度”为0%，其他参数如图6-2所示。

图6-1 打开素材

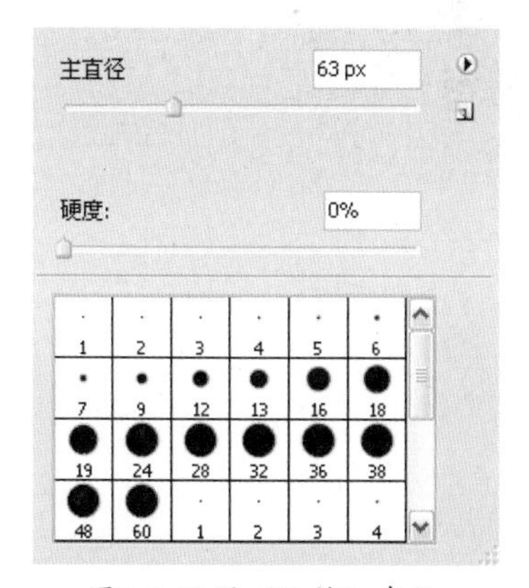


图6-2 设置“画笔”参数

**3** 使用“仿制图章”工具，在“石壁”处的部分按住“Alt”键不放，单击鼠标，即可选中仿制图像，释放“Alt”键后，运用“仿制图章”工具，对多余人物进行处理，快速地去除墙壁前的多余人物，效果如图6-3所示。

**技 巧**

选择“仿制图章”工具以后，可以直接按键盘上的“[”键和“]”键，对工具的大小进行快速调整。

4 运用以上方法，用“仿制图章”工具，对图像中其他位置多余的人物进行处理，最终效果如图6-4所示。

图6-3 使用“仿制图章”工具去除多余人物

图6-4 最终效果

## 6.2 处理照片中杂乱的背景

前后效果对比

素材文件 杂乱的背景.tif
效果文件 处理照片中杂乱的背景.psd
存放路径 光盘\源文件与素材\第6章\6.2处理照片中杂乱的背景

### 案例点评

本案例主要学习如何处理照片中杂乱的背景。对于杂乱的背景有很多种处理的方法，本案例采取了模糊的方法对图像进行处理，运用“高斯模糊”命令，对照片进行模糊处理，利用“图层蒙版”的特性，将图像进行遮罩，突出杂乱背景中的主体人物。

修图步骤

1 选择“文件→打开”命令，或按“Ctrl+O”组合键，打开配套光盘中的素材图片“杂乱的背景.tif”，如图6-5所示。

2 按“Ctrl+J”组合键，将“背景”图像复制到“图层1”中，如图6-6所示。

图6-5 打开素材

图6-6 创建副本图层

**3** 选择“滤镜→模糊→高斯模糊”命令，打开“高斯模糊”对话框，设置“半径”为5像素，如图6–7所示。

**4** 单击“确定”按钮，图像变得模糊，效果如图6–8所示。

图6-7 设置“高斯模糊”参数

图6-8 “高斯模糊”效果

**5** 单击工具箱中的“钢笔”工具，勾选出图像中人物部分，如图6–9所示。

**6** 按“Ctrl+Enter”组合键，将路径转换为选区，并按“Ctrl+Shift+I”组合键，反选选区，如图6–10所示。

图6-9 选择图像中人物部分

图6-10 路径转换为反选选区

**7** 单击“图层”调板上的“添加图层蒙版”按钮，为该图层添加选区蒙版，如图6–11所示。

**提 示** 当图像中有选区时，单击“添加图层蒙版”按钮，创建选区蒙版，自动对选区以外的图像进行遮罩，显示出下一层的图像。

**8** 添加图层蒙版后，照片中杂乱的背景变得模糊，最终效果如图6–12所示。

图6-11添加选区蒙版

图6-12最终效果

## 6.3 消除因抖动造成模糊的照片

前后效果对比

**素材文件** 因抖动造成模糊的照片.tif

**效果文件** 消除因抖动造成模糊的照片.psd

**存放路径** 光盘\源文件与素材\第6章\6.3消除因抖动造成模糊的照片

### 案例点评

本案例学习如何消除因抖动造成模糊的照片。主要运用“智能锐化”命令，分别对照片的“锐化”、“高光”、“阴影”等进行调整，使因抖动造成模糊的照片变得清晰。

修图步骤

1 选择“文件→打开”命令，或按“Ctrl+O”组合键，打开配套光盘中的素材图片“因抖动照成模糊的照片.tif”，如图6-13所示。

2 选择“滤镜→锐化→智能锐化”命令，打开“智能锐化”对话框，选择“高级”单选按钮，设置“数量”为254%，“半径”为0.8像素，设置其他参数如图6-14所示。

图6-13 打开素材

图6-14 设置“锐化”参数

**3** 选择“阴影”选项卡，设置“渐隐量”为59%，“色调宽度”为44%，“半径”为90像素，如图6-15所示。

**4** 选择“高光”选项卡，设置“渐隐量”为100%，“色调宽度”为48%，“半径”为50像素，如图6-16所示。

**5** 单击“确定”按钮，模糊的照片变得清晰，效果如图6-17所示。

图6-15 “阴影”参数

图6-16 设置“高光”参数

图6-17 “智能锐化”效果

## 6.4 去除拍摄投影

### 前后效果对比

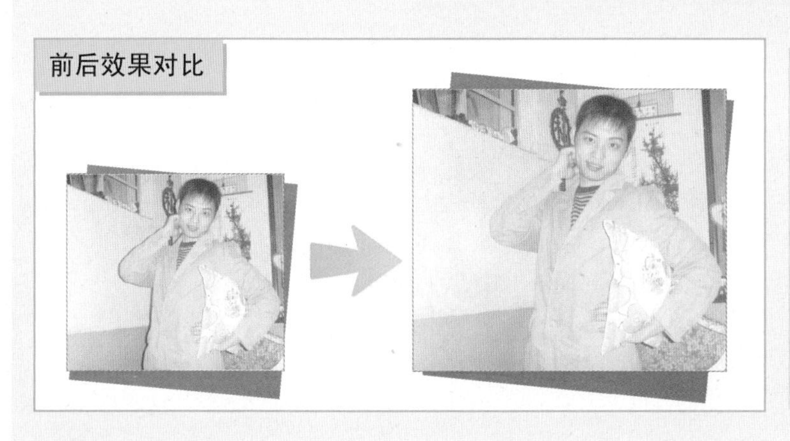

- **素材文件** 带有投影的照片.tif
- **效果文件** 去除拍摄投影.psd
- **存放路径** 光盘\源文件与素材\第6章\6.4去除拍摄投影

### 案例点评

在光线比较暗的情况下，由于闪光灯的光轴过强，使拍摄后的人物边缘出现强硬的投影，本案例将讲解投影的去除方法。首先运用“钢笔”工具选取出投影部分，然后利用“仿制图章”的特性，对选区中的投影进行覆盖，快速地去除拍摄投影。

修图步骤

**1** 选择“文件→打开”命令，或按“Ctrl+O”组合键，打开配套光盘中的素材图片“带有投影的照片.tif”，如图6-18所示。

**2** 单击工具箱中的“钢笔”工具，勾选出图像中带有“投影”的部分，按“Ctrl+Enter”组合键，将路径转换为选区，效果如图6-19所示。

图6-18 打开素材

图6-19 载入选区

**3** 使用“仿制图章”工具，在绿色墙面处按住“Alt”键不放，单击鼠标，即可选中仿制图像，释放“Alt”键后，运用“仿制图章”工具，将带有绿色墙面的图像对“投影”进行覆盖，去除投影效果如图6-20所示。

**4** 在白色墙面处按住“Alt”键不放，单击鼠标，选中仿制图像，释放“Alt”键后，运用“仿制图章”工具，将带有白色墙面的图像对“投影”进行覆盖，去除“投影”效果如图6-21所示。

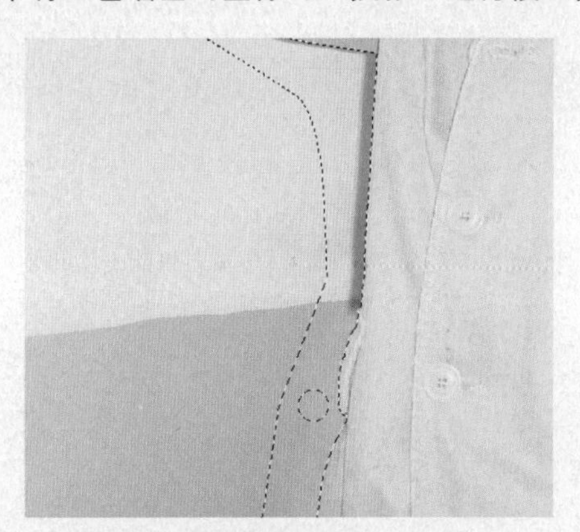

图6-20 去除绿色墙面部分投影

图6-21 去除白色墙面部分投影

**5** 运用上述同样的方法，用“仿制图章”工具，对图像中“投影”进行处理，按“Ctrl+D”组合键取消选区，最终效果如图6-22所示。

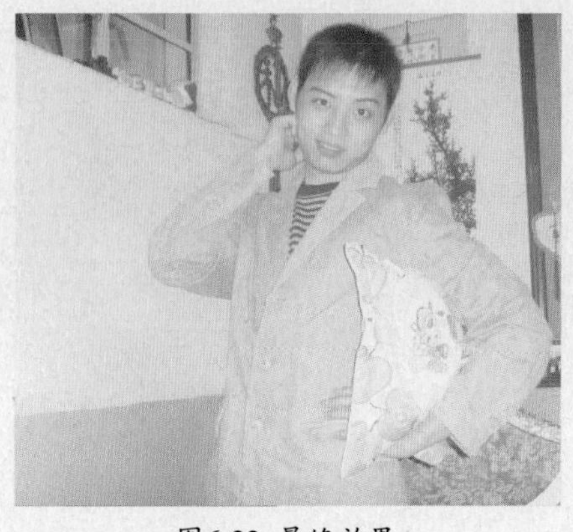

图6-22 最终效果

## 6.5 去除遮挡镜头的物体

**素材文件** 遮挡镜头的树叶.tif

**效果文件** 去除遮挡镜头的物体.psd

**存放路径** 光盘\源文件与素材\第6章\6.5去除遮挡镜头的物体

### 案例点评

本案例主要学习如何去除遮挡镜头的物体。原本美丽的照片就因为一片遮挡镜头的树叶被破坏，对此感到十分的遗憾，现在遇到这样的情况就不用再着急，运用“仿制图章”工具就可以解决此类情况。此工具运用得非常广泛，具有强大的仿制功能，可以轻松地去除照片中任何的图像。

修图步骤

**1** 选择“文件→打开”命令，或按“Ctrl+O”组合键，打开配套光盘中的素材图片“遮挡镜头的树叶.tif”，如图6-23所示。

**2** 单击工具箱中的“仿制图章”工具，在属性栏上单击“画笔”下拉按钮，设置“主直径”为100px，“硬度”为0%，如图6-24所示。

图6-23 打开素材

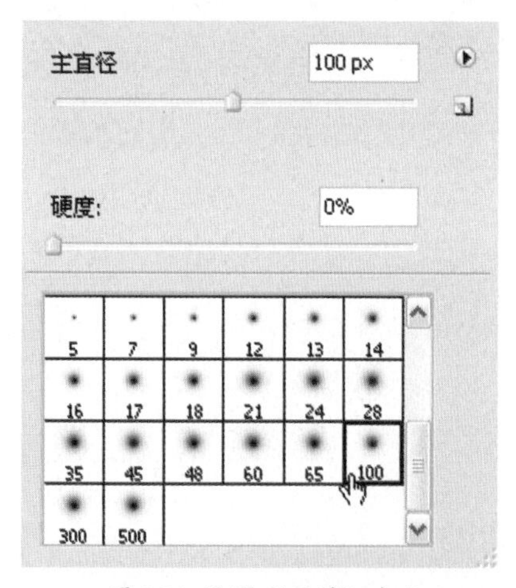

图6-24 设置“画笔”大小

**3** 使用“仿制图章”工具，在与“树叶”相近的部分按住“Alt”键不放，单击鼠标，即可选中仿制图像，释放“Alt”键后，在“树叶”的位置进行涂抹，效果如图6-25所示。

**4** 使用“仿制图章”工具，在与“树叶”相近的衣服部分按住“Alt”键不放，单击鼠标，即可选中仿制图像，释放“Alt”键后，对人物衣服部分的“树叶”进行涂抹，去除效果如图6-26所示。

图6-25 除去树叶

图6-26 去除衣服部分树叶

5 运用上述同样的方法，使用“仿制图章”工具，快速地去除镜头的遮挡物，最终效果如图6–27所示。

图6-27 最终效果

## 6.6 清晰动态拍摄下的模糊人物

前后效果对比

**素材文件** 动态拍摄下的模糊人物.tif

**效果文件** 清晰动态拍摄下的模糊人物.psd

**存放路径** 光盘\源文件与素材\第6章\6.6清晰动态拍摄下的模糊人物

### 案例点评

本案例主要学习如何清晰动态拍摄下的模糊人物。在户外摄影时，很多时候由于人物的移动会造成模糊的照片，Photoshop软件可以对此类照片进行修复，能让模糊的照片变得更加清晰。

修图步骤

1 选择“文件→打开”命令，或按“Ctrl+O”组合键，打开配套光盘中的素材图片“动态拍摄下的模糊人物.tif”，如图6–28所示。

2 选择“通道”面板，拖动“绿”通道到“创建新通道”按钮 上，创建“绿副本”通道，如图6–29所示。

图6-28 打开素材图片

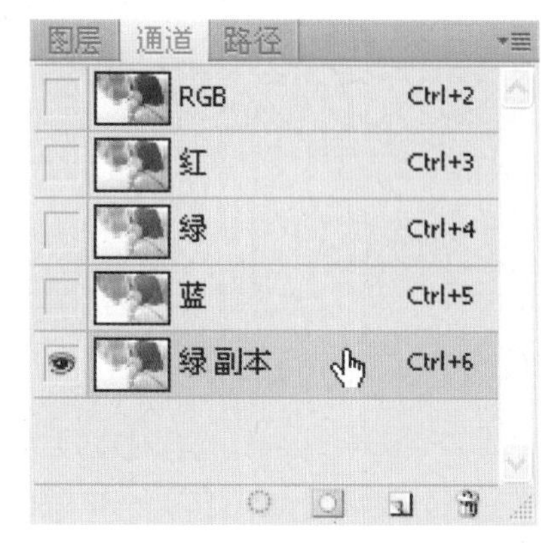


图6-29 创建副本通道

3 选择“滤镜→风格化→照亮边缘”命令，打开“照亮边缘”对话框，在对话框中设置“边缘宽度”为1，“边缘亮度”为20，“平滑度”为1，如图6–30所示。

4 单击“确定”按钮，效果如图6–31所示。

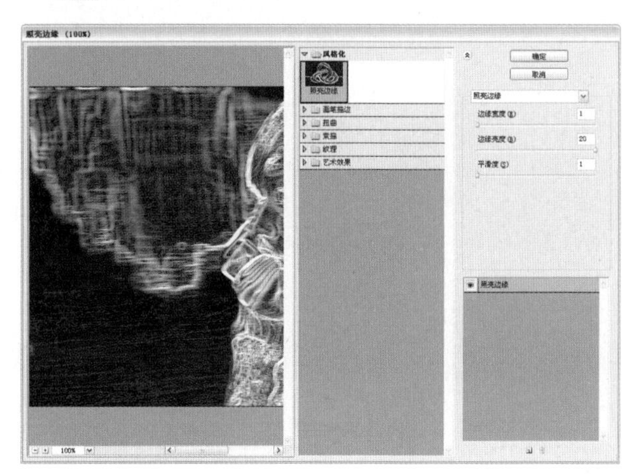

图6-30 设置“照亮边缘”参数

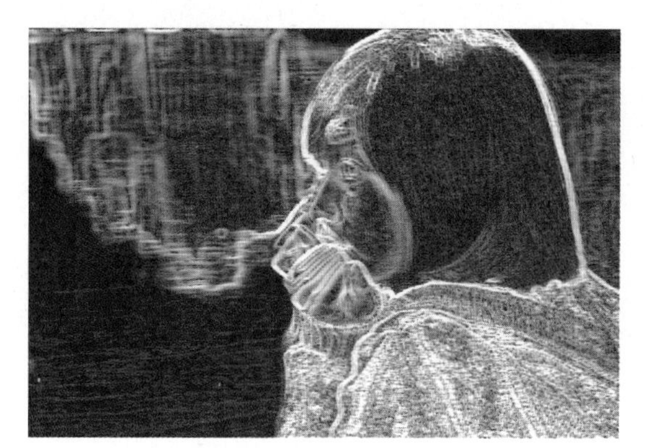

图6-31 “照亮边缘”效果

5 选择“图像→调整→色阶”命令，打开“色阶”对话框，在对话框中设置参数为0，0.83，237，如图6–32所示。

6 单击“确定”按钮，效果如图6–33所示。

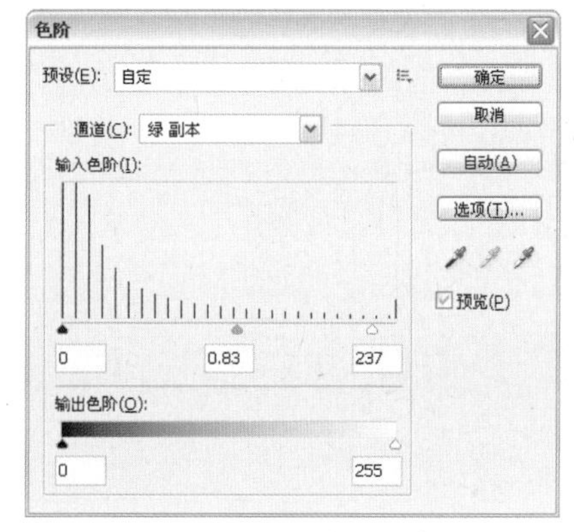


图6-32 设置“色阶”参数

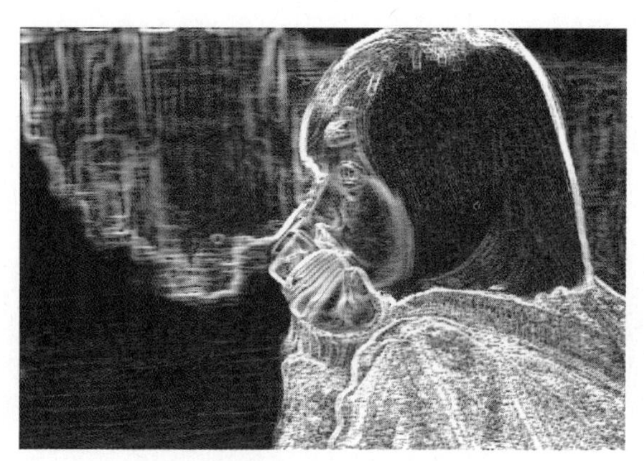

图6-33 “色阶”效果

7 单击“RGB”通道，并按住“Ctrl”键，单击“绿 副本”通道的缩览图，载入通道选区，如图6-34所示。

8 选择“滤镜→艺术效果→绘画涂抹”命令，打开“绘画涂抹”对话框，在对话框中设置“画笔大小”为1，“锐化程度”为8，设置“画笔类型”为简单，如图6-35所示。

图6-34 载入通道选区

图6-35 设置“绘画涂抹”参数

9 单击“确定”按钮，效果如图6-36所示，按“Ctrl+D”组合键取消选区。

10 选择“滤镜→锐化→智能锐化”命令，打开“智能锐化”对话框，选择“高级”单选按钮，设置“数量”为100%，“半径”为12.8像素，设置“移去”为动感模糊，设置其他参数如图6-37所示。

图6-36 “绘画涂抹”效果

图6-37 设置“锐化”参数

11 选择“阴影”选项卡，设置“渐隐量”为11%，“色调宽度”为14%，“半径”为72像素，如图6-38所示。

12 选择“高光”选项卡，设置“渐隐量”为48%，“色调宽度”为14%，“半径”为50像素，如图6-39所示。

图6-38 设置“阴影”参数

图6-39 设置“高光”参数

13 单击“确定”按钮，模糊的照片变得清晰，效果如图6-40所示。

14 按“Ctrl+J”组合键，将“背景”图像复制到“图层1”中，并设置“图层混合模式”为柔光，设置“不透明度”为80%，如图6-41所示。

图6-40 “智能锐化”效果

图6-41 创建副本图像

15 选择“滤镜→画笔描边→阴影线”命令，打开“阴影线”对话框，设置“描边长度”为4，“锐化程度”为6，“强度”为1，如图6-42所示。

16 单击“确定”按钮，效果如图6-43所示。

图6-42 设置“阴影线”参数

图6-43 “阴影线”效果

17 选择“图像→调整→色阶”命令，打开“色阶”对话框，在对话框中设置参数为0，2.21，220，如图6-44所示。

18 单击“确定”按钮，清晰动态拍摄下的模糊人物最终效果如图6-45所示。

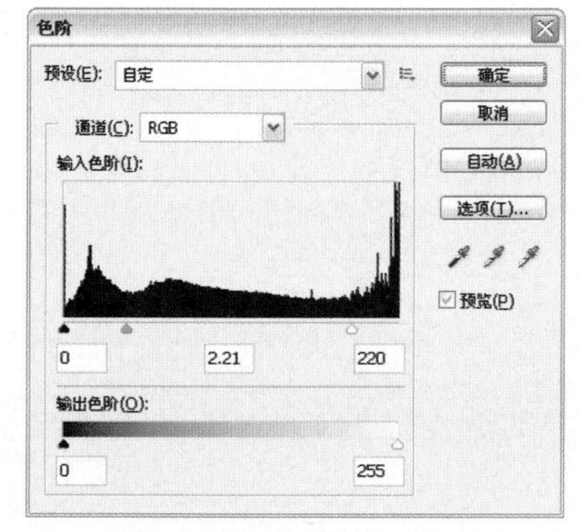


图6-44 设置“色阶”参数

图6-45 最终效果

## 6.7 修正闭眼的照片

前后效果对比

素材文件 闭眼的照片.tif
效果文件 修正闭眼的照片.psd
存放路径 光盘\源文件与素材\第6章\6.7修正闭眼的照片

### 案例点评

本案例学习如何修正闭眼的照片。人的眼睛需要瞬间休息，据专家统计，每个人每分钟要眨眼10余次，这是一种自然现象，通过眨眼能够将泪水均匀地分布在角膜和结膜上，保证它们不干燥，同时还能使视网膜及眼肌获得暂时地休息。但是就在这一瞬间，相机捕捉到了你眨眼的状态，让照片中的你显得没有精神，此类现象我们已经有了相对的解决方法，主要运用“液化”命令，将闭眼的眼睛变为睁眼，还你在眨眼前的精神时刻。

修图步骤

**1** 选择“文件→打开”命令，或按“Ctrl+O”组合键，打开配套光盘中的素材图片“闭眼的照片.tif”，如图6-46所示。

**2** 选择“滤镜→液化”命令，打开“液化”对话框，选择“膨胀”工具，对人物的眼睛进行放大处理，如图6-47所示。

图6-46 打开素材图片

图6-47 “液化”图片

**3** 单击“确定”按钮，效果如图6-48所示。

**4** 新建图层，单击工具箱中的“画笔”工具，设置“前景色”为白色，在人物眼睛部位绘制高光，并设置“不透明度”为50%，最终效果如图6-49所示。

**提示** 由于眼睛放大后，眼珠里的高光和反光部分将不存在，这样就会显得照片中人物的眼睛没有神，只有通过后期手动添加高光部分，才能让照片中人物的眼睛更加有神。

图6-48 “液化”效果

图6-49 最终效果

## 6.8 添加合影人

前后效果对比

素材文件 户外照片、景区照片.tif

效果文件 添加合影人.psd

存放路径 光盘\源文件与素材\第6章\6.8添加合影人

### 案例点评

本案例学习添加合影人的方法。主要将两幅单人照片，通过Photoshop软件进行组合处理，变为双人的合影照。此方法还告诉我们，要拍合影照片，不一定要在一起拍摄，本案例中还学习了如何添加环境色、添加投影等方法。

修图步骤

1 选择“文件→打开”命令，或按“Ctrl+O”组合键，打开配套光盘中的素材图片“户外照片.tif”，如图6–50所示。

2 选择“文件→打开”命令，或按“Ctrl+O”组合键，打开配套光盘中的素材图片“景区照片.tif”，如图6–51所示。

图6-50 打开素材图片

图6-51 打开素材图片

3 单击工具箱中的“钢笔”工具，勾选出图像中人物部分，如图6–52所示。

4 按“Ctrl+Enter”组合键，将路径转换为选区，如图6–53所示。

图6-52 勾选出图像中人物部分

图6-53 路径转换为选区

5 单击工具箱中的“移动”工具，将选区素材图片拖曳到“户外照片”文件窗口中，并按“Ctrl+T”组合键，对素材的大小和位置进行调整，双击图像确定变换，效果如图6–54所示。

6 选择“图像→调整→色阶”命令，打开“色阶”对话框，设置参数为0，1.00，212，如图6–55所示。

图6-54 导入素材图片

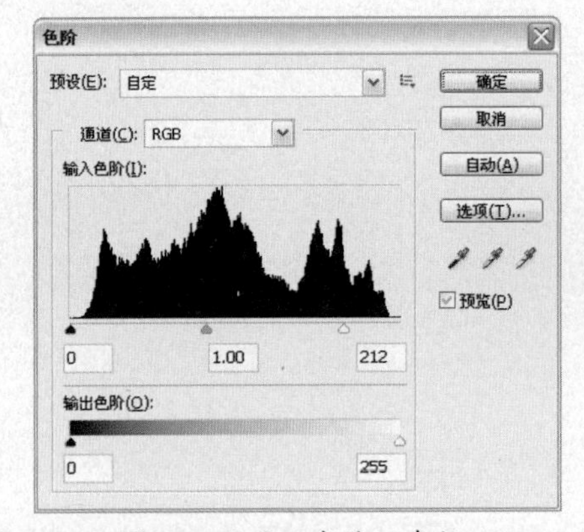


图6-55 设置“色阶”参数

7 单击“确定”按钮，人物的整体亮度变亮，效果如图6–56所示。

8 选择“图像→调整→色彩平衡”命令，打开“色彩平衡”对话框，设置参数为16，10，34，如图6–57所示。

图6-56 “色阶”效果

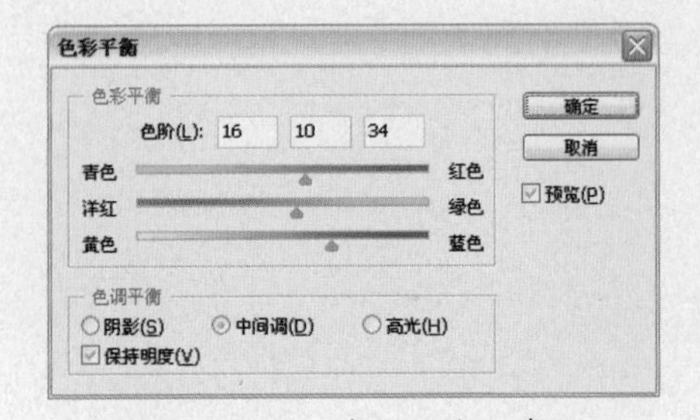


图6-57 设置“色彩平衡”参数

9 单击“确定”按钮，使图像的整体颜色与背景色相近，效果如图6–58所示。

10 按住“Ctrl”键单击“图层1”的缩览图窗口，载入图像外轮廓选区，如图6–59所示。

图6-58 “色彩平衡”效果

图6-59 载入图像外轮廓选区

11 新建“图层2”，设置“前景色”为粉色（R:231，G:222，B:240），单击工具箱中的“画笔”工具，在选区中绘制颜色，如图6-60所示，按“Ctrl+D”组合键取消选区。

12 设置“图层2”的“图层混合模式”为正片叠底，效果如图6-61所示。

图6-60 绘制选区颜色

图6-61 “图层混合模式”效果

**提示** 在人物上添加粉红色并设置“图层混合模式”为正片叠底，是为了添加和背景人物一样的环境颜色，让添加的人物与背景颜色更加匹配。

13 选择“图层1”，单击工具箱中的“锐化”工具，在人物照片上涂抹，使人物与背景一样清晰，效果如图6-62所示。

14 运用“加深”工具和“减淡”工具，在人物上涂抹，分别调整人物的“高光”部分和“暗部”部分，效果如图6-63所示。

图6-62 “锐化”效果

图6-63 调整“高光”和“暗部”部分后的效果

**15** 新建“图层3”，将该图层拖动到“图层1”的下一层，设置“前景色”为黑色，单击工具箱中的“画笔”工具，在人物的脚底部分绘制黑色，如图6-64所示。

**16** 单击工具箱中的“橡皮擦”工具，设置属性栏上的“不透明度”为50%，并擦除黑色图形，制作出人物的投影效果，如图6-65所示。

图6-64 绘制黑色

图6-65 擦除投影效果

**注意** 在擦除人物投影时，注意离物体越近的投影越暗，离物体越远的投影越淡，越模糊。还有因为投影是由光照产生的，所以需要根据照片中光照的方向来决定投影，了解这些绘制投影的知识，在制作投影时会有很大的帮助。

**17** 按住“Ctrl”键单击“图层1”的缩览图窗口，载入图像外轮廓选区，如图6-66所示。

**18** 选择“选择→修改→羽化”命令，或按“Shifl+F6”组合键，打开“羽化选区”对话框，设置“羽化半径”为10像素，如图6-67所示，单击“确定”按钮。

图6-66 载入图像外轮廓选区

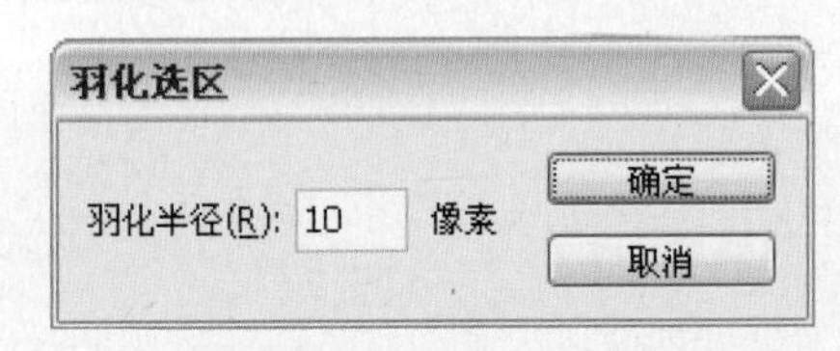


图6-67 设置“羽化”参数

**19** 新建“图层4”，设置“前景色”为黑色，并按“Alt+Delete”组合键，填充选区颜色，如图6-68所示，按“Ctrl+D”组合键取消选区。

**20** 按“Ctrl+T”组合键，打开“自由变换”调节框，并调整图像如图6-69所示，按“Enter”键确定变换。

图6-68 填充选区颜色

图6-69 调整图像

21 在“图层”面板设置“图层4”的“不透明度”为18%，添加合影人物的最终效果如图6-70所示。

图6-70 最终效果

## 6.9 合影变为单人照

前后效果对比

素材文件 合影照.tif
效果文件 合影变为单人照.psd
存放路径 光盘\源文件与素材\第6章\6.9合影变为单人照

### 案例点评

本案例学习如何将合影变为单人照。主要运用“仿制图章”工具将选区的人物进行覆盖，然后运用“多边形套索”工具，选取相似的背景进行遮罩，并且还为单人照添加投影效果，运用“液化”命令，修整不自然的部位，使合影变为逼真的单人照片。

修图步骤

01 选择“文件→打开”命令，或按“Ctrl+O”组合键，打开配套光盘中的素材图片“合影照.tif”，如图6-71所示。

02 单击工具箱中的“钢笔”工具，勾选出需要去除的女士图像，如图6-72所示。

**提示** 在此绘制路径勾选出图像，最主要的是能准确地勾选出男士与女士的接触部分，女士其他的边缘不需要勾选得很准确。

图6-71 打开素材图片

图6-72 绘制路径

03 按“Ctrl+Enter”组合键，将路径转换为选区，如图6-73所示。

04 选择“选择→存储选区”命令，打开“存储选区”对话框，在“名称”文本框中输入选区1，如图6-74所示，单击“确定”按钮。

图6-73 转换路径为选区

图6-74 存储选区

**提 示** 通过“存储选区”命令存储的选区，系统自动将当前选区存储到通道中，便于后面部分使用。

05 单击“仿制图章”工具，在图像中的箭头位置按住“Alt”键不放，同时单击鼠标，选择仿制位置，如图6-75所示。

06 松开“Alt”键后，在选区中进行涂抹，覆盖选区中的图像，效果如图6-76所示。

图6-75 选择仿制位置

图6-76 覆盖选区中的图像

**注 意** 由于背景是规则的图案画布，所以在覆盖时要注意定点的位置，要使覆盖后的图像与原有的图像稳合。

**07** 单击工具箱中的“多边形套索”工具，在窗口中绘制选区，选择图6-77所示的位置。

**08** 按“Ctrl+J”组合键，将选区图片复制到新建“图层1”中，如图6-78所示。

图6-77 绘制选区

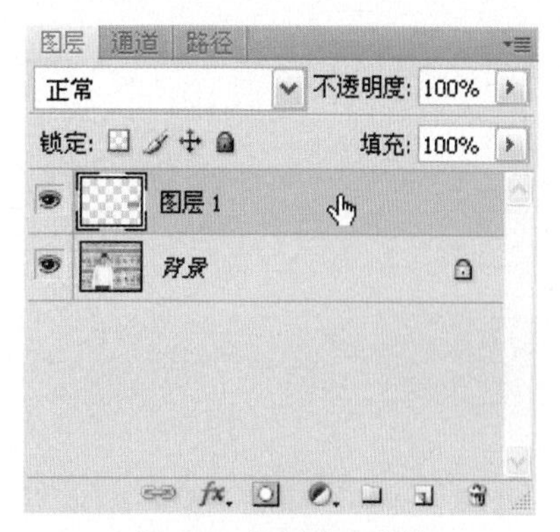


图6-78 复制选区图像

**09** 按“Ctrl+T”组合键，打开“自由变换”调节框，并移动图像位置，将图像调整到合适的位置，如图6-79所示，按“Enter”键确定。

**10** 单击工具箱中的“多边形套索”工具，在窗口中绘制选区，选择如图6-80所示的位置。

图6-79 调整图像位置

图6-80 绘制选区

**11** 选择“背景”图层，按“Ctrl+J”组合键，将选区图片复制到新建“图层2”中，如图6-81所示。

**12** 按“Ctrl+T”组合键，打开“自由变换”调节框，将图像调整到合适的位置，如图6-82所示，按“Enter”键确定。

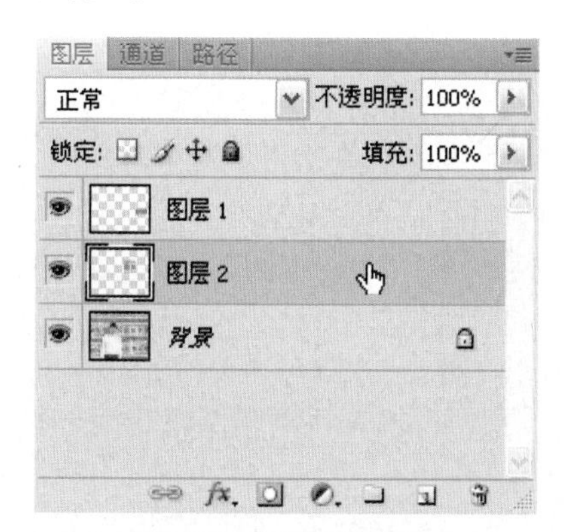


图6-81 复制选区图像

图6-82 调整图像位置

**13** 选择“选择→载入选区”命令，打开“载入选区”对话框，在“通道”中选择存储的“选区1”，如图6-83所示，单击“确定”按钮载入选区。

**14** 新建“图层3”，设置“前景色”为黑色，单击工具箱中的“画笔”工具，设置属性栏上的“不透明度”为50%，并在人物的选区边缘绘制投影效果，如图6-84所示。

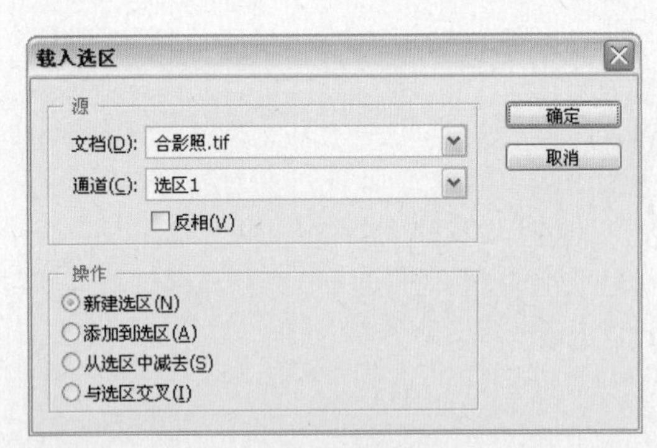


图6-83 存储选区

图6-84 绘制投影效果

**15** 单击工具箱中的“减淡”工具，在人物肩膀上涂抹，去除残留的投影，效果如图6-85所示。

**16** 在“背景”图层上单击鼠标右键，在弹出的快捷菜单中选择“拼合图像”命令，合并所有图层，如图6-86所示。

图6-85 去除残留的投影

图6-86 拼合图像

**17** 选择“滤镜→液化”命令，打开“液化”对话框，在对话框中单击工具箱中的“向前变形”工具，并在人物的手臂部分进行拖动涂抹，调整之前被外力挤压的部分，如图6-87所示。

**18** 单击“确定”按钮，让照片中的人物表现得更加自然，合影变为单人照的最终效果如图6-88所示。

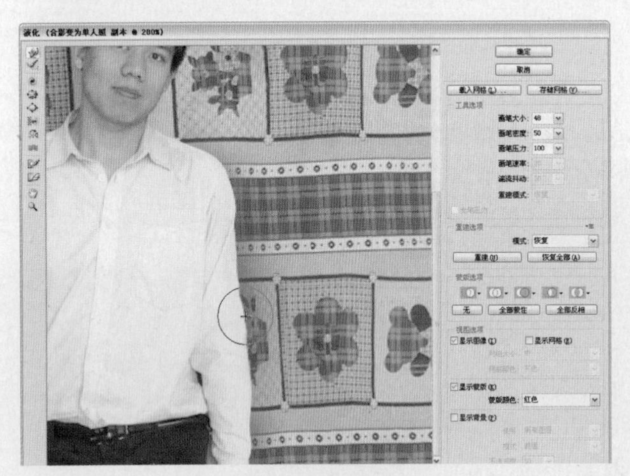

图6-87 液化图像

图6-88 最终效果

# 第7章　五彩斑斓的色彩修饰

我们生活在五彩斑斓的色彩世界里，色彩始终焕发着神奇的魅力，照片的美观来源于照片的清晰度及色彩的表现，而物体的色彩是由发光源直接照射在非发光物体上所反射的光，所以拍摄照片时，天气、灯光、环境、光照的角度等任意一个因素都会直接影响到拍摄后的照片色彩效果。

本章讲解内容主要针对照片的色彩问题，对照片的色彩进行后期修饰和处理，让照片表现出色彩斑斓的景象。

## 7.1 色阶、对比度、颜色的自动调整

前后效果对比

素材文件　户外照片.tif

效果文件　色阶、对比度、颜色的自动调整.psd

存放路径　光盘\源文件与素材\第7章\7.1色阶、对比度、颜色的自动调整

### 案例点评

本案例主要学习如何自动调整图像的色阶、对比度、颜色。在“图像”菜单中提供了“自动色调”、“自动对比度”、“自动颜色”等3个自动调整命令，运用这几种命令可快速调整图像整体与局部的色阶、对比度、颜色。

修图步骤

**1** 选择“文件→打开”命令，或按“Ctrl+O”组合键，打开配套光盘中的素材图片“户外照片.tif”，如图7–1所示。

**2** 单击工具箱中的“矩形选框”工具，在窗口中绘制矩形选区，如图7–2所示。

图7-1 打开素材图片

图7-2 绘制矩形选区

**3** 选择“图像→自动色调”命令，或按“Ctrl+Shift+L”组合键，系统将自动调节选区中的图像色调，效果如图7–3所示。

**4** 选择“编辑→描边”命令，打开“描边”对话框，设置“宽度”为2px，设置“颜色”为白色，设置其他参数如图7–4所示，单击“确定”按钮。

图7-3 自动调节图像色调

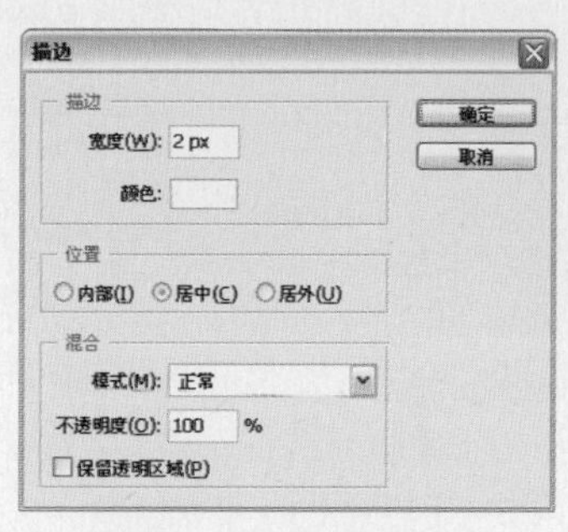


图7-4 设置描边参数

5 按“Ctrl+D”组合键取消选区，描边选区后的效果如图7-5所示。

6 单击工具箱中的“矩形选框”工具⬚，在窗口中绘制矩形选区，如图7-6所示。

图7-5 描边后的效果

图7-6 绘制矩形选区

7 选择“图像→自动对比度”命令，或按“Ctrl+Alt+Shift+L”组合键，系统将自动调节选区中的图像对比度，效果如图7-7所示。

8 运用同样的方法，选择“编辑→描边”命令，为选区添加白色描边，效果如图7-8所示，按“Ctrl+D”组合键取消选区。

图7-7 自动调节图像对比度

图7-8 为选区添加白色描边

9 单击工具箱中的“矩形选框”工具⬚，在窗口中绘制矩形选区，并选择“图像→自动颜色”命令，或按“Ctrl+Shift+B”组合键，系统将自动调节选区中的图像颜色，效果如图7-1-9所示。

10 运用同样的方法，选择“编辑→描边”命令，为选区添加白色描边，效果如图7-10所示，按“Ctrl+D”组合键取消选区。

图7-9 自动调节图像颜色

图7-10 为选区添加白色描边

## 7.2 适当提高色彩饱和度

- **素材文件** 鲜花与风景.tif
- **效果文件** 适当提高色彩饱和度.psd
- **存放路径** 光盘\源文件与素材\第7章\7.2适当提高色彩饱和度

### 案例点评

本案例主要学习如何适当提高照片的色彩饱和度。在拍摄户外照片时，由于天气或相机设置的原因，常常会出现拍摄后的照片颜色比较灰暗，饱和度不足的情况，此时可以运用“调整”中的“自然饱和度”命令，对颜色灰暗的照片适当地提高色彩饱和度，让照片的色彩更加鲜艳。

修图步骤

**1** 选择“文件→打开”命令，或按“Ctrl+O”组合键，打开配套光盘中的素材图片“鲜花与风景.tif”，如图7–11所示。

**2** 选择“图像→调整→自然饱和度”命令，打开“自然饱和度”对话框，在对话框中调整“自然饱和度”为90，“饱和度”为80，如图7–12所示。

图7-11 打开素材图片

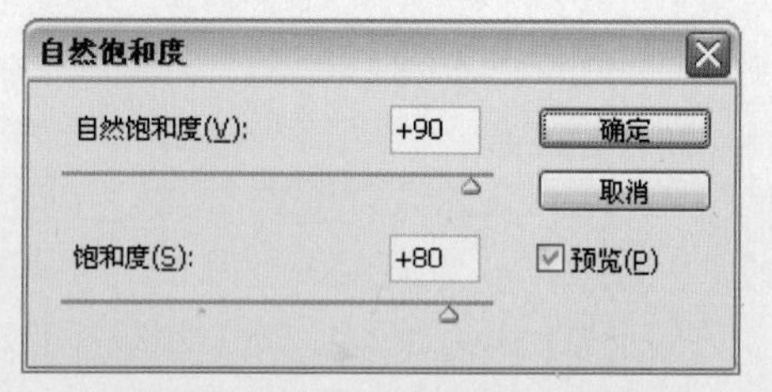


图7-12 调整“自然饱和度”参数

**提示** 在调整“自然饱和度”参数时，应对照照片的色彩变化，拖动对话框中对应的“滑块”进行适当调整，才可让照片的色彩达到最佳效果。

**3** 单击“确定”按钮，照片的色彩饱和度得到适当地提高，效果如图7–13所示。

图7-13 调整后的照片色彩

## 7.3 用色阶调整灰调照片

前后效果对比

素材文件 灰调照片.tif

效果文件 用色阶调整灰调照片.psd

存放路径 光盘\源文件与素材\第7章\7.3用色阶调整灰调照片

### 案例点评

本案例主要学习用“色阶”命令调整灰色调照片。“色阶”命令主要是通过用高光、中间调和暗调3个变量进行图像色调的调整，可用于调整图像的明暗程度，让灰调照片更加醒目，色调对比更加鲜明。

修图步骤

**1** 选择“文件→打开”命令，或按“Ctrl+O”组合键，打开配套光盘中的素材图片“灰调照片.tif”，如图7-14所示。

**2** 选择“图像→调整→色阶”命令，打开“色阶”对话框，在对话框中拖动“滑块”调整色阶参数，如图7-15所示。

图7-14 打开素材图片

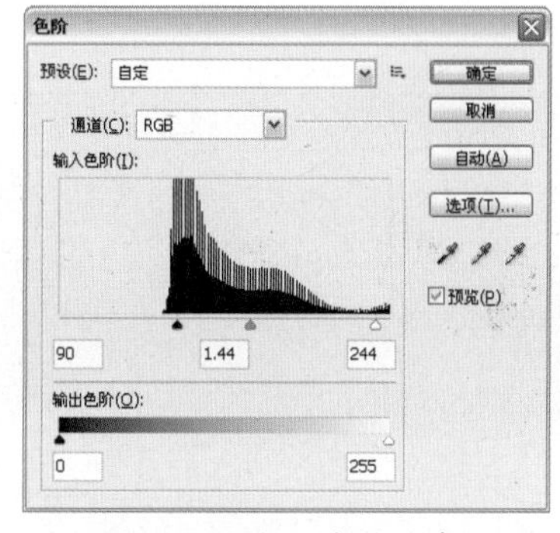


图7-15 调整“色阶”参数

**3** 单击“确定”按钮，照片的色调变得鲜明，效果如图7-16所示。

图7-16 调整“色阶”参数后的效果

## 7.4 调整照片的曝光不足

前后效果对比

素材文件 曝光不足的照片.tif

效果文件 调整照片的曝光不足.psd

存放路径 光盘\源文件与素材\第7章\7.4调整照片曝光不足

### 案例点评

本案例主要学习如何调整曝光不足的照片。由于光线较暗，拍摄的照片无法达到相机的曝光标准，出现曝光不足失去影像细节的情况，运用Photoshop中的“曝光度”命令，可以调整照片曝光不足的现象，能让照片的层次更丰富，色彩更鲜艳。

修图步骤

**1** 选择“文件→打开”命令，或按“Ctrl+O”组合键，打开配套光盘中的素材图片“曝光不足的照片.tif”，如图7-17所示。

**2** 选择“图像→调整→曝光度”命令，打开“曝光度”对话框，在对话框中拖动“滑块”分别调整参数，如图7-18所示。

图7-17 打开素材图片

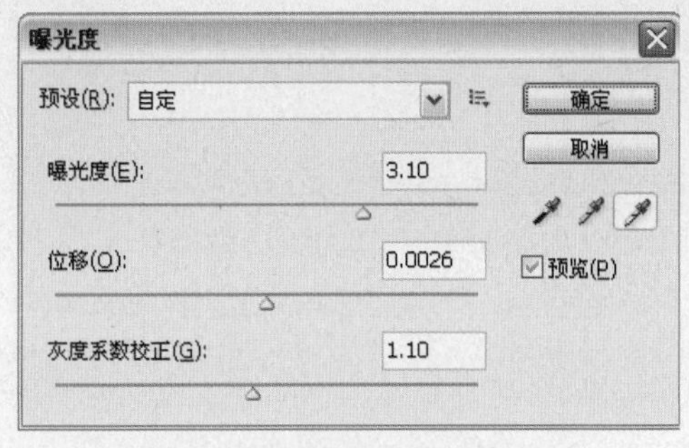


图7-18 调整“曝光度”参数

3 单击“确定”按钮，照片的整体色调变得明亮，效果如图7–19所示。

图7-19 调整“曝光度”后的效果

## 7.5 校正照片的偏色

前后效果对比

素材文件 偏色照片.tif

效果文件 校正照片的偏色.psd

存放路径 盘\源文件与素材\第7章\7.5校正照片的偏色

### 案例点评

本案例主要学习如何校正偏色的照片。在拍摄照片时，光源及周围环境色的反光，都将直接影响到照片的颜色，造成照片偏色的现象，利用“调整”中的“色彩平衡”命令，可以对照片中的颜色进行添加和互补，同时也可以对照片的阴影和高光部分进行细节校正。

修图步骤

1 选择“文件→打开”命令，或按“Ctrl+O”组合键，打开配套光盘中的素材图片“偏色照片.tif”，如图7–20所示。

2 选择“图像→调整→色彩平衡”命令，打开“色彩平衡”对话框，在对话框中拖动“滑块”分别调整参数，如图7–21所示。

**提示** 在调整“色彩平衡”命令时，一定要以照片的偏色情况而定，根据对话框中提供的颜色进行加减调整。在对话框中还可以选择“阴影”或“高光”单选按钮，对照片的阴影部分和高光部分进行单独调整。

图7-20 打开素材图片

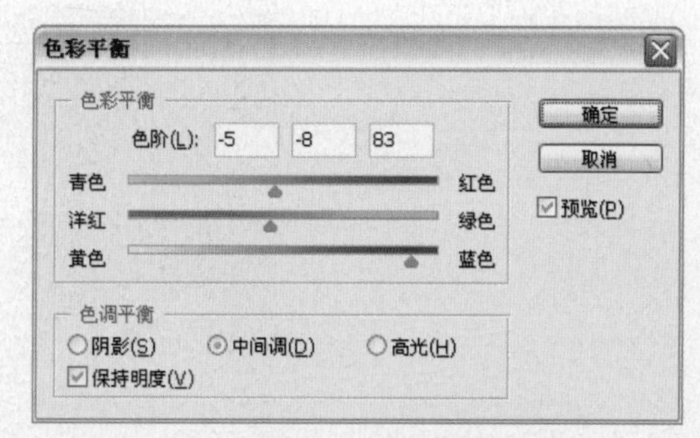


图7-21 调整“色彩平衡”参数

3 单击“确定”按钮，去除了照片中 偏黄的色调，效果如图7-22所示。

图7-22 调整“色彩平衡”后的效果

## 7.6 调整照片的白平衡错误

前后效果对比

**素材文件** 白平衡错误的照片.tif

**效果文件** 调整照片的白平衡错误.psd

**存放路径** 光盘\源文件与素材\第7章\7.6调整照片的白平衡错误

### 案例点评

本案例主要学习如何调整照片的白平衡错误。在拍摄照片时由于光源色彩与物体反射的色彩不同，拍摄后的照片常常会出现白平衡错误，造成照片中的色彩与真实色彩有所不同。利用“调整”中“通道混合器”命令的特性，可以对照片的“RGB”3个通道进行分别调整，可对照片中的各种色彩进行补偿，让照片得到自然色。

修图步骤

**1** 选择“文件→打开”命令，或按“Ctrl+O”组合键，打开配套光盘中的素材图片“白平衡错误的照片.tif”，如图7–23所示。

**2** 选择“图像→调整→通道混合器”命令，打开“通道混合器”对话框，在对话框中拖动“滑块”分别调整参数，如图7–24所示。

**提 示** 在此调整的参数，将只对照片的“红”通道进行颜色补偿，要想让照片的色彩达到最佳效果，还需要根据照片的色彩情况而定，可在对话框的“输出通道”中选择照片的“RGB”3个通道进行细节调整。

图7-23 打开素材图片

图7-24 调整“色阶”参数

**3** 在“输出通道”下拉列表中选择“绿”通道，并分别调整颜色参数，如图7–25所示。

**4** 选择“输出通道”下拉列表中选择“蓝”通道，并分别调整颜色参数，如图7–26所示。

图7-25 打开素材图片

图7-26 调整“色阶”参数

**5** 单击“确定”按钮，调整白平衡错误的照片效果如图7–27所示。

图7-27 调整白平衡错误后的效果

# 7.7 调整照片的光影

前后效果对比

素材文件 光影照片.tif
效果文件 调整照片的光影.tif
存放路径 光盘\源文件与素材\第7章\7.7调整照片的光影

## 案例点评

本案例主要学习如何调整照片的光影。根据“图层混合模式”中“差值”的特殊效果，运用“画笔”工具，将人物面部色调与光影的色调进行融合和匹配，使两者的颜色更为接近，然后将所有图层进行合并，对照片的整体色调进行重新调整。

修图步骤

**1** 选择“文件→打开”命令，或按“Ctrl+O”组合键，打开配套光盘中的素材图片“光影照片.tif”，如图7-28所示。

**2** 按“Ctrl+J”组合键，创建“背景 副本”图层，并设置“图层混合模式”为差值，如图7-29所示。

图7-28 打开素材图片

图7-29 创建副本图层

**3** 选择“背景”图层，设置“前景色”为黑色，按“Alt+Delete”组合键，填充背景为黑色，并单击“图层”面板下方的“创建新图层”按钮，新建“图层1”，如图7-30所示。

**4** 设置“前景色”为黄色（R:250，G:255，B:195），单击工具箱中的“画笔”工具，在人物的脸部绘制颜色，效果如图7-31所示。

**提示** 在绘制颜色时，只对人物面部没有光影的部分进行绘制。

图7-30 创建新图层

图7-31 绘制颜色

**5** 单击“图层”面板下方的“创建新的填充和调整图层”按钮 ，在弹出的快捷菜单中选择“色相/饱和度”命令，打开“色相/饱和度”调整面板，并设置其参数如图7-32所示。

调整“色相/饱和度”参数后，效果如图7-33所示。

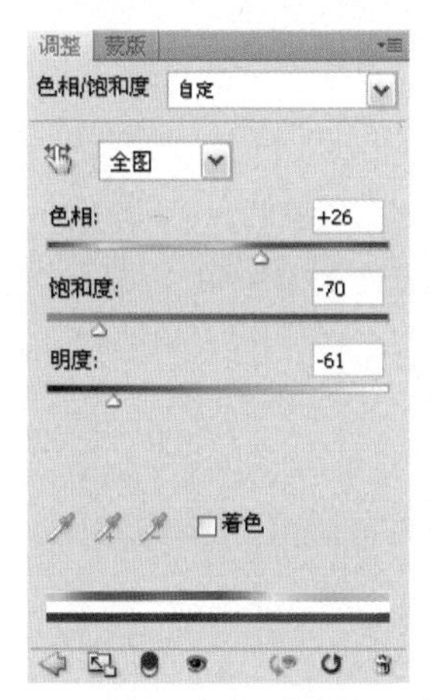


图7-32 设置“色相/饱和度”参数

图7-33 “色相/饱和度”效果

**6** 在“背景”图层的空白区域单击鼠标右键，选择快捷菜单中的“拼合图像”命令，如图7-34所示，合并所有图层。

**7** 单击工具箱中的“减淡”工具，在人物脸庞部分涂抹，减淡图像颜色如图7-35所示。

图7-34 选择“拼合图像”命令

图7-35 减淡图像颜色

**8** 选择“图像→调整→亮度/对比度”命令，打开“亮度/对比度”对话框，在对话框中设置“亮度”为30，设置“对比度”为-10，如图7-36所示。

**9** 单击“确定”按钮，调整照片的光影，最终效果如图7-37所示。

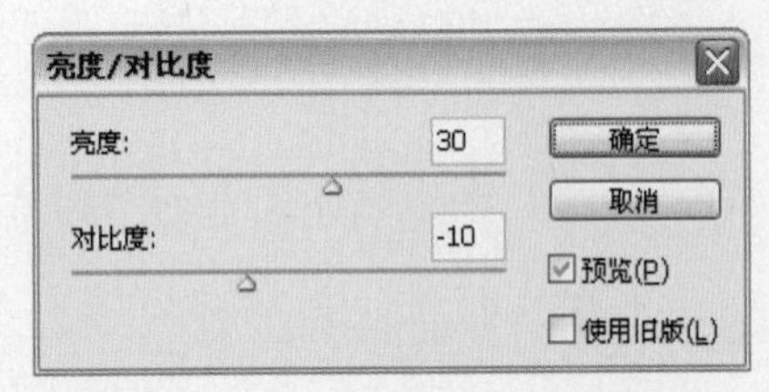


图7-36 设置“亮度/对比度”参数

图7-37 最终效果

## 7.8 调整阴天、雨天、雾天照片

前后效果对比

**素材文件** 雨天照片.tif

**效果文件** 调整阴天、雨天、雾天照片.psd

**存放路径** 光盘\源文件与素材\第7章\7.8调整阴天、雨天、雾天照片

### 案例点评

本案例主要学习如何调整阴天、雨天、雾天照片。通过“色阶”命令，将阴暗或下雨的照片调整得更明亮，让照片中下雨天变为晴朗的天气，运用“自然饱和度”命令，适当地提高照片的色彩饱和度，让照片的色调更加鲜艳。

修图步骤

**1** 选择“文件→打开”命令，或按“Ctrl+O”组合键，打开配套光盘中的素材图片“雨天照片.tif”，如图7–38所示。

**2** 选择“图像→调整→色阶”命令，打开“色阶”对话框，在对话框中调整参数，如图7–39所示。

图7-38 打开素材图片

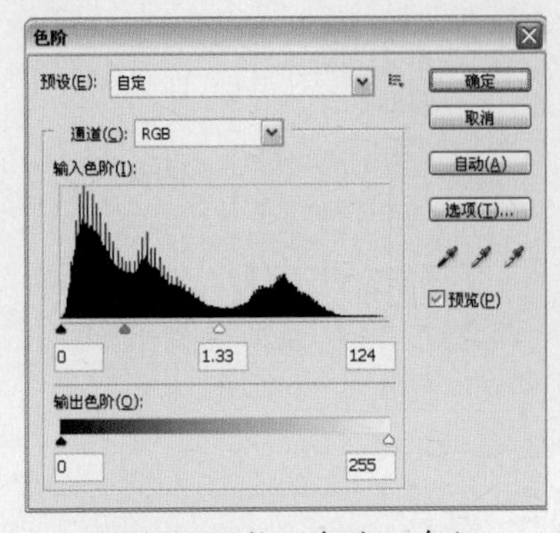


图7-39 调整“色阶”参数

3 单击“确定”按钮，照片效果如图7-40所示。

4 选择“图像→调整→自然饱和度”命令，打开“自然饱和度”对话框，在对话框中调整“自然饱和度”为30，“饱和度”为15，如图741所示。

图7-40 调整“色阶”后的效果

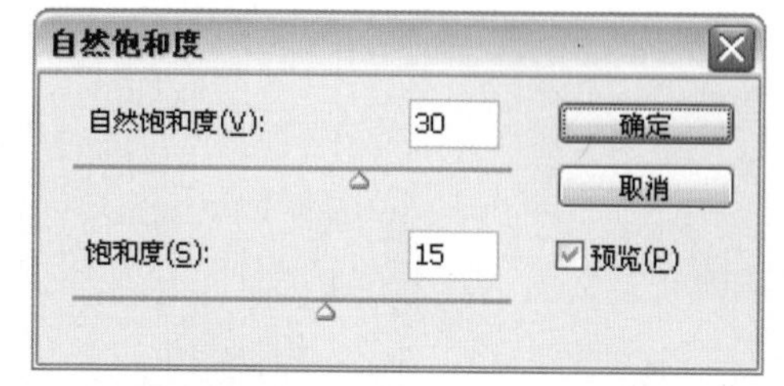


图7-41 调整“自然饱和度”参数

5 单击“确定”按钮，照片的色彩饱和度得到适当地提高，效果如图7-42所示。

图7-42 提高色彩饱和度后的效果

## 7.9 晨雾效果

前后效果对比

素材文件 公园小道.tif

效果文件 晨雾效果.psd

存放路径 光盘\源文件与素材\第7章\7.9晨雾效果

### 案例点评

本案例主要学习如何制作晨雾效果。首先根据照片的需求，适当提高照片的“亮度”和“对比度”；然后运用“滤镜”中的“云彩”命令，制作出黑白的云彩效果；最后通过“图层混合模式”，将制作的云彩效果融合在照片中，形成一种晨雾的效果。

修图步骤

1 选择“文件→打开”命令，或按“Ctrl+O”组合键，打开配套光盘中的素材图片“公园小道.tif”，如图7–43所示。

2 选择“图像→调整→亮度/对比度”命令，打开“亮度/对比度”对话框，在对话框中设置“亮度”为27，设置“对比度”为15，如图7–44所示。

图7-43 打开素材图片

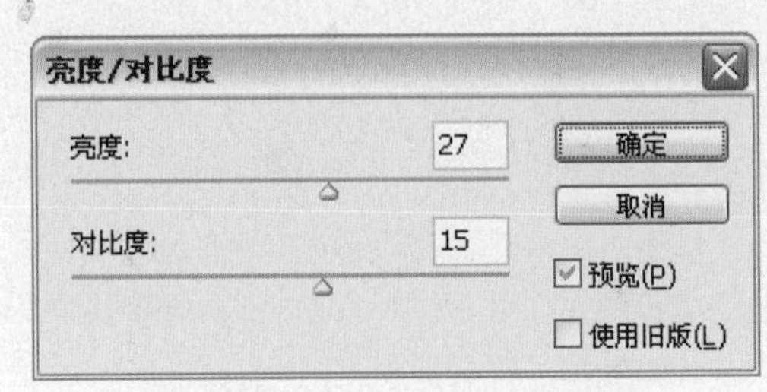


图7-44 设置“亮度/对比度”参数

3 单击“确定”按钮，照片效果如图7–45所示。

4 新建“图层1”，按“D”键，恢复工具箱下方的“前景”和“背景”为黑与白的默认设置，并选择“滤镜→渲染→云彩”命令，制作云彩效果，如图7–46所示。

图7-45 “亮度/对比度”后的效果

图7-46 制作云彩效果

5 设置“图层混合模式”为滤色，制作完成后的最终效果如图7–47所示。

图7-47 最终效果

# 7.10 雨中情怀

前后效果对比

素材文件 湖边散步.tif
效果文件 雨中情怀.psd
存放路径 光盘\源文件与素材\第7章\7.10雨中情怀

## 案例点评

本案例主要制作一幅雨中情怀的效果图。将一幅普通生活照片通过Photoshop软件的处理，运用“滤镜”中的“云彩”、“添加杂色”、“动感模糊”等命令，配合“图层混合模式”的“正片叠底”，为照片添加了一幅下雨效果图。

修图步骤

**1** 选择“文件→打开”命令，或按“Ctrl+O”组合键，打开配套光盘中的素材图片“湖边散步.tif”，如图7-48所示。

**2** 新建“图层1”，按“D”键，恢复工具箱下方的“前景”和“背景”为黑与白的默认设置，并选择“滤镜→渲染→云彩”命令，制作云彩效果，如图7-49所示。

图7-48 打开素材图片

图7-49 制作云彩效果

**3** 选择“滤镜→杂色→添加杂色”命令，打开“添加杂色”对话框，在对话框中设置“数量”为5%，选择“高斯分布”单选按钮，选择“单色”复选框，如图7-50所示。

**4** 单击“确定”按钮，添加的杂色效果如图7-51所示。

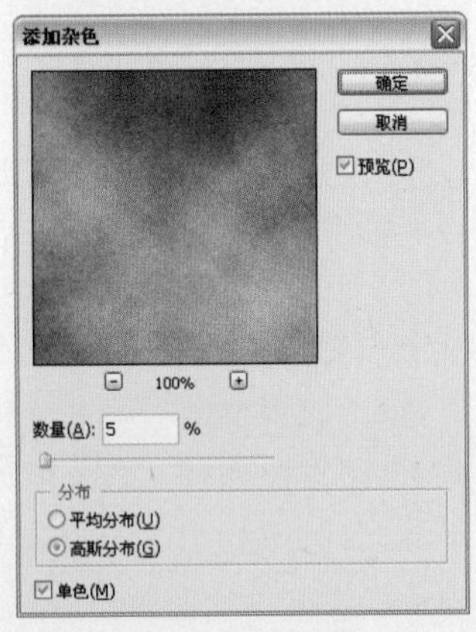


图7-50 设置“添加杂色”参数

图7-51 添加的杂色效果

**5** 选择“滤镜→模糊→动感模糊”命令，打开“动感模糊”对话框，设置“角度”为65度，设置“距离”为25像素，如图7–52所示。

**6** 单击“确定”按钮，图像效果如图7–53所示。

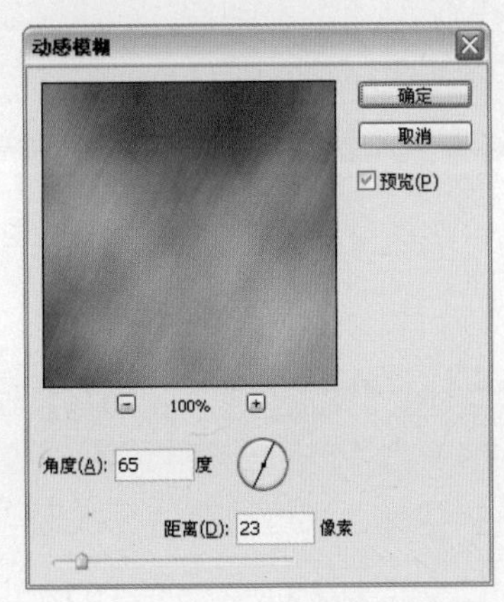


图7-52 设置“动感模糊”参数

图7-53 “动感模糊”效果

**7** 设置“图层1”的“图层混合模式”为正片叠底，设置“不透明度”为84%，制作完成后的最终效果如图7–54所示。

图7-54 最终效果

# 7.11 雪花飘飘

前后效果对比

素材文件 雪景.tif
效果文件 雪花飘飘.psd
存放路径 光盘\源文件与素材\第7章\7.11雪花飘飘

## 案例点评

本案例主要制作一幅雪花飘飘的效果图。下雪的场景是一幅美丽的画卷，我们可以利用Photoshop软件，后期在照片中添加下雪的场景，运用“滤镜”中的“云彩”、“点状化”、“动感模糊”等命令，制作出白色的点状效果，最后运用“图层混合模式”的“强光”，将点状效果融合在照片中，为照片添加一幅下雪的美丽景象。

修图步骤

1 选择“文件→打开”命令，或按“Ctrl+O”组合键，打开配套光盘中的素材图片“雪景.tif”，如图7-55所示。

2 新建“图层1”，按“D”键，恢复工具箱下方的“前景”和“背景”为黑与白的默认设置，并选择“滤镜→渲染→云彩”命令，制作云彩效果，如图7-56所示。

图7-55 打开素材图片

图7-56 制作云彩效果

3 选择“滤镜→像素化→点状化”命令，打开“点状化”对话框，设置“单元格大小”为3度，如图7-57所示。

4 单击“确定”按钮，效果如图7-58所示。

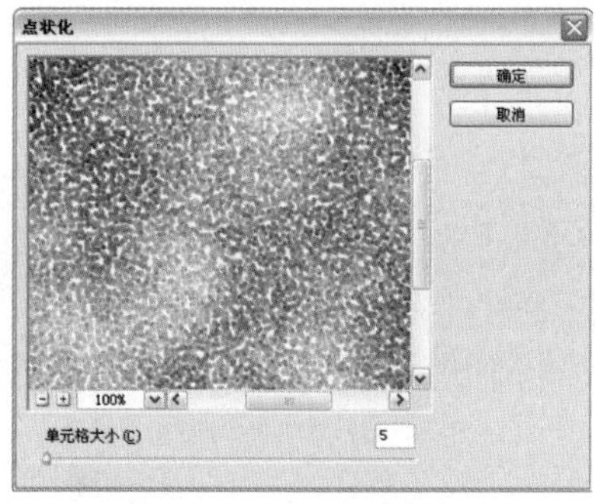


图7-57 设置“点状化”参数

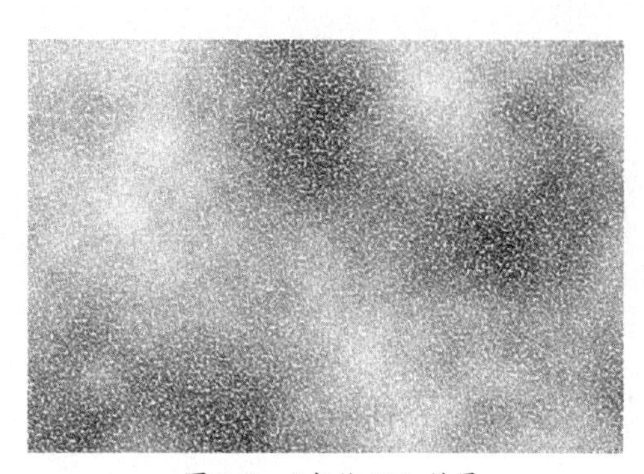

图7-58 “点状化”效果

5 选择“图像→调整→去色”命令，去掉图像颜色，效果如图7-59所示。

6 选择“滤镜→模糊→动感模糊”命令，打开“动感模糊”对话框，设置“角度”为65度，设置“距离”为6像素，如图7-60所示。

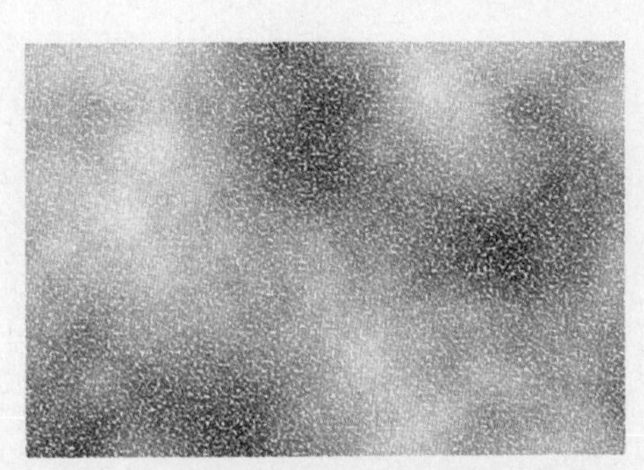

图7-59 去掉图像颜色

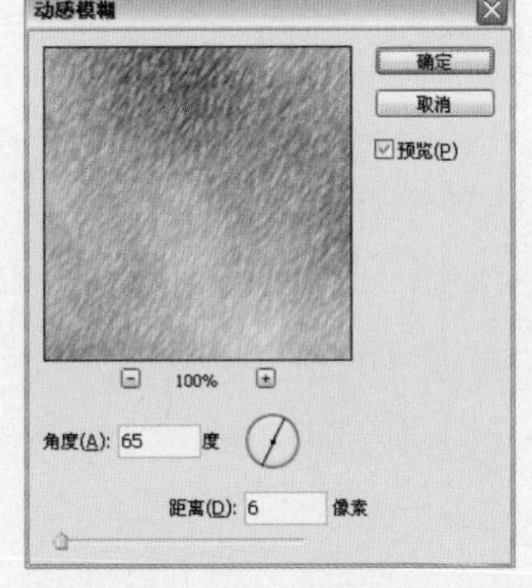


图7-60 设置“动感模糊”参数

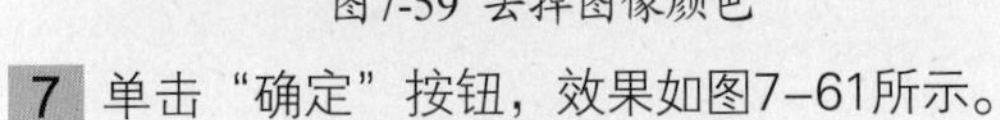

7 单击“确定”按钮，效果如图7-61所示。

8 设置“图层1”的“图层混合模式”为强光，制作完成后的最终效果如图7-62所示。

图7-61 “动感模糊”效果

图7-62 最终效果

## 7.12 花儿如何更娇艳

前后效果对比

素材文件 鲜花.tif

效果文件 花儿如何更娇艳.psd

存放路径 光盘\源文件与素材\第7章\7.12花儿如何更娇艳

### 案例点评

本案例主要学习如何让照片中的花儿更娇艳。由于一些鲜花照片饱和度不足，在照片中体现不出鲜花的娇艳，我们可以采用“图像”中的“色相/饱和度”命令，为照片提高饱和度，让照片中的鲜花变得更加娇艳。

修图步骤

**1** 选择“文件→打开”命令，或按“Ctrl+O”组合键，打开配套光盘中的素材图片“鲜花.tif”，如图7-63所示。

**2** 选择“图像→调整→色相/饱和度”命令，打开“色相/饱和度”对话框，在对话框中设置“饱和度”为60，设置“明度”为3，如图7-64所示。

图7-63 打开素材图片

图7-64 设置“色相/饱和度”参数

**3** 单击“确定”按钮，照片的色相和饱和度得到提高，照片中的鲜花变得更加娇艳，最终效果如图7-65所示。

图7-65 最终效果

## 7.13 让照片色彩更有味道

前后效果对比

素材文件 秋色.tif

效果文件 让照片色彩更有味道.psd

存放路径 光盘\源文件与素材\第7章\7.13让照片色彩更有味道

### 案例点评

本案例主要学习如何让照片色彩更有味道。黄色调最能体现出秋天黄昏的感觉，根据照片中秋天黄叶飘落的景象，我们可以运用“图像”中的“变化”命令，为照片的整体颜色进行添加，让照片的色彩与场景更加和谐，让照片色彩更有味道。

修图步骤

**1** 选择“文件→打开”命令，或按“Ctrl+O”组合键，打开配套光盘中的素材图片“秋色.tif”，如图7-66所示。

2 选择“图像→调整→变化”命令，打开“变化”对话框，在对话框中添加“加深红色”2次，添加“加深黄色”1次，如图7-67所示。

图7-66 打开素材图片

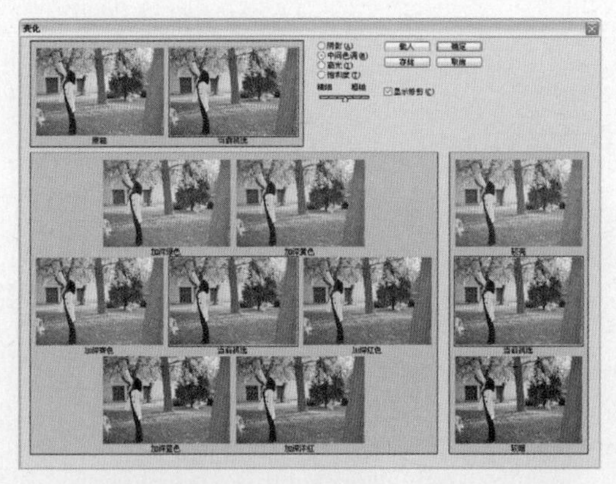

图7-67 添加“变化”颜色

提示 在“变化”对话框中，可以单击加深颜色对应的示意图，对图像的整体颜色进行添加，同时还可以通过选择右上方的“阴影”、“高光”、“饱和度”单选按钮，分别对照片的阴影、高光、饱和度等部分进行颜色的添加。

3 单击“确定”按钮，调整照片的整体颜色，最终效果如图7-68所示。

图7-68 最终效果

## 7.14 用“可选颜色”精调色彩

前后效果对比

素材文件 百花盛开.tif

效果文件 用“可选颜色”精调色彩.psd

存放路径 光盘\源文件与素材\第7章\7.14用“可选颜色”精调色彩

### 案例点评

本案例主要学习用“可选颜色”精调色彩，“可选颜色”命令具有非常独特的功能，可以在命令中对照片的某个色块部位进行选取，并且通过命令中的颜色，可以对选取的照片颜色进行添加和混合，能够精细地改变照片色彩。

修图步骤

**1** 选择“文件→打开”命令，或按“Ctrl+O”组合键，打开配套光盘中的素材图片“百花盛开.tif”，如图7-69所示。

**2** 选择“图像→调整→可选颜色”命令，打开“可选颜色”对话框，在对话框中拖动颜色对应的滑块，调整参数如图7-70所示。

图7-69 打开素材图片

图7-70 调整“可选颜色”参数

**提 示** 在“可选颜色”对话框中，可以在“颜色”下拉列表中选取照片中对应的颜色，然后通过拖动颜色对应的滑块，对照片中选取的颜色部分进行调整。

**3** 选择“颜色”下拉列表中的“黄色”，并分别对颜色参数进行调整，如图7-71所示。

**4** 选择“颜色”下拉列表中的“绿色”，并分别对颜色参数进行调整，如图7-72所示。

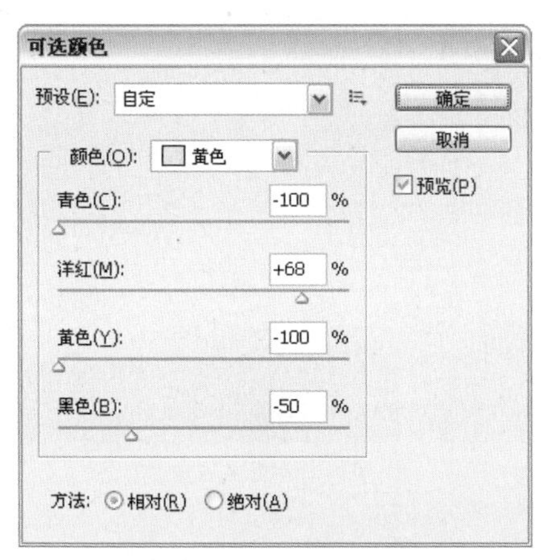


图7-71 调整“黄色”参数

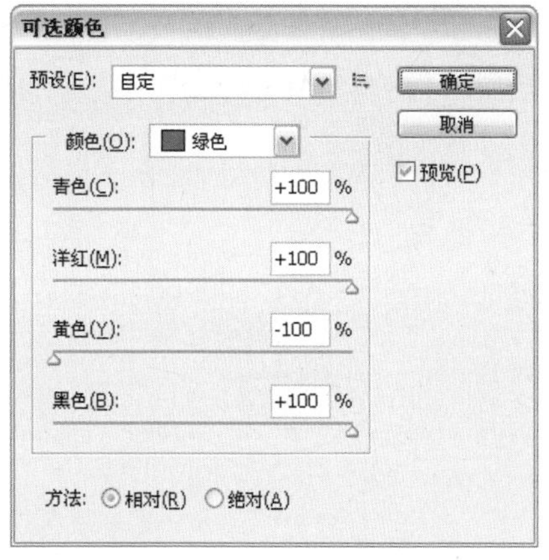


图7-72 调整“绿色”参数

**5** 单击“确定”按钮，改变的照片颜色，最终效果如图7-73所示。

图7-73 最终效果

## 7.15 黑白世界中的一点红

前后效果对比

素材文件 花丛.tif

效果文件 黑白世界中的一点红.psd

存放路径 光盘\源文件与素材\第7章\7.15黑白世界中的一点红

### 案例点评

本案例主要制作黑白世界中的一点红。首先运用“磁性套索”工具，快速地选取出鲜花主体物，然后运用“黑白”命令，将主体物以外的背景图像转换成黑白的单色图像，使照片中的鲜花更加突出。

修图步骤

1 选择“文件→打开”命令，或按“Ctrl+O”组合键，打开配套光盘中的素材图片“花丛.tif”，如图7–74所示。

2 单击工具箱中的“磁性套索”工具，在窗口中选择鲜花，如图7–75所示。

图7-74 打开素材图片

图7-75 选择鲜花

提示 在鲜花的边缘处单击鼠标，并沿着边缘移动光标，“磁性套索”工具将自动捕捉到图像的边缘，最后在起始端再次单击鼠标即可建立封闭选区。

3 选择“选择→反向”命令，或按“Ctrl+Shift+I”组合键，反选选区，如图7–76所示。

4 选择“图像→调整→黑白”命令，打开“黑白”对话框，在对话框中选择“色调”复选框，并分别调整参数，如图7–77所示。

图7-76 反选选区

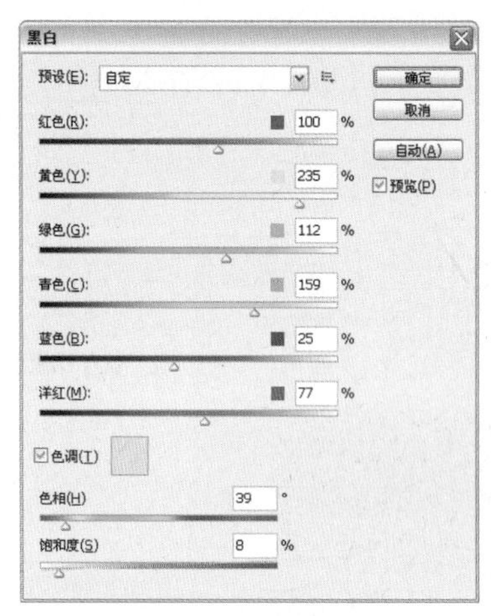


图7-77 调整“黑白”参数

**提示** 在“黑白”对话框中，通过调整参数调整可以对黑白照片的色调进行精细修饰，选择“色调”复选框后，还可以调整出单色图像。

**5** 单击“确定”按钮，按“Ctrl+D”组合键取消选区，最终效果如图7-78所示。

图7-78 最终效果

# 第8章 弥补相机自身的缺陷

普通非专业相机，在当今时代运用得非常广泛，但常常会出现许多由相机自身原因造成的照片缺陷。比如由图像传感器及其附属电路的电子热扰动造成的照片噪点，非专业相机没有微距功能，拍不出专业相机的微距效果等，都是因为相机自身的缺陷，导致拍摄的照片达不到理想效果。

本章讲解内容主要是学习如何弥补普通非专业相机自身的缺陷，我们将非专业相机拍摄的照片进行专业的后期处理，让照片达到专业的理想效果。本章学习内容包括去除照片的噪点、制作照片的微距效果、制作照片的景深效果、突出人物的五官、突出风景照片中景物的质感、合成广角全景照片等方法和技巧。

# 8.1 去除照片的噪点

前后效果对比

素材文件 照片的噪点.tif
效果文件 去除照片的噪点.psd
存放路径 光盘\源文件与素材\第8章\8.1去除照片的噪点

## 案例点评

在拍摄照片时，由于图像传感器及其附属电路的电子热扰动和干扰，产生了杂散信号，导致图像质量下降，画面质量变差，特别是光线较暗时，拍出来的照片噪点更严重。下面将学习如何去除照片的噪点，提高图像的画面质量，让照片更加通透清晰。

修图步骤

1 选择“文件→打开”命令，或按“Ctrl+O”组合键，打开配套光盘中的素材图片“照片的噪点.tif”，如图8-1所示。

2 选择“通道”面板，拖动“蓝”通道到“创建新通道”按钮上，创建“蓝 副本”通道，如图8-2所示。

图8-1 打开素材图片

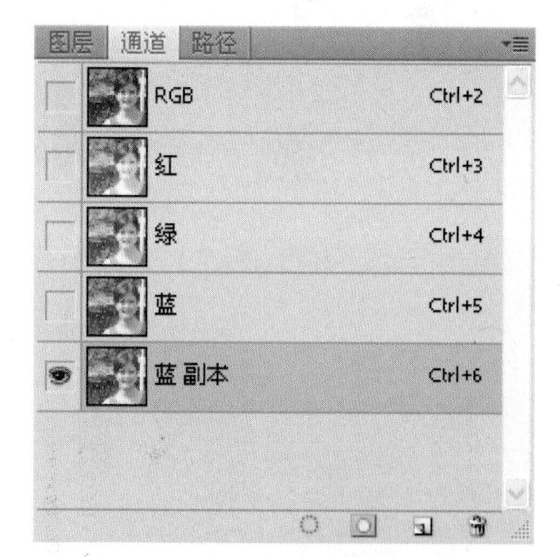


图8-2 创建副本通道

3 选择“滤镜→风格化→照亮边缘”命令，打开“照亮边缘”对话框，设置“边缘宽度”为2，“边缘亮度”为14，“平滑度”为3，如图8-3所示。

4 单击“确定”按钮，效果如图8-4所示。

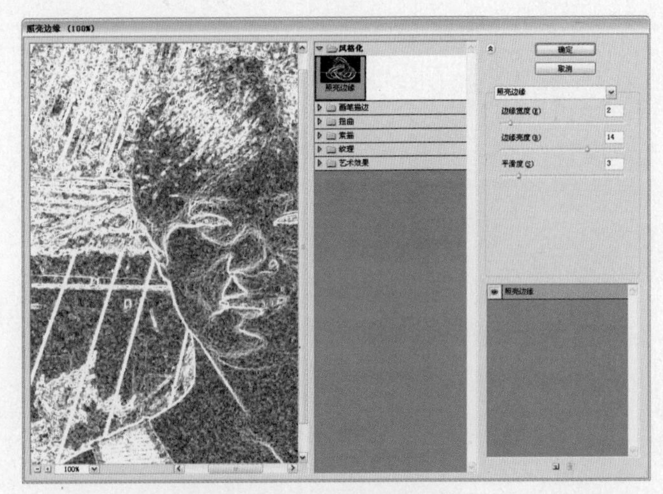

图8-3 设置“照亮边缘”参数

图8-4 “照亮边缘”后的效果

5 选择“图像→调整→反相”命令，反转图像颜色，如图8–5所示。

6 选择“图像→调整→曲线”命令，打开“曲线”对话框，在对话框中调整“曲线”，如图8–6所示。

图8-5 反转图像颜色

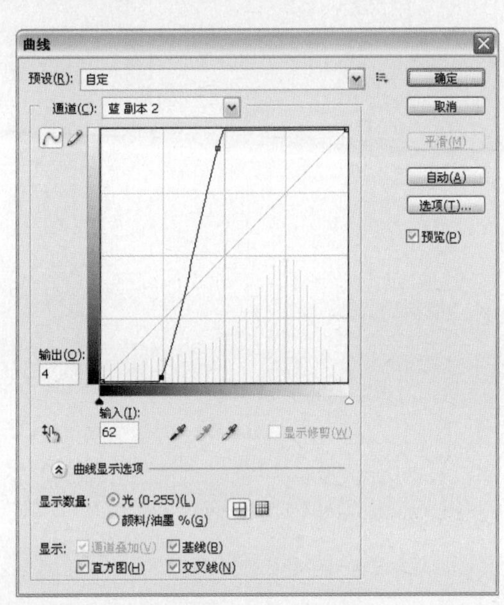


图8-6 调整“曲线”

7 单击“确定”按钮，图像中的黑与白更加分明，效果如图8–7所示。

8 按住“Ctrl”键，单击“蓝 副本”通道的缩览图，载入通道选区，并选择“图层”面板，单击“背景”图层，如图8–8所示。

图8-7 调整“曲线”后的效果

图8-8 载入通道选区

9 选择"滤镜→杂色→蒙尘与划痕"命令，打开"蒙尘与划痕"对话框，在对话框中设置"半径"为4像素，设置"阈值"为6色阶，如图8-9所示。

10 单击"确定"按钮，按"Ctrl+D"组合键取消选区，去除照片噪点的最终效果如图8-10所示。

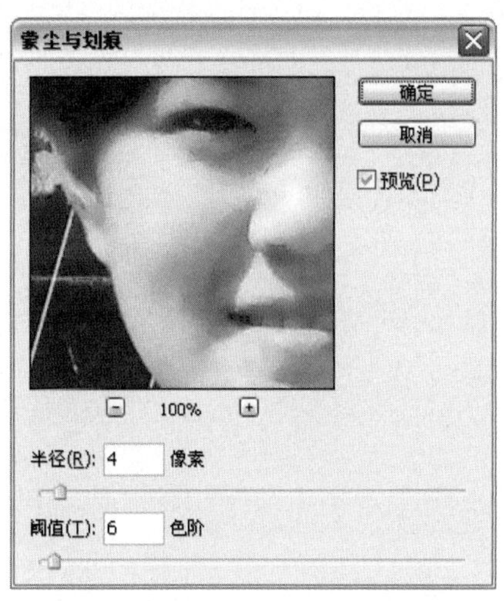

图8-9 设置"蒙尘与划痕"参数

图8-10 最终效果

## 8.2 制作照片的微距效果

前后效果对比

素材文件 花蕊.tif

效果文件 制作照片的微距效果.psd

存放路径 光盘\源文件与素材\第8章\8.2制作照片的微距效果

### 案例点评

本案例主要制作照片的微距效果。细微的近距离拍摄又称为微距拍摄，可以让主体物纤毫毕现，拍摄的照片我们也可以进行处理，将其制作成微距效果。当相机和人的视线凝聚到一点时，主体物将会非常清晰，而周围的环境物体则会变得模糊。根据微距效果的这一特点，我们可以将主体物周围的环境变得模糊，使主体物更加突出，更加清晰可见，达到微距的效果。

修图步骤

1 选择"文件→打开"命令，或按"Ctrl+O"组合键，打开配套光盘中的素材图片"花蕊.tif"，如图8-11所示。

2 按"Ctrl+J"组合键，创建"背景 副本"图层，如图8-12所示。

图8-11 打开素材图片

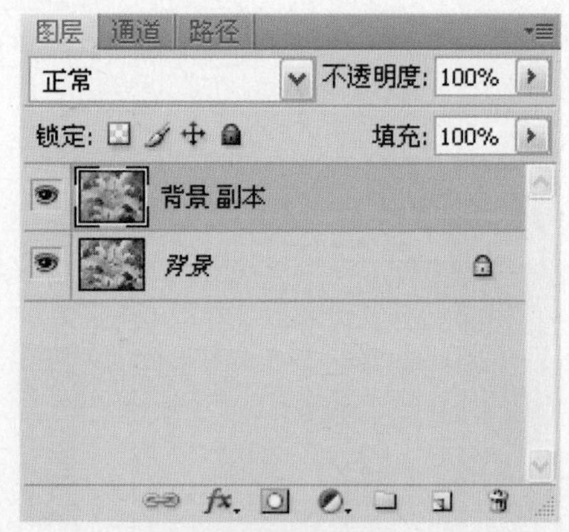


图8-12 创建副本图层

3 选择“图像→调整→高斯模糊”命令，打开“高斯模糊”对话框，在对话框中设置“半径”为14像素，如图8-13所示。

4 单击“确定”按钮，照片整体变得模糊，效果如图8-14所示。

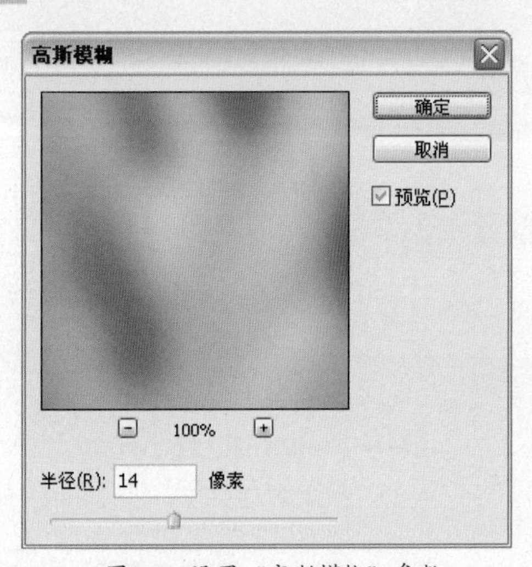


图8-13 设置“高斯模糊”参数

图8-14 模糊效果

5 单击“图层”面板下方的“添加图层蒙版”按钮，为该图层添加蒙版，如图8-15所示。

6 选择“背景 副本”的蒙版缩览图，单击工具箱中的“画笔”工具，设置“前景色”为黑色，并对鲜花部分进行涂抹，突出主体物，最终效果如图8-16所示。

图8-15 添加图层蒙版

图8-16 最终效果

## 8.3 制作照片的景深效果

前后效果对比

素材文件 荷花.tif

效果文件 制作照片景深效果.psd

存放路径 光盘\源文件与素材\第8章\8.3制作照片的景深效果

### 案例点评

景深效果是指在注视某一物体时，目标点的位置比较清晰，而其他周围环境的物体比较模糊，离目标点越远的物体越模糊。由此产生了照片的景深效果，下面将学习如何制作照片的景深效果。

修图步骤

1 选择“文件→打开”命令，或按“Ctrl+O”组合键，打开配套光盘中的素材图片“荷花.tif”，如图8–18所示。

2 单击工具箱中的“钢笔”工具，对图像中的荷花主体物进行勾选，如图8–3–2所示。

图8-17 打开素材图片

图8-18 载入选区

3 按“Ctrl+Enter”组合键，将路径转换为选区，并按“Ctrl+Shifl+I”组合键，反选选区，如图8–19所示。

4 选择“滤镜→模糊→高斯模糊”命令，打开“高斯模糊”对话框，设置“半径”为7像素，如图8–20所示。

图8-19 反选选区

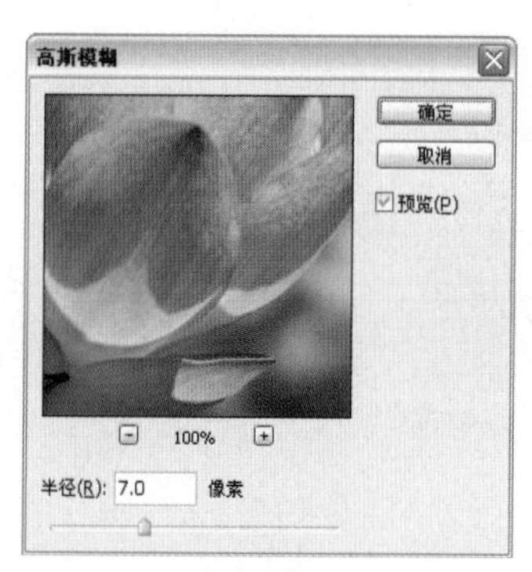


图8-20 “高斯模糊”效果

5 单击“确定”按钮，按“Ctrl+D”组合键取消选区，制作的照片景深效果如图8-21所示。

图8-21 最终效果

## 8.4 突出人物的五官

前后效果对比

素材文件 面部照片.tif

效果文件 突出人物的五官.psd

存放路径 光盘\源文件与素材\第8章\8.4突出人物的五官

### 案例点评

本案例主要学习如何突出人物的五官。在照片中要突出人物的五官，只能通过强烈的明暗对比来表现，在案例中将通过“加深”和“减淡”工具，对人物面部的高光和暗部部分进行修饰，让明暗对比变得强烈，使人物的五官更有立体感，更为突出。

修图步骤

1 选择“文件→打开”命令，或按“Ctrl+O”组合键，打开配套光盘中的素材图片“面部照片.tif”，如图8-22所示。

2 选择“滤镜→模糊→表面模糊”命令，打开“表面模糊”对话框，在对话框中设置“半径”为3像素，设置“阈值”为5色阶，如图8-23所示。

图8-22 打开素材图片

图8-23 设置“表面模糊”参数

**3** 单击“确定”按钮，照片中的人物皮肤变得更光滑，效果如图8-24所示。

**4** 单击工具箱中的“钢笔”工具，在照片中绘制路径，选择人物的眼睛部分，如图8-25所示。

图8-24 “表面模糊”效果

图8-25 选择人物的眼睛部分

**5** 按“Ctrl+Enter”组合键，将路径转换为选区，如图8-26所示。

**6** 选择“图像→调整→色阶”命令，打开“色阶”对话框，在对话框中调整色阶参数，如图8-27所示。

图8-26 转换路径为选区

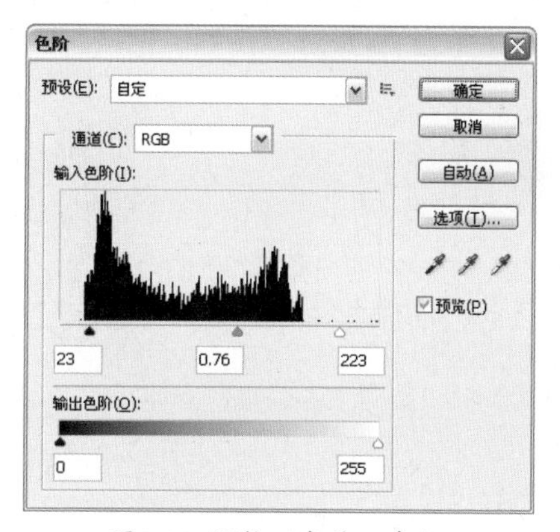


图8-27 调整“色阶”参数

**7** 单击“确定”按钮，人物的眼睛部分明暗变的更强烈，如图8-28所示。

**8** 选择“选择→反向”命令，或按“Ctrl+Shift+I”组合键，反选选区，并单击工具箱中的“减淡”工具，设置属性栏上的“曝光度”为20%，对眼睛边缘的高光部分进行涂抹，增强高光部分的亮度，使眼睛部分更加突出，如图8-29所示。

图8-28 调整“色阶”后的效果

图8-29 增强高光部分亮度

**9** 单击工具箱中的“钢笔”工具，在照片中绘制路径，选择人物面部的暗部部分，如图8-30所示。

**10** 按“Ctrl+Enter”组合键，将路径转换为选区，单击工具箱中的“加深”工具，设置属性栏上的“曝光度”为10%，对面部的暗部部分进行涂抹，加深暗部颜色，如图8-31所示。

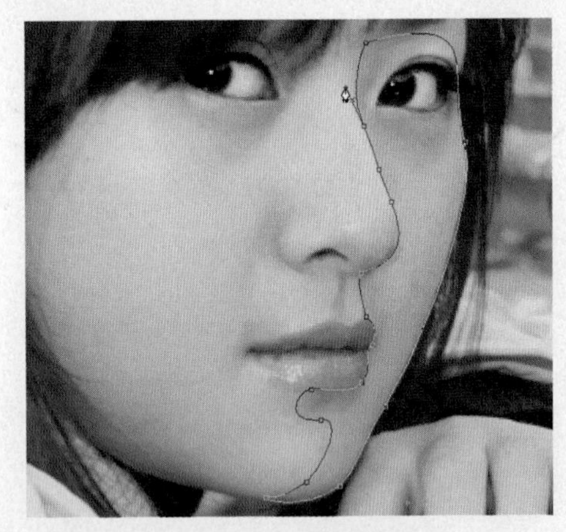

图8-30 绘制路径

图8-31 加深暗部颜色

**11** 按“Ctrl+Shift+I”组合键，反选选区，并单击工具箱中的“减淡”工具，对人物鼻梁上的高光部分进行涂抹，增强高光部分的亮度，效果如图8-32所示，按“Ctrl+D”组合键取消选区。

**12** 运用工具箱中的“减淡”工具和“加深”工具，分别对人物嘴唇部分的高光和暗部进行涂抹，增强嘴唇部分的明暗对比度，使人物的嘴唇更加突出，效果如图8-33所示。

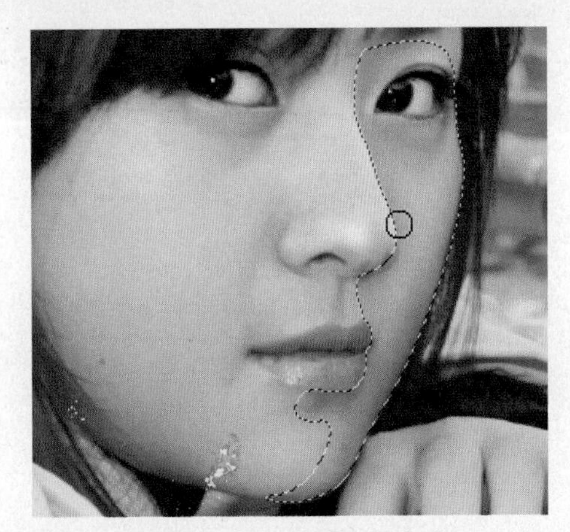

图8-32 增强高光部分的亮度

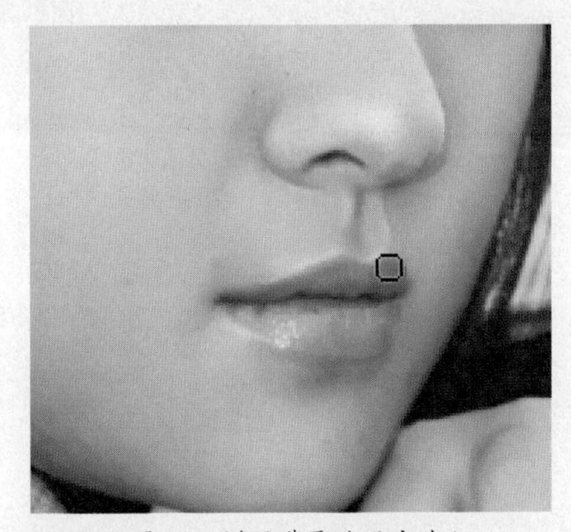

图8-33 增强嘴唇的明暗对比

**13** 运用同样的方法，运用工具箱中的“减淡”工具和“加深”工具，对人物脸部的高光和暗部分别进行加深和减淡，突出人物的五官，最终效果如图8-34所示。

图8-34 最终效果

# 8.5 突出风景照片中景物的质感

前后效果对比

素材文件 风景照.tif

效果文件 突出风景照片中景物的质感.psd

存放路径 光盘\源文件与素材\第8章\8.5突出风景照片中景物的质感

## 案例点评

在日常生活中或外出旅游时，我们会根据自己的喜好，拍摄一些漂亮的山川河流风景照，总想把美好的景色留在自己的照片里，但由于天气或者光线的影响，使照片中的风景主体物质感不够突出，体现不出风景的美丽。因此本案例主要对此现象进行解决，学习如何突出风景照片中景物的质感，主要运用"通道混合器"中的各种色彩，调出风景照的美观，让一张简单的风景照拥有质感强烈的效果。

修图步骤

**1** 选择"文件→打开"命令，或按"Ctrl+O"组合键，打开配套光盘中的素材图片"风景照.tif"，如图8-35所示。

**2** 按"Ctrl+J"组合键，创建副本图像，并设置"图层混合模式"为"叠加"，效果如图8-36所示。

图8-35 打开素材图片

图8-36 设置"图层混合模式"

**3** 选择"图像→调整→通道混合器"命令，打开"通道混合器"对话框，单击"输出通道"下拉按钮，选择"绿"通道，设置参数为+22，+100，-22，参数如图8-37所示。

**4** 单击"输出通道"下拉按钮，选择"蓝"通道，设置参数为-16，+43，+100，如图8-38所示。

图8-37 调整“绿”通道颜色

图8-38 调整“蓝”通道颜色

5 单击“确定”按钮，效果如图8-39所示。

6 选择“图像→调整→通道混合器”命令，打开“通道混合器”对话框，单击“输出通道”下拉按钮，选择“蓝”通道，设置参数为-50，+7，+100，参数如图8-40所示。

图8-39 调整“通道混合器”后的效果

图8-40 调整“蓝”通道参数

7 单击“确定”按钮，最终效果如图8-41所示。

图8-41 最终效果

## 8.6 合成广角全景照片

前后效果对比

素材文件 风景1、风景2、风景3、风景4.psd

效果文件 合成广角全景照.psd

存放路径 光盘\源文件与素材\第8章\8.6合成广角全景照片

### 案例点评

本案例主要学习如何合成广角全景照。在日常生活中有很多美丽的风景让人赏心悦目，很想留住这一动人的景象，但相机没有广角功能，此时可以运用本案例学习的方法解决这一难题，首先将美丽的风景分为几部分进行拍摄，然后运用Photoshop CS5中的“Photomerge”命令，可以将分开拍摄的风景自动合为一幅全景照片。

修图步骤

**1** 选择“文件→打开”命令，或按“Ctrl+O”组合键，打开配套光盘中的素材图片“风景1.tif”、“风景2.tif”、“风景3.tif”、“风景4.tif”，如图8-42至图8-45所示。

图8-42 素材图片“风景1”

图8-43 素材图片“风景2”

图8-44 素材图片“风景3”

图8-45 素材图片“风景3”

2 选择“文件→自动→Photomerge”命令，打开“Photomerge”对话框，单击“添加打开的文件”，如图8-46所示。

3 单击“确定”按钮，系统自动将打开的素材图片组合成一幅全景图片，最终效果如图8-47所示。

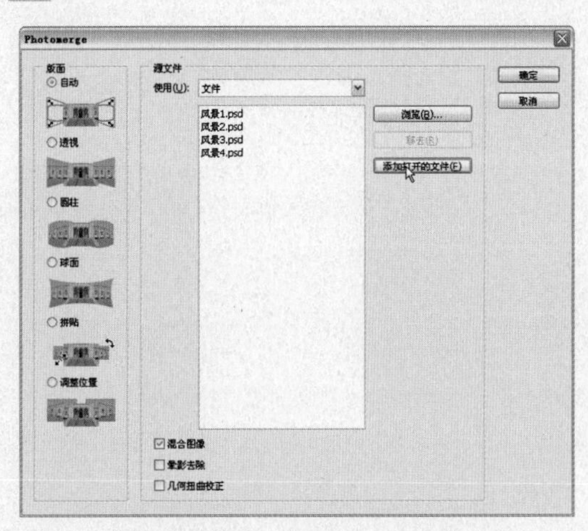

图8-46 执行“Photomerge”命令

图8-47 广角全景效果

# 第9章 消除光影的影响

在照片的拍摄过程中，光源的照射是影响照片质量的主要因素，特别是人像的拍摄，更离不开光源的打照。不管是在户外还是室内，只有利用好光源对主体物的打照才能体现出照片成像后的最佳效果，这就是一个专业摄影师在拍摄前都会对灯光、光照角度、反光、环境光等进行一系列调整的主要原因。

本章主要针对照片中被光影影响到的许多现象进行处理和消除。主要以实例的形式为读者讲解各种光影的处理方法和操作技巧，其中实例包括：去除人物眼镜上的反光、修正局部过亮的照片、修复侧光造成的人物脸部阴影、修正曝光不足的照片、修正曝光过度的照片、去除照片中的光斑、增加照片的局部光源、突出照片的光影、提亮照片的局部等。

## 9.1 去除人物眼镜上的反光

前后效果对比

素材文件 眼镜上的反光.tif

效果文件 去除人物眼镜上的反光.psd

存放路径 光盘\源文件与素材\第9章\9.1去除人物眼镜上的反光

### 案例点评

本案例讲解如何去除人物眼镜上的反光。要去除人物眼镜上的反光，方法很多，但要根据眼镜反光的不同，运用相应的去除方法，才能得到最佳效果。本案例主要运用“仿制图章”工具，对眼镜上的反光进行组合、轻松地去除，具体的去除方法和操作技巧以下将为读者详细讲解。

修图步骤

1 选择“文件→打开”命令，或按“Ctrl+O”组合键，打开配套光盘中的素材图片“眼镜上的反光.tif”，如图9-1所示。

2 单击工具箱中的“钢笔”工具，勾选出眼镜上的镜片，如图9-2所示。

图9-1 打开素材图片

图9-2 绘制路径

3 按“Ctrl+Enter”组合键，将路径转换为选区，如图9-3所示。

4 单击工具箱中的“仿制图章”工具，在窗口中按住“Alt”键，并单击镜片上接近反光的区域，选择仿制的位置，如图9-4所示。

图9-3 转换路径为选区

图9-4 选择仿制位置

5 释放鼠标，对镜片的反光处进行涂抹，覆盖反光如图9-5所示。

6 运用同样的方法，去除眼镜上的反光，最终效果如图9-6所示，按“Ctlr+D”组合键取消选区。

图9-5 涂抹镜片的反光

图9-6 最终效果

**提 示** 在运用“仿制图章”工具去除镜片上的反光时，需要根据反光位置的不同来选择合适的仿制位置。

## 9.2 修正局部过亮的照片

前后效果对比

**素材文件** 局部过亮的照片.tif

**效果文件** 修正局部过亮的照片.psd

**存放路径** 光盘\源文件与素材\第9章\9.2修正局部过亮的照片

### 案例点评

本案例讲解如何修正局部过亮的照片。主要运用“快速蒙版”，首先选取出人物的高光部分，然后运用“曝光度”命令，降低高光部分的曝光度，通常在运用“曝光度”命令降低照片的曝光度后，照片将处于灰暗状态，亮度、对比度、色阶等同时也会降低，所以最后将运用“色阶”命令，对照片的颜色进行还原，具体的修正方法和操作技巧以下将为读者详细讲解。

修图步骤

1 选择“文件→打开”命令，或按“Ctrl+O”组合键，打开配套光盘中的素材图片“局部过亮的照片.tif”，如图9-7所示。

2 单击工具箱下方的“以快速蒙版模式编辑”按钮，或按键盘上的“Q”键，进入快速蒙版编辑状态，选择工具箱中的“画笔”工具，对人物的局部高光部分进行涂抹，如图9-8所示。

图9-7 打开素材图片

图9-8 涂抹高光区域

**提示** 在快速蒙版编辑状态下，所涂抹的区域不会对图像有任何影响，只是一种快速选择区域的选区，并且在快速蒙版中绘制的红色区域为不选中的区域，保持图像原色的区域为选中的区域。如果在涂抹时多选了其他区域，可以运用“橡皮擦”等工具进行擦除。

**3** 再次单击工具箱下方的“以标准模式编辑”按钮，或按键盘上的“Q”键，退出快速蒙版编辑状态，得到一个绘制的选区，如图9-9所示。

**4** 选择“选择→反向”命令，或按“Ctrl+Shift+I”组合键，反选选区，如图9-0所示。

图9-9 得到绘制选区

图9-10 反选选区

**5** 选择“图像→调整→曝光度”命令，打开“曝光度”对话框，对照照片调整“曝光度”参数为-0.46，调整其他参数如图9-11所示。

**6** 单击“确定”按钮，颜色效果如图9-12所示。

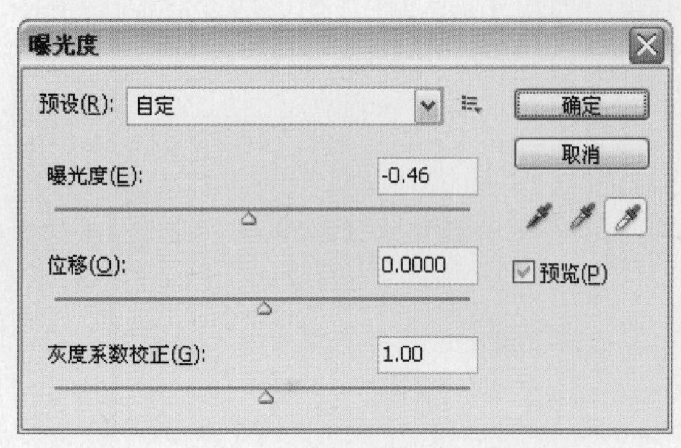


图9-11 调整“曝光度”参数

图9-12 颜色效果

7 选择“图像→调整→色阶”命令，打开“色阶”对话框，设置参数为68，0.76，231，如图9-13所示。

8 选择“通道”下拉列表中的“红”通道，并调整其参数为0，1.15，255，如图9-14所示。

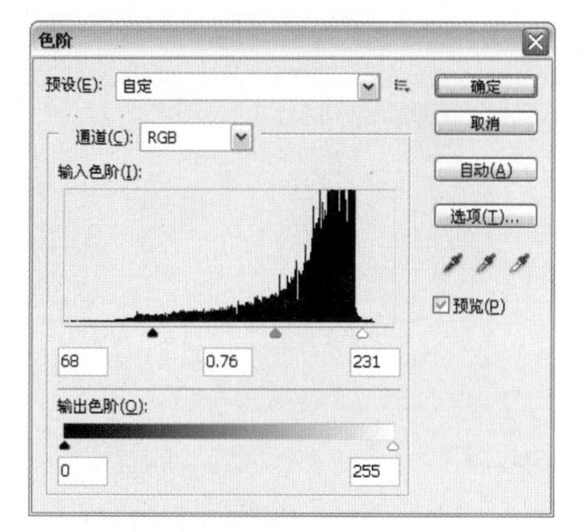


图9-13 设置“色阶”参数

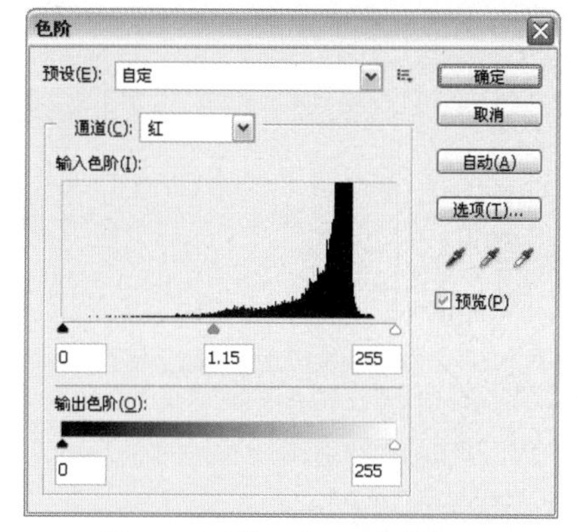


图9-14 调整“红”通道参数

9 选择“通道”下拉列表中的“绿”通道，并调整其参数为0，1.05，255，如图9-15所示。

10 选择“通道”下拉列表中的“蓝”通道，并调整其参数为0，0.96，255，如图9-16所示。

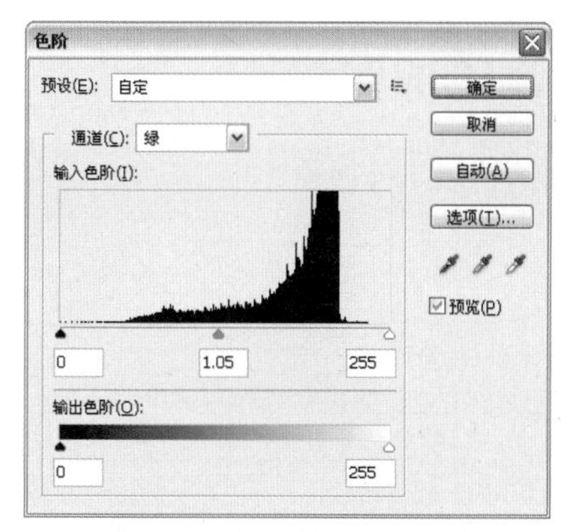


图9-15 调整“绿”通道参数

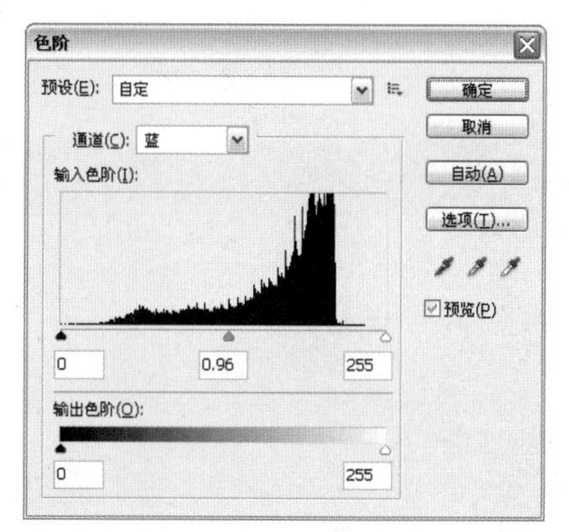


图9-16 调整“蓝”通道参数

11 单击“确定”按钮，选区图像的颜色效果，如图9-17所示。

12 选择“选择→反向”命令，或按“Ctrl+Shift+I”组合键，反选选区，如图9-18所示。

图9-17 图像的颜色效果

图9-18 反选选区

13 选择“图像→调整→曲线”命令，打开“曲线”对话框，在对话框中调整“曲线”，如图9-19所示。

14 单击“确定”按钮，按“Ctrl+D”组合键取消选区，修正局部过亮的照片，最终效果如图9-20所示。

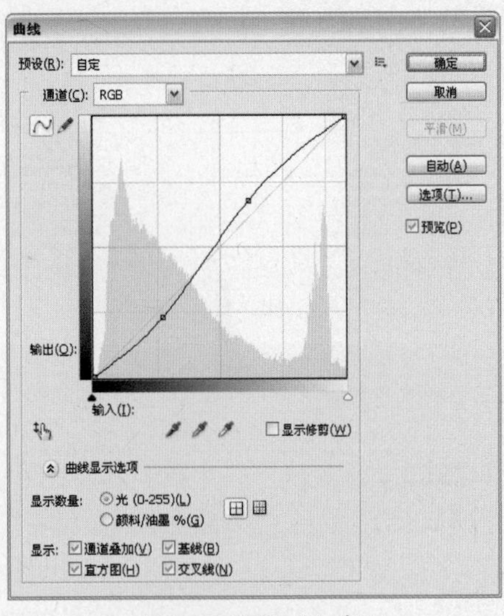


图9-19 调整“曲线”

图9-20 最终效果

## 9.3 修复侧光造成的人物脸部阴影

前后效果对比

**素材文件** 人物脸部阴影.tif

**效果文件** 修复侧光造成的人物脸部阴影.psd

**存放路径** 光盘\源文件与素材\第9章\9.3修复侧光造成的人物腔部阴影

### 案例点评

本案例讲解如何修复侧光造成的人物脸部阴影。首先主要运用“快速蒙版”，选取人物的脸部阴影部分，运用“曲线”命令，分别对照片的各通道进行调整，让阴影部分的亮度、对比度等得到提高；然后运用“阴影/高光”命令，让照片的阴影部分和高光部分得到中和；最后运用“照片滤镜”命令，对颜色偏差的部分进行细节调整，具体的修复方法和操作技巧以下将为读者详细讲解。

修图步骤

**1** 选择“文件→打开”命令，或按“Ctrl+O”组合键，打开配套光盘中的素材图片“人物脸部阴影.tif”，如图9-21所示。

**2** 按键盘上的“Q”键，进入快速蒙版编辑状态，选择工具箱中的“画笔”工具，在人物的局部阴影部分进行涂抹，如图9-22所示。

图9-21 打开素材图片

图9-22 涂抹阴影部分

**3** 再次按键盘上的“Q”键，退出快速蒙版编辑状态，得到一个绘制的选区，并按“Ctrl+Shift+I”组合键，反选选区，如图9–23所示。

**4** 选择“图像→调整→曲线”命令，打开“曲线”对话框，在对话框中调整“曲线”，如图9–24所示。

图9-23 反选选区

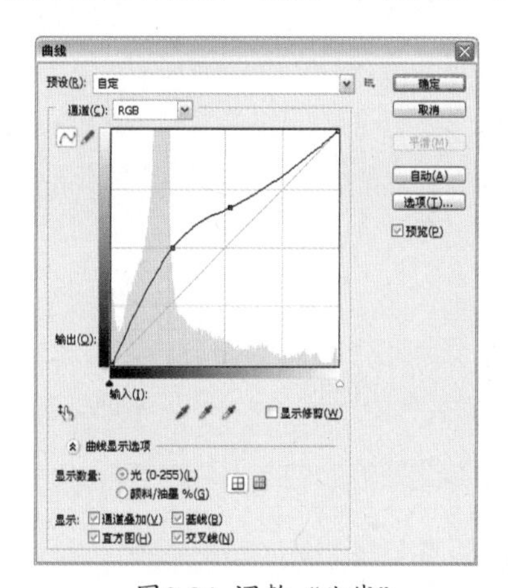

图9-24 调整“曲线”

**5** 在“曲线”对话框中，选择“通道”下拉列表中的“红”通道，并调整“曲线”，如图9–25所示。

**6** 选择“通道”下拉列表中的“绿”通道，调整“曲线”，如图9–26所示。

**7** 选择“通道”下拉列表中的“蓝”通道，调整“曲线”，如图9–27所示。

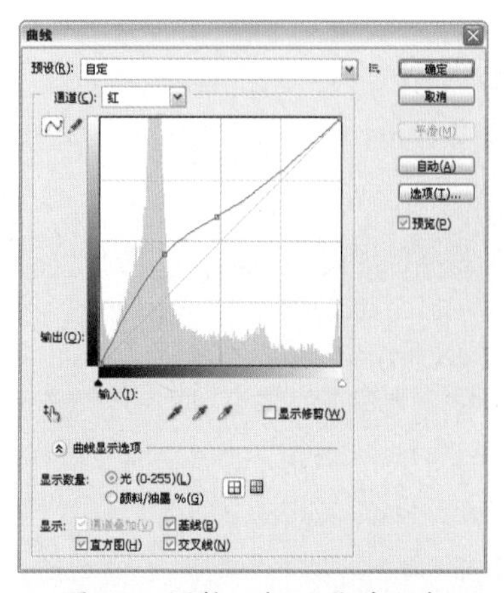

图9-25 调整“红”通道曲线

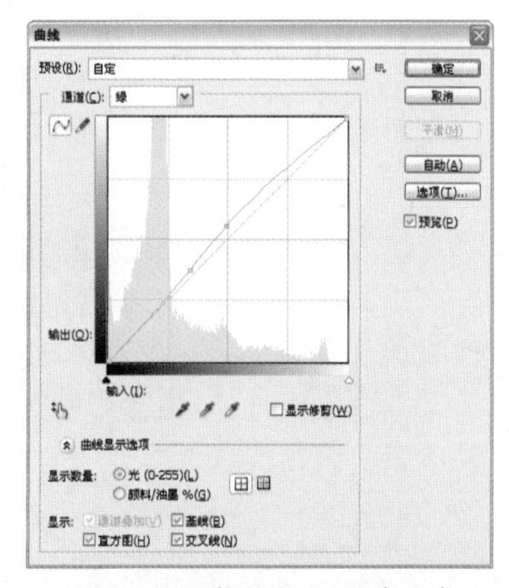

图9-26 调整“绿”通道曲线

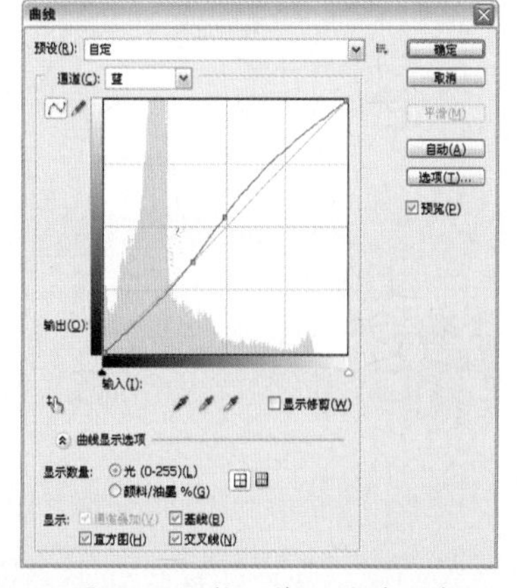

图9-27 调整“蓝”通道曲线

**8** 单击“确定”按钮，按“Ctrl+D”组合键取消选区，阴影部分的色调如图9–28所示。

**9** 选择“图像→调整→阴影/高光”命令，打开“阴影/高光”对话框，在对话框中选择“显示更多选项”复选框，并分别调整各项参数，如图9–29所示。

图9-28 阴影部分的色调

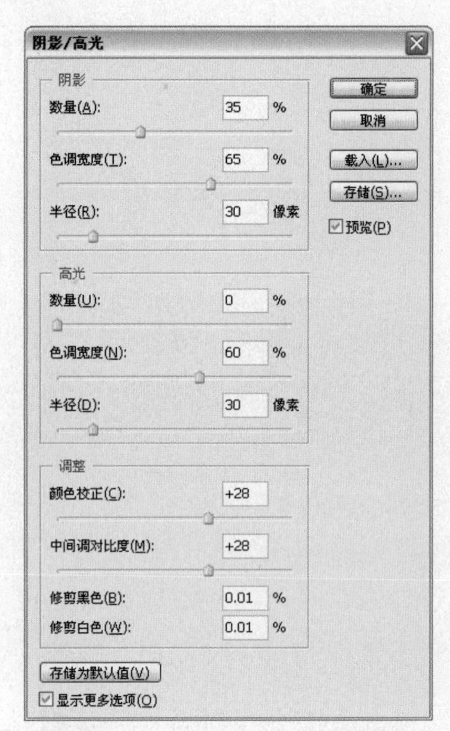


图9-29 调整“阴影/高光”参数

**10** 单击“确定”按钮，图像的阴影部分如图9–30所示。

**提 示** 由于在调整“曲线”命令时，对选区阴影部分也进行调整，所以在高光和阴影缝接的区域，将出现颜色偏差的现象，此时我们将对偏差的颜色进行细节调整。

**11** 按键盘上的“Q”键，进入快速蒙版编辑状态，选择工具箱中的“画笔”工具，对颜色偏差的区域进行涂抹，如图9–31所示。

图9-30 图像的阴影部分

图9-31 涂抹颜色偏差的区域

**12** 再次按键盘上的“Q”键，退出快速蒙版编辑状态，得到一个绘制的选区，并按“Ctrl+Shift+I”组合键，反选选区，如图9–32所示。

**13** 选择“图像→调整→照片滤镜”命令，打开“照片滤镜”对话框，设置对话框中的“浓度”为38%，如图9–33所示。

图9-32 反选选区

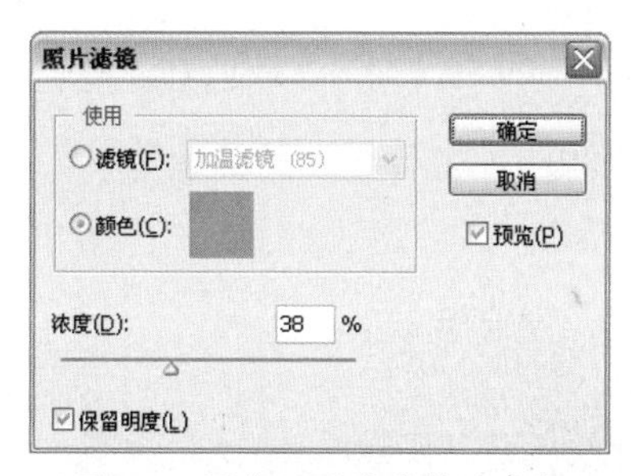


图9-33 调整“照片滤镜”参数

**14** 单击“确定”按钮，按“Ctrl+D”组合键取消选区，修复完成后的最终效果如图9-34所示。

图9-34 最终效果

## 9.4 修正曝光不足的照片

前后效果对比

**素材文件** 曝光不足的照片.tif

**效果文件** 修正曝光不足的照片.psd

**存放路径** 光盘\源文件与素材\第9章\9.4修正曝光不足的照片

### 案例点评

本案例讲解如何修正曝光不足的照片。在户外常常会因为天气，造成拍摄后的照片曝光度不足，让照片体现不出原本的美丽景象，且处于一种黑暗的色调。本案例主要运用“色阶”命令，轻松解决这一现象，让照片恢复原本的美丽色调。

修图步骤

1 选择“文件→打开”命令，或按“Ctrl+O”组合键，打开配套光盘中的素材图片“曝光不足的照片.tif”，如图9–35所示。

2 选择“图像→调整→色阶”命令，打开“色阶”对话框，在对话框中调整色阶参数，如图9–36所示。

3 单击“确定”按钮，图像的整体亮度和对比度得到提高，修正曝光不足的照片最终效果如图9–37所示。

图9-35 打开素材图片

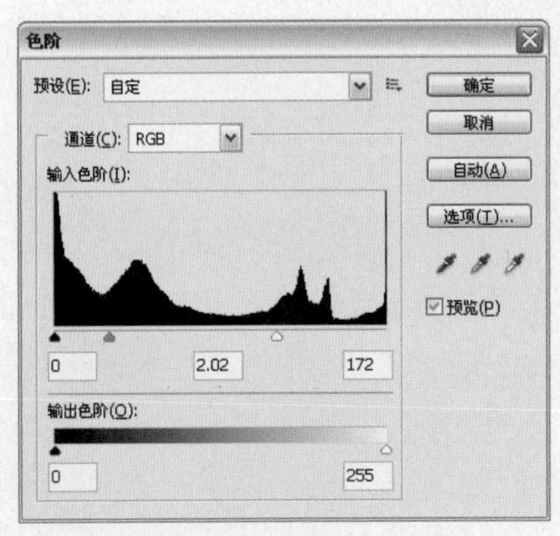


图9-36 调整“色阶”参数

图9-37 最终效果

## 9.5 修正曝光过度的照片

前后效果对比

素材文件 曝光过度的照片.tif

效果文件 修正曝光过度的照片.psd

存放路径 光盘\源文件与素材\第9章\9.5修正曝光过度的照片

### 案例点评

本案例讲解如何修正曝光过度的照片。首先运用“曝光度”命令，降低照片的整体曝光度，此时照片将陷入一个整体灰暗的状态；然后我们运用“曲线”、“色阶”等命令，对照片整体和局部的亮度、对比度、色调进行重新设置；最后运用“自然饱和度”命令，降低照片整体饱和度，具体的修正步骤和操作技巧以下案例将为读者详细讲解。

修图步骤

1 选择“文件→打开”命令，或按“Ctrl+O”组合键，打开配套光盘中的素材图片“曝光过度的照片.tif”，如图9–38所示。

2 选择“图像→调整→曝光度”命令，打开“曝光度”对话框，对照片调整“曝光度”参数为–1.06，调整其他参数如图9–39所示。

图9-38 打开素材图片

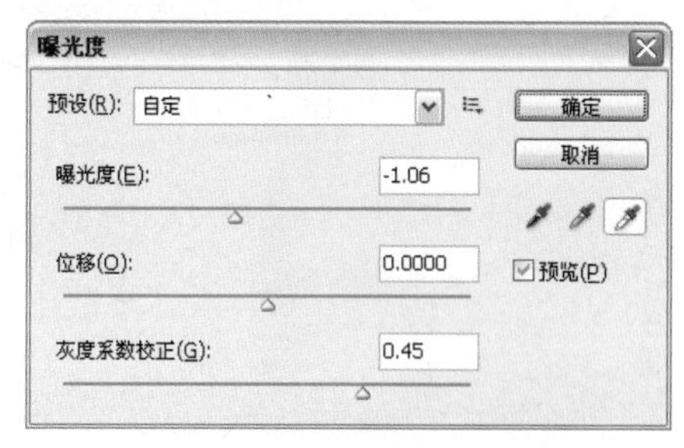


图9-39 调整“曝光度”参数

3 单击“确定”按钮，颜色效果如图9-40所示。

4 选择“图像→调整→曲线”命令，打开“曲线”对话框，在对话框中调整“曲线”，如图9-41所示。

图9-40 调整曝光度后的颜色效果

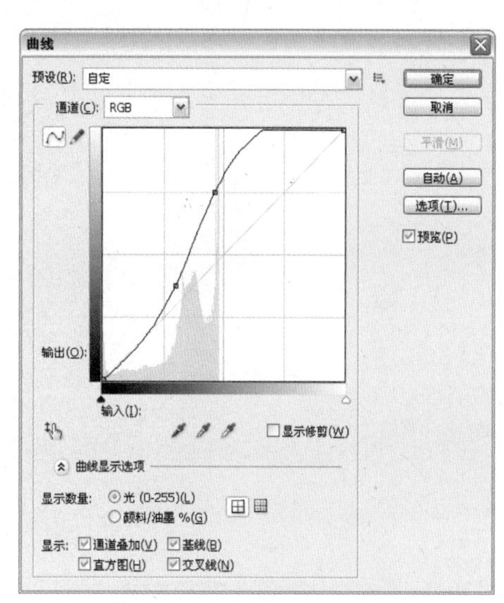


图9-41 调整“曲线”

5 单击“确定”按钮，照片的亮度和对比度得到增强，效果如图9-42所示。

6 选择“图像→调整→色阶”命令，打开“色阶”对话框，设置参数为31，0.97，211，如图9-43所示。

图9-42 调整“曲线”后的效果

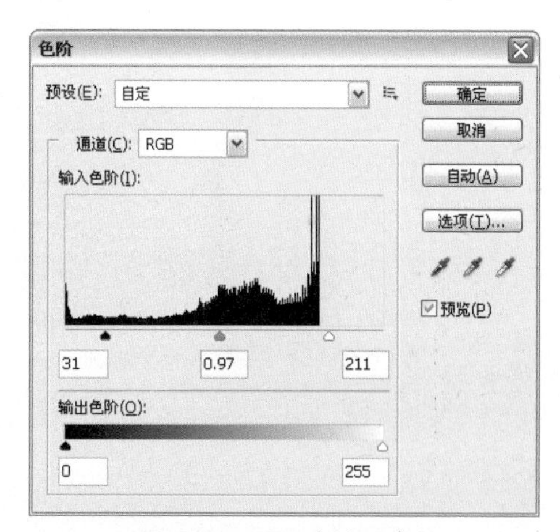


图9-43 设置“色阶”参数

7 单击“确定”按钮，图像的颜色效果，如图9-44所示。

8 按键盘上的“Q”键，进入快速蒙版编辑状态，选择工具箱中的“画笔”工具，对人物的局部阴影部分进行涂抹，如图9-45所示。

图9-44 图像的颜色效果

图9-45 涂抹局部阴影部分

9 按键盘上的“Q”键，退出快速蒙版编辑状态，得到一个绘制的选区，并按“Ctrl+Shift+I”组合键，反选选区，如图9-46所示。

10 选择“图像→调整→色阶”命令，打开“色阶”对话框，设置参数为0，2.65，255，如图9-47所示。

图9-46 反选选区

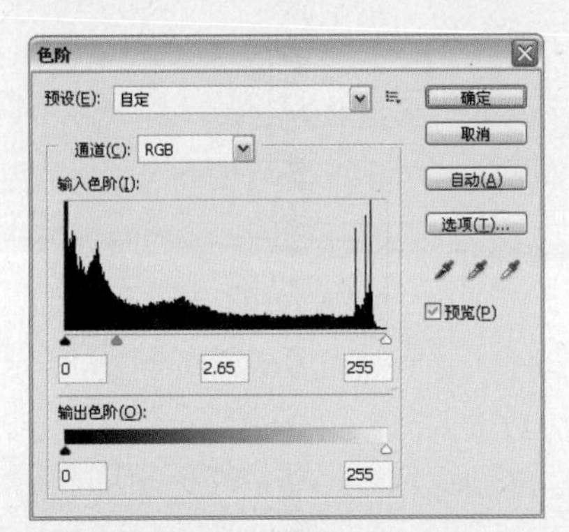


图9-47 设置“色阶”参数

11 单击“确定”按钮，人物阴影部分的亮度得到提高，效果如图9-48所示，按“Ctrl+D”组合键取消选区。

12 选择“图像→调整→自然饱和度”命令，打开“自然饱和度”对话框，在对话框中设置“自然饱和度”为-13，如图9-49所示。

图9-48 调整“色阶”后的照片

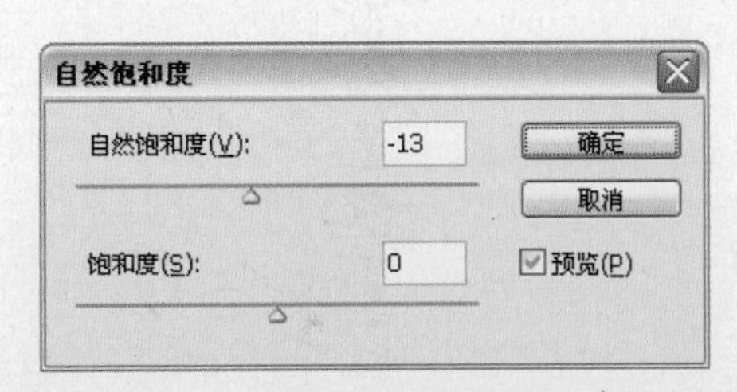


图9-49 调整“自然饱和度”参数

13 单击“确定”按钮，修正的照片最终效果如图9-50所示。

图9-50 最终效果

# 9.6 去除照片中的光斑

前后效果对比

素材文件 照片的光斑.tif

效果文件 去除照片中的光斑.psd

存放路径 光盘\源文件与素材\第9章\9.6去除照片中的光斑

## 案例点评

本案例讲解如何去除照片中的光斑。在Photoshop CS5中，去除照片光斑的方法有许多，但要根据不同的光斑采取相应的去除方法。本案例中主要运用“黑白”命令，对不同区域的光斑颜色分别进行调整，然后运用“仿制图章”、“修补”等工具，对照片中的光斑进行彻底去除，具体的去除方法和操作技巧以下案例将为读者详细介绍。

修图步骤

1 选择“文件→打开”命令，或按“Ctrl+O”组合键，打开配套光盘中的素材图片“照片的光斑.tif”，如图9-51所示。

2 按键盘上的“Q”键，进入快速蒙版编辑状态，选择工具箱中的“画笔”工具，对人物的光斑部分进行涂抹，如图9-52所示。

图9-51 打开素材图片

图9-52 涂抹人物的光斑部分

3 单击工具箱中的“橡皮擦”工具，在窗口中涂抹除人物以外的区域，如图9-53所示。

**技 巧**

在快速蒙版中，运用“画笔”工具，默认情况下，工具箱中的“前景色”为黑色，“背景色”为白色，此时我们可以在图像中绘制红色区域，如按键盘上的“X”键，切换“前景色”和“背景色”，让“前景色”为白色，此时在窗口中涂抹，我们可以对红色区域进行擦除，

4 按键盘上的“Q”键，退出快速蒙版编辑状态，得到一个绘制的选区，并按“Ctrl+Shift+I”组合键，反选选区，如图9-54所示。

图9-53 擦除除人物以外的区域

图9-54 反选选区

**5** 选择“图像→调整→黑白”命令，打开“黑白”对话框，在对话框中选择“色调”复选框，并设置其颜色为蓝色（R:86，G:136，B:147），调整其他参数如图9-55所示。

**6** 单击“确定”按钮，选区图像的颜色效果如图9-56所示。

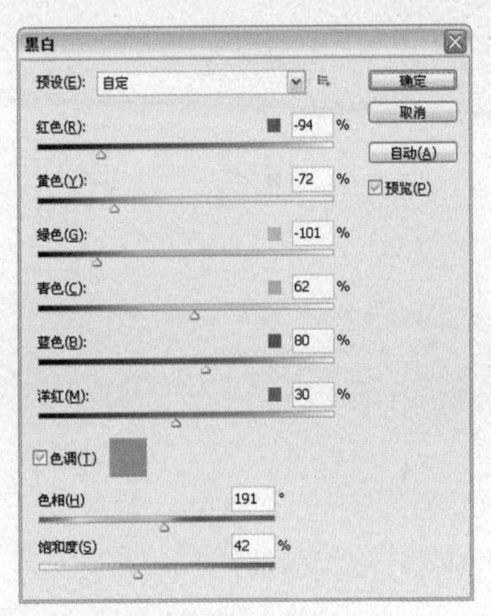


图9-55 调整“黑白”参数

图9-56 图像的颜色效果

**7** 单击工具箱中的“仿制图章”工具，在窗口中按住“Alt”键，并单击人物裤子上接近光斑的区域，选择仿制的位置，如图9-57所示。

**8** 释放鼠标，在人物裤子的光斑上进行涂抹，去除光斑，如图9-58所示。

图9-57 选择仿制位置

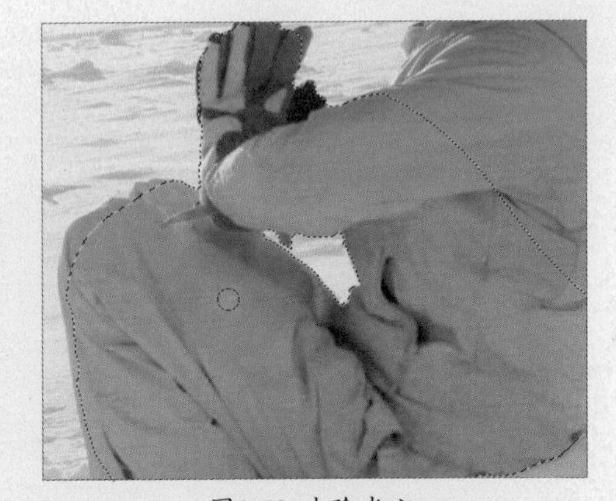

图9-58 去除光斑

**9** 按键盘上的“Q”键，进入快速蒙版编辑状态，选择工具箱中的“画笔”工具，对人物的投影光斑部分进行涂抹，如图9-59所示。

**10** 单击工具箱中的“橡皮擦”工具，在窗口中涂抹除人物投影以外的区域，如图9-60所示。

图9-59 涂抹投影光斑部分

图9-60 擦除投影以外的区域

**11** 按键盘上的“Q”键，退出快速蒙版编辑状态，得到一个绘制的选区，并按“Ctrl+Shift+I”组合键，反选选区，如图9–61所示。

**12** 选择“图像→调整→黑白”命令，打开“黑白”对话框，在对话框中选择“色调”复选框，并设置其颜色为蓝色（R:36，G:86，B:97），调整其他参数如图9–62所示。

图9-61 反选选区

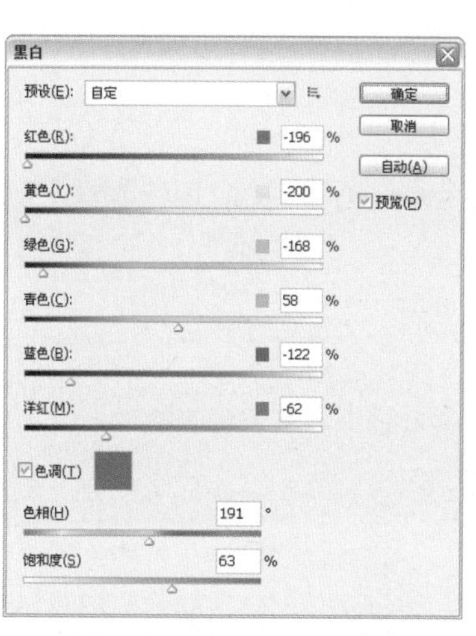


图9-62 调整“黑白”参数

**13** 单击“确定”按钮，选区图像的颜色效果如图9–63所示。

**14** 单击工具箱中的“仿制图章”工具，在窗口中按住“Alt”键，并单击人物投影部分接近光斑的区域，选择仿制的位置，如图9–64所示。

图9-63 选区图像的颜色效果

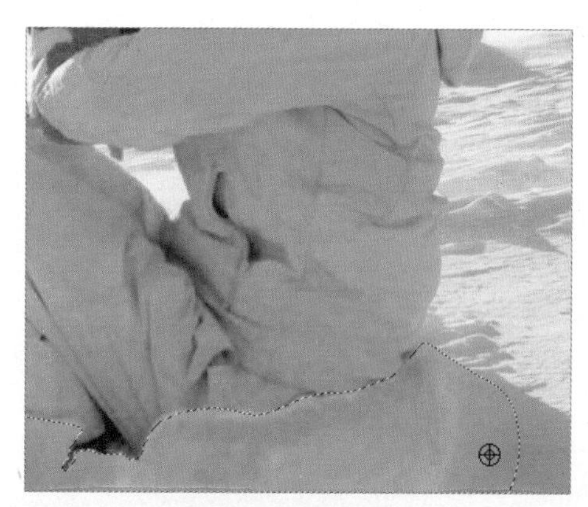

图9-64 选择仿制位置

**15** 释放鼠标，在人物投影的光斑上进行涂抹，去除光斑，如图9–65所示。

**16** 按键盘上的“Q”键，进入快速蒙版编辑状态，选择工具箱中的“画笔”工具，对人物的帽子光斑部分进行涂抹，如图9–66所示。

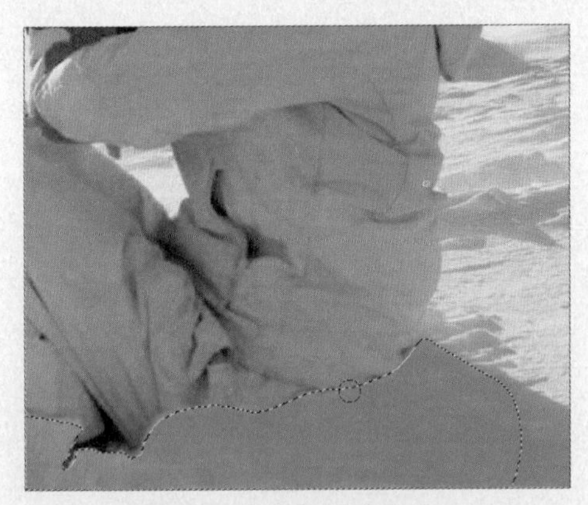

图9-65 去除投影的光斑

图9-66 涂抹帽子上的光斑

**17** 运用同样的方法，单击工具箱中的“橡皮擦”工具，在窗口中涂抹除帽子以外的区域，如图9-67所示。

**18** 按键盘上的“Q”键，退出快速蒙版编辑状态，得到一个绘制的选区，并按“Ctrl+Shift+I”组合键，反选选区，如图9-68所示。

图9-67 涂抹帽子以外的区域

图9-68 反选选区

**19** 选择“图像→调整→黑白”命令，打开“黑白”对话框，在对话框中选择“色调”复选框，并设置其颜色为深蓝色（R:16，G:26，B:22），调整其他参数如图9-69所示。

**20** 单击“确定”按钮，按“Ctrl+D”组合键取消选区，效果如图9-70所示。

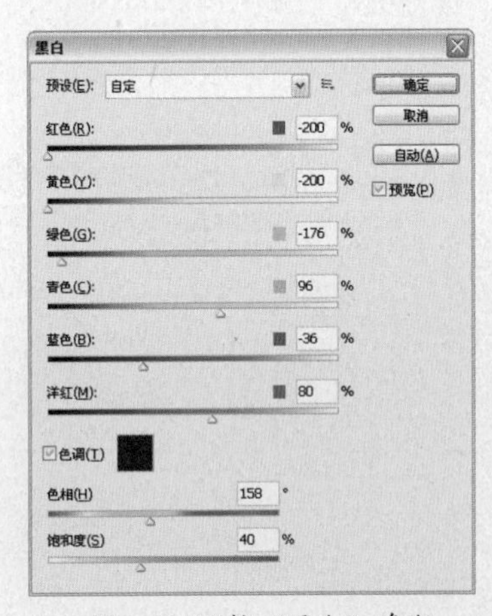


图9-69 调整“黑白”参数

图9-70 调整“黑白”后的效果

**21** 单击工具箱中的“修补”工具，在属性栏上单击“添加到选区”按钮，在窗口中选取图像的光斑，如图9-71所示。

**22** 拖动选区图像到光斑附近的区域，对光斑进行修补，如图9-72所示。

图9-71 选取光斑区域

图9-72 修补光斑

23 释放鼠标后，按“Ctrl+D”组合键取消选区，去除照片光斑的最终效果如图973所示。

图9-73 最终效果

## 9.7 增加照片的局部光源

前后效果对比

素材文件 美女照片.tif

效果文件 增加照片的局部光源.psd

存放路径 光盘\源文件与素材\第9章\9.7增加照片的局部光源

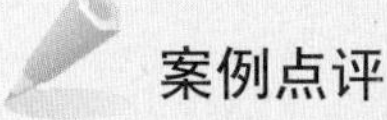

案例点评

本案例讲解如何增加照片的局部光源。在调整过程中，主要运用了“亮度/对比度”、“色阶”、“曲线”、“照片滤镜”等调整面板，对照片分别进行调整，同时利用调整面板中的图层蒙版，让照片体现出暗部和局部光源，具体的操作方法和技巧以下案例将为读者详细讲解。

修图步骤

1 选择“文件→打开”命令，或按“Ctrl+O”组合键，打开配套光盘中的素材图片“美女照片.tif”，如图9–74所示。

2 单击图层面板下方的“创建新的填充或调整图层”按钮，打开“亮度/对比度”调整面板，设置“亮度”为–150，如图9–75所示。

3 关闭调整面板，效果如图9–76所示。

图9-74 打开素材图片

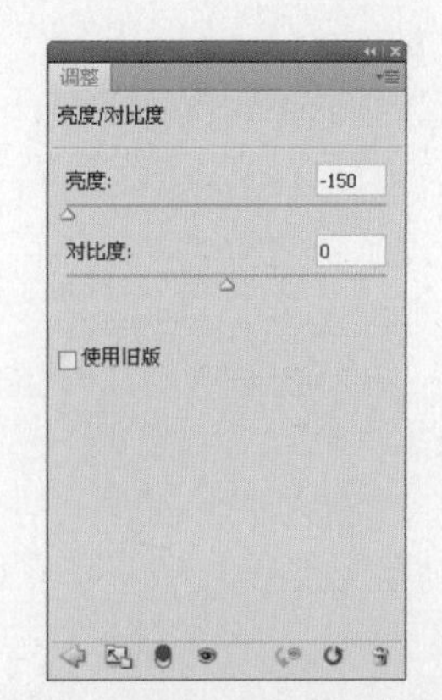

图9-75 调整“亮度”参数

图9-76 调整后的效果

4 在图层面板中，选择“亮度/对比度”图层蒙版缩览图，如图9–77所示。

5 设置“前景色”为黑色，单击工具中的“画笔”工具，在窗口中涂抹出照片的亮部部分，效果如图9–78所示。

6 按住“Ctrl”键，单击“亮度/对比度”图层蒙版缩览图，载入蒙版选区，如图9–79所示。

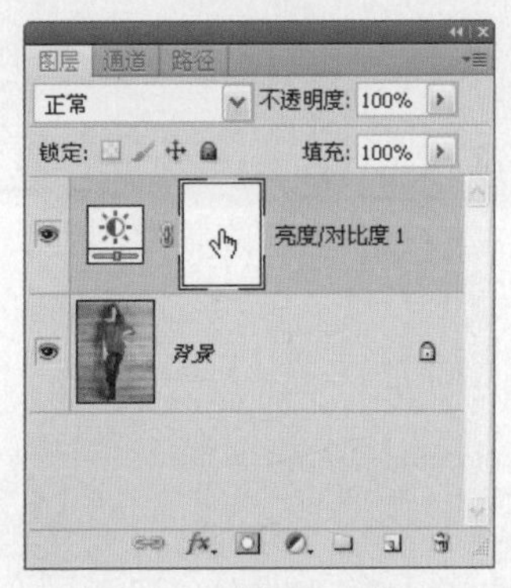

图9-77 选择图层蒙版

图9-78 涂抹出照片的亮部

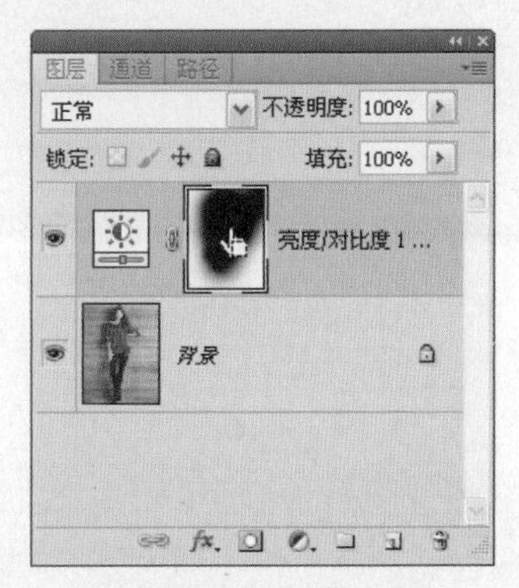

图9-79 载入蒙版选区

7 选择“选择→反向”命令，或按“Ctrl+Shift+I”组合键，反选选区，如图9–80所示。

8 单击图层面板下方的“创建新的填充或调整图层”按钮，打开“色阶”调整面板，设置参数为32，1.29，216，如图9–81所示。

9 关闭调整面板，选区图像的亮度得到提高，效果如图9–82所示。

图9-80 反选选区

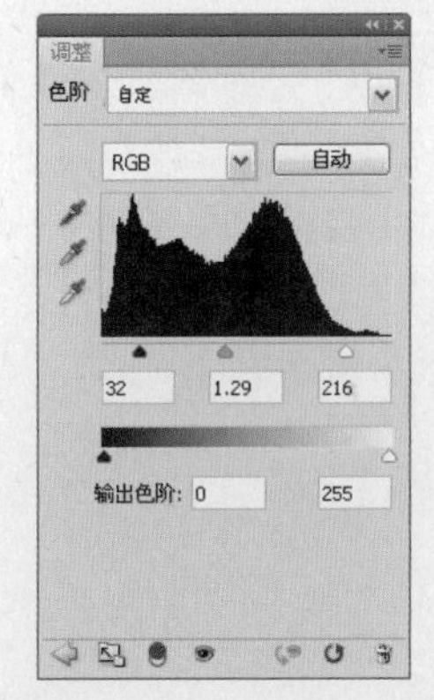

图9-81 设置“色阶”参数

图9-82 调整后的效果

10 按住“Ctrl”键，单击“亮度/对比度”图层蒙版缩览图，载入蒙版选区，如图9–83所示。

11 单击图层面板下方的“创建新的填充或调整图层”按钮，打开“曲线”调整面板，并调整“曲线”，如图9–84所示。

12 关闭调整面板，照片的暗部变得更暗，使照片的亮部更加突出，效果如图9–85所示。

图9-83 载入蒙版选区

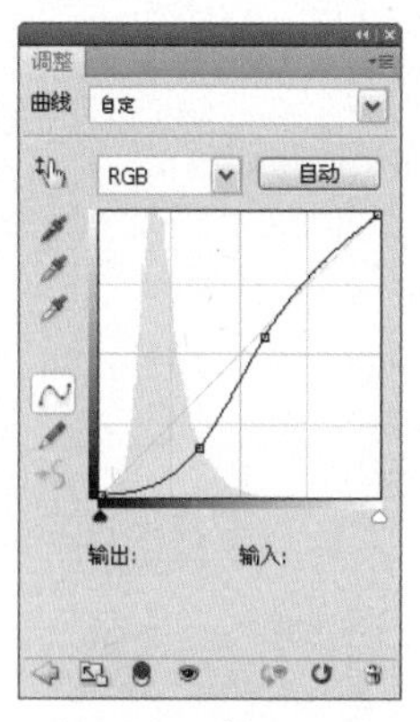


图9-84 调整“曲线”

图9-85 调整后的效果

**13** 单击图层面板下方的“创建新的填充或调整图层”按钮，打开“照片滤镜”调整面板，设置“颜色”为淡黄色（R:255，G:224，B:130），并设置“浓度”为87%，如图9-86所示。

**14** 单击关闭按钮，增加了照片的暖色调，照片整体颜色变得更加和谐，完成后的最终效果如图9-87所示。

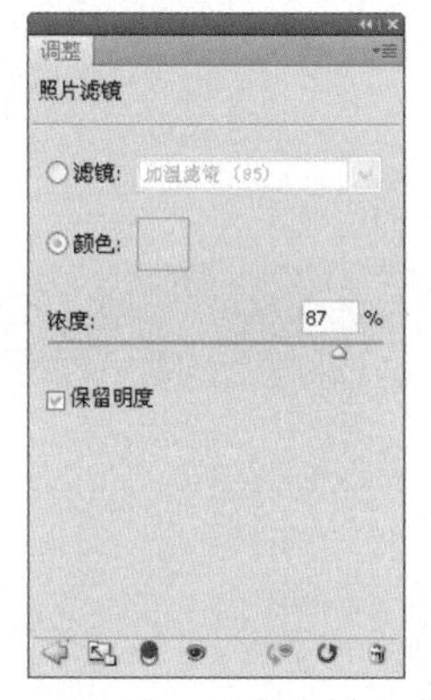


图9-86 设置“照片滤镜”参数

图9-87 最终效果

## 9.8 突出照片的光影

**前后效果对比**

**素材文件** 户外写真.tif

**效果文件** 突出照片的光影.psd

**存放路径** 光盘\源文件与素材\第9章\9.8突出照片的光影

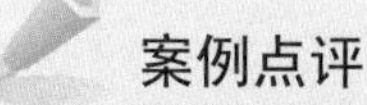

### 案例点评

本案例讲解如何突出照片的光影。主要将照片复制一层，运用“形状模糊”命令，制作出模糊的光影效果；然后通过“滤色”混合模式地调整，让模糊的光影叠加到原照片上，形成了光影效果；最后运用“照片滤镜”命令，增加照片的暖色调，让照片光影效果更加突出，具体的操作步骤和技巧以下案例将为读者详细讲解。

修图步骤

1 选择“文件→打开”命令，或按“Ctrl+O”组合键，打开配套光盘中的素材图片“户外写真.tif”，如图9–88所示。

2 选择“图像→调整→色阶”命令，打开“色阶”对话框，设置参数为46，0.75，235，如图9–89所示。

图9-88 打开素材图片

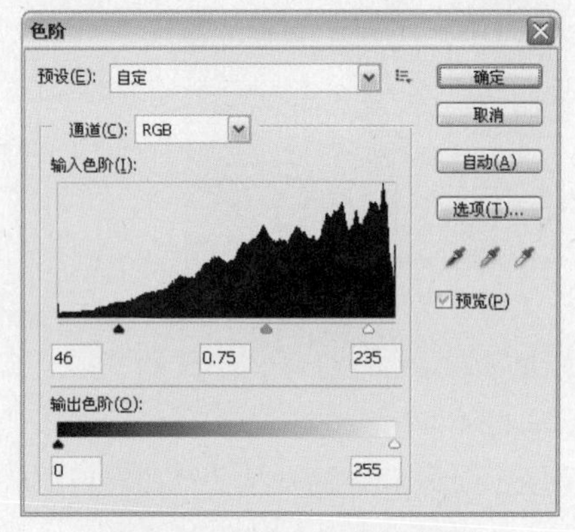


图9-89 设置“色阶”参数

3 单击“确定”按钮，照片的颜色效果如图9–90所示。

4 单击工具箱中的“矩形选框”工具，在窗口中绘制选区，如图9–91所示。

图9-90 照片的颜色效果

图9-91 绘制选区

5 按“Ctrl+J”组合键，将选区图像复制到新建“图层1”，如图9–92所示。

6 选择“背景”图层，选择“滤镜→模糊→高斯模糊”命令，打开“高斯模糊”对话框，设置“半径”为7像素，如图9–93所示。

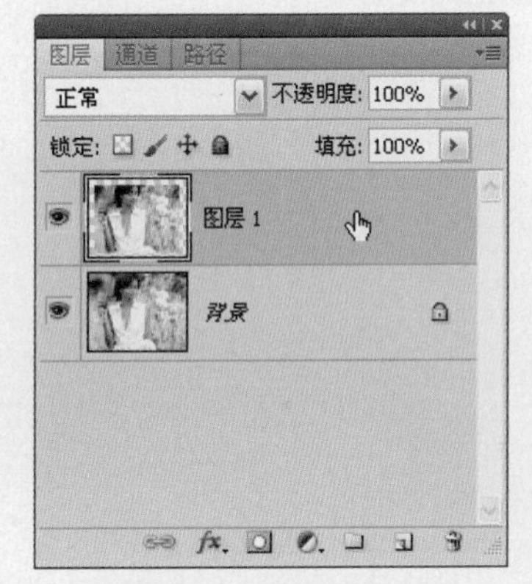


图9-92 复制选区图像

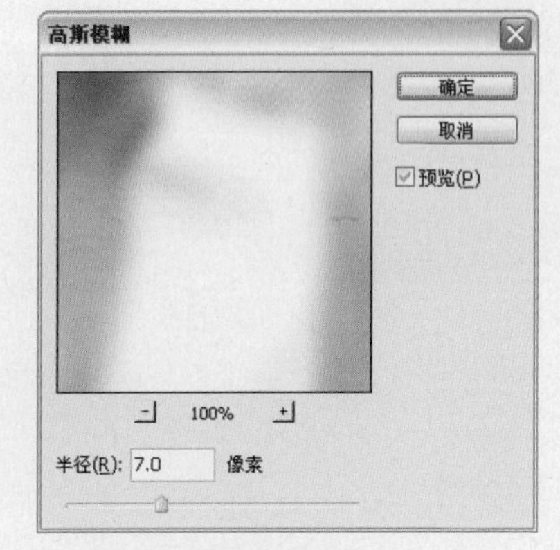


图9-93 设置“高斯模糊”参数

7 单击“确定”按钮图像效果如图9–94所示。

8 选择“图像→调整→曲线”命令，打开“曲线”对话框，在对话框中调整“曲线”，如图9–95所示。

图9-94 模糊后的效果

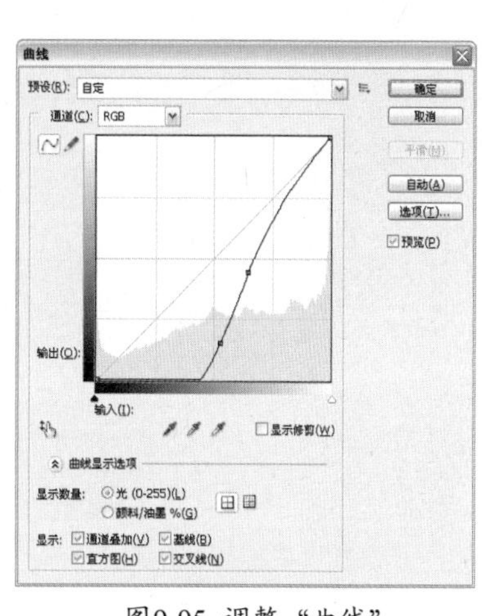


图9-95 调整“曲线”

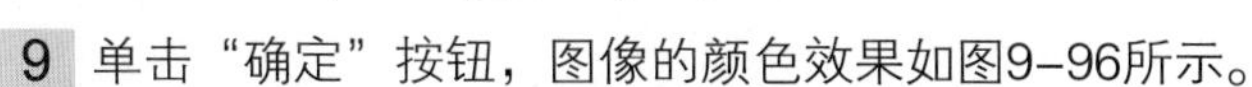

9 单击“确定”按钮，图像的颜色效果如图9-96所示。

10 按“Ctrl+J”组合键，创建“图层1副本”图层，如图9-97所示。

图9-96 图像的颜色效果

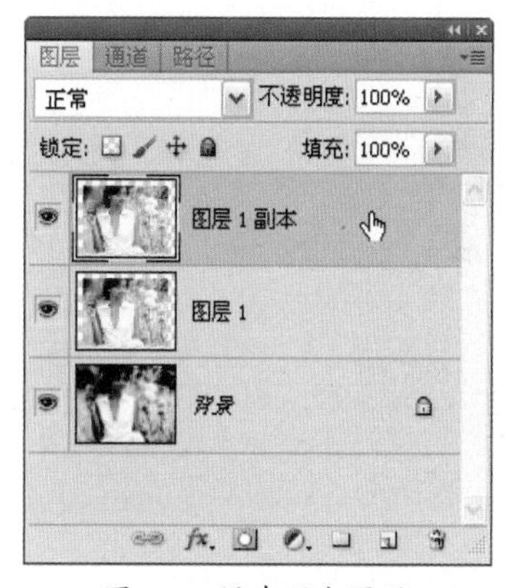


图9-97 创建副本图层

11 按“Ctrl+T”组合键，打开“自由变换”调节框，并按住“Alt+Shift”组合键不放，拖动调节框的角点，等比例放大图像，如图9-98所示，按“Enter”键确定。

12 选择“滤镜→模糊→形状模糊”命令，打开“形状模糊”对话框，选择对话框中的“骨头”形状，设置“半径”为5像素，如图9-99所示。

图9-98 等比例中心放大图像

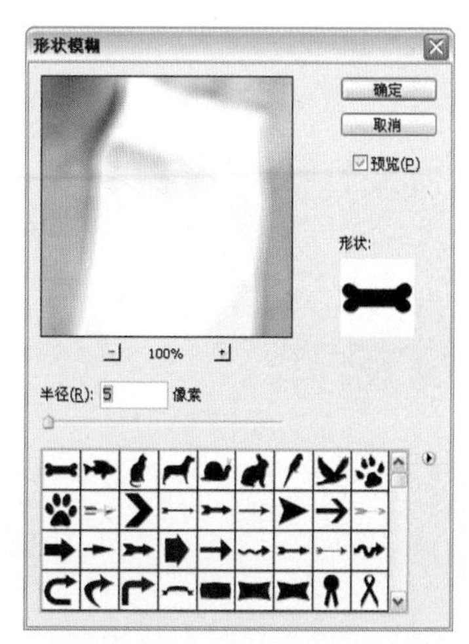


图9-99 调整“形状模糊”参数

13 单击“确定”按钮，图像的模糊效果如图9-100所示。

14 在“图层”面板中，设置“图层混合模式”为滤色，设置“不透明度”为90%，效果如图9-101所示。

图9-100 图像的模糊效果

图9-101 设置“图层混合模式”后的效果

**15** 单击“图层”面板下方的“图层蒙版”按钮，添加图层蒙版，如图9-102所示。

**16** 设置“前景色”为黑色，单击工具箱中的“画笔”工具，在窗口中涂抹人物的衣服褶皱部分和背景的暗部部分，效果如图9-103所示。

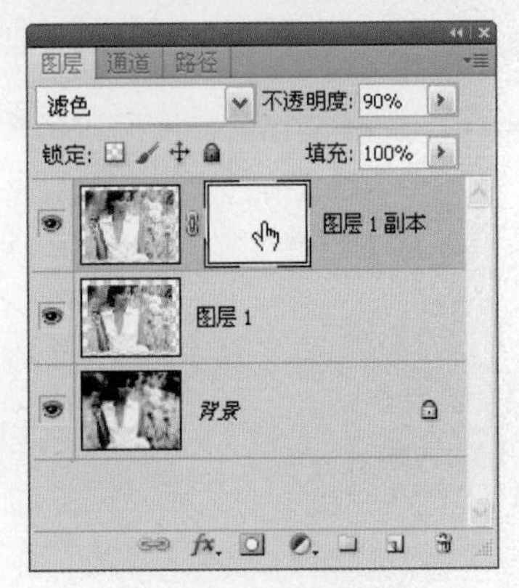


图9-102 添加图层蒙版

图9-103 绘制衣服褶皱和背景暗部后的效果

**提示** 在图层蒙版中涂抹的黑色区域，将显示出下一层的图像，所以在涂抹时注意不要将人物边缘的光影部分涂抹掉了。

**17** 单击图层面板下方的“创建新的填充或调整图层”按钮，打开“照片滤镜”调整面板，设置“颜色”为淡黄色（R:235，G:223，B:39），并设置“浓度”为23%，如图9-104所示。

**18** 关闭调整面板，照片中增添了暖色调，使照片的光影部分更加突出，完成后的最终效果如图9-105所示。

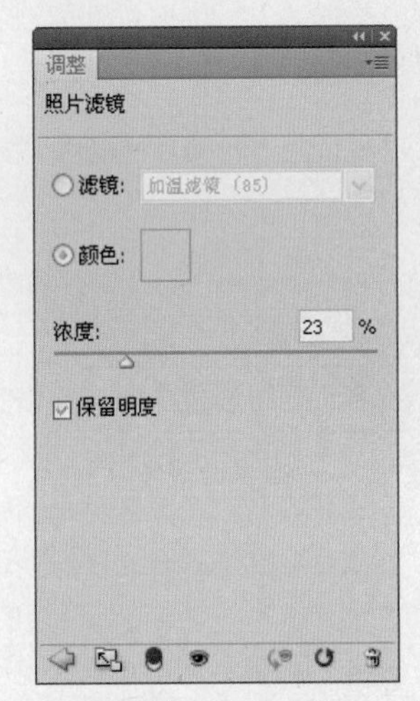


图9-104 调整“照片滤镜”参数

图9-105 最终效果

# 9.9 提亮照片的局部

前后效果对比

素材文件 偏暗的照片.tif
效果文件 提亮照片的局部.psd
存放路径 光盘\源文件与素材\第9章\9.9提亮照片的局部

## 案例点评

本案例讲解如何提亮照片的局部。提高照片的局部色调主要是为了更好地突出照片主体物，下面将为读者介绍一种既简便又快捷的方法，主要运用“曲线”调整面板，将照片的整体色调提亮，然后利用“曲线”的图层蒙版，将照片中的背景色调调整到原始的暗调，使照片中的人物与背景形成一种强烈的明暗对比，让照片更有层次感，更加突出主体人物。

修图步骤

1 选择“文件→打开”命令，或按“Ctrl+O”组合键，打开配套光盘中的素材图片“偏暗的照片.tif”，如图9-106所示。

2 单击图层面板下方的“创建新的填充或调整图层”按钮，打开“曲线”调整面板，并调整“曲线”，如图9-107所示。

图9-106 打开素材图片

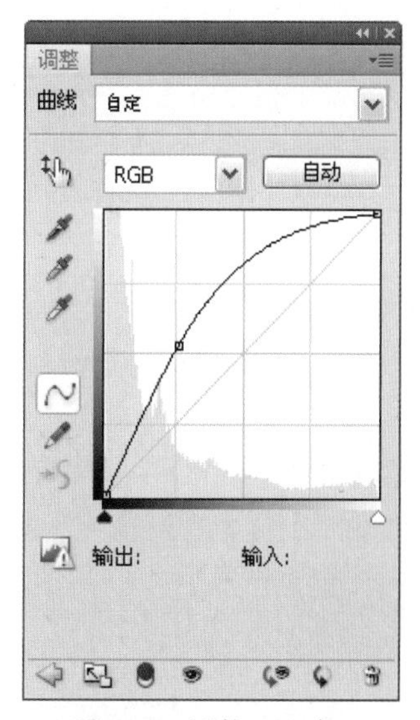


图9-107 调整“曲线”

3 在“曲线”调整面板中，选择“红”通道，并调整“曲线”，如图9-108所示。

4 选择“曲线”调整面板中的“绿”通道，调整“曲线”，如图9-109所示。

5 选择“曲线”调整面板中的“蓝”通道，调整“曲线”，如图9-110所示。

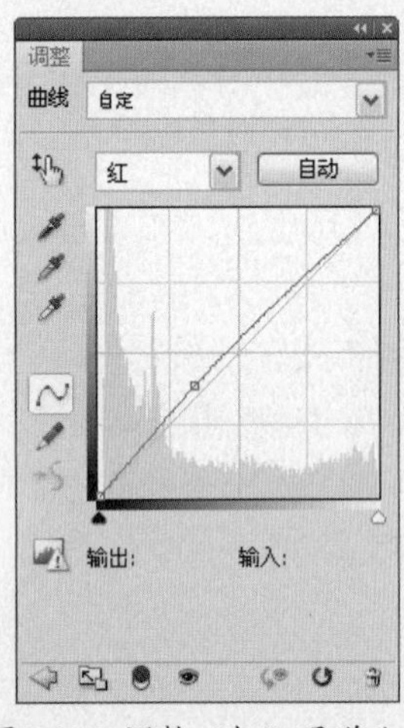

图9-108 调整“红”通道曲线

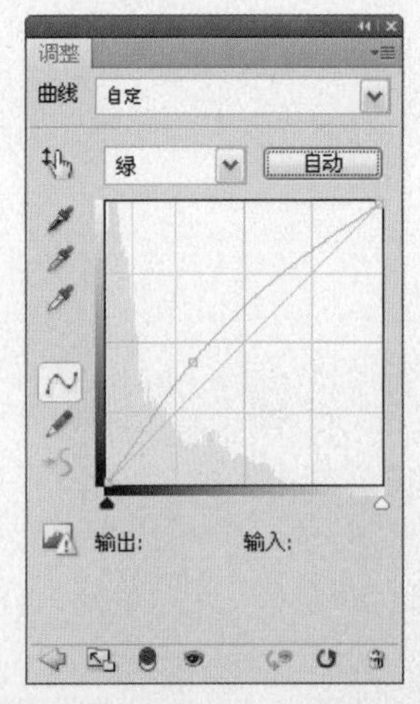

图9-109 调整“绿”通道曲线

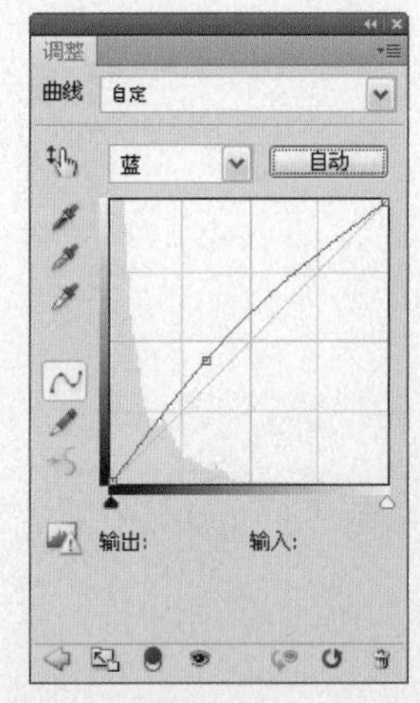

图9-110 调整“蓝”通道曲线

6 关闭“曲线”调整面板，照片的整体颜色被提高，效果如图9-111所示。

7 在“图层”面板中，选择“曲线1”的“图层蒙版”缩览图，如图9-112所示。

图9-111 照片的整体颜色

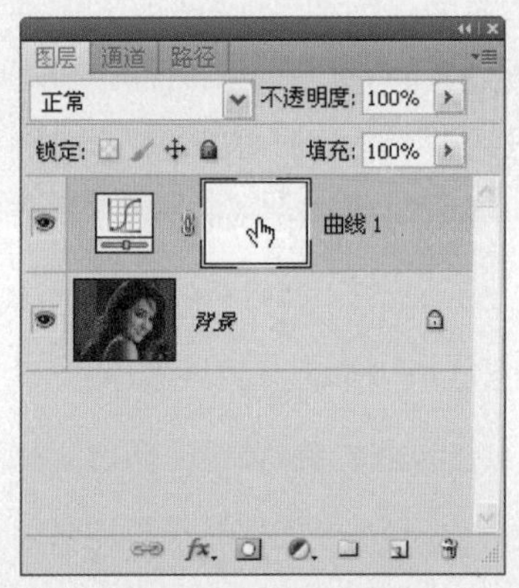

图9-112 选择图层蒙版

8 设置“前景色”为黑色，单击工具中的“画笔”工具，对人物背景部分进行涂抹，还原背景的暗调颜色，让照片的主体人物更加突出，最终效果如图9-113所示。

图9-113 最终效果

# 第10章 室内与夜景照片的缺陷

夜间在室内，离开了阳光的照射，灯光是唯一的光源，周围的环境都会受到灯光的直接影响，所以在室内或在美丽的夜景中，要拍摄最佳的效果也不是一件容易的事，拍摄后的照片常常会出现许多缺陷，比如照片的色彩偏暖、闪光灯造成的人物过亮、背光的照片、霓虹灯光效果不突出、夜景照片曝光不足、杂乱的夜景灯光等。

本章讲解内容主要针对室内与夜景照片的缺陷进行后期修饰和处理，让拍摄的夜景及室内照片更加完美，从中也能学习到许多对照片的修饰方法和操作技巧。

## 10.1 调整白炽灯下偏暖色调的照片

前后效果对比

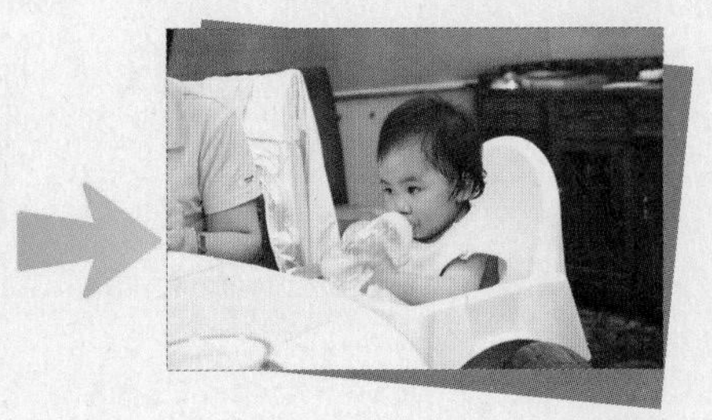

素材文件 偏暖色调的照片.tif

效果文件 调整白炽灯下偏暖色调的照片.psd

存放路径 光盘\源文件与素材\第10章\10.1调整白炽灯下偏暖色调的照片

### 案例点评

本案例主要学习调整白炽灯下偏暖色调的照片。原照片由于受到白炽灯灯光的影响，整体色调偏暖，对于这类照片，我们可以运用“色相/饱和度”命令，首先将照片的整体饱和度降低，然后运用“曲线”命令，调整照片的亮度及对比度，最后运用“色彩平衡”命令，对照片色调进行精细校正。

修图步骤

1 选择“文件→打开”命令，或按“Ctrl+O”组合键，打开配套光盘中的素材图片“偏暖色调的照片.tif”，如图10-1所示。

2 选择“图像→调整→色相/饱和度”命令，打开“色相/饱和度”对话框，在对话框中设置“饱和度”为–75，如图10-2所示。

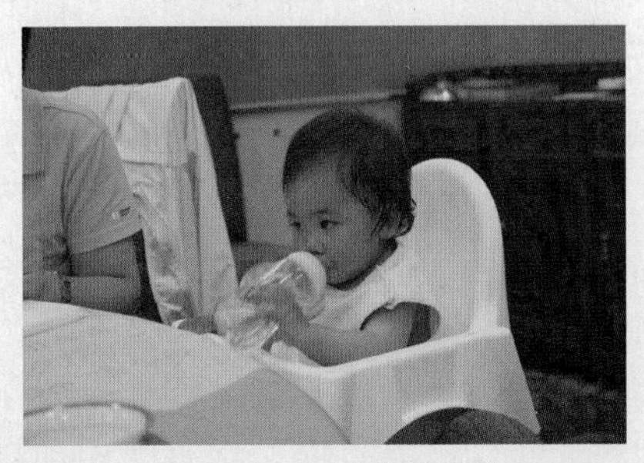

图10-1 打开素材图片

图10-2 设置“色相/饱和度”参数

3 单击“确定”按钮，降低了照片的整体饱和度，效果如图10-3所示。

4 选择“图像→调整→曲线”命令，打开“曲线”对话框，在对话框中调整“曲线”，如图10-4所示。

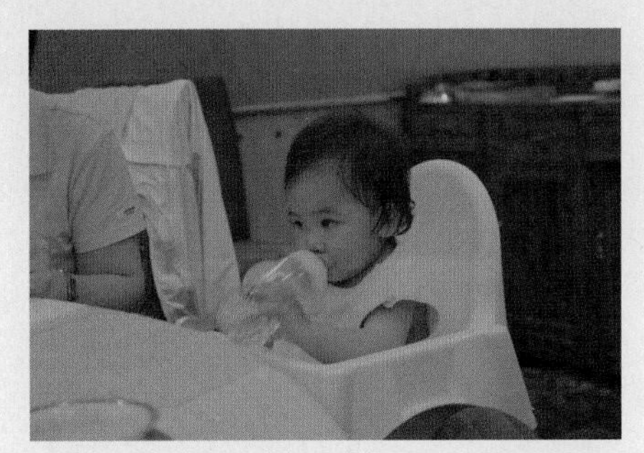

图10-3 调整“色相/饱和度”后的效果

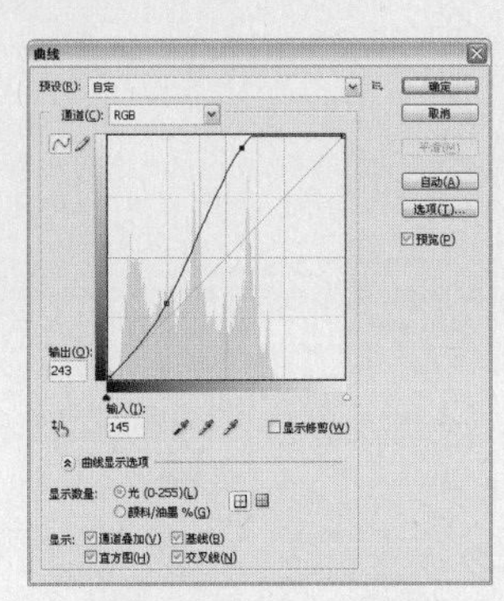


图10-4 调整“曲线”

5 单击“确定”按钮，增强了照片的整体对比度，效果如图10-5所示。

6 选择“图像→调整→色彩平衡”命令，打开“色彩平衡”对话框，在对话框中拖动“滑块”分别调整参数，如图10-6所示。

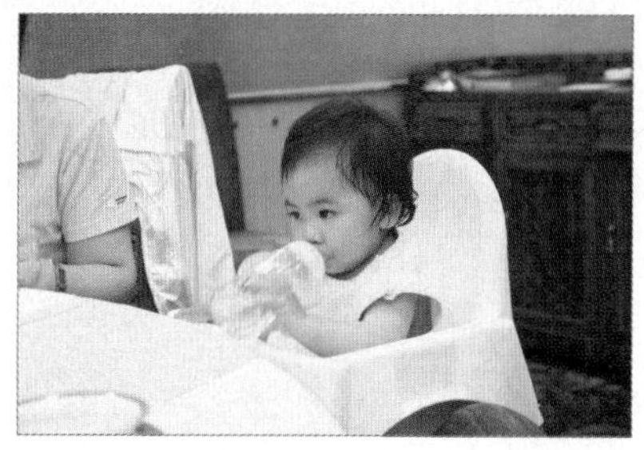

图10-5 调整“曲线”后的效果

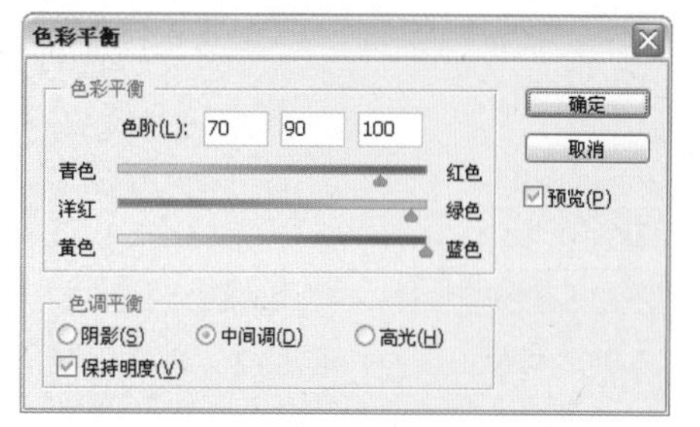


图10-6 调整“中间调”参数

7 在“色彩平衡”对话框中，选择“高光”单选按钮，并分别调整参数，如图10-7所示。

8 选择“阴影”单选按钮，分别调整参数，如图10-8所示。

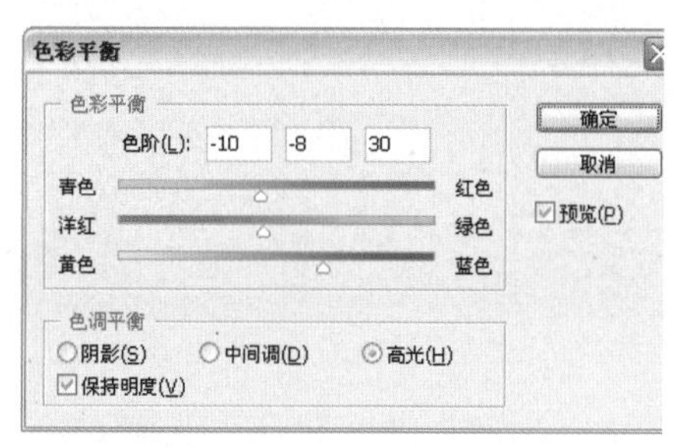


图10-7 调整“高光”参数

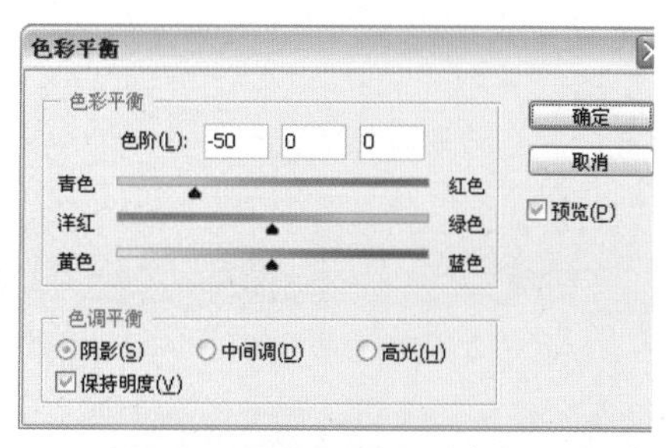


图10-8 调整“阴影”参数

9 单击“确定”按钮，照片的色彩效果如图10-9所示。

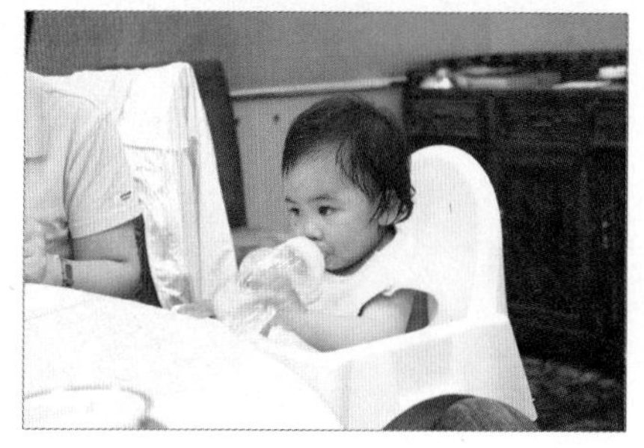

图10-9 最终效果

## 10.2 修正闪光灯造成的人物过亮

**素材文件** 照片过亮.tif

**效果文件** 修正闪光灯造成的人物过亮.psd

**存放路径** 光盘\源文件与素材\第10章\10.2修正闪光灯造成的人物过亮

### 案例点评

本案例主要修正闪光灯造成的人物过亮。原照片在较暗的室内拍摄，由于运用了闪光灯，使拍摄后的照片人物过亮，对于此照片我们首先运用“曝光度”命令，降低照片的整体曝光度，运用此命令后，常常会出现照片色彩偏差和饱和度过度等现象，此时可以运用“色相/饱和度”命令，对偏色的部分进行精细调整。

修图步骤

**1** 选择“文件→打开”命令，或按“Ctrl+O”组合键，打开配套光盘中的素材图片“照片过亮.tif”，如图10-10所示。

**2** 选择“图像→调整→曝光度”命令，打开“曝光度”对话框，在对话框中分别调整参数，如图10-11所示。

图10-10 打开素材图片

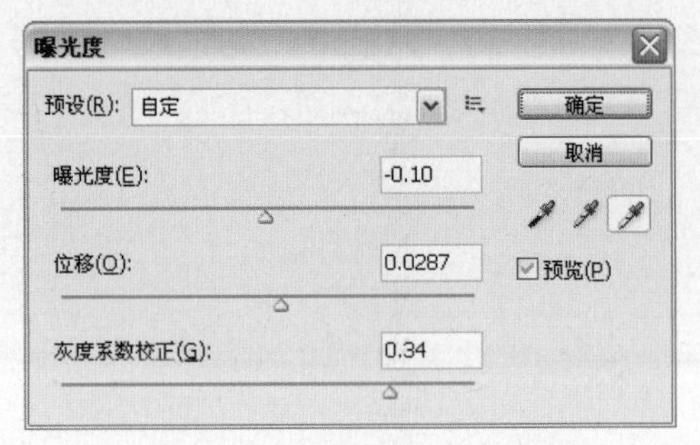


图10-11 调整“曝光度”参数

**3** 单击“确定”按钮，效果如图10-12所示。

**4** 选择“图像→调整→色相/饱和度”命令，打开“色相/饱和度”对话框，在下拉列表中选择“红色”，并设置“饱和度”为-20，“明度”为36，如图10-13所示。

图10-12 调整“曝光度”后的效果

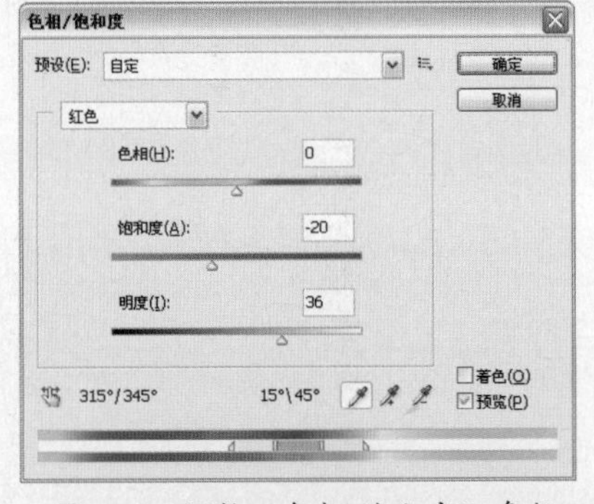


图10-13 调整“色相/饱和度”参数

**提示** 在“色相/饱和度”对话框中选择“红色”，此时所调整的参数，将只针对照片中的红色色调。

**5** 单击“确定”按钮，修正后的最终效果如图10-14所示。

图10-14 最终效果

## 10.3 调整背光照片的暗部

前后效果对比

**素材文件** 背光的照片.tif

**效果文件** 调整背光照片的暗部.psd

**存放路径** 光盘\源文件与素材\第10章\10.3调整背光照片的暗部

### 案例点评

本案例主要讲解调整背光照片的暗部。在场景最佳的角度，与美丽的夕阳合影，但由于照片中的人物是在背光状态下拍摄的，所以拍摄后照片背光部分比较暗，影响照片的整体美观，此类照片可运用“阴影/高光”命令，将照片的高光与暗部部分进行均匀地调和，使照片更加完美。

修图步骤

**1** 选择“文件→打开”命令，或按“Ctrl+O”组合键，打开配套光盘中的素材图片“背光的照片.tif”，如图10-15所示。

**2** 选择“图像→调整→阴影/高光”命令，打开“阴影/高光”对话框，在对话框中选择“显示更多选项”复选框，并分别调整参数，如图10-16所示。

图10-15 打开素材图片

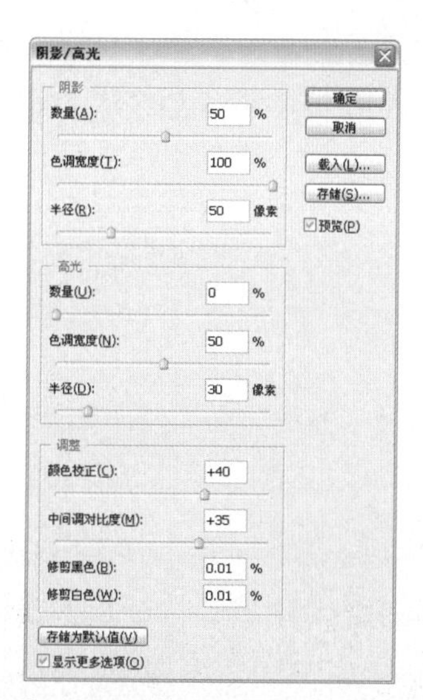


图10-16 调整“阴影/高光”参数

**提示** 在“阴影/高光”对话框中，调整“阴影”区域的参数，则对照片中的阴影部分进行调整，调整“高光”区域参数，则对照片中的高光部分进行调整，而调整“调整”区域的参数，可以对照片的颜色和对比度进行校正。

3 单击“确定”按钮，照片的背光暗部与高光部分变得均衡，最终效果如图10-17所示。

图10-17 最终效果

## 10.4 增强夜景照片的霓虹灯光效果

前后效果对比

**素材文件** 街道夜景.tif

**效果文件** 增强夜景照片的霓虹灯光效果.psd

**存放路径** 光盘\源文件与素材\第10章\10.4增强夜景照片的霓虹灯光效果

### 案例点评

本案例主要学习如何增强夜景照片的霓虹灯光效果。原照片是一幅暗淡无光的夜景照片，要使照片中的霓虹灯光变得更亮丽更突出，首先需要运用“亮度/对比度”命令，增强照片的光泽度，然后运用“高斯模糊”命令及“图层混合模式”，扩充照片中的霓虹灯光，使照片体现出一种光华渲染的感觉。

修图步骤

1 选择“文件→打开”命令，或按“Ctrl+O”组合键，打开配套光盘中的素材图片“街道夜景.tif”，如图10-18所示。

2 选择“图像→调整→亮度/对比度”命令，打开“亮度/对比度”对话框，在对话框中设置“亮度”为75，设置“对比度”为42，如图10-19所示。

图10-18 打开素材图片

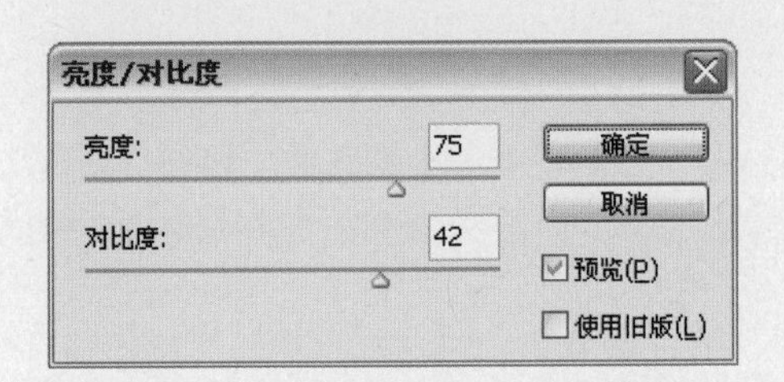


图10-19 设置“亮度/对比度”参数

3 单击“确定”按钮，效果如图10–20所示。

4 按“Ctrl+J”组合键，创建“背景 副本”图层，如图10–21所示。

图10-20 “亮度/对比度”效果

图10-21 创建副本图层

5 选择“图像→调整→高斯模糊”命令，打开“高斯模糊”对话框，在对话框中设置“半径”为3像素，如图10–22所示。

6 设置“图层混合模式”为滤色，设置“不透明度”为80%，完成后的最终效果如图10–23所示。

图10-22 设置“高斯模糊”参数

图10-23 最终效果

## 10.5 调整夜景照片灯光的颜色

前后效果对比

**素材文件** 夜景灯光.tif

**效果文件** 增强夜景照片的霓虹灯光效果.psd

**存放路径** 光盘\源文件与素材\第10章\10.5调整夜景照片灯光的颜色

### 案例点评

本案例主要学习如何调整夜景照片灯光的颜色。在夜景中灯光是最主要的发光源，夜景中的物体颜色都会随着灯光的色彩变化而变化，所以在调整夜景照片灯光的颜色时，不仅要调整光源的颜色，还要注意环境颜色的调整，运用“色相/饱和度”命令，可以轻松快速地调整夜景照片灯光的颜色。

修图步骤

**1** 选择“文件→打开”命令，或按“Ctrl+O”组合键，打开配套光盘中的素材图片“夜景灯光.tif”，如图10-24所示。

**2** 选择“图像→调整→色相/饱和度”命令，打开“色相/饱和度”对话框，在下拉列表中选择“黄色”，并设置“色相”为-35，“饱和度”为-10，如图10-25所示。

图10-24 打开素材图片

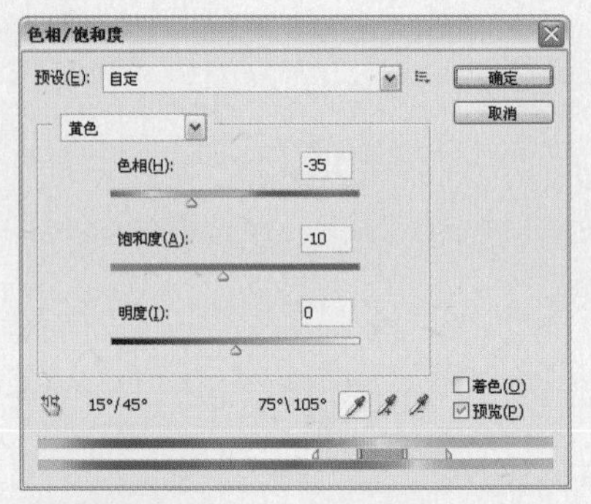


图10-25 调整“色相/饱和度”参数

**3** 单击“确定”按钮，调整灯光的颜色，最终效果如图10-26所示。

图10-26 最终效果

## 10.6 修正曝光不足的夜景照片

**素材文件** 夜景灯光.tif

**效果文件** 修正曝光不足的夜景照片.psd

**存放路径** 光盘\源文件与素材\第10章\10.6修正曝光不足的夜景照片

### 案例点评

本案例主要学习如何修正曝光不足的夜景照片。原照片在拍摄时由于曝光不足，使照片的整体陷入漆黑昏暗的状况，下面将介绍一种简单快捷的解决方法，主要运用“曲线”命令，增强照片的整体曝光度，让夜景恢复美丽景象。

修图步骤

**1** 选择“文件→打开”命令，或按“Ctrl+O”组合键，打开配套光盘中的素材图片“夜景灯光.tif”，如图10-6-1所示。

**2** 选择“图像→调整→曲线”命令，打开“曲线”对话框，在对话框中调整“曲线”，如图10-28所示。

图10-27 打开素材图片

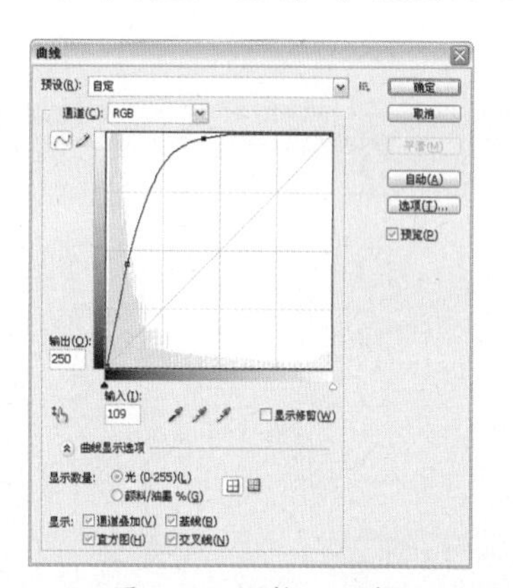

图10-28 调整“曲线”

**3** 调整“曲线”命令后，增强了照片的曝光度，最终效果如图10-6-3所示。

图10-29 最终效果

## 10.7 修正夜景照片中杂乱的灯光

前后效果对比

**素材文件** 夜景灯光.tif

**效果文件** 修正夜景照片中杂乱的灯光.psd

**存放路径** 光盘\源文件与素材\第10章\10.7修正夜景照片中杂乱的灯光

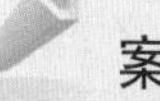

案例点评

本案例主要学习如何修正夜景照片中杂乱的灯光。由于原照片中的灯光色彩繁多，使照片的整体感觉很杂乱，只有将照片中的灯光颜色统一，才能让照片的整体色调和谐，体现出美丽的夜色景象。

修图步骤

**1** 选择“文件→打开”命令，或按“Ctrl+O”组合键，打开配套光盘中的素材图片“杂乱的夜景灯光.tif”，如图10–30所示。

**2** 选择“通道”面板，拖动“红”通道到“创建新通道”按钮 上，创建“红 副本”通道，如图10–31所示。

图10-30 打开素材图片

图10-31 创建副本通道

**3** 选择“图像→调整→色阶”命令，打开“色阶”对话框，在对话框中调整色阶参数，如图10–32所示，单击“确定”按钮。

**4** 按住“Ctrl”键，单击“红 副本”通道的缩览图，载入通道选区，如图10–33所示。

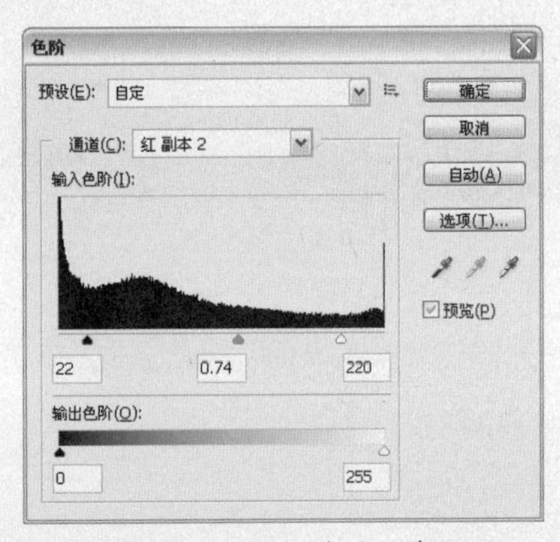


图10-32 调整“色阶”参数

图10-33 载入通道选区

**5** 选择“图层”面板，单击“背景”图层，并选择“图像→调整→色相/饱和度”命令，打开“色相/饱和度”对话框，设置“色相”为19，“饱和度”为–4，“明度”为–1，如图10–34所示。

**6** 单击“确定”按钮，按“Ctrl+D”组合键取消选区，调整后的效果如图10–35所示。

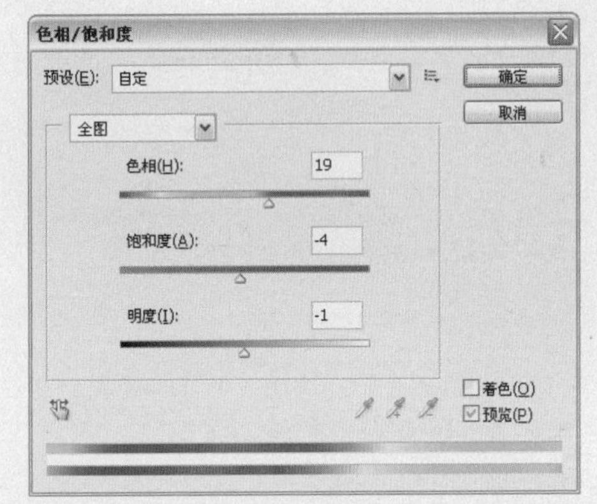


图10-34 设置“色相/饱和度”参数

图10-35 调整“色相/饱和度”后的效果

**7** 选择“图像→调整→可选颜色”命令，打开“可选颜色”对话框，分别调整颜色参数，如图10-36所示。

**8** 在“颜色”下拉列表中选择“黄色”，并分别调整颜色参数，如图10-37所示。

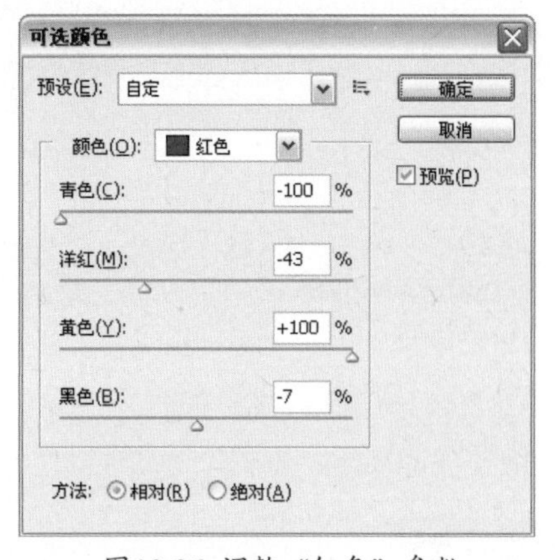


图10-36 调整“红色”参数

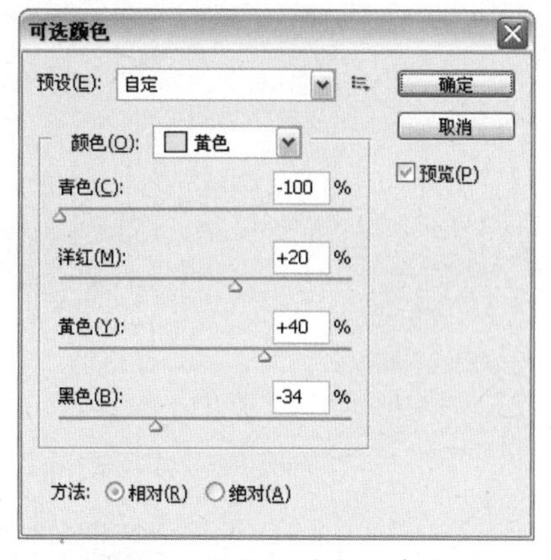


图10-37 调整“黄色”参数

**9** 选择“颜色”下拉列表中的“绿色”，对照片中的绿色色调进行调整，如图10-38所示。

**10** 选择“颜色”下拉列表中的“青色”，对照片中的青色色调进行调整，如图10-39所示。

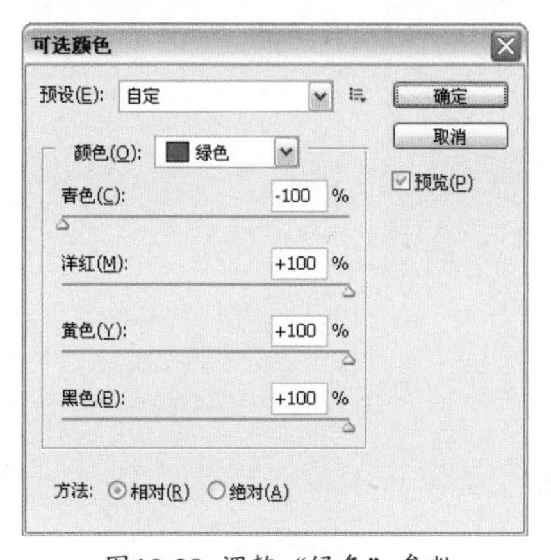


图10-38 调整“绿色”参数

图10-39 调整“青色”参数

**11** 选择“颜色”下拉列表中的“蓝色”，对照片中的蓝色色调进行调整，如图10-40所示。

**12** 选择“颜色”下拉列表中的“洋红”，对照片中的洋红色调进行调整，如图10-41所示。

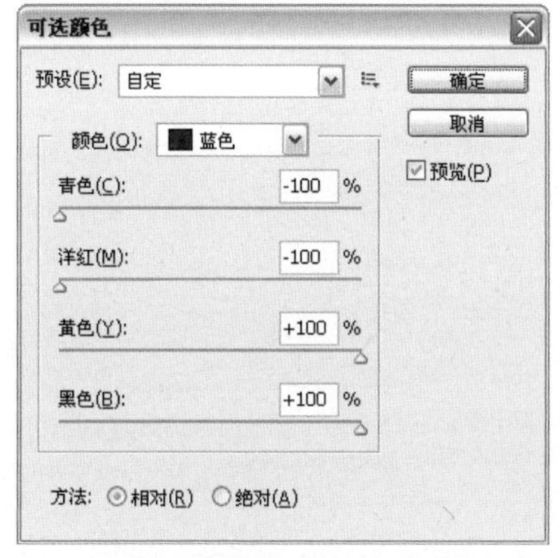


图10-40 调整“蓝色”参数

图10-41 调整“洋红”参数

**13** 单击“确定”按钮，调整颜色后的效果如图10-42所示。

**14** 选择“图像→调整→照片滤镜”命令，打开“照片滤镜”对话框，调整“浓度”为70%，如图10-43所示。

图10-42 调整颜色后的效果

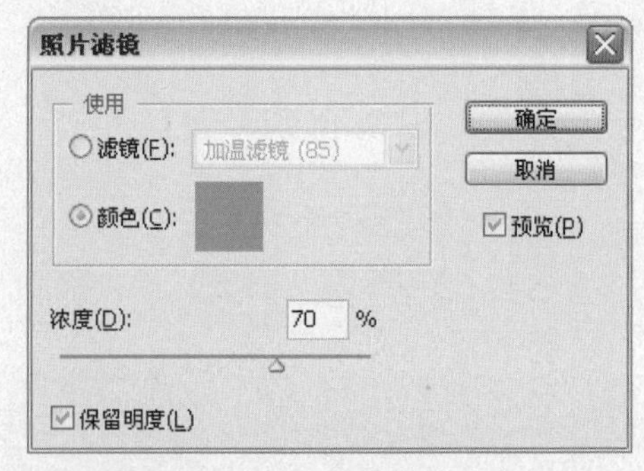


图10-43 调整“照片滤镜”参数

15 单击“确定”按钮，照片中杂乱的灯光颜色变得统一，最终效果如图10-44所示。

图10-44 最终效果

# 第11章 修复受损的照片

照片可以记录很多美好的回忆，有着珍贵的保存价值，但是由于时间太长、保管不善等，造成许多老照片褪色、污点、划痕、缺失等。对于这一类照片，只要主体完好，我们就有相应的解决方法，首先将损伤的照片通过扫描仪扫描到计算机中，然后通过PhotoshopCS5对严重损伤的照片进行修复，使照片光艳如初、焕然一新。

本章列举了7个修复受损照片的案例，其中包括处理老照片网纹、旧照翻新、修复褪色的照片、黑白照变为彩色照、修复照片上的划痕、修复照片上的污点、修补缺失的照片等。通过本章的学习，可以帮助读者学会修复许多受损的照片。

# 11.1 处理老照片网纹

前后效果对比

素材文件 带有网纹的老照片.tif

效果文件 处理老照片网纹.psd

存放路径 光盘\源文件与素材\第11章\11.1处理老照片网纹

案例点评

本案例主要学习如何去除照片中的网纹。通过扫描仪扫描到计算机的照片，在照片中会出现网纹，本案例将运用Photoshop CS5中的“高反差保留”和“USM锐化”等命令，对照片中的网纹进行清除。

修图步骤

**1** 选择“文件→打开”命令，或按“Ctrl+O”组合键，打开配套光盘中的素材图片“带有网纹的老照片.tif”，如图11–1所示。

**2** 按“Ctrl+J”组合键，复制“背景”图层，选择“图像→调整→反相”命令，或按“Ctrl+I”组合键，反转图像颜色，如图11–2所示。

图11-1 打开素材图片

图11-2 反转图像颜色

**3** 选择“滤镜→其他→高反差保留”命令，设置“半径”为0.7像素，如图11–3所示。

**4** 单击“确定”按钮，效果如图11–4所示。

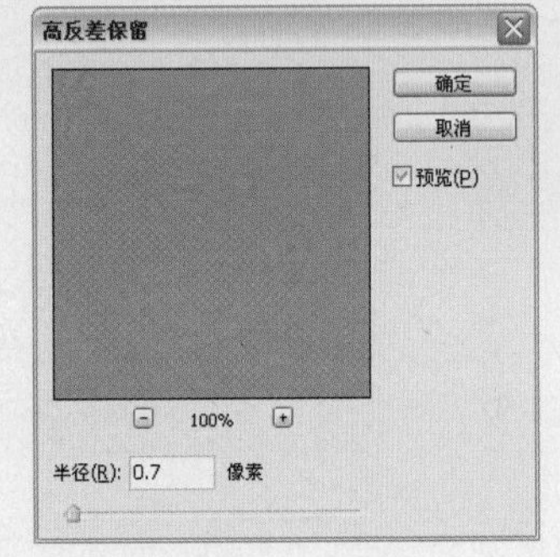


图11-3 设置“高反差保留”参数

图11-4 “高反差保留”效果

5 设置图层面板上的“图层混合模式”为线性光，效果如图11-5所示。

6 选择“滤镜→锐化→USM锐化”命令，分别设置参数为126%，4.9，26，如图11-6所示。

图11-5 设置“图层混合模式”

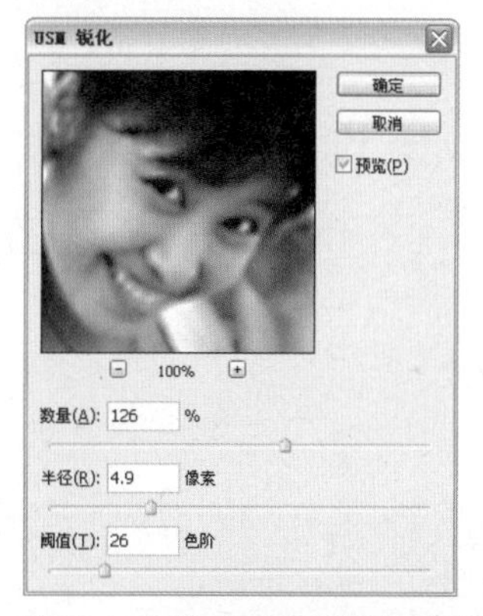


图11-6 设置“USM锐化”参数

**提示** 在“USM锐化”对话框中，“数量”参数的设置可以控制锐化效果的强度，设置的参数越大，锐化效果越强，设置的参数越小，锐化效果越弱。“半径”参数的设置可以控制锐化边缘的宽度，设置的参数越大，锐化的面积越宽，设置的参数越小，锐化的面积越窄。“阈值”参数的设置可以决定反差大小的边界是否能够被锐化处理。

7 单击“确定”按钮，最终效果如图11-7所示。

图11-7 “USM锐化”效果

## 11.2 旧照翻新

前后效果对比

素材文件 老照片.tif

效果文件 旧照翻新.psd

存放路径 光盘\源文件与素材\第11章\11.2旧照翻新

### 案例点评

本案例主要学习旧照片翻新的方法。旧照片常常会出现发霉、变暗、褪色的情况，在Photoshop CS5中，主要运用“修复画笔”工具对旧照片中发霉的部位进行处理，运用“曲线”命令，增强旧照片的亮度及对比度，通过“USM锐化”命令，将旧照片调整得更加清晰，使旧照片焕然一新。

修图步骤

1 选择“文件→打开”命令，或按“Ctrl+O”组合键，打开配套光盘中的素材图片“老照片.tif”，如图11–8所示。

2 单击工具箱中的“修复画笔”工具，按住“Alt”键，在图像中单击鼠标，选择与照片发霉部分相近的部位，并松开“Alt”键，对图像中发霉的部分进行涂抹，效果如图11–9所示。

图11-8 打开素材图片

图11-9 修复图片效果

3 运用以上同样的方法，使用“修复画笔”工具，对照片中其他发霉的部位进行修复，去除效果如图11–10所示。

4 选择“图像→调整→曲线”命令，打开“曲线”对话框，在对话框中调整“曲线”，如图11–11所示。

图11-10 修复图片效果

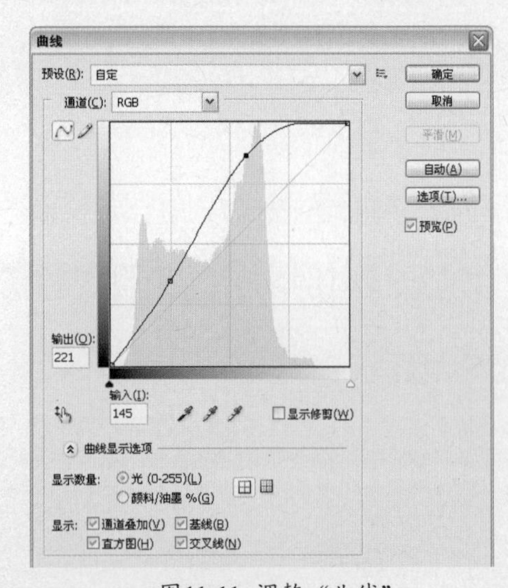


图11-11 调整“曲线”

**提示** 使用“修复画笔”工具修复照片时，修补不同的部分需要重新选择相近的位置。

5 单击“确定”按钮，照片的亮度和对比度变得更加强烈，效果如图11–12所示。

6 选择“滤镜→锐化→USM锐化”命令，打开“USM锐化”对话框，设置“数量”为47%，“半径”为38.8像素，“阈值”为8色阶，如图11–13所示。

图11-12 调整“曲线”后的效果

图11-13 设置“USM锐化”参数

7 单击“确定”按钮，旧照翻新的最终效果如图11–14所示。

图11-14 最终效果

## 11.3 修复褪色的照片

前后效果对比

素材文件 褪色的照片.tif

效果文件 修复褪色的照片.psd

存放路径 光盘\源文件与素材\第11章\11.3修复褪色的照片

### 案例点评

本案例主要学习如何修复褪色的照片。照片经过长期的氧化或光合作用后，质量会受到影响，产生褪色现象。本案例运用“亮度/对比度”和“色相/饱和度”命令，对褪色的照片进行轻松修复，还原照片明亮艳丽的色彩。

修图步骤

**1** 选择“文件→打开”命令，或按“Ctrl+O”组合键，打开配套光盘中的素材图片“褪色的照片.tif”，如图11–15所示。

**2** 选择“图像→调整→亮度/对比度”命令，打开“亮度/对比度”对话框，设置“亮度”参数为46，“对比度”为62，如图11–16所示。

图11-15 打开素材图片

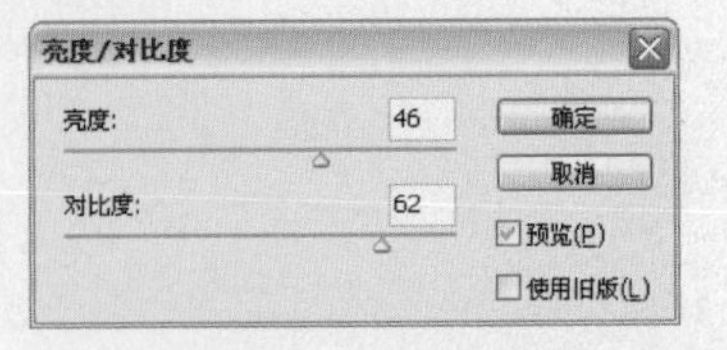


图11-16 设置“亮度/对比度”参数

**3** 单击“确定”按钮，效果如图11–17所示。

**4** 选择“图像→调整→色相/饱和度”命令，打开“色相/饱和度”对话框，设置“饱和度”为77，如图11–18所示。

图11-17 调整“亮度/对比度”后的效果

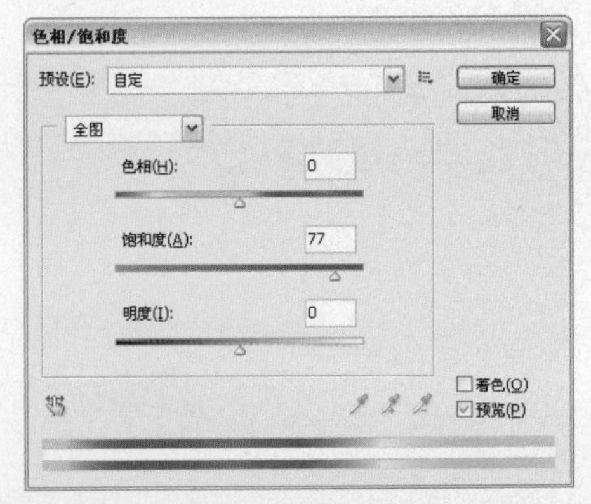


图11-18 设置“色相/饱和度”参数

**技 巧**

在“色相/饱和度”对话框中，如果选择“着色”复选框，可以将照片调整成单色照片。

**5** 单击“确定”按钮，照片的颜色变得更加艳丽，最终效果如图11–19所示。

图11-19 最终效果

# 11.4 黑白照变为彩色照

前后效果对比

素材文件 黑白照.tif

效果文件 黑白照变为彩色照.psd

存放路径 光盘\源文件与素材\第11章\11.4黑白照变为彩色照

## 案例点评

本案例主要学习如何将一幅黑白照片处理成彩色照片。在一幅黑白照片中，使用“钢笔”工具分别选取出各部分的图像，运用“色彩平衡”命令，分别调整黑白照片中各部分的颜色，使一幅黑白照片转变为彩色照片。

修图步骤

1 选择“文件→打开”命令，或按“Ctrl+O”组合键，打开配套光盘中的素材图片“黑白照.tif”，如图11-20所示。

2 单击工具箱中的“钢笔”工具，勾选出图像中的人物，按“Ctrl+Enter”组合键，将路径转换为选区，并按“Ctrl+Shift+I”组合键，“反向”选区，如图11-21所示。

图11-20 打开素材图片

图11-21 转换路径为选区

3 选择“图像→调整→色彩平衡”命令，打开“色彩平衡”对话框，设置参数为-86，+9，+100，如图11-22所示。

4 单击“确定”按钮，选区中的颜色效果如图11-23所示。

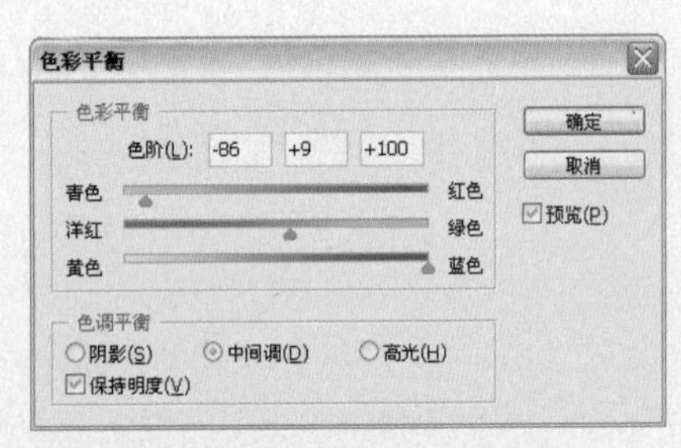


图11-22 设置“色彩平衡”参数

图11-23 选区中的颜色效果

**5** 单击工具箱中的“钢笔”工具，勾选出图像中儿童的肌肤部分，并按“Ctrl+Enter”组合键，将路径转换为选区，效果如图11-24所示。

**6** 选择“图像→调整→色彩平衡”命令，打开“色彩平衡“对话框，设置参数为+78，+9，-16，如图11-25所示。

图11-24 转换路径为选区

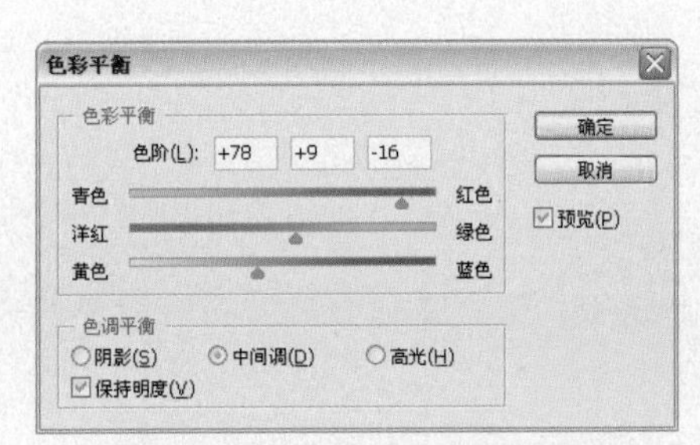


图11-25 调整“中间调”参数

**7** 选择“高光”单选按钮，设置参数为+19，0，0，如图11-26所示。

**8** 单击“确定”按钮，效果如图11-27所示。

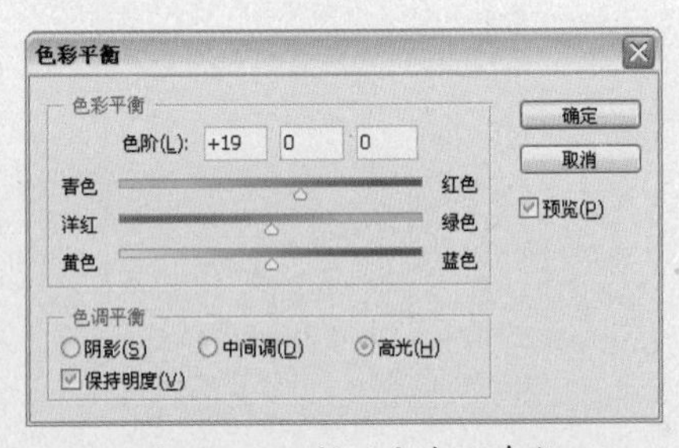


图11-26 调整“高光”参数

图11-27 肌肤部分的颜色效果

**9** 单击工具箱中的“钢笔”工具，勾选出图像中儿童的衣服部分，按“Ctrl+Enter”组合键，将路径转换为选区，如图11-28所示。

**10** 选择“图像→调整→色彩平衡”命令，打开“色彩平衡”对话框，设置参数为：+64，-30，-58，如图11-29所示。

图11-28 转换路径为选区

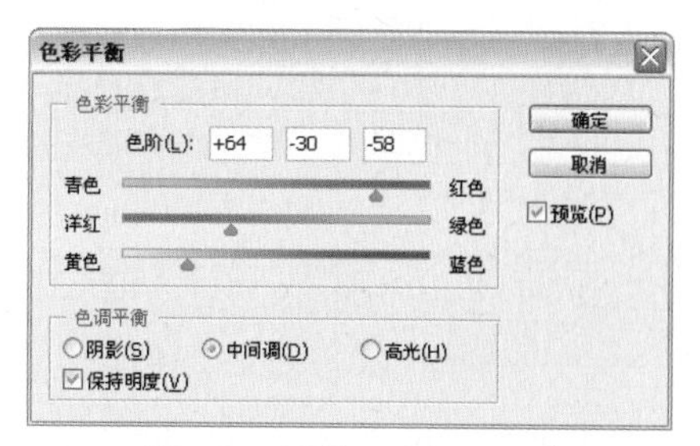

图11-29 调整“中间调”参数

**11** 选择“阴影”单选按钮，设置参数为+40，+27，+17，如图11–30所示。

**12** 单击“确定”按钮，衣服部分的颜色效果如图11–31所示。

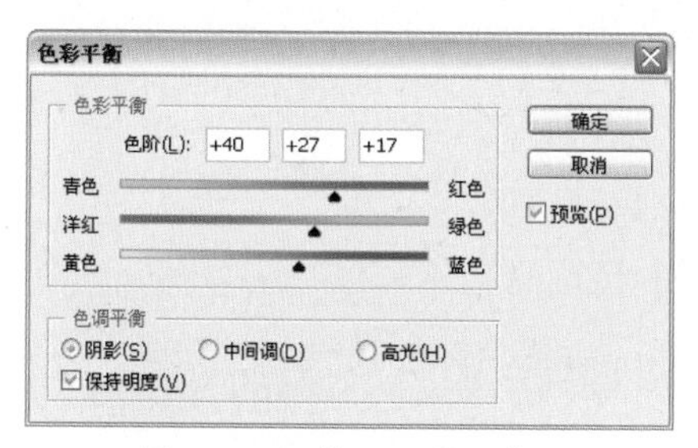

图11-30 调整“阴影”参数

图11-31 衣服部分的颜色效果

**13** 单击工具箱中的“钢笔”工具，勾选出图像中儿童的“嘴唇”部分，并按“Ctrl+Enter”组合键，将路径转换为选区，如图11–32所示。

**14** 选择“图像→调整→色彩平衡”命令，打开“色彩平衡”对话框，设置参数为+44，–16，–5，如图11–33所示。

图11-32 转换路径为选区

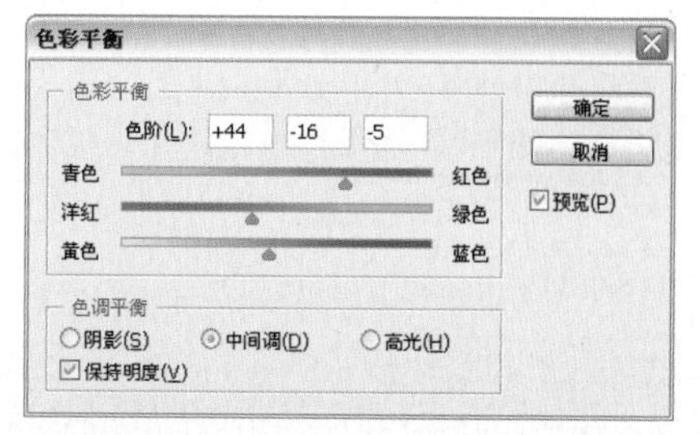

图11-33 调整“色彩平衡”参数

**15** 单击“确定”按钮，嘴唇部分的颜色效果如图11–34所示。

**16** 单击工具箱中的“钢笔”工具，勾选出图像中的“苹果”部分，按“Ctrl+Enter”组合键，将路径转换为选区，效果如图11–35所示。

图11-34 嘴唇部分的颜色效果

图11-35 路径转换为选区

**17** 选择“图像→调整→色彩平衡”命令，打开“色彩平衡”对话框，设置参数为+23，-66，-66，如图11-36所示。

**18** 选择“阴影”单选按钮，设置参数为+100，+50，+36，如图11-37所示。

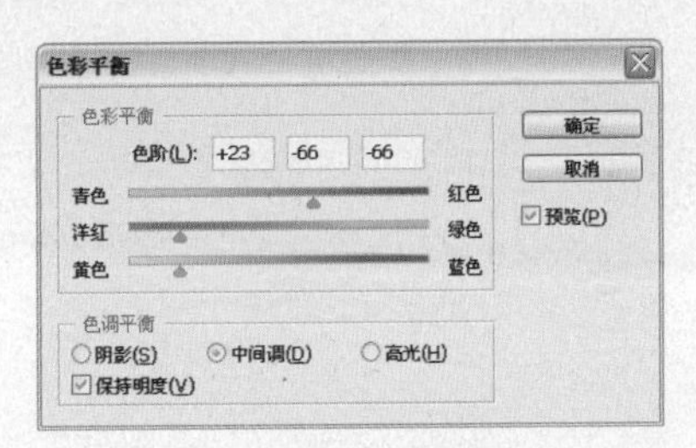


图11-36 调整“中间调”参数

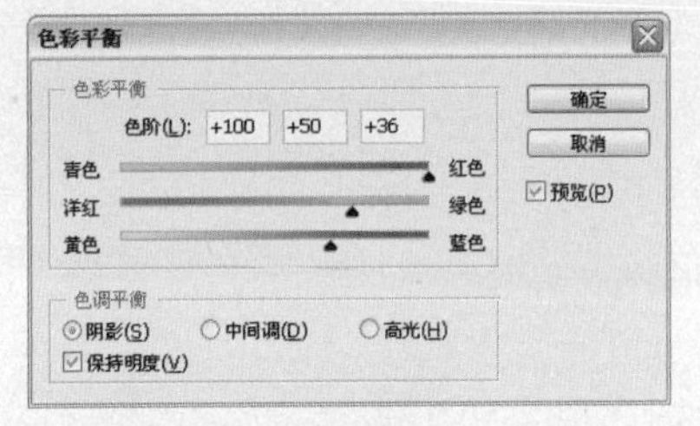


图11-37 调整“阴影”参数

**19** 单击“高光”单选按钮，设置参数为：+65，-24，+6，其他参数如图11-38所示。

**20** 单击“确定”按钮，苹果的颜色效果如图11-39所示。

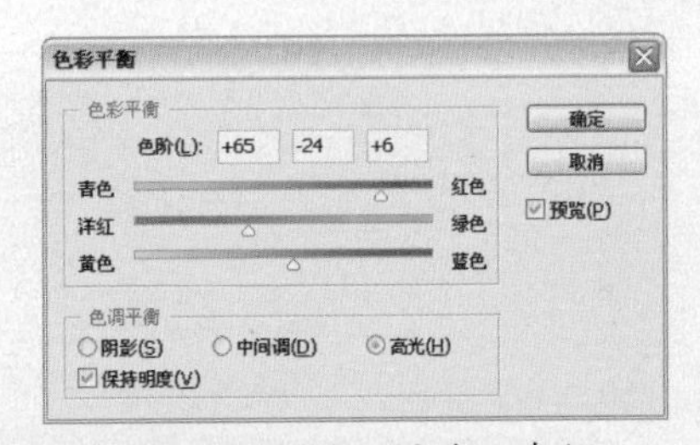


图11-38 调整“高光”参数

图11-39 苹果的颜色效果

**21** 选择“图像→调整→曲线”命令，或按“Ctrl+M”组合键，打开“曲线”对话框，设置参数如图11-40所示。

**22** 单击“确定”按钮，黑白照变为彩色照的最终效果如图11-41所示。

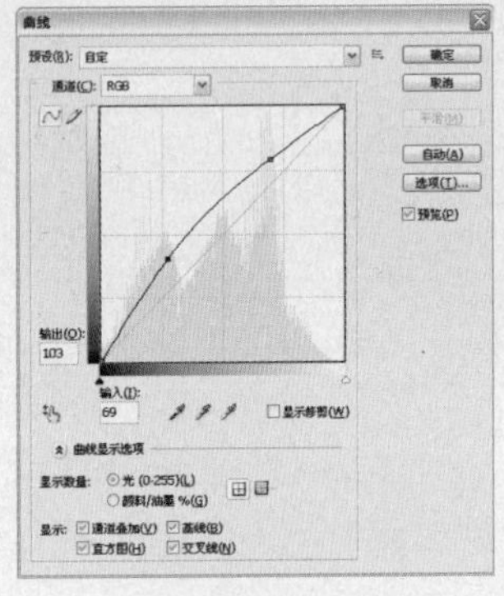


图11-40调整“曲线”

图11-41最终效果

# 11.5 修复照片上的划痕

前后效果对比

素材文件 带有划痕的图片.tif

效果文件 修复照片上的划痕.psd

存放路径 光盘\源文件与素材\第11章\11.5修复照片上的划痕

## 案例点评

本案例主要学习修复照片上划痕的方法。首先打开一幅带有划痕的图片，运用“修复画笔”工具，可以对照片中的划痕进行轻松修复。通过该工具修复后，工具的边缘部分将随着照片周围的变化而变化，使修复后的部分与照片融为一体，达到完美无瑕的效果。

修图步骤

**1** 选择“文件→打开”命令，或按“Ctrl+O”组合键，打开配套光盘中的素材图片“带有划痕的照片.tif”，如图11-42所示。

**2** 使用“修复画笔”工具，按住“Alt”键，在“划痕”接近的部分单击鼠标，即可选中仿制图像，效果如图11-43所示。

图11-42 打开素材图片

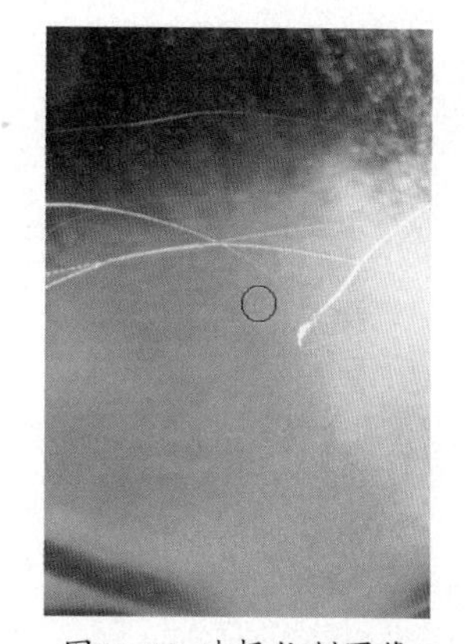

图11-43 选择仿制图像

**技 巧**

选择“修复画笔”工具以后，可以通过键盘上的“[”键和“]”键，对工具的大小进行快速调整。

**3** 释放“Alt”键后，运用“修复画笔”工具，对带有“划痕”的肌肤进行涂抹，快速地去除人物面部的划痕，效果如图11-44所示。

**4** 运用上述同样的方法，使用“修复画笔”工具，快速地去除人物其他部分的划痕，效果如图11-45所示。

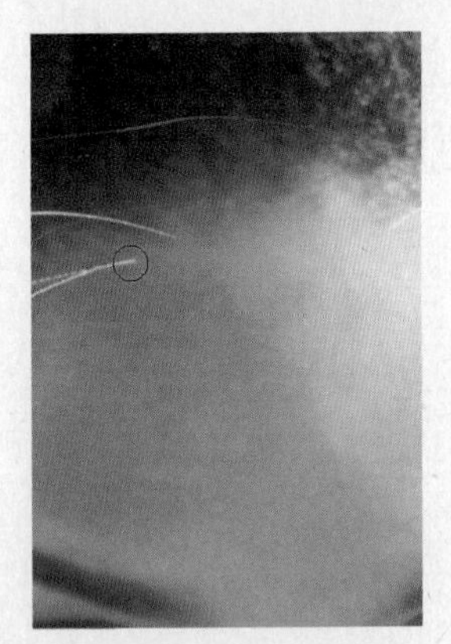

图11-44 去除“划痕”

图11-45 去除人物其他部分划痕

## 11.6 修复照片上的污点

前后效果对比

素材文件 墨汗.tif

效果文件 修复照片上的污点.psd

存放路径 光盘\源文件与素材\第11章\11.6修复照片上的污点

### 案例点评

本案例主要学习如何修复照片上的污点。首先运用“钢笔”工具，分别选取被墨水遮罩的不同部分，然后采用“修复画笔”工具，对选区中的墨水进行修复，使照片上的墨水快速消失。

修图步骤

1 选择“文件→打开”命令，或按“Ctrl+O”组合键，打开配套光盘中的素材图片“墨汗.tif”，如图11–46所示。

2 单击工具箱中的“钢笔”工具，对图像中带有墨水的手臂进行勾选，按“Ctrl+Enter”组合键，将路径转换为选区，如图11–47所示。

图11-46 打开素材图片

图11-47 路径转换为选区

3 单击工具箱中的“修复画笔”工具，按“Alt”键不放，单击与带有墨水的手臂相近的部位，选择仿制图像，并释放“Alt”键，对带有墨水的图像进行涂抹，效果如图11–48所示。

4 按“Ctrl+Shift+I”组合键，“反向”选区，选择“修复画笔”工具，运用以上的方法对带有墨水的树叶进行修复，效果如图11–49所示。

图11-48 去除人物手臂上的墨水

图11-49 去除树叶上的墨水

**提示** 在选中选区的情况下，“修复画笔”工具只对选区以内的图像进行修复，不会影响选区以外的图像。

## 11.7 修补缺失的照片

前后效果对比

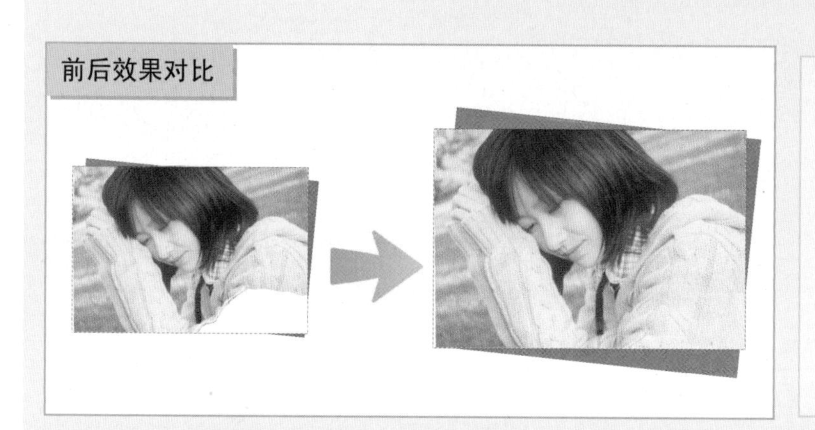

**素材文件** 缺失的照片.tif
**效果文件** 修补缺失的照片.psd
**存放路径** 光盘\源文件与素材\第11章\11.7修补缺失的照片

### 案例点评

本案例主要学习修补缺失照片的方法。对于缺失的照片，可以运用“仿制图章”工具，对缺失的部分进行快速修补，该工具主要的功能就是用仿制的图像覆盖涂抹的位置。

修图步骤

1 选择“文件→打开”命令，或按“Ctrl+O”组合键，打开配套光盘中的素材图片“缺失的照片.tif”，如图11–50所示。

2 单击工具箱中的“仿制图章”工具，按“Alt”键，单击图像中的毛衣，释放“Alt”键，对图像空白区域进行覆盖，效果如图11–51所示。应用“仿制图章”工具后，最终效果如图11–52所示。

图11-50 打开素材图片

图11-51 覆盖空白区域

图11-52 修复后效果

**技 巧**

选择“仿制图章”工具以后，可以直接在画布中单击鼠标右键，打开画笔设置列表，对画笔的“直径”、“硬度”等进行设置。

# 第3篇 影楼篇

针对写真照片的艺术化修饰进行讲解，由第12~15章组成，包括装点婚纱照、装饰儿童照、照片特效、流行时尚照等。本部分在讲解时尽可能做到全面、细致、清晰，更加注重技术与艺术的完美结合，展示了设计者在创作中的大量经验和独家秘技，对数码照片的处理有一个更新的认识和深入的了解。


- 第12章 装点婚纱照
- 第13章 装饰儿童照
- 第14章 照片特效
- 第15章 流行时尚照

# 第12章 装点婚纱照

结婚是人生中最大的一件喜事，拍婚纱照当然是必不可少的，如何才能留下最幸福、最甜蜜的一刻呢？这就需要自己用心地计划，比如影楼的筛选，喜欢的场景，穿什么样的婚纱，照出什么样的风格等等。

拍摄婚纱照以后，接下来的环节就是装点我们美丽的婚纱照片，主要运用Photoshop软件对婚纱照片进行修饰和装点，根据照片中人物的穿着、动人的场景、不同的风格等进行相应的装点。在本章中列举了红色的恋曲、绿色的浪漫、蓝色经典、怀旧的感觉、花样的女子、画卷之美、优雅古装、海报主题等8种不同风格的婚纱装点案例，掌握了本章的学习要点后你也能让自己的婚纱照变得更加光彩夺目。

# 12.1 红色的恋曲

前后效果对比

**素材文件** 溶图光华.tif、婚纱1.tif、婚纱2.tif、婚纱3.tif、婚纱4.tif

**效果文件** 红色的恋曲.psd

**存放路径** 光盘\源文件与素材\第12章\12.1红色的恋曲

## 案例点评

本案例主要学习婚纱照后期处理红色的恋曲制作的方法。通过使用“图层混合模式”，以及“图层蒙版”对图片进行无伤害性擦除，可以使图像体现出层次感，在图像中添加了闪烁的星星图形，使整幅图像内容更加丰富。

修图步骤

**1** 选择“文件→新建”命令，或按“Ctrl+N”组合键，打开“新建”对话框，设置“名称”为红色的恋曲，“宽度”为20厘米，“高度”为15厘米，“分辨率”为150像素/英寸，“颜色模式”为RGB颜色，设置其他参数如图12-1所示，单击“确定”按钮。

**2** 选择工具箱中的“渐变”工具，单击属性栏上的“编辑渐变”按钮，打开“渐变编辑器”对话框，设置：

位置0的颜色为（R:203，G:27，B:26）；

位置50的颜色为（R:230，G:77，B:72）；

位置100的颜色为（R:154，G:9，B:16）；

如图12-2所示，单击“确定”按钮。

图12-1 设置新建文件参数

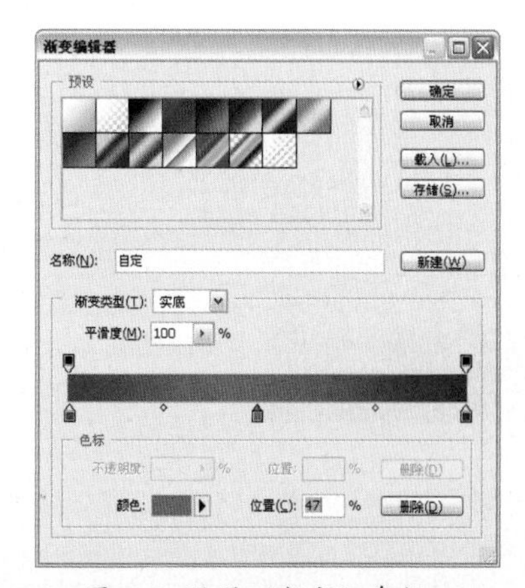


图12-2 设置“渐变”参数

**3** 单击“渐变”工具，在窗口中图12-3所示的位置拖曳鼠标，在“背景”图层中填充渐变色。

**4** 选择“文件→打开”命令，或按“Ctrl+O”组合键，打开配套光盘中的素材图片“溶图光华.tif”，如图12-4所示。

图12-3 渐变填充

图12-4 打开素材图片

5 单击工具箱中的“移动”工具，将素材图片拖曳到“红色的恋曲”文件窗口中，并按“Ctrl+T”组合键，对素材的大小和位置进行调整，如图12-5所示，双击图像确定变换。

6 设置“图层”面板上的“图层混合模式”为明度，效果如图12-6所示。

图12-5 导入素材

图12-6 设置“图层混合模式”

7 单击工具箱中的“设置前景色”按钮，打开“拾色器（前景色）”对话框，设置颜色参数为深红色（R:182，G:18，B:21），如图12-7所示。

8 单击工具箱中的“画笔”工具，单击其属性栏上的“画笔预设”下拉按钮，设置“硬度”为0%，并在窗口中图12-8所示的位置绘制颜色，为画面添加层次感。

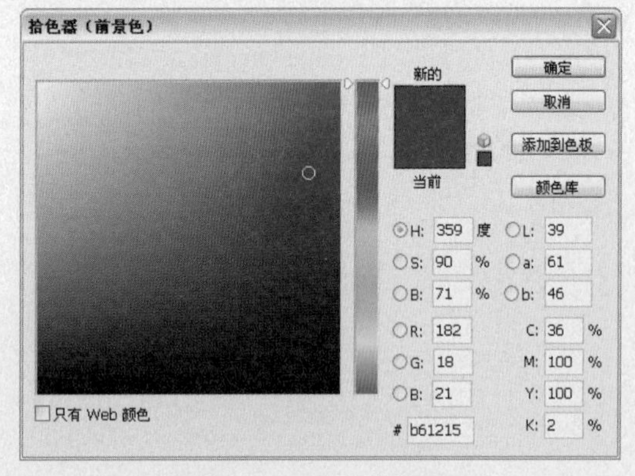


图12-7 设置“前景色”

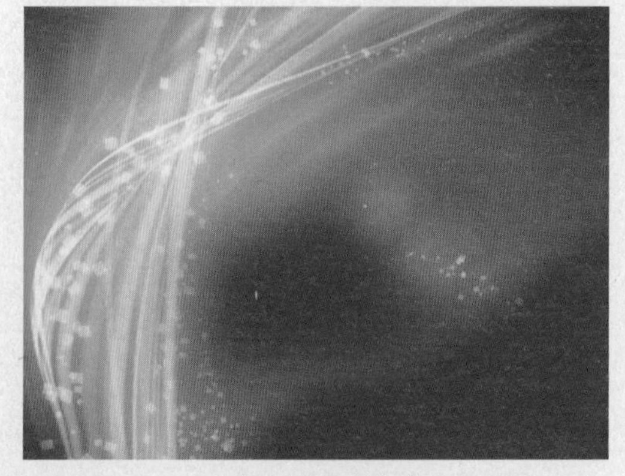

图12-8 绘制颜色

9 单击工具箱中的“减淡工具”，在窗口中进行涂抹，减淡颜色，如图12-9所示。

10 单击工具箱中的“设置前景色”按钮，打开“前景色”对话框，设置颜色参数为白色（R:182，G:18，B:21），如图12-10所示。

图12-9 减淡颜色

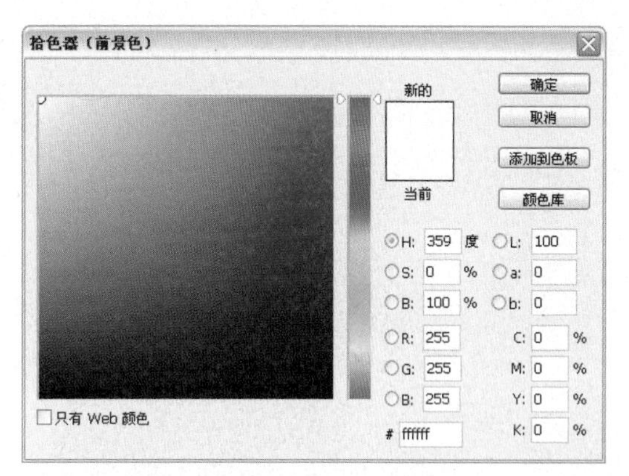


图12-10 设置“前景色”

**11** 新建图层，单击工具箱中的“画笔”工具，单击其属性栏上的“画笔预设”下拉按钮，设置“硬度”为0%，设置“不透明度”为10%，并在窗口中绘制颜色，效果如图12-11所示。

**12** 新建图层，单击工具箱中的“画笔”工具，设置属性栏上的“不透明度”为100%，并在窗口右上角绘制白色圆点，如图12-12所示。

图12-11 绘制颜色

图12-12 绘制白色圆点

**提示** 在绘制过程中，可以按键盘上的“[”键和“]”键，快速地调整画笔大小。

**13** 单击工具箱中的“画笔”工具，单击其属性栏上的“画笔”下拉按钮，设置画笔样式为交叉排线4，如图12-13所示。

**14** 在白色圆点上绘制闪烁的星星效果，如图12-14所示。

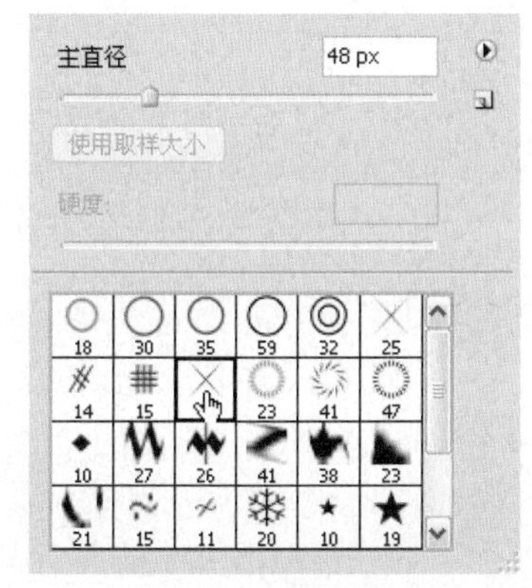


图12-13 选择画笔

图12-14 绘制星星

**15** 单击工具箱中的“钢笔”工具，在画布中绘制花形圆圈，如图12-15所示。

**16** 新建图层，设置“前景色”为深红色（R:188，G:8，B:20），按“Ctrl+Enter”组合键，将路径转换为选区，并按“Alt+Delete”组合键填充颜色，效果如图12-16所示。

图12-15 绘制花形圆圈

图12-16 填充颜色

**17** 选择“编辑→描边”命令，打开“描边”对话框，设置“宽度”为6px，设置其他参数如图12-17所示。

**18** 按“Ctrl+J”组合键，对图像进行复制，并按“Ctrl+T”组合键，对图形的大小和位置分别进行调整，效果如图12-18所示。

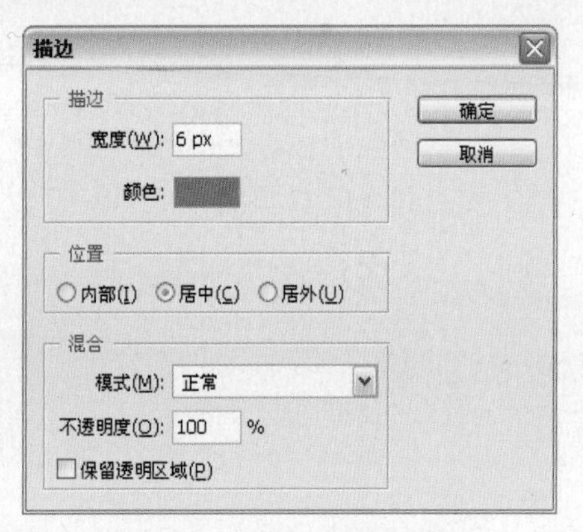


图12-17 设置“描边”参数

图12-18 复制图层

**19** 选择“文件→打开”命令，或按“Ctrl+O”组合键，打开配套光盘中的素材图片“婚纱1.tif”，如图12-19所示。

**20** 单击工具箱中的“移动”工具，将素材图片拖曳到“红色的恋曲”文件窗口中，并按“Ctrl+T”组合键，对素材的大小和位置进行调整，双击图像确定变换，如图12-20所示。

图12-19 打开素材图片

图12-20 导入素材图片

**21** 单击“图层”调板上的“添加图层蒙版”按钮，为该图层添加图层蒙版，如图12-21所示。

**22** 单击工具箱中的“画笔”工具，设置“前景色”为黑色，在图像下方进行涂抹，遮罩蒙版效果，如图12-22所示。

图12-21 添加图层蒙版

图12-22 蒙版效果

23 选择“文件→打开”命令，或按“Ctrl+O”组合键，打开配套光盘中的素材图片“婚纱2.tif”和“婚纱3.tif”如图12–23和图12–24所示。

图12-23 打开素材图片

图12-24 打开素材图片

24 用以上方法，将素材图片拖曳到“红色的恋曲”文件窗口中，并分别为图片添加图层蒙版，效果如图12–25所示。

25 选择“文件→打开”命令，或按“Ctrl+O”组合键，打开配套光盘中的素材图片“红色玫瑰.tif”，如图12–26所示。

图12-25 蒙版效果

图12-26 打开素材图片

26 单击工具箱中的“移动”工具，将素材图片拖曳到“红色的恋曲”文件窗口中，并按“Ctrl+T”组合键，对素材的大小、位置进行调整，双击图像确定变换，效果如图12–27所示。

27 设置“图层”面板中的“图层混合模式为”为线性加深，效果如图12–28所示。

图12-27 导入素材图片

图12-28 设置“图层混合模式”

28 选择“文件→打开”命令，或按“Ctrl+O”组合键，打开配套光盘中的素材图片“婚纱4.tif”如图12–29所示。

29 单击工具箱中的“移动”工具，将素材图片拖曳到“红色的恋曲”文件窗口中，并按“Ctrl+T”组合键，对素材的大小、位置进行调整，双击图像确定变换，效果如图12–30所示。

图12-29 打开素材图片

图12-30 导入素材图片

30 用以上蒙版制作方法，为图像添加图层蒙版，效果如图12–31所示。

31 双击“当前图层”，打开“图层样式”对话框，选择“外发光”复选框，设置发光“颜色”为粉红色（R:240，G:80，B:73），设置“大小”为147，设置其他参数，如图12–32所示。

图12-31 蒙版效果

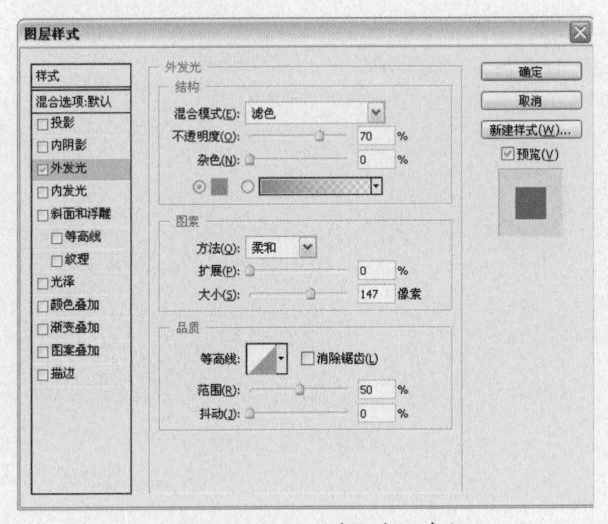


图12-32 设置“外发光”参数

32 单击“确定”按钮，效果如图12-33所示。

33 单击工具箱中的“横排文字”工具T，设置“前景色”为黑色，在窗口中输入文字，如图12-34所示。

图12-33 添加“外发光”后的效果

图12-34 输入文字

34 在“图层”调板上设置“不透明度”为50%，效果如图12-35所示。

35 单击工具箱中的“横排文字”工具T，在窗口中输入文字，如图12-36所示。

图12-35 设置“不透明度”

图12-36 输入文字

36 双击当前图层名后的空白区域，打开“图层样式”对话框，选择“外发光”复选框，设置“大小”为62，设置其他参数如图12-37所示。

37 单击“确定”按钮，制作完成的最终效果如图12-38所示。

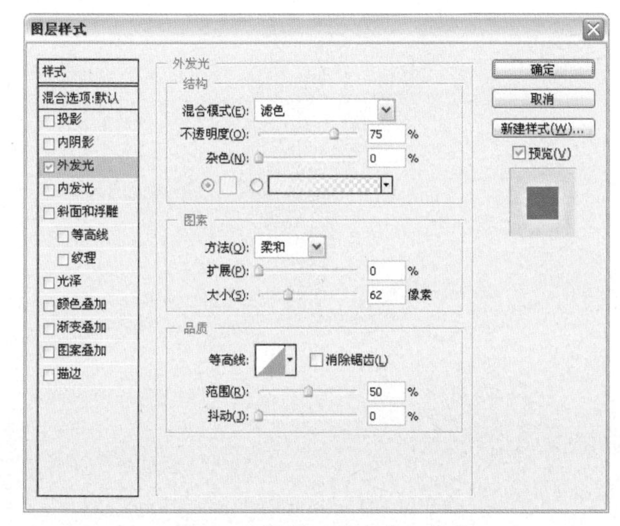


图12-37 设置“外发光”参数

图12-38 最终效果

## 12.2 绿色的浪漫

前后效果对比

素材文件　浪漫的绿色.tif、百合花.tif、婚纱1.tif、婚纱2.tif、婚纱3.tif、婚纱4.tif、婚纱5.tif、绿叶.tif

效果文件　绿色的浪漫.psd

存放路径　光盘\源文件与素材\第12章\12.2绿色的浪漫

### 案例点评

本案例主要学习浪漫的绿色婚纱照后期处理方法。将通过一个婚纱模板的设计带领读者掌握此类版式设计的关键，以及婚纱照合成技术。运用“橡皮擦”工具，将主体婚纱照融合在背景中，并且使用“矩形选框”工具、“描边”命令等，将其他照片以小照片的形式悬浮在背景之上，起到了丰富画面的作用，通过素材图片和文字的搭配，使整体效果更加丰富。

修图步骤

**1** 选择“文件→打开”命令，或按“Ctrl+O”组合键，打开配套光盘中的素材图片“浪漫的绿色.tif”，如图12-39所示。

**2** 选择“文件→打开”命令，或按“Ctrl+O”组合键，打开配套光盘中的素材图片“百合花”如图12-40所示。

图12-39 打开素材图片

图12-40 打开素材图片

**3** 单击工具箱中的“移动”工具，将素材图片拖曳到“浪漫的绿色”文件窗口中，并按“Ctrl+T”组合键，对素材的大小和位置进行调整，双击图像确定变换，如图12-41所示。

**4** 单击工具箱中的“矩形选框”工具，在图像中绘制矩形选区，如图12-42所示。

图12-41 导入素材图片

图12-42 绘制选区

**5** 新建图层，设置“前景色”为嫩绿色（R:175，G:232，B:69），并按“Ctrl+Delete”组合键填充选区颜色，如图12-43所示。

**6** 选择“编辑→描边”命令，设置“颜色”为白色，设置“宽度”为6px，设置其他参数如图12-44所示。

图12-43 颜色填充

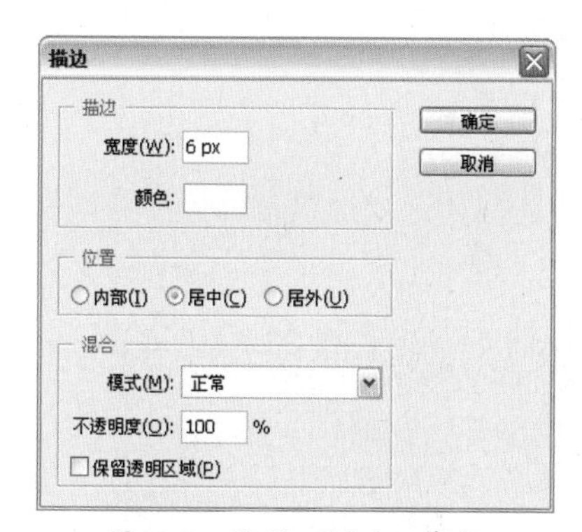


图12-44 设置“描边”参数

**7** 按“Ctrl+T”组合键，打开“自由变换”调节框，对图像进行旋转，如图12-45所示。

**8** 双击当前图层名后的空白区域，打开“图层样式”对话框，选择“投影”复选框，设置“距离”为13像素，“扩展”为2%，“大小”为18像素，设置其他参数如图12-46所示。

图12-45 “描边”效果

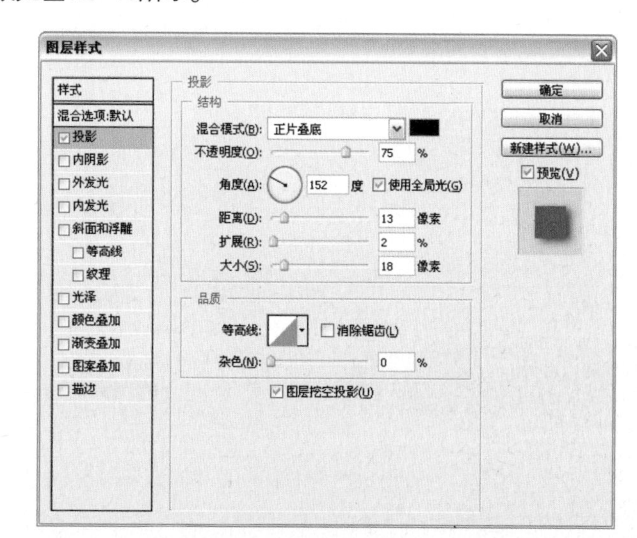


图12-46 设置“图层样式”参数

**9** 单击“确定”按钮，效果如图12-47所示。

**10** 按“Ctrl+J”组合键，创建多个副本图形，并按“Ctrl+T”组合键，分别对图形进行旋转和位置的调整，效果如图12-48所示。

图12-47 “投影”效果

图12-48 复制效果

**11** 选择“文件→打开”命令，或按“Ctrl+O”组合键，打开配套光盘中的素材图片“婚纱1.tif”，如图12-49所示。

**12** 单击工具箱中的“移动”工具，将素材图片拖曳到“浪漫的绿色”文件窗口中，并按“Ctrl+T”组合键，对素材的大小和位置进行调整，如图12-50所示，双击图像确定变换。

图12-49 打开素材图片

图12-50 导入素材图片

**13** 按住“Ctrl”键，单击“图层2”的缩览图，载入图形外轮廓选区，如图12-51所示。

**14** 选择“选择→修改→收缩”命令，打开“收缩”对话框，设置“收缩量”为6像素，如图12-52所示。

图12-51 载入选区

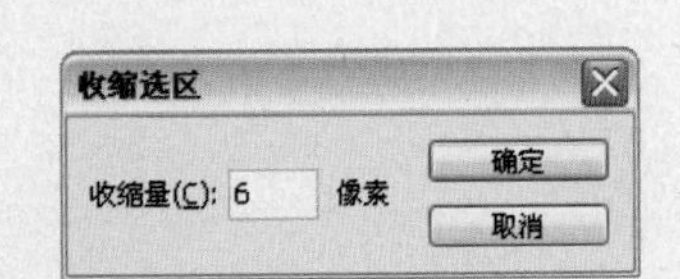



图12-52 设置“收缩”参数

**15** 单击“图层”调板上的“添加图层蒙版”按钮，并单击“图层3”缩览图与蒙版之间的“指示图层蒙版链接到图层”按钮，取消链接如图12-53所示。

**16** 选择“图层3”的图层缩览图，按“Ctrl+T”组合键，对图像进行旋转，调整图像位置如图12-54.所示。

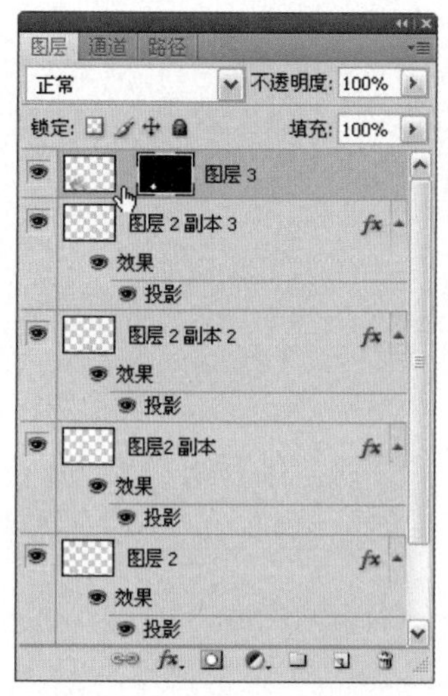


图12-53 设置“图层蒙版”

图12-54 图像调整

**17** 选择“文件→打开”命令，或按“Ctrl+O”组合键，打开配套光盘中的素材图片“婚纱2.tif”、“婚纱3.tif”、“婚纱4.tif”，如图12-55、图12-56和图12-57所示。

图12-55 “婚纱2”素材

图12-56 “婚纱3”素材

图12-57 “婚纱4”素材

**18** 用以上方法，将素材图片分别拖曳到“浪漫的绿色”文件窗口中，并分别添加图层蒙版，效果如图12-58所示。

**19** 选择“文件→打开”命令，或按“Ctrl+O”组合键，打开配套光盘中的素材图片“婚纱5.tif”，如图12-59所示。

图12-58 蒙版效果

图12-59 打开素材图片

**20** 单击工具箱中的“移动”工具，将素材图片拖曳到“浪漫的绿色”文件窗口中，并按“Ctrl+T”组合键，对素材的大小和位置进行调整，如图12-60所示，双击图像确定变换。

**21** 单击工具箱中的“橡皮擦”工具，单击其属性栏上的“画笔预设”下拉按钮，设置“硬度”为0%，设置“不透明度”为50%，对图像边缘进行擦除，效果如图12-61所示。

图12-60 导入素材图片

图12-61 擦除图像边缘

**22** 选择“图像→调整→亮度/对比度”命令，打开“亮度/对比度”对话框，设置“亮度”为26，设置“对比度”为2，如图12-62所示。

**23** 单击“确定”按钮，图像效果更加明亮，效果如图12-63所示。

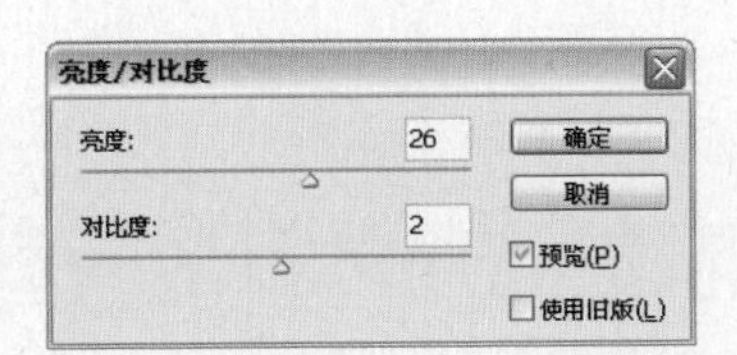


图12-62 设置“亮度/对比度”参数

图12-63 调整“亮度/对比度”后的效果

**24** 选择“文件→打开”命令，或按“Ctrl+O”组合键，打开配套光盘中的素材图片“绿叶.tif”，如图12-64所示。

**25** 单击工具箱中的“移动”工具，将素材图片拖曳到“浪漫的绿色”文件窗口中，并按“Ctrl+T”组合键，对素材的大小和位置进行调整，如图12-65所示，双击图像确定变换。

图12-64 打开素材图片

图12-65 导入素材图片

**26** 选择“图像→调整→亮度/对比度”命令，打开“亮度/对比度”对话框，设置“亮度”为32，设置“对比度”为0，如图12-66所示。

**27** 单击“确定”按钮，图像效果更加明亮，如图12-67所示。

图12-66 调整“亮度/对比度”　　图12-67 调整“亮度/对比度”后的效果

**28** 单击工具箱中的“横排文字”工具T，设置“前景色”为黑色，在窗口中分别输入文字，最终效果如图12-68所示。

图12-68 最终效果

## 12.3 蓝色经典

- **素材文件** 婚纱1.tif、婚纱2.tif、装饰图案.tif
- **效果文件** 蓝色经典.psd
- **存放路径** 光盘\源文件与素材\第12章\12.3蓝色经典

### 案例点评

本案例主要学习以蓝色为主色调的婚纱照片后期处理方法。运用“渐变”工具制作背景效果，通过“图层混合模式”和“不透明度”的调整，让照片在背景中若隐若现，将主体照片很清晰地展现在背景之上，更能体现出层次感。

修图步骤

1 选择“文件→新建”命令，或按“Ctrl+N”组合键，打开“新建”对话框，设置“名称”为经典的蓝色，“宽度”为17厘米，“高度”为13厘米，“分辨率”为150像素/英寸，“颜色模式”为RGB颜色，设置其他参数如图12-69所示，单击“确定”按钮。

2 选择工具箱中的“渐变”工具，单击属性栏上的“编辑渐变”按钮，打开“渐变编辑器”对话框，设置：

位置0的颜色为（R:174，G:249，B:218）；

位置64的颜色为（R:67，G:165，B:165）；

位置100的颜色为（R:11，G:67，B:71）；

如图12-70所示单击“确定”按钮。

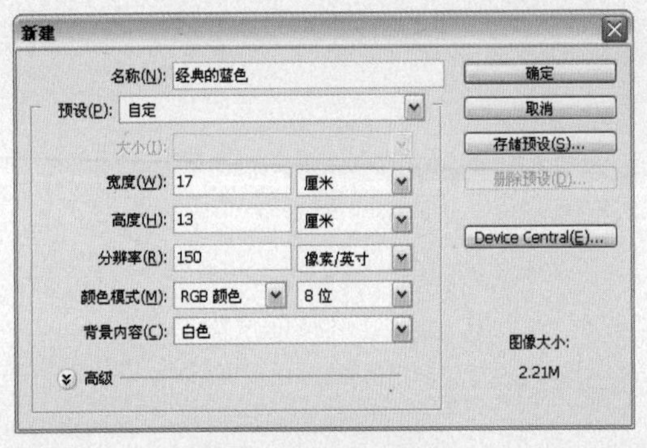


图12-69 新建对话框

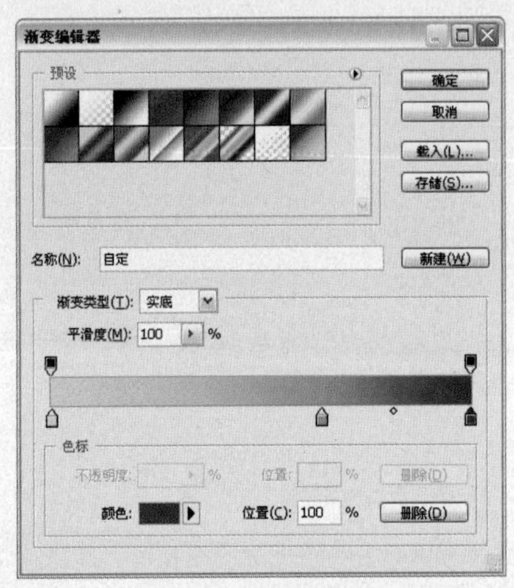


图12-70 设置渐变色

3 单击“渐变”工具属性栏上的“径向渐变”按钮，在窗口中图12-71所示的位置拖曳鼠标，在“背景”图层中填充渐变色。

4 选择“文件→打开”命令，或按“Ctrl+O”组合键，打开配套光盘中的素材图片“婚纱2.tif”，如图12-72所示。

图12-71 填充渐变色

图12-72 打开素材图片

5 单击工具箱中的“移动”工具，将素材图片拖曳到“经典的蓝色”文件窗口中，并按“Ctrl+T”组合键，对素材的大小和位置进行调整，如图12-73所示，双击图像确定变换。

6 单击“图层”面板上的“添加图层蒙版”按钮，为该图层添加图层蒙版，如图12-74所示。

图12-73 导入素材图片

图12-74 添加图层蒙版

**7** 单击工具箱中的“画笔”工具，在其属性栏设置“不透明度”为50%，设置“前景色”为黑色，在窗口中进行涂抹，遮罩图像的边缘，并在“图层”面板中设置该图层的“不透明度”为30%，效果如图12–75所示。

**8** 选择“文件→打开”命令，或按“Ctrl+O”组合键，打开配套光盘中的素材图片“装饰图案.tif”，如图12–76所示。

图12-75 蒙版效果

图12-76 打开素材图片

**9** 单击工具箱中的“移动”工具，将素材图片拖曳到“经典的蓝色”文件窗口中，并按“Ctrl+T”组合键，对素材的大小和位置进行调整，如图12–77所示，双击图像确定变换。

**10** 按“Ctrl+J”组合键，创建副本图像，并按“Ctrl+T”组合键，分别对图形的大小和位置进行调整，效果如图12–78所示。

图12-77 导入素材图片

图12-78 复制图层

**11** 选择“文件→打开”命令，或按“Ctrl+O”组合键，打开配套光盘中的素材图片“婚纱1.tif”，如图12–79所示。

**12** 单击工具箱中的“移动”工具，将素材图片拖曳到“经典的蓝色”文件窗口中，并按“Ctrl+T”组合键，对素材的大小和位置进行调整，如图12-80所示，双击图像确定变换。

图12-79 打开素材图片

图12-80 导入素材图片

**13** 单击工具箱中的“橡皮擦”工具，单击其属性栏上的“画笔预设”下拉按钮，设置“硬度”为0%，设置“不透明度”为50%，对图像边缘进行擦除，效果如图12-81所示。

**14** 选择“图像→调整→亮度/对比度”命令，打开“亮度/对比度”对话框，设置“亮度”为34，设置“对比度”为13，如图12-82所示。

图12-81 擦除图像

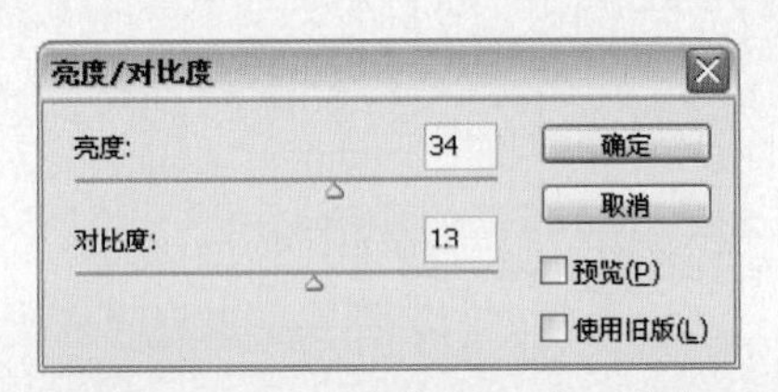


图12-82 设置“亮度/对比度”参数

**15** 单击“确定”按钮，效果如图12-83所示。

**16** 单击工具箱中的“直排文字”工具，设置“前景色”为白色，分别在窗口中输入文字，最终效果如图12-84所示。

图12-83 调整“亮度/对比度”后的效果

图12-84 最终效果

# 12.4 怀旧的感觉

前后效果对比

**素材文件** 相框.tif、婚纱1.tif、婚纱2.tif、花纹.tif

**效果文件** 怀旧的感觉.psd

**存放路径** 光盘\源文件与素材\第12章\12.4怀旧的感觉

## 案例点评

本案例主要学习怀旧风格的婚纱照片的后期制作。运用“云彩”命令和“加深”工具，制作出背景效果，通过“色彩平衡”、“曲线”、“自然饱和度”等命令的调整，让图像表现出怀旧的古铜色，配合主体人物的穿着，更能体现出怀旧风情。

修图步骤

**1** 选择“文件→新建”命令，或按“Ctrl+N”组合键，打开“新建”对话框，设置“名称”为怀旧的感觉，“宽度”为20厘米，“高度”为15厘米，“分辨率”为150像素/英寸，“颜色模式”为RGB颜色，设置其他参数如图12-85所示，单击“确定”按钮。

**2** 按“D”键，将工具箱下方的“前景色”和“背景色”，恢复到默认的黑、白色，并选择“滤镜→渲染→云彩”命令，制作的云彩效果如图12-86所示。

图12-85 打开素材图片

图12-86 设置云彩

**提示** 通过“云彩”命令制作的云彩颜色效果，与工具箱下方的“前景色”和“背景色”有直接的联系，设置不同的颜色，通过“云彩”命令制作的云彩颜色也不同。

**3** 单击工具箱中的“加深”工具，在窗口中涂抹，加深颜色如图12-87所示。

**4** 选择“图像→调整→色彩平衡”命令，或按“Ctrl+B”组合键，打开“色彩平衡”对话框，设置参数为+59，-22，-57，如图12-88所示。

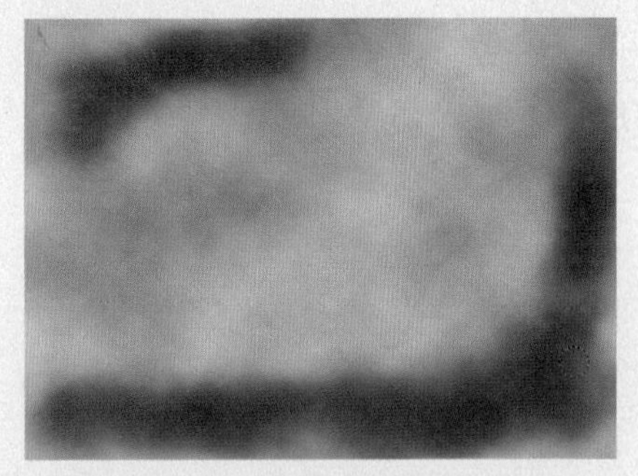

图12-87 色彩加深

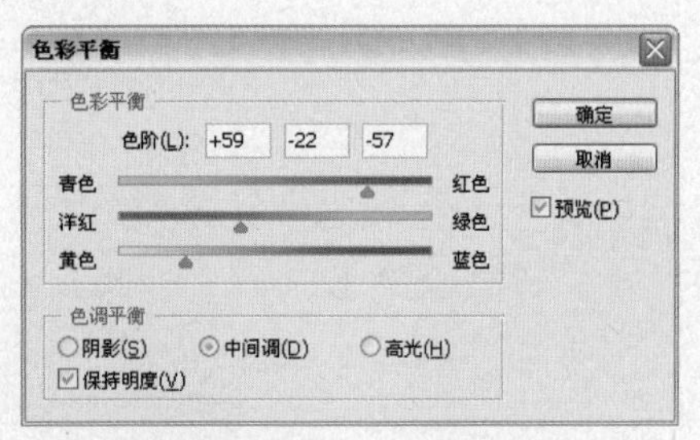


图12-88 设置“中间调”参数

**5** 选择“阴影”单选按钮，设置参数为+22，+26，-58，如图12-89所示。

**6** 选择“高光”单选按钮，设置参数为+26，+27，+26，如图12-90所示。

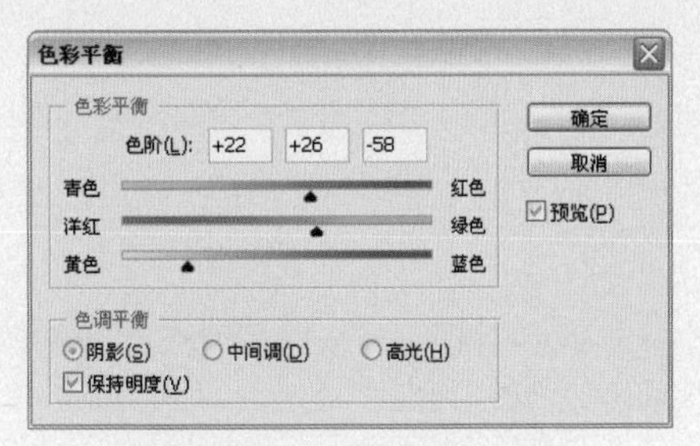


图12-89 设置“阴影”参数

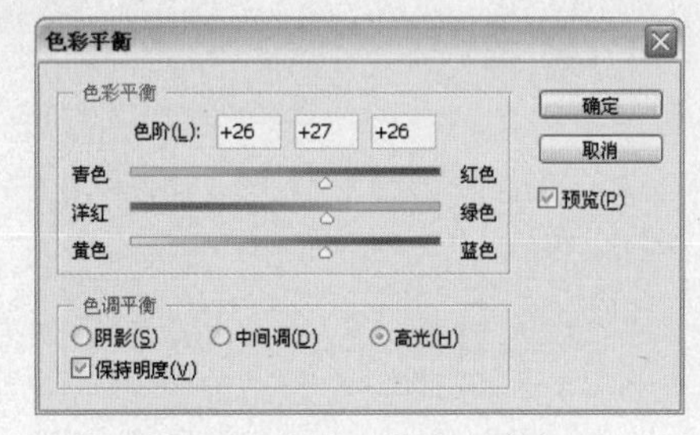


图12-90 设置“高光”参数

**7** 单击“确定”按钮，图像效果如图12-91所示。

**8** 选择“文件→打开”命令，或按“Ctrl+O”组合键，打开配套光盘中的素材图片“相框.tif”，如图12-92所示。

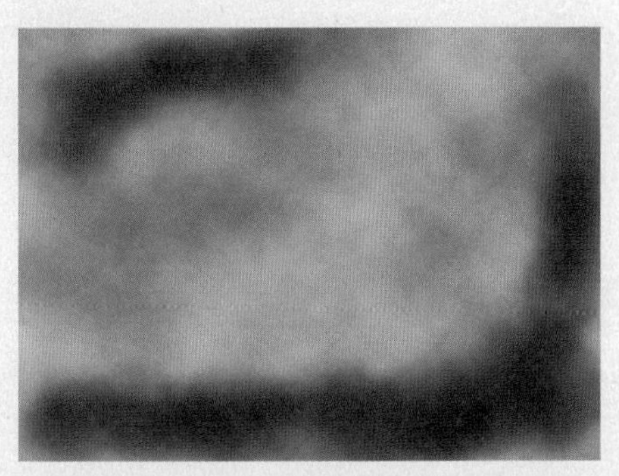

图12-91 “色彩平衡”效果

图12-92 打开素材图片

**9** 单击工具箱中的“移动”工具，将素材图片拖曳到“怀旧的感觉”文件窗口中，并按“Ctrl+T”组合键，对素材的大小和位置进行调整，如图12-93所示，双击图像确定变换。

**10** 按“Ctrl+J”组合键，创建副本图像，并按“Ctrl+T”组合键，对图形的大小和位置分别进行调整，效果如图12-94所示。

图12-93 导入素材

图12-94 调整素材

**11** 单击“图层”面板下方的“创建新的填充或调整图层”按钮，在弹出的快捷菜单中选择“曲线”命令，打开“曲线”面板，调整曲线如图12-95所示。

**提示** 运用此方法调整“曲线”命令，可以将“曲线”命令的参数保存为一个“曲线”图层，在“曲线”图层下的所有图层都会受到“曲线”命令的影响，此图层可以移动位置，可以随时更改参数。

**12** 关闭调整面板，图像的明暗对比加强，效果如图12-96所示。

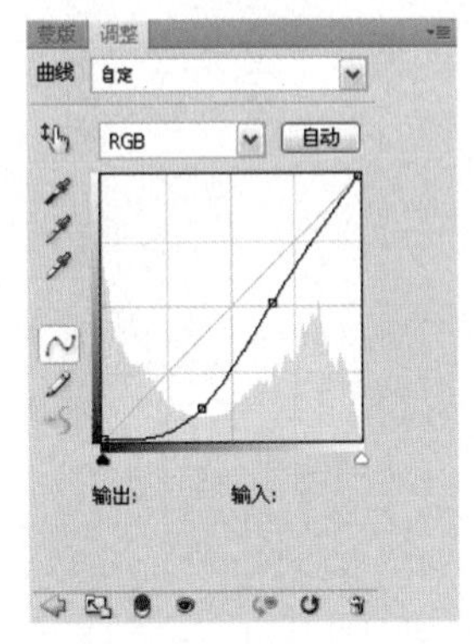


图12-95 调整“曲线”

图12-96 调整“曲线”后的效果

**13** 单击“图层”面板下方的“创建新的填充或调整图层”按钮，在弹出的快捷菜单中选择“色彩平衡”命令，打开“色彩平衡”对话框，设置参数为+26，0，0如图12-4-13所示。

**14** 关闭调整面板，效果如图12-98所示。

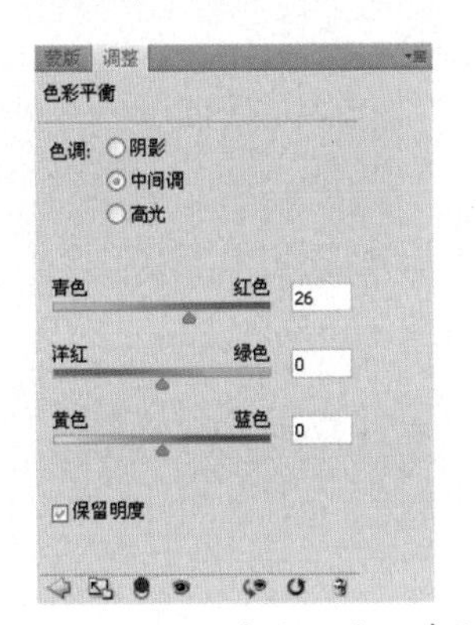


图12-97 设置“色彩平衡”参数

图12-98 调整“色彩平衡”后的效果

**15** 单击“图层”面板下方的“创建新的填充或调整图层”按钮，在弹出的快捷菜单中选择“自然饱和度”命令，打开“自然饱和度”对话框，设置参数为-37，-9，如图12-99所示。

**16** 关闭调整面板，效果如图12-100所示。

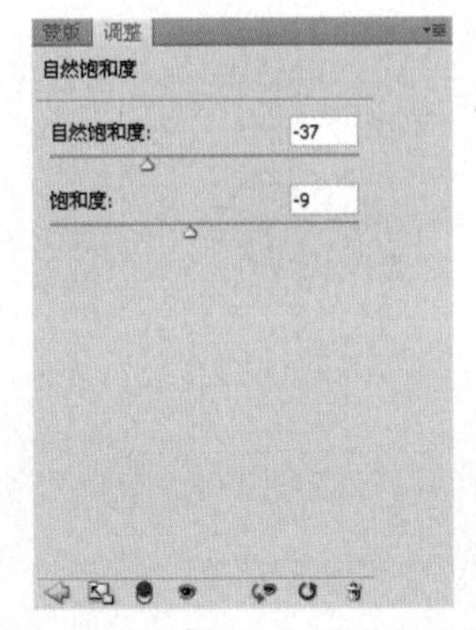


图12-99 调整“自然饱和度”

图12-100 调整“自然饱和度”后的效果

**17** 单击工具箱中的“直排文字”工具，设置“前景色”为黑色，分别在窗口中输入文字，如图12-101所示。

**18** 选择“文件→打开”命令，或按“Ctrl+O”组合键，打开配套光盘中的素材图片“婚纱1.tif”，如图12-102所示。

图12-101 输入文字

图12-102 打开素材图片

**19** 单击工具箱中的“移动”工具，将素材图片拖曳到“怀旧的感觉”文件窗口中，并按“Ctrl+T”组合键，对素材的大小和位置进行调整，如图12-103所示，双击图像确定变换。

**20** 单击工具箱中的“橡皮擦”工具，单击其属性栏上的“画笔预设”下拉按钮，设置“硬度”为0%，设置“不透明度”为80%，对图像边缘进行擦除，效果如图12-104所示。

图12-103 导入素材图片

图12-104 擦除图像边缘

**21** 选择“图像→调整→曲线”命令，或按“Ctrl+M”组合键，打开“曲线”对话框，设置参数如图12-105所示。

**22** 单击“确定”按钮，图像的亮度加强，效果如图12-106所示。

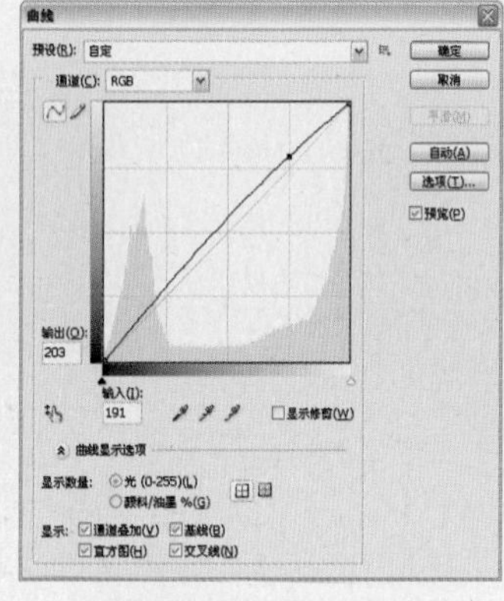


图12-105 调整“曲线”

图12-106 调整“曲线”后的效果

23 选择“图像→调整→色彩平衡”命令，或按“Ctrl+B”组合键，打开“色彩平衡”对话框，设置参数为+68，－24，–78，如图12–107所示。

24 单击“确定”按钮，效果如图12–108所示。

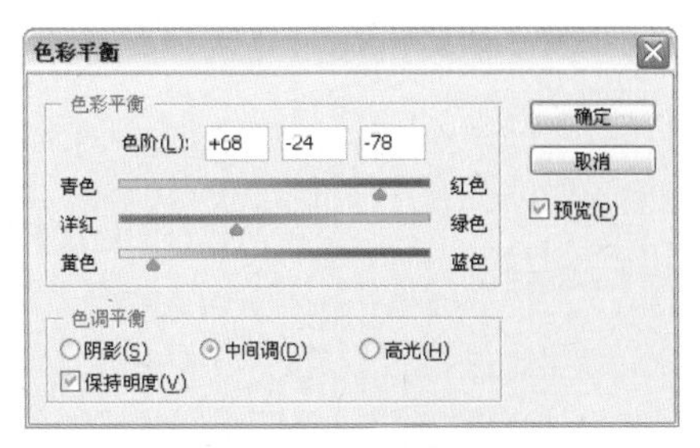


图12-107 设置“色彩平衡”

图12-108 调整“色彩平衡”后的效果

25 选择“文件→打开”命令，或按“Ctrl+O”组合键，打开配套光盘中的素材图片“婚纱2.tif”，如图12–109所示。

26 单击工具箱中的“移动”工具，将素材图片拖曳到“怀旧的感觉”文件窗口中，并按“Ctrl+T”组合键，对素材的大小和位置进行调整，如图12–110所示，双击图像确定变换。

图12-109 打开素材图片

图12-110 导入素材图片

27 在“图层”调板中设置“图层混合模式”为正片叠加，效果如图12–111所示。

28 单击工具箱中的“矩形选框”工具，在窗口中绘制选区，如图12–112所示。

图12-111 设置“图层混合模式”

图12-112 绘制选区

29 按“Ctrl+Shift+I”组合键，反选图像，并按“Delete”组合键，删除选区内容，在“图层”面板中设置“图层混合模式”为：正常，效果如图12–113所示。

30 选择“图像→调整→色相/饱和度”命令，或按“Ctrl+U”组合键，打开“色相/饱和度”对话框，选择“着色”复选框，设置参数为19，42，0，如图12–114所示。

图12-113 删除选区内容

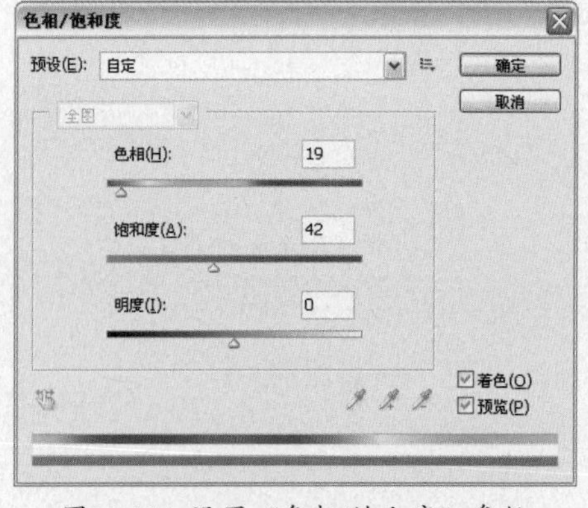


图12-114 设置“色相/饱和度”参数

31 单击“确定”按钮，效果如图12–115所示。

32 选择“文件→打开”命令，或按“Ctrl+O”组合键，打开配套光盘中的素材图片“花纹.tif”，如图12–116所示。

图12-115 调整“色相/饱和度”后的效果

图12-116 打开素材图片

33 单击工具箱中的“移动”工具，将素材图片拖曳到“怀旧的感觉”文件窗口中，并按“Ctrl+T”组合键，对素材的大小和位置进行调整，双击图像确定变换，如图12–117所示。

34 设置“不透明度”为50%，最终效果如图12–118所示。

图12-117 导入素材图片

图12-118 最终效果

# 12.5 花样的女子

前后效果对比

**素材文件** 天空.tif、婚纱1.tif、婚纱2.tif、婚纱3.tif、婚纱4.tif

**效果文件** 花样的女子.psd

**存放路径** 光盘\源文件与素材\第12章\12.5花样的女子

## 案例点评

本案例将制作一幅花样女子婚纱后期处理效果图。主要选取一幅蓝天白云图作为背景，运用“色彩平衡”命令，对图像的颜色进行调整，并且将婚纱照片导入到背景中进行合成处理，让照片在背景中排列的有主有次，使画面表现出了明朗天空、青春活力的效果。

修图步骤

**1** 选择“文件→打开”命令，或按“Ctrl+O”组合键，打开配套光盘中的素材图片“天空.tif”，如图12-119所示。

**2** 按“Ctrl+J”组合键复制背景，并按“Ctrl+T”组合键，打开“自由变换”调节框，在图像中单击鼠标右键，在快捷菜单中选择“水平翻转”命令，翻转图像如图12-120所示。

图12-119 打开素材图片

图12-120 翻转图像

**3** 选择“滤镜→渲染→镜头光晕”命令，打开“镜头光晕”对话框，设置“亮度”为145%，选择“35毫米聚焦”单选按钮，在“光晕中心”示意图中单击鼠标，选择光晕中心，如图12-121所示。

**4** 单击“确定”按钮，效果如图12-122所示。

图12-121 设置“镜头光晕”参数

图12-122 添加“镜头光晕”后的效果

**5** 单击工具箱中的“钢笔”工具，在图像中勾选出草地部分，并按“Crtl+Enter”组合键，将路径转换为选区，如图12-123所示。

**6** 选择“图像→调整→色彩平衡”命令，或按“Ctrl+B”组合键，打开“色彩平衡”对话框，设置参数为-54，+50，+30，如图12-124所示。

图12-123 载入选区

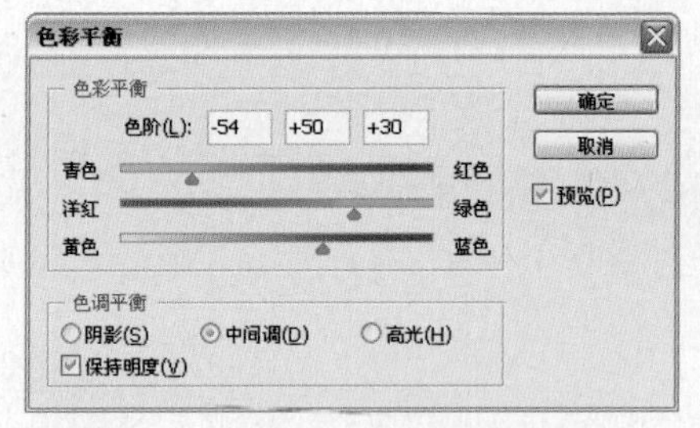


图12-124 设置“色彩平衡”参数

**7** 单击“确定”按钮，图像中的草地更绿了，效果如图12-125所示。

**8** 选择“图像→调整→色彩平衡”命令，或按“Ctrl+B”组合键，打开“色彩平衡”对话框，设置参数为-50，+8，+3，如图12-126所示。

图12-125 调整“色彩平衡”后的效果

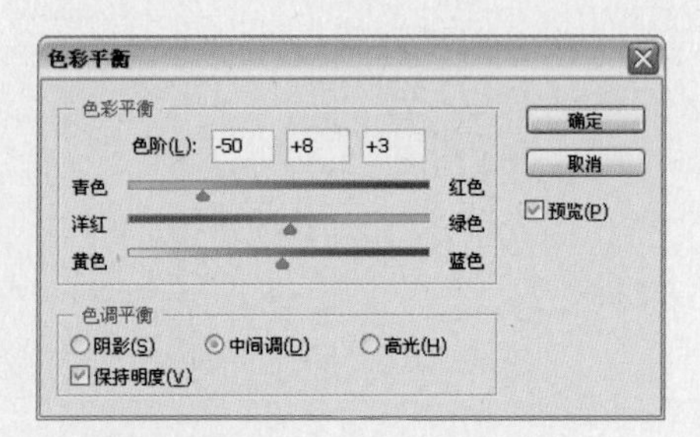


图12-126 设置“中间调”参数

**9** 选择“阴影”单选按钮，设置参数为+13，+17，-38，如图12-127所示。

**10** 选择“高光”单选按钮，设置参数为+16，-5，+1，如图12-128所示。

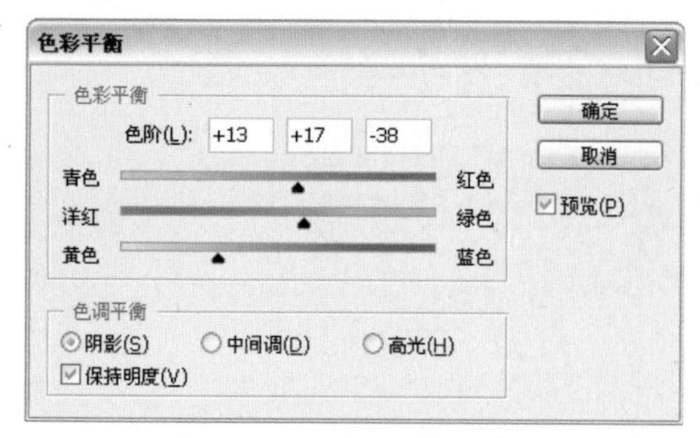


图12-127 设置“阴影”参数

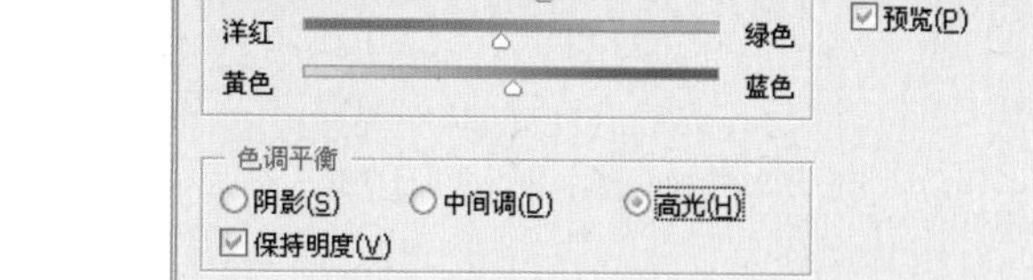


图12-128 设置“高光”参数

**11** 单击“确定”按钮，效果如图12-129所示。

**12** 选择“图像→调整→色彩平衡”命令，或按“Ctrl+B”组合键，打开“色彩平衡”对话框，设置参数为-62，-1，-61，如图12-130所示。

图12-129 调整“色彩平衡”后的效果

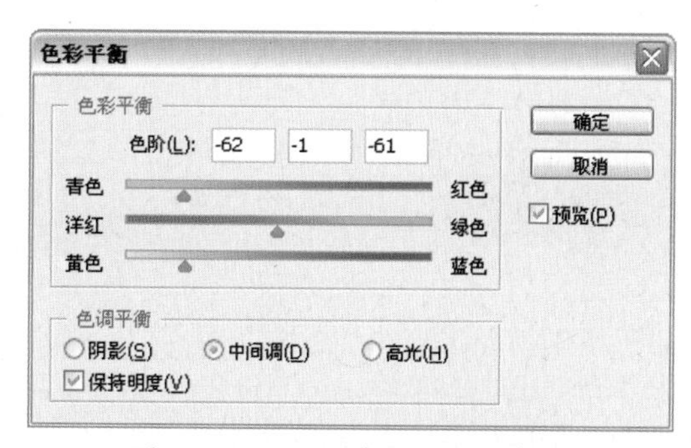


图12-130 设置“色彩平衡”参数

**13** 单击“确定”按钮，效果如图12-131所示。

**14** 单击工具箱中的“矩形选框”工具，在窗口中绘制矩形选区，如图12-132所示。

图12-131 调整“色彩平衡”后的效果

图12-132 绘制选区

**15** 新建图层，设置“前景色”为白色（R:99，G:191，B:216），按“Alt+Delete”组合键填充颜色，并按“Ctrl+T”组合键，旋转矩形图形如图12-133所示，按“Enter”键确定。

**16** 按“Ctrl+J”组合键，创建副本图形，按“Ctrl+T”组合键，分别调整图形位置，如图12-134所示。

图12-133 填充选区颜色

图12-134 复制图像

17 选择“文件→打开”命令，或按“Ctrl+O”组合键，打开配套光盘中的素材图片“婚纱1.tif”，如图12-135所示。

18 单击工具箱中的“移动”工具，将素材图片拖曳到“花样女子”文件窗口中，按“Ctrl+T”组合键，对素材的大小和位置进行调整，如图12-136所示，双击图像确定变换。

图12-135 打开素材图片

图12-136 导入素材图片

19 按住“Ctrl”键，单击“图层1”的缩览图，载入图形外轮廓选区，如图12-137所示。

20 选择“选择→修改→收缩”命令，打开“收缩选区”对话框，设置“收缩量”为6像素，如图12-138所示。

图12-137 载入选区

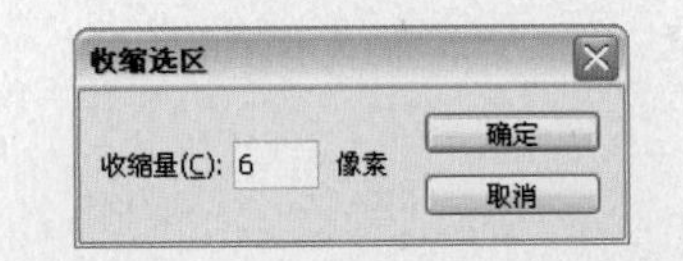

图12-138 设置“收缩选区”参数

21 单击“图层”调板上的“添加图层蒙版”按钮，并单击“图层2”与“图层蒙版”中间的“指示图层蒙版链接到图层”按钮，如图12-139所示。

**提示** 单击“指示图层蒙版链接到图层”按钮，可以取消“图层”与“图层蒙版”之间的链接，取消链接后，在窗口中可以单独地对图像或蒙版进行调整。

**22** 选择“图层2”的图层缩览图，按“Ctrl+T”组合键，对图像进行旋转，调整图像位置如图12-140.所示。

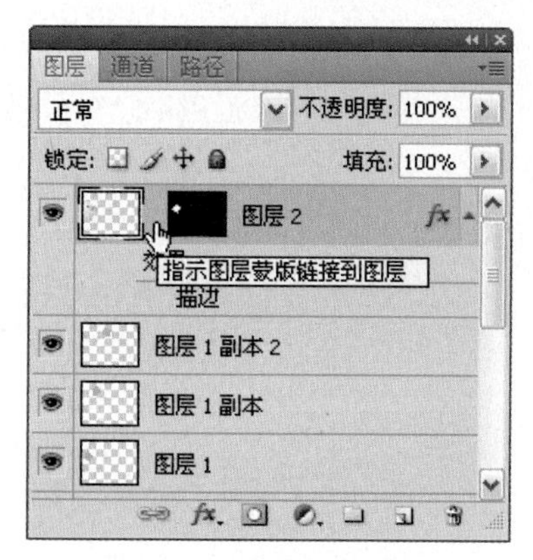


图12-139 添加图层蒙版

图12-140 调整图像位置

**23** 选择“文件→打开”命令，或按“Ctrl+O”组合键，打开配套光盘中的素材图片“婚纱2.tif”和“婚纱3.tif”，如图12-141和图12-142所示。

图12-141 “婚纱2”素材图片

图12-142 “婚纱3”素材图片

**24** 用以上方法，将素材图片拖曳到“花样女子”文件窗口中，并分别为照片添加图层蒙版，效果如图12-143所示。

**25** 选择“文件→打开”命令，或按“Ctrl+O”组合键，打开配套光盘中的素材图片“婚纱4.tif”，如图12-144所示。

图12-143 导入素材图片并制作效果

图12-144 打开素材图片

**26** 单击工具箱中的“移动”工具，将素材图片拖曳到“花样女子”文件窗口中，按“Ctrl+T”组合键，对素材的大小和位置进行调整，如图12-145所示，双击图像确定变换。

**27** 选择“图像→调整→曲线”命令，或按“Ctrl+M”组合键，打开“曲线”对话框，调整曲线，如图12-146所示。

图12-145 导入素材图片

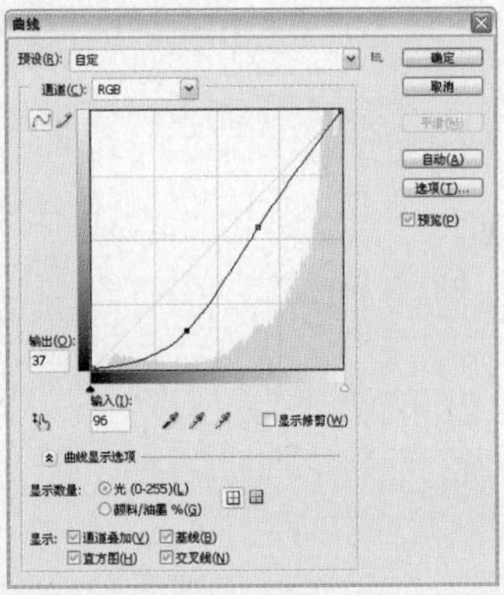

图12-146 调整“曲线”

**28** 单击“确定”按钮，效果如图12–147所示。

**29** 选择“图像→调整→色彩平衡”命令，或按“Ctrl+B”组合键，打开“色彩平衡”对话框，设置参数为–58，–5，–33，如图12–148所示。

图12-147 调整“曲线”后的效果

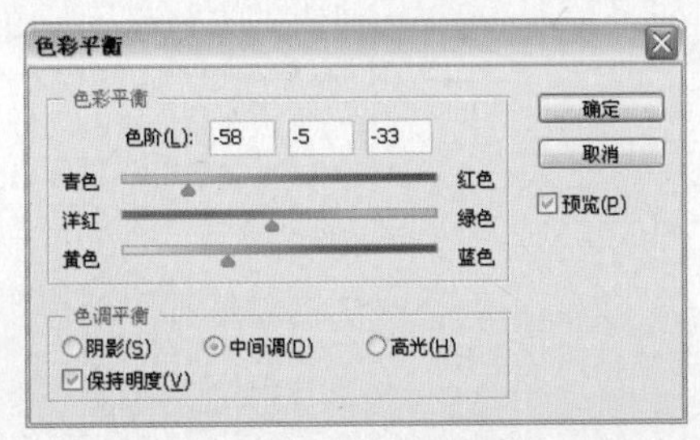


图12-148 设置“色彩平衡”参数

**30** 单击“确定”按钮，效果如图12–149所示。

**31** 单击工具箱中的“钢笔”工具，对图像中的气球进行勾选，按“Ctrl+Enter”组合键，将路径转换为选区，效果如图12–150所示。

图12-149 “色彩平衡”效果

图12-150 路径转换为选区

**32** 按“Ctrl+J”组合键，将选区图像复制到新建图层中，复制多个气球图像，并按“Ctrl+T”组合键，分别对图像进行大小和位置进行调整，效果如图12–151所示。

**33** 单击工具箱中的“画笔”工具，设置“前景色”为白色，在窗口中单击鼠标，绘制圆点图形，如图12–152所示。

图12-151 复制图像

图层12-152 绘制圆点

**34** 单击工具箱中的“画笔”工具，单击其属性栏上的“画笔”下拉按钮，设置“画笔样式”为交叉排线4，在圆点上绘制闪烁的星星效果，如图12-153所示。

**35** 单击工具箱中的“横排文字”工具T，设置“前景色”为白色，在窗口中分别输入文字，最终效果如图12-154所示。

图12-153 绘制星星

图12-154 最终效果

## 12.6 画卷之美

**前后效果对比**

**素材文件** 国画1.tif、国画2.tif、国画3.tif、古装婚纱照.tif、蝴蝶.tif

**效果文件** 画卷之美.psd

**存放路径** 光盘\源文件与素材\第12章\12.6画卷之美

### 案例点评

本案例主要制作一幅画卷之美的后期艺术效果图。首先通过矩形选框工具、纹理化命令、钢笔工具、渐变工具等，制作出一幅空白的画卷，然后将一幅古装婚纱照片与国画、蝴蝶等装饰图像进行组合，最后分别调整照片的颜色，让人物与装饰图像合为一体，制作出一幅美丽的画卷。

修图步骤

**1** 选择“文件→新建”命令，或按“Ctrl+N”组合键，打开“新建”对话框，设置“名称”为画卷之美，“宽度”为7厘米，“高度”为10厘米，“分辨率”为150像素/英寸，“颜色模式”为RGB颜色，设置其他参数如图12–155所示，单击“确定”按钮。

**2** 新建“图层1”，设置“前景色”为淡黄色（R:240，G:235，B:210），单击工具箱中的“矩形选框”工具，在窗口中绘制矩形选区，并按“Alt+Delete”组合键，填充选区颜色如图12–156所示。

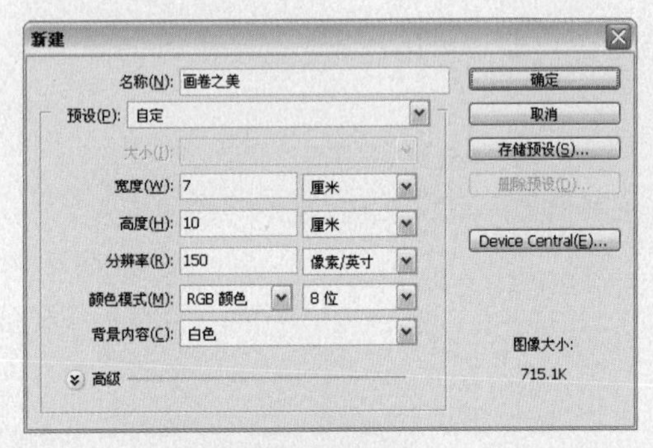


图12-155 新建文件

图12-156 填充选区颜色

**3** 选择“滤镜→纹理→纹理化”命令，打开“纹理化”对话框，设置“纹理”为画布，“缩放”为50%，“凸现”为5，设置“光照”为左下，如图12–157所示。

**4** 单击“确定”按钮，制作的画布纹理效果如图12–158所示。

图12-157 设置“纹理化”参数

图12-158 画布纹理效果

**5** 新建“图层2”，设置“前景色”为橘红色（R:255，G:220，B:183），单击工具箱中的“矩形选框”工具，在窗口中绘制矩形选区，按“Alt+Delete”组合键，填充选区颜色，效果如图12–159所示。

**6** 单击工具箱中的“钢笔”工具，在窗口中绘制路径，如图12–160所示。

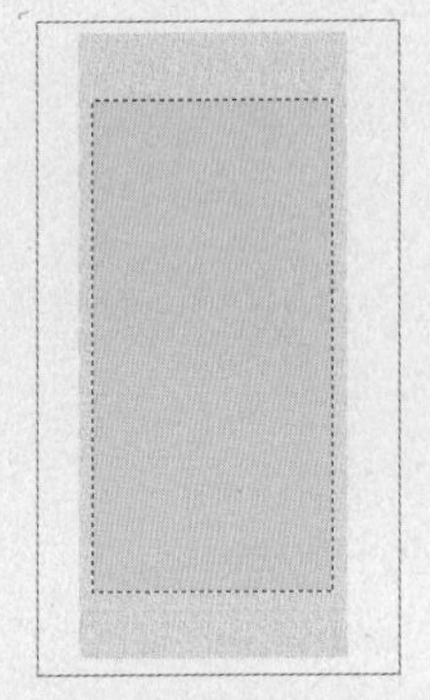

图12-159 填充选区颜色

图12-160 绘制路径

**7** 选择工具箱中的“渐变”工具，单击属性栏上的“编辑渐变”按钮，打开“渐变编辑器”对话框，设置：

位置0 的颜色为（R:217，G:200，B:146）；

位置100的颜色为（R:58，G:51，B:25），

如图12-161所示，单击“确定”按钮。

**8** 新建“图层3”，按“Ctrl+Enter”组合键，将路径转换为选区，在选区中拖动鼠标，渐变填充选区如图12-162所示。

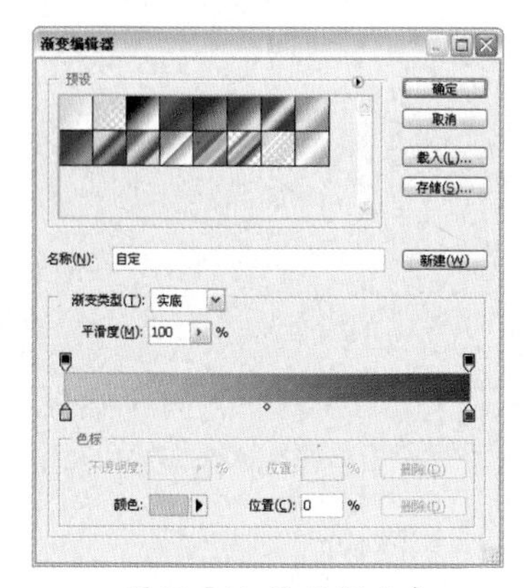

图12-161 设置渐变色

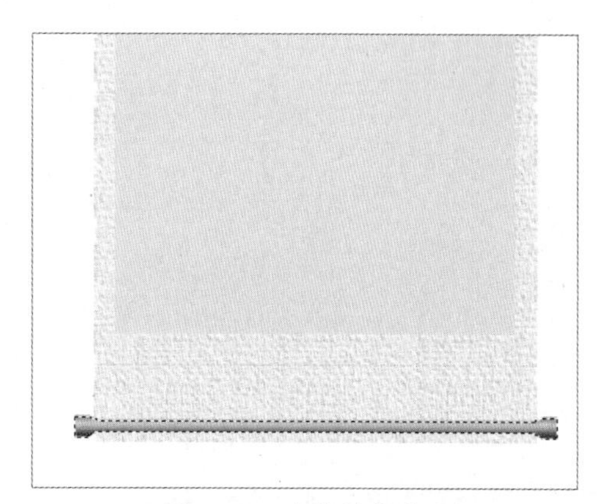

图12-162 渐变填充选区

**提示** 在渐变填充选区时，可以按住“Shift”键从上往下拖动鼠标，即可渐变出规则的垂直渐变色。

**9** 单击工具箱中的“矩形选框”工具，在窗口中绘制矩形选区，如图12-163所示。

**10** 选择工具箱中的“渐变”工具，单击属性栏上的“编辑渐变”按钮，打开“渐变编辑器”对话框，设置：

位置0的颜色为（R:187，G:169，B:111）；

位置50的颜色为（R:252，G:252，B:250）；

位置100的颜色为（R:199，G:179，B:116），

如图12-164所示，单击“确定”按钮。

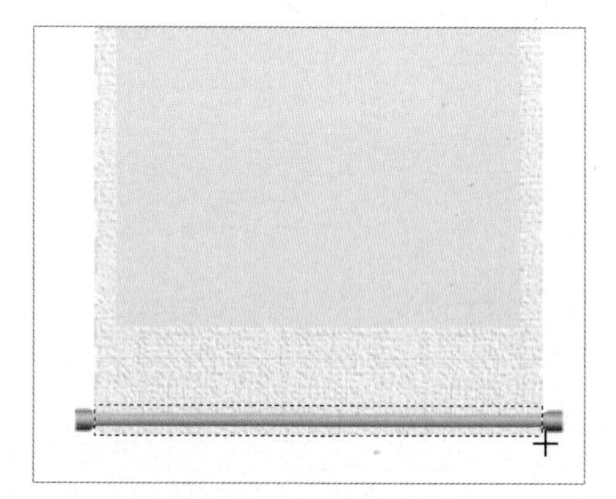

图12-163 绘制矩形选区

图12-164 设置渐变色

**11** 新建“图层4”，运用同样的方法，在选区中按住“Shift”键垂直拖动鼠标，渐变填充选区颜色如图12-165所示。

**12** 新建“图层5”，设置“前景色”为橄榄色（R:103，G:92，B:58），单击工具箱中的“矩形选框”工具，在窗口中绘制矩形选区，按“Alt+Delete”组合键填充选区颜色，如图12-166所示。

图12-165 渐变填充选区颜色

图12-166 填充选区颜色

**13** 选择“选择→变换选区”命令，打开“变换选区”调节框，按住“Alt”键拖动调节框右侧的调结点，对称缩小选区，如图12-167所示，按“Enter”键确定。

**提示** 在打开“变换选区”调节框时，按住“Alt”键拖动调结点，可以同时调整相对的结点，如果调整左侧和右侧的结点，将不会影响上部和下部的结点，在此只需将选区左右缩小一小部分即可。

**14** 新建“图层6”，选择工具箱中的“渐变”工具，运用同样的方法，在选区中垂直拖动鼠标，渐变填充选区如图12-168所示。

图12-167 对称缩小选区

图12-168 渐变填充选区

**15** 单击工具箱中的“钢笔”工具，在窗口中绘制路径，如图12-169所示。

**16** 单击工具箱中的“画笔”工具，单击其属性栏上的“画笔预设”下拉按钮，设置“主直径”为2px，“硬度”为100%，如图12-170所示。

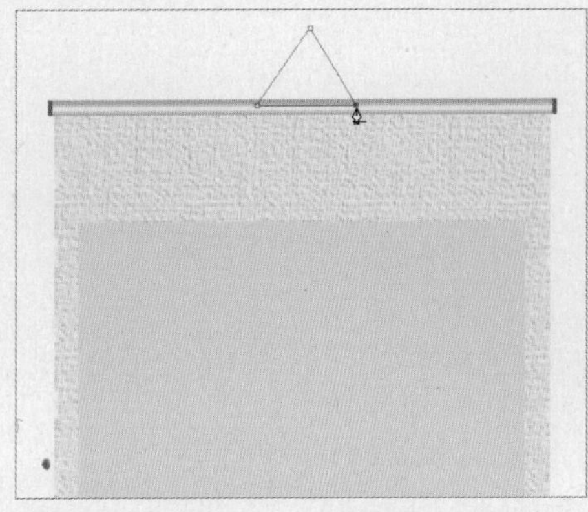
图12-169 绘制路径

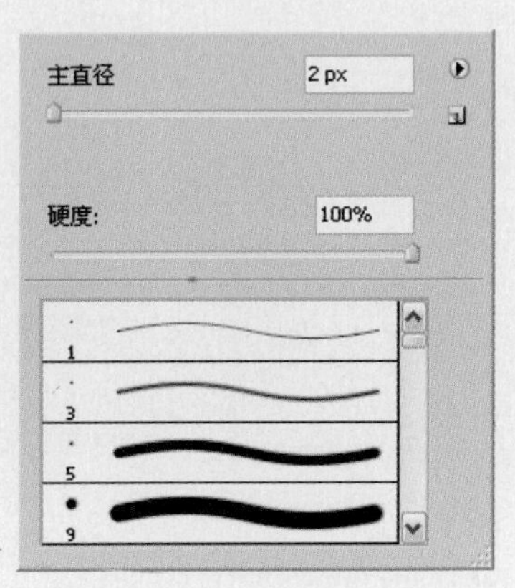

图12-170 设置“画笔”大小

**17** 新建“图层7”，拖动该图层到“图层5”的下一层，选择“路径”面板，单击面板下方的“用画笔描边路径”按钮，描边效果如图12–171所示。

**18** 选择“文件→打开”命令，或按“Ctrl+O”组合键，打开配套光盘中的素材图片“国画1.tif”，如图13–172所示。

图12-171 描边效果

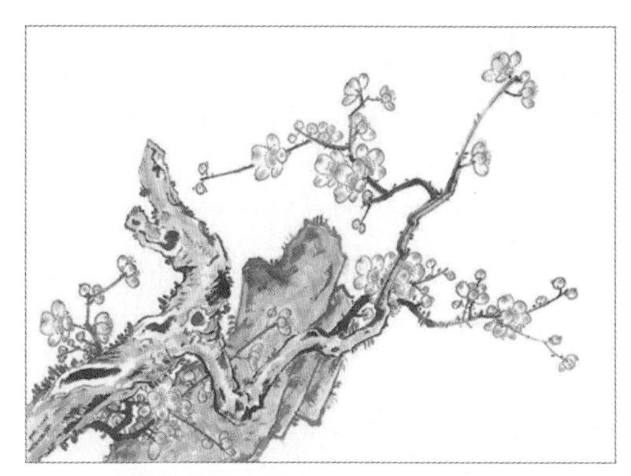

图12-172 打开素材图片

**提 示** 在“路径”面板的空白区域单击鼠标，可以取消路径显示。

**19** 单击工具箱中的“移动”工具，将素材图片拖曳到“画卷之美”文件窗口中，按“Ctrl+T”组合键，对素材的大小和位置进行调整，如图12–173所示，双击图像确定变换。

**20** 按住“Ctrl”键，单击“图层2”的缩览图，载入图像外轮廓选区，如图12–174所示。

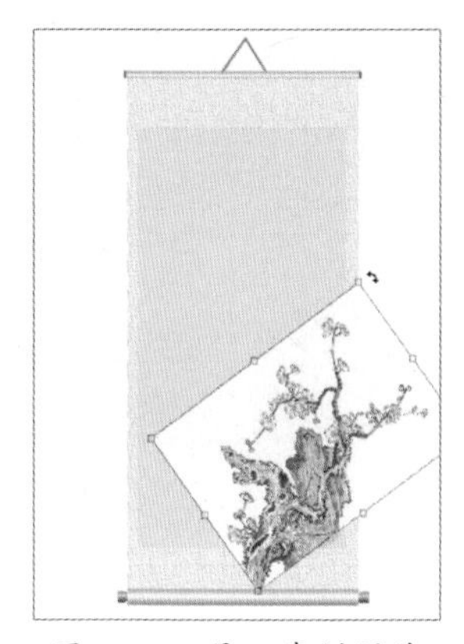

图12-173 导入素材图片

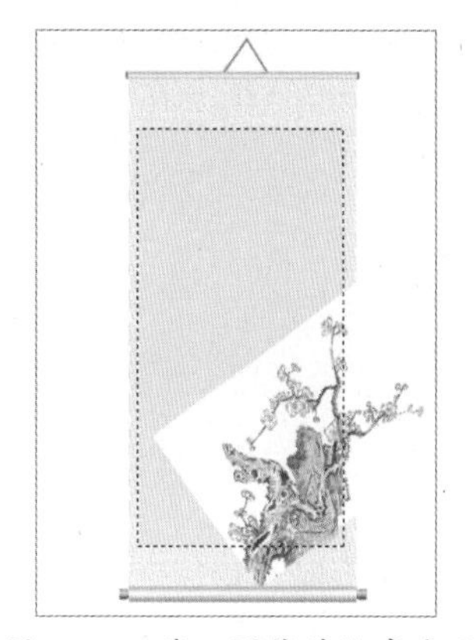

图12-174 载入图像外轮廓选区

**21** 单击“图层”面板下方的“添加图层蒙版”按钮，创建选区蒙版，效果如图12–175所示。

**22** 设置“图层8”的“图层混合模式”为线性加深，“不透明度”为30%，效果如图12–176所示。

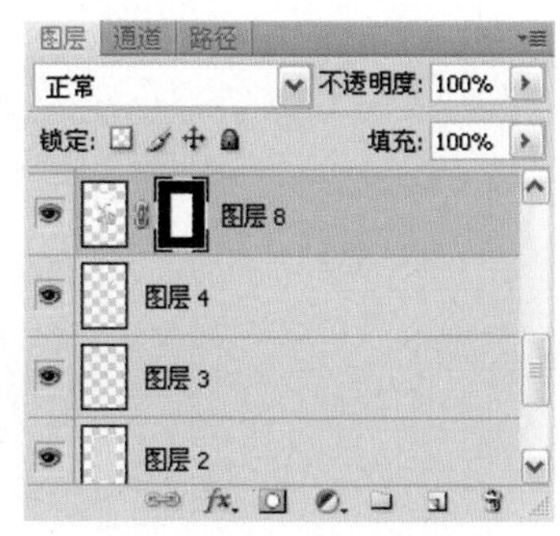


图12-175 创建选区蒙版

图12-176 设置“图层混合模式”

23 选择“文件→打开”命令，或按“Ctrl+O”组合键，打开配套光盘中的素材图片“国画2和国画3.tif”，如图12–177和图12–178所示。

图12-177 “国画2”素材图片

图12-178 “国画3”素材图片

24 运用同样的方法，分别将“国画2”和“国画3”素材图片拖动到“画卷之美”文件窗口中，单击“图层”面板下方的“添加图层蒙版”按钮，创建选区蒙版，设置“图层混合模式”和“不透明度”，效果如图12–179所示。

25 选择“文件→打开”命令，或按“Ctrl+O”组合键，打开配套光盘中的素材图片“古装婚纱照.tif”，如图12–180所示。

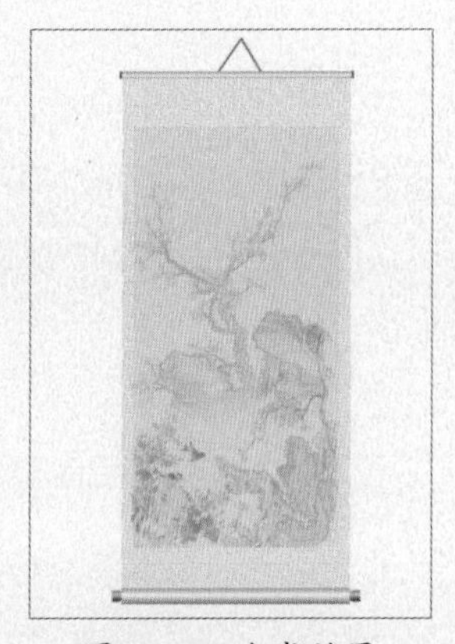
图12-179 合成效果

图12-180 打开素材图片

26 单击工具箱中的“移动”工具，将素材图片拖曳到“画卷之美”文件窗口中，按“Ctrl+T”组合键，对素材的大小和位置进行调整，如图12–181所示，双击图像确定变换。

27 单击“图层”面板下方的“添加图层蒙版”按钮，创建图层蒙版，如图12–182所示。

图12-181 导入素材图片

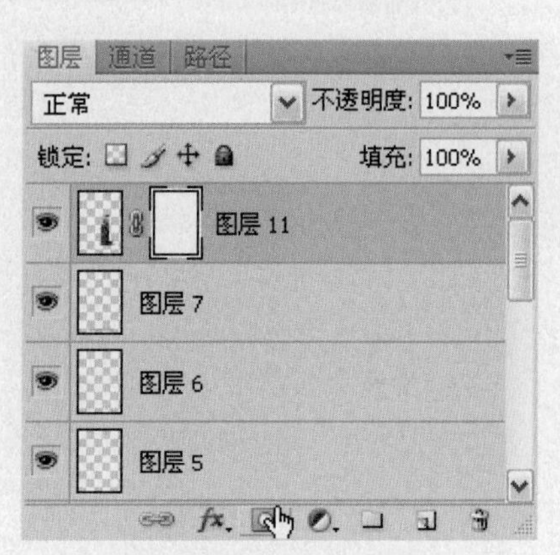

图12-182 创建图层蒙版

**28** 单击“图层11”的图层蒙版缩览图，设置“前景色”为黑色，单击工具箱中的“画笔”工具，在人物脚的部分涂抹，遮罩图像如图12–183所示。

**29** 选择“图像→调整→色阶”命令，打开“色阶”对话框，设置参数为0，1.16，188，如图12–184所示。

图12-183 遮罩图像

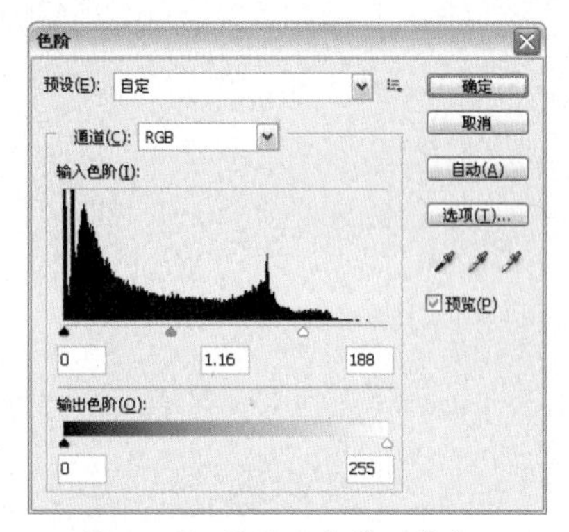


图12-184 设置“色阶”参数

**技 巧**

在此运用“橡皮擦”工具，直接对图像进行擦除，也可以达到同样的效果，但是运用“图层蒙版”对图像进行遮罩，可以对原图像起到保护作用，不会破坏原图像，如果效果不满意也方便修改。

**30** 单击“确定”按钮，人物照片整体色调变亮，效果如图12–185所示。

**31** 选择“文件→打开”命令，或按“Ctrl+O”组合键，打开配套光盘中的素材图片“蝴蝶.tif”，如图12–186所示。

图12-185 调整“色阶”后的效果

图12-186 打开素材图片

**32** 单击工具箱中的“移动”工具，将素材图片拖曳到“画卷之美”文件窗口中，按“Ctrl+T”组合键，对素材的大小和位置进行调整，如图12–187所示，双击图像确定变换。

**33** 设置“图层混合模式”为深色，效果如图12–188所示。

图12-187 导入素材图片

图12-188 设置“图层混合模式”

**34** 单击工具箱中的“直排文字”工具T，在窗口中分别输入黑色文字，效果如图12-189所示。

**35** 选择“文件→打开”命令，或按“Ctrl+O”组合键，打开配套光盘中的素材图片“印章.tif”，如图12-190所示。

**36** 单击工具箱中的“移动”工具，将素材图片拖曳到“画卷之美”文件窗口中，按“Ctrl+T”组合键，对素材的大小和位置进行调整，双击图像确定变换。

**37** 设置“图层混合模式”为深色，最终效果如图12-191所示。

图12-189 输入文字

图12-190 打开素材图片

图12-191 最终效果

## 12.7 优雅古装

- **素材文件** 婚纱1.tif、婚纱2.tif、婚纱3.tif、小花.tif
- **效果文件** 优雅古装.psd
- **存放路径** 光盘\源文件与素材\第12章\12.7优雅古装

### 案例点评

本案例将制作一幅优雅古装的婚纱后期处理图片。主要采用了古典的橘黄色作为主色调，运用“图层混合模式”将古典的花纹融合在背景中，并且配合古装婚纱照，使画面效果体现出古色古香的优雅感觉。

修图步骤

**1** 选择“文件→新建”命令，或按“Ctrl+N”组合键，打开“新建”对话框，设置“名称”为优雅古装，“宽度”为28厘米，“高度”为20厘米，“分辨率”为150像素/英寸，“颜色模式”为RGB颜色，设置其他参数如图12-192所示，单击“确定”按钮。

**2** 设置“前景色”为橘黄色（R:224，G:181，B:134），按“Alt+Delete”组合键，填充颜色如图12-193所示。

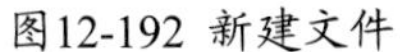
图12-192 新建文件

图12-193 填充颜色

**3** 选择“文件→打开”命令，或按“Ctrl+O”组合键，打开配套光盘中的素材图片“小花.tif”，如图12-194所示。

**4** 单击工具箱中的“移动”工具，将素材图片拖曳到“优雅古装”文件窗口中，按“Ctrl+T”组合键，对素材的大小和位置进行调整，如图12-195所示，双击图像确定变换。

图12-194 打开素材图片

图12-195 导入素材图片

**5** 在“图层”调板中设置“图层混合模式”为正片叠低，效果如图12-196所示。

**6** 按“Ctrl+J”组合键，创建副本图像，按“Ctrl+T”组合键，对图像的大小和位置进行调整，设置“不透明度”为20%，效果如图12-197所示。

图12-196 设置“图层混合模式”

图12-197 复制图像

**7** 新建图层，单击工具箱中的“矩形选框”工具，在窗口中绘制矩形选区，效果如图12-198所示。

**8** 设置“前景色”为棕色（R:207，G:154，B:122），按“Alt+Delete”组合键填充选区颜色如图12-199所示。

图12-198 绘制选区

图12-199 填充选区颜色

9 单击工具箱中的“橡皮擦”工具，设置“不透明度”为40%，并擦除矩形图形，效果如图12-200所示。

10 选择“文件→打开”命令，或按“Ctrl+O”组合键，打开配套光盘中的素材图片“婚纱2.tif”，如图12-201所示。

图12-200 擦除矩形图形

图12-201 打开素材图片

11 单击工具箱中的“移动”工具，将素材图片拖曳到“优雅古装”文件窗口中，按“Ctrl+T”组合键，对素材的大小和位置进行调整，如图12-202所示，双击图像确定变换。

12 单击工具箱中的“矩形选框”工具，在窗口中绘制选区，按“Ctrl+Shift+I”组合键，反选选区，按“Delete”键，删除选区内容，效果如图12-203所示，按“Ctrl+D”组合键取消选区。

图12-202 导入素材图片

图12-203 删除选区内容

13 选择“编辑→描边”命令，打开“描边”对话框，设置“颜色”为棕色（R:166，G:115，B:97），“宽度”为6px，设置其他参数如图12-204所示。

14 单击“确定”按钮，添加描边效果如图12-205所示。

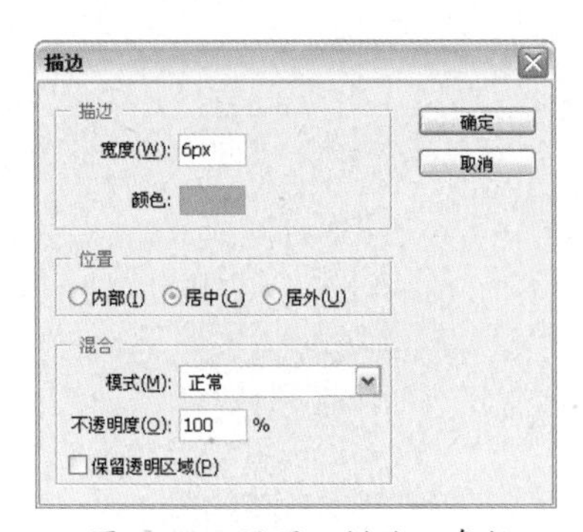

图12-204 设置“描边”参数

图12-205 “描边”效果

**15** 选择“图像→调整→亮度/对比度”命令，打开“亮度/对比度”对话框，设置“亮度”为29，设置“对比度”为-27，如图12-206所示。

**16** 单击“确定”按钮，效果如图12-207所示。

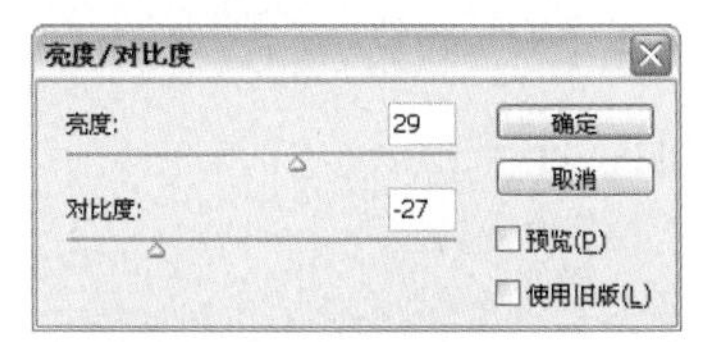

图12-206 设置“亮度/对比度”参数

图12-207 调整“亮度/对比度”后的效果

**17** 选择“文件→打开”命令，或按“Ctrl+O”组合键，打开配套光盘中的素材图片“婚纱3.tif”，如图12-208所示。

**18** 单击工具箱中的“移动”工具，将素材图片拖曳到“优雅古装”文件窗口中，按“Ctrl+T”组合键，对素材的大小和位置进行调整，如图12-209所示，双击图像确定变换。

图12-208 打开素材图片

图12-209 导入素材图片

**19** 运用以上的方法，在窗口中绘制矩形选区，删除照片的多余部分，添加描边效果，调整照片的亮度和对比度，效果如图12-210所示。

**20** 选择“文件→打开”命令，或按“Ctrl+O”组合键，打开配套光盘中的素材图片“婚纱1.tif”，如图12-211所示。

图12-210 调整“亮度/对比度”后的效果

图12-211 打开素材图片

**21** 单击工具箱中的“移动”工具，将素材图片拖曳到“优雅古装”文件窗口中，按“Ctrl+T”组合键，对素材的大小和位置进行调整，如图12-212所示，双击图像确定变换。

**22** 双击图层名后的空白区域，打开“图层样式”对话框，选择“外发光”复选框，设置外发光“颜色”为淡黄色（R:219，G:190，B:163），设置其他参数如图12-213所示。

图12-212 导入素材图片

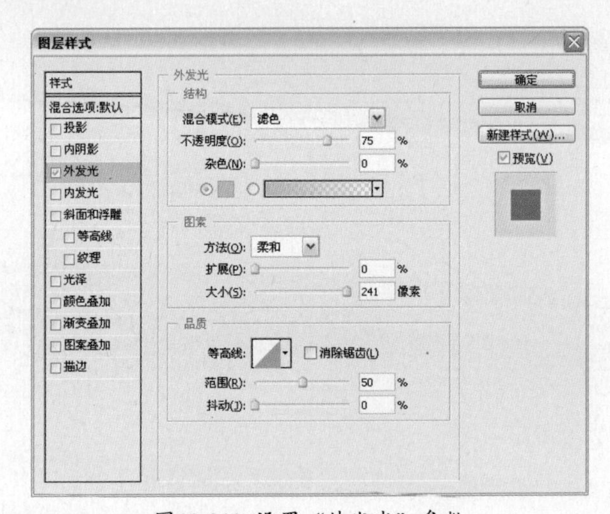


图12-213 设置“外发光”参数

**23** 单击“确定”按钮，效果如图12-214所示。

**24** 选择“图像→调整→亮度/对比度” 命令，打开“亮度/对比度”对话框，设置“亮度”为60，“对比度”为-33，如图12-215所示。

图12-214 “外发光”效果

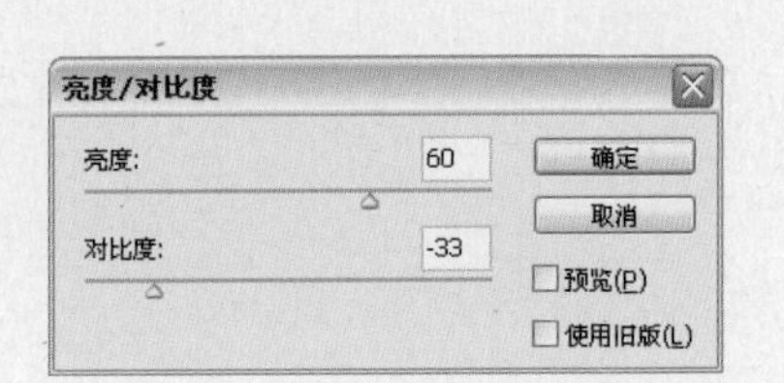


图12-215 设置“亮度/对比度”参数

**25** 单击“确定”按钮，效果如图12-216所示。

**26** 单击工具箱中的“横排文字”工具T，分别在图像中输入文字，最终效果如图12-217所示。

图12-216 调整“亮度/对比度”后的效果

图12-217 最终效果

## 12.8 海报主题

**素材文件** 树林.tif、婚纱.tif

**效果文件** 海报主题.psd

**存放路径** 光盘\源文件与素材\第12章\12.8海报主题

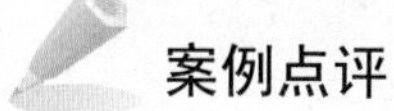

### 案例点评

本案例主要选取一幅风景图片作为背景，运用“图层蒙版”处理图片的边缘，通过“色相/饱和度”和“曲线”命令，调整图像的颜色，最后运用“点状化”、“阈值”、“动感模糊”等命令制作下雪效果，将主题人物融入到雪景中。文字与图像效果的搭配，使整幅画面体现了电影海报的特色。

修图步骤

**1** 选择“文件→新建”命令，或按“Ctrl+N”组合键，打开“新建”对话框，设置“名称”为电影海报，“宽度”为15厘米，“高度”为21厘米，“分辨率”为150像素/英寸，“颜色模式”为RGB颜色，设置其他参数如图12-218所示，单击“确定”按钮。

**2** 选择“文件→打开”命令，或按“Ctrl+O”组合键，打开配套光盘中的素材图片“树林.tif”，如图12-219所示。

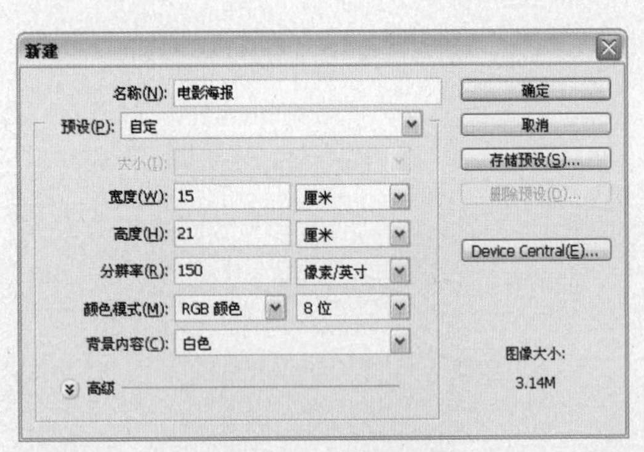


图12-218 新建文件

图12-219 打开素材图片

**3** 单击工具箱中的“移动”工具，将素材图片拖曳到“电影海报”文件窗口中，按“Ctrl+T”组合键，对素材的大小和位置进行调整，如图12-220所示，双击图像确定变换。

**4** 单击“图层”面板下方的“添加图层蒙版”按钮，为该图层添加图层蒙版，如图12-221所示。

图12-220 导入素材图片

图12-221 添加图层蒙版

**5** 单击工具箱中的“画笔”工具，设置“前景色”为黑色，在图像边缘部分进行涂抹，效果如图12-222所示。

**6** 选择“图像→调整→色相/饱和度”命令，打开“色相/饱和度”对话框，选择“着色”复选框，设置参数为19，40，0，如图12-223所示。

图12-222 涂抹图层蒙版

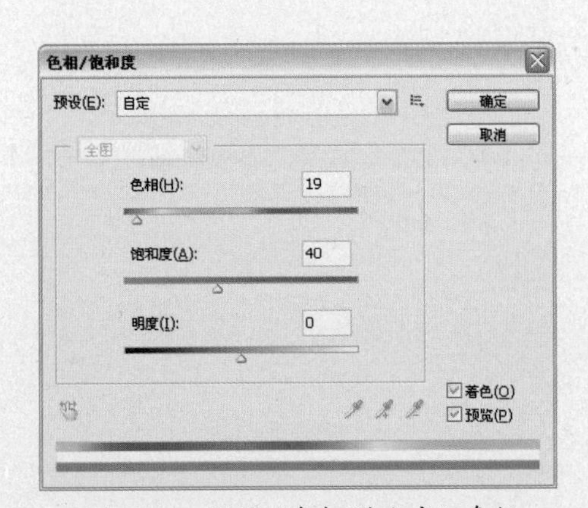


图12-223 设置“色相/饱和度”参数

**7** 单击“确定”按钮，效果如图12-224所示。

**8** 选择“图像→调整→曲线”命令，或按“Ctrl+M”组合键，打开“曲线”对话框，调整曲线如图12-225所示。

图12-224 调整“色相/饱和度”后的效果

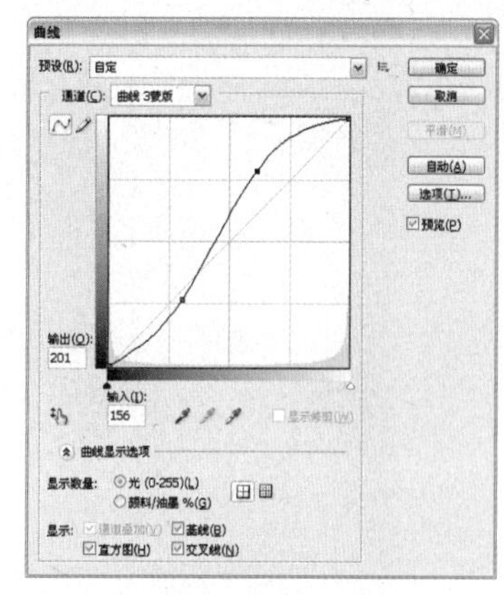

图12-225 调整“曲线”

**9** 单击“确定”按钮，效果如图12-226所示。

**10** 选择“文件→打开”命令，或按“Ctrl+O”组合键，打开配套光盘中的素材图片“婚纱.tif”，如图12-227所示。

图12-226 调整“曲线”后的效果

图12-227 打开素材图片

**11** 单击工具箱中的“移动”工具，将素材图片拖曳到“电影海报”文件窗口中，按“Ctrl+T”组合键，对素材的大小和位置进行调整，如图12-228所示，双击图像确定变换。

**12** 选择当前图层，选择“图像→调整→曲线”命令，或按“Ctrl+M”组合键，打开“曲线”对话框，调整曲线如图12-229所示。

图12-228 导入素材图片

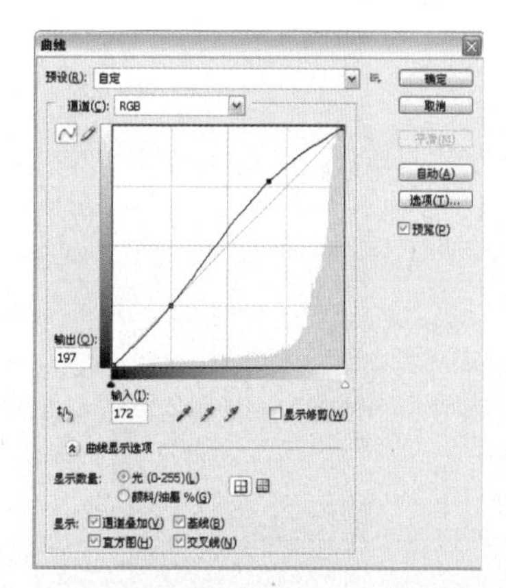

图12-229 调整“曲线”

**13** 单击“确定”按钮，效果如图12-230所示。

**14** 新建图层，设置“前景色”为白色，单击工具箱中的“画笔”工具，在窗口的边缘进行绘制，效果如图12-231所示。

图12-230 调整“曲线”后的效果

图12-231 绘制白色边缘

**15** 新建图层，设置“前景色”为白色，设置“背景色”为黑色，按“Alt+Delete”组合键填充颜色，选择“滤镜→像素化→点状化”命令，打开“点状化”对话框，设置“单元格大小”为9，如图12-232所示。

**16** 单击“确定”按钮，效果如图12-233所示。

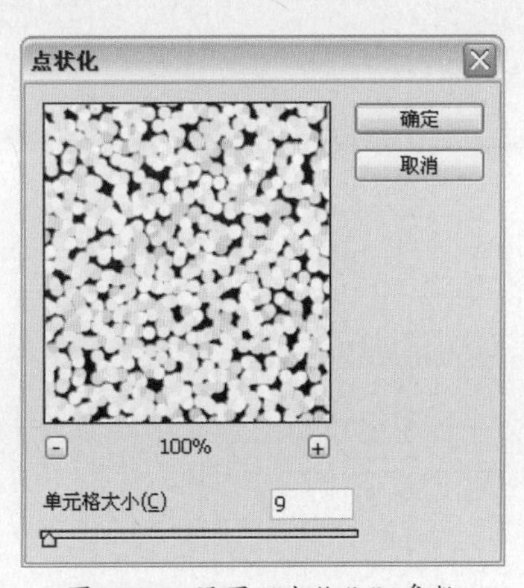


图12-232 设置“点状化”参数

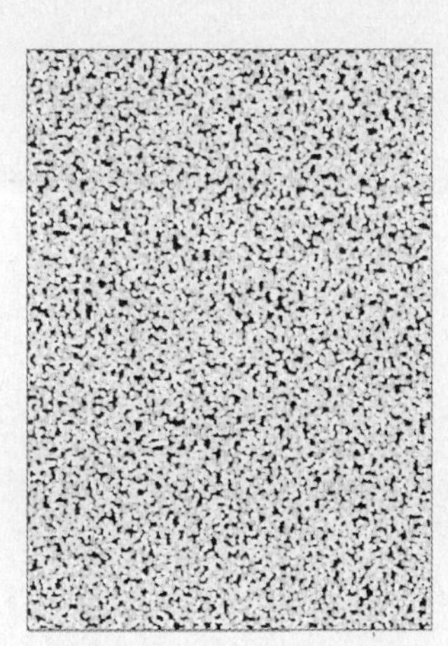

图12-233 “点状化”效果

**17** 选择“图像→调整→阈值”命令，打开“阈值”对话框，设置“阈值色阶”为251，如图12-234所示。

**18** 单击“确定”按钮，效果如图12-235所示。

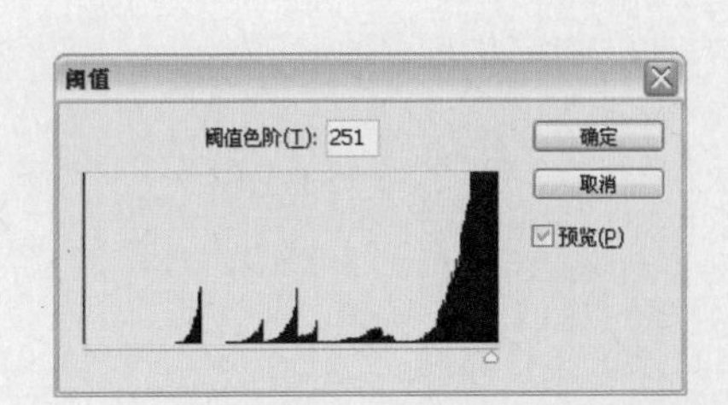


图12-234 设置“阈值”参数

图12-235 调整“阈值”后的效果

**19** 选择“滤镜→模糊→动感模糊”命令，打开“动感模糊”对话框，设置“角度”为58，设置“距离”为21，如图12-236所示。

**20** 单击“确定”按钮，效果如图12-237。

图12-236 设置“动感模糊”参数

图12-237 “动感模糊”效果

21 单击工具箱中的“橡皮擦”工具，单击其属性栏上的“画笔预设”下拉按钮，设置“硬度”为0%，对图像面部进行擦除，在“图层”调板中设置“图层混合模式”为滤色，效果如图12-238所示。

22 新建图层，设置“前景色”为白色，“背景色”为黑色，按“Alt+Delete”组合键填充颜色，选择“滤镜→像素化→点状化”命令，打开“点状化”对话框，设置“单元格大小”为38，如图12-239所示。

图12-238 设置“图层混合模式”

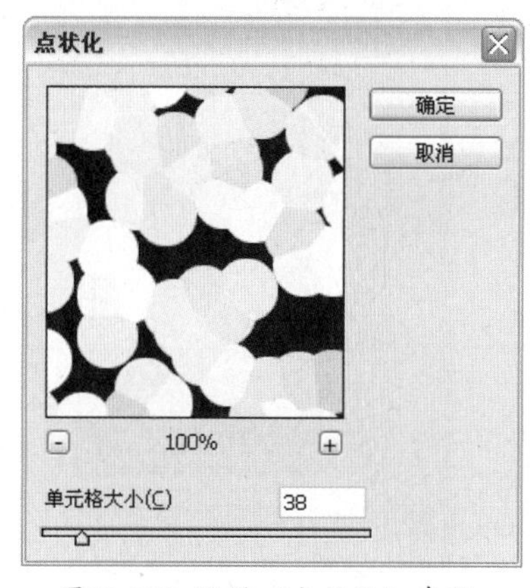


图12-239 设置“点状化”参数

23 单击“确定”按钮，效果如图12-240所示。

24 选择“图像→调整→阈值”命令，打开“阈值”对话框，设置“阈值色阶”参数为255，如图12-241所示。

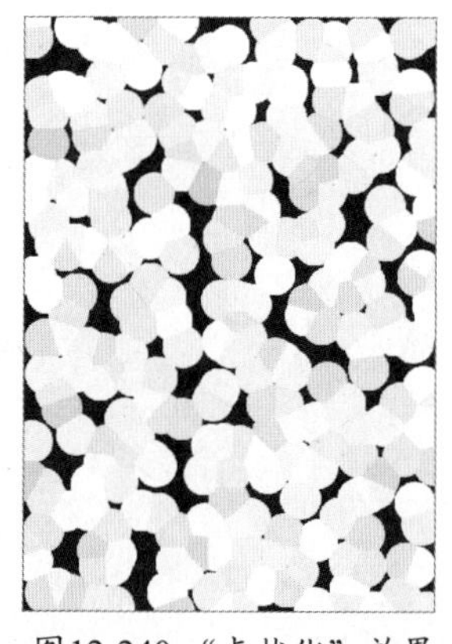

图12-240 “点状化”效果

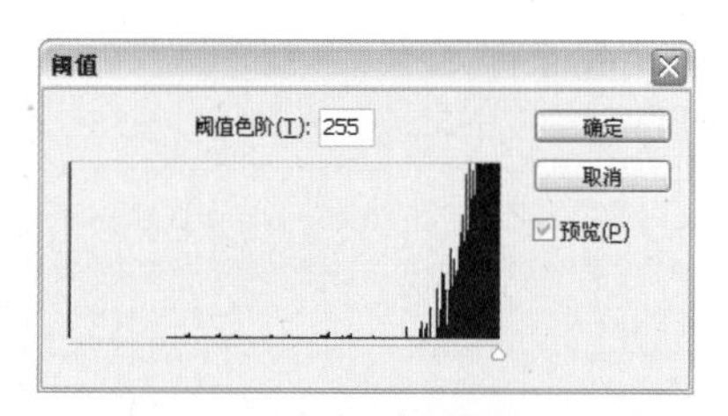


图12-241 设置“阈值色阶”参数

25 单击“确定”按钮，效果如图12-242所示。

26 选择“滤镜→模糊→动感模糊” 命令，打开“动感模糊”对话框，设置“角度”为58，“距离”为30，如图12-243所示。

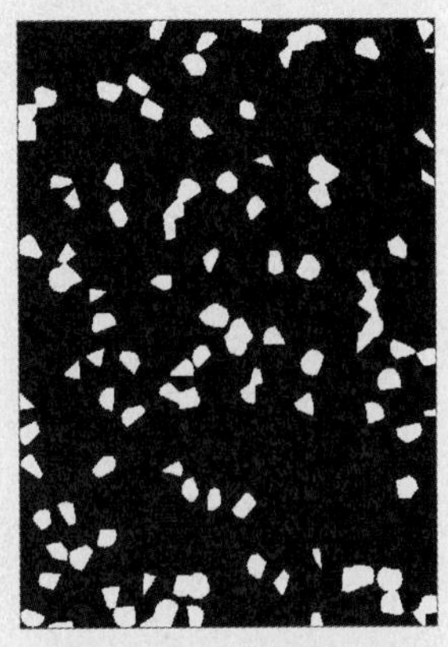

图12-242 “阈值”效果

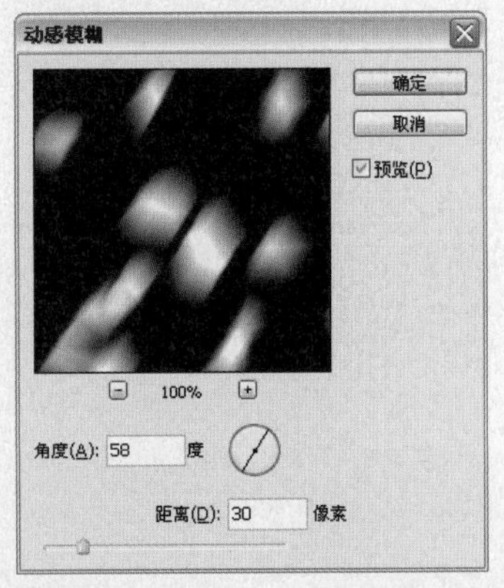


图12-243 设置“动感模糊”参数

**27** 单击“确定”按钮，效果如图12-244所示。

**28** 单击工具箱中的“橡皮擦”工具，单击其属性栏上的“画笔预设”下拉按钮，设置“硬度”为0%，对图像面部以及周围进行擦除，在“图层”调板中设置“图层混合模式”为滤色，效果如图12-245所示。

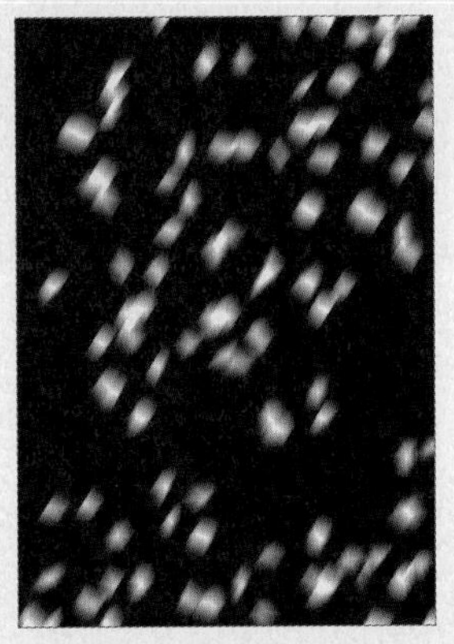

图12-244 “动感模糊”效果

图12-245 设置“图层混合模式”

**29** 单击工具箱中的“横排文字”工具T，分别在窗口中输入文字，添加“投影”效果，最终效果如图12-246所示。

图12-246 最终效果

# 第13章 装饰儿童照

拍摄儿童照片，对于摄影师来说其实不是一件容易的事，儿童不是成人也不是专业模特，不能随着摄影师的心意摆出各式各样的姿势进行拍摄，摄影师只能在和儿童玩耍中进行拍摄，抓拍他们一举一动或在某一瞬间的美好表情和姿势，来表现他们的自然、天真可爱，留下美好的瞬间。

在后期装饰儿童照片时，为了更加突出儿童天真可爱的本性，尽量采用一些比较鲜艳的颜色和卡通的图案。本章主要列举了宝宝照之时尚台历设计、宝宝照之浪漫童真、宝宝照之生肖星座、宝宝照之童趣涂鸦、特色宝宝照片5个不同风格的案例解析。

# 13.1 宝宝照之时尚台历设计

前后效果对比

**素材文件** 溶图.tif、牛牛.tif、小女孩与兔子.tif、宝宝写真1.tif、宝宝写真2.tif

**效果文件** 宝宝照之时尚台历设计.psd

**存放路径** 光盘\源文件与素材\第13章\13.1宝宝照之时尚台历设计

## 案例点评

本案例主要设计制作一幅儿童的时尚台历，运用“添加杂色”、“高斯模糊”命令和“橡皮擦”、“自定形状”工具等，制作台历的背景效果，使用“横排文字”工具，在台历中输入年月日期，最后运用“移动”工具，将素材图片分别导入到文件中进行合成处理。

修图步骤

**1** 选择“文件→打开”命令，或按“Ctrl+O”组合键，打开配套光盘中的素材图片“溶图.tif”，如图13-1所示。

**2** 选择“图像→画布旋转→180度”命令，按“Ctrl+J”复制背景，效果如图13-2所示。

图13-1 打开素材图片

图13-2 复制背景图像

**3** 选择“滤镜→杂色→添加杂色”命令，打开“添加杂色”对话框，设置“数量”为17%，设置其他参数如图13-3所示。

**提示** 在“添加杂色”对话框中，如果选择“单色”复选框，将会添加黑与白的单色杂点。

**4** 单击“确定”按钮，在图像中添加的杂色效果如图13-4所示。

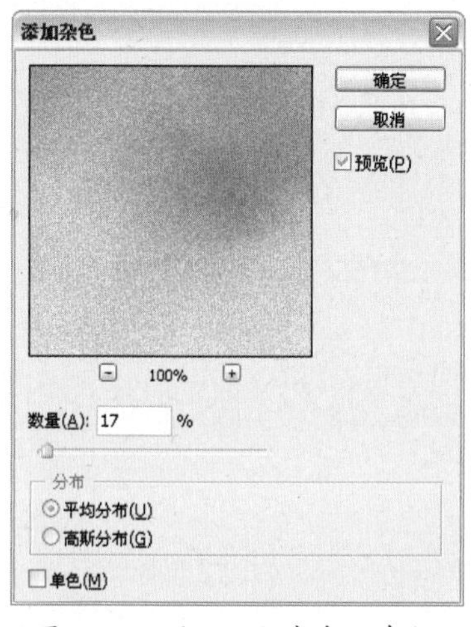


图13-3 设置“添加杂色”参数

图13-4 “添加杂色”效果

**5** 选择“滤镜→模糊→高斯模糊”命令，打开“高斯模糊”对话框，设置“半径”为0.9，如图13-5所示。

**6** 单击“确定”按钮，效果如图13-6所示。

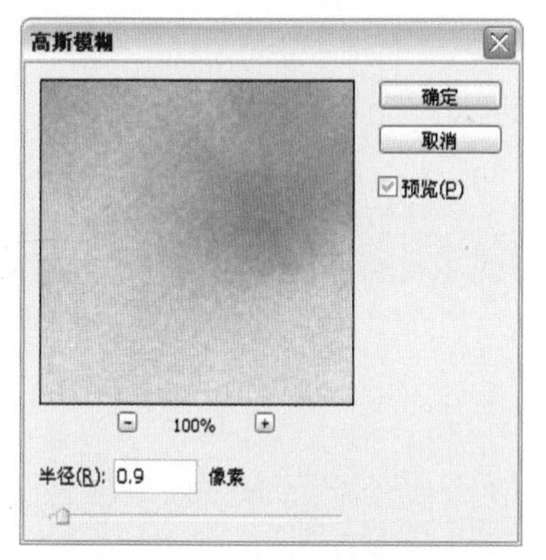


图13-5 设置“高斯模糊”参数

图13-6 “高斯模糊”效果

**7** 单击工具箱中的“橡皮擦”工具，并在窗口中擦除图像，如图13-7所示。

**8** 单击工具箱中的“自定形状”工具，单击其属性栏上的“形状”下拉按钮，选择形状“花1”，如图13-8所示。

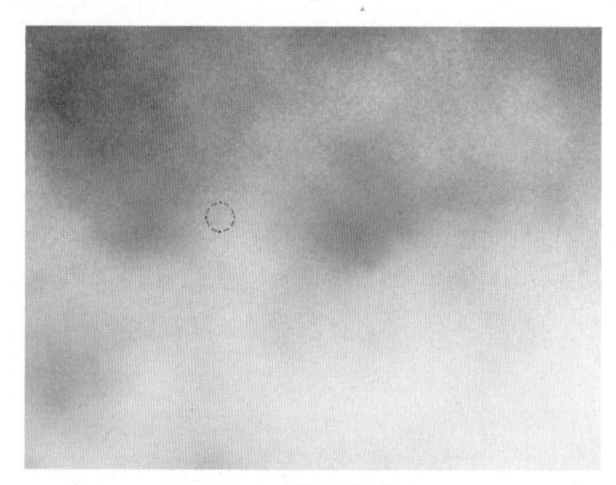

图13-7 擦除图像

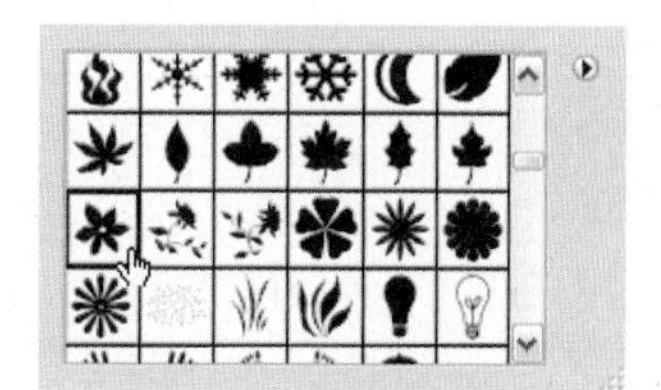

图13-8 选择形状

**提 示** 如果“形状”下拉列表中没有合适的形状，可以通过单击列表右上方的“三角形”按钮，在弹出的快捷菜单中添加“全部”形状样式。

**9** 新建图层，设置“前景色”为粉红色（R:248，G:179，B:150），在图像中分别绘制形状，选中所有绘制的形状图层，按“Ctrl+E”组合键，合并图层，效果如图13-9所示。

**10** 新建图层，单击工具箱中的“矩形选框”工具，在窗口中绘制选区，按“Alt+Delete”组合键，填充选区颜色，如图13-10所示。

图13-9 合并图层

图13-10 填充选区颜色

**11** 单击工具箱中的“横排文字”工具T，分别在窗口中输入文字，效果如图13-11所示。

**12** 选择“文件→打开”命令，或按“Ctrl+O”组合键，打开配套光盘中的素材图片“牛牛.tif”，如图13-12所示。

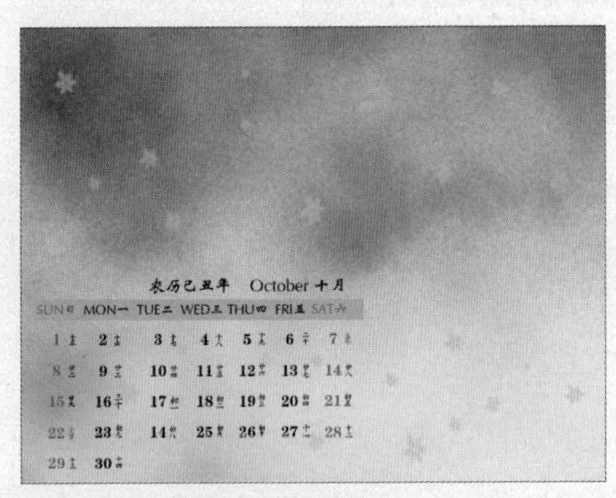


图13-11 输入文字

图13-12 打开素材图片

**13** 单击工具箱中的“移动”工具，将素材图片拖曳到“宝宝照之时尚台历设计”文件窗口中，按“Ctrl+T”组合键，对素材的大小和位置进行调整，双击图像确定变换，效果如图13-13所示。

**14** 选择“文件→打开”命令，或按“Ctrl+O”组合键，打开配套光盘中的素材图片“小女孩与兔子.tif”，如图13-14所示。

图13-13 导入素材图片

图13-14 打开素材图片

**15** 单击工具箱中的“移动”工具，将素材图片拖曳到“宝宝照之时尚台历设计”文件窗口中，按“Ctrl+T”组合键，对素材的大小和位置进行调整，双击图像确定变换，效果如图13–15所示。

**16** 选择“文件→打开”命令，或按“Ctrl+O”组合键，打开配套光盘中的素材图片“宝宝写真1.tif”，如图13–16所示。

图13-15 导入素材

图13-16 打开素材图片

**17** 单击工具箱中的“移动”工具，将素材图片拖曳到“宝宝照之时尚台历设计”文件窗口中，并按“Ctrl+T”组合键，对素材的大小和位置进行调整，双击图像确定变换，效果如图13–17所示。

**18** 双击当前图层名后的空白区域，打开“图层样式”对话框，设置“混合模式”的颜色为红色（R:199，G:34，B:25），设置其他参数如图13–18所示。

图13-17 导入素材

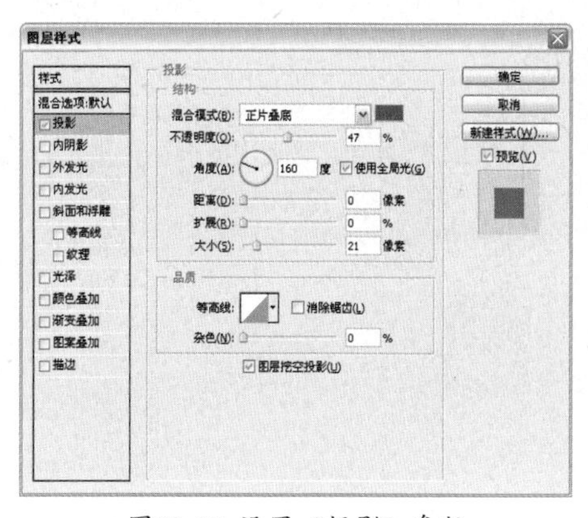
图13-18 设置“投影”参数

**19** 单击“确定”按钮，效果如图13–19所示。

**20** 选择“图像→调整→曲线”命令，打开“曲线”对话框，在对话框中调整“曲线”，如图13–20所示，单击“确定”按钮。

图13-19 “投影”效果

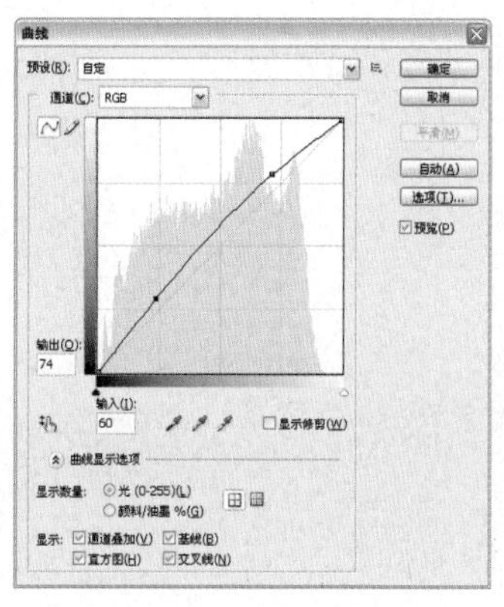
图13-20 调整“曲线”

**21** 选择“文件→打开”命令，或按“Ctrl+O”组合键，打开配套光盘中的素材图片“宝宝写真2.tif”，如图13-21所示。

**22** 单击工具箱中的“移动”工具，将素材图片拖曳到“宝宝照之时尚台历设计”文件窗口中，并按“Ctrl+T”组合键，对素材的大小和位置进行调整，双击图像确定变换，设置“不透明度”为40%，制作完成后的最终效果如图13-22所示。

图13-21 打开素材图片

图13-22 最终效果

## 13.2 宝宝照之浪漫童真

**素材文件** 兔子.tif、可爱宝宝.tif

**效果文件** 宝宝照之浪漫童真.tif

**存放路径** 光盘\源文件与素材\第13章\13.2宝宝照之浪漫童直

### 案例点评

本案例主要制作一幅浪漫童真图。粉红色代表着可爱甜美、优雅高贵的风度，同时也象征着浪漫，运用“椭圆选框”、“画笔”、“自定形状”、“钢笔”等工具，制作出点点繁星、樱花漫步的背景图案，让整幅画面充满了浪漫的气息。

修图步骤

**1** 选择“文件→新建”命令，或按“Ctrl+N”组合键，打开“新建”对话框，设置“名称”参数为宝宝照之浪漫童真，“宽度”为33厘米，“高度”为25厘米，“分辨率”为150像素/英寸，“颜色模式”为RGB颜色，设置其他参数如图13-23所示，单击“确定”按钮。

**2** 设置“前景色”为粉红色（R:255，G:139，B:199），按“Alt+Delete”组合键填充颜色，如图13-24所示。

图13-23 新建文件

图13-24 填充颜色

3 新建图层，单击工具箱中的“椭圆选框”工具，在图像中绘制选区，并选择“选择→变换选区”命令，对选区进行旋转调整，如图13–25所示。

4 按“Ctrl+Shift+I”组合键，“反向”选取选区，设置“前景色”为粉红色（R:251，G:185，B:219），按“Alt+Delete”组合键填充选区颜色，按“Ctrl+D”组合键取消选区，效果如图13–26所示。

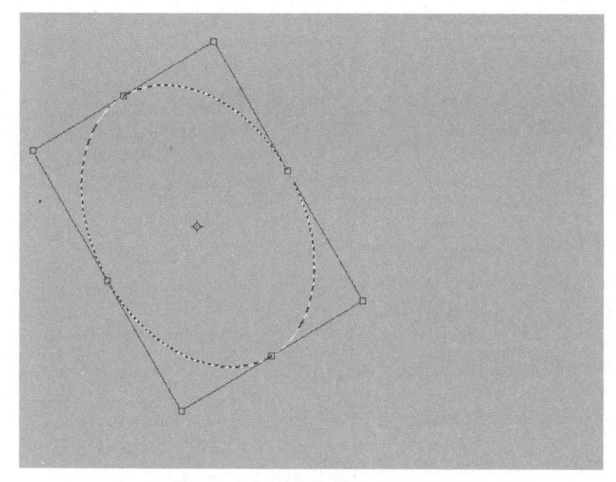
图13-25 调整选区位置

图13-26 “反选”并“填充颜色”

**提示** 选择“选择→反向”命令，也可以反选选区。

5 新建图层，选择“画笔”工具，在其属性栏上设置“硬度”为0%，设置“前景色”为白色，在图像下方绘制白色，效果如图13–27所示。

6 单击工具箱中的“画笔”工具，单击其属性栏上的“画笔”下拉按钮，选择形状“交叉排线48”，如图13–28所示。

图13-27 绘制像素

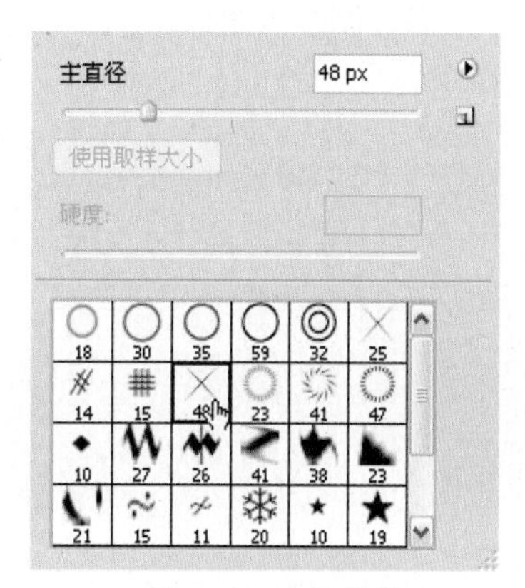

图13-28 选择形状

7 新建图层，在图像所示的位置绘制星星闪光形状，效果如图13-29所示。

8 单击“画笔”工具，单击其属性栏上的“切换画笔面板”按钮，打开“画笔”面板，选择“画笔笔尖形状”选项，选择画笔样式“尖角12”，设置“间距”为442%，设置其他参数如图13-30所示。

图13-29 绘制星星闪光形状

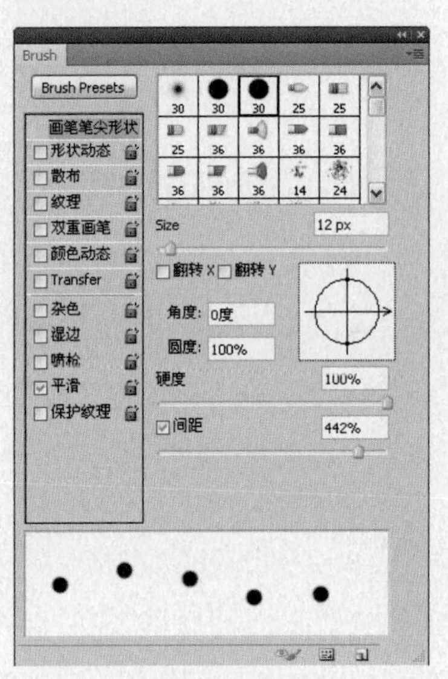


图13-30 设置“画笔笔尖形状”参数

提示 一条线段是由很多很密的圆点组成，在“画笔面板”中，通过调整“间距”参数，可以更改线条圆点的距离。

9 选择“形状动态”复选框，设置“大小抖动”为70%，设置其他参数如图13-31所示。

10 选择“散布”复选框，设置“散布”为995%，设置其他参数如图13-32所示。

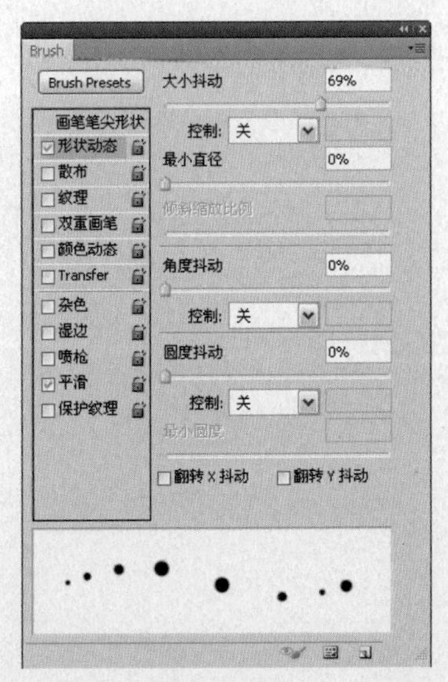


图13-31 设置“形状动态”参数

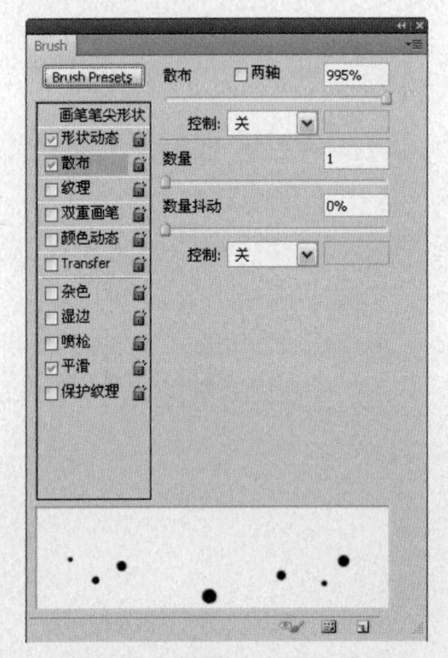


图13-32 设置“散布”参数

11 新建图层，设置“前景色”为白色，设置“不透明度”为30%，在图像所示的位置绘制半透明白色圆点，效果如图13-33所示。

12 在“画笔”属性栏上设置“不透明度”为100%，在图像所示的位置绘制白色圆点，效果如图13-34所示。

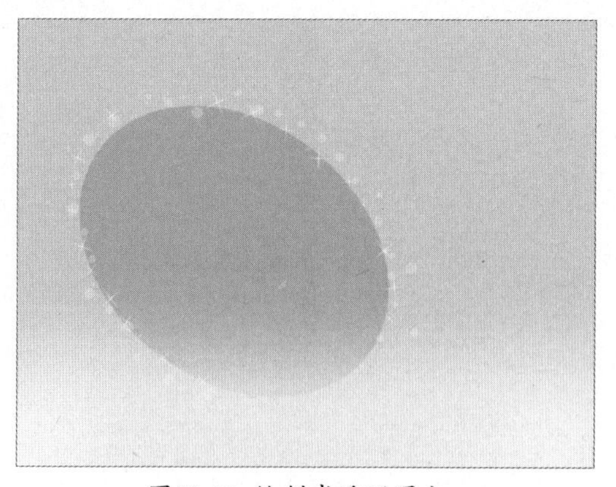
图13-33 绘制半透明圆点

图13-34 绘制白色圆点

**13** 单击工具箱中的“自定形状”工具，单击其属性栏上的“形状”下拉按钮，选择形状“花1”，如图13-35所示。

**14** 新建图层，在图像所示的位置，分别绘制多个“形状”路径，按“Ctrl+Enter”组合键，将路径转换为选区，按“Alt+Delete”组合键填充选区颜色，效果如图13-36所示。

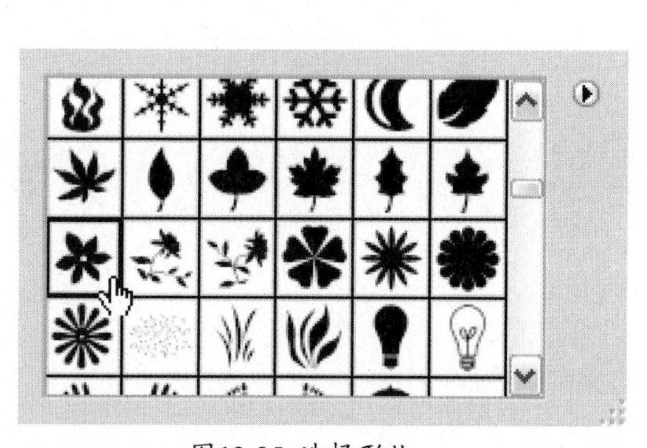
图13-35 选择形状

图13-36 填充选区颜色

**提示** 在绘制形状图案时，可以首先绘制一个白色形状图案，然后按“Ctrl+J”组合键，复制多个图形，并分别调整各图形的大小和位置。

**15** 选择“滤镜→模糊→高斯模糊”命令，打开“高斯模糊”对话框，设置“半径”为4.8像素，如图13-37所示。

**16** 单击“确定”按钮，图像效果如图13-38所示。

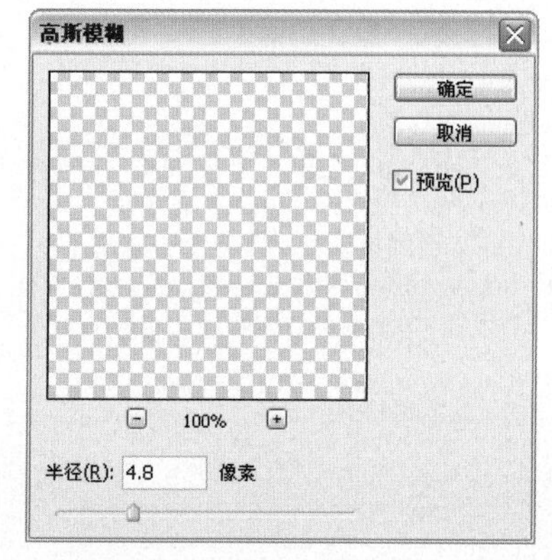

图13-37 设置“高斯迷糊”参数

图13-38 “高斯迷糊”效果

17 新建图层，选择“钢笔”工具，在图像中绘制出树木的形状，按“Ctrl+Enter”组合键，将路径转换为选区，如图13-39所示。

18 单击工具箱中的“渐变”工具，单击属性栏上的“编辑渐变”按钮，打开“渐变编辑器”对话框，设置：

位置0 的颜色为（R:245，G:205，B:55）；

位置50的颜色为（R:255，G:255，B:255）；

位置100的颜色为（R:200，G:131，B:4），如图13-40所示。

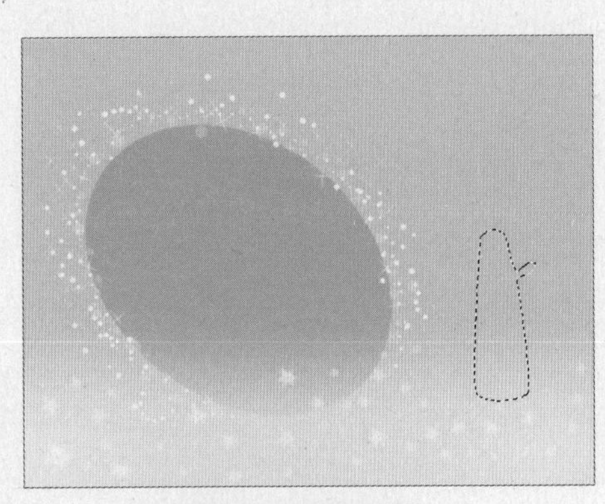

图13-39 绘制选区

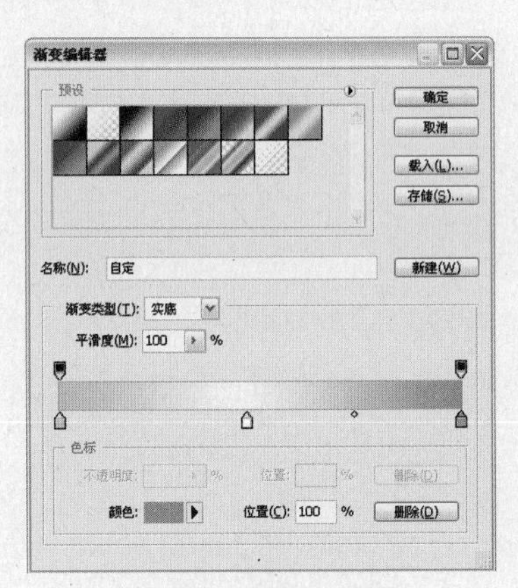


图13-40 设置渐变色

19 单击“确定”按钮，效果如图13-41所示。

20 单击“画笔”工具，设置“不透明度”为100%，单击其属性栏上的“画笔”下拉按钮，设置“主直径”为1px，设置其他参数如图13-42所示。

图13-41 “渐变”效果

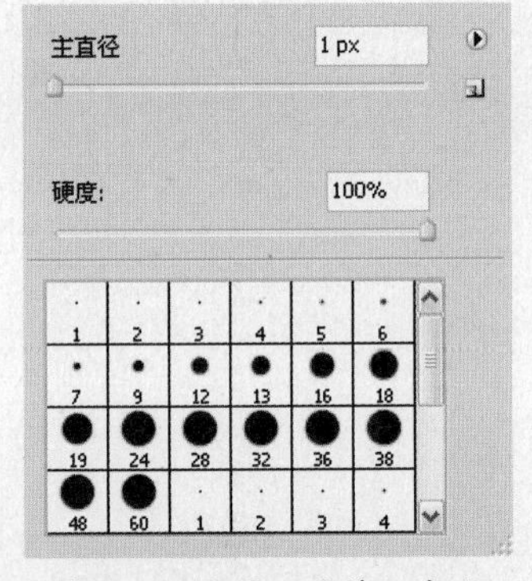


图13-42 设置“画笔”大小

21 设置“前景色”为棕色(R:209，G:139，B:4)，用“画笔”在树木上绘制纹理线条，效果如图13-43所示。

22 新建图层，设置“前景色”为梅红色（R:251，G:60，B:137），单击“椭圆选框”工具，在树木上绘制选区，按“Alt+Delete”组合键填充选区颜色，效果如图13-44所示。

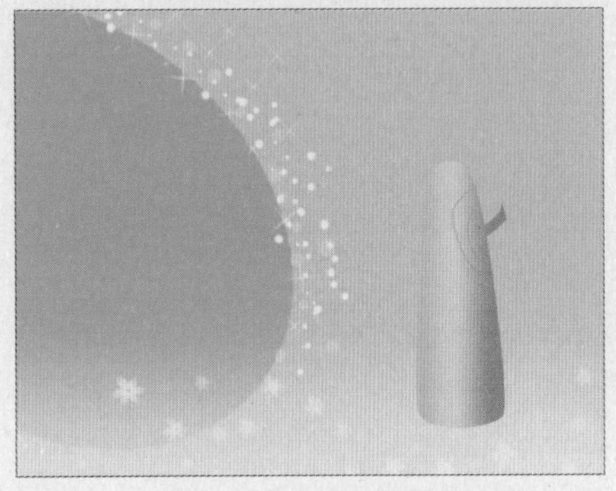

图13-43 绘制纹理线条

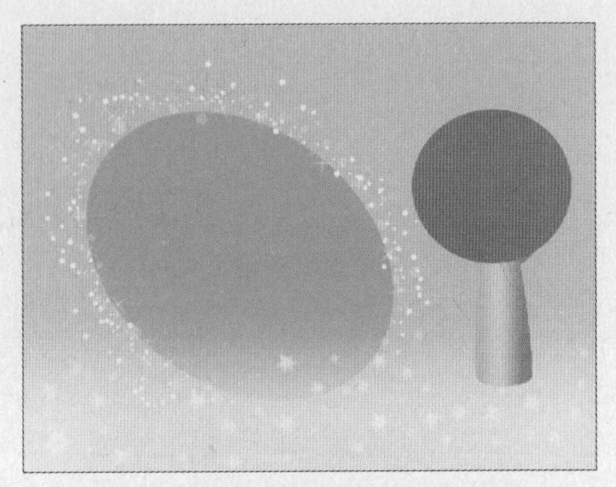

图13-44 绘制图像并填充选区颜色

**23** 选择“滤镜→模糊→高斯模糊”命令，打开“高斯模糊”对话框，设置“半径”参数为40像素，如图13-45所示。

**24** 单击“确定”按钮，效果如图13-46所示。

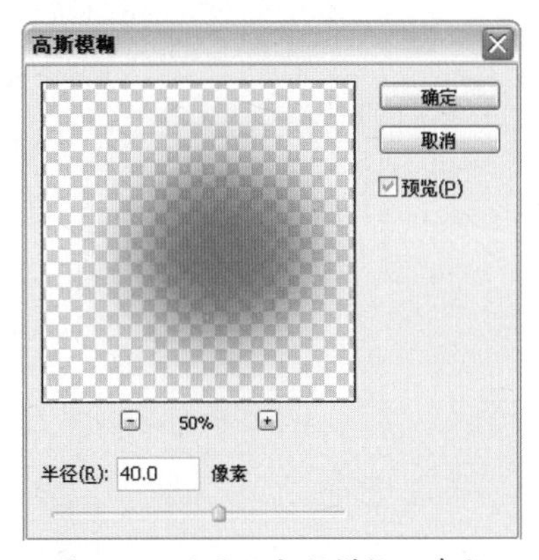


图13-45 设置“高斯模糊”参数

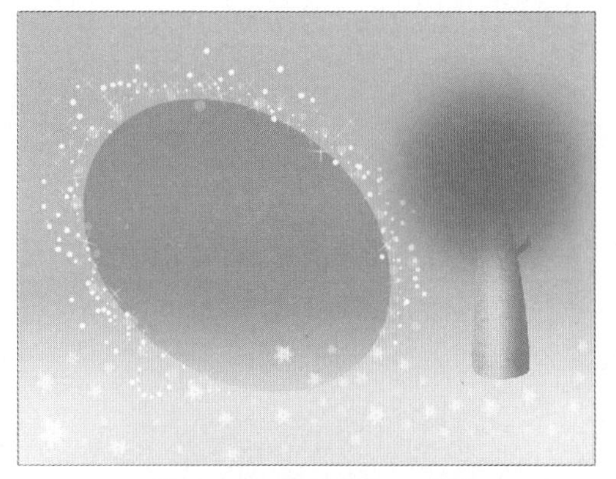

图13-46 “高斯模糊”效果

**25** 新建图层，设置“前景色”为白色，单击“画笔”工具，设置“不透明度”为40%，在图像中绘制白色点状，效果如图13-47所示。

**26** 单击工具箱中的“自定形状”工具，单击其属性栏上的“形状”下拉按钮，选择形状“花1”，如图13-48所示。

图13-47 绘制点状

图13-48 选择形状

**27** 新建图层，在图像所示的位置绘制“形状”，设置“不透明度”为80%，效果如图13-49所示。

**28** 新建图层，设置“前景色”为梅红色（R:249，G:13，B:118），单击“画笔”工具，在图像中绘制红色圆点，效果如图13-50所示。

图13-49 绘制形状

图13-50 绘制圆点

**29** 选择“滤镜→模糊→高斯模糊”命令，打开“高斯模糊”对话框，设置“半径”为6像素，如图13-51所示。

**30** 单击“确定”按钮，效果如图13-52所示。

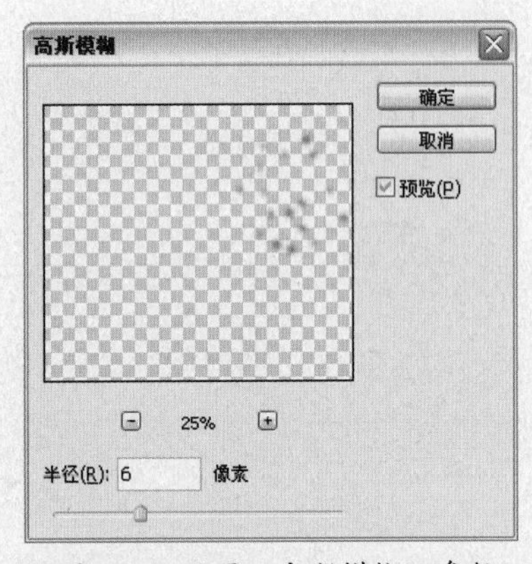


图13-51 设置“高斯模糊”参数

图13-52 “高斯模糊”效果

**31** 选择“文件→打开”命令，或按“Ctrl+O”组合键，打开配套光盘中的素材图片“兔子.tif”，如图13-53所示。

**32** 单击工具箱中的“移动”工具，将素材图片拖曳到“宝宝照之浪漫童真”文件窗口中，并按“Ctrl+T”组合键，对素材的大小和位置进行调整，双击图像确定变换，效果如图13-54所示。

图13-53 打开素材图片

图13-54 导入素材图片

**33** 单击工具箱中的“自定形状”工具，单击其属性栏上的“形状”下拉按钮，选择形状“红心形卡”，如图13-55所示。

**34** 在窗口中拖动鼠标，绘制“红心”形状，按“Ctrl+Enter”组合键，将路径转换为选区，选择“选择→修改→羽化”命令，设置“羽化选区”参数为4像素， 新建图层，设置“前景色”为红色（R:251，G:1，B:54），按“Alt+Delete”组合键，填充选区颜色，效果如图13-56所示。

图13-55 选择形状

图13-56 填充选区颜色

35 单击工具箱中的“横排文字”工具T，分别在图像中输入文字，效果如图13-57所示。

36 选择“文件→打开”命令，或按“Ctrl+O”组合键，打开配套光盘中的素材图片“可爱宝宝.tif”，13-58所示。

图13-57 输入文字

图13-58 打开素材图片

37 单击工具箱中的“移动”工具，将素材图片拖曳到“宝宝照之浪漫童真”文件窗口中，按“Ctrl+T”组合键，对素材的大小和位置进行调整，双击图像确定变换，效果如图13-59所示。

38 选择“图像→调整→曲线”命令，打开“曲线”对话框，调整曲线如图13-60所示。

图13-59 导入素材图片

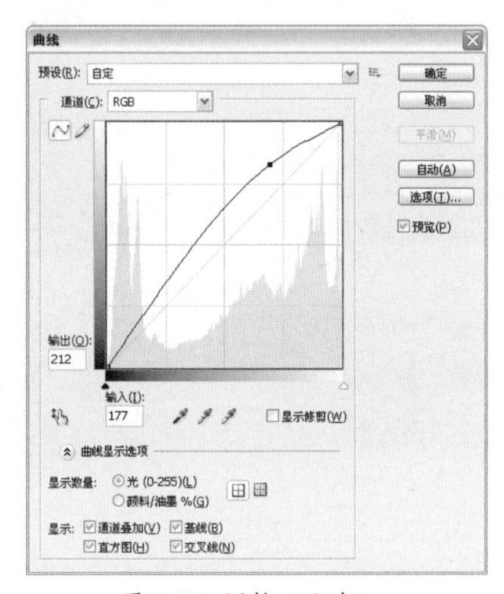

图13-60 调整“曲线”

39 单击“确定”按钮，制作完成的最终效果如图13-61所示。

图13-61 最终效果

## 13.3 宝宝照之生肖星座

前后效果对比

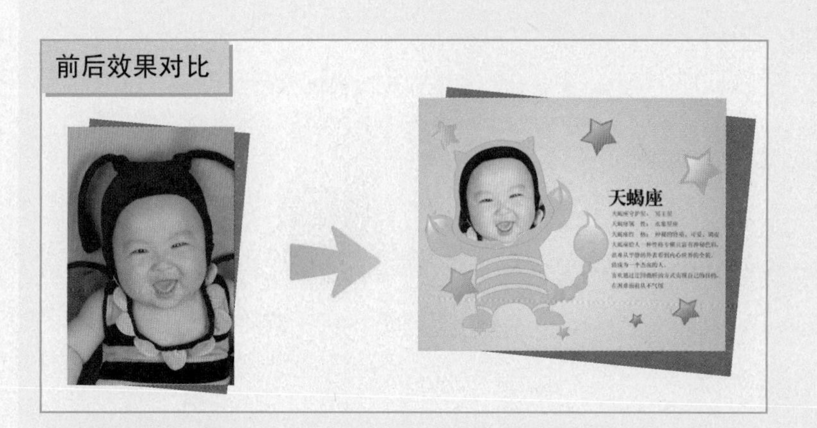


素材文件 宝宝写真照.tif

效果文件 宝宝照之生肖星座.psd

存放路径 光盘\源文件与素材\第13章\13.3宝宝照之生肖星座

### 案例点评

本案例制作一幅宝宝照之生肖星座的合成图片。主要运用“钢笔”工具，分别绘制蝎子的身体、头部等图形，使用“图层蒙版”将宝宝照片与图形进行组合，制作出一幅天蝎宝宝的个性合成照片。

修图步骤

**1** 选择“文件→打开”命令，或按“Ctrl+O”组合键，打开配套光盘中的素材图片“宝宝照之生肖星座.tif”，如图13–62所示。

**2** 单击工具箱中的“渐变”工具，单击属性栏上的“编辑渐变”按钮，打开“渐变编辑器”对话框，设置：

位置0 的颜色为（R:255，G:255，B:255）；

位置100的颜色为（R:105，G:207，B:206），

如图13–63所示，单击“确定”按钮。

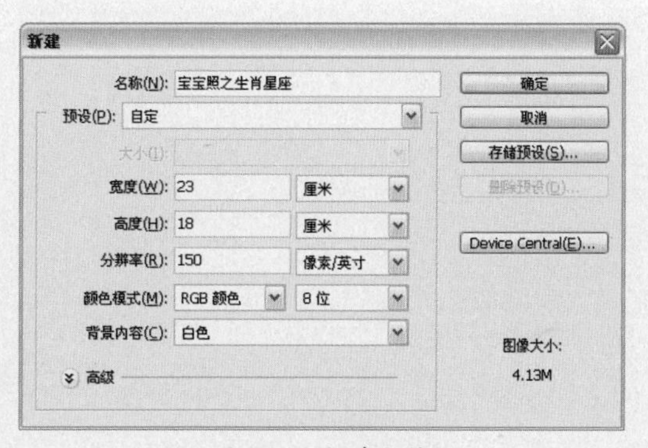


图13-62 新建文件

图13-63 设置渐变色

**3** 单击属性栏上的“径向渐变”按钮，在窗口中拖动鼠标，填充渐变效果如图13–64所示。

**4** 新建图层，单击工具箱中的“钢笔”工具，在窗口中绘制天蝎座下半身的路径，并按“Ctrl+Enter”组合键，将路径转换为选区，如图13–65所示。

图13-64 填充渐变色

图13-65 路径转换为选区

**5** 设置“前景色”为蓝色（R:91，G:217，B:217），并按“Alt+Delete”组合键填充选区颜色，如图13-66所示。

**6** 选择“编辑→描边”命令，打开“描边”对话框，设置“宽度”为3px，“颜色”为蓝色（R:85，G:161，B:161），设置其他参数如图13-67所示。

图13-66 填充颜色

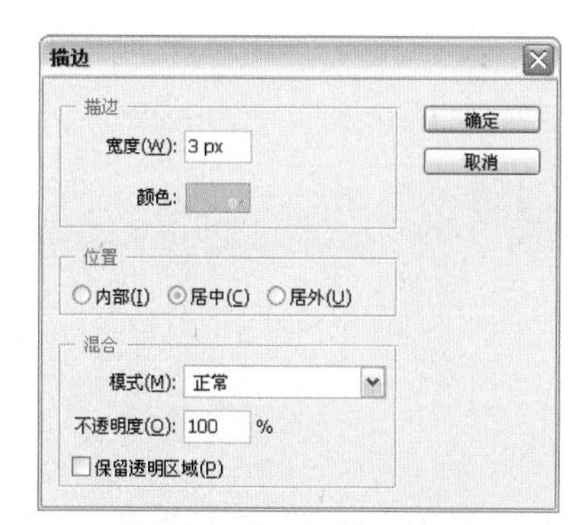


图13-67 设置“描边”参数

**提示** 在“描边”对话框中，通过选择“内部”、“居中”、“居外”单选按钮，可以更改描边后的位置。

**7** 单击“确定”按钮，效果如图13-68所示。

**8** 选择“选择→修改→收缩”命令，打开“收缩选区”对话框，设置“收缩量”为8像素，如图13-69所示。

图13-68 “描边”效果

图13-69 设置“收缩量”参数

**9** 单击“确定”按钮，效果如图13-70所示。

**10** 新建图层，设置“前景色”为浅蓝色（R:119，G:228，B:228），并按“Alt+Delete”组合键填充选区颜色，按“Ctrl+D”组合键取消选区，效果如图13-71所示。

图13-70 收缩选区

图13-71 填充颜色，取消选区

**11** 新建图层，单击工具箱中的“钢笔”工具，绘制天蝎座头部路径，按“Ctrl+Enter”组合键，将路径转换为选区，设置“前景色”为蓝色（R:91，G:217，B:217），按“Alt+Delete”组合键，填充选区颜色，如图13-72所示。

**12** 选择“编辑→描边”命令，打开“描边”对话框，设置“宽度”为3px，设置“颜色”为蓝色（R:85，G:161，B:161），设置其他参数如图13-73所示。

图13-72 填充选区颜色

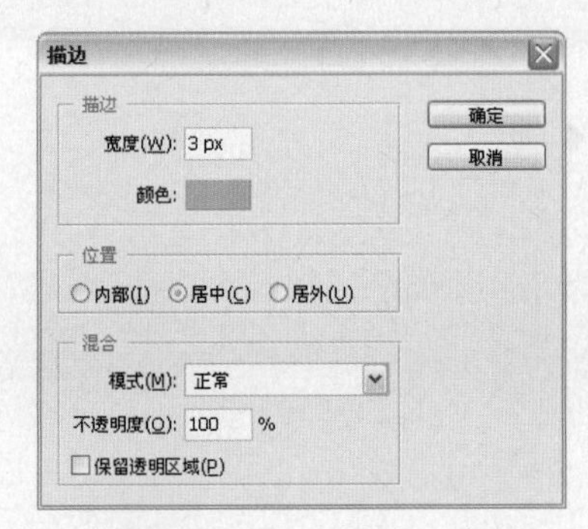


图13-73 设置“描边”参数

**13** 单击“确定”按钮，效果如图13-74所示。

**14** 单击工具箱中的“钢笔”工具，绘制出天蝎座脸部路径，按“Ctrl+Enter”组合键，将路径转换为选区，按“Delete”键删除选区内容，效果如图13-75所示。

图13-74 “描边”效果

图13-75 路径转换为选区

**15** 新建图层，单击工具箱中的“钢笔”工具，绘制天蝎座衣服上的条纹路径，按“Ctrl+Enter”组合键，将路径转换为选区，设置“前景色”为浅蓝色（R:162，G:255，B:255），按“Alt+Delete”组合键填充选区颜色，效果如图13-76所示。

**16** 选择“编辑→描边”命令，打开“描边”对话框，设置“宽度”为1px，设置“颜色”为蓝色（R:49，G:159，B:159），设置其他参数如图13-77所示。

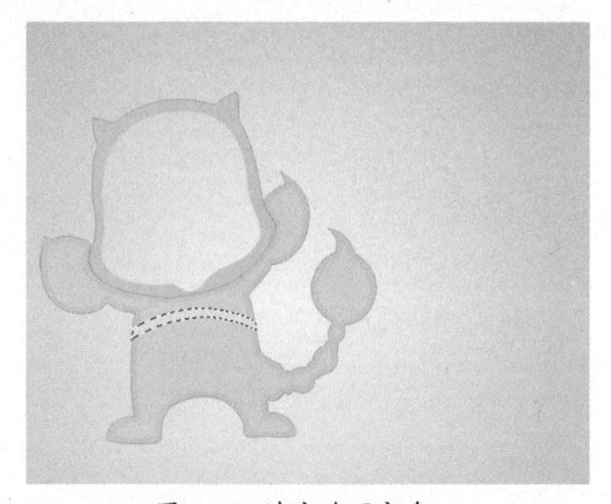

图13-76 填充选区颜色

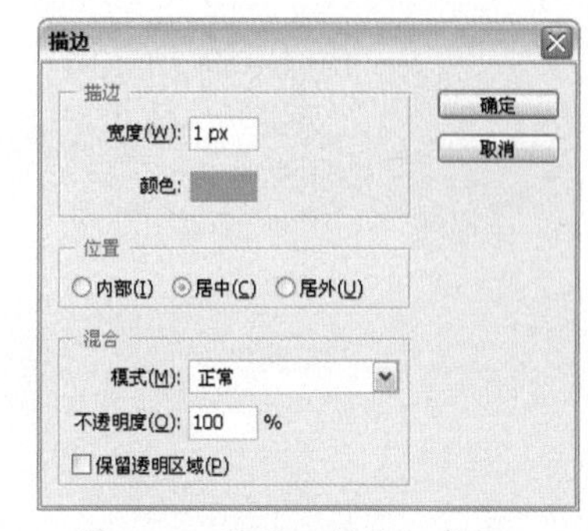


图13-77 设置“描边”参数

**17** 单击“确定”按钮，效果如图13-78所示。

**18** 按“Ctrl+J”组合键，创建副本图形，单击工具箱中的“移动”工具，对复制的图像进行位置调整，效果如图13-79所示。

图13-78 “描边”效果

图13-79 复制图像

**19** 应用以上相同的方法，绘制天蝎座腿部的条纹，效果如图13-80所示。

**20** 新建图层，单击工具箱中的“画笔”工具，设置“前景色”为蓝色（R:40，G:188，B:188），在图像中绘制天蝎座钳子上的线条，效果如图13-81所示。

图13-80 绘制条纹

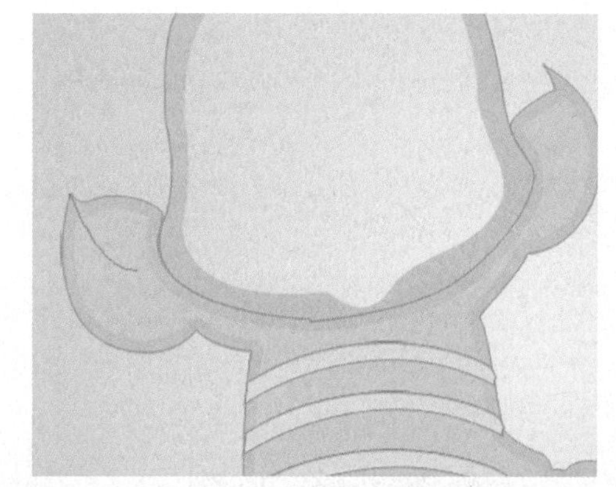

图13-81 绘制线条

**21** 新建图层，单击工具箱中的“钢笔”工具，在图像中绘制图形，按“Ctrl+Entr”组合键，将路径转换为选区，效果如图13-82所示。

22 单击工具箱中的“渐变”工具，设置“前景色”为白色，单击其属性栏上的“编辑渐变”按钮，打开“渐变编辑器”对话框，选择对话框中的“前景色到透明”渐变样式，如图13-83所示，单击“确定”按钮。

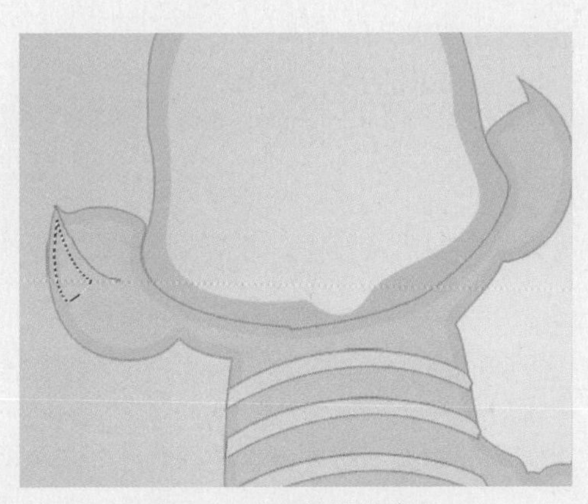
图13-82 路径转换为选区

图13-83 设置渐变色

23 单击“渐变”工具属性栏上的“径向渐变”按钮，在选区中拖动鼠标，渐变效果如图13-84所示。

24 应用以上相同的方法，在图像中填充渐变色，效果如图13-85所示。

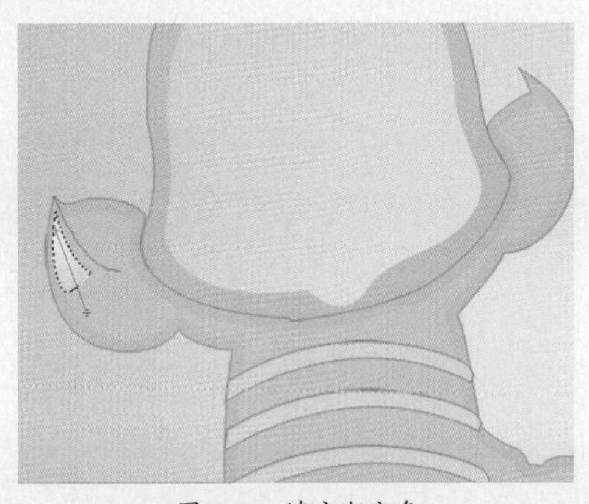
图13-84 填充渐变色

图13-85 填充渐变色

25 单击工具箱中的“画笔”工具，单击其属性栏上的“画笔预设”下拉按钮，设置“主直径”为2px，“硬度”为100%，如图13-86所示。

26 运用“画笔”工具，在天蝎座尾巴部位绘制线条，效果如图13-87所示。

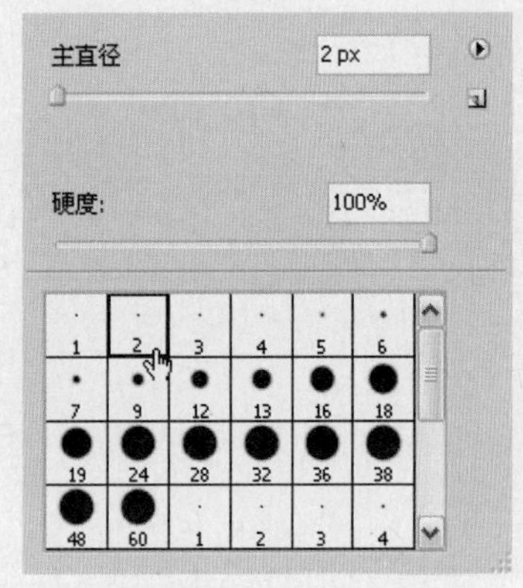

图13-86 设置画笔大小

图13-87 绘制线条

**27** 新建图层，单击工具箱中的“钢笔”工具，在尾巴上绘制路径，按“Ctrl +Enter”组合键，将路径转换为选区，设置“前景色”为蓝色（R:31，G:211，B:211），按“Alt +Delete”组合键，填充选区颜色，绘制阴影效果如图13–88所示。

**28** 运用以上相同的方法，在尾巴上绘制阴影图形，按“Ctrl+D”组合键取消选区，效果如图13–89所示。

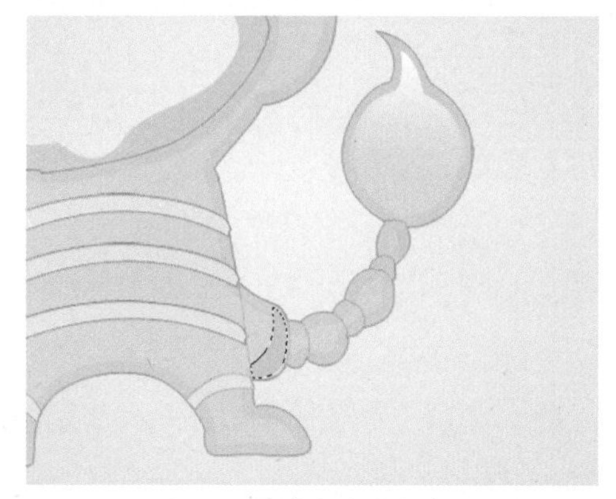

图13-88 填充选区颜色

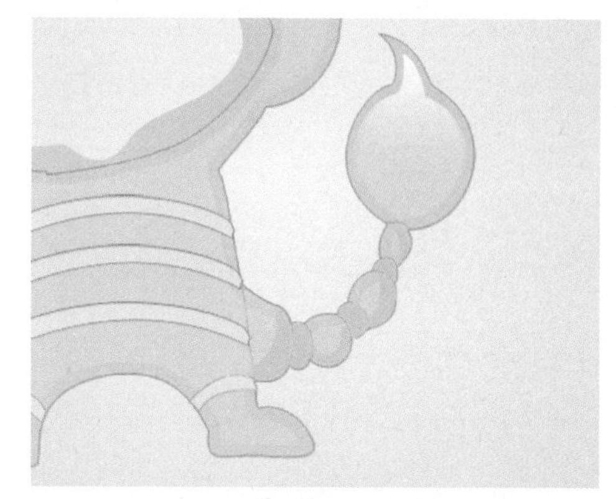

图13-89 绘制阴影图形

**29** 新建图层，单击工具箱中的“自定形状”工具，单击其属性栏上的下拉按钮，选择“五角星”形状，如图13–90所示。

**30** 运用“自定形状”工具，在图像中绘制星星路径，效果如图13–91所示。

图13-90 选择形状

图13-91 绘制星星路径

**31** 按“Ctrl+Entr”组合键，将路径转换为选区，设置“前景色”为橘红色（R:251，G:167，B:48），按“Alt+Delete”组合键，填充选区颜色，效果如图13–92所示。

**32** 选择“选择→修改→收缩”命令，打开“收缩选区”对话框，设置“收缩量”为10像素，如图13–93所示。

图13-92 填充选区颜色

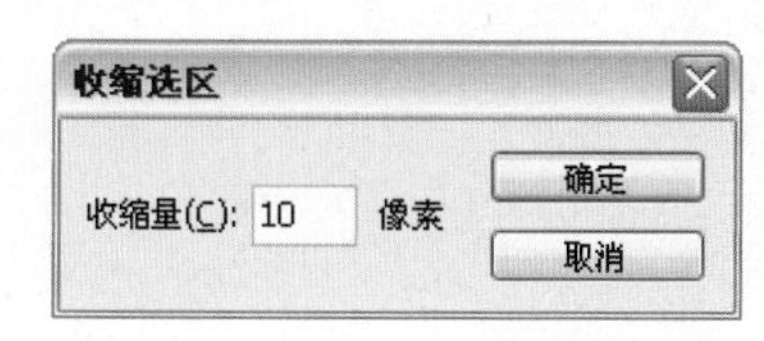


图13-93 设置“收缩选区”参数

33 单击确定按钮，效果如图13–94所示。

34 新建图层，单击工具箱中的“渐变”工具，在窗口中拖动鼠标，渐变选区如图13–95所示。

图13-94 收缩选区

图13-95 填充渐变色

35 按“Ctrl+D”组合键取消选区，应用“渐变”工具后，效果如图13–96所示。

36 运用以上相同的方法，绘制星星图形，效果如图13–97所示。

图13-96 “渐变”效果

图13-97 绘制星星

37 单击工具箱中的“横排文字”工具，分别在图像中输入文字，效果如图13–98所示。

38 选择“文件→打开”命令，或按“Ctrl+O”组合键，打开配套光盘中的素材图片“宝宝写真照.tif”，如图13–99所示。

图13-98 输入文字

图13-99 打开素材图片

39 单击工具箱中的“移动”工具，将素材图片拖曳到“宝宝照之生肖星座”文件窗口中，按“Ctrl+T”组合键，对素材的大小和位置进行调整，双击图像确定变换，效果如图13–100所示。

40 选择“图层2”，单击工具箱中的“魔棒”工具，在窗口中单击鼠标，选择选区，如图13–101所示。

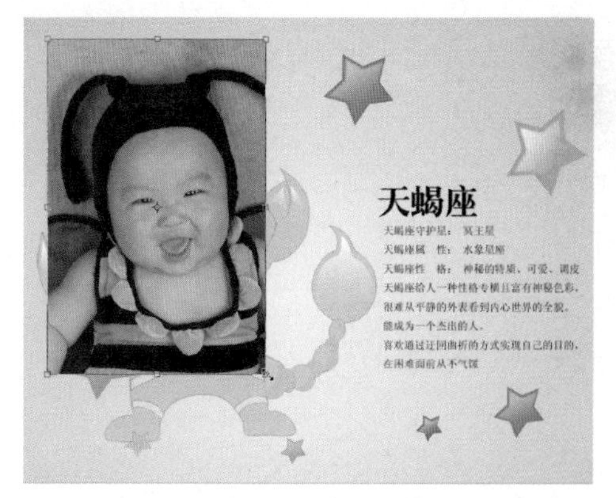


图13-100 导入图像

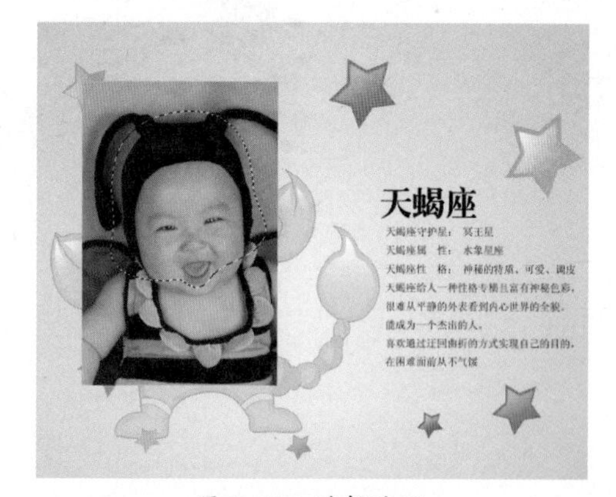


图13-101 选择选区

**41** 选择“图层19”，单击“图层”面板中的“添加图层蒙版”按钮，添加图层蒙版，如图13–102所示。

**42** 单击“图层19”的“指示图层蒙版链接到图层”按钮，取消“图层蒙版”与“图层”的链接，如图13–103所示。

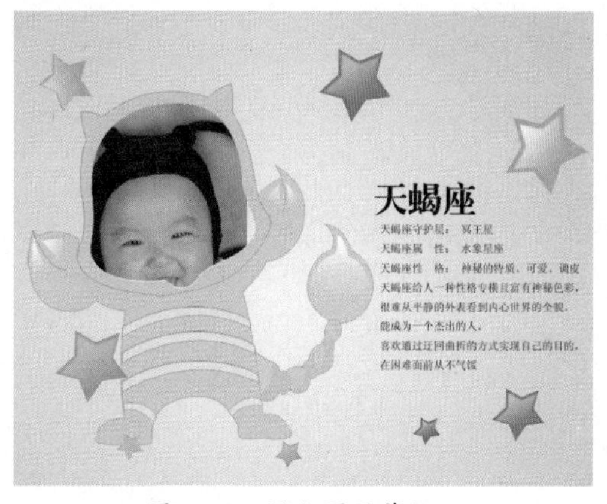


图13-102 添加图层蒙版

图13-103 取消链接

**43** 单击“图层缩缆图”，按“Ctrl+T”组合键，对图像进行大小和位置的调整，双击图像确定变换，效果如图13–104所示。

**44** 选择“图像→调整→曲线”命令，打开“曲线”对话框，调整“曲线”如图13–105所示。

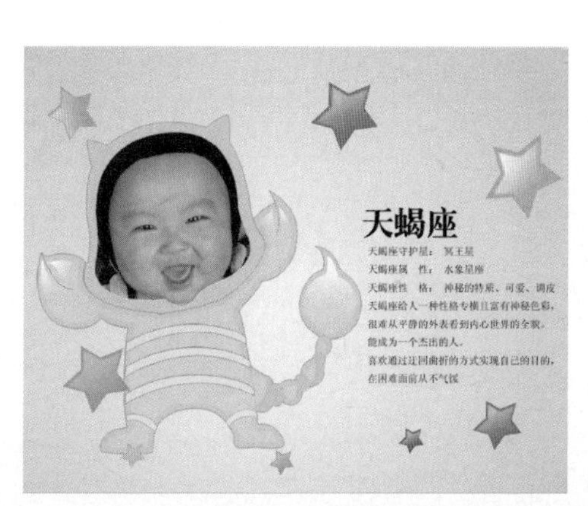


图13-104 调整图像

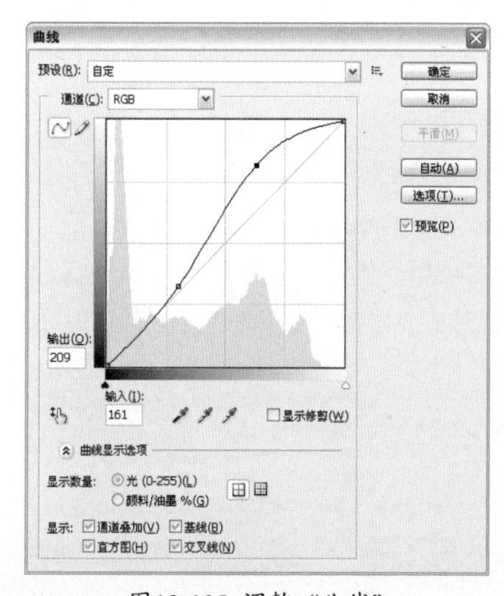


图13-105 调整“曲线”

**45** 单击“确定”按钮，使图像变得更加明亮清晰，最终效果如图13–106所示。

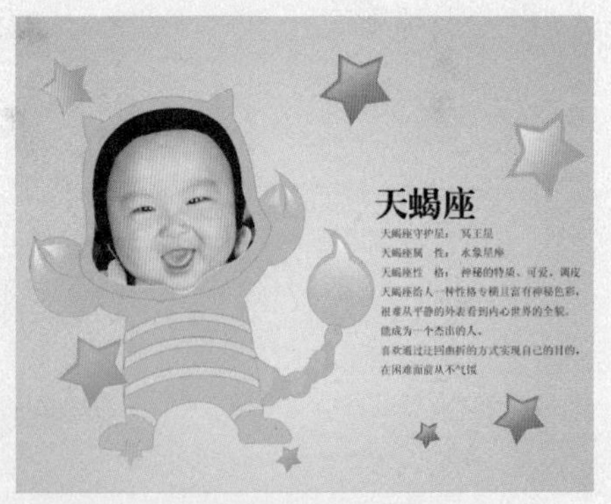


图13-106 最终效果

## 13.4 宝宝照之童趣涂鸦

前后效果对比

**素材文件** 可爱宝宝1.tif、可爱宝宝2.tif、可爱宝宝3.tif

**效果文件** 宝宝照之童趣涂鸦.psd

**存放路径** 光盘\源文件与素材\第13章\13.4宝宝照之童趣涂鸦

### 案例点评

本案例主要制作一幅宝宝照之童趣涂鸦效果图。涂鸦是随心所欲的，原则就是不受太多格式限制，就是将自己心里想到的、脑海中浮现的、眼里看到的，用自己的绘画方式表达出来。本案例主要运用了“多边形套索”工具绘制了背景中的涂鸦，运用图案与文字的结合，让照片中的儿童显得更加美丽可爱。

修图步骤

**1** 选择“文件→新建”命令，或按“Ctrl+N”组合键，打开“新建”对话框，设置“名称”为宝宝照之涂鸦，“宽度”为23厘米，“高度”为18厘米，“分辨率”为150像素/英寸，“颜色模式”为RGB颜色，设置其他参数如图13-107所示，单击“确定”按钮。

**2** 设置“前景色”为淡黄色（R:244，G:235，B:180），按“Alt+Delete”组合键填充颜色，如图13-108所示。

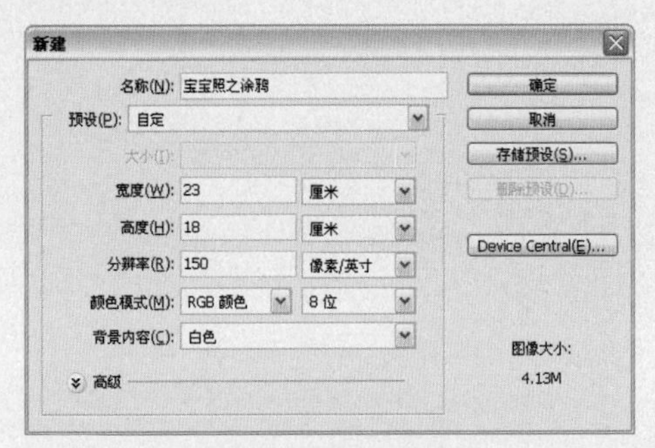


图13-107 新建文件

图13-108 填充颜色

**3** 新建图层，设置“前景色”为白色，单击工具箱中的“钢笔”工具，在图像中绘制云彩路径，按“Ctrl+Enter”组合键，将路径转换为选区，并按“Alt+Delete”组合键填充选区颜色，如图13-109所示。

**4** 选择“编辑→描边”命令，打开“描边”对话框，设置“宽度”为3px，设置“颜色”为橘黄色（R:235，G:214，B:150），设置其他参数如图13-110所示，单击“确定”按钮。

图13-109 路径转换为选区

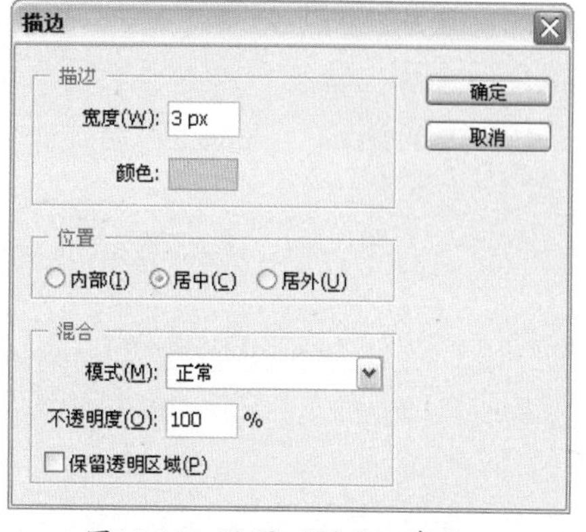


图13-110 设置“描边”参数

**5** 选择“滤镜→模糊→高斯模糊”命令，打开“高斯模糊”对话框，设置“半径”为2像素，如图13-111所示。

**6** 单击“确定”按钮，效果如图13-112所示。

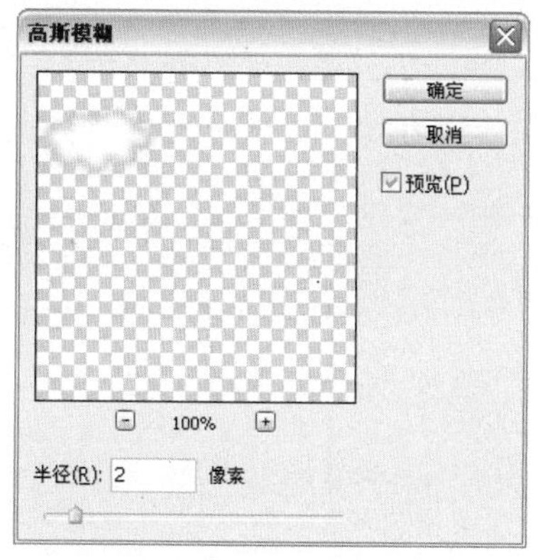


图13-111 设置“高斯模糊”参数

图13-112 “高斯模糊”效果

**7** 按“Ctrl+J”组合键，创建多个副本图形，按“Ctrl+T”组合键，分别对图像大小位置进行调整，效果如图13-113所示。

**8** 设置“前景色”为橘黄色（R:235，G:214，B:150），单击工具箱中的“画笔”工具，单击其属性栏上的“画笔”下拉按钮，设置“主直径”为8px，“硬度”为0，在云彩图形边缘绘制圆点，效果如图13-114所示。

图13-113 复制图像

图13-114 绘制圆点

**提示** 选择“画笔”工具，在画布中单击鼠标右键，可以快速地打开“画笔”预设，对画笔的“样式”、“主直径”、“硬度”等进行调整。

**9** 新建图层，设置“前景色”为棕色（R:227，G:204，B:129），单击工具箱中的“多边形套索”工具，在画布的右下方绘制选区，按“Alt+Delete”组合键填充选区颜色，如图13-115所示。

**10** 选择“编辑→描边”命令，打开“描边”对话框，设置“宽度”为1px，设置“颜色”为粉红色（R:188，G:171，B:116），设置其他参数如图13-116所示。

图13-115 填充选区颜色

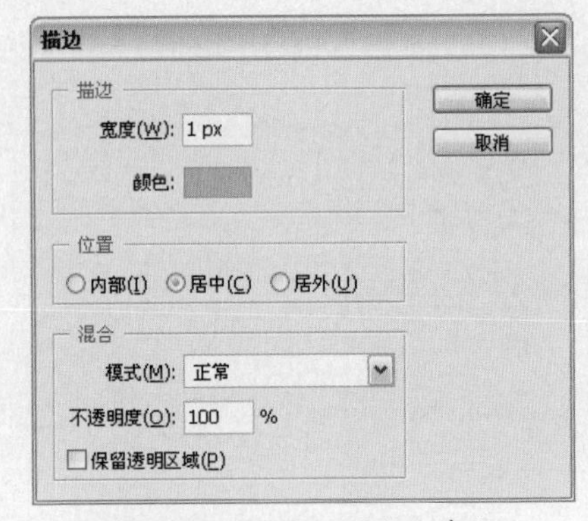


图13-116 设置“描边”参数

**11** 单击“确定”按钮，效果如图13-117所示。

**12** 新建图层，设置“前景色”为黄色（R:255，G:246，B:0），单击工具箱中的“多边形套索”工具，在窗口中绘制选区，按“Alt+Delete”组合键填充选区颜色，如图13-118所示。

图13-117 “描边”效果

图13-118 填充选区颜色

**13** 运用以上相同的方法，使用“多边形套索”工具，在窗口中绘制屋顶上的条纹，效果如图13-119所示。

**14** 运用以上相同的方法，使用“多边形套索”工具，绘制出小屋图形，效果如图13-120所示。

图13-119 绘制屋顶

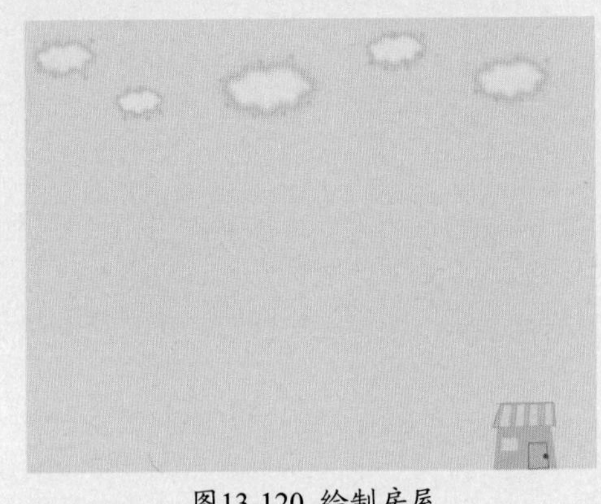

图13-120 绘制房屋

**15** 运用以上相同的方法，在画布的下方分别绘制出草地、树木、篱笆等风景，效果如图13–121所示。

**16** 选择“文件→打开”命令，或按“Ctrl+O”组合键，打开配套光盘中的素材图片“可爱宝宝1.tif”，如图13–122所示。

图13-121 绘制风景图像

图13-122 打开素材图片

**17** 单击工具箱中的“移动”工具，将素材图片拖曳到“宝宝照之涂鸦”文件窗口中释放，按“Ctrl+T”组合键，对素材的大小和位置进行调整，如图13–123所示，双击图像确定变换。

**18** 选择“图像→调整→曲线”命令，打开“曲线”对话框，调整曲线如图13–124所示。

图13-123 导入素材

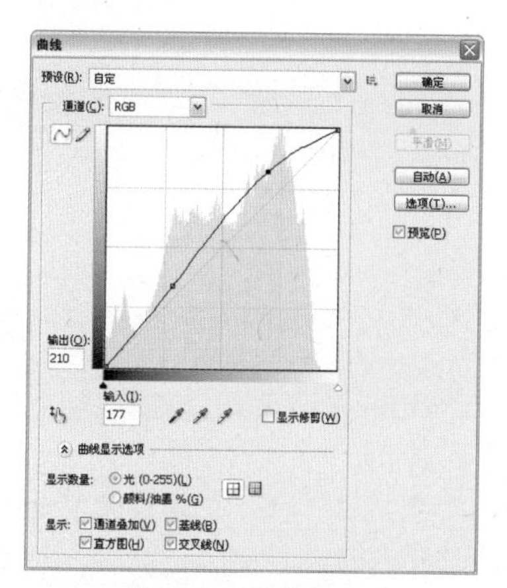


图13-124 调整“曲线”

**19** 单击“确定”按钮，素材图片的亮度和对比度增强了，效果如图13–125所示。

**20** 双击当前图层名后的空白区域，打开“图层样式”对话框，选择“外发光”复选框，设置“不透明度”为100，发光“颜色”为黄色（R:249，G:252，B:4），“扩展”为11%，“大小”为38像素，设置其他参数如图13–126所示。

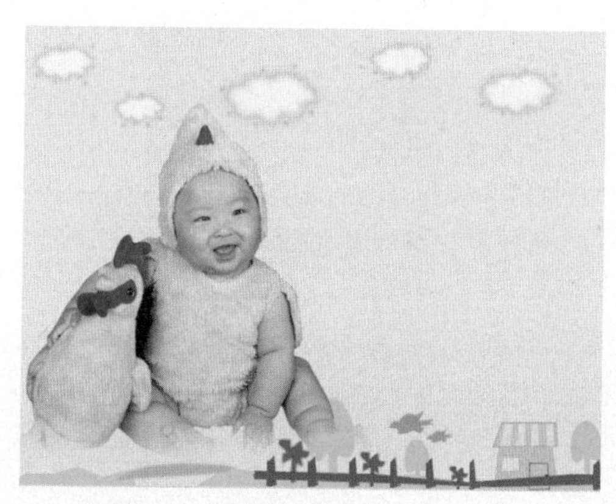

图13-125 调整“曲线”后的效果

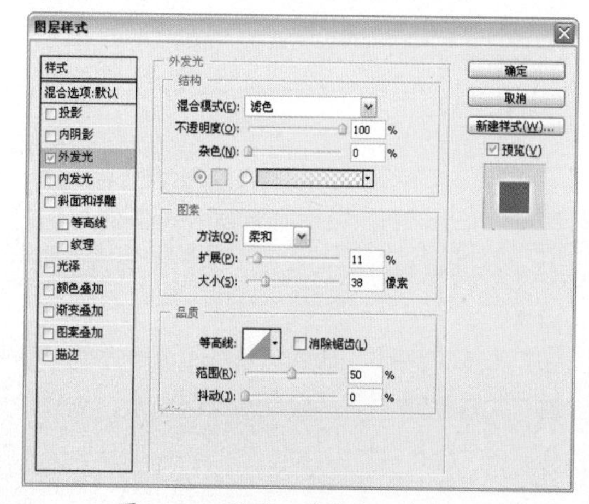


图13-126 设置“外发光”参数

**21** 单击“确定”按钮，效果如图13-127所示。

**22** 新建图层，设置“前景色”为白色，单击工具箱中的“椭圆选框”工具，在图像中按住“Shift”键拖动鼠标，绘制正圆选区，按“Alt+Delete”组合键填充选区颜色，效果如图13-128所示。

图13-127 “外发光“效果

图13-128 填充选区颜色

**23** 单击工具箱中的“椭圆”工具，单击其属性栏上的“路径”按钮，在图像中绘制圆形路径，效果如图13-129所示。

**24** 单击工具箱中的“画笔”工具，单击其属性栏上的“切换画笔面板”按钮，打开“画笔”面板，选择“画笔笔尖形状”选项，设置“直径”为8px，“硬度”为100%，“间距”为191%，设置其他参数如图13-130所示。

图13-129 绘制路径

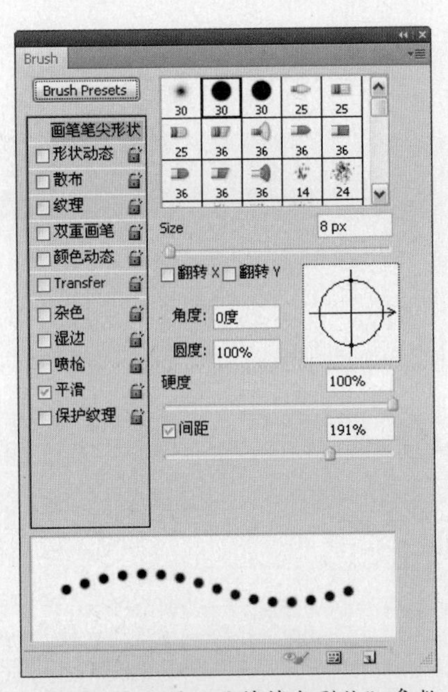


图13-130 设置“画笔笔尖形状”参数

**提示** 在绘制圆形路径时，可以将工具箭头放到白色圆形的中间位置，按住“Alt+Shift”组合键，同时拖动鼠标，此时绘制的圆形路径，将以工具箭头的位置为中心点，向外等比例缩放正圆路径。

**25** 选择“路径”面板，单击面板下方的“用画笔描边路径”按钮，画笔将自动沿着路径进行描边，单击“路径”面板的空白区域取消路径显示，描边效果如图13-131所示。

**26** 按“Ctrl+J”组合键，创建图层副本，并按“Ctrl+T”组合键，对图像的大小位置进行调整，效果如图13-132所示。

图13-131 路径描边

图13-132 复制图像

**27** 选择“文件→打开”命令，或按“Ctrl+O”组合键，打开配套光盘中的素材图片“可爱宝宝2.tif”，如图13–133所示。

**28** 单击工具箱中的“移动”工具，将素材图片拖曳到“宝宝照之童趣涂鸦”文件窗口中释放，按“Ctrl+T”组合键，对素材的大小和位置进行调整，如图13–134所示，双击图像确定变换。

图13-133 打开素材图片

图13-134 导入素材图片

**29** 按住“Ctrl”键，单击“图层13”的缩缆图，载入白色圆形选区，单击“图层”面板下方的“添加图层蒙版”按钮，创建选区蒙版，效果如图13–135所示。

**30** 选择“图像→调整→曲线”命令，打开“曲线”对话框，调整曲线如图13–136所示。

图13-135 添加图层蒙版

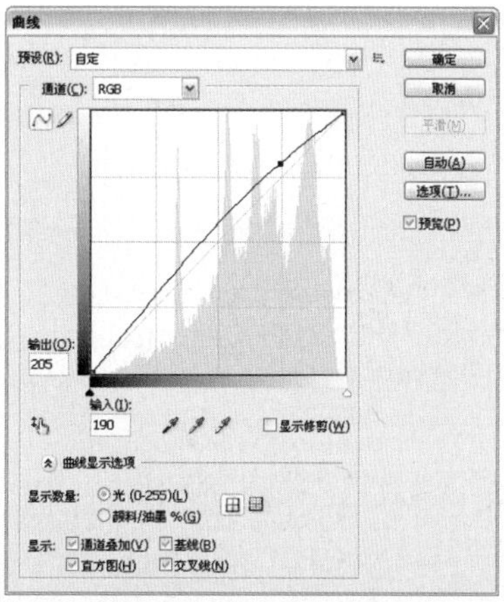

图13-136 调整“曲线”

**31** 单击“确定”按钮，效果如图13–137所示。

**32** 选择“文件→打开”命令，或按“Ctrl+O”组合键，打开配套光盘中的素材图片“可爱宝宝3.tif”，如图13–138所示。

图13-137 调整“曲线”后的效果

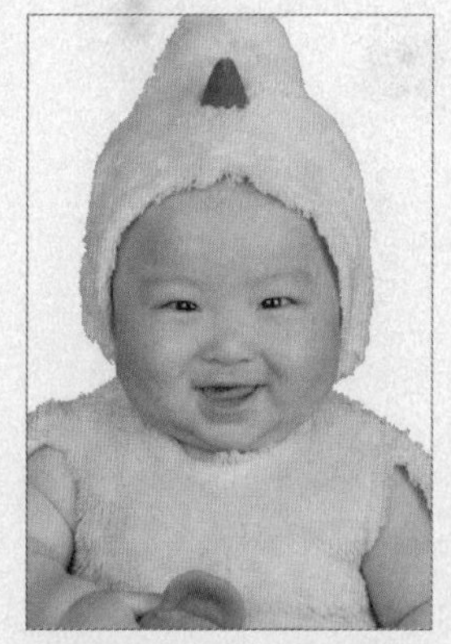
图13-138 打开素材图片

**33** 单击工具箱中的“移动”工具，将素材图片拖曳到“宝宝照之童趣涂鸦”文件窗口中，按“Ctrl+T”组合键，对素材的大小和位置进行调整，如图13-139所示，双击图像确定变换。

**34** 运用以上相同的方法，载入白色圆形选区，并添加图层蒙版，效果如图13-140所示。

图13-139 导入素材图片

图13-140 添加图层蒙版

**35** 选择“图像→调整→曲线”命令，打开“曲线”对话框，调整曲线如图13-141所示。

**36** 单击“确定”按钮，效果如图13-142所示。

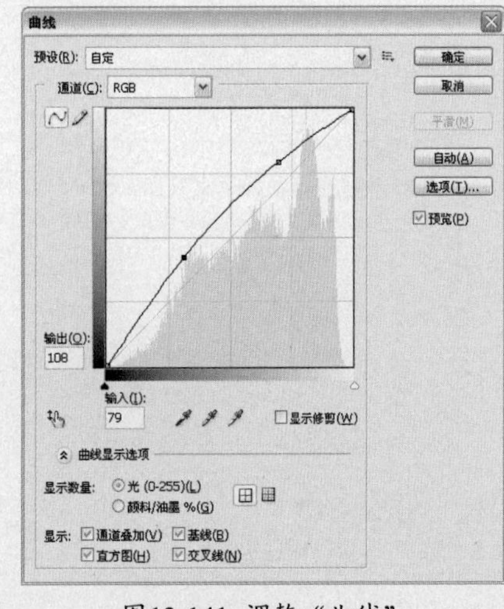

图13-141 调整“曲线”

图13-142 调整“曲线”后的效果

**37** 单击工具箱中的“自定义形状”工具，单击其属性栏上的“形状”下拉按钮，选择形状“云彩2”，效果如图13-143所示。

**38** 新建图层，在图像中绘制形状，按“Ctrl+Enter”组合键，将路径转换为选区，按“Alt+Delete”组合键填充选区颜色，如图13-144所示，按“Ctrl+D”组合键取消选区。

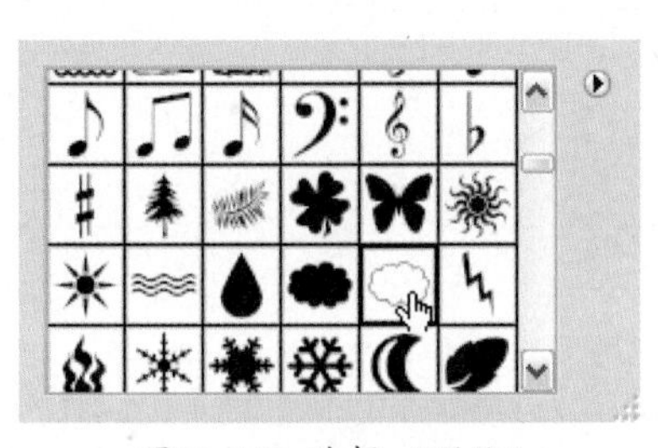

图13-143 选择“形状”

图13-144 绘制形状

**39** 按“Ctrl+J”组合键，创建副本图像，按“Ctrl+T”组合键，调整图像大小与位置，双击图像确定变换，效果如图13–145所示。

**40** 单击工具箱中的“横排文字”工具T，分别在形状中输入文字，效果如图13–146所示。

图13-145 创建副本图像

图13-146 输入文字

**41** 双击“文本图层”后的空白区域，打开“图层样式”对话框，选择“外发光”复选框，设置“扩展”为16%，“大小”为5像素，设置其他参数如图13–147所示。

**42** 单击“确定”按钮，效果如图13–148所示。

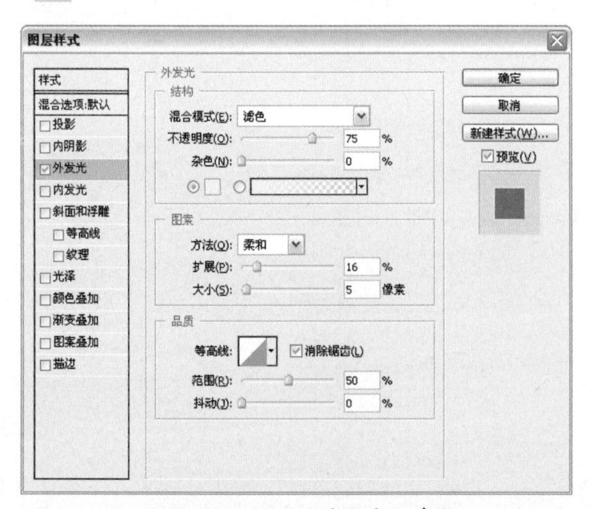


图13-147 设置“外发光”参数

图13-148 “外发光”效果

**43** 运用“横排文字”工具T，在窗口中拖动鼠标，绘制段落文字文本框，在文本框中输入文字，按“Ctrl+Enter”组合键，取消段落文字文本框，最终效果如图13–149所示。

图13-149 最终效果

## 13.5 特色宝宝照片

前后效果对比

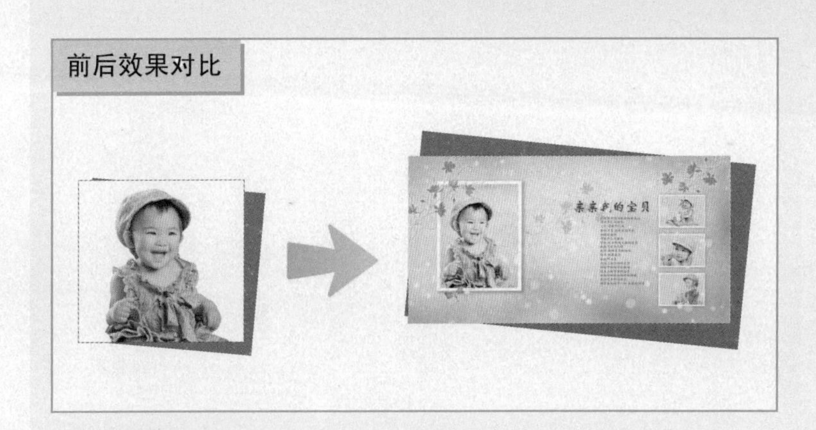

- **素材文件** 红色小花.tif、蝴蝶.tif、宝宝特色照2.tif、宝宝特色照1.tif、宝宝特色照3.tif、宝宝特色照4.tif
- **效果文件** 特色宝宝照片.psd
- **存放路径** 光盘\源文件与素材\第13章\13.5特色宝宝照片

### 案例点评

本案例主要制作一幅特色宝宝照片。运用“加深”和“减淡”工具，制作出朦胧的背景效果，使用“画笔”工具，在图像中绘制出若隐若现的圆点图像，结合照片与文字的搭配，使整个画面充满了梦幻色彩。

修图步骤

1 选择“文件→新建”命令，或按“Ctrl+N”组合键，设置“名称”为宝宝特色照，“宽度”为14厘米，“高度”为7厘米，“分辨率”为150像素/英寸，“颜色模式”为RGB颜色，设置其他参数如图13-150所示，单击“确定”按钮。

2 设置“前景色”为粉红色（R:255，G:188，B:178），按“Alt+Delete”组合键填充颜色，效果如图13-151所示。

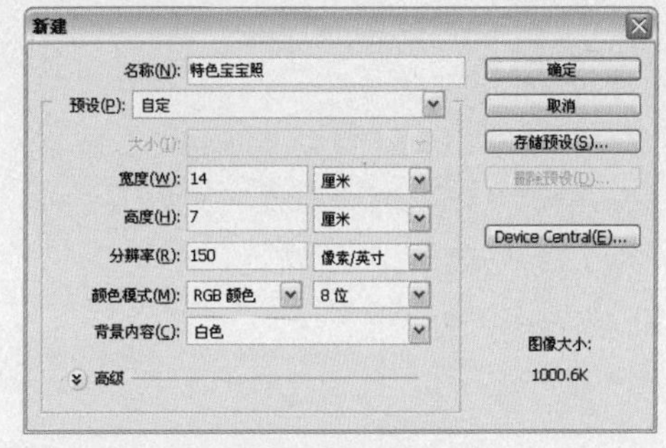


图13-150 新建文件

图13-151 填充颜色

**3** 分别单击工具箱中的“加深”工具和“减淡”工具，对图像进行涂抹，效果如图13-152所示。

**4** 设置“前景色”为淡黄色（R:255，G:233，B:219），单击工具箱中的“画笔”工具，在图像中绘制色彩，效果如图13-153所示。

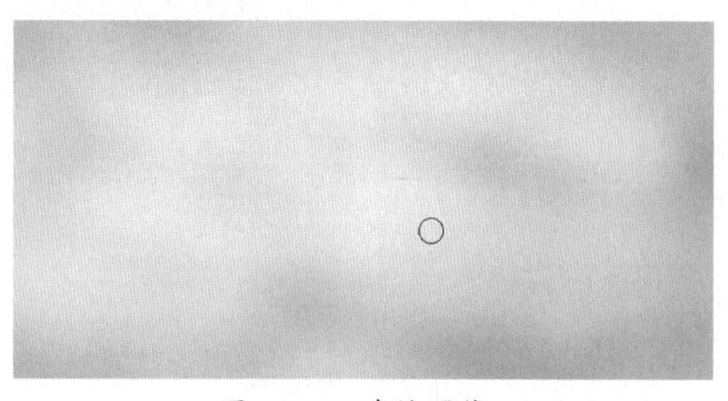

图13-152 涂抹图像

图13-153 绘制色彩

**5** 新建图层，设置“前景色”为白色，单击工具箱中的“矩形选框”工具，在图像中绘制选区，并按“Alt+Delete”组合键填充选区颜色，效果如图13-154所示。

**6** 选择“选择→修改→收缩”命令，打开“收缩选区”对话框，设置“收缩量”为10像素，如图13-155所示，单击“确定”按钮。

图13-154 填充选区颜色

图13-155 设置“收缩量”参数

**7** 按“Delete”键，删除选区内容，效果如图13-156所示。

**8** 双击当前图层名后的空白区域，打开“图层样式”对话框，选择“投影”复选框，设置“混合模式”颜色为粉红色（R:236，G:145，B:122），设置其他参数如图13-157所示。

图13-156 删除选区内容

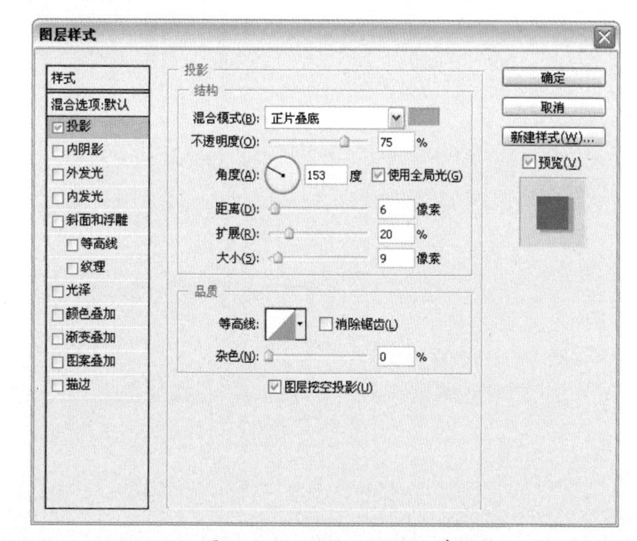


图13-157 设置“投影”参数

**9** 单击“确定”按钮，效果如图13-158所示。

**10** 新建图层，设置“前景色”为白色，单击工具箱中的“矩形选框”工具，在图像中绘制选区，按“Alt+Delete”组合键填充选区颜色，效果如图13-159所示。

图13-158 “投影”效果

图13-159 填充选区颜色

**11** 选择“选择→修改→收缩”命令，打开“收缩选区”对话框，设置“收缩量”为4像素，如图13-160所示，单击“确定”按钮。

**12** 设置“前景色”为粉红色（R:252，G:214，B:193），按“Alt+Delete”组合键填充选区颜色，效果如图13-161所示。

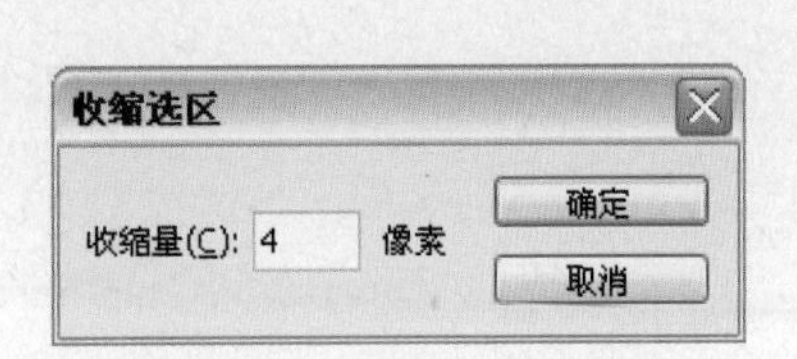


图13-160 设置“收缩”参数

图13-161 填充选区颜色

**13** 双击当前图层名后的空白区域，打开“图层样式”对话框，选择“投影”复选框，设置“混合模式”颜色为粉红色（R:255，G:148，B:139），设置其他参数如图13-162所示。

**14** 单击“确定”按钮，效果如图13-163所示。

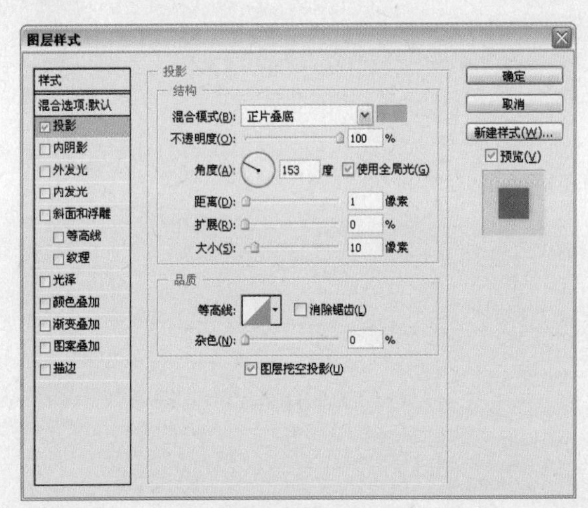


图13-162 设置“投影”参数

图13-163 “投影”效果

**15** 按“Ctrl+J”组合键，复制图层，单击“移动”工具，对复制的图层排列顺序，效果如图13-164所示。

**16** 选择“文件→打开”命令，或按“Ctrl+O”组合键，打开配套光盘中的素材图片“红色小花.tif”，如图13-165所示。

图13-164 复制图层

图13-165 打开素材图片

**17** 单击工具箱中的“移动”工具，将素材图片拖曳到“宝宝特色照”文件窗口中，按“Ctrl+T”组合键，对素材的大小和位置进行调整，双击图像确定变换，效果如图13-166所示。

**18** 双击当前图层名后的空白区域，打开“图层样式”对话框，选择“外发光”复选框，设置“外发光”为白色，设置其他参数如图13-167所示。

图13-166 导入素材图片

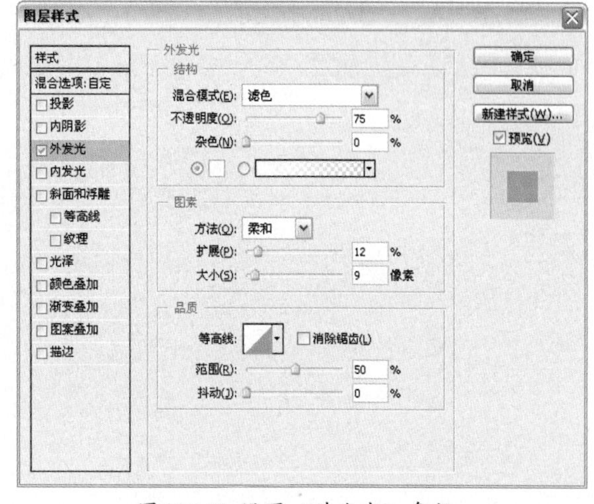

图13-167 设置“外发光”参数

**19** 单击“确定”按钮，效果如图13-168所示。

**20** 按“Ctrl+J”组合键，创建副本图像，按“Ctrl+T”组合键，对副本图像进行旋转调整，调整位置如图13-169所示，按“Enter”键确定。

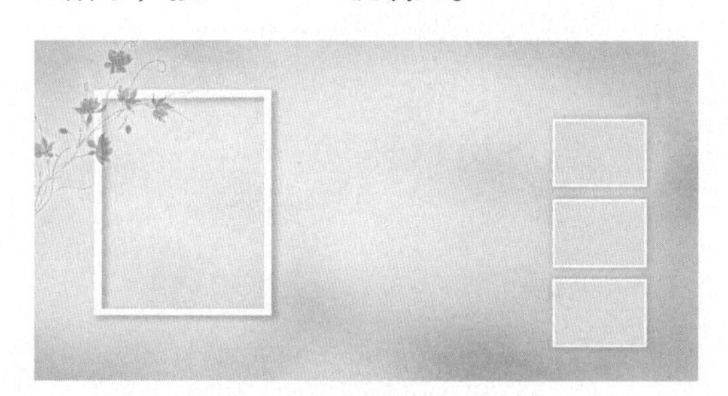
图13-168 “外发光”效果

图13-169 复制图层

**21** 运用以上同样的方法，按“Ctrl+J”组合键，创建副本图像，按“Ctrl+T”组合键，旋转图像并调整位置，设置“不透明度”为50%，效果如图13-170所示，按“Enter”键确定。

**22** 选择“文件→打开”命令，或按“Ctrl+O”组合键，打开配套光盘中的素材图片“蝴蝶.tif”，如图13-171所示。

图13-170 复制图层

图13-171 打开素材图片

**23** 单击工具箱中的“移动”工具，将素材图片拖曳到“宝宝特色照”文件窗口中，按“Ctrl+T”组合键，对素材的大小和位置进行调整，双击图像确定变换，设置当前图层“不透明度”为50%，效果如图13-172所示。

**24** 单击“画笔”工具，单击其属性栏上的“切换画笔面板”，打开“画笔”面板，选择“画笔笔尖形状”选项，单击“直径12”画笔样式，设置“间距”为632%，设置其他参数如图13-173所示。

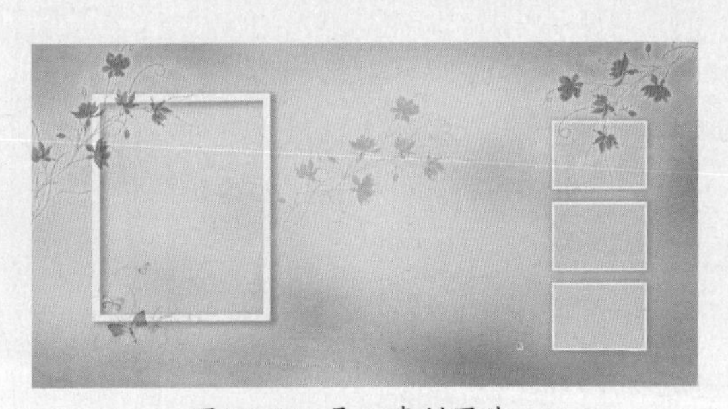

图13-172 导入素材图片

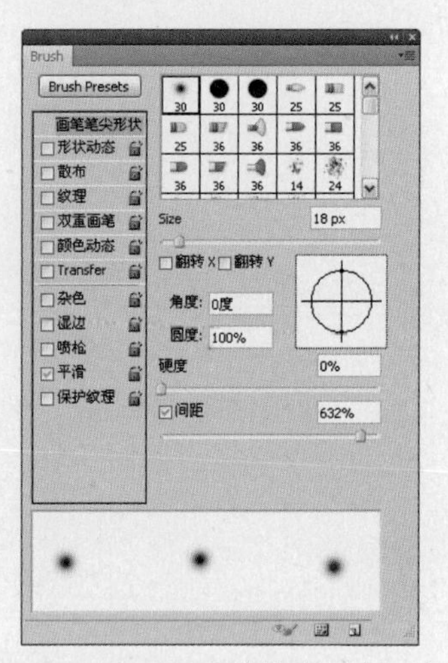


图13-173 设置“画笔笔尖形状”参数

**25** 选择“形状动态”复选框，设置“大小抖动”为92%，设置其他参数如图13-174所示。

**26** 选择“散布“复选框，设置“散布”为392%，“数量”为2，设置其他参数如图13-175所示。

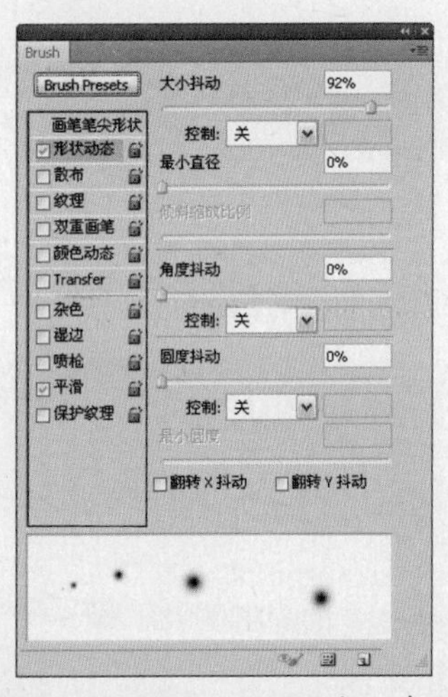


图13-174 设置“形状动态”参数

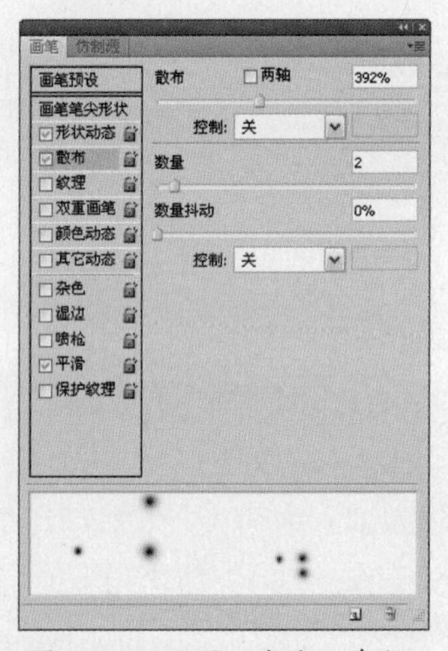


图13-175 设置“散布”参数

**27** 新建图层，设置“前景色”为白色，单击其属性栏上的“画笔预设”下拉按钮，设置“硬度”为100%，在图像中拖动鼠标，绘制深浅不一的圆点图形，效果如图13-176所示。

**28** 单击“横排文字”工具，分别在窗口中输入文字，效果如图13-177。

图13-176 绘制点缀

图13-177 输入文字

**技 巧**

在绘制深浅不一的圆点图形时，可以通过调整画笔属性栏上的“不透明度”参数未完成。

**29** 选择“文件→打开”命令，或按“Ctrl+O”组合键，打开配套光盘中的素材图片“宝宝特色照1.tif”，如图13-178所示。

**30** 单击工具箱中的“移动”工具，将素材图片拖曳到“宝宝特色照”文件窗口中，按“Ctrl+T”组合键，对素材的大小和位置进行调整，双击图像确定变换，效果如图13-179所示。

图13-178 打开素材图片

图13-179 导入素材图片

**31** 选择“图像→调整→曲线”命令，打开“曲线”对话框，调整曲线如图13-180所示。

**32** 单击“确定”按钮，照片的整体色调变亮，效果如图13-181所示。

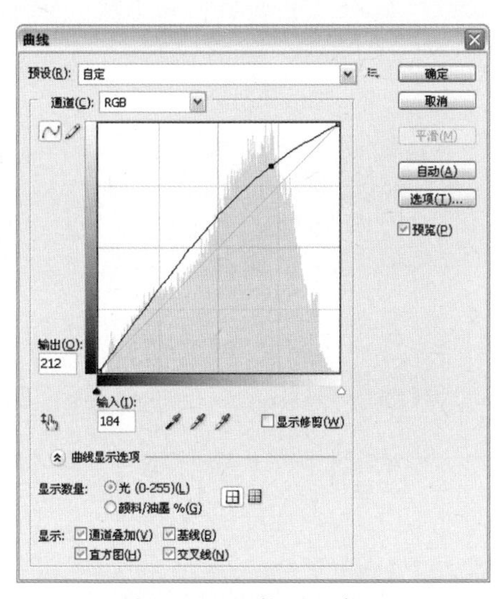


图13-180 调整“曲线”

图13-181 调整“曲线”后的效果

**33** 选择“文件→打开”命令，或按“Ctrl+O”组合键，打开配套光盘中的素材图片“宝宝特色照2.tif”，如图13-182所示。

**34** 单击工具箱中的“移动”工具，将素材图片拖曳到“宝宝特色照”文件窗口中，按“Ctrl+T”组合键，对素材的大小和位置进行调整，双击图像确定变换，效果如图13-183所示。

图13-182 打开素材图片

图13-183 导入素材图片

**35** 选择“图像→调整→曲线”命令，打开“曲线”对话框，调整曲线如图13-184所示。

**36** 单击“确定”按钮，效果如图13-185所示。

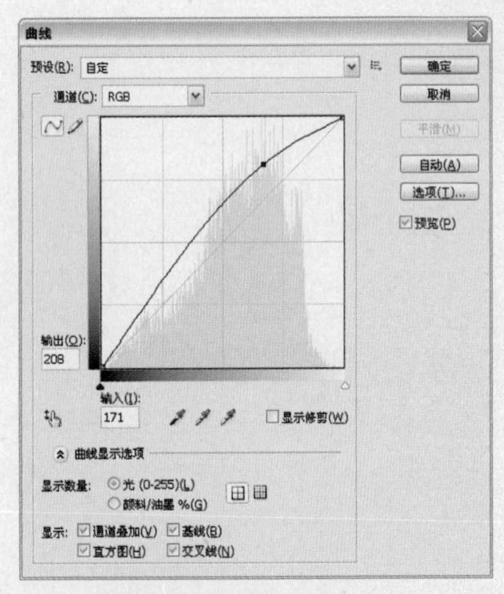


图13-184 调整“曲线”

图13-185 调整“曲线”后的效果

**37** 选择“文件→打开”命令，或按“Ctrl+O”组合键，打开配套光盘中的素材图片“宝宝特色照3.tif”，如图13-186所示。

**38** 单击工具箱中的“移动”工具，将素材图片拖曳到“宝宝特色照”文件窗口中，按“Ctrl+T”组合键，对素材的大小和位置进行调整，双击图像确定变换，效果如图13-187所示。

图13-186 打开素材图片

图13-187 导入素材图片

**39** 选择“图像→调整→曲线”命令，打开“曲线”对话框，调整曲线如图13-188所示。

**40** 单击“确定”按钮，效果如图13-189所示。

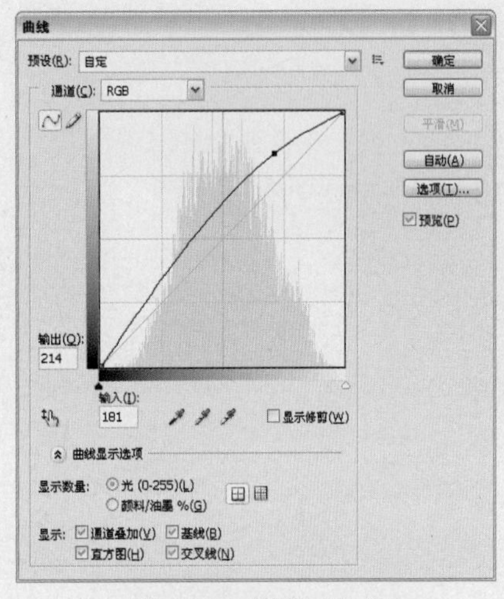


图13-188 调整“曲线”

图13-189 调整“曲线”后的效果

**41** 选择“文件→打开”命令，或按“Ctrl+O”组合键，打开配套光盘中的素材图片“宝宝特色照4.tif”，如图13–190所示。

**42** 单击工具箱中的“移动”工具，将素材图片拖曳到“宝宝特色照”文件窗口中，按“Ctrl+T”组合键，对素材的大小和位置进行调整，双击图像确定变换，效果如图13–191所示。

图13-190 打开素材图片

图13-191 导入素材图片

**43** 选择“图像→调整→曲线”命令，打开“曲线”对话框，调整曲线如图13–192所示。

**44** 单击“确定”按钮，制作完成的最终效果如图13–193所示。

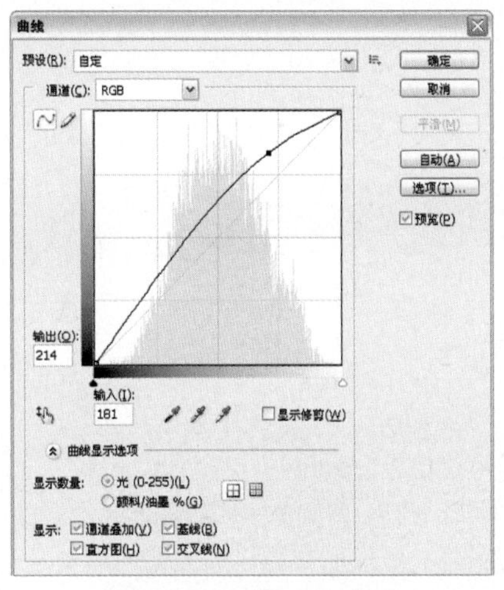


图13-192 调整“曲线”

图13-193 最终效果

# 第14章 照片特效

提高照片的“特效”处理，当然离不开Photoshop中最强大、最神奇的“滤镜”功能，滤镜中的学问可以说是博大精深，不但可以实现图像的各种特殊效果，而且熟练地掌握滤镜中的命令并且合理地驾驭，还可以打造出一些意想不到的艺术效果。

本章的讲解内容以数码照片后期的特效处理为主题，列举了10个精彩的特效案例，可以让读者一步步了解并且深入运用滤镜功能，在不断摸索和创作中取得更多令人惊叹的艺术作品。

# 14.1 铅笔素描的效果

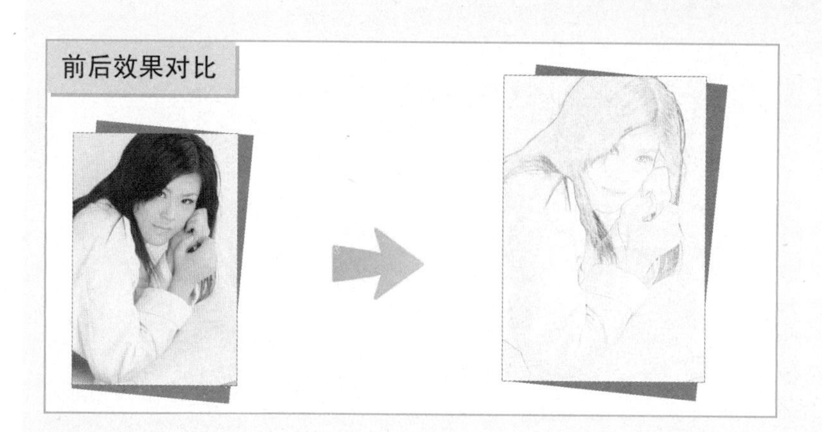


素材文件 美女.tif
效果文件 铅笔素描的效果.psd
存放路径 光盘\源文件与素材\第14章\14.1铅笔素描的效果

## 案例点评

本案例主要学习制作铅笔素描的效果图。素描是一种艺术创作，也是艺术造型的基础，简单来说素描是用线与面表现直观世界中事物的一种方式，它不像其他绘画比较重视画面的整体和彩色，而是着重于结构的表现和形式。掌握素描的绘制需要长期训练，而在Photoshop中可以将一幅照片轻松打造出铅笔素描的艺术效果。

修图步骤

1 选择“文件→打开”命令，或按“Ctrl+O”组合键，打开配套光盘中的素材图片“美女.tif”，如图14-1所示。

2 选择“滤镜→风格化→曝光过度”命令，效果如图14-2所示。

图14-1 打开素材图片

图14-2 “曝光过度”效果

3 选择“滤镜→风格化→查找边缘”命令，效果如图14-3所示。

4 选择“图像→调整→去色”命令，或按“Ctrl+Shift+U”组合键，去掉图片颜色如图14-4所示。

图14-3 查找图像边缘

图14-4 去掉图片颜色

**5** 选择“图像→调整→亮度/对比度”命令，设置“亮度”为0，“对比度”为63，如图14-5所示。

**6** 单击“确定”按钮，最终效果如图14-6所示。

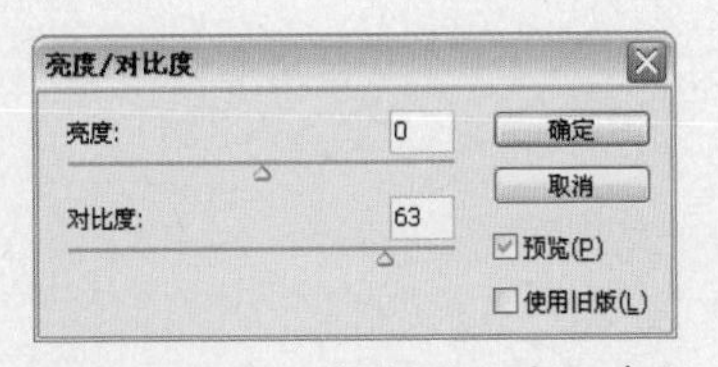


图14-5 设置“亮度/对比度”参数

图14-6 最终效果

## 14.2 水彩画效果

**素材文件** 风景.tif

**效果文件** 水彩画效果.psd

**存放路径** 光盘\源文件与素材\第14章\14.2水彩画效果

### 案例点评

本案例主要学习制作水彩画效果。水彩画就是运用丙烯或水粉等颜料与水进行调和，然后在特别的水彩纸上绘制的画。因此水彩画具有一种独特的绘画风格，在Photoshop中也可以打造出水彩画的效果，让一幅照片表现出水彩画般令人陶醉的特殊风韵。

修图步骤

**1** 选择“文件→打开”命令，或按“Ctrl+O”组合键，打开配套光盘中的素材图片“风景.tif”，如图14-7所示。

**2** 按“Ctrl+J”组合键复制图层，选择“图像→调整→去色”命令，或按“Shift+Ctrl +U”组合键，如图14-8所示，单击“确定”按钮。

图14-7 打开素材图片

图14-8 去掉图片颜色

**3** 选择“滤镜→模糊→特殊模糊”命令，打开“特殊模糊”对话框，设置“半径”为19.4， “阈值”为18.3，设置其他参数如图14–9所示。

**4** 单击“确定”按钮，效果如图14–10所示。

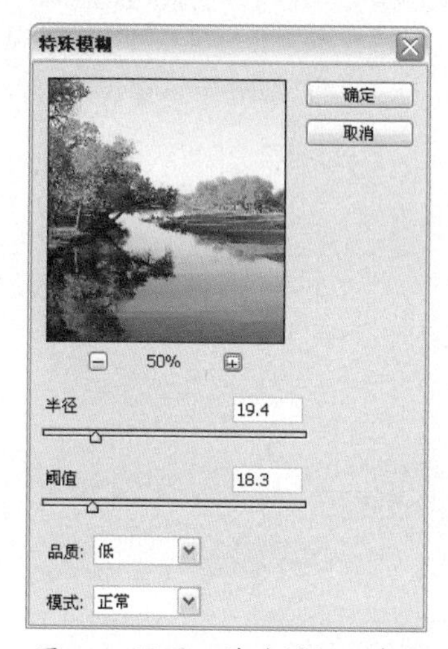


图14-9 设置“特殊模糊”参数

图14-10 “特殊模糊”效果

**5** 选择“图像→调整→曲线”命令，或按“Ctrl+M”组合键，打开“曲线”对话框，调整曲线如图14–11所示。

**6** 单击“确定”按钮，效果如图14–12所示。

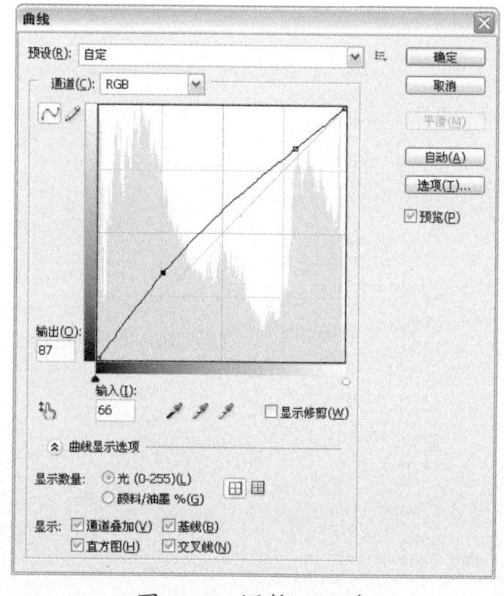


图14-11 调整“曲线”

图14-12 调整“曲线”后的效果

**7** 选中“背景”图层，按“Ctrl+J”组合键复制图层，并将“背景 副本2”拖拽到图层的最上层，设置“图层混合模式”为颜色，调整“不透明度”为30%，效果如图14-13所示。

**8** 新建图层，设置“图层混合模式”为柔光，单击工具箱中的“画笔”工具，设置“前景色”为橘红色（R:224，G:150，B:110），在图像的树木上绘制颜色，效果如图14-14所示。

图14-13 设置“图层混合模式”

图14-14 绘制颜色

**9** 设置“前景色”为浅蓝色（R:125，G:149，B:174），在天空与湖水上绘制颜色，效果如图14-15所示。

**10** 在“背景”图层上单击鼠标右键，在弹出的快捷菜单中选择“拼合图像”命令，合并所有图层，并选择“滤镜→模糊→高斯模糊”命令，打开“高斯模糊”对话框，设置“半径”为0.6像素，如图14-16所示。

图14-15 绘制颜色

图14-16 设置“高斯模糊”参数

**11** 单击“确定”按钮，效果如图14-17所示。

**12** 选择“图像→调整→色相/饱和度”命令，打开“色相/饱和度”对话框，设置“色相”为10，其他参数不变如图14-18所示。

图14-17 “高斯模糊”效果

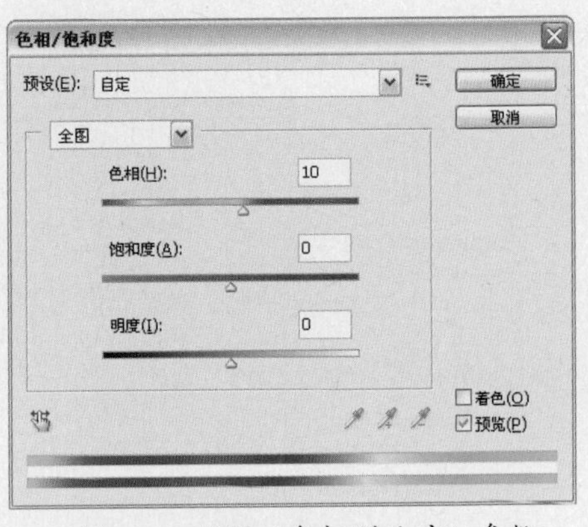


图14-18 设置“色相/饱和度”参数

**13** 单击“确定”按钮，效果如图14-19所示。

**14** 选择“滤镜→像素化→彩块化”命令，效果如图14-20所示。

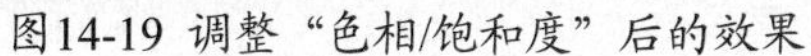

图14-19 调整“色相/饱和度”后的效果

图14-20 “彩块化”效果

**15** 选择“滤镜→纹理→纹理化”命令，打开“纹理化”对话框，设置“纹理”为画布，设“缩放”为58%，“凸现”为4，“光照”为左下，如图14-21所示。

**16** 单击“确定”按钮，效果如图14-22所示。

图14-21 设置“纹理化”参数

图14-22 “纹理化”效果

**17** 单击工具箱中的“直排文字”工具，在窗口中输入文字，制作完成后的最终效果如图14-23所示。

图14-23 最终效果

## 14.3 铜版雕刻般的版画效果

前后效果对比

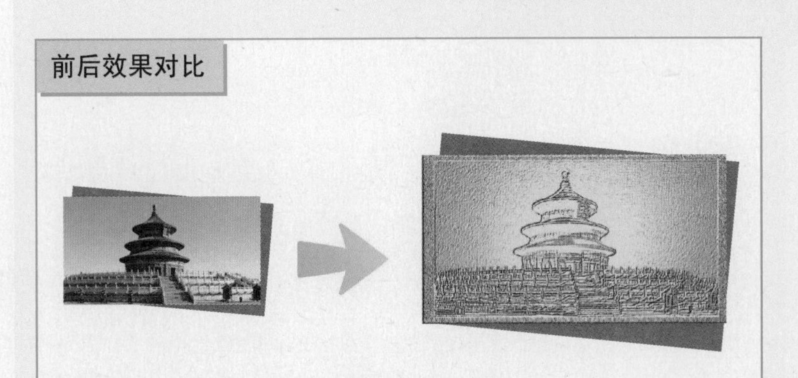

素材文件 故宫.tif

效果文件 铜版雕刻般的版画效果.psd

存放路径 光盘\源文件与素材\第14章\14.3铜版雕刻般的版画效果

### 案例点评

本案例主要学习如何制作铜版雕刻般的版画效果。版画是以“版”作为画布来打造的一种独特的绘画艺术，铜版雕刻主要运用刀或其他工具，在铜版上雕刻而成的一种艺术画，而在Photoshop中，可以运用强大的滤镜命令，轻松打造出铜版雕刻般的版画效果。

修图步骤

1 选择“文件→打开”命令，或按“Ctrl+O”组合键，打开配套光盘中的素材图片“天坛.tif”，如图14-24所示。

2 新建图层，设置“前景色”为黄色（R:238，G:189，B:30），按“Alt+Delete”组合键，填充颜色如图14-25所示。

图14-24 打开素材图片

图14-25 填充颜色

3 选择“滤镜→纹理→颗粒”命令，打开“颗粒”对话框，设置“强度”为26， “对比度”为52，设置其他参数如图14-26所示。

4 单击“确定”按钮，效果如图14-27所示。

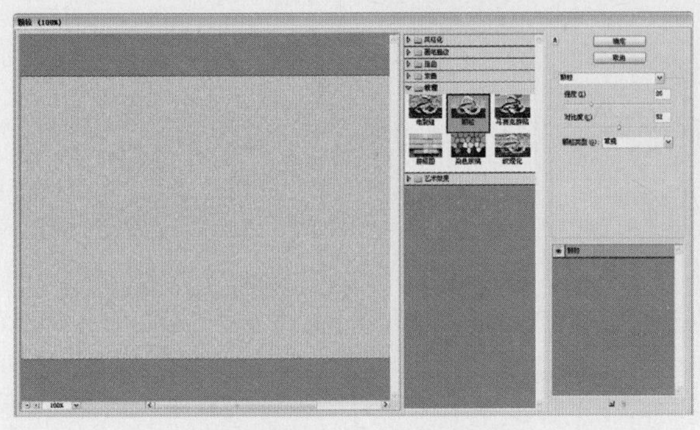

图14-26 设置“颗粒”参数

图14-27 “颗粒”效果

5 双击当前图层空白区域，打开“图层样式”对话框，选择“斜面浮雕”复选框，设置“大小”为4，设置其他参数如图14-28所示。

6 单击“确定”按钮，效果如图14-29所示。

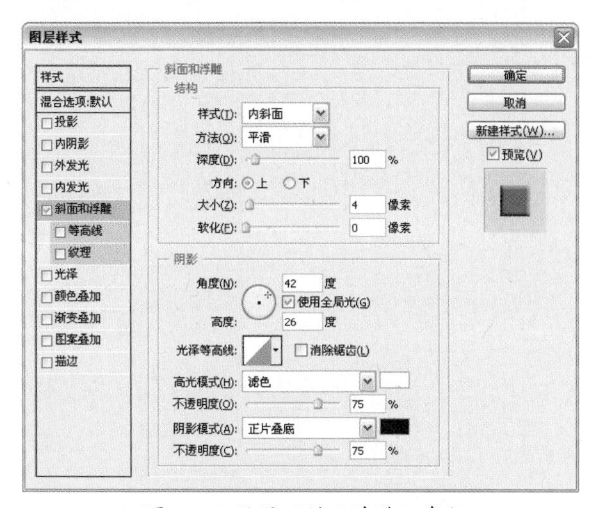


图14-28 设置“斜面浮雕”参数

图14-29 “斜面浮雕”效果

7 选择“图像→调整→亮度/对比度”命令，打开“亮度/对比度”对话框，设置“亮度”为-13， “对比度”为-10，设置其他参数如图14-30所示。

8 单击“确定”按钮，效果如图14-31所示。

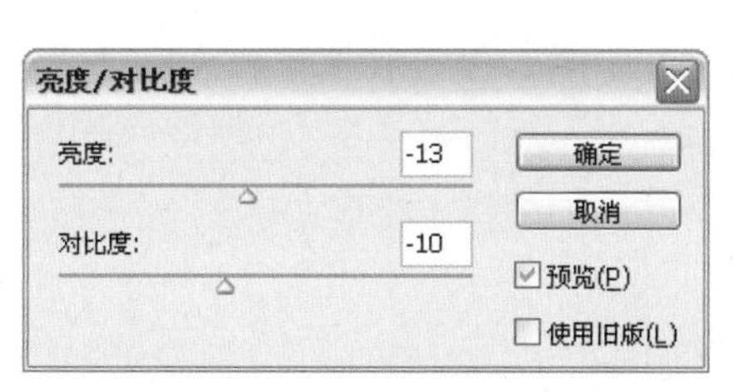


图14-30 设置“亮度/对比度”参数

图14-31 调整“亮度/对比度”后的效果

9 选择“背景”图层，按“Ctrl+J”组合键，创建“背景 副本”图层，并将该图层拖拽到图层的最上层，按“Ctrl+T”组合键，调整图像大小，如图14-32所示，按“Enter”键确定。

10 选择“图像→调整→去色”命令，或按“Shift+Ctrl+U”组合键，去掉图片颜色，如图14-33所示。

图14-32 复制图像并调整大小

图14-33 去掉图片颜色

11 选择“滤镜→风格化→浮雕效果”命令，打开“浮雕效果”对话框，设置“角度”为135度，“高度”为4像素，“数量”为85%，如图14-34所示。

12 单击“确定”按钮，效果如图14-35所示。

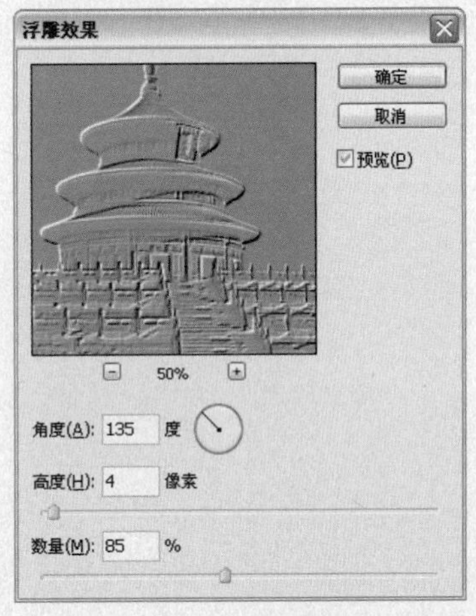


图14-34 设置“浮雕效果”参数

图14-35 浮雕效果

**13** 在“背景”图层上单击鼠标右键，在弹出的快捷菜单中选择“拼合图像”命令，合并所有图层，选择“图像→调整→亮度/对比度”命令，打开“亮度/对比度”对话框，设置“亮度”为37，“对比度”为23，如图14-36所示。

**14** 单击“确定”按钮，效果如图14-37所示。

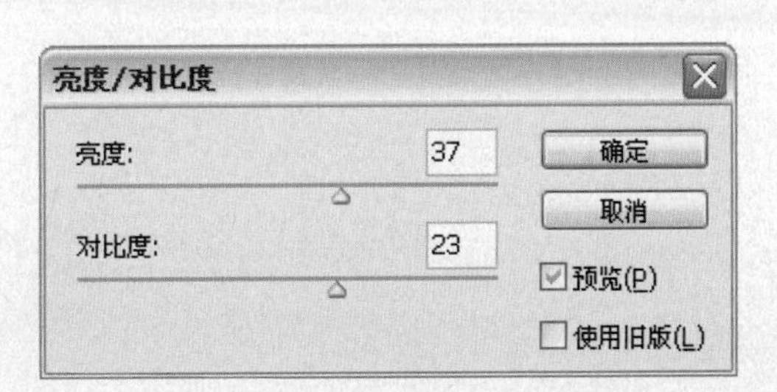


图14-36 设置“亮度/对比度”参数

图14-37 调整“亮度/对比度”后的效果

**15** 按“Ctrl+A”组合键全选图像，选择“编辑→拷贝”命令，或按“Ctrl+C”组合键，复制全选图像，如图14-38所示。

**16** 选择“通道”面板，单击面板下方的“创建新的通道”按钮，创建“Alpha 1”通道，按“Ctrl+V”组合键，将复制的图像粘贴到通道中，效果如图14-39所示。

图14-38 “拷贝”选区图像

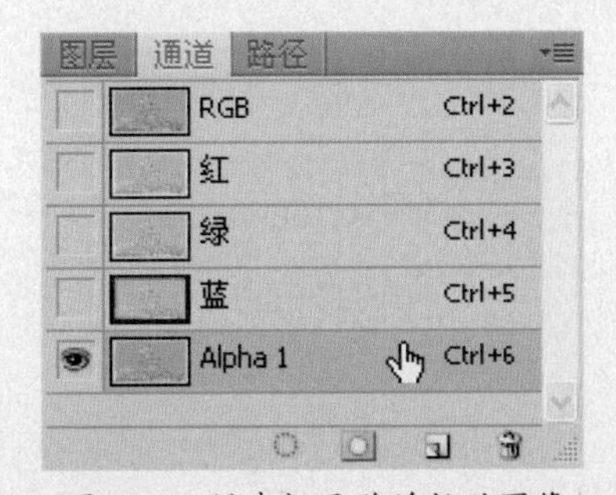


图14-39 创建新通道并粘贴图像

**17** 返回图层单击“背景”图层，选择“滤镜→渲染→光照效果”命令，打开“光照效果”对话框，设置“光照类型”为全光源，在“纹理通道”中选择“Alpha l”通道，设置“平滑”为61，设置其他参数和调节光源如图14-40所示。

**提示** 在“光照效果”对话框中，通过拖动“预览”中的光源结点，可以调节光照的大小和位置。

**18** 单击“确定”按钮，铜版雕刻般的版画最终效果如图14-41所示。

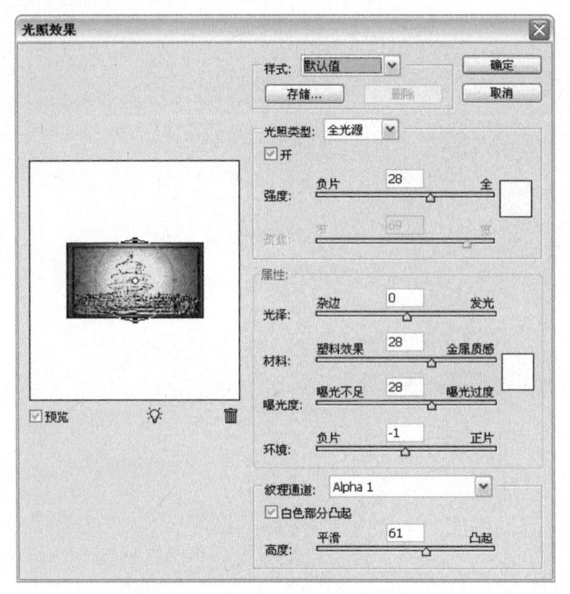


图14-40 设置“光照效果”参数

图14-41 最终效果

## 14.4 陈旧、褪色的老照片效果

**素材文件** 古典婚纱.tif

**效果文件** 陈旧、褪色的老照片.psd

**存放路径** 光盘\源文件与素材\第14章\14.4陈旧、褪色的老照片效果

### 案例点评

本案例主要制作一幅陈旧、褪色的老照片效果图。照片记录着我们往日幸福的滋味，但是时间长了照片会发生褪色、变黄的现象，对于这一现象我们可以利用Photoshop软件强大的功能，将其翻新处理，让老的照片恢复昨日的风采，同样运用Photoshop软件也可以将一幅新照片打造出陈旧、褪色的老照片艺术效果。

修图步骤

**1** 选择“文件→打开”命令，或按“Ctrl+O”组合键，打开配套光盘中的素材图片“古典婚纱.tif”，如图14-42所示。

**2** 选择“滤镜→艺术效果→胶片颗粒”命令，打开“胶片颗粒”对话框，设置“颗粒”为10，“高光区域”为0，“强度”为1，如图14-43所示。

图14-42 打开素材图片

图14-43 设置“胶片颗粒”参数

**3** 单击“确定”按钮，效果如图14–44所示。

**4** 选择“图像→调整→色相/饱和度”命令，打开“色相/饱和度”对话框，在对话框中选择“着色”复选框，设置“色相”为50，“饱和度”为24，“明度”为0，如图14–45所示。

图14-44 “胶片颗粒”效果

图14-45 设置“色相/饱和度”参数

**5** 单击“确定”按钮，效果如图14–46所示。

**6** 选择“图像→调整→亮度/对比度”命令，打开“亮度/对比度”对话框，设置“亮度”为15，“对比度”为–2，如图14–47所示。

图14-46 调整“色相/饱和度”后的效果

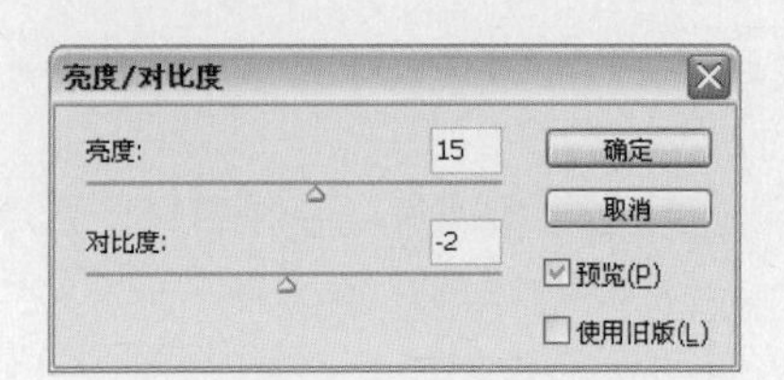


图14-47 调整“亮度/对比度”参数

7 单击“确定”按钮，效果如图14–48所示。

8 选择“图像→调整→曲线”命令，打开“曲线”对话框，在对话框中调整曲线如图14–49所示。

图14-48 调整“亮度/对比度”后的效果

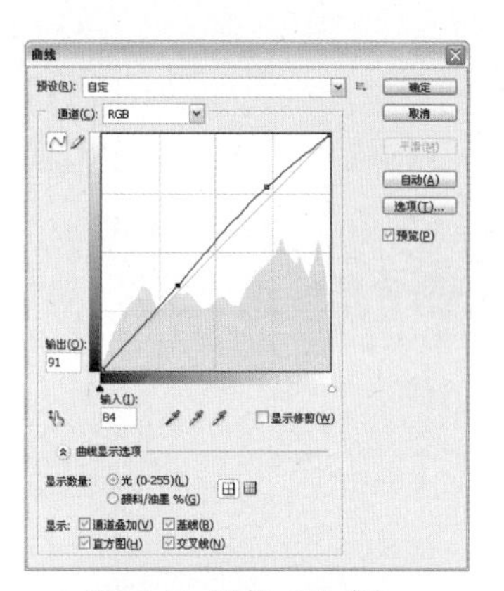

图14-49 调整“曲线”

9 单击“确定”按钮，制作的陈旧、褪色的老照片最终效果如图14–50所示。

图14-50 最终效果

## 14.5 陈旧的电影胶片效果

前后效果对比

素材文件 户外写真.tif

效果文件 陈旧的电影胶片效果.psd

存放路径 光盘\源文件与素材\第14章\14.5陈旧的电影胶片效果

### 案例点评

本案例主要制作一幅陈旧的电影胶片效果图。要体现出陈旧的感觉，首先将一幅彩色照片通过“去色”命令，转换成一幅黑白照片，然后通过“胶片颗粒”、“色彩平衡”、“纤维”等命令，添加黑白照片的杂点并调整出陈旧的颜色，最后运用“画笔”工具，在照片中添加少量的大块面杂点，让照片更加具有陈旧的电影胶片特色。

修图步骤

1 选择“文件→新建”命令，或按“Ctrl+N”组合键，打开“新建”对话框，设置“名称”为陈旧的电影胶片效果，“宽度”为13厘米，“高度”为11厘米，“分辨率”为150像素/英寸，“颜色模式”为RGB颜色，设置其他参数如图14-51所示，单击“确定”按钮。

2 设置“前景色”为黑色，按“Alt+Delete”组合键填充颜色如图14-52所示。

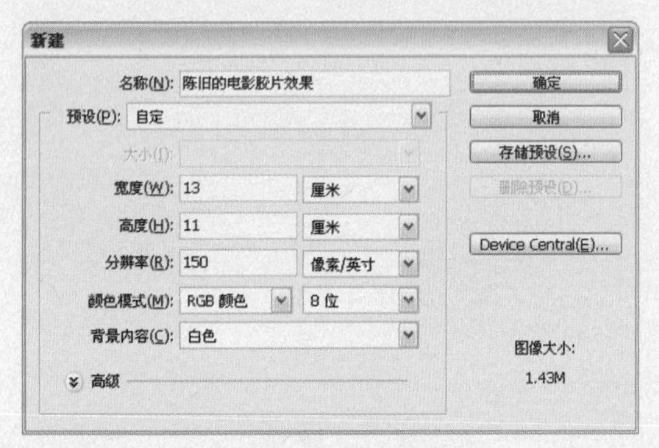


图14-51 新建文件

图14-52 填充颜色

3 选择“文件→打开”命令，或按“Ctrl+O”组合键，打开配套光盘中的素材图片“户外写真.tif”，如图14-53所示。

4 单击工具箱中的“移动”工具，将素材图片拖曳到“陈旧的电影胶片效果”文件窗口中，并调整照片的位置，如图14-54所示。

图14-53 打开素材图片

图14-54 导入素材图片

5 选择“图像→调整→去色”命令，去掉照片整体颜色，使图像变为黑白色，如图14-55所示。

6 选择“滤镜→艺术效果→胶片颗粒”命令，打开“胶片颗粒”对话框，在对话框中设置“颗粒”为5，“高光区域”为5，“强度”为6，如图14-56所示。

图14-55 去掉照片整体颜色

图14-56 设置“胶片颗粒”参数

7 单击“确定”按钮，添加颗粒效果如图14–57所示。

8 选择“图像→调整→色彩平衡”命令，打开“色彩平衡”对话框，设置参数为6，45，47，如图14–58所示。

图14-57 添加颗粒效果

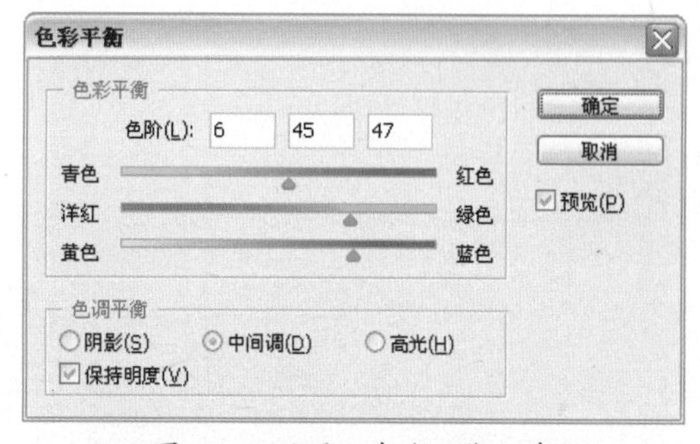


图14-58 设置“色彩平衡”参数

9 单击“确定”按钮，照片的颜色如图14–59所示。

10 按“Ctrl+J”组合键，创建“图层1副本”图层，如图14–60所示。

图14-59 调整后的颜色

图14-60 创建副本图层

11 选择“滤镜→渲染→纤维”命令，打开“纤维”对话框，在对话框中设置“差异”为3，“强度”为64，如图14–61所示。

12 单击“确定”按钮，随机产生的纤维效果如图14–62所示。

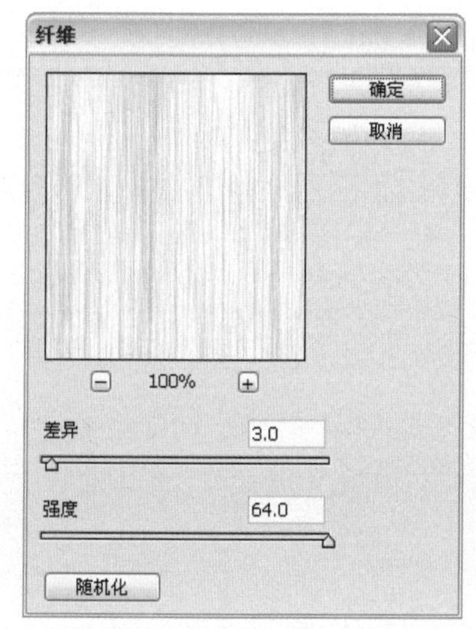


图14-61 设置“纤维”参数

图14-62 “纤维”效果

**提示** 在“纤维”对话框中，可以单击“随机化”按钮，随机产生更多理想的效果。

**13** 选择“图像→调整→反相”命令，或按“Ctrl+I”组合键反转图像颜色，效果如图14-63所示。

**14** 选择“图像→调整→色阶”命令，打开“色阶”对话框，在对话框中设置参数为28，1.13，144，如图14-64所示，单击“确定”按钮。

图14-63 反转图像颜色

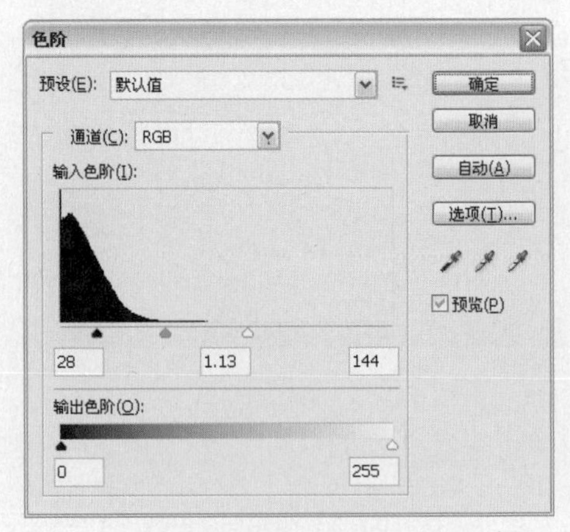


图14-64 设置“色阶”参数

**15** 在“图层”面板上方，设置“图层混合模式”为滤色，效果如图14-65所示。

**16** 单击“画笔”工具，单击其属性栏上的“画笔”下拉按钮，在下拉列表框中选择“硬边方形 9像素”画笔样式，如图14-66所示。

图14-65 设置“图层混合模式”

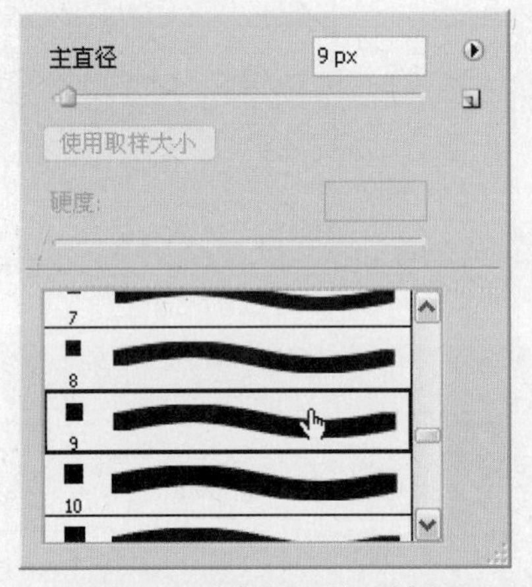


图14-66 选择“画笔”样式

**技 巧**

选择“画笔”工具，在画布中可单击鼠标右键，快速打开下拉列表，对画笔进行选取，如果列表中未添加“方形”画笔样式，可以单击列表上方的“三角形”按钮，在弹出的快捷菜单中添加“方头画笔”样式。

**17** 单击“画笔”工具，单击其属性栏上的“切换画笔面板”按钮，打开“画笔”面板，选择“画笔笔尖形状”选项，设置“角度”为30度，“圆度”为70%，“间距”为600%，设置其他参数如图14-67所示。

**18** 选择“形状动态”复选框，设置“大小抖动”为100%， “角度抖动”为50%，设置其他参数如图14-68所示。

**19** 选择“散布”复选框，设置“散布”为1000%，设置其他参数如图14-69所示。

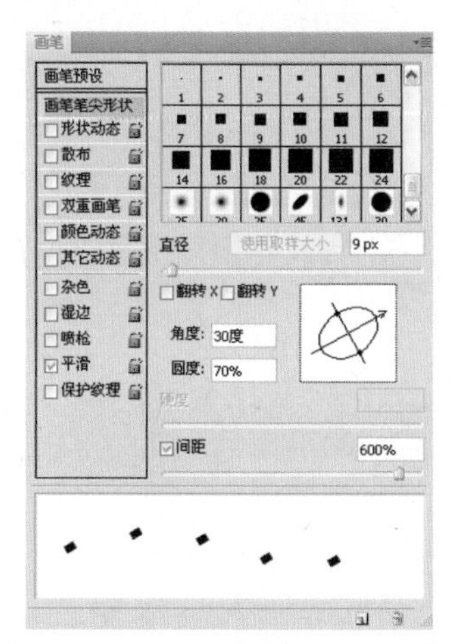


图14-67 设置“画笔笔尖形状”参数

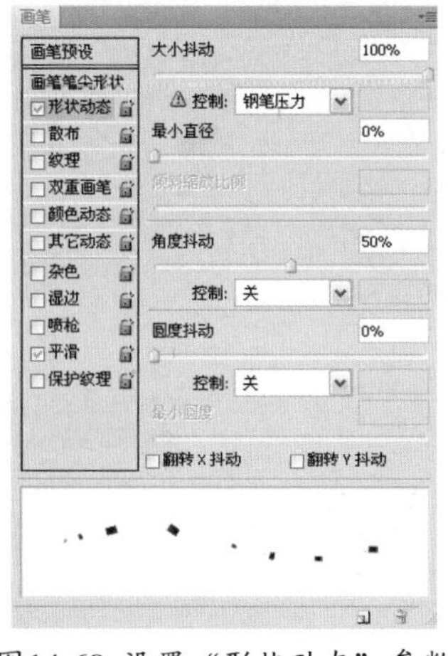


图14-68 设置“形状动态”参数

图14-69 设置“散布”参数

**20** 新建“图层2”，设置该图层的“不透明度”为70%，“前景色”为白色，并在窗口中拖动鼠标，绘制少量的白色杂点，效果如图14-70所示。

**21** 单击“画笔”工具，单击其属性栏上的“画笔”下拉按钮，在下拉列表框中选择“圆形 4”画笔样式，如图14-71所示。

图14-70 绘制白色杂点效果

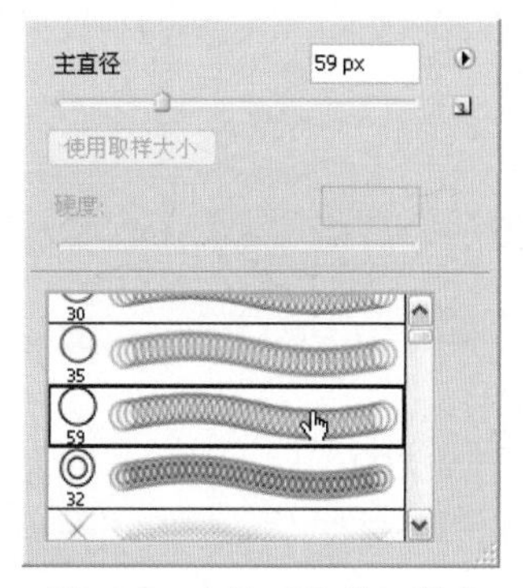


图14-71 选择“画笔”样式

**22** 单击“画笔”工具，单击其属性栏上的“切换画笔面板”按钮，打开“画笔”面板，选择“画笔笔尖形状”选项，设置“间距”为280%，设置其他参数如图14-72所示。

**23** 选择“形状动态”复选框，设置“大小抖动”为100%，设置其他参数如图14-73所示。

**24** 选择“散布”复选框，设置“散布”为1000%，设置其他参数如图14-74所示。

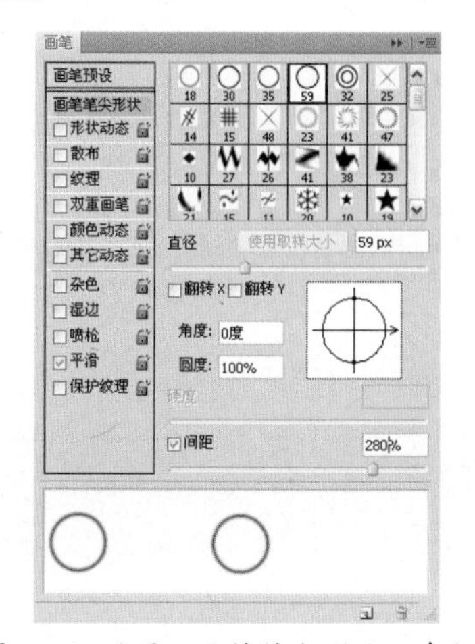


图14-72 设置“画笔笔尖形状”参数

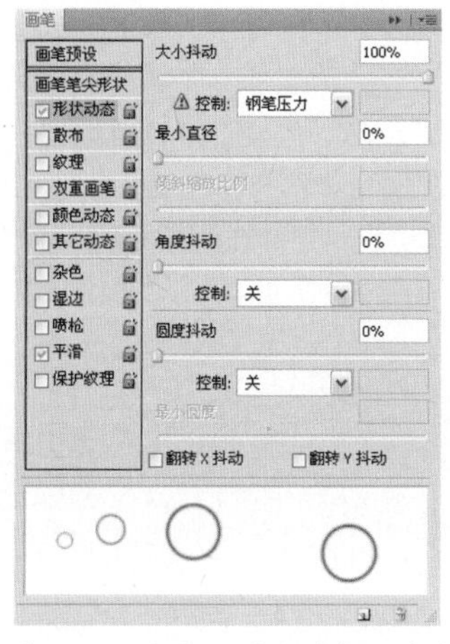


图14-73 设置“形状动态”参数

图14-74 设置“散布”参数

**25** 选择“纹理”复选框，在对话框中单击“图案”下拉按钮，在弹出的下拉列表框中选择“炭纸蜡笔画”，设置“缩放”为350%，“模式”为减去，设置其他参数如图14-75所示。

**26** 新建“图层3”，运用同样的方法，在窗口中拖动鼠标，绘制杂乱的圆圈图形，让照片更能体现出陈旧的电影胶片风格，最终效果如图14-76所示。

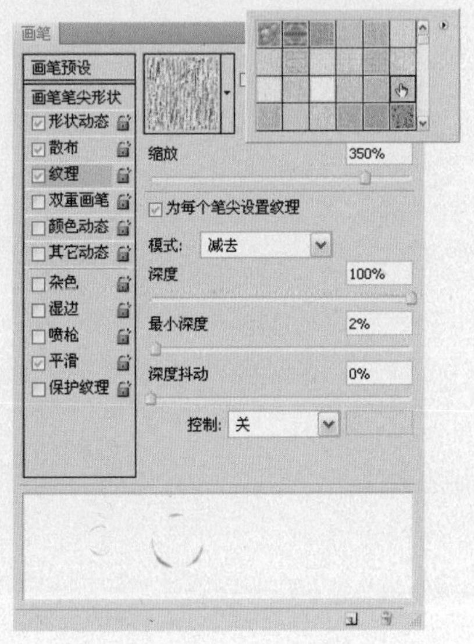


图14-75 设置“纹理”参数

图14-76 最终效果

## 14.6 制作油画效果

素材文件 湖水风光.tif

效果文件 油画效果.psd

存放路径 光盘\源文件与素材\第14章\14.6制作油画效果

### 案例点评

本案例主要制作一幅油画效果图。绘画是一种艺术的表现，也是一种抒发情感的方法，不仅种类繁多，而且形式丰富多彩，油画的表现，具有独特的艺术效果，在Photoshop软件中，掌握滤镜命令的运用，可以让一幅美丽的照片变成油画特效图。

修图步骤

**1** 选择“文件→打开”命令，或按“Ctrl+O”组合键，打开配套光盘中的素材图片“湖水风光.tif”，如图14-77所示。

**2** 按“Ctrl+J”组合键，创建“背景 副本”图层，设置“图层混合模式”为叠加，效果如图14-78所示。

图14-77 打开素材图片

图14-78 设置“图层混合模式”

3 选择“滤镜→像素化→彩快化”命令，并按“Ctrl+F”组合键重复上一次的滤镜命令，反复运用几次后，效果如图14-79所示。

4 选择“滤镜→模糊→高斯模糊”命令，设置“半径”为8.9，如图14-80所示。

图14-79 “彩块化”效果

图14-80 设置“高斯模糊”参数

5 单击“确定”按钮，效果如图14-81所示。

6 选择“滤镜→纹理→纹理化”命令，设置“纹理”为画布，“缩放”为53%，“凸现”为5，设置“光照”为左下，如图14-82所示。

图14-81 “高斯模糊”效果

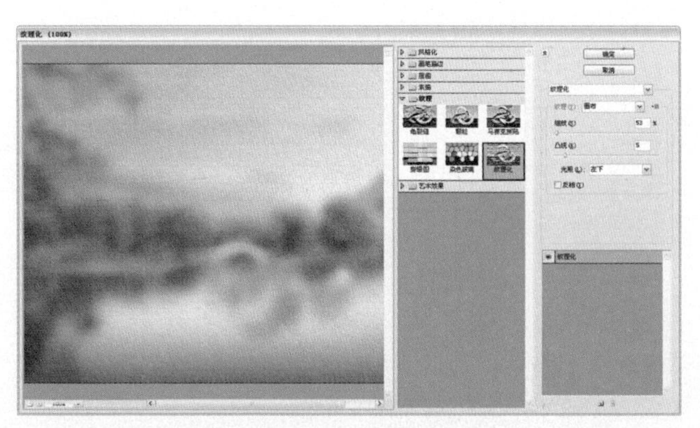

图14-82 设置“纹理化”参数

7 单击“确定”按钮，效果如图14-83所示。

8 单击工具箱中的“直排文字”工具IT，在窗口中输入文字，制作完成后的最终效果如图14-84所示。

图14-83 “纹理化”效果

图14-84 最终效果

## 14.7 制作百叶窗效果

素材文件 婚纱.tif
效果文件 制作百叶窗效果.psd
存放路径 光盘\源文件与素材\第14章\14.7制作百叶窗效果

### 案例点评

本案例主要制作一幅百叶窗效果图。顾名思义，百叶窗效果当然要具有百叶窗的特点，该效果又称为抽线效果，运用滤镜中的“半调图案”命令，可以制作出黑白的线条，利用“图层混合模式”，将线条与照片进行融合，制作出一幅百叶窗特效图。

修图步骤

1 选择“文件→打开”命令，或按“Ctrl+O”组合键，打开配套光盘中的素材图片“婚纱.tif”，如图14-85所示。

2 新建图层，设置“前景色”为白色，设置“背景色”为黑色，按“Alt+Delete”组合键填充颜色为“白色”，如图14-86所示。

图14-85 打开素材图片

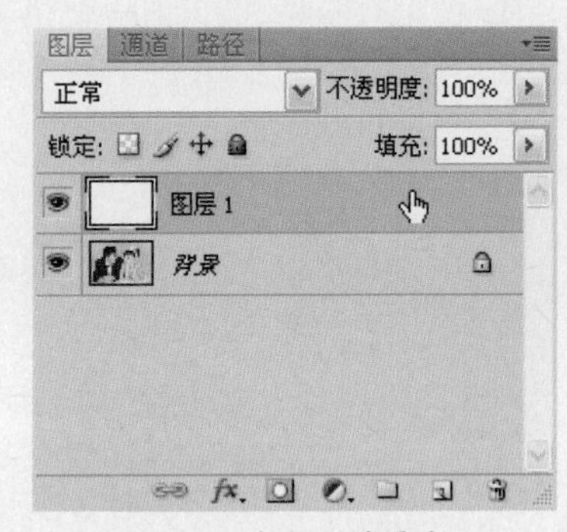

图14-86 填充“前景色”

3 选择“滤镜→素描→半调图案”命令，设置“大小”为12，“对比度”为41，“图案类型”为直线，如图14-87所示。

4 单击“确定”按钮，效果如图14-88所示。

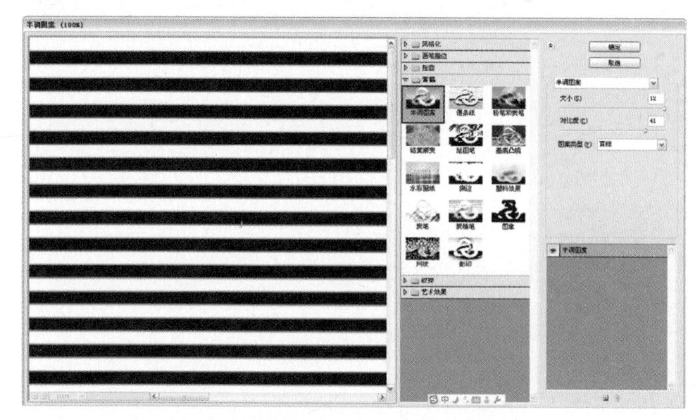

图14-87 设置“半调图案”参数

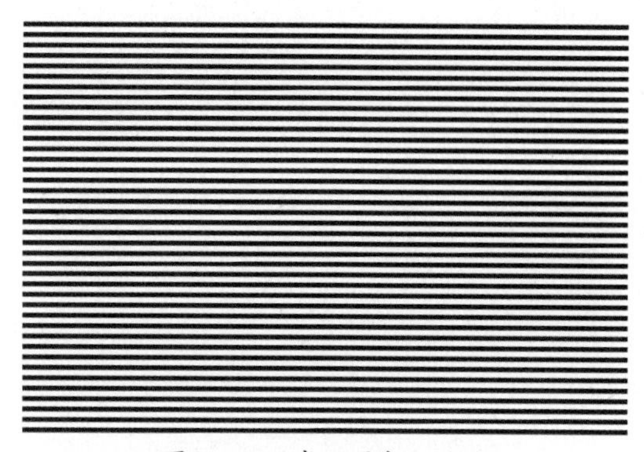

图14-88 “半调图案”效果

5 选择当前图层，设置“图层混合模式”为变亮，设置“不透明度”为50%，制作完成后的最终效果如图14-89所示。

图14-89 最终效果

## 14.8 制作拼图效果

素材文件 儿童写真.tif

效果文件 拼图效果.psd

存放路径 光盘\源文件与素材\第14章\14.8制作拼图效果

### 案例点评

本案例主要制作一幅拼图效果图，首先了解拼图是由很多小方块拼接而成，在Photoshop中制作拼图效果的方法也有很多种，本案例主要运用“马赛克拼贴”命令，在通道中制作出拼图的小方块，然后载入通道中的小方块选区，在图像中复制选区内容，将一幅照片分割为很多小方块，最后运用“图层样式”中的“投影”和“斜面和浮雕”，增加小方块的立体感，让拼图效果更加逼真。

修图步骤

1 选择“文件→打开”命令，或按“Ctrl+O”组合键，打开配套光盘中的素材图片“儿童写真.tif”，如图14-90所示。

2 选择“图层面板”中的“通道”，单击“创建新通道”按钮，新建通道“Alpha 1”，设置“前景色”为白色，按“Alt+Delete”组合键填充通道颜色，如图14-91所示。

图14-90 打开素材图片

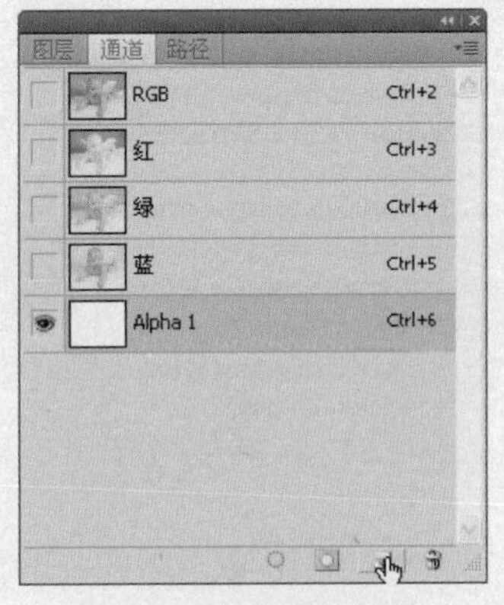

图14-91 填充通道颜色

3 选择“滤镜→纹理→马赛克拼贴”命令，打开“马赛克拼贴”对话框，设置“拼贴大小”为81，“缝隙宽度”为4，“加高缝隙”为0，如图14-92所示，单击“确定”按钮。

4 选择“图像→调整→色阶”命令，打开“色阶”对话框，设置参数为0，0.01，246，如图14-93所示。

图14-92 设置“马赛克拼贴”参数

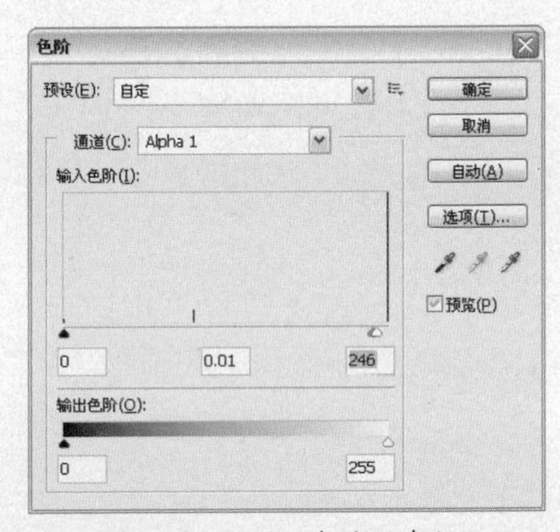

图14-93 设置“色阶”参数

5 单击“确定”按钮，通道中的图像更加黑白分明，效果如图14-94所示。

6 选择“RGB”通道，按“Ctrl”键，单击“Alpha 1”通道缩览图，载入通道选区，返回“图层面板”，效果如图14-95所示。

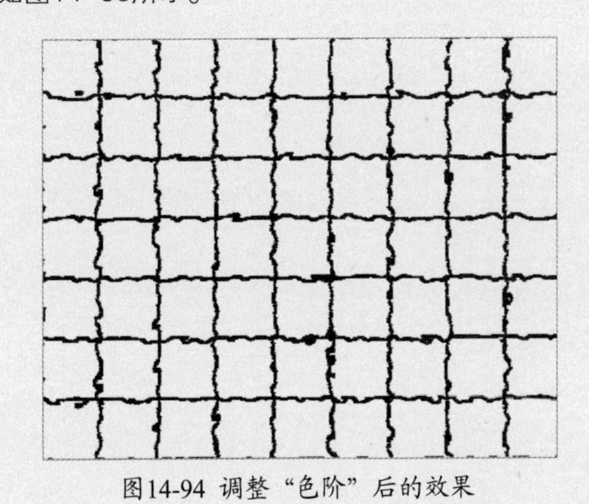
图14-94 调整“色阶”后的效果

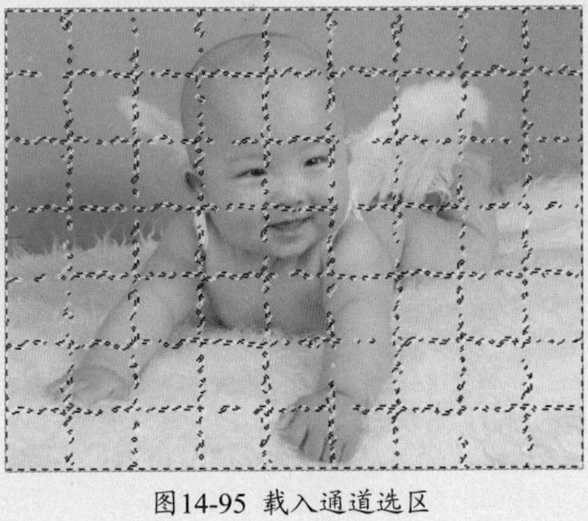

图14-95 载入通道选区

**7** 按“Ctrl+J”组合键，将选区图像复制到新建“图层1”中，单击“背景”图层，设置“前景色”为白色，按“Atl+Delete”组合键填充背景颜色，效果如图14–96所示。

**8** 双击“图层 1”的空白区域，打开“图层样式”对话框，选择“投影”复选框，设置“不透明度”为40%，设置“距离”为0，“扩展”为0，“大小”为30，设置其他参数如图14–97所示。

图14-96 复制图像并填充背景颜色

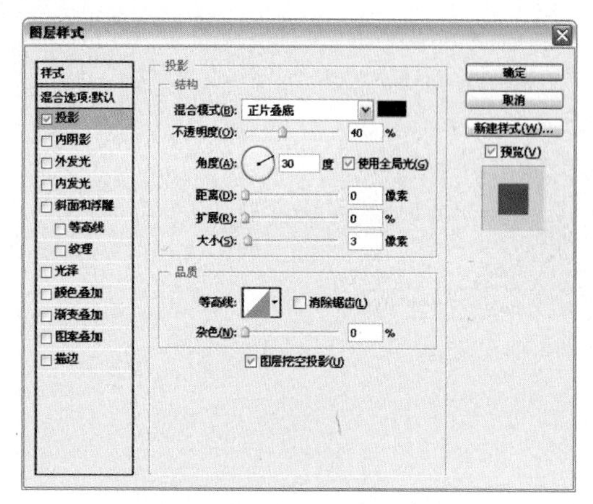


图14-97 设置“投影”参数

**9** 选择“斜面浮雕”复选框，设置“深度”为113，“大小”为2，“软化”为0，设置其他参数如图14–98所示。

**10** 单击“确定”按钮，效果如图14–99所示。

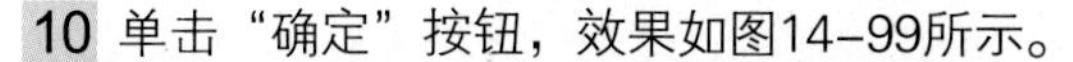

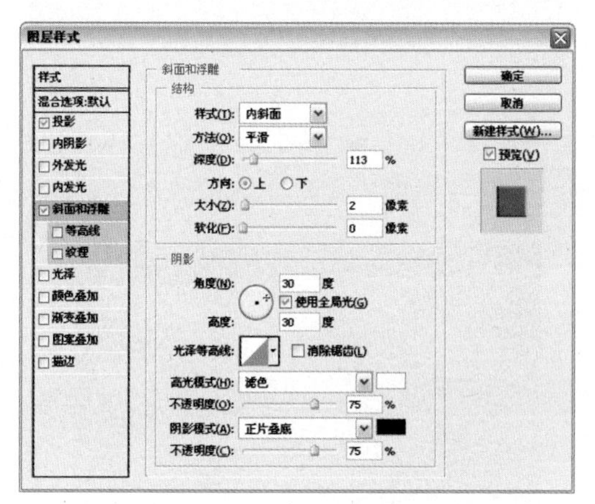


图14-98 设置“斜面浮雕”参数

图14-99 “投影”和“斜面浮雕”效果

**11** 单击工具箱中的“钢笔”工具，任意选择图像中一块拼图，按“Ctrl+Enter”组合键，将路径转换为选区，效果如图14–100所示。

**12** 按“Ctrl+Shift+J”组合键，将选区图像剪切到新建图层中，按“Ctrl+T”组合键，旋转图像并调整位置，按“Enter”键确定，最终效果如图14–101所示。

图14-100 路径转换为选区

图14-101 最终效果

# 14.9 制作国画效果

前后效果对比

素材文件 荷花.tif
效果文件 国画效果.psd
存放路径 光盘\源文件与素材\第14章\14.9制作国画效果

## 案例点评

本案例主要学习如何制作国画效果的方法。所谓“国画”也就是中国传统绘画的一种形式，是采用毛笔或其他软笔，用颜料和墨在宣纸上作出的绘画。国画有着悠久的历史，具有独特的艺术风格。本案例主要将一幅荷花照片，让“调整”中的命令与“滤镜”配合使用，打造出一幅韵味十足的国画画卷。

修图步骤

1 选择“文件→打开”命令，或按“Ctrl+O”组合键，打开配套光盘中的素材图片“荷花.tif”，如图14-102所示。

2 选择“图像→调整→去色”命令，或按“Shift+Ctrl+U”组合键，去掉图片颜色，效果如图14-103所示。

图14-102 打开素材图片

图14-103 去掉图片颜色

3 选择“图像→调整→反相”命令，或按“Ctrl+I”组合键，反转图像颜色，效果如图14-104所示。

4 选择“滤镜→模糊→高斯模糊”命令，打开“高斯模糊”对话框，设置“半径”为2.1像素，如图14-105所示。

图14-104 反转图像颜色

图14-105 设置“高斯模糊”参数

5 单击“确定”按钮，效果如图14-106所示。

6 选择“滤镜→画笔描边→喷溅”命令，打开“喷溅”对话框，设置“喷溅半径”为10，“平滑度”为5，如图14-107所示。

图14-106 “高斯模糊”效果

图14-107 设置“喷溅”参数

7 单击“确定”按钮，效果如图14-108所示。

8 选择“图像→调整→色阶”命令，打开“色阶”对话框，设置参数为0，1.65，255，如图14-109所示。

图14-108 “喷溅”效果

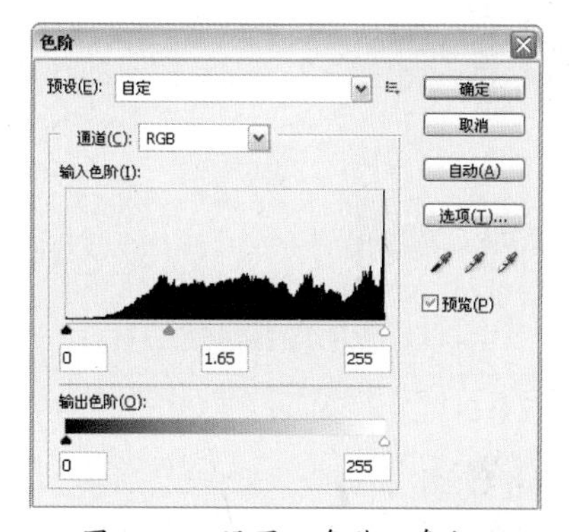


图14-109 设置“色阶”参数

9 单击“确定”按钮，效果如图14-110所示。

10 新建图层，设置“图层混合模式”为颜色，设置“前景色”为紫红色（R:252，G:91，B:174），单击工具箱的“画笔”工具，对图像中的花瓣进行绘制颜色，效果如图14-111所示。

图14-110 调整“色阶”后的效果

图14-111 绘制花瓣颜色

11 新建图层，设置“图层混合模式”为颜色，设置“前景色”为黄色（R:255，G:208，B:1），单击工具箱的“画笔”工具，对图像中的花蕊进行绘制颜色，效果如图14-112所示。

12 单击工具箱中的“直排文字”工具，在窗口中输入文字，制作完成后的最终效果如图14-113所示。

图14-112 绘制花蕊颜色

图14-113 最终效果

## 14.10 淡彩钢笔画效果

素材文件 荷花.tif

效果文件 淡彩钢笔画效果.psd

存放路径 光盘\源文件与素材\第14章\14.10淡彩钢笔画效果

### 案例点评

本案例主要制作一幅淡彩钢笔画效果图。淡彩钢笔画首先是用钢笔勾画出线条，然后采用水彩填充块面颜色，在Photoshop中，我们也是首先制作出照片的外轮廓线条，运用“特殊模糊”命令和“反相”命令，打造出钢笔绘画效果，然后运用“调整”中的命令，将照片调整出淡彩的效果，最后运用“图层混合模式”将制作的钢笔绘画效果和调整淡彩效果进行叠加，打造出一幅淡彩钢笔画艺术效果。

修图步骤

1 选择“文件→打开”命令，或按“Ctrl+O”组合键，打开配套光盘中的素材图片“荷花.tif”，如图14–114所示。

2 选择“图像→调整→色相/饱和度”命令，打开“色相/饱和度”对话框，设置“色相”为0，“饱和度”为30，“明度”为0，如图14–115所示。

图14-114 打开素材图片

图14-115 设置“色相/饱和度”参数

3 单击“确定”按钮，效果如图14–116所示。

4 选择“图像→调整→色阶”命令，打开“色阶”对话框，设置参数为0，0.90，229，如图14–117所示。

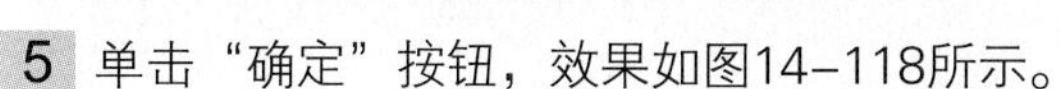

图14-116 调整“色相/饱和度”后的效果

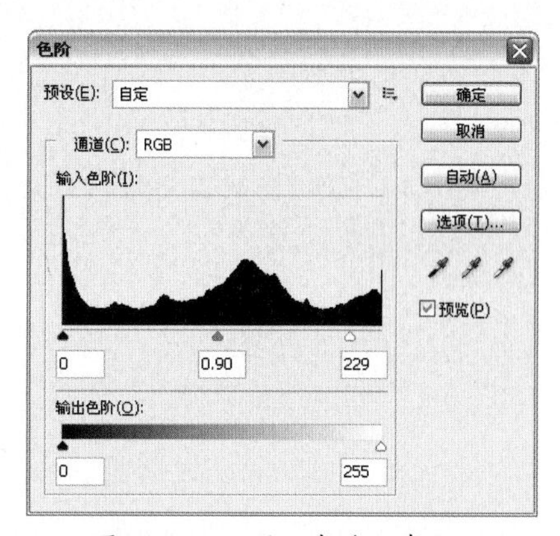


图14-117 设置“色阶”参数

5 单击“确定”按钮，效果如图14–118所示。

6 按“Ctrl+J”组合键，创建“背景 副本”图层，选择“滤镜→模糊→特殊模糊”命令，打开“特殊模糊”对话框，设置“半径”为17.2，“阈值”为37，“品质”为中，“模式”为仅限边缘，如图14–119所示。

图14-120 调整“色阶”后的效果

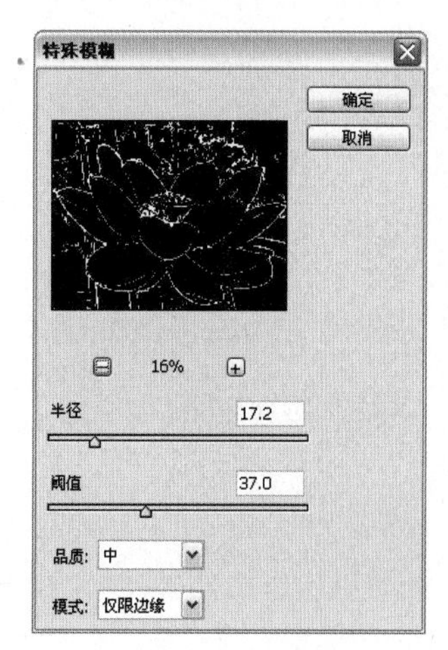


图14-119 设置“特殊模糊”参数

7 单击“确定”按钮，效果如图14–120所示。

8 选择“图像→调整→反相”命令，或按“Ctrl+I”组合键，反转图像颜色，效果如图14–121所示。

图14-120 “特殊模糊”效果

图14-121 调整“反相”后的效果

9 按“Ctrl+J”组合键，创建“背景 副本2”图层，将该图层拖动到图层的最上层，选择“滤镜→模糊→特殊模糊”命令，打开“特殊模糊”对话框，设置“半径”为100，“阈值”为100，“品质”为中，“模式”为正常，如图14–122所示。

**10** 单击“确定”按钮，效果如图14–123所示。

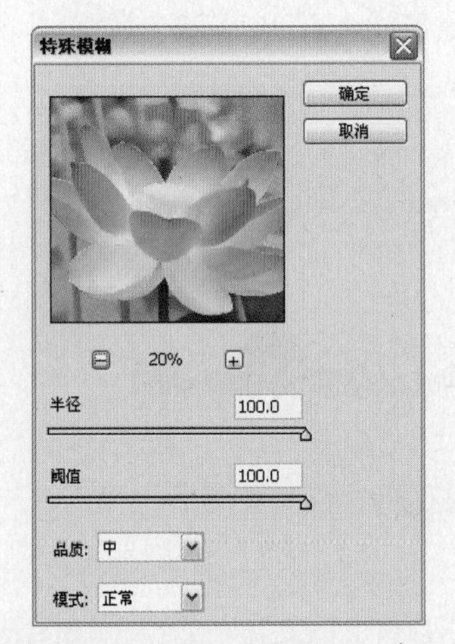

图14-122 设置“特殊模糊”参数

图14-123 “特殊模糊”效果

**11** 选择“滤镜→艺术效果→水彩”命令，打开“水彩”对话框，设置“画笔细节”为8，“阴影强度”为0，“纹理”为1，如图14–124所示。

**12** 单击“确定”按钮，效果如图14–125所示。

图14-124 设置“水彩”参数

图14-125 “水彩”效果

**13** 选择当前图层，设置“图层混合模式”为正片叠底，效果如图14–126所示。

**14** 选择“图像→调整→色相/饱和度”命令，设置“色相”为0，设置“饱和度”为28，“明度”为0，如图14–127所示。

图14-126 设置“图层混合模式”

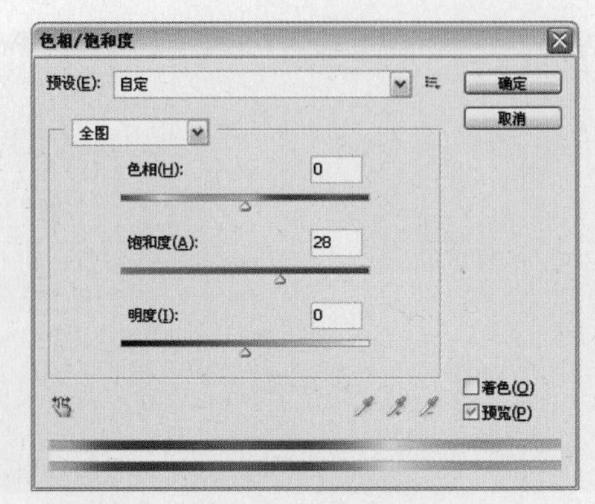

图14-127 设置“色相/饱和度”参数

**15** 单击“确定”按钮，效果如图14–128所示。

**16** 选择“滤镜→模糊→高斯模糊”命令，打开“高斯模糊”对话框，设置“半径”为8.0像素，如图14–129所示。

图14-128 调整“色相/饱和度”后的效果

图14-129 设置“高斯模糊”参数

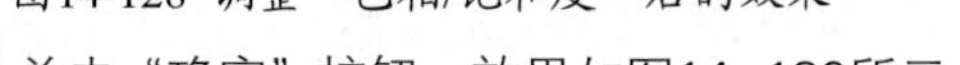
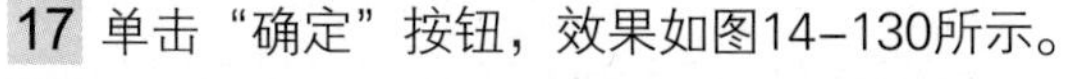

17 单击“确定”按钮，效果如图14–130所示。

18 在“图层”面板的上方设置“不透明度”为45%，效果如图14–131所示。

图14-130 “高斯模糊”效果

图14-131 设置“不透明度”

19 选择“图像→调整→阴影/高光”命令，打开“阴影/高光”对话框，分别设置“阴影”参数为77%，86%，25像素，“高光”参数为12%，35%，30像素，设置其他参数如图14–132所示。

20 单击“确定”按钮，制作完成的淡彩钢笔画最终效果如图14–133所示。

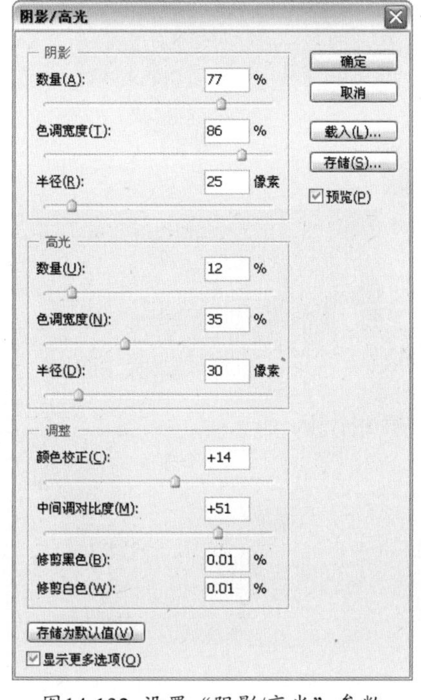


图14-132 设置“阴影/高光”参数

图14-133 最终效果

# 第15章 流行时尚照

古往今来时尚的东西通常都会被大众接受和喜爱，而当今时代的科技和网络，更是将时尚和潮流广泛地传递，在网络中随处都可以看到许多个性又美丽的艺术照片，而这些照片又是怎么来的呢？当然是首先通过数码相机拍摄自己的照片，然后根据自己喜爱的风格、奇妙的构思、大胆的创意，运用Photoshop软件进行加工和处理，向广大的网络朋友们展示出自己独特的美丽和个性的艺术照。

本章重点学习关于制作流行时尚照的各种艺术效果。例如，在网络中常常看到的个性QQ头像、个性博客头像、个性化名片、大头贴、Cosplay、非主流写真照片、杂志封面明星照等，在本章中将为大家详细讲解制作方法和操作技巧。

# 15.1 制作自己的个性QQ头像

前后效果对比

**素材文件** 花季少女.tif、蝴蝶.tif

**效果文件** 制作自己的个性QQ头像.psd

**存放路径** 光盘\源文件与素材\第15章\15.1制作自己的个性QQ头像

## 案例点评

本案例主要制作自己的个性QQ头像。拥有个性的QQ头像，能够带给自己一个美妙的心情，也是展现自我风采的一个小平台，同时也能像写心情一样，秀出自己的风格，写出自己的喜怒哀乐。

修图步骤

**1** 选择“文件→打开”命令，或按“Ctrl+O”组合键，打开配套光盘中的素材图片“花季少女.tif”，如图15-1所示。

**2** 选择“图像→调整→色相/饱和度”命令，打开“色相/饱和度”对话框，选择“着色”复选框，设置“色相”为45，“饱和度”为23，如图15-2所示。

图15-1 打开素材图片

图15-2 设置“色相/饱和度”参数

**3** 单击“确定”按钮，效果如图15-3所示。

**4** 选择“图像→调整→曲线”命令，打开“曲线”对话框，在对话框中调整曲线如图15-4所示，单击“确定”按钮。

图15-3 调整“色相/饱和度”后的效果

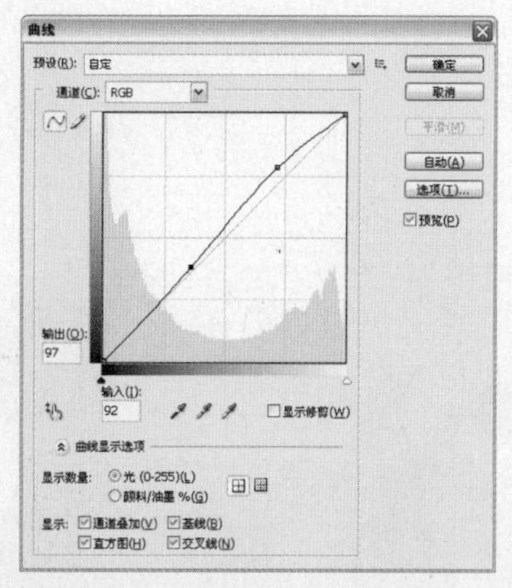


图15-4 调整“曲线”

**5** 单击工具箱中的“画笔”工具，单击其属性栏上的“切换画笔面板”按钮，打开“切换画笔面板”对话框，单击“画笔笔尖形状”选项，设置“直径”为15px，“间距”为1000%，设置其他参数如图15-5所示。

**6** 选择“形状动态”复选框，设置“大小抖动”为100%，在“控制”下拉列表中选择“渐隐”，并设置参数为50，设置其他参数如图15-6所示。

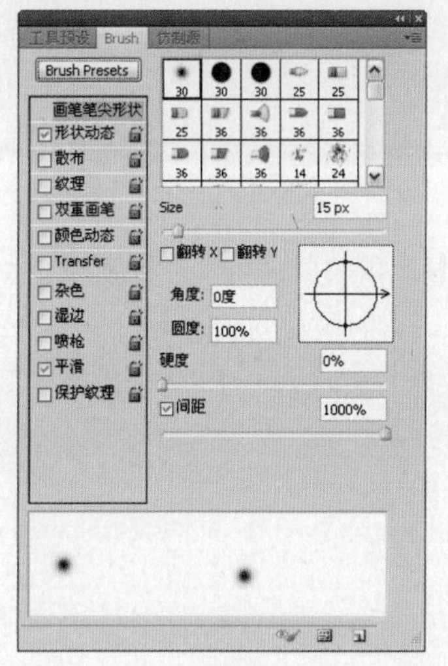


图15-5 设置“画笔笔尖形状”参数

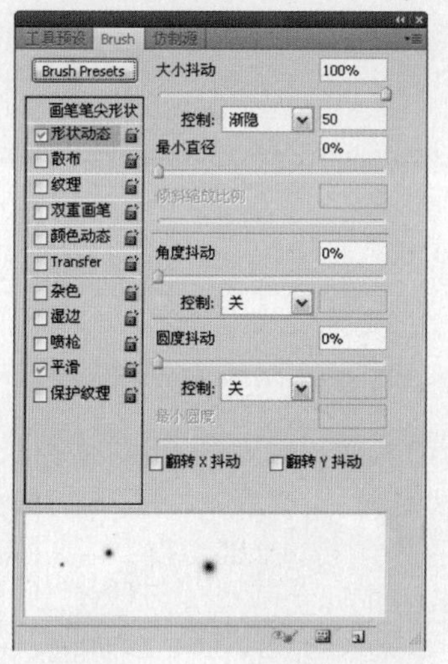


图15-6 设置“形状动态”参数

**7** 选择“散布”复选框，设置“散布”为689%，“数量”为2，设置其他参数如图15-7所示。

**8** 新建图层，设置“前景色”为白色，在窗口中拖动鼠标，绘制白色圆点图像，效果如图15-8所示。

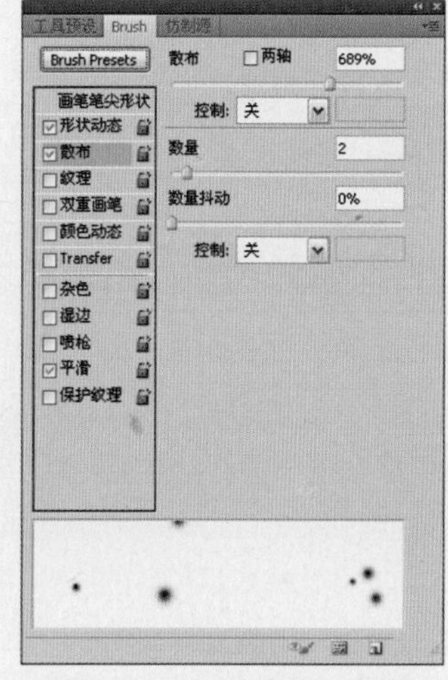


图15-7 设置“散布”参数

图15-8 绘制圆点图像

**9** 选择“文件←打开”命令，或按“Ctrl+O”组合键，打开配套光盘中的素材图片“蝴蝶.tif”，如图15-9所示。

**10** 单击工具箱中的“移动”工具，将素材图片拖曳到“制作自己的个性QQ头像”文件窗口中释放，按“Ctrl+T”组合键，对素材的大小和位置进行调整，双击图像确定变换，效果如图15-10所示。

图15-9 打开素材图片

图15-10 导入素材图片

**11** 按“Ctrl+J”组合键，创建副本图像，按“Ctrl+T”组合键，对素材的大小和位置进行调整，双击图像确定变换，最终效果如图15-11所示。

图15-11 最终效果

## 15.2 制作自己的个性博客头像

前后效果对比

- **素材文件** 个性头像.tif
- **效果文件** 自己的个性博客头像.psd
- **存放路径** 光盘\源文件与素材\第15章\15.2制作自己的个性博客头像

### 案例点评

本案例主要学习制作自己的个性博客头像。炫丽并具有个性的博客头像，能瞬间吸引大家的目光，并且能够更好地提高博客的人气，也是展现自己个性博客的招牌，利用Photoshop强大的功能，配合自己丰富多彩的想象力，能让照片更具有自己独特的风格。

修图步骤

1 选择“文件→打开”命令，或按“Ctrl+O”组合键，打开配套光盘中的素材图片“个性头像.tif”，如图15-12所示。

2 选择“图像→调整→色彩平衡”命令，或按“Ctrl+B”组合键，打开“色彩平衡”对话框，设置参数为-38，+9，+43，如图15-13所示。

图1-12 打开素材图片

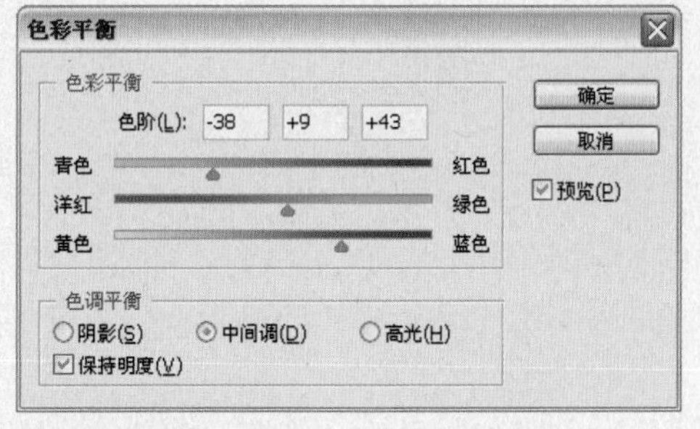


图1-13 设置“中间调”参数

3 选择“阴影”单选按钮，并设置参数为-2，+5，+16，如图15-14所示。

4 单击“确定”按钮，效果如图15-15所示。

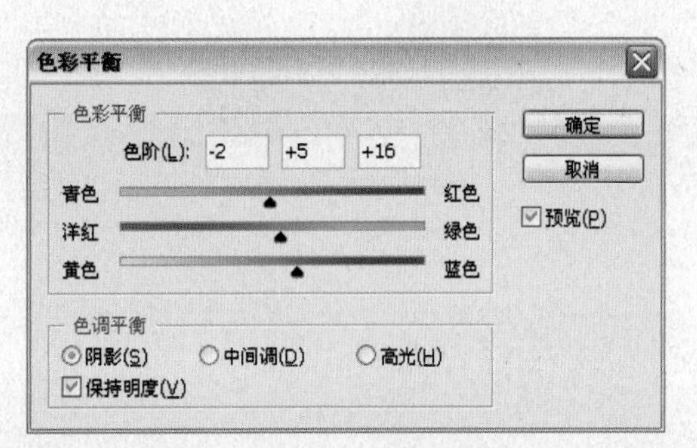


图15-14 设置“阴影”参数

图15-15 调整“色彩平衡”后的效果

5 选择“图像→调整→亮度/对比度”命令，打开“亮度/对比度”对话框，设置“对比度”为100，如图15-16所示。

6 单击“确定”按钮，效果如图15-17所示。

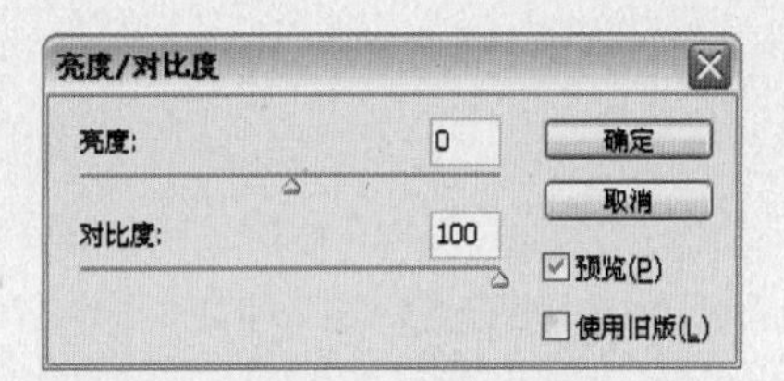


图15-16 设置“亮度/对比度”参数

图15-17 调整“亮度/对比度”后的效果

**7** 选择“图像←调整←色阶”命令，打开“色阶”对话框，设置参数为29，0.50，212，如图15-18所示。

**8** 应用“色阶”命令后，效果如图15-19所示。

图15-18 调整“色阶”参数

图15-19 调整“色阶”后的效果

**9** 新建图层，设置“前景色”为黑色，按“Alt+Delete”组合键填充颜色，并设置“不透明度”为40%，效果如图15-20所示。

**10** 新建图层，按“Alt+Delete”组合键填充为黑色，选择“滤镜→像素化→点状化”命令，打开“点状化”对话框，设置“单元格大小”为5，如图15-21所示。

图15-20 填充颜色设置“不透明度”

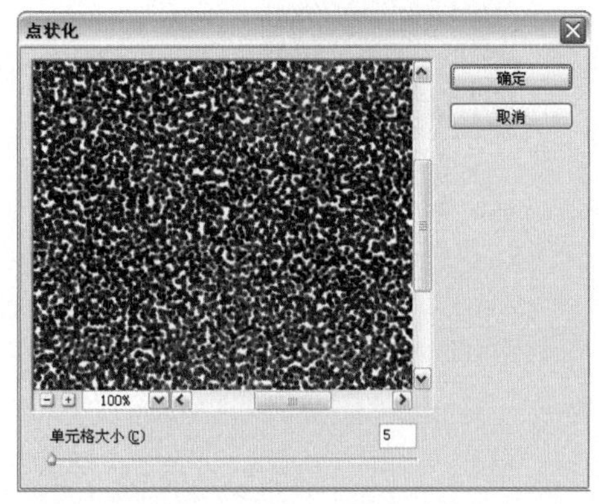


图15-21 设置“点状化”参数

**11** 单击“确定”按钮，效果如图15-22所示。

**12** 选择“图像→调整→阈值”命令，打开“阈值”对话框，设置“阈值色阶”为1，如图15-23所示。

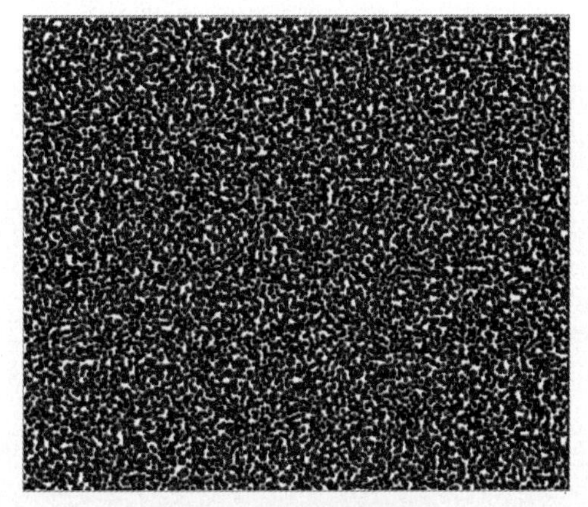

图15-22 “点状化”效果

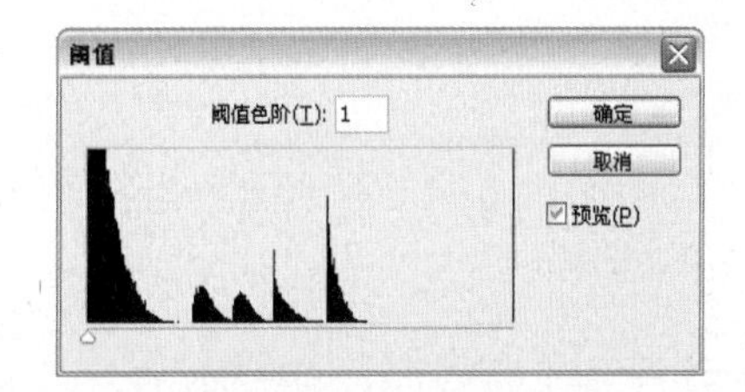


图15-23 设置“阈值”参数

**13** 单击“确定”按钮，效果如图15-24所示。

**14** 按“Ctrl+I”组合键，反转图像颜色，并设置“图层混合模式”为滤色，效果如图15-25所示。

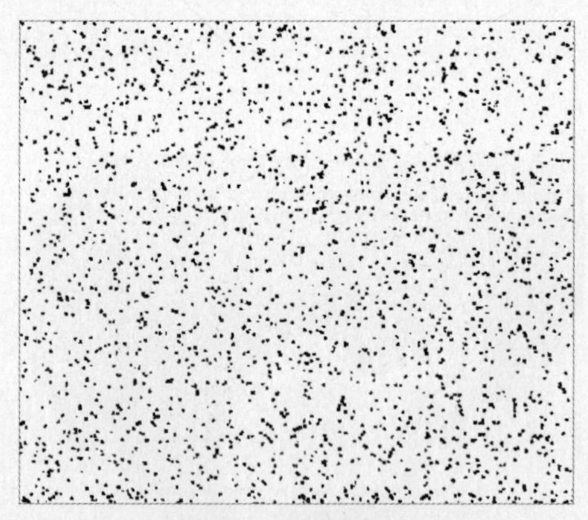
图15-24 调整“阈值”后的效果

图15-25 设置“图层混合模式”

**15** 选择“滤镜→模糊→动感模糊”命令，打开“动感模糊”对话框，设置“角度”为-86，“距离”为45像素，如图15-26所示。

**16** 单击“确定“按钮，效果如图15-27所示。

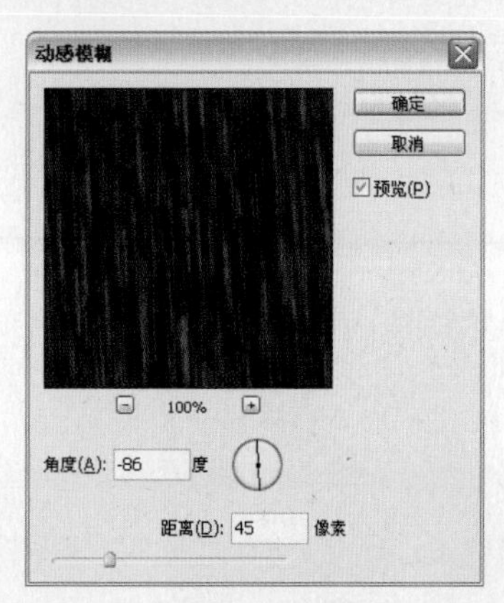

图15-26 设置“动感模糊”参数

图15-27 “动感模糊”效果

**17** 单击工具箱中的“画笔”工具，单击其属性栏上的“切换画笔面板”按钮，打开“切换画笔面板”对话框，单击“画笔笔尖形状”选项，设置“直径”为25px，“硬度”为100%，“间距”为260%，设置其他参数如图15-28所示。

**18** 选择“形状动态”复选框，设置“大小抖动”为100%，在“控制”下拉列表中选择“渐隐”，并设置参数为50，设置其他参数如图15-29所示。

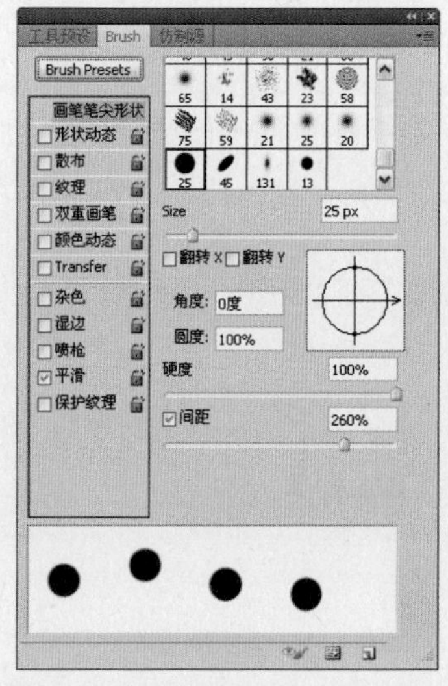

图15-28 设置“画笔笔尖形状”参数

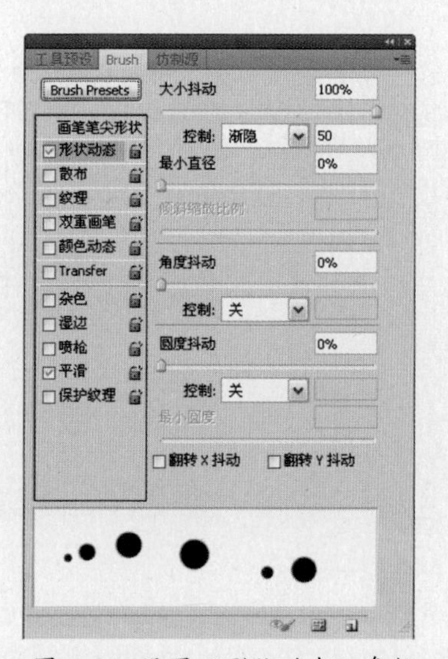

图15-29 设置“形状动态”参数

**19** 选择“散布”复选框，设置“散布”参数为1000%，“数量”为1，设置其他参数如图15-30所示。

**20** 新建图层，应用“画笔”工具，在窗口中拖动鼠标，绘制白色圆点，效果如图15-31所示。

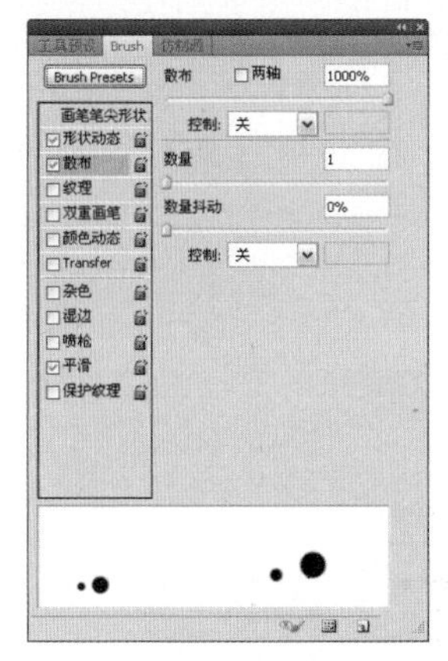


图15-30 设置“散布”参数

图15-31 绘制白色圆点

**提示** 在绘制白色圆点时，需要更改属性栏上的“不透明度”进行绘制，让绘制的圆点有若隐若现的感觉。

**21** 单击工具箱中的“横排文字”工具T，分别在图像中输入文字，最终效果如图15-32所示。

图15-32 最终效果

## 15.3 制作个性化名片

前后效果对比

**素材文件** 个性照片.tif、花藤.tif、圆点.tif、标志.tif

**效果文件** 个性化名片.psd

**存放路径** 光盘\源文件与素材\第15章\15.3制作个性化名片

### 案例点评

本案例主要制作个性化名片。名片是自我介绍的一种最直接、最简单的方式，也是介绍自己公司的一种微型广告，同时也是一种身份的象征，在制作名片时需要根据公司，以及企业的特色和个人职务进行量身设计，不可华而不实。本案例制作的个性化名片花而不乱，企业名称一目了然，商标突出，个人信息清晰明确，色彩的搭配更具有视觉冲击力。

修图步骤

**1** 选择“文件→新建”命令，或按“Ctrl+N”组合键，设置“名称”为个性化名片，“宽度”为12厘米，“高度”为7厘米，“分辨率”为150像素/英寸，“颜色模式”为RGB颜色，设置其他参数如图15-33所示，单击“确定”按钮。

**2** 单击工具箱中的“渐变”工具，单击其属性栏上的“编辑渐变”按钮，打开“渐变编辑器”对话框，设置：

位置0的颜色为（R:228，G:156，B:114）

位置100的颜色为（R:245，G:217，B:168）

如图15-34所示，单击“确定”按钮。

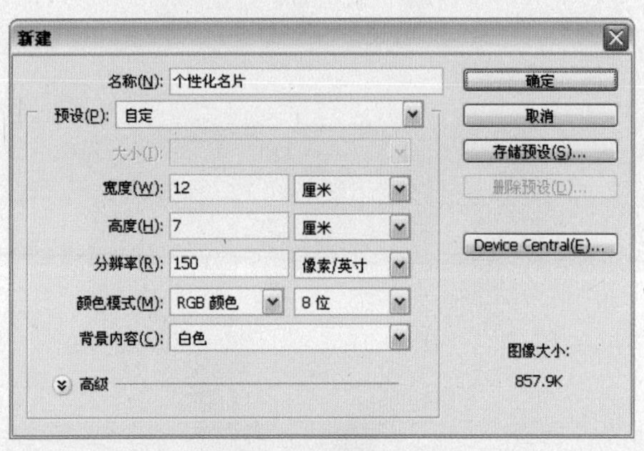


图15-33 新建文件

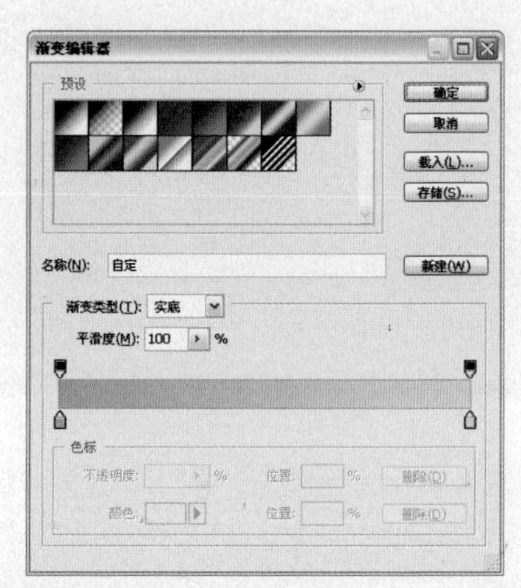


图15-34 设置渐变色

**3** 单击属性栏上的“径向渐变”按钮，在窗口中拖动鼠标，填充渐变色如图15-35所示。

**4** 选择“文件→打开”命令，或按“Ctrl+O”组合键，打开配套光盘中的素材图片“个性照片.tif”，如图15-36所示。

图15-35 填充渐变色

图15-36 打开素材图片

**5** 单击工具箱中的“钢笔”工具，在窗口中绘制路径，选取照片中的人物如图15-37所示。

**6** 按“Ctrl+Enter”组合键，将路径转换为选区，如图15-38所示。

图15-37 选取照片中的人物

图15-38 路径转换为选区

7 单击工具箱中的“移动”工具，将选区图片拖曳到“个性化名片”文件窗口中释放，按“Ctrl+T”组合键，对素材的大小和位置进行调整，如图15-39所示，双击图像确定变换。

8 选择“滤镜→艺术效果→绘画涂抹”命令，打开“绘画涂抹”对话框，设置“画笔大小”为4，“锐化程度”为4，设置“画笔类型”为简单，如图15-40所示。

图15-39 导入素材图片

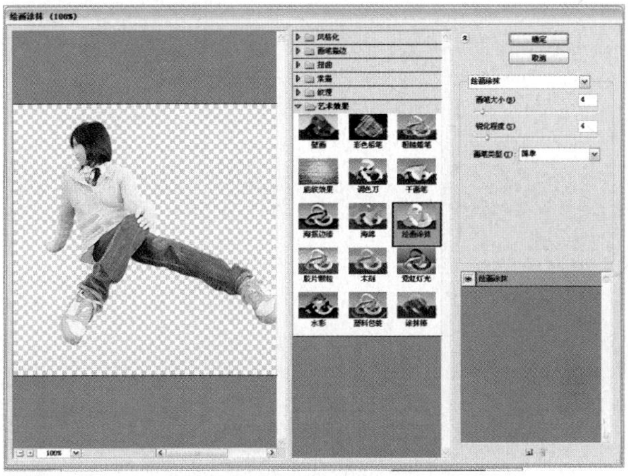

图15-40 设置“绘画涂抹”参数

9 单击“确定“按钮，如图15-41所示。

10 双击“图层2”后的空白区域，打开“图层样式”对话框，在对话框中选择“描边”复选框，设置“颜色”为淡红色（R:255，G:240，B:240），“大小”为3像素，设置其他参数如图15-42所示，单击“确定”按钮。

图15-41 “绘画涂抹”效果

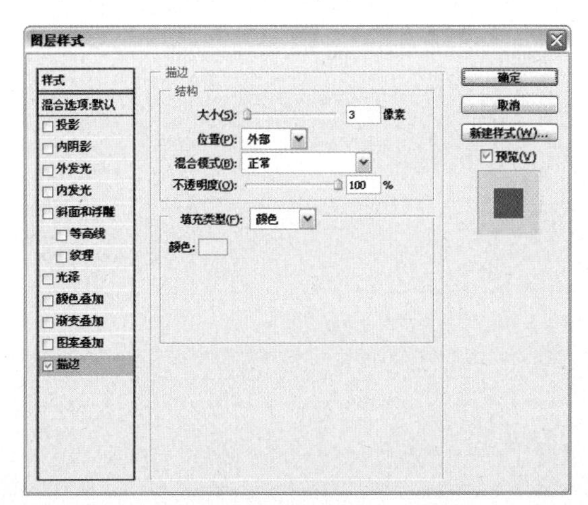


图15-42 设置“描边”参数

11 选择“图像→调整→色彩平衡”命令，或按“Ctrl+B”组合键，打开“色彩平衡”对话框，设置参数为60，-12，30，如图15-43所示。

12 选择“阴影”单选按钮，设置参数为16，0，-2，如图15-44所示。

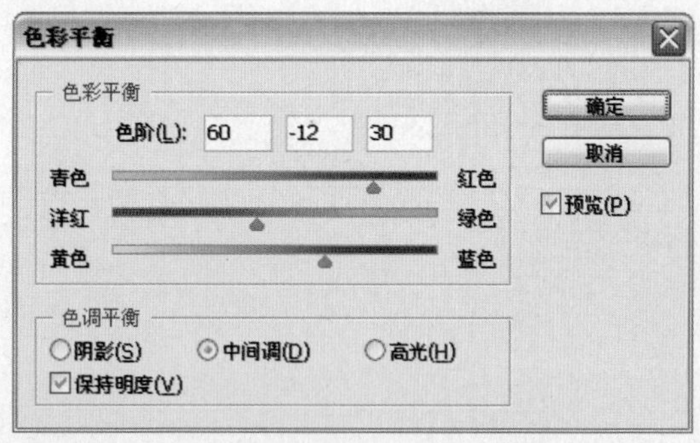

图15-43 设置“中间调”参数

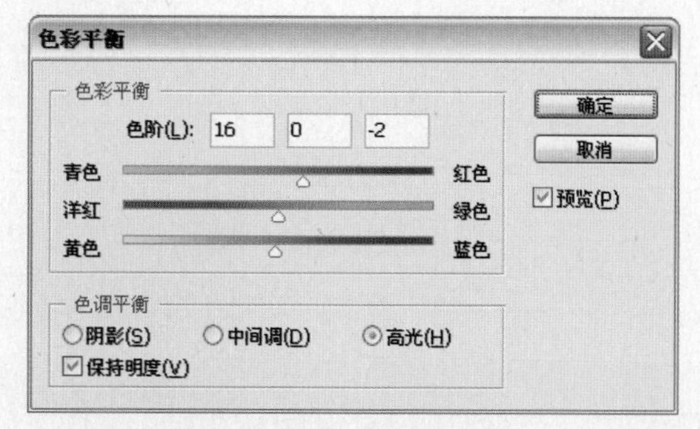

图15-44 设置“阴影”参数

13 选择“高光”单选按钮，设置参数为-27，-24，-66，如图15-45所示。

14 单击“确定“按钮，效果如图15-46所示。

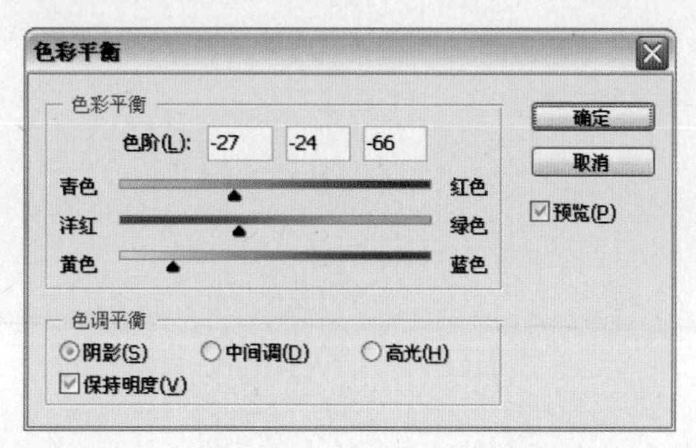

图15-45 设置“高光”参数

图15-46 调整“色彩平衡”后的效果

15 按住“Ctrl”键，单击“图层1”缩览图，载入图像外轮廓选区，如图15-47所示。

16 新建“图层2”，设置“前景色”为棕色（R:184，G:108，B:84），按“Alt+Delete”组合键，填充选区颜色如图15-48所示，按“Ctrl+D”组合键取消选区。

图15-47 载入图像外轮廓选区

图15-48 填充选区颜色

17 在“图层”面板中，拖动“图层2”到“图层1”下一层，按“Ctrl+T”组合键，打开“自由变换”调节框，在窗口中等比例放大图形如图15-49所示，按“Enter”键确定。

**提示** 在“自由变换”图形时，可按住“Shitf”键，拖动“自由变换”调节框的角点，等比例缩小或放大图像。如按住“Alt”键拖动调结点，可单独对当前结点进行任意调整，并且不会影响其他结点的位置变化；如按住“Alt+Shitf”组合键，拖动“自由变换”调节框的角点，可等比例往调节框的中心缩放图像。

18 设置“图层”面板上的“不透明度”为80%，效果如图15-50所示。

图15-49 等比例放大图形

图15-50 设置“不透明度”

**19** 选择“文件←打开”命令，或按“Ctrl+O”组合键，打开配套光盘中的素材图片“花藤.tif”，如图15-51所示。

**20** 单击工具箱中的“移动”工具，将素材图片拖曳到“个性化名片”文件窗口中，按“Ctrl+T”组合键，对素材的大小和位置进行调整，如图15-52所示，双击图像确定变换。

图15-51 打开素材图片

图15-52 导入素材图片

**21** 单击“图层”面板上的“锁定透明像素”按钮，将对当前图层中的透明区域进行锁定，如图15-53所示。

**22** 按“Alt+Delete”组合键填充颜色，设置“不透明度”为60%，效果如图15-54所示。

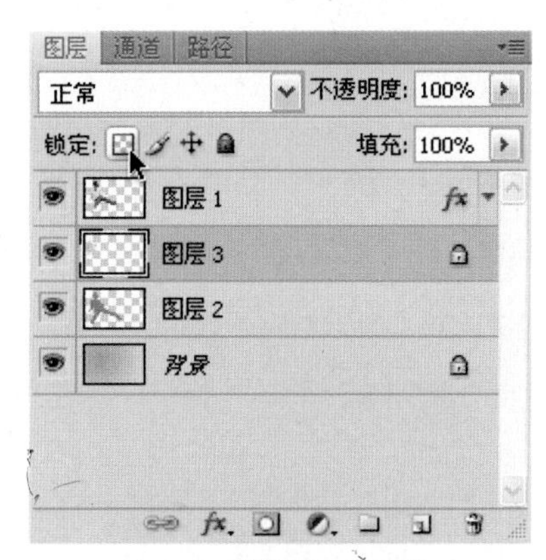


图15-53 锁定透明区域

图15-54 填充颜色

**提 示** 由于对当前图层中的透明区域进行锁定，在当前图层中所做的任何操作将只针对未锁定的图像，因此在当前图层中直接填充颜色，只对未锁定的图像进行，而不会影响锁定的透明区域。

**23** 新建“图层4”，单击工具箱中的“椭圆选框”工具，在窗口中按住“Shift”键拖动鼠标，绘制正圆选区，按“Alt+Delete”组合键填充选区颜色，如图15-55所示，按“Ctrl+D”组合键取消选区。

**24** 设置“图层”面板上的“不透明度”为15%，效果如图15-56所示。

图15-55 填充选区颜色

图15-56 设置“不透明度”

**25** 按“Ctrl+J”组合键，创建“图层4副本”，按“Ctrl+T”组合键，打开“自由变换”调节框，等比例缩小圆形图像如图15-57所示，按“Enter”键确定。

**26** 选择“文件→打开”命令，或按“Ctrl+O”组合键，打开配套光盘中的素材图片“圆点.tif”，如图15-58所示。

图15-57 等比例缩小圆形图像

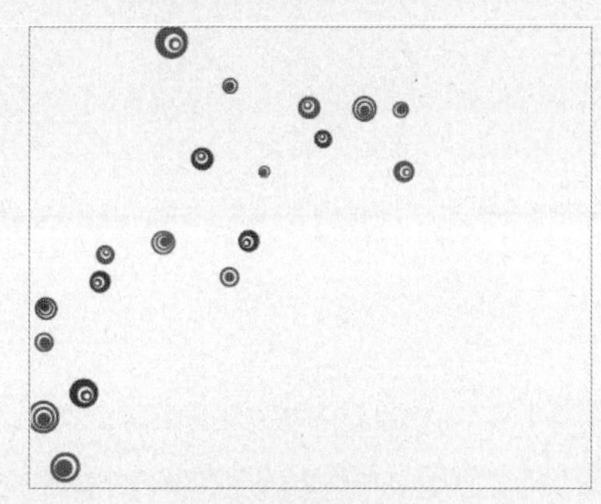

图15-58 打开素材图片

**27** 单击工具箱中的“移动”工具，将素材图片拖曳到“个性化名片”文件窗口中，并调整图像的位置，如图15-59所示。

**28** 按“Ctrl+J”组合键，创建圆点图像副本，按“Ctrl+T”组合键，打开“自由变换”调节框，旋转图像并调整位置如图15-60所示，按“Enter”键确定。

图15-59 导入素材图片

图15-60 创建圆点图像副本

**29** 单击“画笔”工具，单击其属性栏上的“切换画笔面板”按钮，打开“画笔“面板，选择“画笔笔尖形状”选项，选择“尖角12”画笔样式，设置“间距”为400%，设置其他参数如图15-61所示。

**30** 选择“形状动态”复选框，设置“大小抖动”为100%，设置其他参数如图15-62所示。

**31** 选择“散布”复选框，设置“散布”为600%，设置其他参数如图15-63所示。

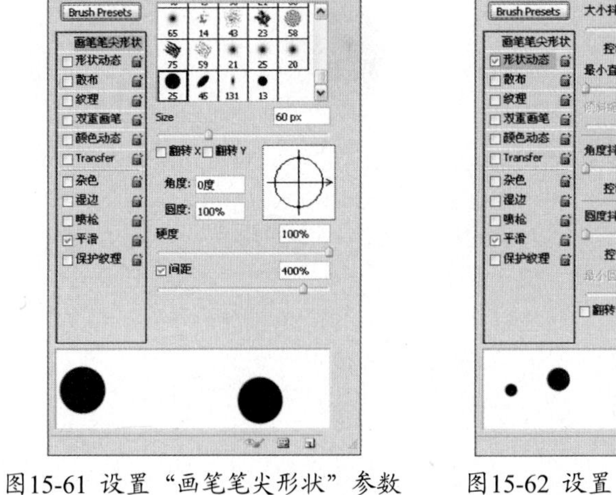

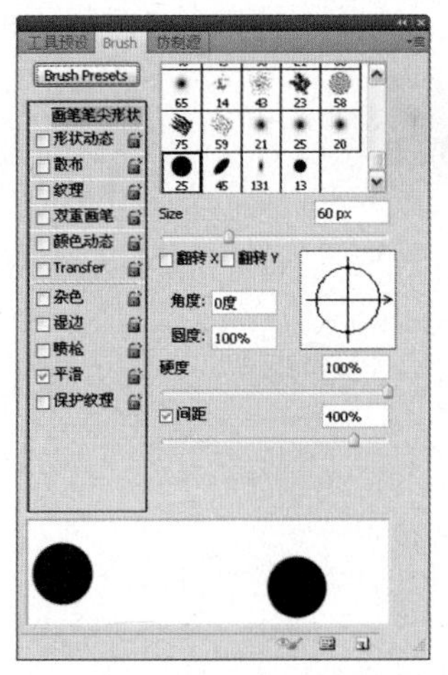

图15-61 设置“画笔笔尖形状”参数

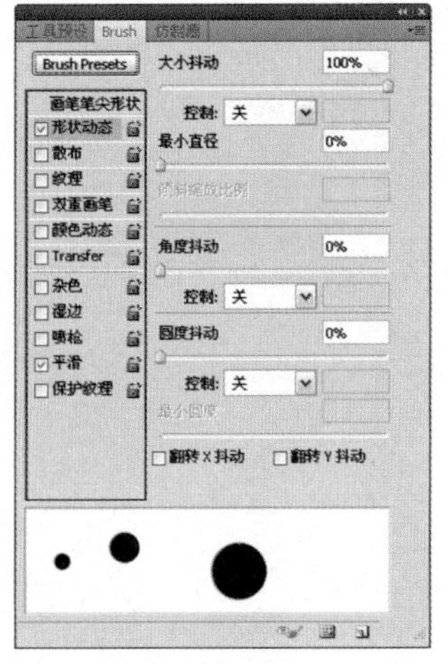

图15-62 设置“形状动态”参数

图15-63 设置“散布”参数

**32** 新建“图层”，在窗口中拖动鼠标，绘制圆点图像，并设置“不透明度”为50%，效果如图15-64所示。

**33** 单击其属性栏上的“切换画笔面板”按钮，打开“画笔“面板，选择“画笔笔尖形状”选项，设置“硬度”为0%，设置“间距”为260%，设置其他参数如图15-65所示。

图15-64 绘制圆点图像

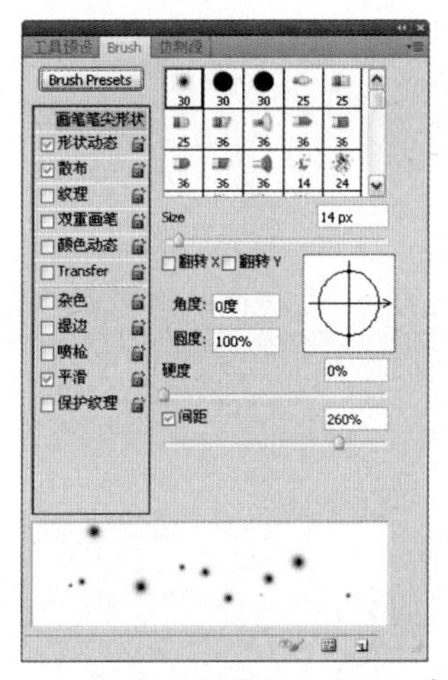

图15-65 设置“画笔笔尖形状”参数

**34** 新建图层，设置“前景色”为白色，在窗口中拖动鼠标，绘制白色圆点如图15-66所示。

**35** 单击工具箱中的“横排文字”工具T，分别在图像中输入不同颜色的文字，如图15-67所示。

图15-66 绘制白色圆点

图15-67 输入不同颜色的文字

**36** 双击文字图层，打开“图层样式”对话框，在对话框中选择“描边”复选框，设置“颜色”为黑色，“大小”为2像素，设置其他参数如图15-68所示。

**37** 单击“确定“按钮，主题文字在名片中显得更加突出，效果如图15-69所示。

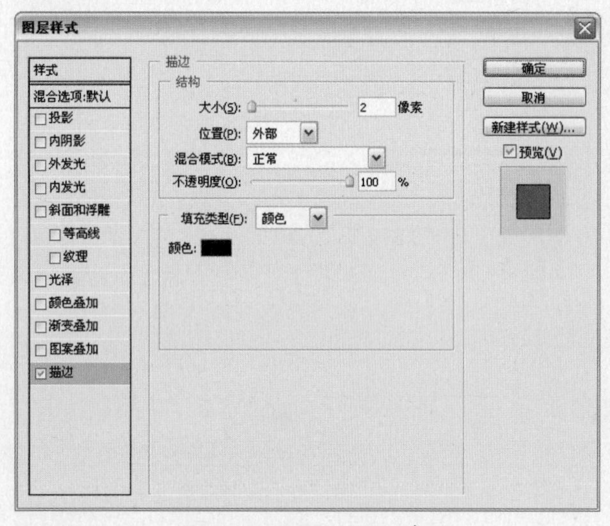


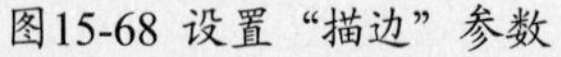

图15-68 设置“描边”参数

图15-69 描边效果

38 设置“前景色”为棕色（R:162，G:70，B:50），运用“横排文字”工具T，在窗口中分别输入姓名、联系方式、地址等，如图15-70所示。

39 选择“文件→打开”命令，或按“Ctrl+O”组合键，打开配套光盘中的素材图片“标志.tif”，如图15-71所示。

图15-70 输入文字

图15-71 打开素材图片

40 单击工具箱中的“移动”工具，将素材图片拖曳到“个性化名片”文件窗口中，按“Ctrl+T”组合键，对素材的大小和位置进行调整双击图像确定变换，最终效果如图15-72所示。

图15-72 最终效果

# 15.4 制作大头贴

**素材文件** 可爱自拍.tif、装饰图腾1.tif、装饰图腾2.tif、宝贝熊.tif

**效果文件** 大头贴.psd

**存放路径** 光盘\源文件与素材\第15章\15.4制作大头贴

## 案例点评

本案例主要制作大头贴。由于是后期制作大头贴，可以根据照片中人物的动作，决定大头贴图案的类型，为了让照片中的人物与图案搭配的更加和谐，本案例将以粉红色调为主，制作一幅可爱类型的图案，将人物融入到图案中，制作出一幅既个性又可爱的大头贴效果图。

修图步骤

**1** 选择“文件→新建”命令，或按“Ctrl+N”组合键，设置“名称”为制作大头贴，“宽度”为8厘米，“高度”为6厘米，“分辨率”为150像素/英寸，“颜色模式”为RGB颜色，设置其他参数如图15-73所示，单击“确定”按钮。

**2** 设置“前景色”为粉红色（R:255，G:238，B:244），并按“Alt+Delete”组合键填充颜色如图15-74所示。

图15-73 新建文件

图15-74 填充颜色

**3** 新建“图层1”，设置“前景色”为粉红色（R:255，G:182，B:207），单击工具箱中的“矩形选框”工具，在窗口中绘制矩形选区，按“Alt+Delete”组合键填充选区颜色，如图15-75所示，按“Ctrl+D”组合键取消选区。

**4** 单击工具箱中的“自定形状”工具，单击其属性栏上的“形状”下拉按钮，选择形状为“红心形卡”，如图15-76所示。

图15-75 填充选区颜色

图15-76 选择“红心形卡”形状

5 新建“图层2”，设置“前景色”为白色，单击属性栏上的“填充像素”按钮，在窗口中拖动鼠标，绘制白色心形图形如图15-77所示。

6 按“Ctrl+J”组合键，创建“图层2副本”，拖动该图层到“图层2”的下一层，单击“图层”面板上方的“锁定透明像素”按钮，将锁定图层的透明区域如图15-78所示。

图15-77 绘制白色心形图形

图15-78 复制图形并锁定透明区域

7 设置“前景色”为梅红色（R:254，G:64，B:127），按“Alt+Delete”组合键填充图像颜色，按“Ctrl+T”组合键，打开“自由变换”调节框，按住“Alt+Shift”组合键不放，拖动调节框的角点，等比例往中心缩放图形，如图15-79所示，按“Enter”键确定。

8 按“Ctrl+J”组合键，创建“图层2副本2”，按“Ctrl+T”组合键，等比例放大图形，设置“不透明度”为60%，如图15-80所示，按“Enter”键确定。

图15-79 更改颜色调整大小

图15-80 复制图形并调整“不透明度”

9 按住“Ctrl”键，单击“图层1”的缩览图，载入图形外轮廓选区，如图15-81所示。

10 单击“图层”面板下方的“添加图层蒙版”按钮，创建选区蒙版，如图15-82所示。

图15-81 载入图形外轮廓选区

图15-82 创建选区蒙版

11 运用以上相同的方法，复制多个心形副本图形，分别调整大小和位置，设置“不透明度”为30%，并添加图层蒙版，效果如图15-83所示。

12 选择“文件→打开”命令，或按“Ctrl+O”组合键，打开配套光盘中的素材图片“可爱自拍.tif”，如图15-84所示。

图15-83 复制图形设置“不透明度”

图15-84 打开素材图片

13 单击工具箱中的“移动”工具，将素材图片拖曳到“制作大头贴”文件窗口中，如图15-85所示。

14 按住“Ctrl”键不放，单击“图层2”的缩览图，载入图形外轮廓选区，如图15-86所示。

图15-85 导入素材图片

图15-86 载入图形外轮廓选区

15 单击“图层”面板下方的“添加图层蒙版”按钮，创建选区蒙版，如图15-87所示。

16 单击“图层3”缩览图与蒙版之间的“指示图层蒙版链接到图层”按钮，取消链接，选择图层缩览图，按“Ctrl+T”组合键，调整照片到合适的位置，如图15-88所示，按“Enter”键确定。

图15-87 创建选区蒙版

图15-88 调整照片位置

17 选择“图像→调整→自然饱和度”命令，打开“自然饱和度”对话框，设置“自然饱和度”为-20，设置“饱和度”为-20，如图15-89所示。

18 单击“确定”，按钮，照片效果如图15-90所示。

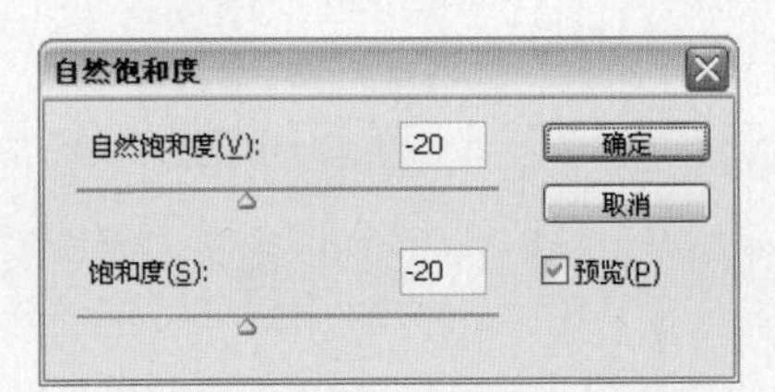


图15-89 设置“自然饱和度”参数

图15-90 调整“自然饱和度”后的效果

19 选择“图像→调整→色阶”命令，打开“色阶”对话框，设置参数为22，1.50，223，如图15-91所示。

20 单击“确定”按钮，照片效果如图15-92所示。

图15-91 设置“色阶”参数

图15-92 调整“色阶”后的效果

21 选择“文件→打开”命令，或按“Ctrl+O”组合键，打开配套光盘中的素材图片“装饰图腾1.tif”，如图15-93所示。

22 单击工具箱中的“移动”工具，将素材图片拖曳到“制作大头贴”文件窗口中，按“Ctrl+T”组合键，对素材的大小和位置进行调整，如图15-94所示，双击图像确定变换。

图15-931 打开素材图片

图15-94 导入素材图片

23 按住“Ctrl”键，单击“图层1”的缩览图，载入图形外轮廓选区，如图15-95所示。

24 单击“图层”面板下方的“添加图层蒙版”按钮，创建选区蒙版，如图15-96所示。

图15-95 载入图形外轮廓选区

图15-96 创建选区蒙版

25 选择“文件→打开”命令，或按“Ctrl+O”组合键，同时打开配套光盘中的素材图片“装饰图腾2.tif”和“宝贝熊.tif”，如图15-97和图15-98所示。

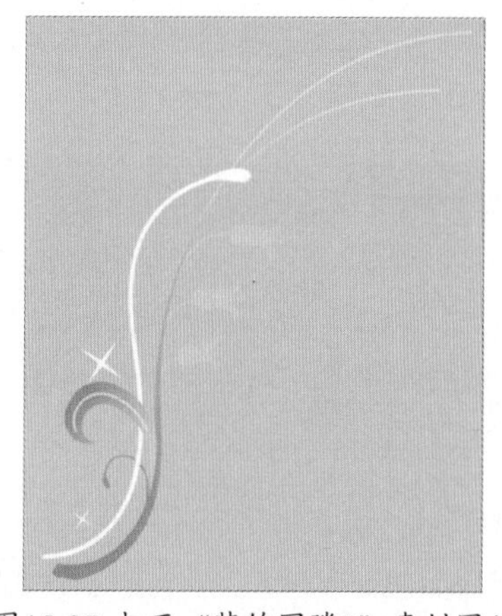

图15-97 打开“装饰图腾2”素材图片

图15-98 打开“宝贝熊”素材图片

26 单击工具箱中的“移动”工具，分别将素材图片拖曳到“制作大头贴”文件窗口中，对素材的大小和位置进行调整，并运用同样的方法添加图层蒙版，如图15-99所示。

27 设置“前景色”为梅红色（R:254，G:64，B:127），单击工具箱中的“横排文字”工具，在窗口中输入文字，如图15-100所示。

图15-99 导入素材图片

图15-100 输入文字

28 双击文字图层，打开“图层样式”对话框，在对话框中选择“描边”复选框，设置“颜色”为淡红色（R:255，G:244，B:248），“大小”为3像素，设置其他参数如图15-101所示。

29 选择“内发光”复选框，设置“颜色”为粉红色（R:255，G:182，B:207），设置其他参数如图15-102所示。

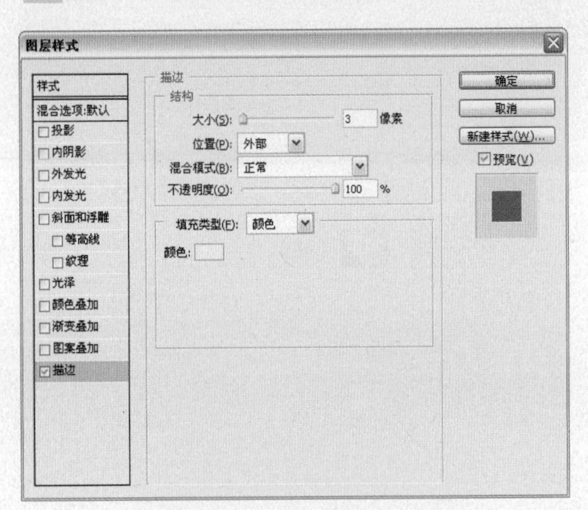


图15-101 设置“描边”参数

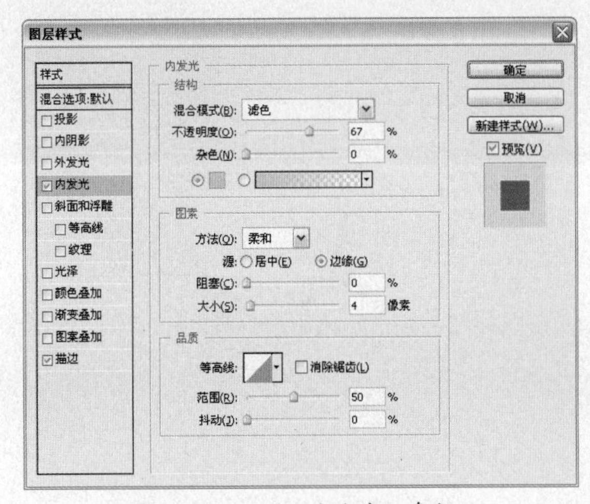


图15-102 设置“内发光”参数

30 单击“确定”按钮，文字效果如图15-103所示。

31 新建图层，单击工具箱中的“自定形状”工具，选择“红心形卡”形状，在窗口中绘制梅红色心形如图15-104所示。

图15-103 文字效果

图15-104 绘制心形图形

32 按“Ctrl+J”组合键，创建心形副本图形，按“Ctrl+T”组合键，等比例放大图形并调整位置，如图15-105所示，按“Enter”键确定。

33 单击“图层”面板上方的“锁定透明像素”按钮，将锁定图层的透明区域，设置“前景色”为紫色（R:205，G:10，B:126），按“Alt+Delete”组合键填充图形颜色，如图15-106所示。

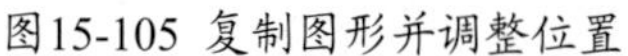

图15-105 复制图形并调整位置

图15-106 填充图形颜色

**34** 运用同样的方法，分别复制多个心形图形，并分别更改图形的颜色，调整位置如图15-107所示。

**35** 设置“前景色”为白色，运用“自定形状”工具，在窗口中绘制白色心形图形，运用同样的方法，复制图形并分别调整大小和位置，制作完成后的最终效果如图15-108所示。

图15-107 复制图形更改颜色

图15-108 最终效果

## 15.5 制作Cosplay效果

前后效果对比

- 素材文件 脸部写真.tif
- 效果文件 效果.psd
- 存放路径 光盘\源文件与素材\第15章\15.5制作Cosplay效果

### 案例点评

本案例主要制作Cosplay效果图。Cosplay中文译为“角色扮演”，是根据动漫、游戏及影视中的某些人物角色，通过特定的服饰让自己扮演某一角色，最初只是动漫商家和电玩公司的一种宣传策略，而渐渐被许多动漫迷接受和模仿。如果我们没有特定的服饰，我们也可以通过Photoshop软件对自己的照片进行修饰和处理，制作出自己喜欢的Cosplay效果。

修图步骤

1 选择“文件→打开”命令，或按“Ctrl+O”组合键，打开配套光盘中的素材图片“脸部写真.tif”，如图15-109所示。

2 选择“通道”面板，拖动“绿”通道到“创建新通道”按钮 上，创建“绿 副本”通道，如图15-110所示。

图15-109 打开素材图片

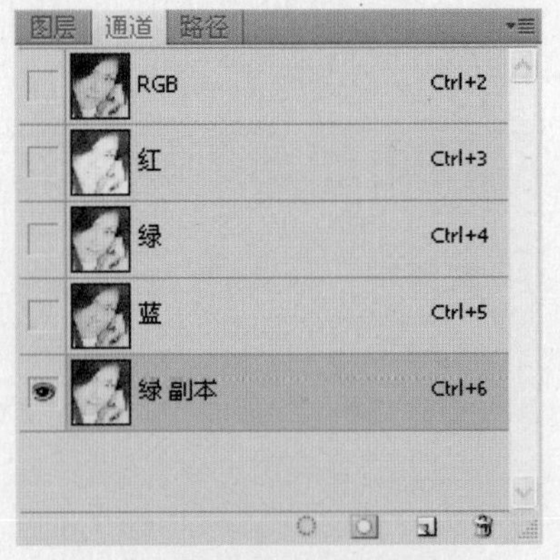


图15-110 创建副本通道

3 选择“图像→调整→色阶”命令，打开“色阶”对话框，在对话框中调整色阶参数如图15-111所示。

4 单击“确定”按钮，通道黑与白的对比更强烈，如图15-112所示。

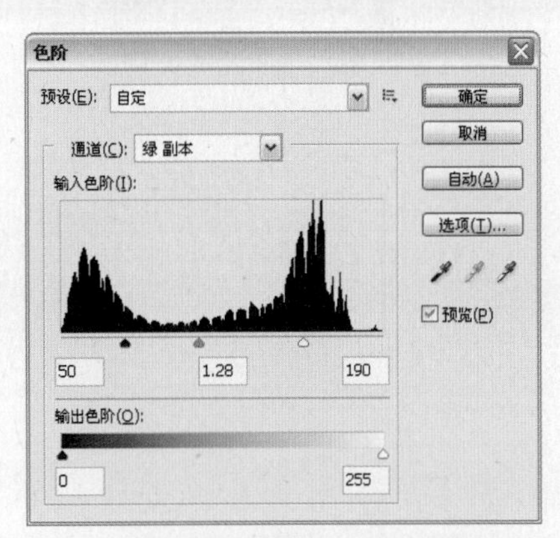


图15-111 调整“色阶”参数

图15-112 调整“色阶”后的效果

5 单击工具箱中的“画笔”工具，设置“前景色”为白色，在窗口中将人物的皮肤部分涂抹为白色，保留头发部分如图15-113所示。

6 选择“图像→调整→反相”命令，或按“Ctrl+I”组合键，反转图像颜色，如图15-114所示。

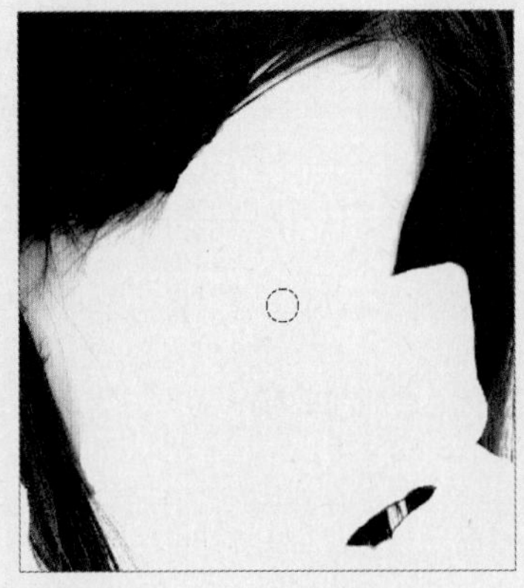

图15-113 涂抹皮肤部分

图15-114 反转图像颜色

7 按住“Ctrl”键，单击“绿 副本”通道的缩览图，载入通道选区，如图15-115所示。

8 选择“图层”面板，单击“背景”图层，并选择“图像→调整→色彩平衡”命令，打开“色彩平衡”对话框，在对话框中拖动“滑块”分别调整参数，如图15-116所示。

图15-115 载入通道选区

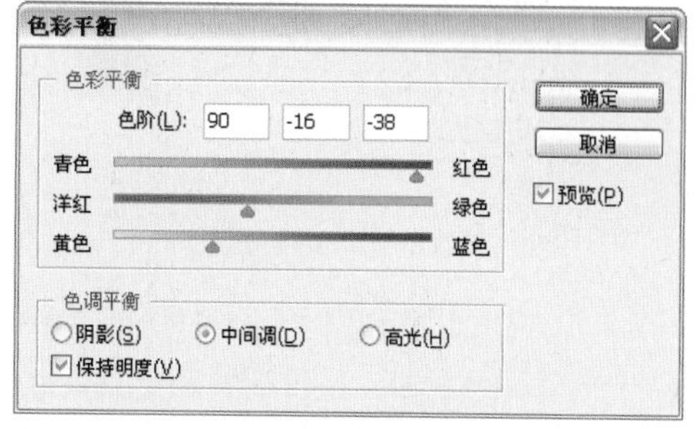


图15-116 调整“色彩平衡”参数

9 单击“确定”按钮，人物的头发颜色效果如图15-117所示。

10 选择“选择→反向”命令，或按“Ctrl+Shift+I”组合键，反选选区，如图15-118所示。

图15-117 头发的颜色效果

图15-118 反选选区

11 选择“图像→调整→色相/饱和度”命令，打开“色相/饱和度”对话框，设置“色相”为23，“饱和度”为-85，如图15-119所示。

12 单击“确定”按钮，人物的肤色饱和度降低了，效果如图15-120所示。

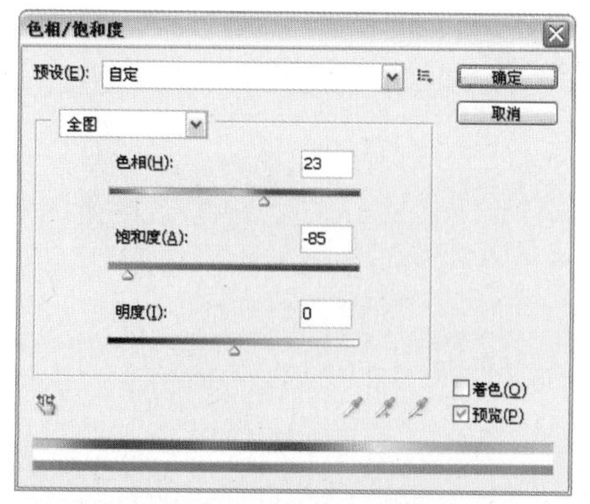


图15-119 设置“色相/饱和度”参数

图15-120 调整“色相/饱和度”后的效果

13 单击工具箱中的“修复画笔”工具，在窗口中按住“Alt”键，并单击人物的肌肤部分，选择仿制的位置，如图15-121所示。

14 释放鼠标，在人物的眉毛部分涂抹，去掉人物的眉毛，如图5-122所示。

图15-121 仿制的位置

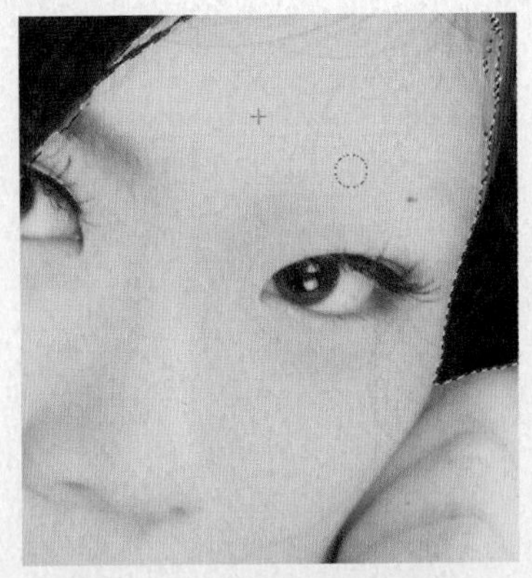

图15-122 去掉人物的眉毛

15 运用同样的方法，去掉人物的另一条眉毛，效果如图15-123所示。

16 单击工具箱中的“钢笔”工具，在照片中绘制路径，选择人物眼睛的边缘部分，如图15-124所示。

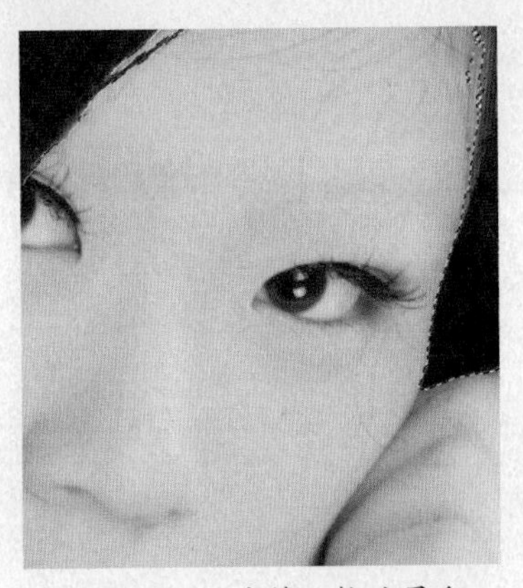

图15-123 去掉人物的眉毛

图15-124 选择眼睛的边缘部分

17 按“Ctrl+Enter”组合键，将路径转换为选区，并单击工具箱中的“加深”工具，设置属性栏上的“曝光度”为20%，对选区部分进行涂抹，加深眼影颜色，如图15-125所示。

18 按“Ctrl+Shift+I”组合键，反选选区，单击工具箱中的“减淡”工具，对人物眼睛边缘的高光部分进行涂抹，增强高光部分的亮度，效果如图15-126所示，按“Ctrl+D”组合键取消选区。

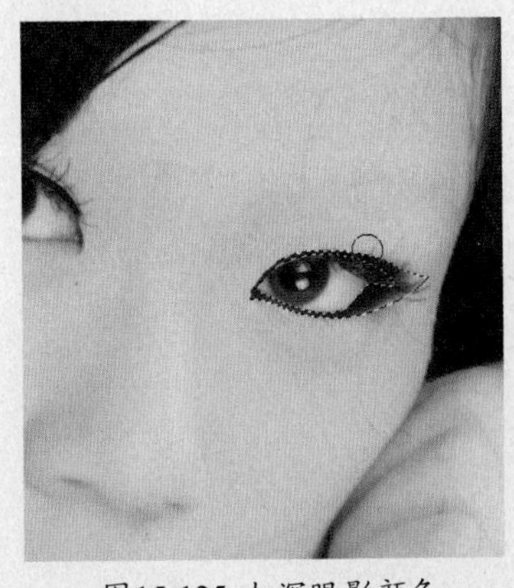

图15-125 加深眼影颜色

图15-126 增强眼睛部分的高光

19 运用同样的方法，调整人物的另一只眼睛，效果如图15-127所示。

20 新建“图层1”，设置“前景色”为绿色（R:1，G:97，B:26），单击工具箱中的“画笔”工具，在人物的眼睛部分绘制颜色，如图15-128所示。

图15-127 调整人物眼睛

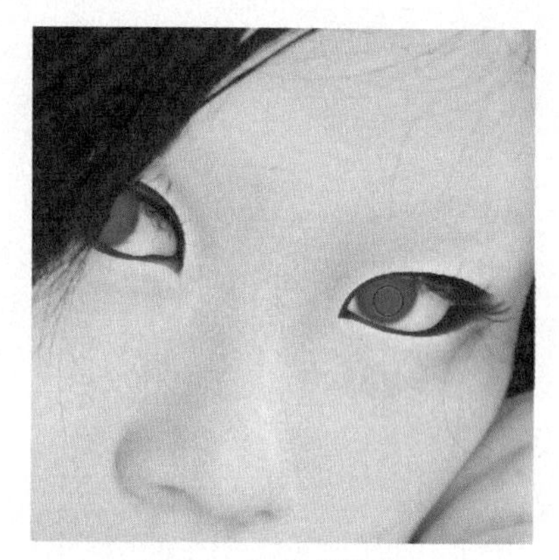
图15-128 绘制颜色

21 设置“图层混合模式”为颜色，“不透明度”为64%，效果如图15-129所示。

22 单击工具箱中的“加深”工具和“减淡”工具，分别调整人物鼻梁处的高光和暗部，使人物鼻梁部分的明暗对比增强，效果如图15-130所示。

图15-129 设置“图层混合模式”

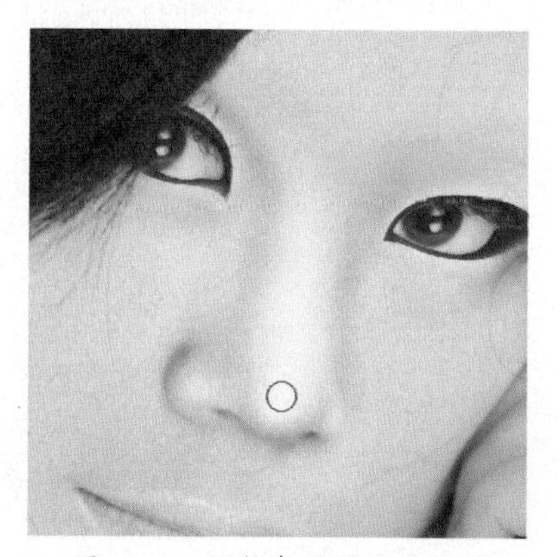
图15-130 调整鼻梁的明暗对比

23 运用工具箱中的“加深”工具和“减淡”工具，调整嘴巴部分的高光和暗部，效果如图15-131所示。

24 运用同样的方法，调整人物脸部和手部肌肤部分的高光和暗部，让人物的五官更加突出，更有立体感，效果如图15-132所示。

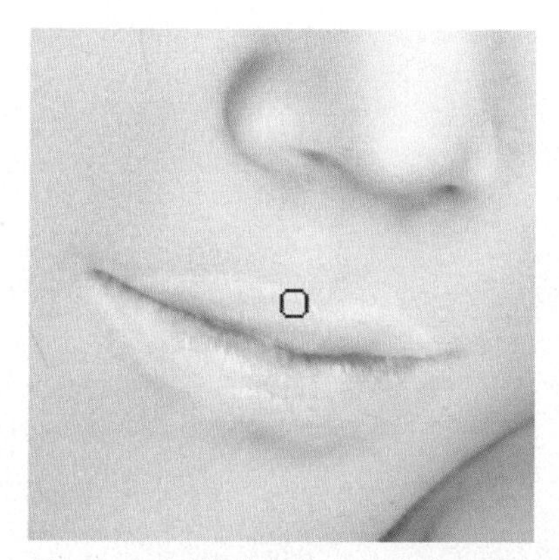
图15-131 调整嘴巴部分的高光和暗部

图15-132 调整脸部和手部高光和暗部

25 设置“前景色”为红色（R:200，G:49，B:60），单击工具箱中的“横排文字”工具T，在窗口中输入文字，如图15-133所示。

26 单击工具箱中的“橡皮擦”工具，单击其属性栏上的“画笔预设”下拉按钮，在列表中选择“纹理 3”画笔样式，如图15-134所示。

图15-133 输入文字

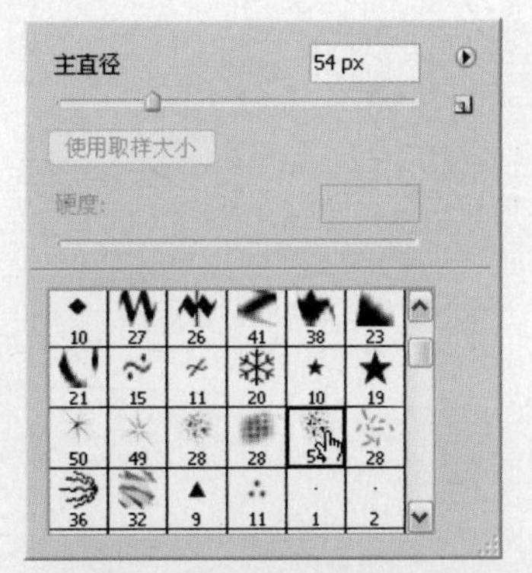

图15-134 选择画笔样式

**27** 在“文字”图层上右击，选择快捷菜单中的“栅格化图层”命令，将文本图层转换为普通图层，并运用“橡皮擦”工具，在文字上通过单击鼠标擦除文字，最终效果如图15-135所示。

图15-135 最终效果

## 15.6 制作非主流写真照片

前后效果对比

- 素材文件 视屏照片.tif
- 效果文件 非主流写真照.psd
- 存放路径 光盘\源文件与素材\第15章\15.6制作非主流写真照片

### 案例点评

本案例主要制作非主流写真照片。非主流就是一种个性、张扬、另类的艺术风格，这种风格对拍摄的要求不是很高，也许一幅普通的照片、一张个性的视频照，通过加工和处理后，将能体现出非主流写真的独特效果。

修图步骤

**1** 选择“文件→打开”命令，或按“Ctrl+O”组合键，打开配套光盘中的素材图片“视屏照片.tif”，如图15-136所示。

**2** 按“Ctrl+J”组合键，复制图像，设置“图层混合模式”为柔光，“前景色“为白色，单击工具箱中的“画笔”工具，在人物脸部进行涂抹，效果如图15-137所示。

图15-136 打开素材

图15-137 绘制颜色

3 新建图层，设置“前景色”为粉红色（R:247，G:166，B:185），单击工具箱中的“画笔”工具，单击其属性栏上的“画笔预设”下拉按钮，设置“硬度”为0%，在人物的脸部绘制颜色，如图15-138所示。

4 单击“背景”图层，按“Ctrl+J”组合键，创建“背景 副本2”图层，并拖动该图层到图层的顶端，设置“图层混合模式”为柔光，效果如图15-139所示。

图15-138 绘制脸部颜色

图15-139 设置“图层混合模式”

5 单击工具箱中的“渐变”工具，单击其属性栏上的“编辑渐变”按钮，打开“渐变编辑器”对话框，设置：

位置0的颜色为（R:0，G:0，B:0）

位置50的颜色为（R:255，G:255，B:255）

位置100的颜色为（R:0，G:0，B:0）

如图15-140所示，单击“确定”按钮。

6 新建图层，在窗口中拖动鼠标，绘制渐变色，设置“图层混合模式”为线性加深，效果如图15-141所示。

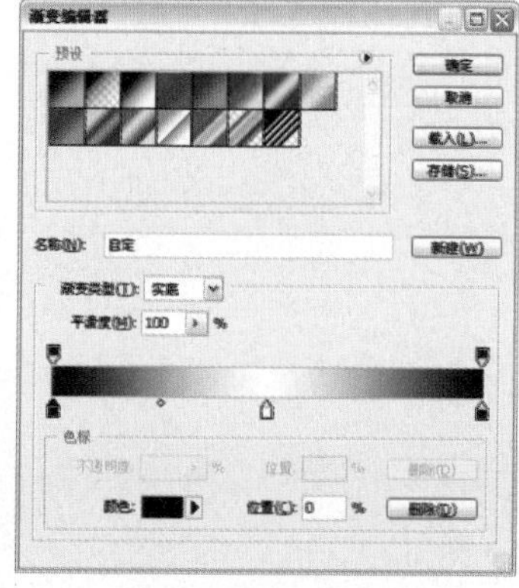


图15-140 设置渐变色

图15-141 设置“图层混合模式”

7 新建图层，设置“前景色”为白色，单击工具箱中的“矩形选框”工具，在图像中绘制白色线条选区，按“Alt+Delete”组合键填充选区颜色，按“Ctrl+D”组合键取消选区，效果如图15-142所示。

8 新建图层，单击工具箱中的“椭圆选框”工具，在窗口中绘制选区，按“Alt+Delete”组合键填充选区颜色，设置“不透明度”为30%，按“Ctrl+D”组合键取消选区，效果如图15-143所示。

图15-142 绘制线条

图15-143 填充选区颜色

9 运用“椭圆选框”工具，在圆形图形中绘制一个小圆选区，按“Delete”键，删除选区内容，按“Ctrl+D”组合键取消选区，效果如图15-144所示。

10 单击工具箱中的“横排文字”工具，分别在图像中输入文字，最终效果如图15-145所示。

图15-144 删除选区内容

图15-145 最终效果

## 15.7 冷酷刚猛的男性纹身

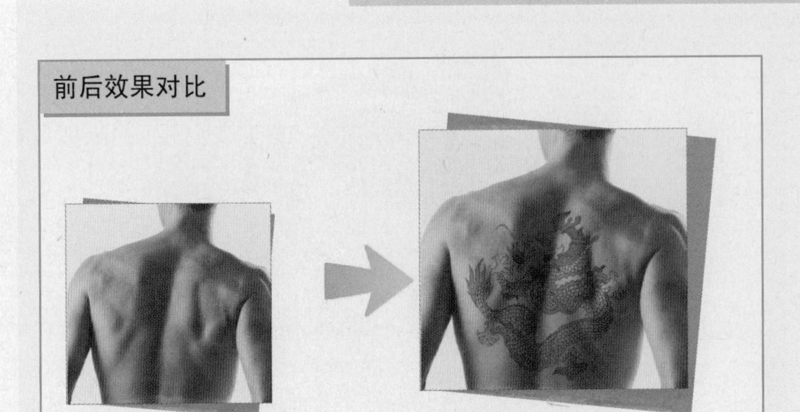


**素材文件** 背影.tif、龙腾.tif

**效果文件** 冷酷刚猛的男性纹身.psd

**存放路径** 光盘\源文件与素材\第15章\15.7冷酷刚猛的男性纹身

## 案例点评

本案例主要制作冷酷刚猛的男性纹身效果图。在Photoshop中有很多制作纹身效果的方法，根据不同的情况使用不同的方法，例如，本案例中男性的背影有凹凸不平的光感，我们将利用“置换”命令的独特功能，将纹身图案紧贴在背影上，使制作的纹身效果更加逼真。

修图步骤

**1** 选择“文件→打开”命令，或按“Ctrl+O”组合键，打开配套光盘中的素材图片“背影.tif”，如图15-146所示。

**2** 选择“图像→复制”命令，打开“复制图像”对话框，设置名称为置换，如图15-147所示，单击“确定”按钮即可复制图像。

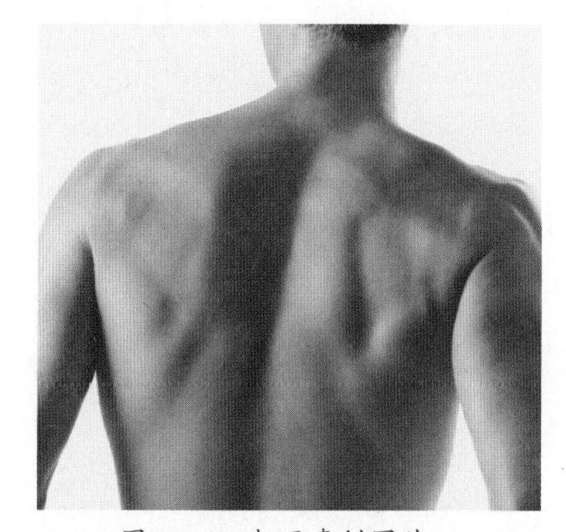

图15-146 打开素材图片

图15-147 复制文件

**3** 选择“图像→调整→去色”命令，或按“Ctrl+Shift+U”组合键，去掉照片颜色如图15-148所示。

**4** 选择“图像→调整→色阶”命令，打开“色阶”对话框，在对话框中调整色阶参数如图15-149所示。

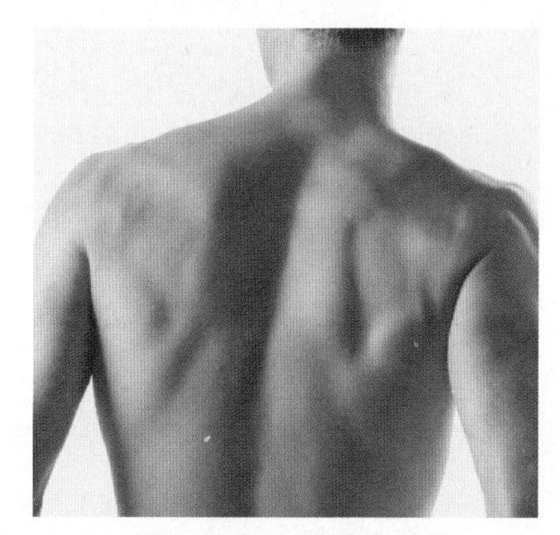

图15-148 去掉照片颜色

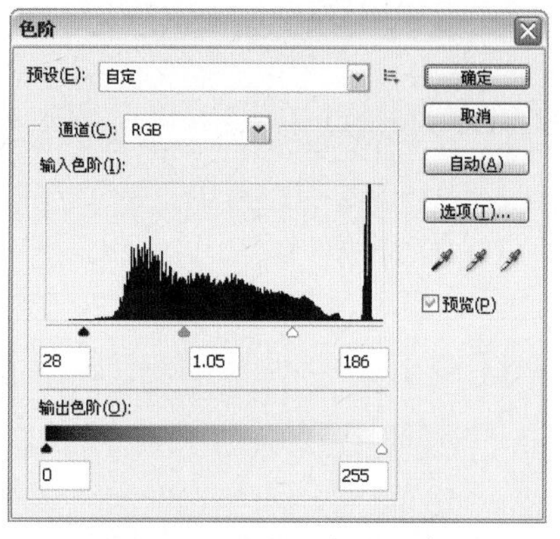


图15-149 调整“色阶”参数

**5** 单击“确定”按钮，图像的高光和暗部部分更加分明，如图15-150所示。

**6** 选择“图像→存储”命令，或按“Ctrl+S”组合键，打开“存储为”对话框，设置“格式”为psd，如图15-151所示，单击“保存”按钮存储图像。

**提 示** 在此存储的图像是为了“置换”命令的使用，注意一定要以“psd”格式存放，否则在运用“置换”命令时将无法打开存放的文件。

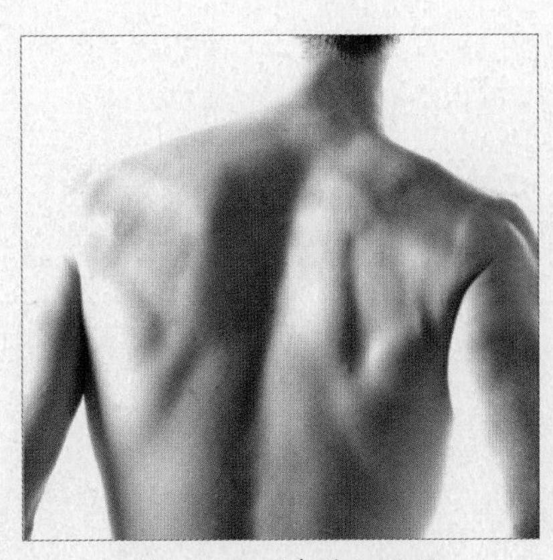

图15-150 “色阶”效果

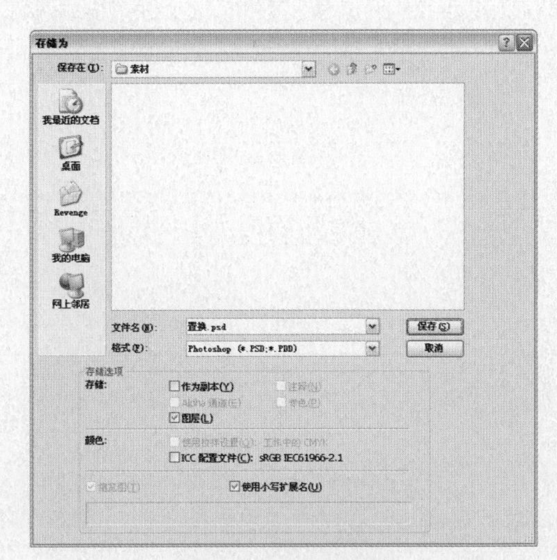


图15-151 存储文件

7 选择“文件→打开”命令，或按“Ctrl+O”组合键，打开配套光盘中的素材图片“龙腾.tif”，如图15-152所示。

8 单击工具箱中的“移动”工具，将素材图片拖曳到“背影”文件窗口中释放，并对素材的位置进行调整，如图15-153所示。

图15-152 打开素材图片

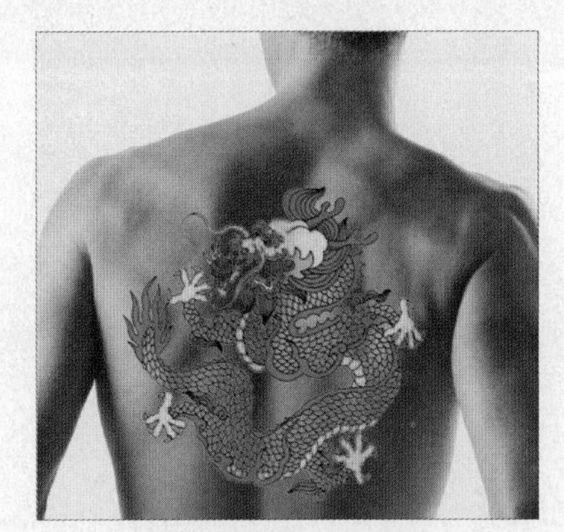

图15-153 导入素材图片

9 选择“滤镜→扭曲→置换”命令，打开“置换”对话框，设置“水平比例”为10，“垂直比例”为10，设置其他参数如图15-154所示。

10 单击“确定”按钮，打开“选择一个置换图”对话框，在对话框中选择存储的“置换”文件，并单击“打开”按钮，如图15-155所示。

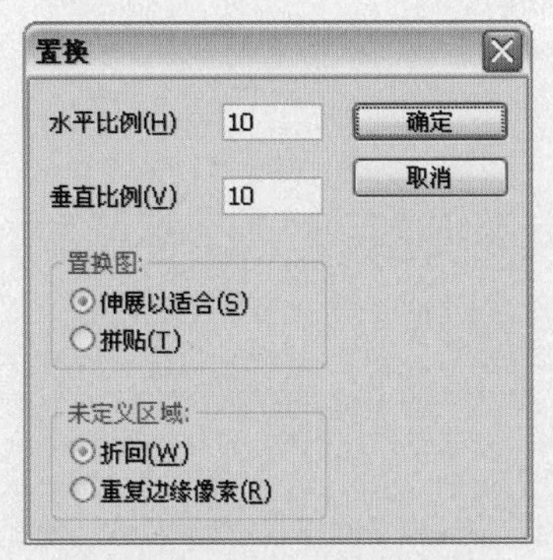


图15-154 设置“置换”参数

图15-155 打开“置换”文件

11 单击“确定”按钮，当前图像根据存储图像的明暗变化而变化，如图15-156所示。

**12** 在“图层”调板中设置“图层混合模式”为正面叠底，“不透明度”为70%，效果如图15-157所示。

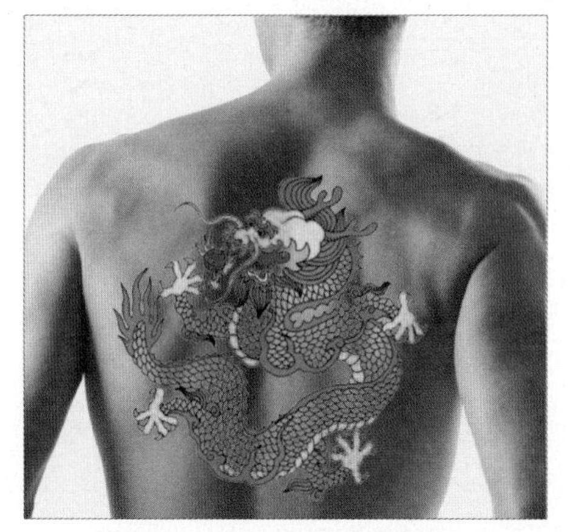
图15-156 运用“置换”后的效果

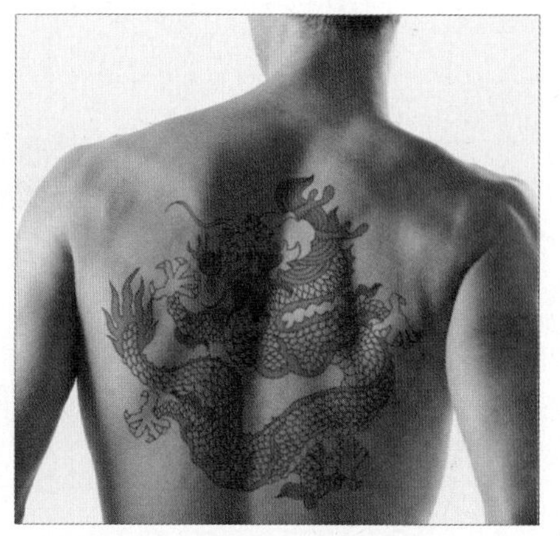
图15-157 设置“图层混合模式”

**提示** 在此可以反复按“Ctrl+Z”组合键，观察执行命令前和后的效果。

**13** 选择“图像→调整→色彩平衡”命令，打开“色彩平衡”对话框，设置参数为-30，+19，+1，如图15-158所示。

**14** 选择“阴影”单选按钮，设置参数为-19，-8，+5，如图15-159所示。

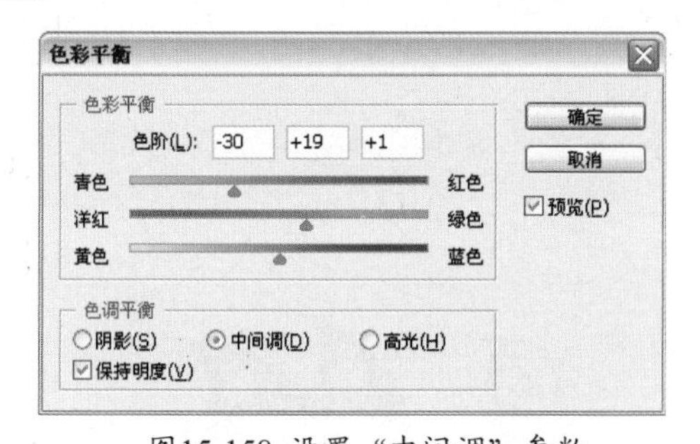

图15-158 设置“中间调”参数

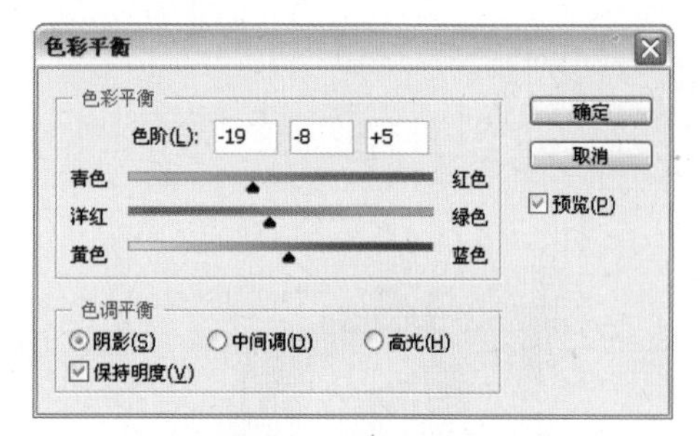

图15-159 设置“阴影”参数

**15** 选择“高光”单选按钮，设置参数为+15，+40，+10，如图15-160所示。

**16** 单击“确定”按钮，制作完成后的最终效果如图15-161所示。

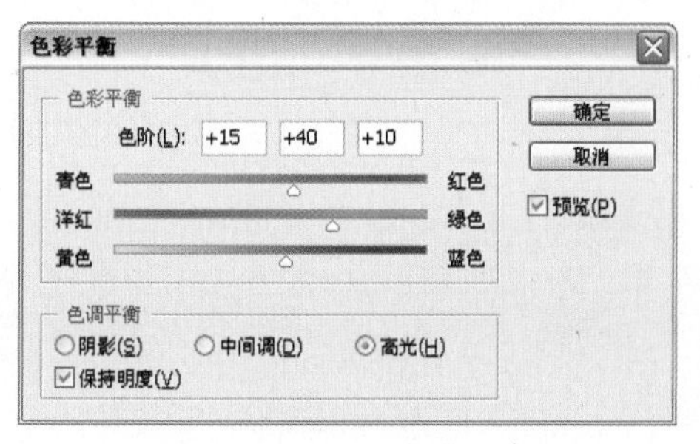

图15-160 设置“高光”参数

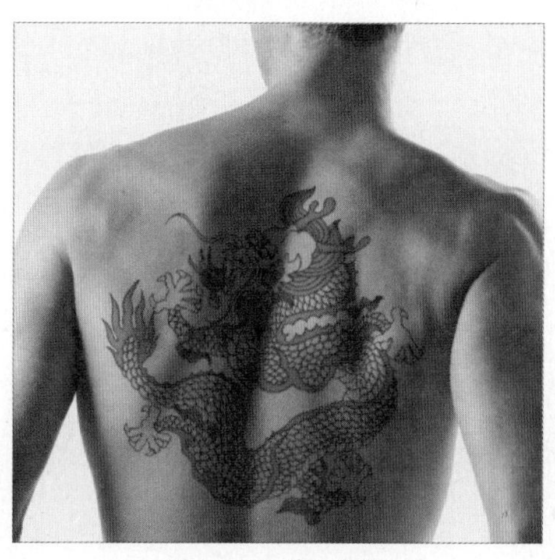
图15-161 最终效果

## 15.8 性感孤傲的女子纹身

前后效果对比

素材文件 性感女子.tif、蝴蝶.tif

效果文件 性感孤傲的女子纹身.psd

存放路径 光盘\源文件与素材\第15章\15.8性感孤傲的女子纹身

### 案例点评

本案例主要制作性感孤傲的女子纹身效果图。在制作过程中主要运用"描边"命令，添加纹身图案的描边颜色，然后运用"图层混合模式"，将描边颜色与人物肌肤进行融合，呈现出个性的纹身效果。

修图步骤

1 选择"文件→打开"命令，或按"Ctrl+O"组合键，打开配套光盘中的素材图片"性感女子.tif"，如图15-162所示。

2 选择"文件→打开"命令，或按"Ctrl+O"组合键，打开配套光盘中的素材图片"蝴蝶.tif"，如图15-163所示。

图15-162 打开素材图片

图15-163 打开素材图片

3 单击工具箱中的"移动"工具，将蝴蝶素材图片拖曳到"性感女子"文件窗口中释放，并按"Ctrl+T"组合键，对素材的大小和位置进行调整，如图15-164所示，双击图像确定变换。

4 按住"Ctrl"键，单击当前图层的缩览图，载入图形外轮廓选区，新建图层，选择"编辑→描边"命令，打开"描边"对话框，设置"宽度"为2px，"颜色"为深绿色（R:26，G:74，B:69），设置其他参数如图15-165所示。

图15-164 导入素材图片

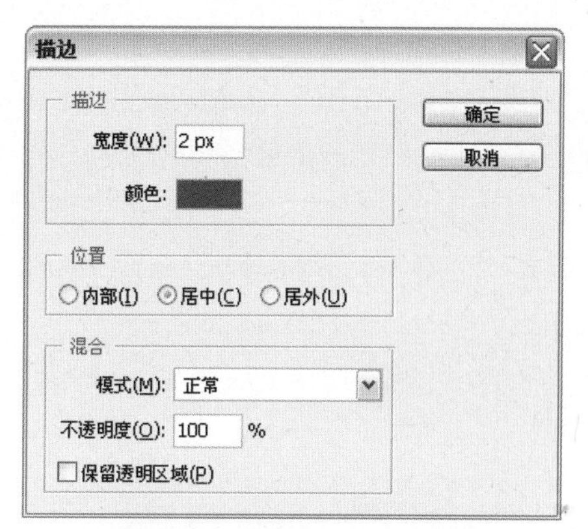

图15-165 设置“描边”参数

5 单击“确定”按钮，设置“图层混合模式”为线性加深，最终效果如图15-166所示。

图15-166 最终效果

## 15.9 制作杂志封面明星照

前后效果对比

- **素材文件** 时尚艺术照.tif、标志.tif、条码.tif
- **效果文件** 杂志封面明星照.psd
- **存放路径** 光盘\源文件与素材\第15章\15.9制作杂志封面明星照

### 案例点评

本案例主要制作杂志封面明星照。杂志封面的构造比较简单，通常大多数杂志采用具有代表性的人物形象和文字进行搭配，利用丰富的广告文字信息和封面人物的优雅气质来吸引群众的目光，下面将带领读者学习杂志封面明星照的制作方法。

修图步骤

**1** 选择“文件→新建”命令，或按“Ctrl+N”组合键，设置“名称”为杂志封面明星照，“宽度”为10厘米，“高度”为13厘米，“分辨率”为150像素/英寸，“颜色模式”为RGB颜色，设置其他参数如图15-167所示，单击“确定”按钮。

**2** 选择“文件→打开”命令，或按“Ctrl+O”组合键，打开配套光盘中的素材图片“时尚艺术照.tif”，如图15-168所示。

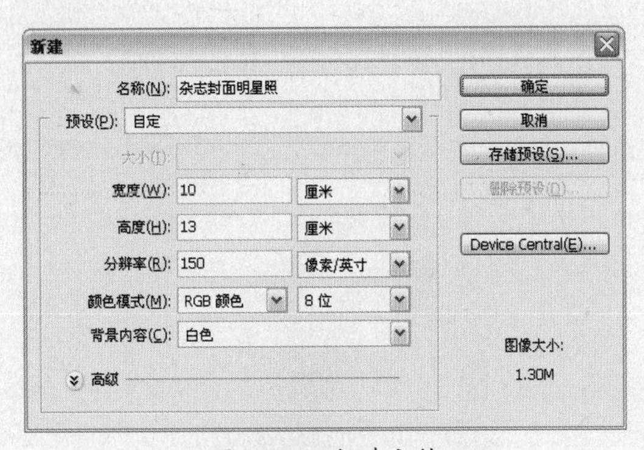


图15-167 新建文件

图15-168 打开素材图片

**3** 单击工具箱中的“移动”工具，将素材图片拖曳到“杂志封面明星照”文件窗口中，按“Ctrl+T”组合键，对素材的大小和位置进行调整，如图15-169所示，双击图像确定变换。

**4** 选择“图像→调整→色彩平衡”命令，或按“Ctrl+B”组合键，打开“色彩平衡”对话框，设置参数为79，35，2，如图15-170所示。

图15-169 导入素材图片

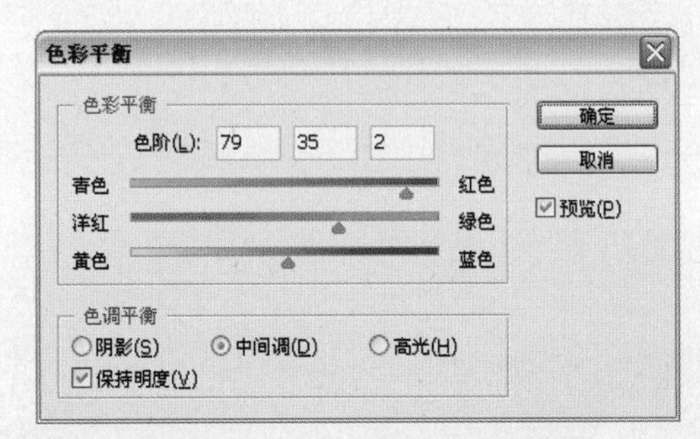


图15-170 设置“色彩平衡”参数

**5** 单击“确定”按钮，照片的整体色调偏暖，效果如图15-171所示。

**6** 设置“前景色”为白色，单击工具箱中的“横排文字”工具T，在窗口中输入主题文字，如图15-172所示。

图15-171 调整后的照片色调

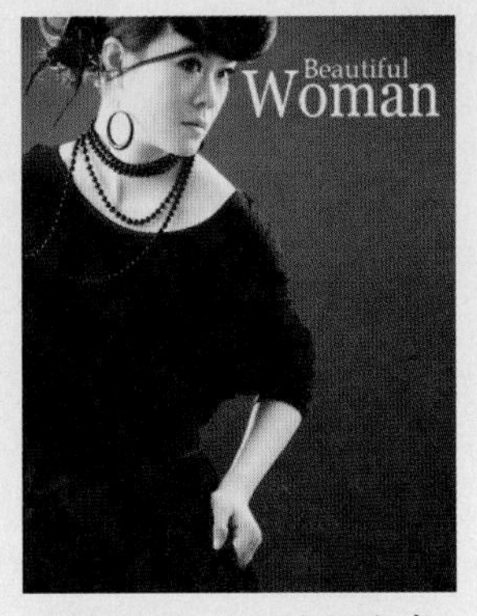


图15-172 输入主题文字

**7** 运用以上同样的方法，使用“横排文字”工具T，分别在窗口中添加其他宣传文字，效果如图15–173所示。

**8** 选择“文件→打开”命令，或按“Ctrl+O”组合键，打开配套光盘中的素材图片“标志.tif”，如图15–174所示。

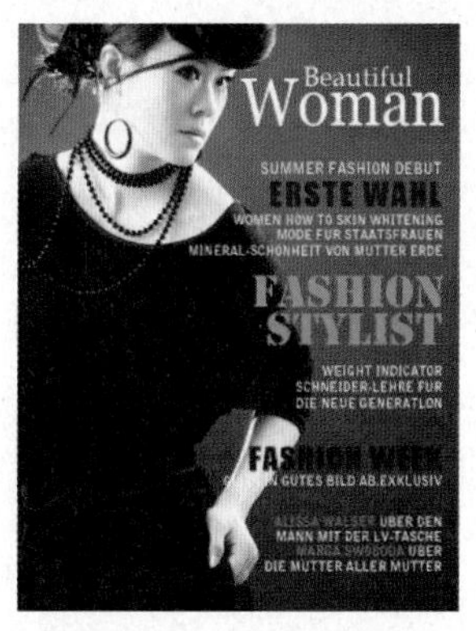


图15-173 分别输入文字

图15-174 打开素材图片

**9** 单击工具箱中的“移动”工具，将素材图片拖曳到“杂志封面明星照”文件窗口中，按“Ctrl+T”组合键，对素材的大小和位置进行调整，如图15–175所示，双击图像确定变换。

**10** 选择“文件→打开”命令，或按“Ctrl+O”组合键，打开配套光盘中的素材图片“条码.tif”，如图15–176所示。

图15-175 导入素材图片

图15-176 打开素材图片

**11** 单击工具箱中的“移动”工具，将素材图片拖曳到“杂志封面明星照”文件窗口中，按“Ctrl+T”组合键，对素材的大小和位置进行调整，如图15–177所示，按“Enter”键确定。

**12** 在“图层”面板中，用鼠标右键单击“背景”图层的空白区域，并选择快捷菜单中的“拼合图像”命令，合并所有图层如图15–178所示。

图15-177 导入素材图片

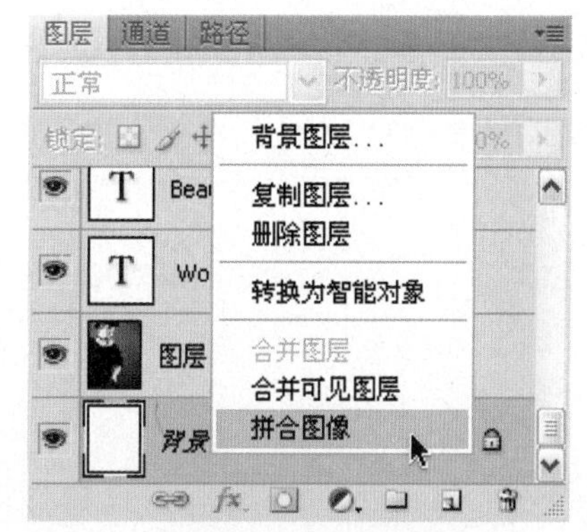


图15-178 合并所有图层

**13** 选择“文件→新建”命令，或按“Ctrl+N”组合键，设置“名称”为立体效果，“宽度”为8厘米，“高度”为7厘米，“分辨率”为150像素/英寸，“颜色模式”为RGB颜色，设置其他参数如图15–179所示，单击“确定”按钮。

**14** 单击工具箱中的“移动”工具，将“杂志封面明星照”文件窗口中的图像拖曳到“立体效果”文件窗口中，按“Ctrl+T”组合键，对图像的大小和位置进行调整，如图15-180所示，按“Enter”键确定。

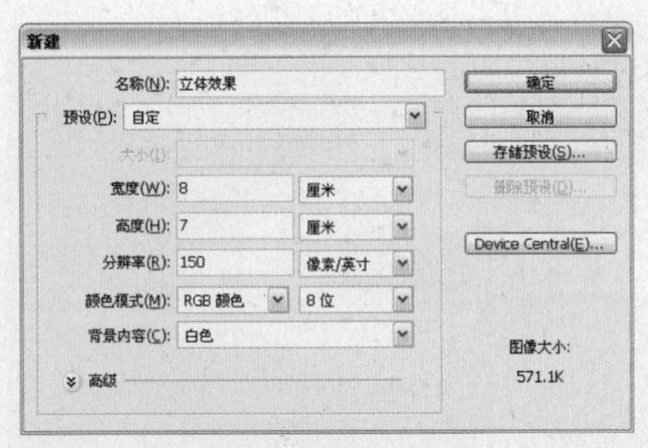


图15-179 新建文件

图15-180 导入素材图像

**15** 按住“Ctrl”键，单击“图层1”的缩览图，载入图形外轮廓选区，新建“图层2”，设置“前景色”为白色，单击工具箱中的“画笔”工具，在选区中绘制颜色如图15-181所示。

**16** 在“图层”面板中设置“不透明度”为55%，单击工具箱中的“橡皮擦”工具，在选区中擦除边缘部分，制作的高光效果如图15-182所示。

图15-181 绘制颜色

图15-182 制作的高光效果

**17** 设置“前景色”为白色，单击工具箱中的“渐变”工具，单击其属性栏上的“编辑渐变”按钮，打开“渐变编辑器”对话框，在对话框中选择“前景色到透明”渐变样式，如图15-183所示，单击“确定”按钮。

**18** 新建“图层3”，在窗口中从右往左拖动鼠标，添加选区渐变效果，如图15-184所示，按“Ctrl+D”组合键取消选区。

图15-183 选择渐变样式

图15-184 添加选区渐变效果

**19** 选择“图层1”，按“Ctrl+J”组合键，创建“图层1副本”，并拖动该图层到“图层1”的下一层，如图15-185所示。

**20** 单击工具箱“移动”工具，在窗口中将副本图像向下移动两个像素，增加杂志的厚度，效果如图15-186所示。

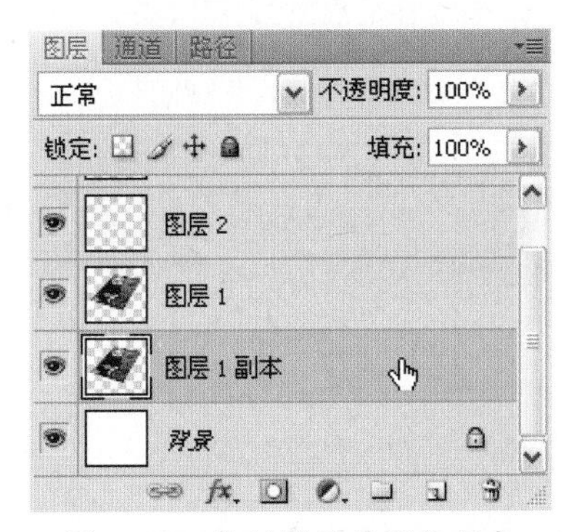

图15-185 复制图层并调整顺序

图15-186 增加杂志的厚度

**提 示** 选中“移动”工具，通过按键盘上向下的方向键两次，可以对图像进行向下移动两个像素。

**21** 按“Ctrl+J”组合键，创建“图层1副本2”，单击“图层”面板上方的“锁定透明像素”按钮，将锁定图层的透明区域如图15-187所示。

**22** 设置“前景色”为白色，按“Alt+Delete”组合键填充图像颜色，单击工具箱“移动”工具，向上移动一个像素，增加杂志的内页效果如图15-188所示。

图15-187 复制图层锁定透明像素

图15-188 增加杂志的内页效果

**23** 双击“图层1副本”名后的空白区域，打开“图层样式”对话框，在对话框中选择“投影”复选框，设置“不透明度”为90%，设置其他参数如图15-189所示。

**24** 单击“确定”按钮，制作完成的最终效果如图15-190所示。

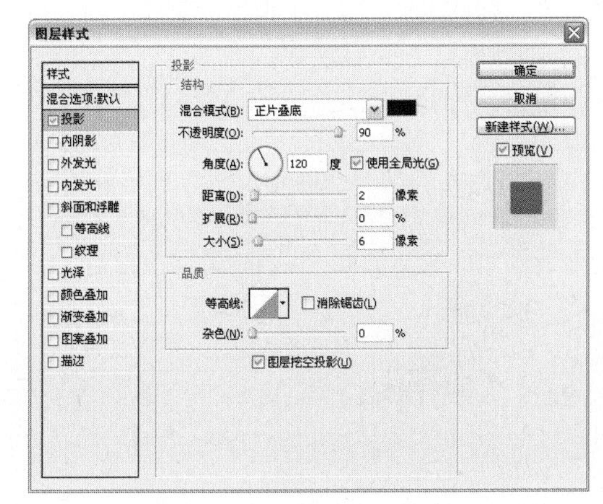

图15-189 设置“投影”参数

图15-190 最终效果

# 第 4 篇 高级篇

针对以假乱真的修图、改图技术进行讲解，由 16~20 章的内容组成，包括了灵感最重要、超现实的世界、奇异图片缝合、意——修图之美、极——绚丽写真等。本部分包含极具技术含量和艺术价值的精彩案例，为读者介绍目前最流行和最高端的数码照片处理技法，不仅可以让前面学到的专业知识得到综合实践，还可以学到更多非常有用的设计、绘画的知识，将读者带入一个创作、求新的领域，在短时间内掌握点石成金的照片处理秘技。


- 第 16 章 灵感最重要
- 第 17 章 超现实的世界
- 第 18 章 奇异图片缝合
- 第 19 章 意——修图之美
- 第 20 章 极——绚丽写真

# 第 16 章 灵感最重要

灵感是设计思路开启的第一步，也是最重要的步骤之一，每个人的思维在每时每刻都有不同地变化，由于每个人的生活方式不同，见过的事物不同，所以在面对同样的物体时，会产生不同的想法，也许在面对一幅空白的画面时，一时之间很难有过多的想法，也许给一幅照片或者场景，就会启发你展开许多想象，灵感可以说是取决于事物的启发和一种心境。

本章主要列举了 4 幅奇思妙想的合成效果，以实例的方式为读者讲解了本章的学习内容，以及工具、命令的操作技巧，其中主要包括石壁之眸、水与火的融洽、勇敢的心、强硬金属面具，在学习的过程中，读者应展开自己的想象力，举一反三，创作出更多精美、独具魅力的效果。

## 16.1 石壁之眸

前后效果对比

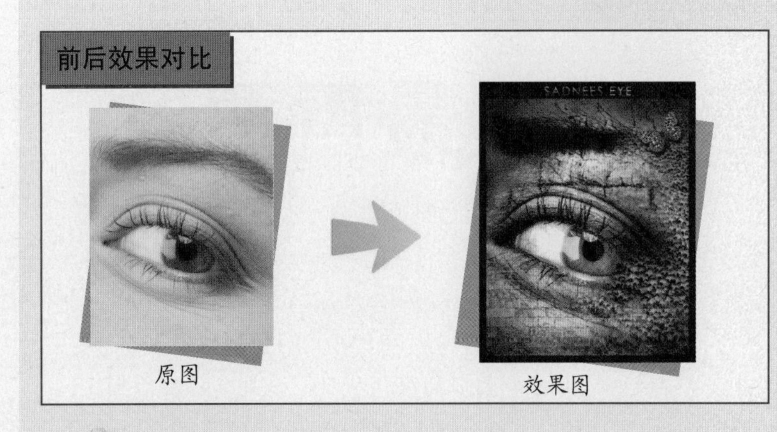


原图　　效果图

素材文件　眼睛.tif、纹理1.tif、纹理2.tif、蝴蝶.tif

效果文件　石壁之眸.psd

存放路径　光盘\源文件与素材\第16章\16.1石壁之眸

### 案例点评

本案例讲解如何制作“石壁之眸”合成图片，主要应用了“减淡工具”、“色阶”、“图层混合模式”、“图层蒙版”、“图层样式”等工具及命令。本例吸引眼球的地方在于那颗金黄色的眼珠，绚丽的颜色给人带来神秘的视觉体验，而石壁更加完美的映衬了这种神秘的效果，它是黑白的，它赋予了眼珠更加强烈的视觉感受，而慵懒的藤蔓、优雅的蝴蝶也赋予了画面更加生动的元素。

修图步骤

**1** 选择“文件→打开”命令，或按“Ctrl+O”组合键，打开配套光盘中的素材图片“眼睛.tif”，如图16-1所示。

**2** 按“Shift+Ctrl+U”组合键，将图像去色，使其成灰度效果显示，如图16-2所示。

**3** 单击工具箱中的“减淡”工具，在眼球部位进行涂抹，减淡眼珠的颜色，如图16-3所示。

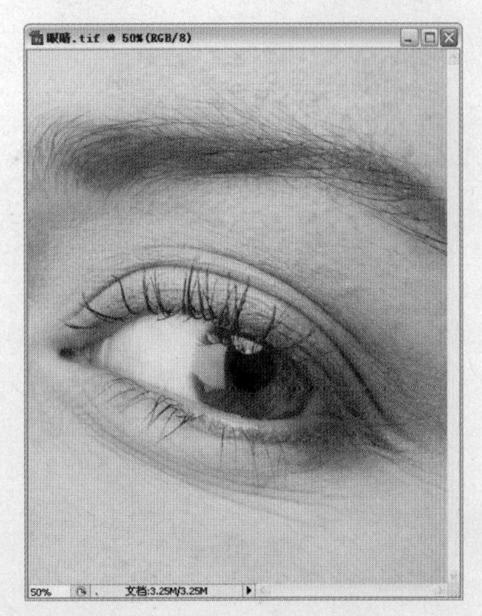

图16-1 打开素材图片

图16-2 将图像去色

图16-3 减淡眼珠的颜色

**4** 单击“图层”面板上的“创建新图层”按钮，新建“图层1”，单击工具箱中的“画笔”工具，设置“前景色”为黄色（R:255，G:255，B:0），在眼球范围内绘制黄色像素，如图16-4所示。

**5** 在“图层”面板设置“图层混合模式”为颜色，此时眼睛的颜色变为黄色，效果如图16-5所示。

**6** 按“Ctrl+E”组合键，向下合并图层，选择“图像→调整→色阶”命令，打开“色阶”对话框，设置参数为38，0.31，244，如图16-6所示。

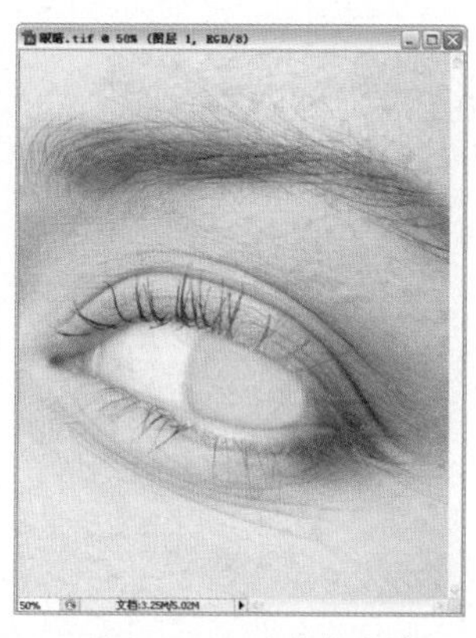

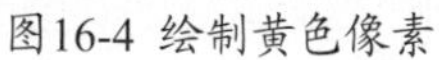
图16-4 绘制黄色像素

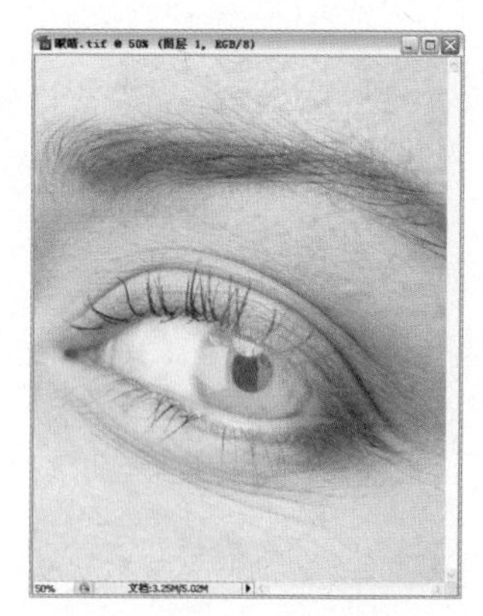

图16-5 设置“图层混合模式”

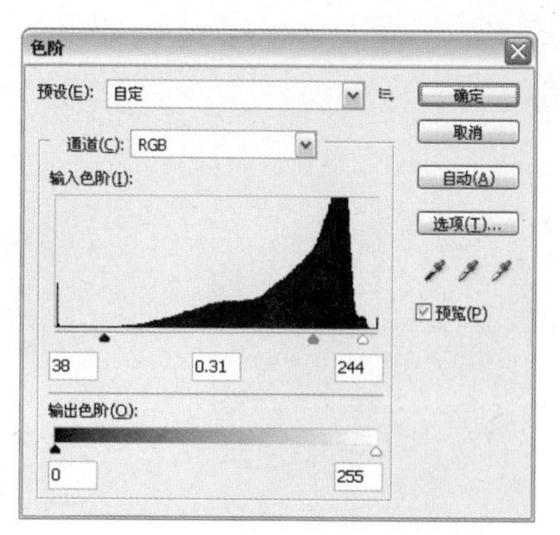


图16-6 设置“色阶”参数

7 单击“确定”按钮，图像变暗，对比增强，效果如图 16–7 所示。

8 选择“文件→打开”命令，打开配套光盘中的素材图片“纹理 1.tif”，如图 16–8 所示。

9 单击工具箱中的“移动”工具，将图片拖曳到“眼睛”文件窗口中释放，按“Ctrl+T”组合键，对素材的大小和位置进行调整，如图 16–9 所示，按“Enter”键确定。

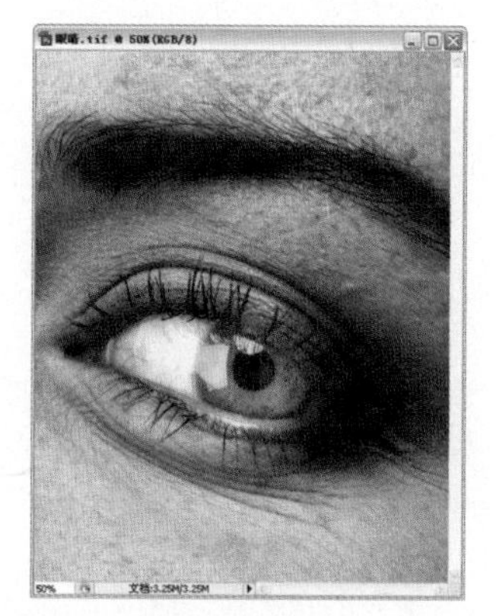

图16-7 调整“色阶”后的效果

图16-8 打开素材图片

图16-9 导入素材图片

10 在“图层”面板设置该图层的“图层混合模式”为叠加，效果如图 16–10 所示。

11 单击“图层”面板上的“添加图层蒙版”按钮，为该图层添加一个白色的蒙版，如图 16–11 所示。

12 单击工具箱中的“画笔”工具，设置“前景色”为黑色，在蒙版中绘制黑色像素，将眼睛部位的纹理隐藏，效果如图 16–12 所示。

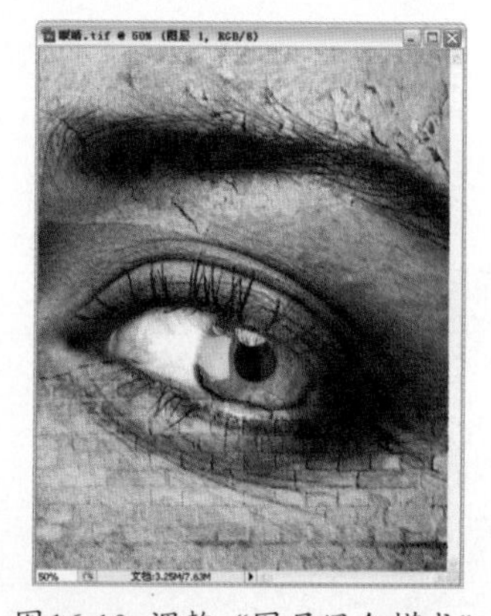

图16-10 调整“图层混合模式”

图16-11 添加图层蒙版

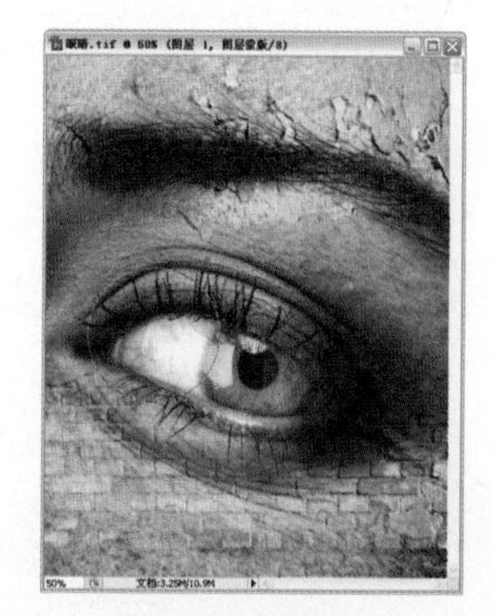

图16-12 隐藏纹理

13 新建“图层 2”，单击工具箱中的“画笔”工具，在其属性栏将“不透明度”设置为 20%，设置“前景色”为瓦红色（R:138，G:86，B:78），在画面的左下方进行涂抹绘制颜色，如图 16–13 所示。

**14** 在“图层”面板中，设置“图层混合模式”为实色混合，效果如图 16–14 所示。

**15** 选择“文件→打开”命令，打开配套光盘中的素材图片“纹理 2.tif”，如图 16–15 所示。

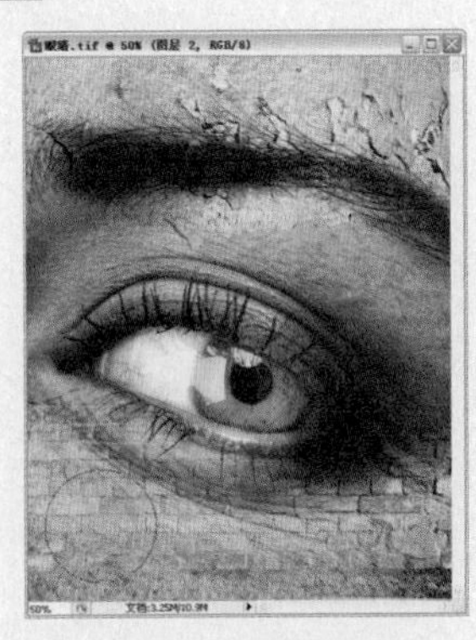
图16-13 绘制颜色

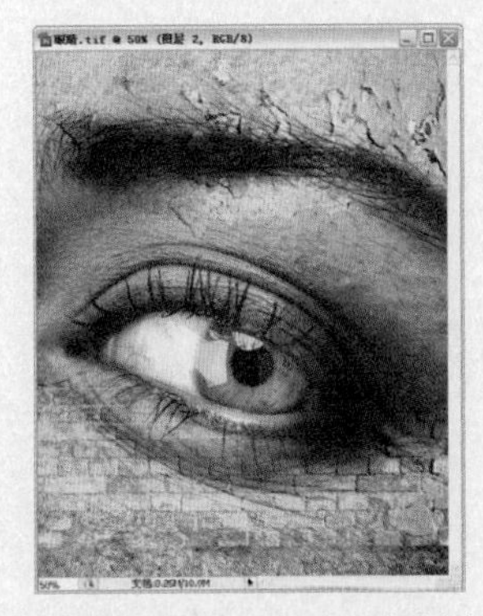
图16-14 设置“图层混合模式”

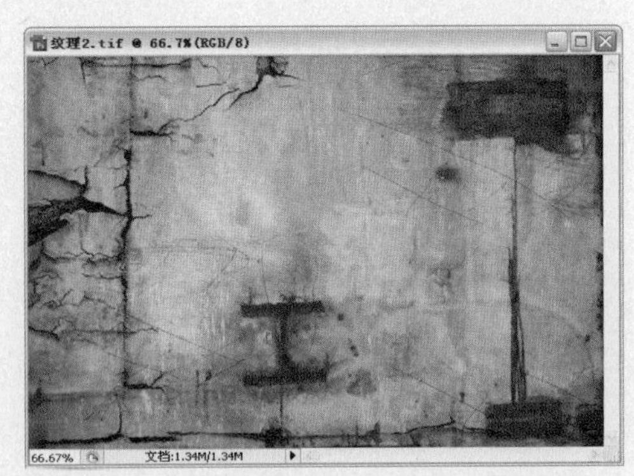
图16-15 打开素材图片

**16** 单击工具箱中的“移动”工具，将图片拖曳到“眼睛”文件窗口中释放，并按“Ctrl+T”组合键，对素材的大小和位置进行调整，如图 16–16 所示，按“Enter”键确定。

**17** 在“图层”面板设置“图层混合模式”为叠加，为图像添加新的纹理，效果如图 16–17 所示。

**18** 单击“图层”面板上的“添加图层蒙版”按钮，为该图层添加一个白色的蒙版。单击工具箱中的“画笔”工具，设置“前景色”为黑色，在蒙版中绘制黑色像素，隐藏眼睛部位的纹理，效果如图 16–18 所示。

图16-16 导入素材图片

图16-17 设置“图层混合模式”

图16-18 隐藏纹理

**19** 选择“文件→打开”命令，打开配套光盘中的素材图片“爬山虎 .tif”，如图 16–19 所示。

**20** 单击工具箱中的“移动”工具，将图片拖曳到“眼睛”文件窗口中释放，并按“Ctrl+T”组合键，对素材的大小和位置进行调整，如图 16–20 所示，按“Enter”键确定。

**21** 运用同样的方法，为该图层添加图层蒙版，单击工具箱中的“画笔”工具，在蒙版中绘制黑色像素，隐藏图像如图 16–21 所示。

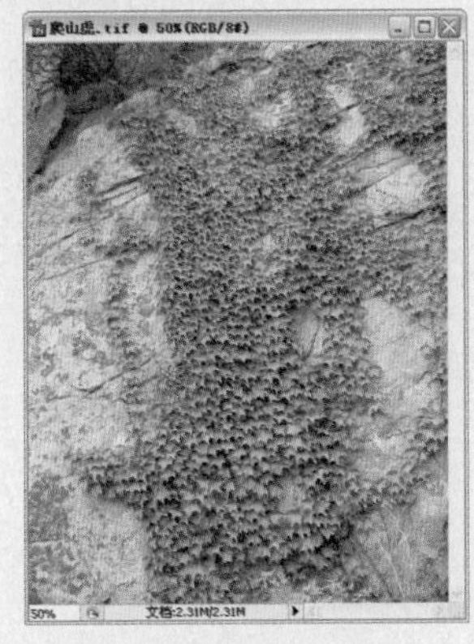
图16-19 打开素材图片

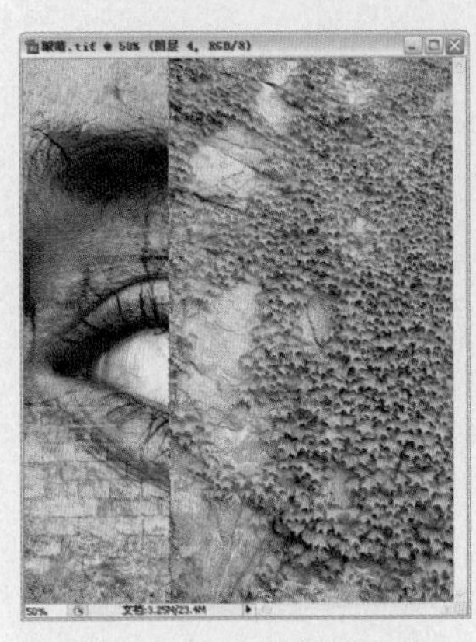
图16-20 导入素材图片

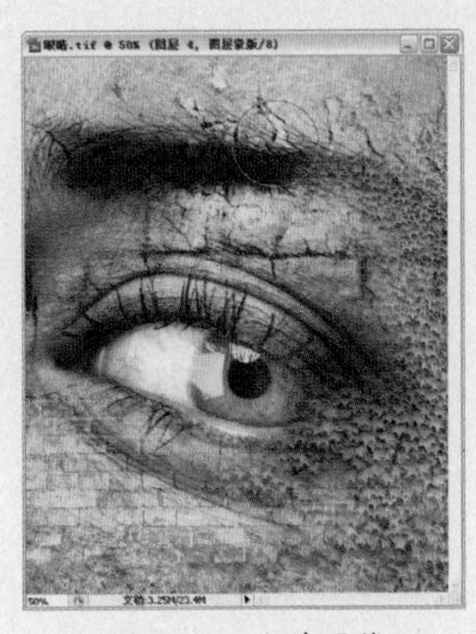
图16-21 隐藏图像

22 在“图层”面板上，单击该图层的“图层缩览图”窗口，使其处于工作状态，按“Ctrl+L”组合键，打开“色阶”对话框，设置其参数为34，0.95，210，如图16–22所示。

提示

添加图层蒙版后，系统默认情况下将选中当前图层的“蒙版缩览图”窗口，如果运用完图层蒙版未选中“图层缩览图”窗口时，当前所作的操作将在图层蒙版中进行。

23 单击“确定”，按钮，绿色藤蔓的对比更强，效果如图16–23所示。

24 新建图层，单击工具箱中的“画笔”工具，设置“前景色”为黑色，在窗口边缘四角绘制黑色像素，使主体物更突出，效果如图16–1–24所示，

图16-22 设置“色阶”参数

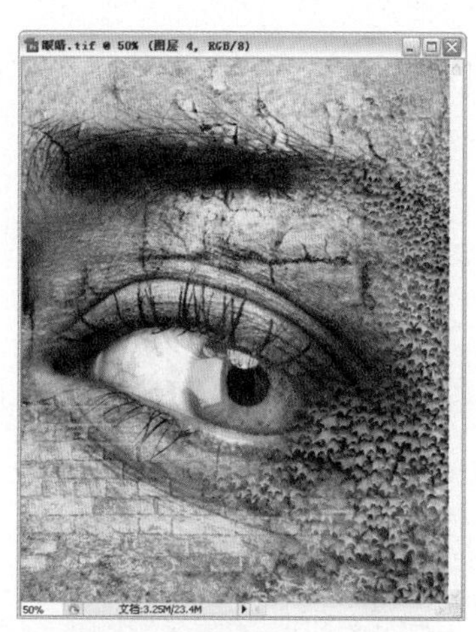

图16-23 调整后的效果

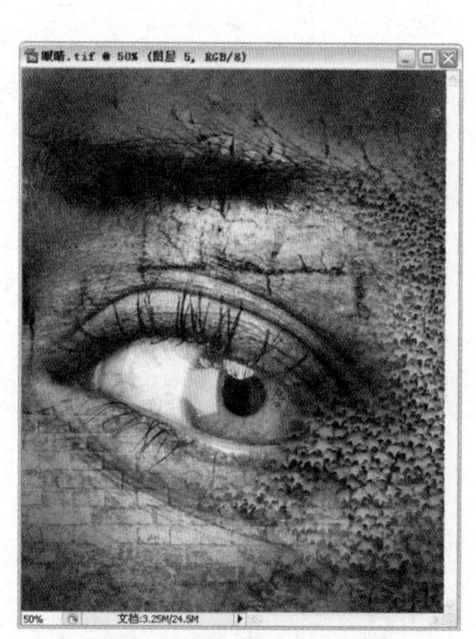

图16-24 绘制黑色像素

25 选择“文件→打开”命令，打开配套光盘中的素材图片“蝴蝶.tif”，如图16–25所示。

26 单击工具箱中的“移动”工具，将图片拖曳到“眼睛”文件窗口中释放，按“Ctrl+T”组合键，对素材的大小和位置进行调整，如图16–26所示，按“Enter”键确定。

图16-25 打开“蝴蝶”素材

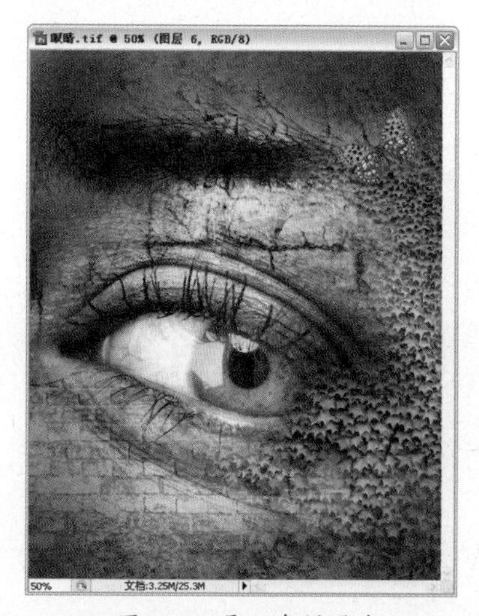

图16-26 导入素材图片

27 在“图层”面板双击该图层，打开“图层样式”对话框，选择“投影”复选框，设置各项参数，如图16–27所示。

28 单击“确定”按钮，如图16–28所示。

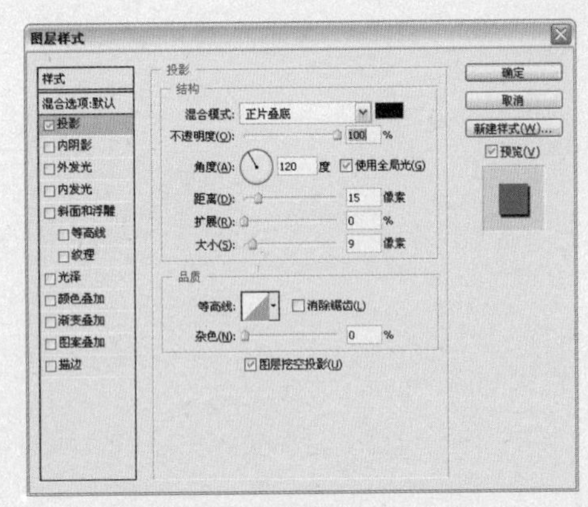

图16-27 设置“投影”参数

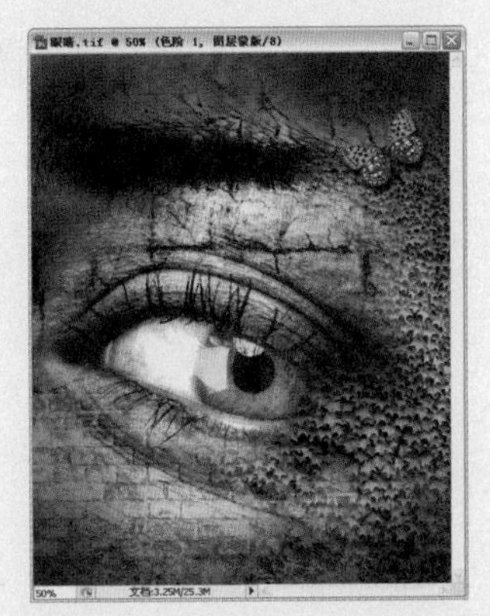

图16-28 添加投影后的效果

29 单击“图层”面板中的“创建新的填充或调整图层”按钮，在其快捷菜单栏中选择“色阶”命令，打开“色阶”调整面板，设置其参数为15，1.04，237，如图16-29所示。通过“色阶”命令调整整体明暗对比后的效果，如图16-30所示。

30 新建图层，并添加黑色边框和文字，完成后的最终效果如图16-31所示。

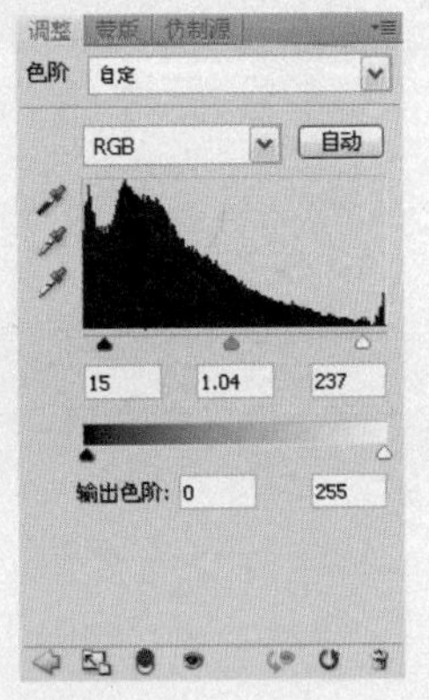


图16-29 设置“色阶”参数

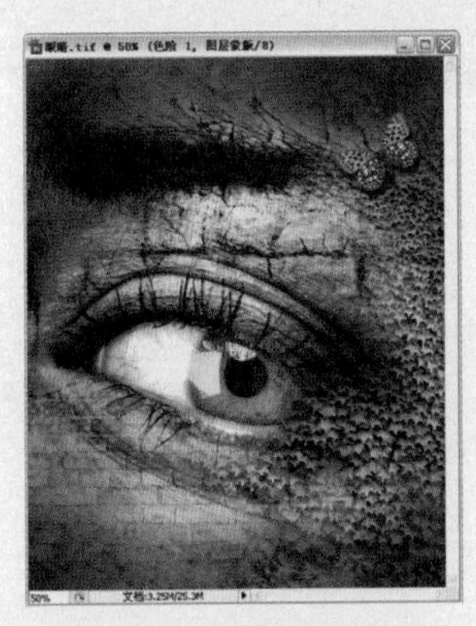

图16-30 调整后的效果

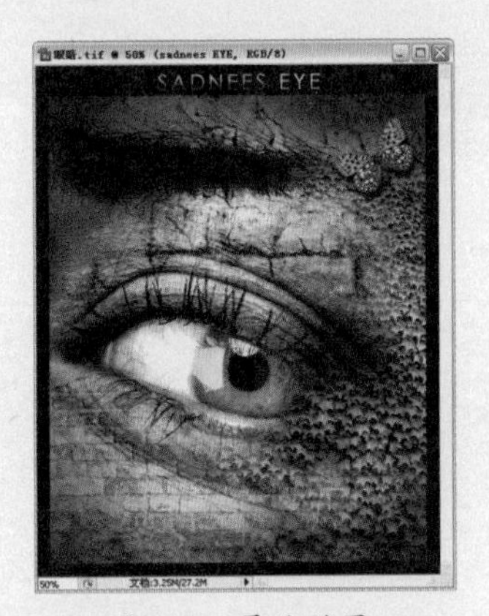

图16-31 最终效果

## 16.2 水与火的融洽

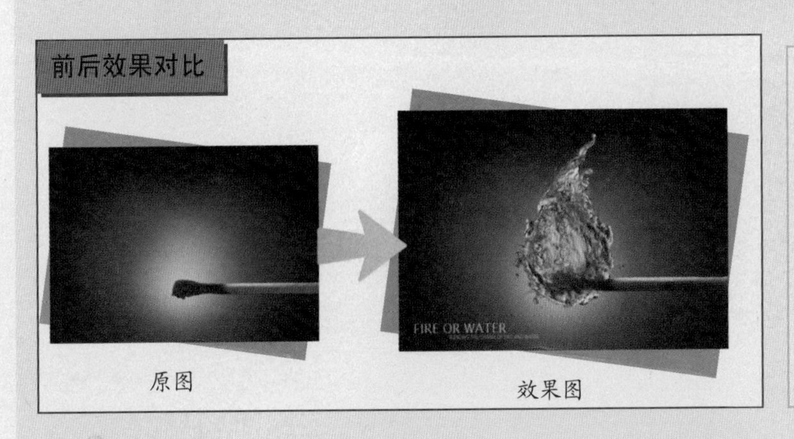


素材文件 火柴.tif、水花1.tif、水花2.tif、水花3.tif、水花4.tif、水花5.tif

效果文件 水与火的融洽.psd

存放路径 光盘\源文件与素材\第16章\16.2水与火的融洽

### 照片点评

本案例将制作一幅“水与火的融洽”合成效果图。主要运用了“橡皮擦工具”、“色彩平衡”、“曲线”等工具及命令，在多幅水花图片中精心选取出某个部位，通过Photoshop的加工和处理，将多幅水花组合成一幅燃烧的火焰效果图，具体的制作方法以下将为读者详细讲解。

修图步骤

**1** 选择“文件→新建”命令，或按“Ctrl+N”组合键，设置“名称”为水与火的融洽，“宽度”为 8.5 厘米，“高度”为 6 厘米，“分辨率”为 150 像素 / 英寸，“颜色模式”为 RGB 颜色，设置其他参数如图 16-32 所示，单击“确定”按钮。

**2** 单击工具箱中的“渐变”工具，单击其属性栏上的“编辑渐变”按钮，打开“渐变编辑器”对话框，设置：

位置 0 的颜色为（R:102，G:136，B:159）

位 100 的颜色为（R:2，G:2，B:2）

如图 16-33 所示，单击“确定”按钮。

图16-32 新建文件

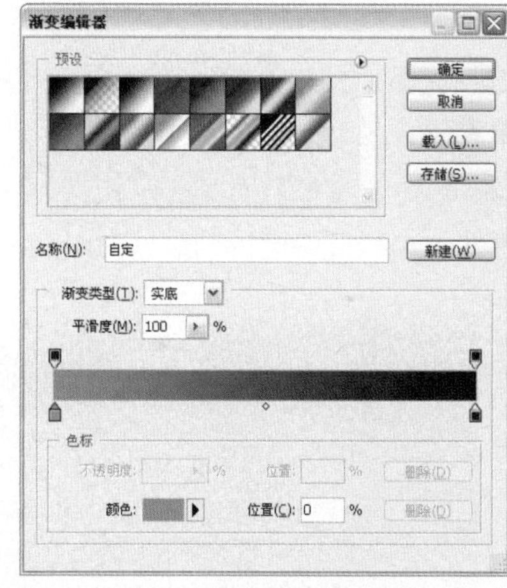


图16-33 调整渐变色

**3** 单击属性栏上的“径向渐变”按钮，在窗口中拖动鼠标，填充渐变色如图 16-34 所示。

**4** 单击工具箱中的“加深”工具和“减淡”工具，分别调整背景的高光和暗部部分，效果如图 16-35 所示。

图16-34 填充渐变色

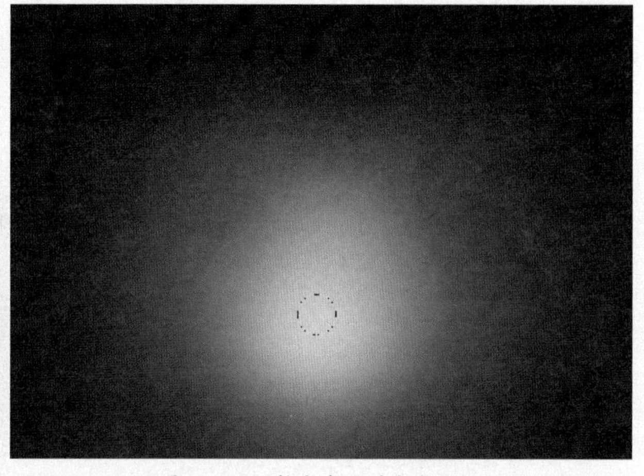

图16-35 调整高光和暗部部分

**5** 选择“滤镜→杂色→添加杂色”命令，打开“添加杂色”对话框，设置“数量”为 1%，选择“高斯分布”单选按钮，选择“单色”复选框，如图 16-36 所示。

**6** 单击“确定“按钮，添加的杂色效果如图 16-37 所示。

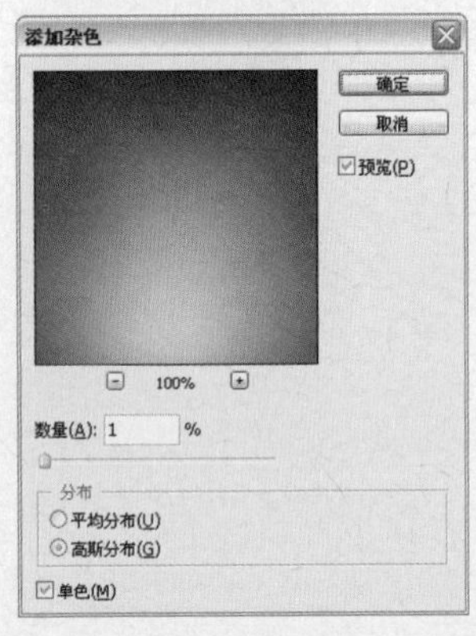

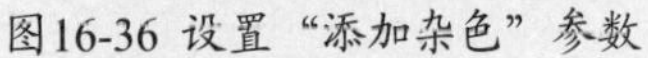

图16-36 设置“添加杂色”参数

图16-37 添加的杂色效果

**7** 选择“文件→打开”命令，或按“Ctrl+O”组合键，打开配套光盘中的素材图片“火柴.tif”，如图16–38 所示。

**8** 单击工具箱中的“移动”工具，将图片拖曳到“水与火的融洽”文件窗口中释放，按“Ctrl+T”组合键，对素材的大小和位置进行调整，如图 16–39 所示，双击图像确定变换。

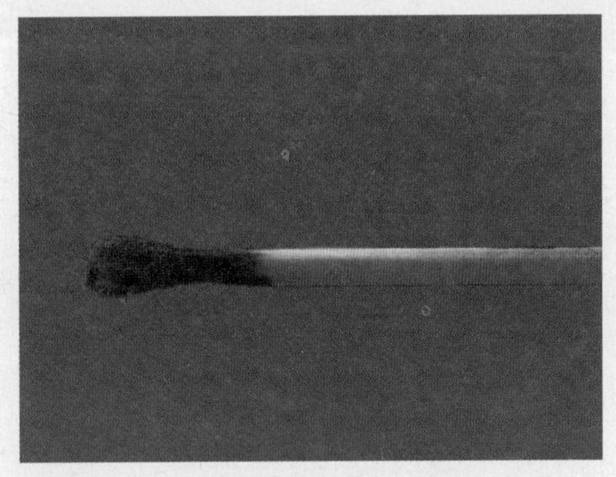

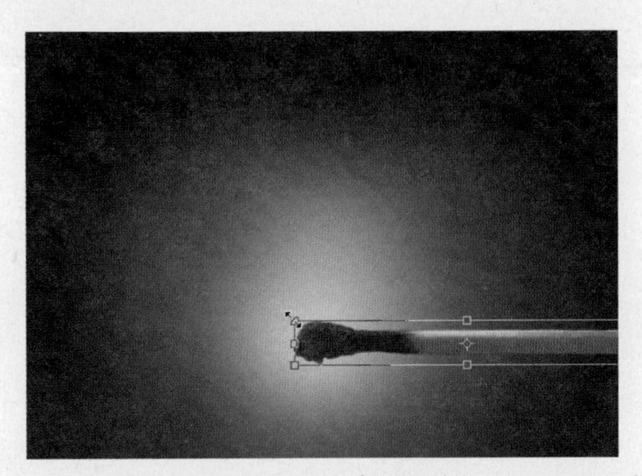

图16-38 打开素材图片

图16-39 导入素材图片

**9** 选择“图像→调整→色相 / 饱和度”命令，打开“色相 / 饱和度”对话框，设置“饱和度”为 –50，如图 16–40 所示。

**10** 单击“确定”按钮，图像的饱和度降低，效果如图 16–41 所示。

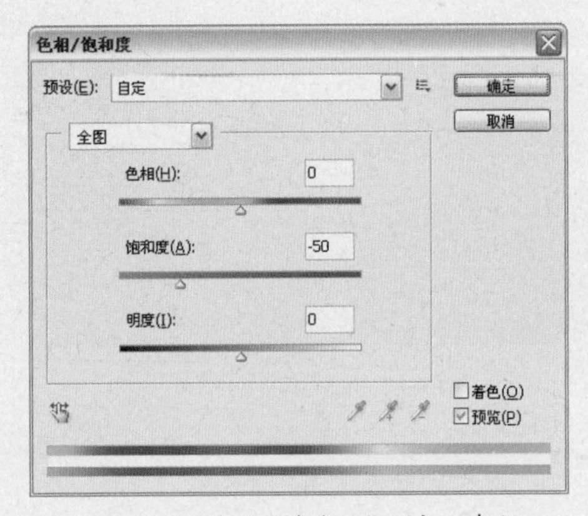

图16-40 设置“色相/饱和度”参数

图16-41 调整后的颜色效果

**11** 选择“文件→打开”命令，或按“Ctrl+O”组合键，打开配套光盘中的素材图片“水花 1.tif”，如图16–42 所示。

12 单击工具箱中的“魔棒”工具，设置属性栏上的“容差”为10，并在图像的背景区域单击鼠标，加选背景如图16-43所示。

13 选择“选择→反向”命令，反选选区，如图16-44所示。

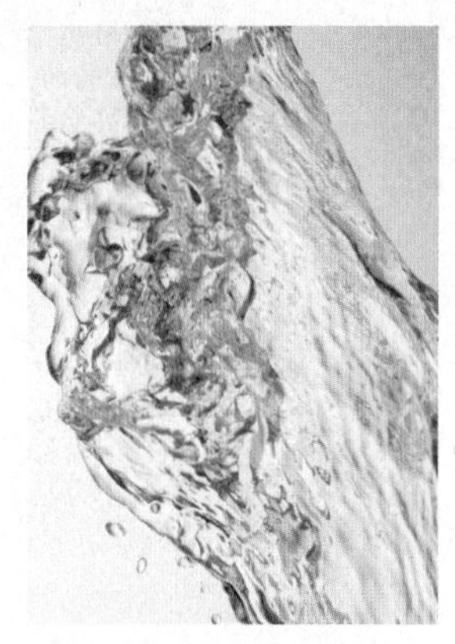

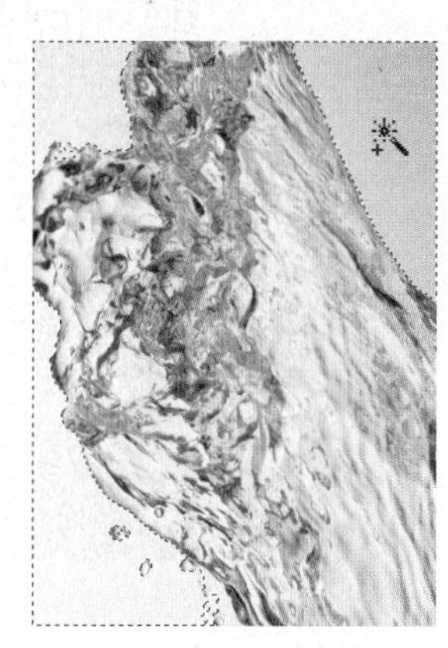

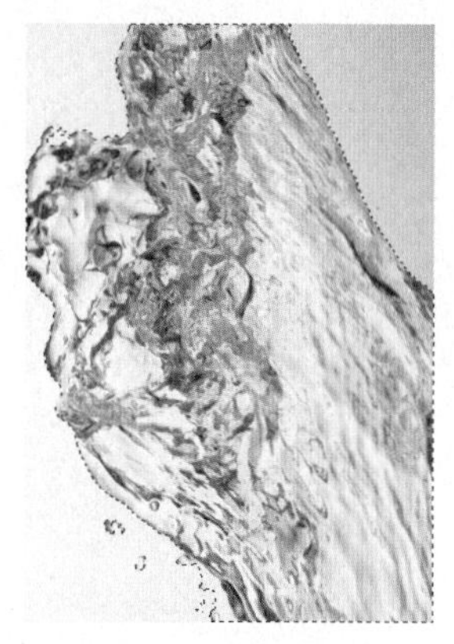

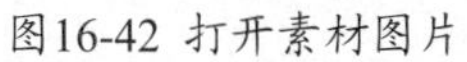

图16-42 打开素材图片　　图16-43 加选背景　　图16-44 反选选区

14 单击工具箱中的“移动”工具，将选区图片拖曳到“水与火的融洽”文件窗口中释放，按“Ctrl+T”组合键，对素材的大小和位置进行调整，如图16-45所示，双击图像确定变换。

15 单击工具箱中的“橡皮擦”工具，在窗口中擦除图像如图16-46所示。

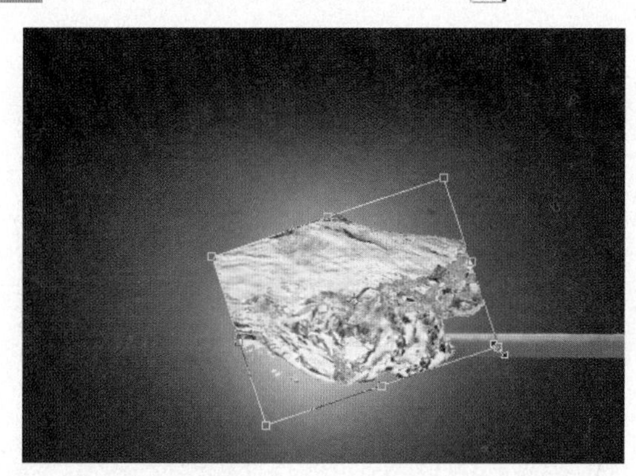

图16-45 导入素材图片

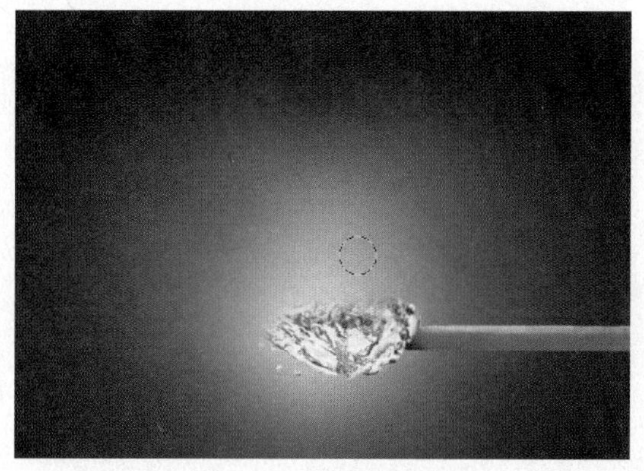

图16-46 擦除图像

16 按住“Ctrl”键，单击“图层1”缩览图，载入图像外轮廓选区，如图16-47所示。

17 单击工具箱中的“橡皮擦”工具，设置属性栏上的“不透明度”为20%，“流量”为20%，并在选区中擦除图像，如图16-48所示。

图16-47 载入图像外轮廓选区

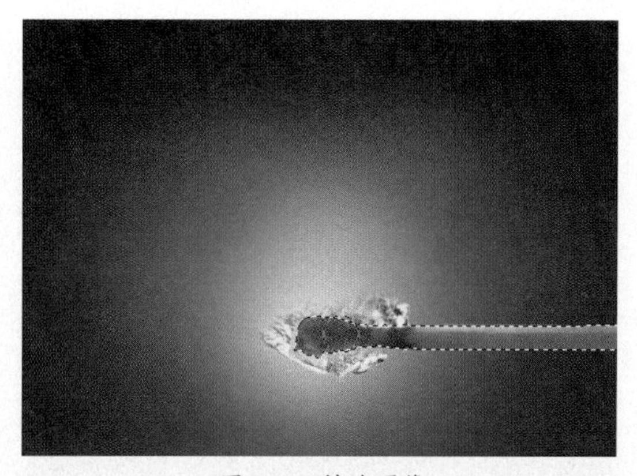

图16-48 擦除图像

18 选择“文件→打开”命令，或按“Ctrl+O”组合键，打开配套光盘中的素材图片“水花2.tif”，如图16-49所示。

19 单击工具箱中的“移动”工具，将图片拖曳到“水与火的融洽”文件窗口中释放，按“Ctrl+T”组合键，对素材的大小和位置进行调整，如图 16-50 所示，双击图像确定变换。

图16-49 打开素材图片

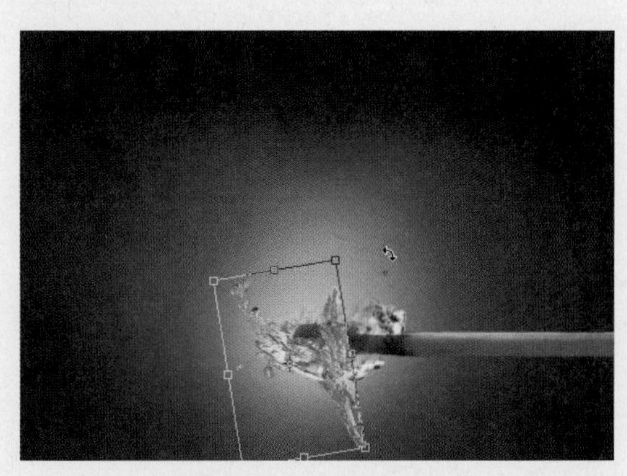

图16-50 导入素材图片

20 单击工具箱中的“橡皮擦”工具，设置属性栏上的“不透明度”为 100%，“流量”为 100%，擦除图像如图 16-51 所示。

21 运用同样的方法，再次导入“水花 2.tif”素材图片，按“Ctrl+T”组合键，对素材的大小和位置进行调整，如图 16-52 所示，按“Enter”键确定。

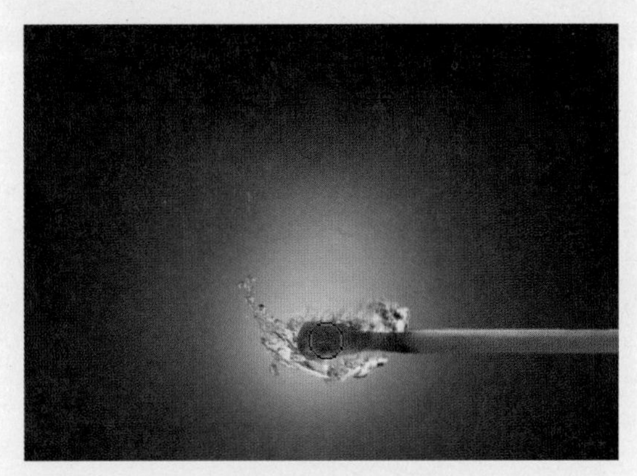

图16-51 擦除图像

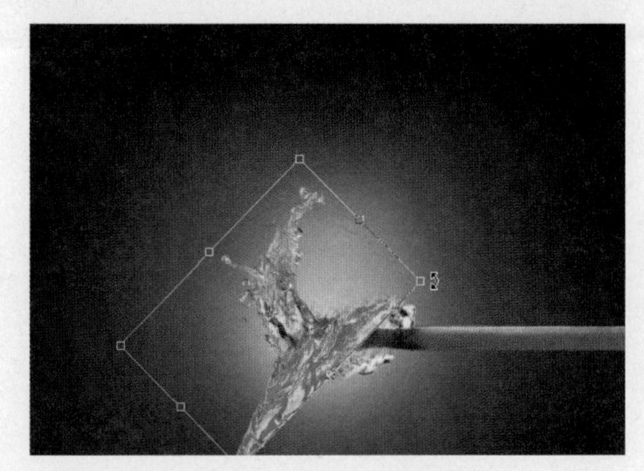

图16-52 导入素材图片

22 单击工具箱中的“橡皮擦”工具，在窗口中擦除图像如图 16-53 所示。

23 选择“文件→打开”命令，或按“Ctrl+O”组合键，打开配套光盘中的素材图片“水花 3.tif”，如图 16-54 所示。

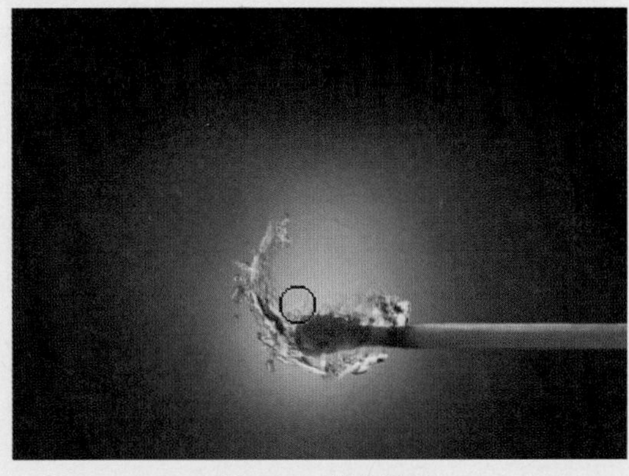

图16-53 擦除图像

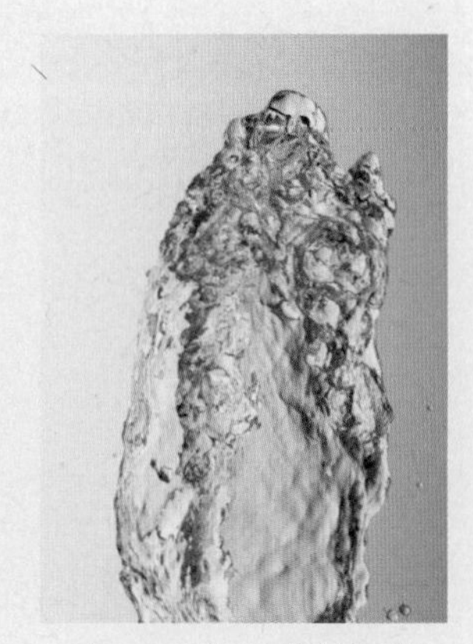

图16-54 打开素材图片

24 单击工具箱中的“移动”工具，将图片拖曳到“水与火的融洽”文件窗口中释放，按“Ctrl+T”组合键，对素材的大小和位置进行调整，如图 16–55 所示，按“Enter”键确定。

25 按“Ctrl+J”组合键，创建副本图像，按“Ctrl+T”组合键，打开“自由变换”调节框，在窗口中单击鼠标右键，选择快捷菜单中的“水平翻转”命令，调整图像的位置，如图 16–56 所示，按“Enter”键确定。

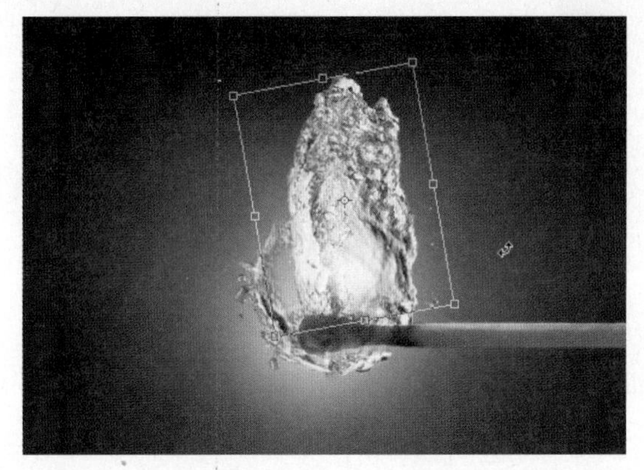

图16-55 导入素材图片

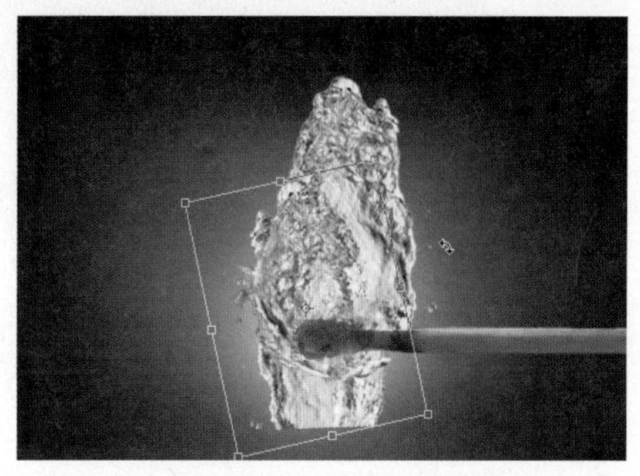

图16-56 调整图像的位置

26 单击工具箱中的“橡皮擦”工具，在窗口中擦除图像如图 16–57 所示。

27 选择“图层 5”，运用同样的方法，单击工具箱中的“橡皮擦”工具，擦除图像如图 16–58 所示。

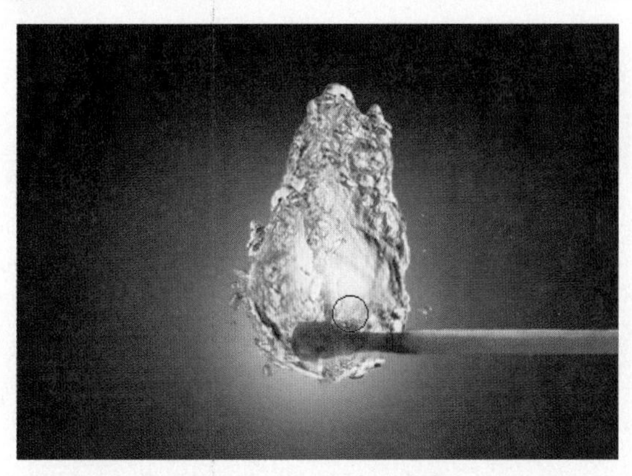

图16-57 擦除图像

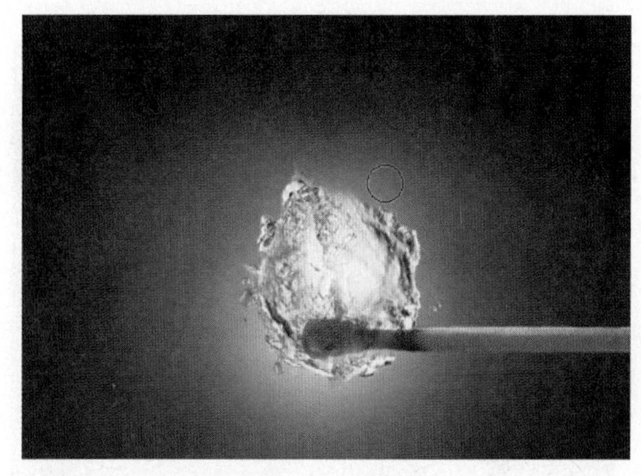

图16-58 擦除图像

28 选择“文件→打开”命令，或按“Ctrl+O”组合键，打开配套光盘中的素材图片“水花 4.tif”，如图 16–59 所示。

29 单击工具箱中的“移动”工具，将图片拖曳到“水与火的融洽”文件窗口中释放，按“Ctrl+T”组合键，对素材的大小和位置进行调整，如图 16–60 所示，双击图像确定变换。

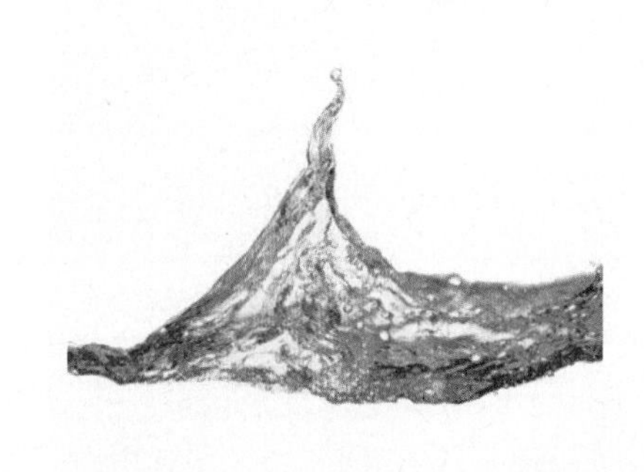

图16-59 打开素材图片

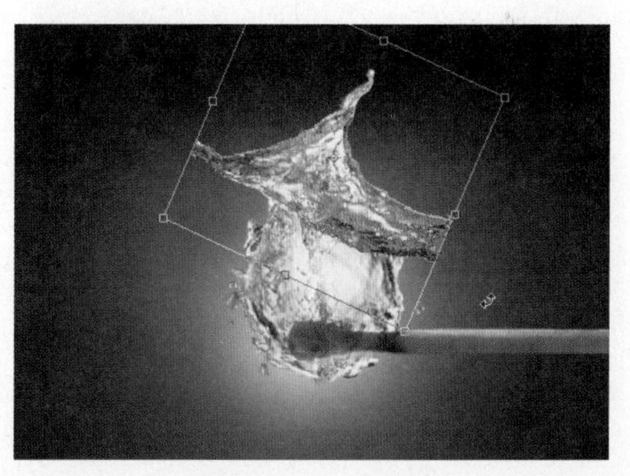

图16-60 导入素材图片

30 单击工具箱中的“橡皮擦”工具，在窗口中擦除图像如图 16–61 所示。

31 选择“文件→打开”命令，或按“Ctrl+O”组合键，打开配套光盘中的素材图片“水花 5.tif”，如图 16-62 所示。

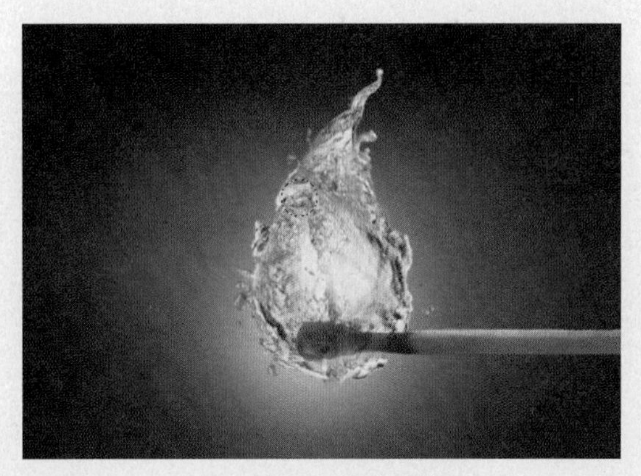

图16-61 擦除图像

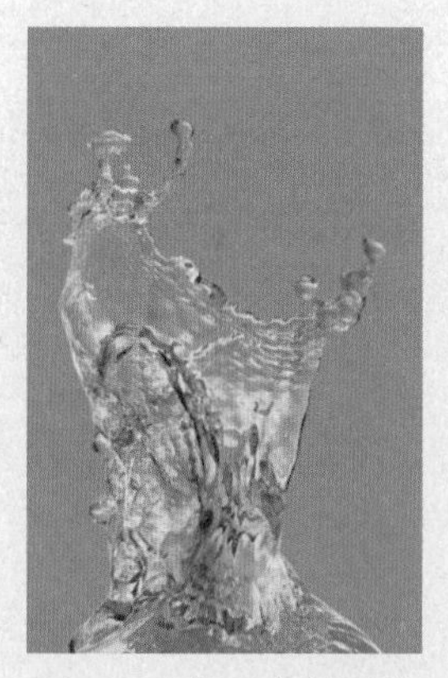

图16-62 打开素材图片

32 单击工具箱中的“移动”工具，将图片拖曳到“水与火的融洽”文件窗口中释放，按“Ctrl+T”组合键，对素材的大小和位置进行调整，如图 16-63 所示，双击图像确定变换。

33 单击工具箱中的“橡皮擦”工具，在窗口中擦除图像如图 16-64 所示。

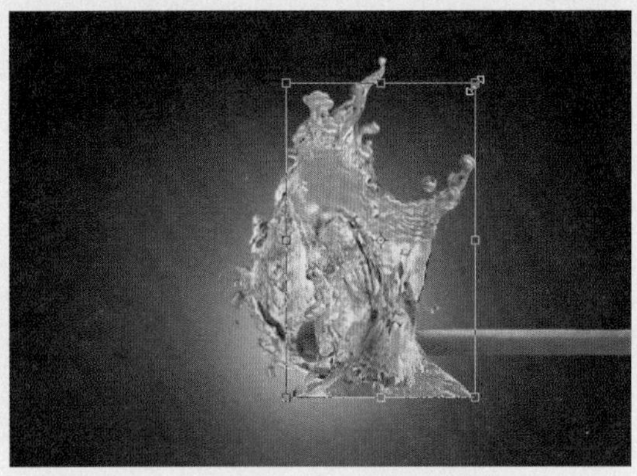

图16-63 导入素材图片

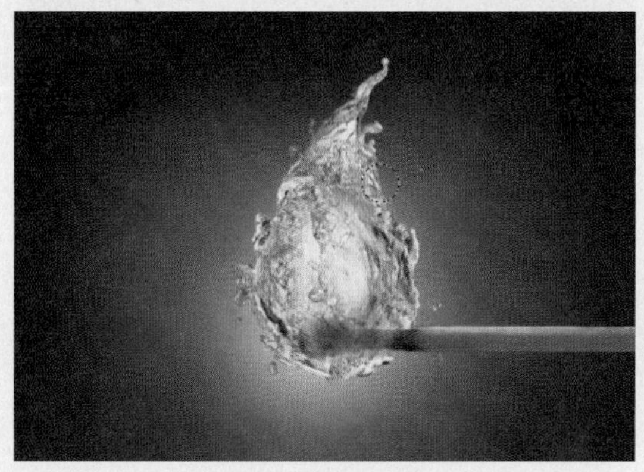

图16-64 擦除图像

34 再次导入“水花 1.tif”素材图片，按“Ctrl+T”组合键，对素材的大小和位置进行调整，如图 16-65 所示，按“Enter”键确定。

35 选择“图像→调整→去色”命令，去掉图片颜色，如图 16-66 所示。

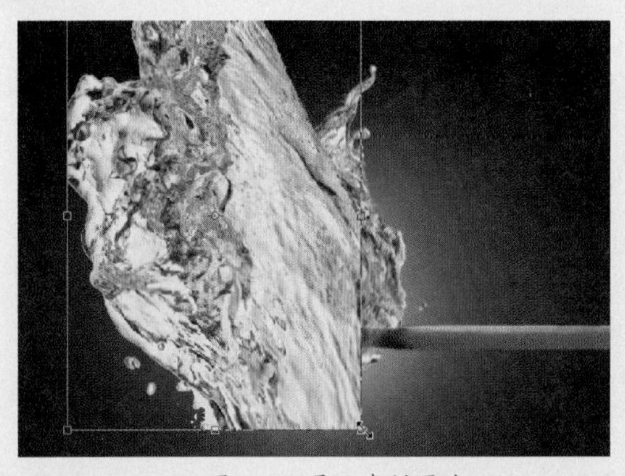

图16-65 导入素材图片

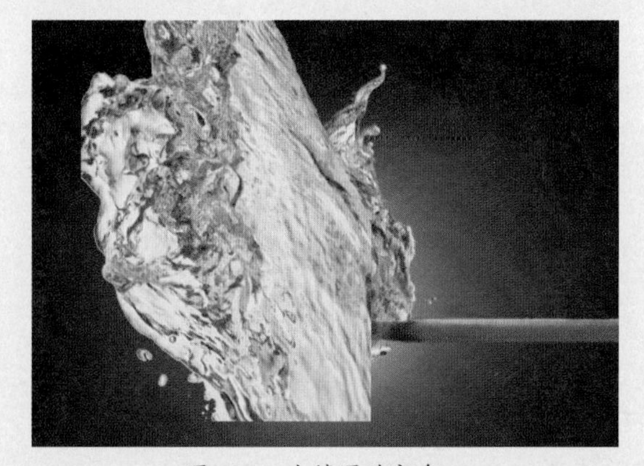

图16-66 去掉图片颜色

36 单击工具箱中的“橡皮擦”工具，在窗口中擦除图像如图 16-67 所示。

37 设置“图层混合模式”为线性加深，“不透明度”为 80%，效果如图 16-68 所示。

图16-67 擦除图像

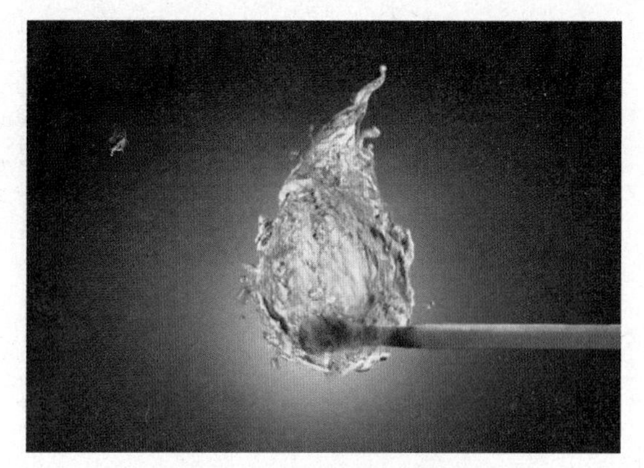

图16-68 设置“图层混合模式”

38 选择“图层 1”,按“Ctrl+J”组合键,创建“图层 1 副本”,并选择“滤镜→扭曲→波纹”命令,打开“波纹”对话框，在对话框中设置“数量”为 320%，设置其他参数如图 16-69 所示。

39 单击“确定”按钮，效果如图 16-70 所示。

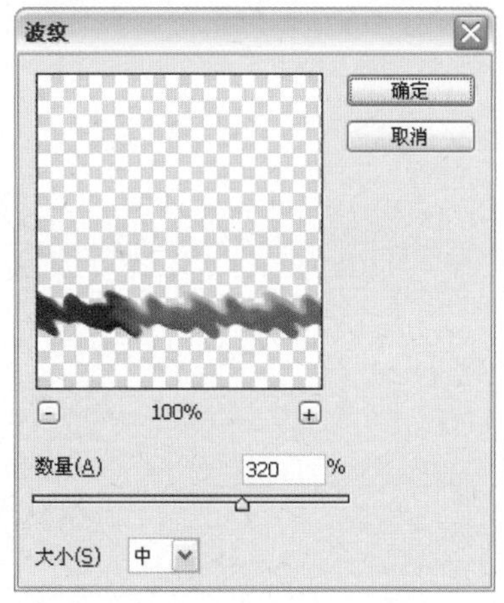


图16-69 设置“波纹”参数

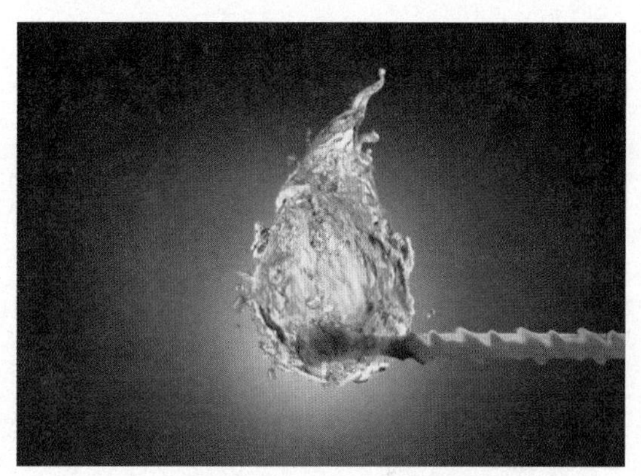

图16-70 扭曲后的效果

40 单击工具箱中的“橡皮擦”工具，在窗口中擦除火柴棍部分，效果如图 16-71 所示。

41 选择“图层 1”，运用“橡皮擦”工具，擦除火柴头部分，效果如图 16-72 所示。

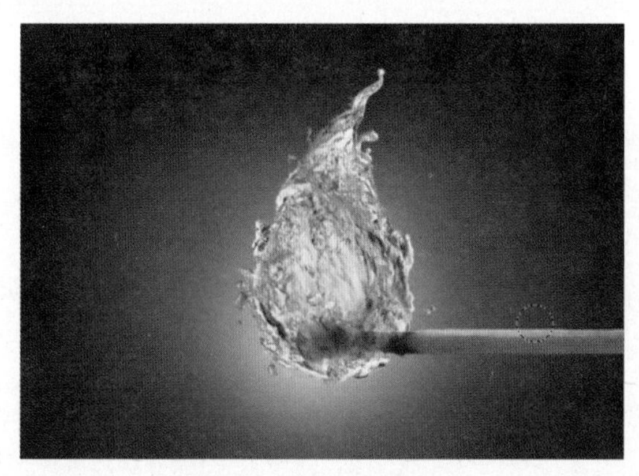

图16-71 擦除火柴棍部分

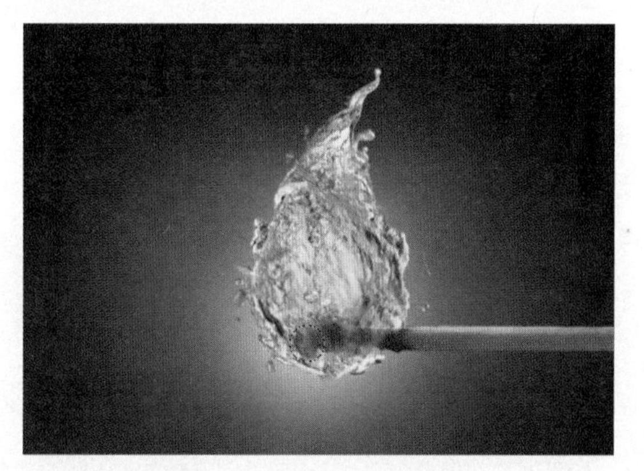

图16-72 擦除火柴头部分

42 选择“图层 1 副本”，设置“图层混合模式”为明度，效果如图 16-73 所示。

43 选择“图层 1”,单击工具箱中的“加深”工具和“减淡”工具,分别调整火柴棍的高光和暗部部分,效果如图 16-74 所示。

图16-73 设置“图层混合模式”

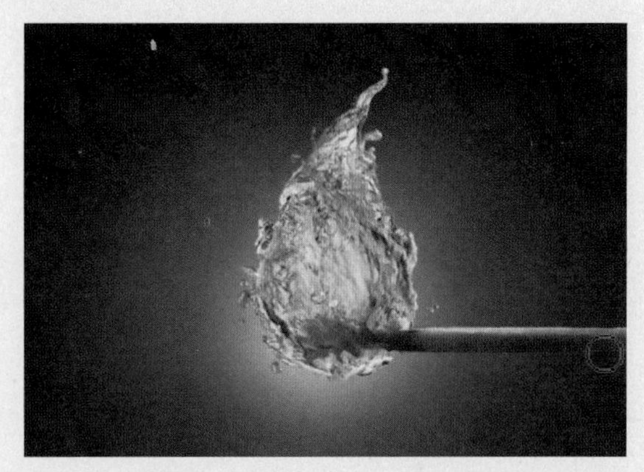

图16-74 调整图像高光和暗部

**44** 在“图层”面板中，同时选中除“图层 1”和“背景”图层以外的所有图层，按“Ctrl+E”组合键，合并图层，重命名为图层 2，如图 16-75 所示。

> **提示**
>
> 在“图层”面板中，按住“Shift”键选择图层，可以同时选中起始图层到终点图层之间的所有图层，如果按住“Ctrl”键对图层进行选择，只可以单个加选图层。

**45** 选择“图像→调整→色彩平衡”命令，或按“Ctrl+B”组合键，打开“色彩平衡”对话框，设置参数为 -15，6，-30，如图 16-76 所示。

图16-75 合并图层

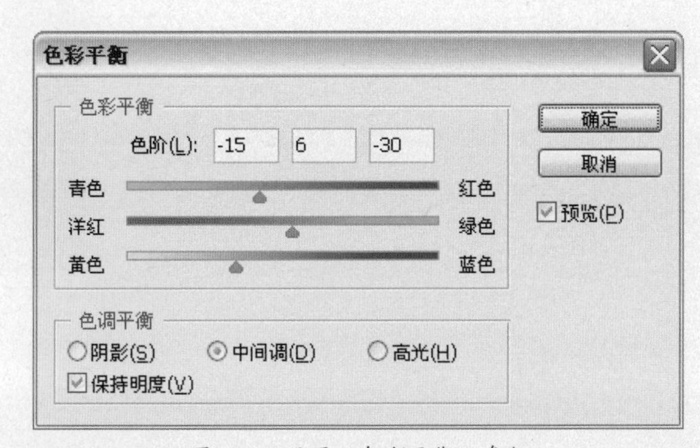


图16-76 设置“色彩平衡”参数

**46** 单击“确定”按钮，图像的颜色效果如图 16-77 所示。

**47** 选择“图像→调整→曲线”命令，打开“曲线”对话框，在对话框中调整曲线，如图 16-78 所示，单击“确定”按钮。

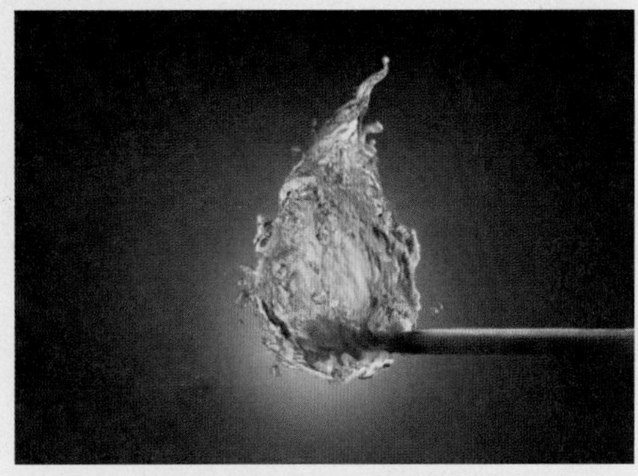

图16-77 图像的颜色效果

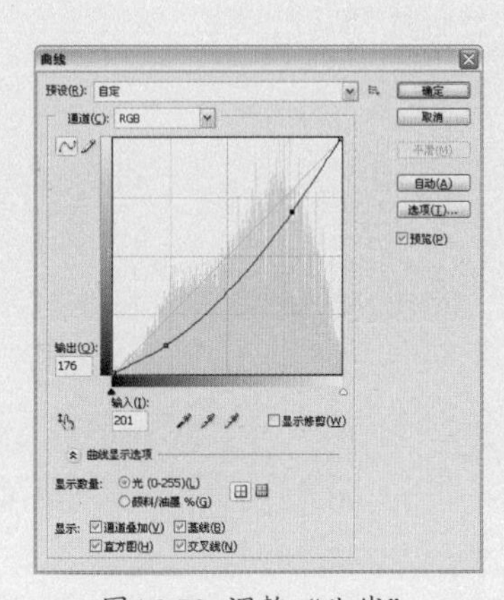

图16-78 调整“曲线”

**48** 选择“图像→调整→色相/饱和度”命令，打开“色相/饱和度”对话框，设置“饱和度”为 –40，“明度”为 –7，如图 16–79 所示，单击“确定”按钮。

**49** 设置“前景色”为灰色（R:157，G:159，B:160），单击工具箱中的“横排文字”工具T，在窗口中输入文字，制作完成后的最终效果如图 16–80 所示。

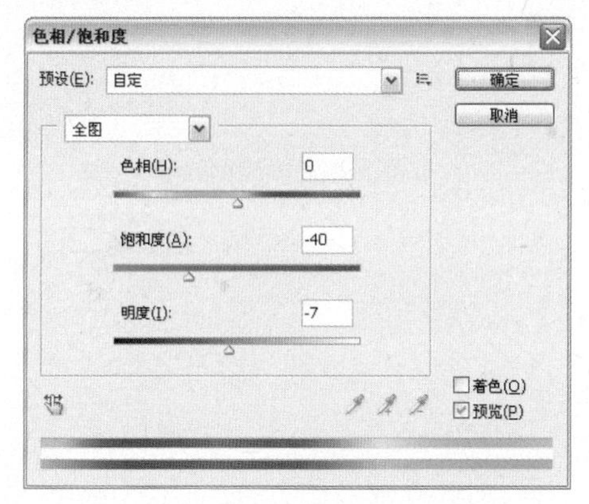


图16-79 设置“色相/饱和度”参数

图16-80 最终效果

## 16.3 勇敢的心

前后效果对比

原图　　效果图

素材文件　花纹图案1.tif、花纹图案2.tif、花纹图案3.tif、城市建筑.tif

效果文件　勇敢的心.psd

存放路径　光盘\源文件与素材\第16章\16.3勇敢的心

### 案例点评

本案例学习制作一幅“勇敢的心”合成效果图。主要运用了“钢笔”、“减淡”、“加深”、“画笔”等工具，制作了一幅玻璃包裹的立体心形图，图像的背景主要由几种花纹图案进行搭配，使主体心形不再单调，通过“渐变”工具对花纹的颜色进行更改，让整体画面更加金碧辉煌。

修图步骤

**1** 选择“文件→新建”命令，或按“Ctrl+N”组合键，设置“名称”为勇敢的心，“宽度”为 10 厘米，“高度”为 8 厘米，“分辨率”为 300 像素/英寸，“颜色模式”为 RGB 颜色，设置其他参数如图 16–81 所示，单击“确定”按钮。

**2** 单击工具箱中的“渐变”工具，单击其属性栏上的“编辑渐变”按钮，打开“渐变编辑器”对话框，设置：

位置 0 的颜色为（R:210，G:14，B:14）；

位置 100 的颜色为（R:98，G:14，B:14）；

如图 16–82 所示，单击“确定”按钮。

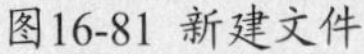
图16-81 新建文件

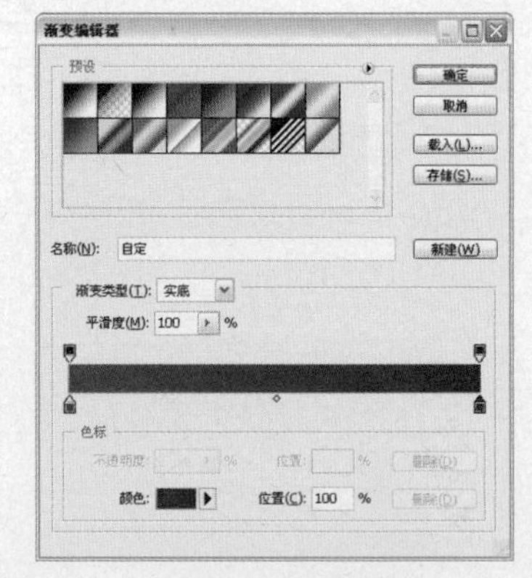


图16-82 调整渐变色

3 单击属性栏上的“径向渐变”按钮，在窗口中拖动鼠标，填充渐变色如图 16–83 所示。

4 单击工具箱中的“矩形选框”工具，在窗口中绘制矩形选区如图 16–84 所。

图16-83 填充渐变色

图16-84 绘制矩形选区

5 单击工具箱中的“渐变”工具，单击其属性栏上的“编辑渐变”按钮，打开“渐变编辑器”对话框，设置：

位置 0 的颜色为（R:239，G:215，B:138）

位置 50 的颜色为（R:250，G:197，B:34）

位置 100 的颜色为（R:224，G:126，B:37）

如图 16–85 所示，单击“确定”按钮。

6 新建“图层 1”，运用“渐变”工具，在窗口中拖动鼠标，填充渐变色如图 16–86 所示，按“Ctrl+D”组合键取消选区。

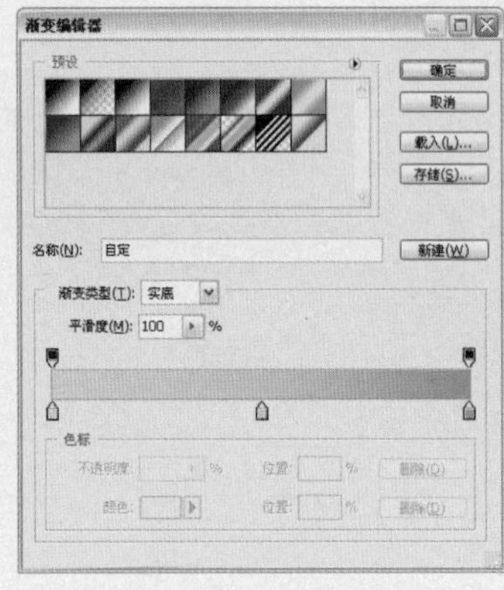


图16-85 调整渐变色

图16-86 填充渐变色

**7** 选择“文件→打开”命令，或按“Ctrl+O”组合键，打开配套光盘中的素材图片“花纹图案 1.tif”，如图 16–87 所示。

**8** 单击工具箱中的“移动”工具，将素材图片拖曳到“勇敢的心”文件窗口中释放，按“Ctrl+T”组合键，对花纹图案的大小和位置进行调整，如图 16–88 所示，双击图像确定变换。

图16-87 打开素材图片

图16-88 导入素材图片

**9** 单击工具箱中的“渐变”工具，单击其属性栏上的“编辑渐变”按钮，打开“渐变编辑器”对话框，设置：

位置 0 的颜色为（R:228，G:164，B:56）；

位置 100 的颜色为（R:177，G:64，B:30）；

如图 16–89 所示，单击“确定”按钮。

**10** 在“图层”面板上方单击“锁定透明像素”按钮，运用“渐变”工具，在窗口中拖动鼠标，填充渐变色如图 16–90 所示。

**提示**

如果在“图层”面板中单击“锁定透明像素”按钮，当前图层上将出现“锁状”图标，表示当前图层的透明区域已经被锁定，在当前图层所作的任何操作只对图像有效，而透明区域不受任何影响。

图16-89 调整渐变色

图16-90 填充渐变色

**11** 在“图层”面板中设置“图层混合模式”为线性加深，“不透明度”为 40%，效果如图 16–91 所示。

**12** 按“Ctrl+J”组合键，创建花纹图案副本，按“Ctrl+T”组合键，打开“自由变换”调节框，并在窗口中单击鼠标右键，选择快捷菜单中的“水平翻转”命令，调整图像位置如图 16–92 所示，按“Enter”键确定。

图16-91 设置“图层混合模式”

图16-92 复制图像并调整位置

**13** 按住“Ctrl”键不放，单击“图层 1”的缩览图，载入图形外轮廓选区，按“Ctrl+Shift+I”组合键，反选选区，按“Delete”键删除选区内容，如图 16–93 所示，按“Ctrl+D”组合键取消选区。

**14** 选择“文件→打开”命令，打开配套光盘中的素材图片“花纹图案 2.tif”，如图 16–94 所示。

图16-93 删除选区内容

图16-94 打开素材图片

**15** 单击工具箱中的“移动”工具，将素材图片拖曳到“勇敢的心”文件窗口中释放，按“Ctrl+T”组合键，对花纹图案的大小和位置进行调整，如图 16–95 所示，按“Enter”键确定。

**16** 单击工具箱中的“渐变”工具，单击其属性栏上的“编辑渐变”按钮，打开“渐变编辑器”对话框，设置：

位置 0 的颜色为（R:242，G:214，B:118）

位置 50 的颜色为（R:255，G:219，B:28）

位置 100 颜色为（R:255，G:178，B:2）

如图 16–96 所示，单击“确定”按钮。

图16-95 导入素材图片

图16-96 调整渐变色

17 单击“图层”面板上方的“锁定透明像素”按钮，运用“渐变”工具，在窗口中拖动鼠标，填充渐变色如图 16–97 所示。

18 按“Ctrl+J”组合键，创建花纹图案副本，按“Ctrl+T”组合键，打开“自由变换”调节框，在窗口中单击鼠标右键，选择快捷菜单中的“水平翻转”命令，调整图像位置如图 16–98 所示，按“Enter”键确定，按“Ctrl+E”组合键，向下合并图层。

图16-97 填充渐变色

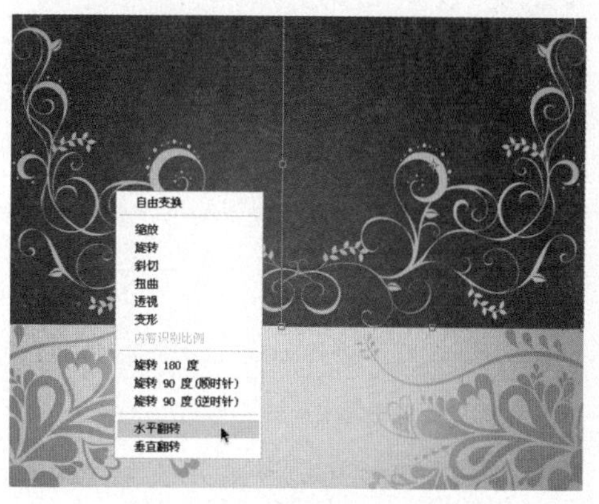


图16-98 复制图像并调整位置

19 选择“文件→打开”命令，打开配套光盘中的素材图片“花纹图案 3.tif”，如图 16–99 所示。

20 单击工具箱中的“移动”工具，将素材图片拖曳到“勇敢的心”文件窗口中释放，按“Ctrl+T”组合键，对花纹图案的大小和位置进行调整，如图 16–100 所示，按“Enter”键确定。

图16-99 打开素材图片

图16-100 导入素材图片

21 单击“图层”面板上方的“锁定透明像素”按钮，运用“渐变”工具，在窗口中拖动鼠标，填充渐变色如图 16–101 所示。

22 选择“背景”图层，单击工具箱中的“减淡”工具，在窗口中进行涂抹，增强背景的亮部部分，效果如图 16–102 所示。

图16-101 填充渐变色

图16-102 增强背景的亮部部分

**23** 单击工具箱中的“钢笔”工具，在窗口中绘制路径，如图 16–103 所示。

**24** 新建图层，按“Ctrl+Enter”组合键，将路径转换为选区，设置“前景色”为深红色（R:168，G:8，B:8），按“Alt+Delete”组合键填充选区颜色如图 16–104 所示。

图16-103 绘制路径

图16-104 填充选区颜色

**25** 按“Ctrl+J”组合键，创建花纹图案副本，按“Ctrl+T”组合键，打开“自由变换”调节框，在窗口中单击鼠标右键，选择快捷菜单中的“水平翻转”命令，调整图像位置如图 16–105 所示，按“Enter”键确定，按“Ctrl+E”组合键，向下合并图层。

**26** 单击工具箱中的“钢笔”工具，在窗口中绘制路径，如图 16–106 所示。

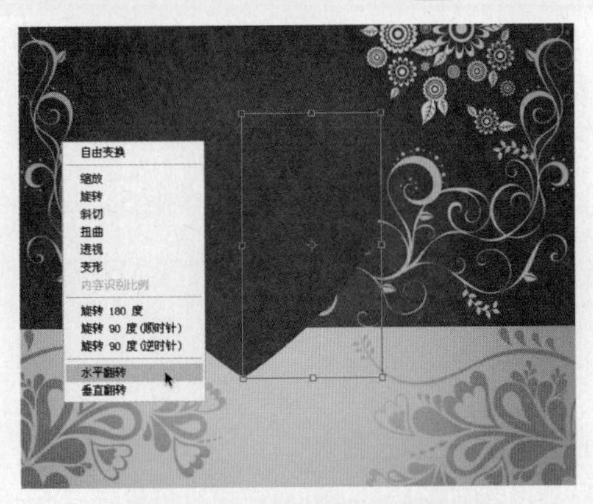


图16-105 复制图像并调整位置

图16-106 绘制路径

**27** 按“Ctrl+Enter”组合键，将路径转换为选区，选择“选择→修改→羽化”命令，设置“羽化半径”为 5 像素，单击工具箱中的“减淡”工具，在选区中涂抹，调整图像的高光部分，效果如图 16–107 所示。

**28** 按“Ctrl+shift+I”组合键，反选选区，并运用工具箱中的“加深”工具和“减淡”工具，在选区中进行涂抹，分别调整图像的明暗，效果如图 16–108 所示。

图16-107 调整图像的高光部分

图16-108 调整图像的明暗

**29** 单击工具箱中的“钢笔”工具，在窗口中绘制路径，如图 16-109 所示。

**30** 按“Ctrl+Enter”组合键，将路径转换为选区，按“Delete”键，删除选区内容，如图 16-110 所示，按“Ctrl+D”组合键取消选区。

图16-109 绘制路径

图16-110 删除选区内容

**31** 按住“Ctrl”键，单击心形图层的缩览图窗口，载入图像外轮廓选区，如图 16-111 所示。

**32** 选择“图层 3”，按“Ctrl+J”组合键，将选区图像复制到新建“图层 6”中，如图 16-112 所示。

图16-111 载入图像外轮廓选区

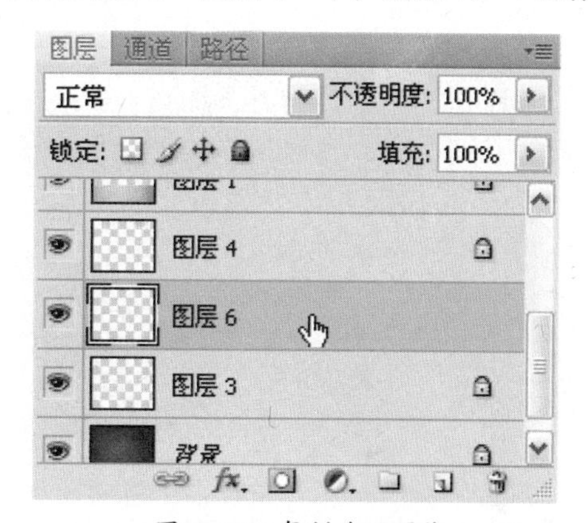


图16-112 复制选区图像

**33** 在“图层”面板中，拖动“图层 6”到心形图层的上一层，按住“Ctrl”键，单击心形图层的缩览图窗口，载入图像外轮廓选区，如图 16-113 所示。

**34** 选择“滤镜→扭曲→旋转扭曲”命令，打开“旋转扭曲”对话框，设置“角度”为 50 度，如图 16-114 所示，单击“确定”按钮。

图16-113 载入图像外轮廓选区

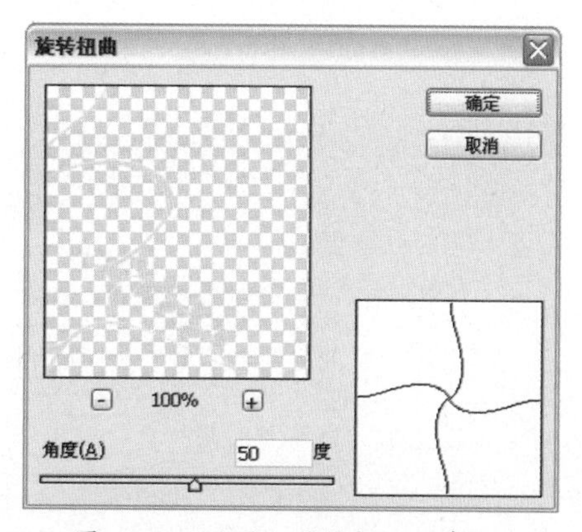


图16-114 设置“旋转扭曲”参数

**35** 选择“滤镜→扭曲→球面化”命令，打开“球面化”对话框，设置“数量”为 100%，如图 16-115 所示。

**36** 单击“确定”按钮，如图 16–116 所示。

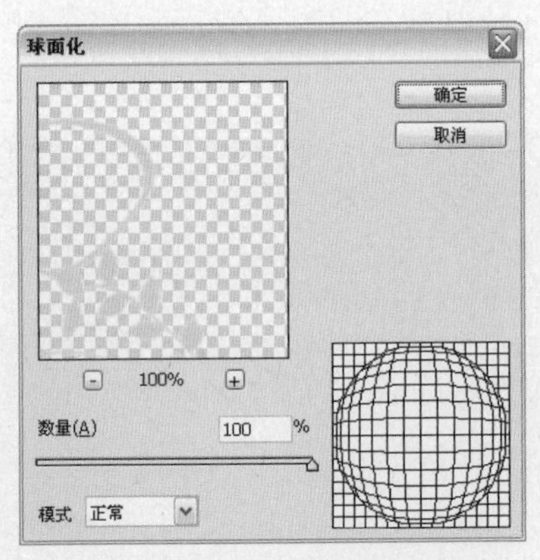

图16-115 设置“球面化”参数

图16-116 扭曲图像后的效果

**37** 按住“Ctrl”键，单击心形图层的缩览图窗口，载入图像外轮廓选区，单击工具箱中的“橡皮擦”工具，擦除图像的边缘部分，效果如图 16–117 所示。

**38** 双击“图层 6”名后的空白区域，打开“图层样式”对话框，在对话框中选择“投影”复选框，设置“不透明度”为 40%，设置其他参数如图 16–118 所示。

图16-117 擦除图像的边缘部分

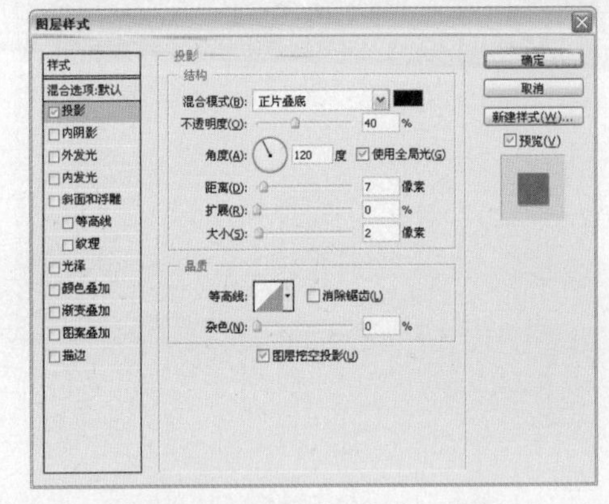

图16-118 设置“投影”参数

**39** 单击“确定”按钮，效果如图 16–119 所示。

**40** 单击工具箱中的“钢笔”工具，在窗口中绘制路径，如图 16–120 所示。

图16-119 添加“投影”后的效果

图16-120 绘制路径

**41** 新建图层，设置“前景色”为红色（R:255，G:84，B:85），按“Ctrl+Enter”组合键，将路径转换为选区。选择“选择→修改→羽化”命令，设置“羽化半径”为 10 像素，按“Alt+Delete”组合键填充选区颜色，如图 16–121 所示。

42 在“图层”面板中，设置“图层混合模式”为线性减淡，设置“不透明度”为 50%，效果如图 16-122 所示。

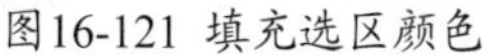

图16-121 填充选区颜色

图16-122 设置“图层混合模式”

43 选择“文件→打开”命令，打开配套光盘中的素材图片“城市建筑 .tif”，如图 16-123 所示。

44 选择“滤镜→扭曲→极坐标”命令，打开“极坐标”对话框，在对话框中选择“平面坐标到极坐标”单选按钮，如图 16-124 所示，单击“确定”按钮。

图16-123 打开素材图片

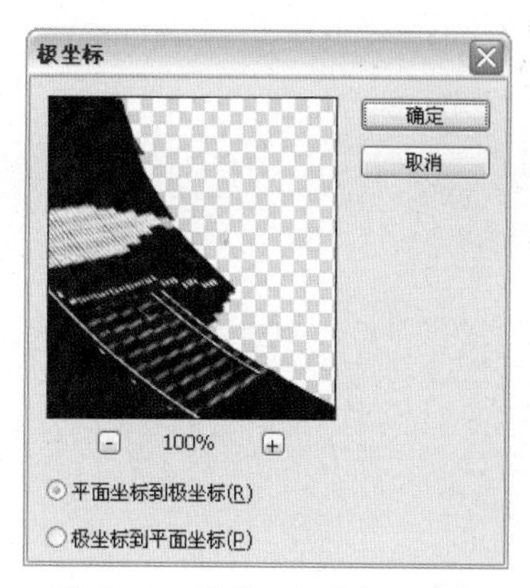


图16-124 设置“极坐标”参数

45 单击工具箱中的“移动”工具，将素材图片拖曳到“勇敢的心”文件窗口中释放，按“Ctrl+T”组合键，对图像的大小和位置进行调整，如图 16-125 所示，按“Enter”键确定。

46 按住“Ctrl”键，单击心形图层的缩览图窗口，载入图像外轮廓选区，按“Ctrl+shift+I”组合键，反选选区，按“Delete”键，删除选区内容，如图 16-126 所示。

图16-125 导入素材图片

图16-126 删除选区内容

47 单击工具箱中的“橡皮擦”工具，擦除图像的边缘部分，效果如图 16-127 所示。

**48** 单击工具箱中的“钢笔”工具，在窗口中绘制路径，如图 16–128 所示。

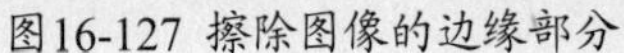
图16-127 擦除图像的边缘部分

图16-128 绘制路径

**49** 按“Ctrl+Enter”组合键，将路径转换为选区，按“Delete”键，删除选区内容，如图 16–129 所示，按“Ctrl+D”组合键取消选区。

**50** 在“图层”面板中，设置“图层混合模式”为叠加，“不透明度”为 70%，效果如图 16–130 所示。

图16-129 删除选区内容

图16-130 设置“图层混合模式”

**51** 新建图层，设置“前景色”为红色（R:254，G:20，B:21），单击工具箱中的“画笔”工具，在心形图形上绘制颜色，效果如图 16–131 所示。

**52** 单击工具箱中的“钢笔”工具，在窗口中绘制路径，如图 16–132 所示。

图16-131 绘制颜色

图16-132 绘制路径

**53** 新建图层，设置“前景色”为白色，按“Ctrl+Enter”组合键，将路径转换为选区，按“Ctrl+shift+I”组合键，反选选区，并按“Alt+Delete”组合键填充选区颜色如图 16–133 所示。

54 按住“Ctrl”键，单击心形图层的缩览图窗口，载入图像外轮廓选区，按“Ctrl+shift+I”组合键，反选选区，按“Delete”键，删除选区内容，如图 16–134 所示，按“Ctrl+D”组合键取消选区。

图16-133 填充选区颜色

图16-134 删除选区内容

55 在“图层”面板中，设置“图层混合模式”为叠加，“不透明度”为 42%，效果如图 16–135 所示。

56 新建图层，设置“前景色”为黄色（R:250，G:228，B:45），按住“Ctrl”键，单击心形图层的缩览图窗口，载入图像外轮廓选区，单击工具箱中的“画笔”工具，在选区边缘绘制颜色，效果如图 16–136 所示。

图16-135 设置“图层混合模式”

图16-136 绘制选区边缘颜色

57 单击工具箱中的“钢笔”工具，在窗口中绘制路径，如图 16–137 所示。

58 单击工具箱中的“渐变”工具，单击其属性栏上的“编辑渐变”按钮，打开“渐变编辑器”对话框，在对话框中选择“前景色到透明”渐变样式，如图 16–138 所示，单击“确定”按钮。

图16-137 绘制路径

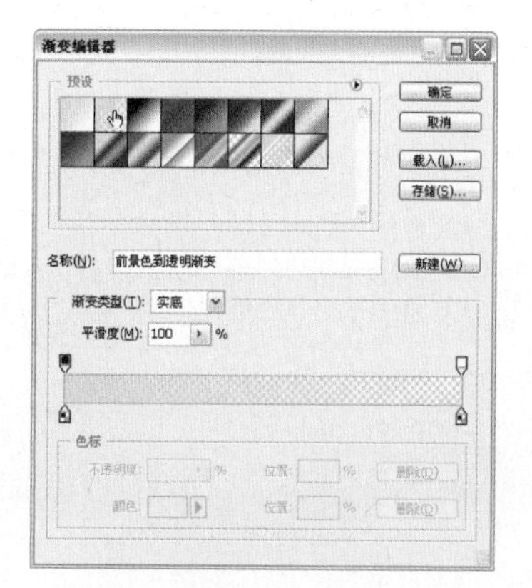


图16-138 选择渐变样式

59 新建图层，按“Ctrl+Enter”组合键，将路径转换为选区，运用“渐变”工具，在窗口中从上往下拖动鼠标，添加选区渐变效果，如图 16–139 所示，按“Ctrl+D”组合键取消选区。

**60** 再次导入“花纹图案 1.tif”素材，按“Ctrl+T”组合键，对花纹图案的大小和位置进行调整，如图 16–140 所示，双击图像确定变换。

图16-139 添加选区渐变效果

图16-140 导入素材图片

**61** 设置“前景色”为深红色（R:98，G:14，B:14），单击“图层”面板上方的“锁定透明像素”按钮，按“Alt+Delete”组合键填充图像颜色，如图 16–141 所示。

**62** 在“图层”面板中，设置“不透明度”为 35%，单击工具箱中的“橡皮擦”工具，擦除图像的边缘部分，效果如图 16–142 所示。

图16-141 填充图像颜色

图16-142 擦除图像的边缘部分

**63** 在心形图像下新建图层，设置“前景色”为红色（R:190，G:22，B:15），单击工具箱中的“画笔”工具，在窗口中绘制颜色，如图 16–143 所示。

**64** 单击工具箱中的“橡皮擦”工具，擦除图像的边缘部分，效果如图 16–144 所示。

图16-143 绘制颜色

图16-144 擦除图像的边缘部分

65 单击工具箱中的“加深”工具，在图像上进行涂抹，调整图像颜色如图 16–145 所示。

66 单击“画笔”工具，单击其属性栏上的“切换画笔面板”按钮，打开“画笔“面板，选择“画笔笔尖形状”选项，选择“尖角 12”画笔样式，设置“间距”为 480%，设置其他参数如图 16–146 所示。

图16-145 调整图像颜色

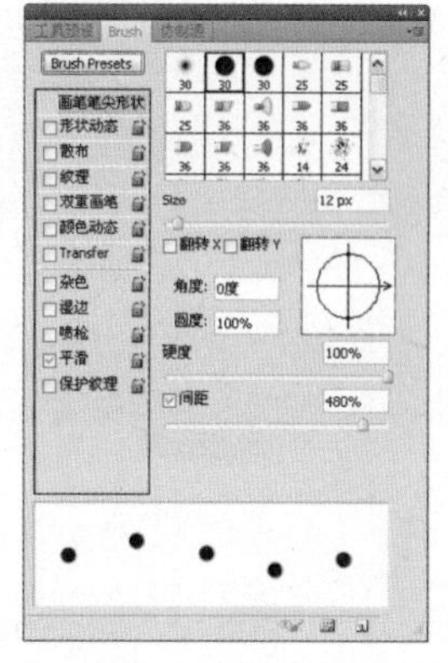
图16-146 设置“画笔笔尖形状”参数

67 选择“形状动态”复选框，设置“大小抖动”为 100%，设置其他参数如图 16–147 所示。

68 选择“散布”复选框，设置“散布”为 1000%，设置其他参数如图 16–148 所示。

69 新建图层，设置“前景色”为黄色（R:255，G:230，B:82），在窗口中拖动鼠标，绘制圆点图像，并设置“不透明度”为 50%，效果如图 16–149 所示。

图16-147 设置“形状动态”

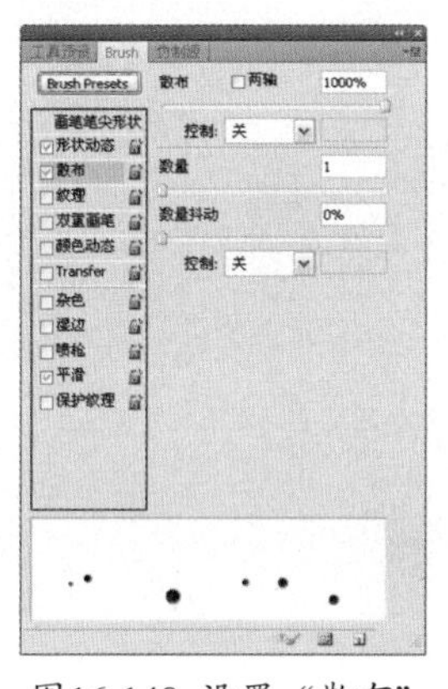
图16-148 设置“散布”

图16-149 设置“不透明度”

70 单击工具箱中的“自定形状”工具，单击其属性栏上的“形状”下拉按钮，选择形状为“花形装饰 4”，如图 16–150 所示。

71 新建图层，单击属性栏上的“填充像素”按钮，在窗口中拖动鼠标，绘制图形如图 16–151 所示。

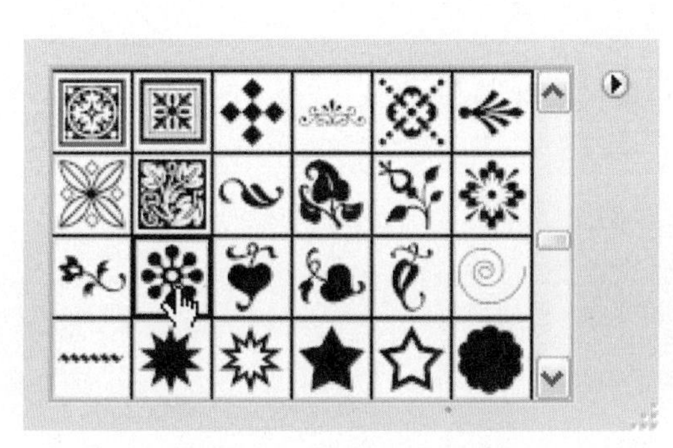
图16-150 选择形状图案

图16-151 绘制图形

**72** 按“Ctrl+J”组合键，创建多个副本图案，并分别调整图像的大小和位置，效果如图 16–152 所示。

**73** 设置“前景色”为深红色（R:140，G:14，B:14），单击工具箱中的“横排文字”工具 T，在窗口中输入文字，制作完成后的最终效果如图 16–153 所示。

图16-152 复制图案调整位置

图16-153 最终效果

## 16.4 强硬金属面具

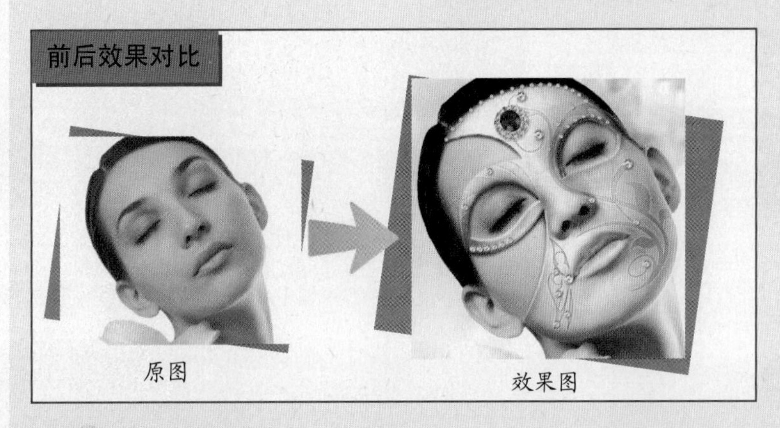


素材文件 背景.tif、人物.tif、砖石.tif、红宝石.tif

效果文件 强硬金属面具.psd

存放路径 光盘\源文件与素材\第16章\16.4强硬金属面具

### 案例点评

本案例将制作“强硬金属面具”的创意效果图。主要运用“钢笔工具”选取人物的面部，通过“黑白”、“色相/饱和度”、“曲线”、“色彩平衡”等命令的调整，将人物的面部调整成金属的颜色，运用“加深”和“减淡”工具，对图像的高光和暗部进行调整，使金属面具更加强硬，更有质感，最后通过花纹、投影的添加，宝石的组合，让制作的面具更加逼真美观。

修图步骤

**1** 选择“文件→打开”命令，或按“Ctrl+O”组合键，打开配套光盘中的素材图片“背景 .tif”，如图 16–154 所示。

**2** 选择“文件→打开”命令，打开配套光盘中的素材图片“人物 .tif”，如图 16–155 所示。

**3** 单击工具箱中的“移动”工具，将图片拖曳到“背景”文件窗口中释放，按“Ctrl+T”组合键，对素材的大小和位置进行调整，如图 16–156 所示，双击图像确定变换。

**4** 单击工具箱中的“修补”工具，在窗口中绘制选区，选中人物的眉毛部分，如图 16–157 所示。

图16-154 打开素材图片

图16-155 打开素材图片

图16-156 导入素材图片

图16-157 选中人物的眉毛部分

5 运用“修补”工具，将选区图像拖曳到相近的肌肤区域释放，如图 16–158 所示。

6 按“Ctrl+D”组合键取消选区，去掉眉毛后的效果如图 16–159 所示。

图16-158 拖拽图像到相近区域

图16-159 去掉眉毛效果

7 运用以上同样的方法，去掉人物的另一侧眉毛，效果如图 16–160 所示。

8 单击工具箱中的“钢笔”工具，在窗口中绘制路径，如图 16–161 所示。

9 按“Ctrl+Enter”组合键，将路径转换为选区，如图 16–162 所示。

10 按“Ctrl+J”组合键，将选区图像复制到新建“图层 2”中，如图 16–163 所示。

图16-160 去掉人物眉毛

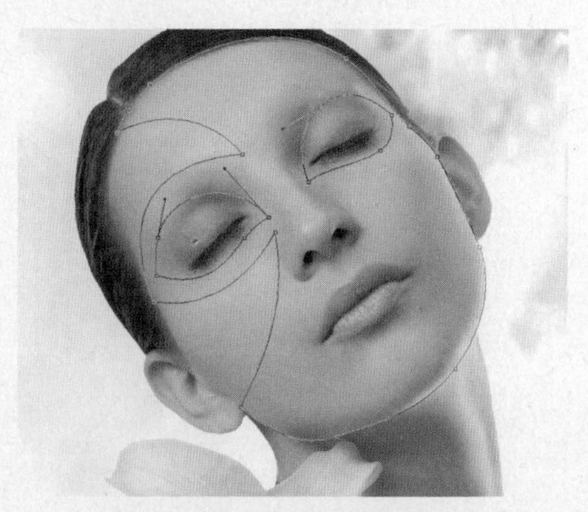

图16-161 绘制路径

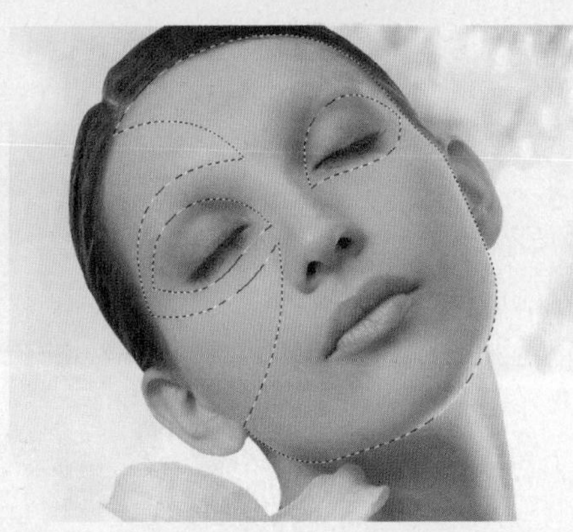

图16-162 转换路径为选区

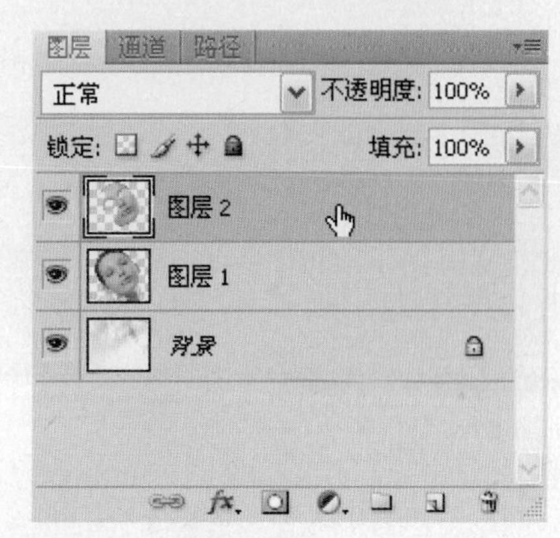


图16-163 复制选区图像

**11** 按住“Ctrl”键，单击“图层 2”的缩览图窗口，载入图像外轮廓选区，如图 16-164 所示。

**12** 单击图层面板下方的“创建新的填充或调整图层”按钮，选择“黑白”命令，打开“黑白”调整面板，调整参数如图 16-165 所示。调整“黑白”命令后，图像效果如图 16-166 所示。

**提示**

运用调整面板调整颜色，如果在未添加选区的情况下，将对窗口中整个图像进行调整。

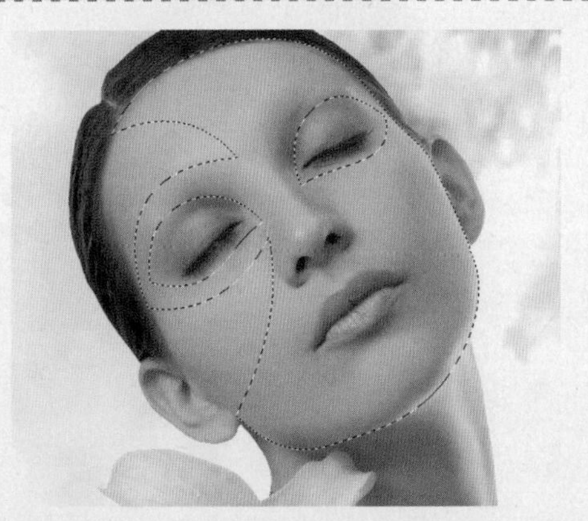

图16-164 载入图像外轮廓选区

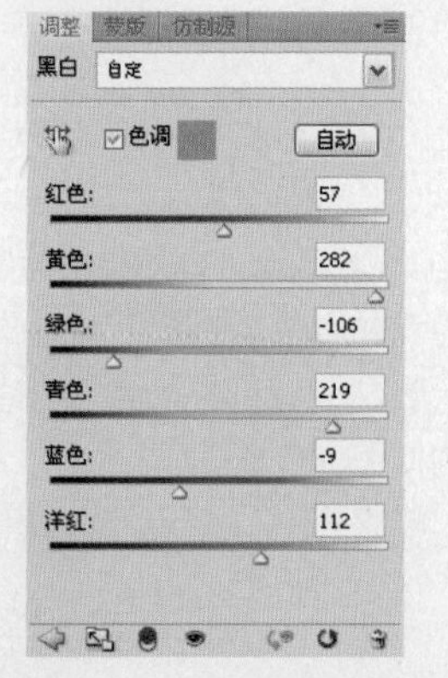


图16-165 调整“黑白”参数

**13** 运用同样的方法，按住“Ctrl”键，单击“图层 2”的缩览图窗口，载入图像外轮廓选区，单击图层面板下方的“创建新的填充或调整图层”按钮，选择“色相/饱和度”命令，打开“色相/饱和度”调整面板，调整参数如图 16-167 所示。调整“色相/饱和度”命令后，图像颜色效果 16-168 所示。

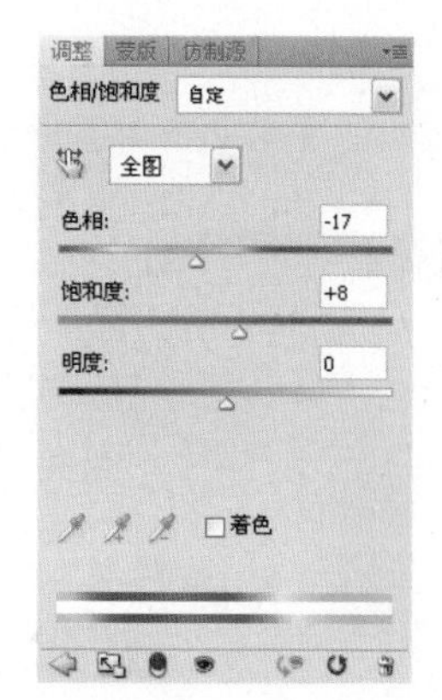


图16-166 调整后的颜色效果　　图16-167 调整“色相/饱和度”参数

**14** 按住“Ctrl”键，单击“图层 2”的缩览图窗口，载入图像外轮廓选区，单击图层面板下方的“创建新的填充或调整图层”按钮，选择“曲线”命令，打开“曲线”调整面板，并调整曲线如图 16-169 所示。调整“曲线”命令后，图像效果如图 16-17 所示。

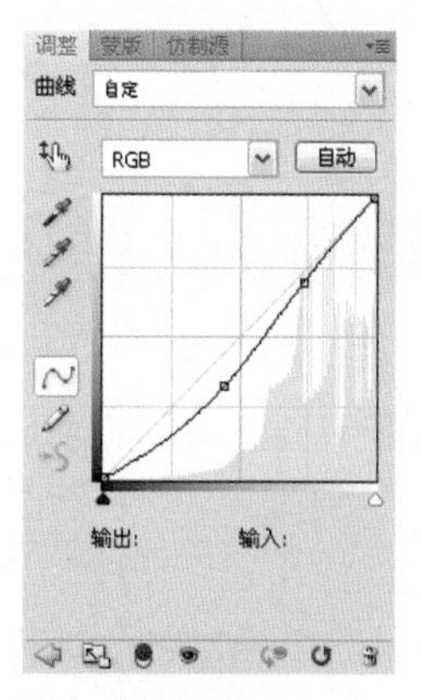


图16-168 调整后的颜色效果　　图16-169 调整“曲线”

**15** 按住“Ctrl”键，单击“图层 2”的缩览图窗口，载入图像外轮廓选区，单击图层面板下方的“创建新的填充或调整图层”按钮，选择“色彩平衡”命令，打开“色彩平衡”调整面板，调整参数如图 16-171 所示。调整“色彩平衡”命令后，图像效果如图 16-172 所示。

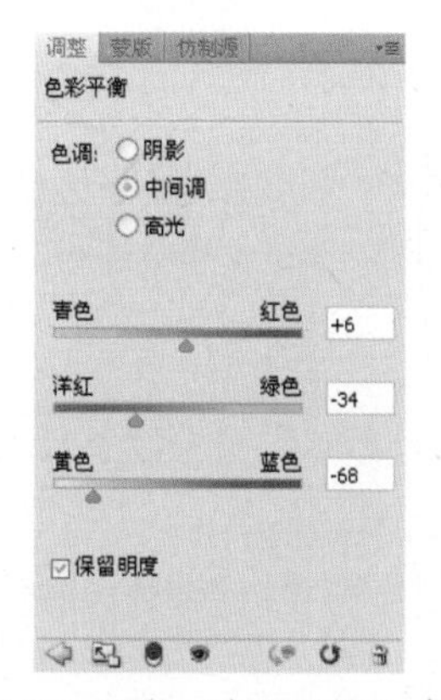


图16-170 调整“曲线”后的效果　　图16-171 调整“色彩平衡”参数

**16** 选择“图层 2”，单击工具箱中的“加深”工具和“减淡”工具，在窗口中分别进行涂抹，调整鼻孔边缘的明暗，效果如图 16-173 所示。

提示

强烈的明暗对比，可以让图像显得更加生硬，更有质感。

图16-172 调整后的颜色效果

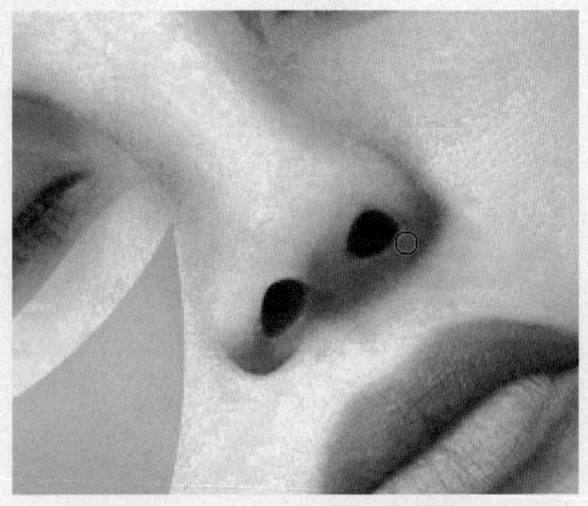

图16-173 调整鼻孔边缘的明暗

**17** 运用同样的方法，在嘴巴部分进行涂抹，分别调整嘴唇的高光和暗部，效果如图 16–174 所示。

**18** 按住“Ctrl”键，单击“图层 2”的缩览图窗口，载入图像外轮廓选区，并单击工具箱中的选区工具，向右下移动选区，如图 16–175 所示。

提示

如果当前未选中选区工具，在移动选区时，图像将随着选区移动，在选中选区工具进行移动时，注意单击属性栏上“新选区”按钮。

图16-174 调整嘴唇的高光和暗部

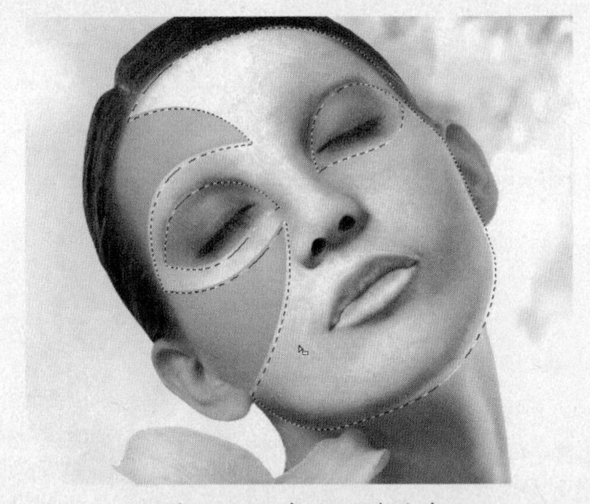

图16-175 向右下移动选区

**19** 按“Ctrl+Shift+I”组合键，反选选区，并单击工具箱中的“减淡”工具，对边缘部分进行涂抹，添加面具边缘高光，效果如图 16–176 所示。

**20** 按“Ctrl+Shift+I”组合键，反选选区，单击工具箱中的“加深”工具，对边缘部分进行涂抹，添加面具边缘的暗部，效果如图 16–177 所示。

**21** 运用同样的方法，添加面具其他边缘的高光和暗部光，效果如图 16–178 所示。

**22** 按住“Ctrl”键，单击“图层 2”的缩览图窗口，载入图像外轮廓选区，选择“选择→修改→羽化”命令，打开“羽化选区”对话框，设置“羽化半径”为 5 像素，如图 16–179 所示。

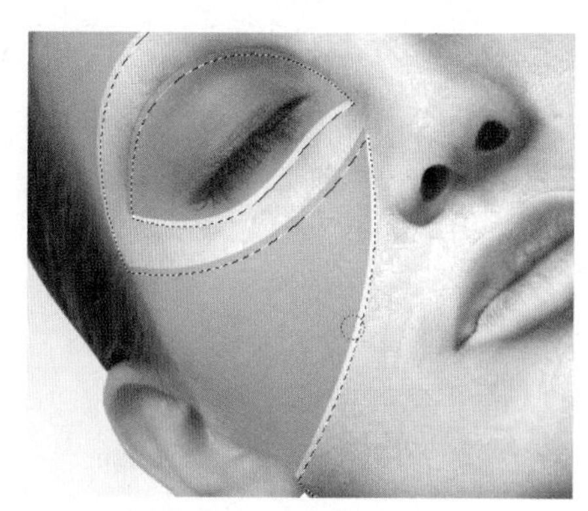
图16-176 添加面具边缘高光

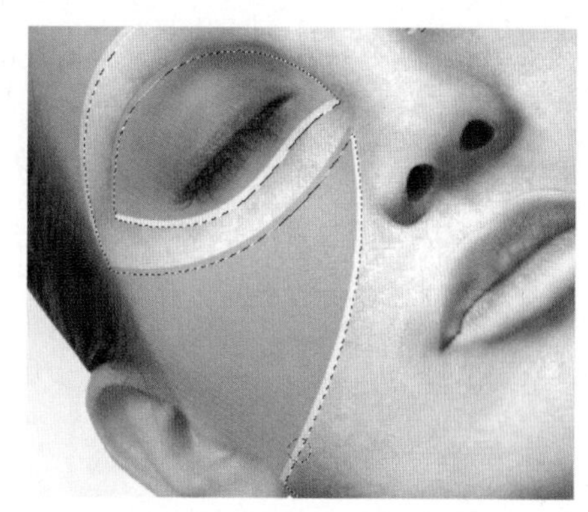
图16-177 添加面具边缘的暗部光

图16-178 添加高光和暗部光

图16-179 羽化选区

**23** 在“图层 2”的下一层新建图层，设置“前景色”为棕色（R:139，G:83，B:53），运用选区工具向下移动选区，按“Alt+Delete”组合键，填充选区颜色，如图 16–180 所示。

**24** 按“Ctrl+D”组合键取消选区，单击工具箱中的“橡皮擦”工具，擦除图像边缘，制作投影效果如图 16–181 所示。

图16-180 填充选区颜色

图16-181 擦除图像边缘

**25** 选择“图层 1”，选择“图像→调整→色阶”命令，打开“色阶”对话框，设置参数为 79，1.39，221，如图 16–182 所示，单击“确定”按钮。

**26** 选择“图层 1”,选择“图像→调整→色阶”命令,打开“色相 / 饱和度”对话框,设置参数为 0,–36,0,如图 16–183 所示，降低图像饱和度。

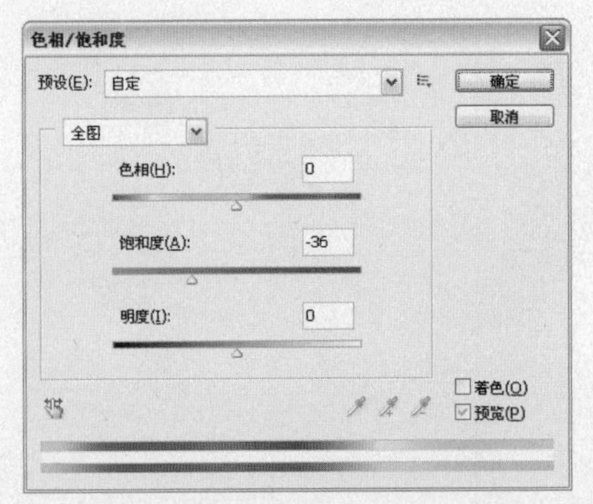


图16-182 设置“色阶”参数　　图16-183 设置“色相/饱和度”参数

**27** 单击“确定“按钮，效果如图 16–184 所示。

**28** 新建图层，设置“前景色”为橘红色（R:242，G:166，B:110），单击工具箱中的“画笔”工具，在人物的眼影部分绘制颜色，如图 16–185 所示。

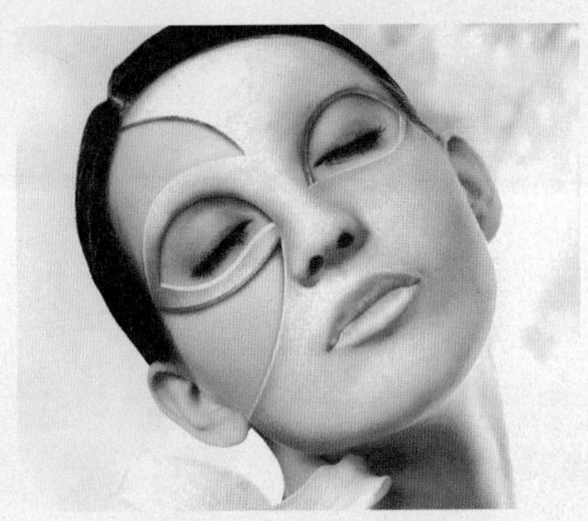

图16-184 调整后的颜色效果　　图16-185 绘制眼影部分颜色

**29** 在“图层”面板上方，设置“图层混合模式”为线性光，效果如图 16–186 所示。

**30** 单击工具箱中的“钢笔”工具，在窗口中绘制路径，如图 16–187 所示。

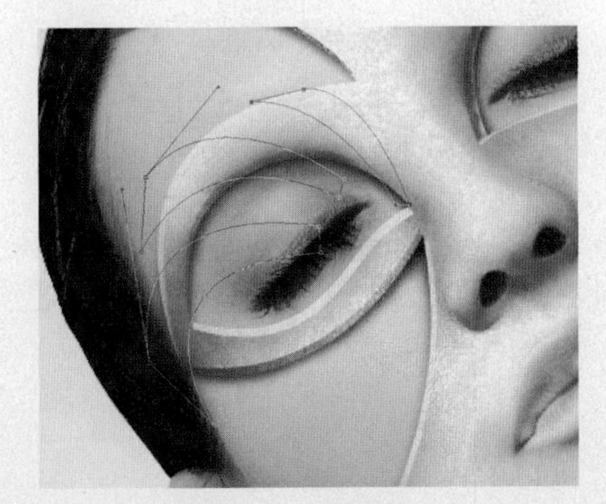

图16-186 设置“图层混合模式”　　图16-187 绘制路径

**31** 按“Ctrl+Enter”组合键，将路径转换为选区，如图 16–188 所示。

**32** 选择“图层 2”，按“Ctrl+J”组合键，将选区图像复制到新建“图层 5”中，如图 16–189 所示。

**33** 双击图层名后的空白区域，打开“图层样式”对话框，在对话框中选择“内阴影”复选框，设置“颜色”为褐色（R:69，G:21，B:2），设置其他参数如图 16–190 所示。

**34** 选择“外发光”复选框，设置“不透明度”为 23%，设置其他参数如图 16–191 所示。

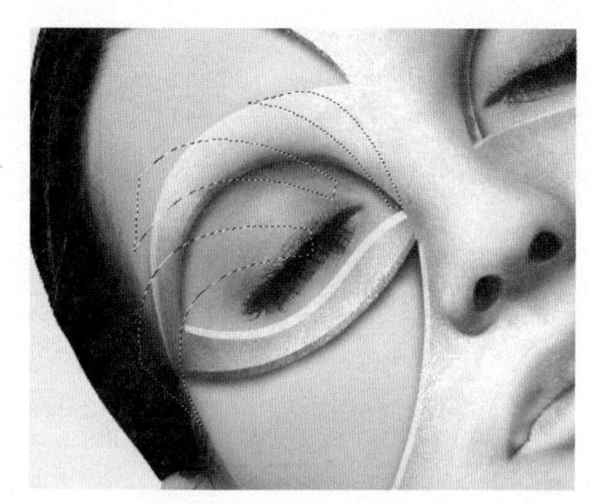

图16-188 路径转换为选区

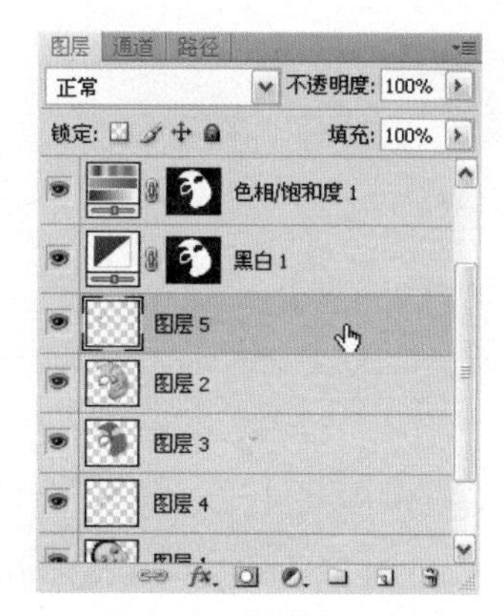


图16-189 复制选区图像

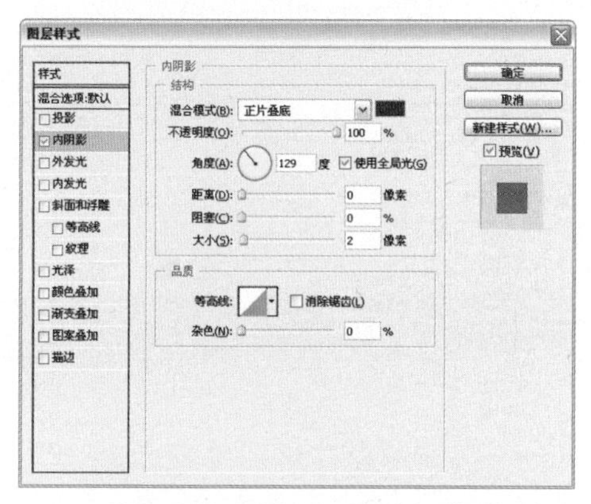


图16-190 设置“内阴影”参数

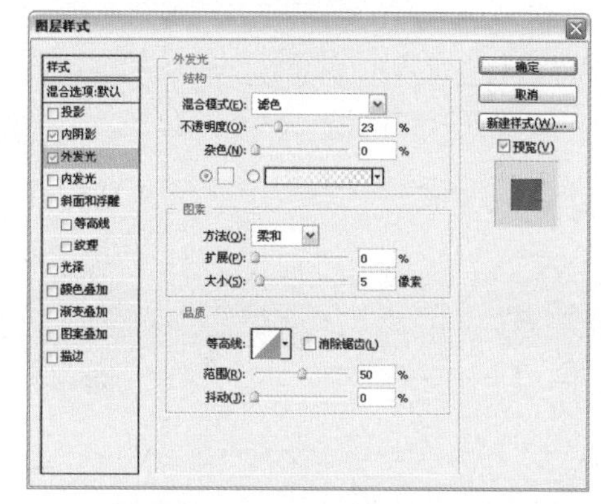


图16-191 设置“外发光”参数

**35** 单击“确定“按钮，效果如图 16-192 所示。

**36** 在图层名上单击鼠标右键，在弹出的快捷菜单中，选择“转换为智能对象”命令，将图层样式效果转换成智能对象，再次单击鼠标右键，选择“栅格化图层”命令，将智能对象转换成普通图层，单击工具箱中的“橡皮擦”工具，擦除图像的边缘部分，效果如图 16-193 所示。

**提示**

如果不将添加“图层样式”效果的图层转换为普通图层，那么在擦除图像时，图层样式效果将随着图像的变化而变化。

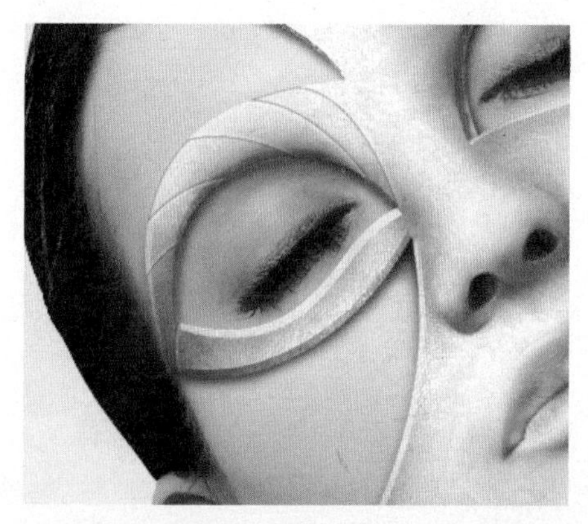

图16-192 添加“图层样式”后的效果

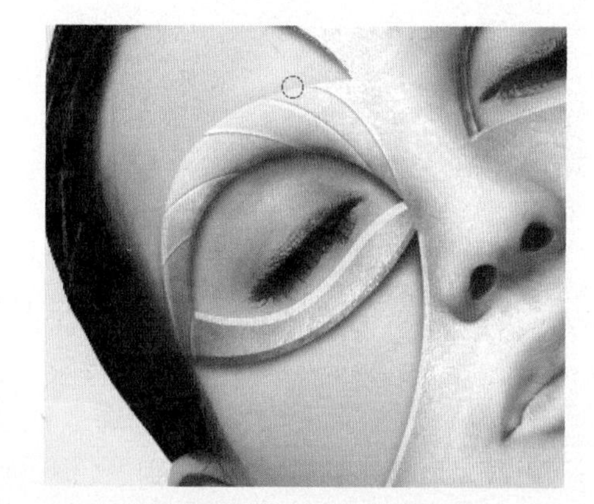

图16-193 擦除图像的边缘部分

**37** 单击工具箱中的“钢笔”工具，在窗口中绘制路径，如图 16-194 所示。

**38** 选择“图层 2”，按“Ctrl+Enter”组合键，将路径转换为选区，按“Ctrl+J”组合键，将选区图像复制到新建图层中，如图 16-195 所示。

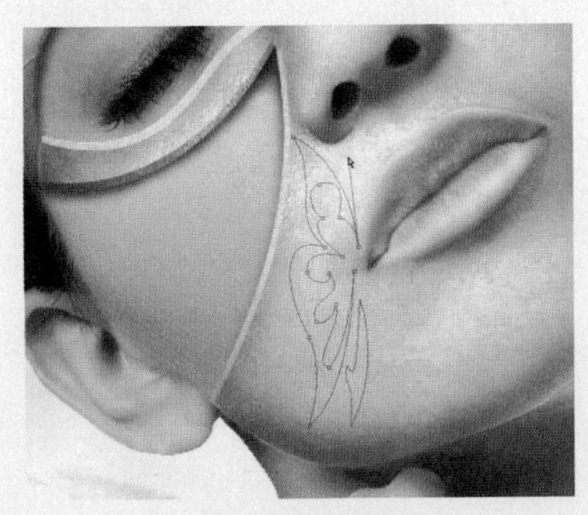

图16-194 绘制路径

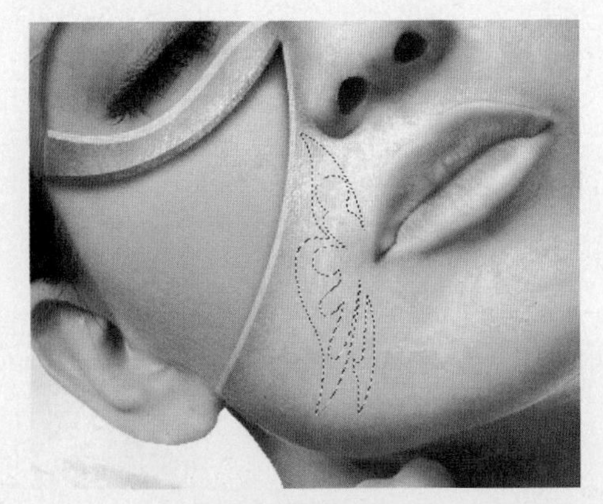

图16-195 创建选区副本

39 双击图层名后的空白区域，打开“图层样式”对话框，在对话框中选择“内阴影”复选框，设置“颜色”为褐色（R:69，G:21，B:2），设置其他参数如图 16–196 所示。

40 选择“外发光”复选框，设置“不透明度”为 23%，设置其他参数如图 16–197 所示。

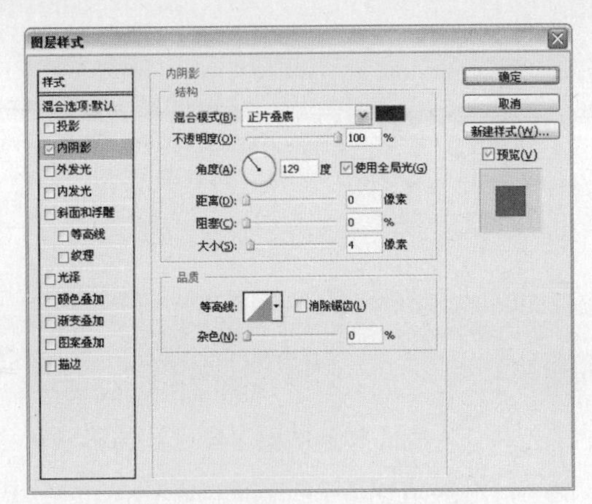


图16-196 设置“内阴影”参数

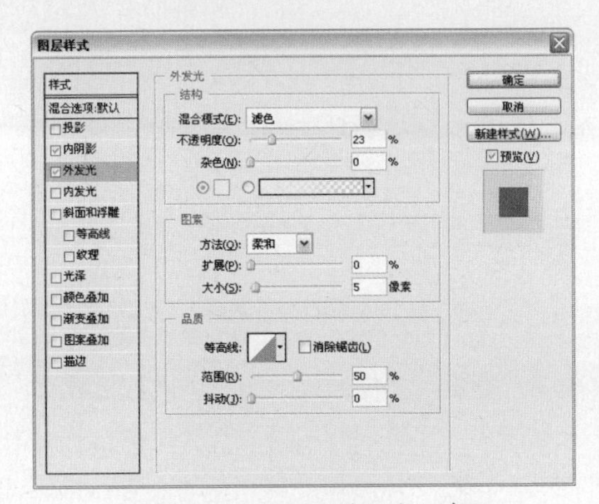


图16-197 设置“外发光”参数

41 单击“确定“按钮，效果如图 16–198 所示。

42 单击工具箱中的“钢笔”工具，在窗口中绘制路径，如图 16–199 所示。

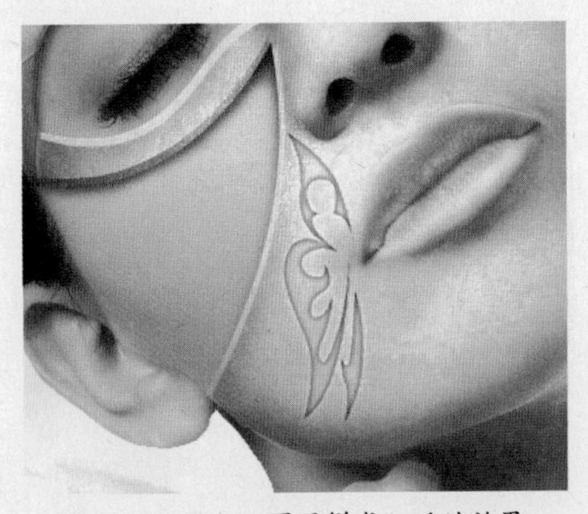

图16-198 添加“图层样式”后的效果

图16-199 绘制路径

43 在“图层 2”上新建图层，设置“前景色”为黑色，按“Ctrl+Enter”组合键，将路径转换为选区，按“Alt+Delete”组合键填充选区颜色如图 16–200 所示。

44 单击工具箱中的“钢笔”工具，在窗口中绘制路径，如图 16–201 所示。

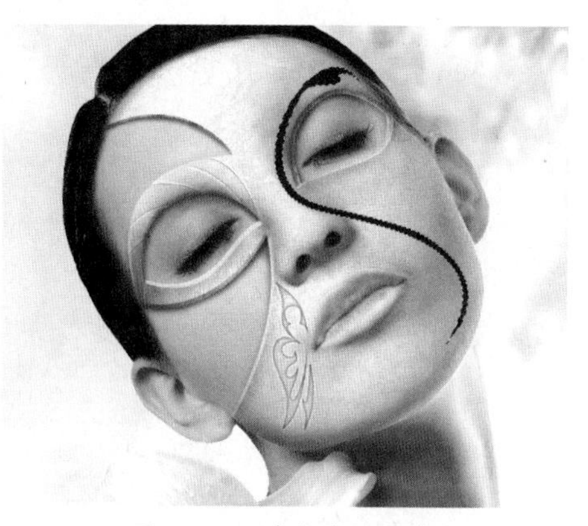

图16-200 填充选区颜色

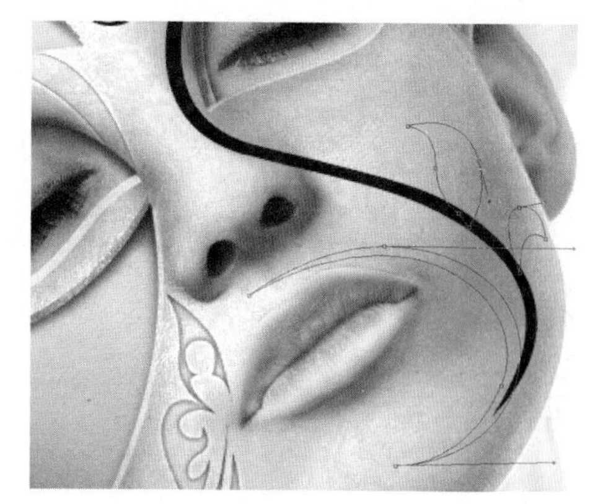

图16-201 绘制路径

**45** 按“Ctrl+Enter”组合键，将路径转换为选区，并按“Alt+Delete”组合键填充选区颜色，如图 16-202 所示。

**46** 运用同样的方法，绘制其他黑色花纹图形，如图 16-203 所示。

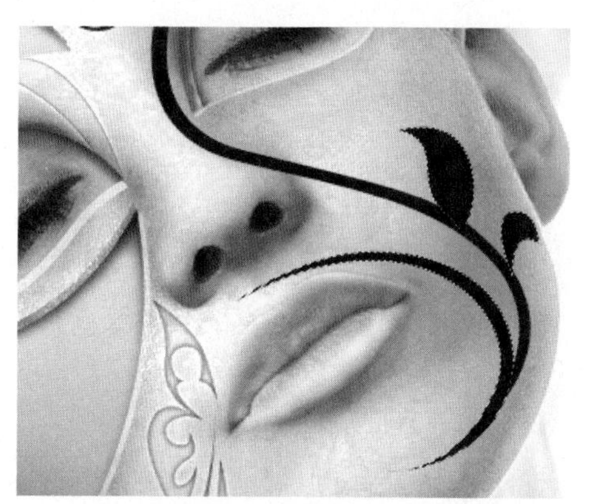

图16-202 填充选区颜色

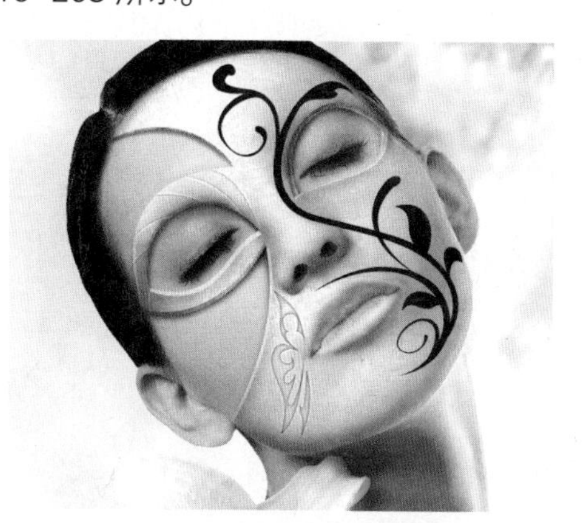

图16-203 绘制其他花纹图形

**47** 按住“Ctrl”键，单击黑色图像的图层缩览图窗口，载入图像外轮廓选区，如图 16-204 所示。

**48** 选择“图层 2”，按“Ctrl+J”组合键，将选区图像复制到新建图层中，双击图层名后的空白区域，打开“图层样式”对话框，选择“内阴影”复选框，设置“颜色”为褐色（R:69，G:21，B:2），设置其他参数如图 16-205 所示。

图16-204 载入图像外轮廓选区

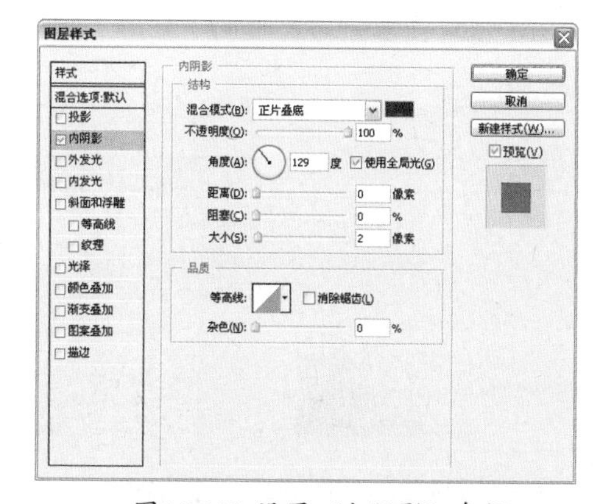


图16-205 设置“内阴影”参数

**49** 选择“外发光”复选框，设置“不透明度”为 23%，设置其他参数如图 16-206 所示，单击“确定”按钮。

**50** 设置黑色图案的“图层混合模式”为叠加，“不透明度”为 24%，效果如图 16-207 所示。

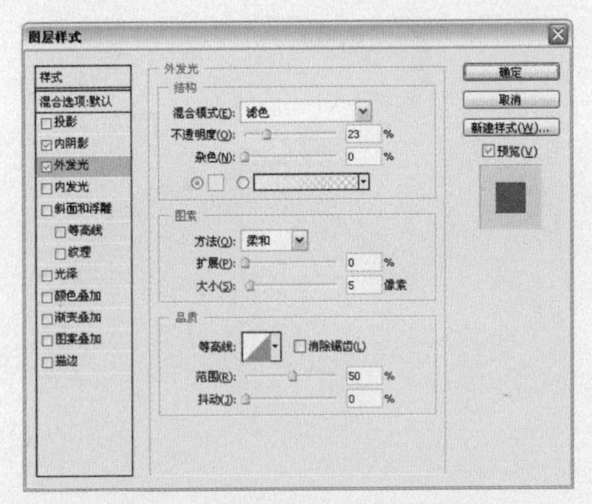


图16-206 设置“外发光”参数

图16-207 设置“图层混合模式”

**51** 选择“文件→打开”命令，或按“Ctrl+O”组合键，打开配套光盘中的素材图片“砖石 .tif”，如图 16–208 所示。

**52** 单击工具箱中的“移动”工具，将图片拖曳到“背景”文件窗口中释放，按“Ctrl+T”组合键，对素材的大小和位置进行调整，如图 16–209 所示，双击图像确定变换。

图16-208 打开素材图片

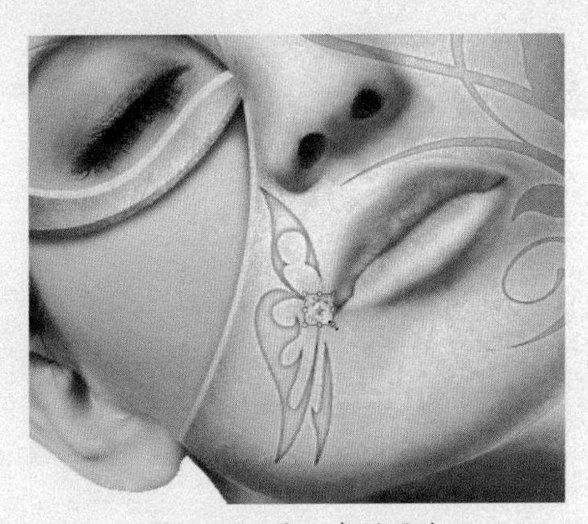

图16-209 导入素材图片

**53** 选择“图像→调整→色阶”命令，打开“色阶”对话框，设置参数为 17，0.47，227，如图 16–210 所示，单击“确定”按钮。

**54** 选择“图像→调整→色彩平衡”命令，打开“色彩平衡”对话框，设置参数为 100，–10，–96，如图 16–211 所示。

图16-210 设置“色阶”参数

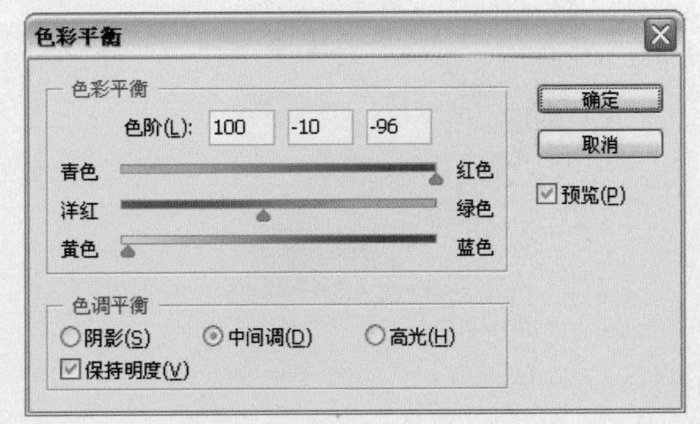


图16-211 设置“色彩平衡”参数

**55** 单击“确定“按钮，如图 16–212 所示。

**56** 双击图层名后的空白区域，打开“图层样式”对话框，在对话框中选择“投影”复选框，设置“颜色”为褐色 (R:158，G:67，B:14)，设置其他参数如图 16–213 所示。

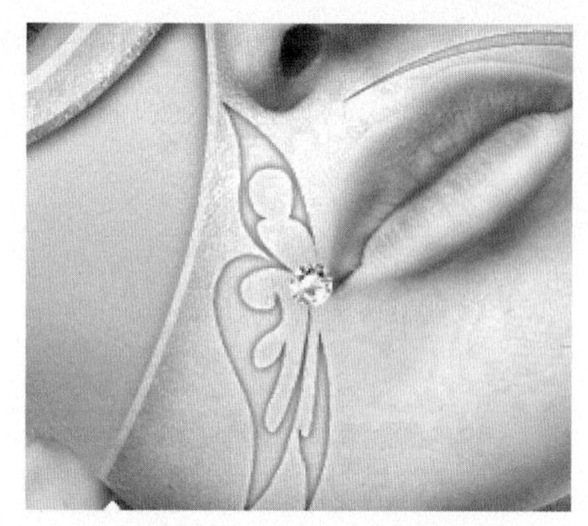

图16-212 调整后的颜色效果

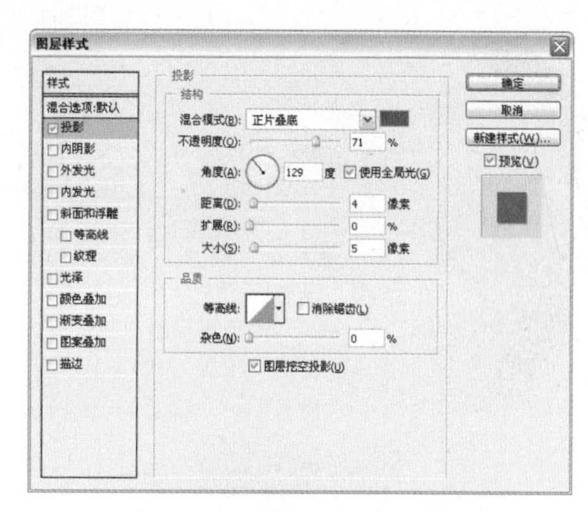


图16-213 设置“投影”参数

**57** 单击“确定“按钮，如图 16–214 所示。

**58** 按“Ctrl+J”组合键，创建副本图像，按“Ctrl+T”组合键，调整图像大小和位置，如图 16–215 所示，按“Enter”键确定。

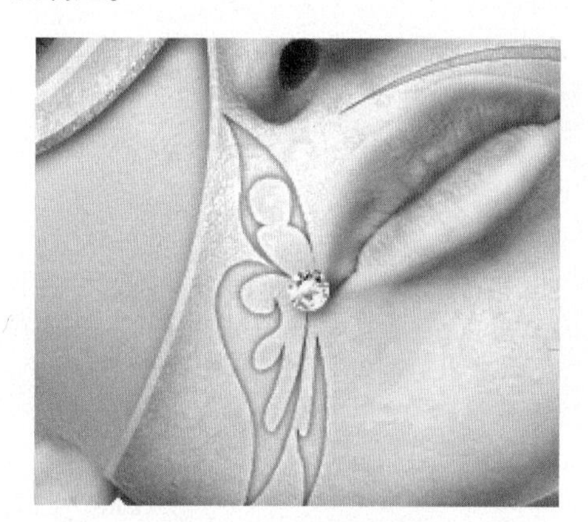

图16-214 投影效果

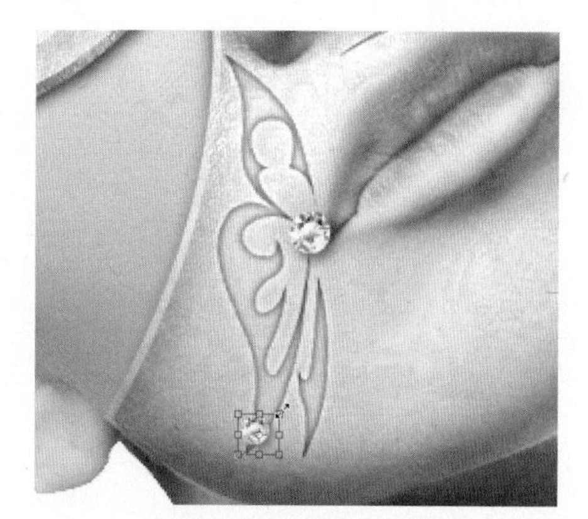

图16-215 调整图像大小和位置

**59** 运用同样的方法，复制多个图像，并分别调整各图像的大小和位置，效果如图 16–216 所示。

**60** 选择“文件→打开”命令，或按“Ctrl+O”组合键，打开配套光盘中的素材图片“红宝石 .tif”，如图 16–217 所示。

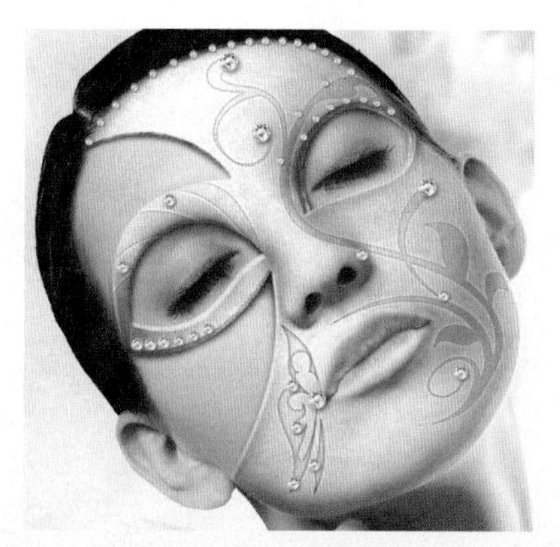

图16-216 复制图像调整位置

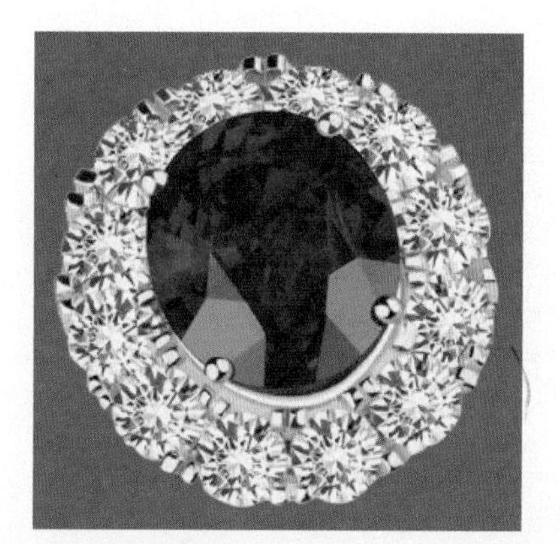

图16-217 打开素材图片

**61** 单击工具箱中的“移动”工具，将图片拖曳到“背景”文件窗口中释放，按“Ctrl+T”组合键，对素材的大小和位置进行调整，如图 16–218 所示，双击图像确定变换。

**62** 选择“图像→调整→色阶”命令，打开“色阶”对话框，设置参数为 37，1.00，230，如图 16-219 所示，单击“确定”按钮。

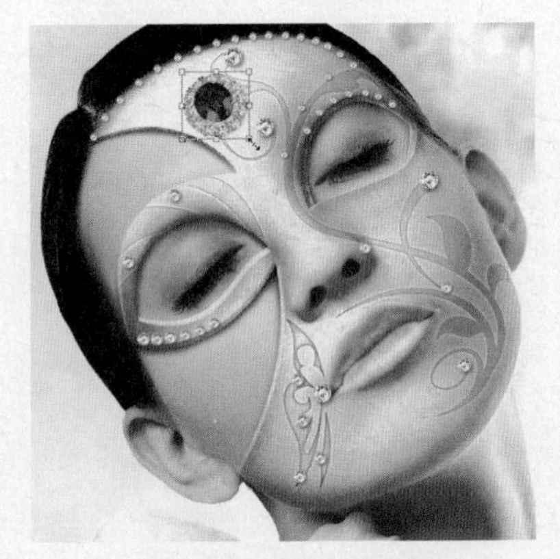

图16-218 导入素材图片

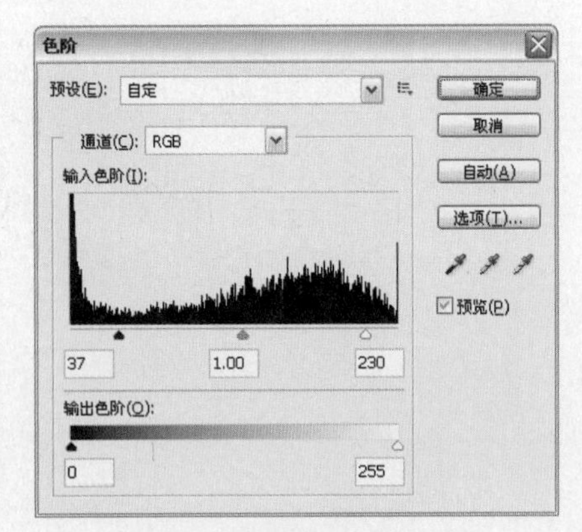


图16-219 设置“色阶”参数

**63** 选择“图像→调整→色彩平衡”命令，打开“色彩平衡”对话框，设置参数为 80，-24，-78，如图 16-220 所示。

**64** 单击“确定”按钮，图像的颜色效果如图 16-221 所示。

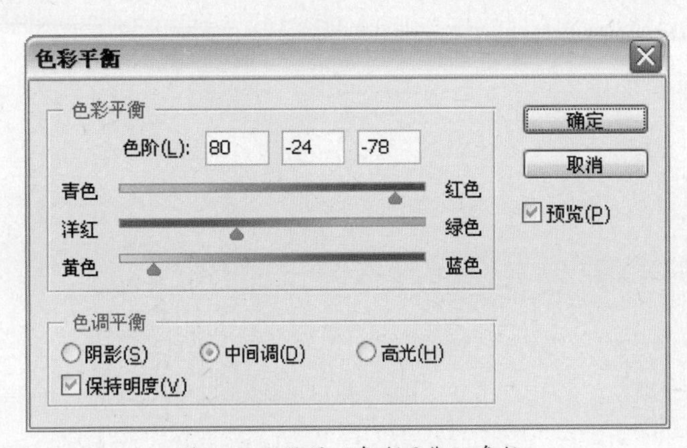


图16-220 设置“色彩平衡”参数

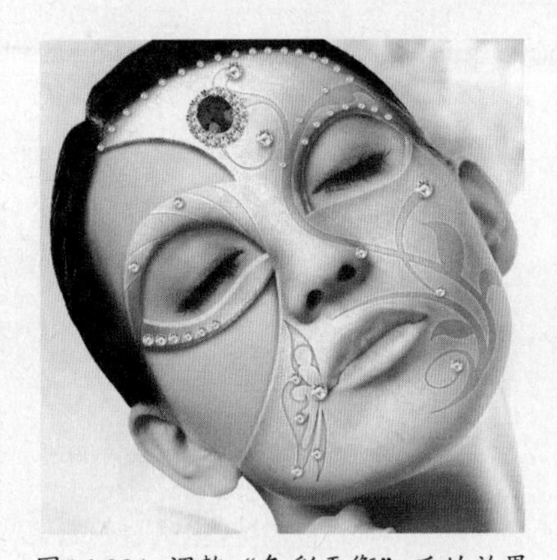

图16-221 调整“色彩平衡”后的效果

**65** 双击图层名后的空白区域，打开“图层样式”对话框，在对话框中选择“投影”复选框，设置“颜色”为棕色（R:190，G:103，B:56），设置其他参数如图 16-222 所示。

**66** 单击“确定“按钮，制作完成的金属面具最终效果如图 16-223 所示。

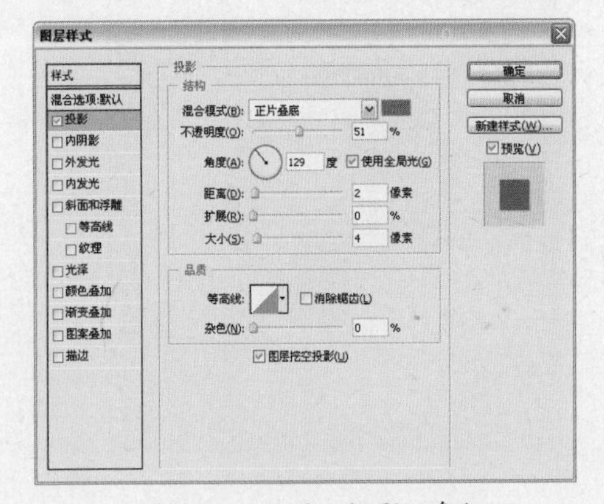


图16-222 设置“投影”参数

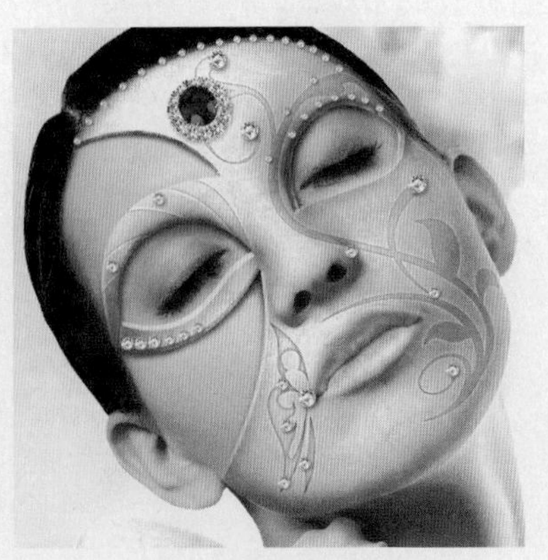

图16-223 最终效果

# 第 17 章 超现实的世界

超现实风格主要特征是以所谓“超现实”、“超理智”的梦境、幻觉等作为艺术创作的源泉，在现实的主体物上附加天马行空的想象力，让心中的梦境、幻觉等很现实的在画面中呈现出来，使整体效果更有独特的魅力。

本章主要列举了 3 幅体现超现实风格的效果图片，以实例的方式为读者讲解了学习内容，以及工具、命令的操作技巧，其中主要包括爱人是个精灵、终结者 5、微妙小国度，在学习的过程中，读者应展开自己的想象力，举一反三，创作出更多精美、独具魅力的效果。

## 17.1 爱人是个精灵

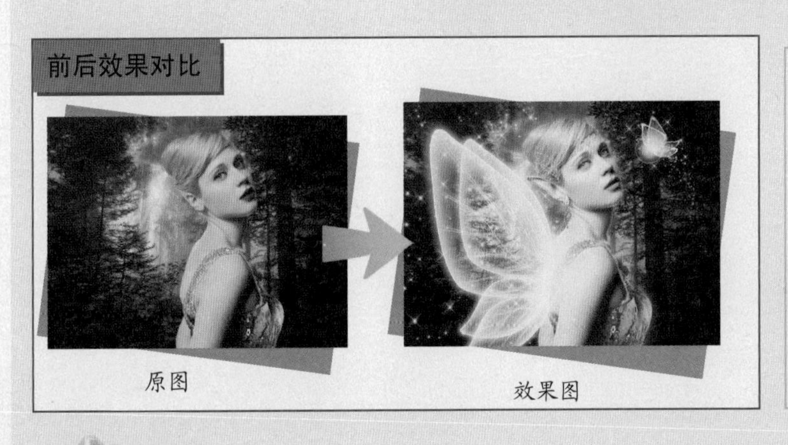


**素材文件** 树林.tif、人物.tif、头饰1.tif、头饰2.tif、耳坠.tif

**效果文件** 爱人是个精灵.psd

**存放路径** 光盘\源文件与素材\第17章\17.1爱人是个精灵

### 案例点评

本案例主要制作“爱人是个精灵”合成效果图，运用了“色彩平衡”、“亮度/对比度”、“色阶”等命令，分别对背景、人物肌肤、眼睛、嘴巴等部分进行颜色调整，让人物更加融合于背景，通过“液化”命令，对人物的耳朵进行调整，体现出精灵的一大特色，最后制作出发光的翅膀效果，让画面整体更加美观。

修图步骤

1 选择“文件→打开”命令，或按“Ctrl+O”组合键，打开配套光盘中的素材图片“树林.tif”，如图17-1所示。

2 选择“图像→调整→色彩平衡”命令，或按“Ctrl+B”组合键，打开“色彩平衡”对话框，设置参数为100，100，-96，如图17-2所示。

图17-1 打开素材图片

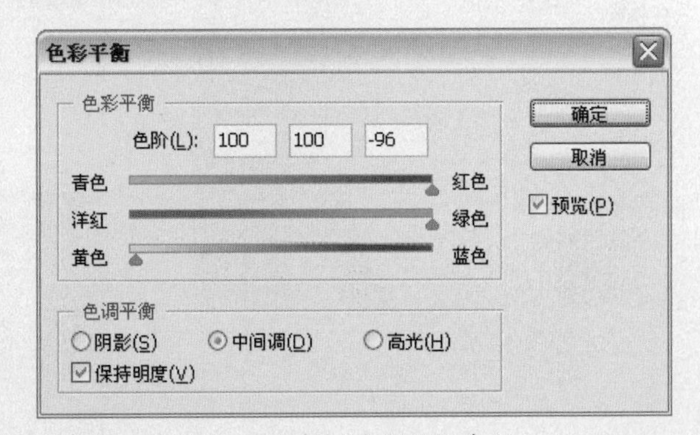


图17-2 设置“中间调”参数

3 选择“阴影”单选按钮，设置参数为19，-8，-79，如图17-3所示。

4 选择“高光”单选按钮，设置参数为5，13，-1，如图17-4所示。

5 单击“确定”按钮，图像的颜色效果如图17-5所示。

6 选择“图像→调整→亮度/对比度”命令，打开“亮度/对比度”对话框，设置“亮度”为-79，“对比度”为100，如图17-6所示，单击“确定”按钮。

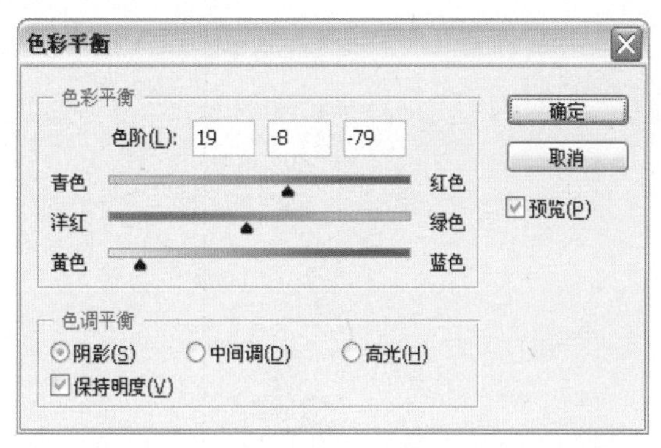


图17-3 设置“阴影”参数

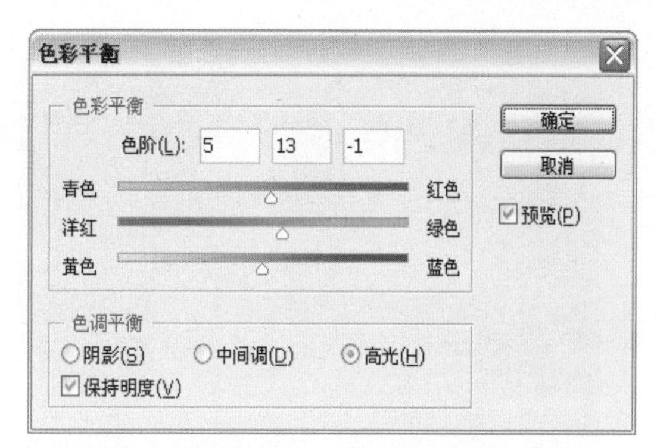


图17-4 设置“高光”参数

图17-5 图像的颜色效果

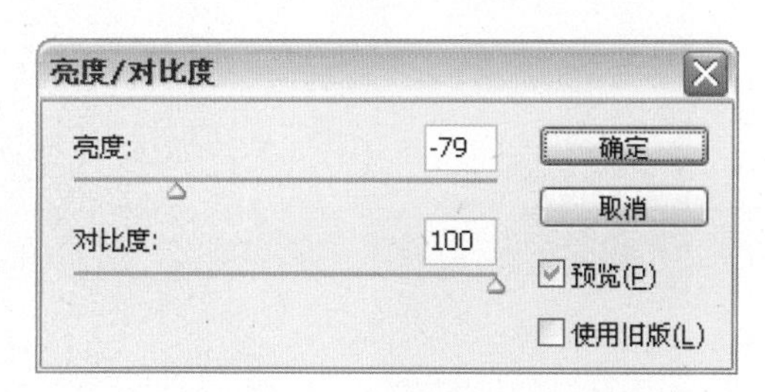


图17-6 设置“亮度/对比度”参数

**7** 单击“确定”按钮，图像的颜色效果如图 17–7 所示。

**8** 新建“图层 1”，设置“前景色”为深绿色（R:28，G:68，B:1），单击工具箱中的“画笔”工具，在图像的顶部绘制颜色，如图 17–8 所示。

图17-7 图像的颜色效果

图17-8 绘制颜色

**9** 在“图层”面板上方，设置“图层混合模式”为亮光，“不透明度”为 80%，效果如图 17–9 所示。

**10** 选择“文件→打开”命令，打开配套光盘中的素材图片“人物 .tif”，如图 17–10 所示。

**11** 单击工具箱中的“移动”工具，将素材图片拖曳到“树林”文件窗口中释放，“图层”面板自动生成“图层 2”，调整图像的位置，如图 17–11 所示。

**12** 选择“图像→调整→亮度 / 对比度”命令，打开“亮度 / 对比度”对话框，设置“亮度”为 –7，设置“对比度”为 60，如图 17–12 所示。

图17-9 设置“图层混合模式”

图17-10 打开素材图片

图17-11 调整图像的位置

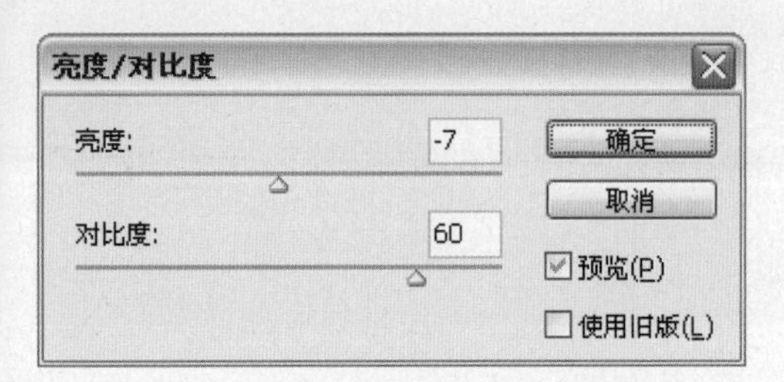


图17-12 设置“亮度/对比度”参数

13 单击“确定”按钮，图像的对比度变得强烈，效果如图 17-13 所示。

14 选择“图像→调整→色彩平衡”命令，或按“Ctrl+B”组合键，打开“色彩平衡”对话框，设置参数为 -1，85，-12，如图 17-14 所示。

图17-13 调整“亮度/对比度”后的效果

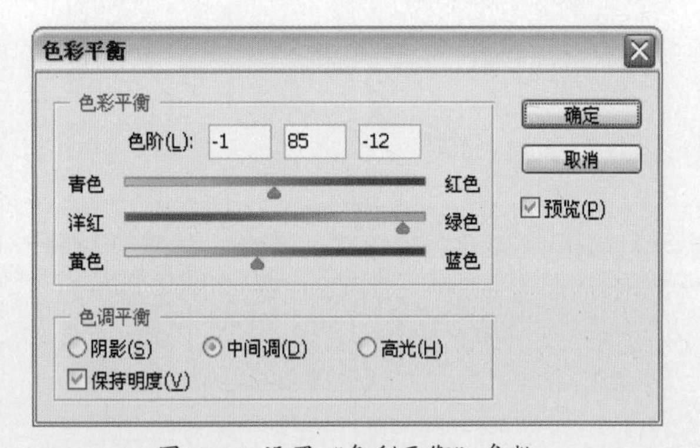


图17-14 设置“色彩平衡”参数

15 单击“确定”按钮，图像的颜色效果如图 17-15 所示。

16 单击工具箱中的“钢笔”工具，在窗口中绘制路径，选择人物的眼珠部分，如图 17-16 所示。

17 按“Ctrl+Enter”组合键，将路径转换为选区，如图 17-17 所示。

18 选择“图像→调整→色彩平衡”命令，或按“Ctrl+B”组合键，打开“色彩平衡”对话框，设置参数为 78，100，-62，如图 17-18 所示。

图17-15 图像的颜色效果

图17-16 绘制路径

图17-17 将路径转换为选区

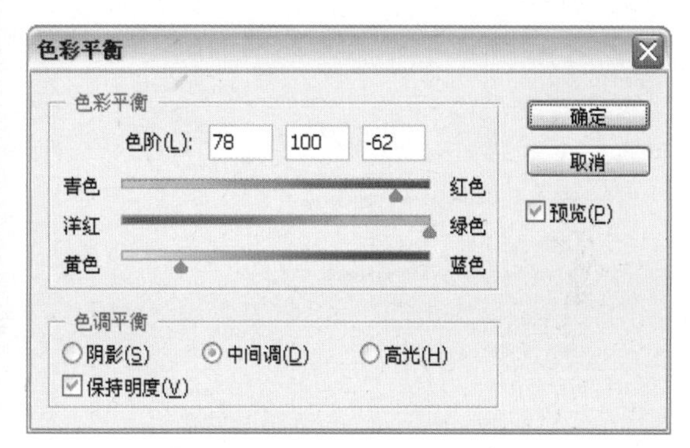


图17-18 设置“色彩平衡”参数

19 选择“高光”单选按钮，设置参数为 0，10，–20，如图 17–19 所示。

20 单击“确定”按钮，眼睛的颜色效果如图 17–20 所示。

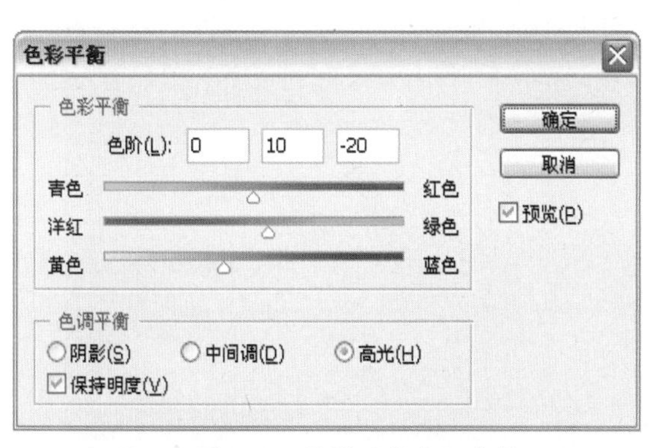


图17-19 设置“高光”参数

图17-20 眼睛的颜色效果

21 单击工具箱中的“钢笔”工具，在窗口中绘制路径，选择人物的嘴唇部分，如图 17–21 所示。

22 按“Ctrl+Enter”组合键，将路径转换为选区，选择“选择→修改→羽化”命令，打开“羽化选区”对话框，设置“羽化半径”为 2 像素，如图 17–22 所示。

23 选择“图像→调整→色阶”命令，打开“色相 / 饱和度”对话框，设置参数为 62，–30，0，如图 17–23 所示。

24 单击“确定”按钮，颜色效果如图 17–24 所示，按“Ctrl+D”组合键取消选区。

图17-21 绘制路径

图17-22 羽化选区

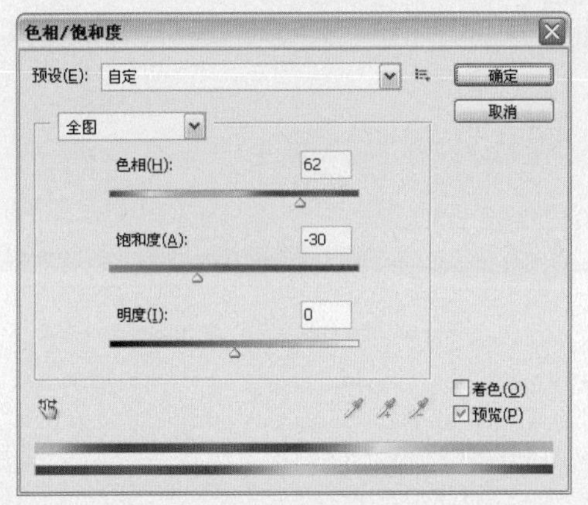

图17-23 设置“色相/饱和度”参数

图17-24 图像的颜色效果

**25** 选择“图像→调整→色阶”命令，打开“色阶”对话框，设置参数为 0，0.95，227，如图 17-25 所示。

**26** 单击“确定”按钮，人物的整体“亮度”和“对比度”变得更加强烈，效果如图 17-26 所示。

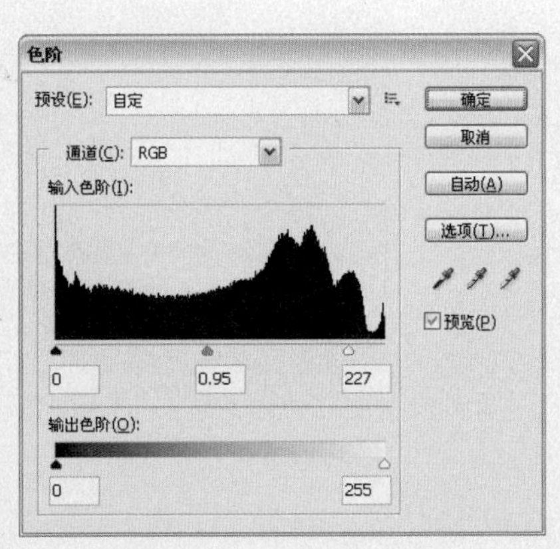

图17-25 设置“色阶”参数

图17-26 调整“色阶”后的效果

**27** 单击工具箱中的“钢笔”工具，在窗口中绘制路径，选择人物的耳朵部分，如图 17-27 所示。

**28** 按“Ctrl+Enter”组合键，将路径转换为选区，按“Ctrl+J”组合键，将选区图片复制到新建“图层 3”中，如图 17-28 所示。

**29** 选择“滤镜→液化”命令，打开“液化”对话框，在对话框中单击“向前变形”工具，在人物的耳朵部分涂抹，调整人物的耳朵形状，效果如图 17-29 所示，单击“确定”按钮。

**提示**

在"液化"对话框中，在默认情况下，将不会显示背景图像，可以在调整过程中选择窗口右下角的"显示背景"复选框，在窗口中显示出背景图像，而并不会受到影响，如此可以根据图像的整体调整出更好的效果。

**30** 选择"文件→打开"命令，打开配套光盘中的素材图片"头饰1.tif"，如图17-30所示。

图17-27 绘制路径

图17-28 复制选区图像

图17-29 调整人物的耳朵形状

图17-30 打开素材图片

**31** 单击工具箱中的"移动"工具，将图片拖曳到"树林"文件窗口中释放，按"Ctrl+T"组合键，对素材的大小和位置进行调整，如图17-31所示，双击图像确定变换。

**32** 单击工具箱中的"橡皮擦"工具，擦除图像的两端边缘部分，效果如图17-32所示。

图17-31 导入素材图片

图17-32 擦除图像的两端边缘部分

**33** 选择"图像→调整→色彩平衡"命令，打开"色彩平衡"对话框，设置参数为60，100，-20，如图17-33所示。

34 单击“确定”按钮，图像的颜色效果，如图 17–34 所示。

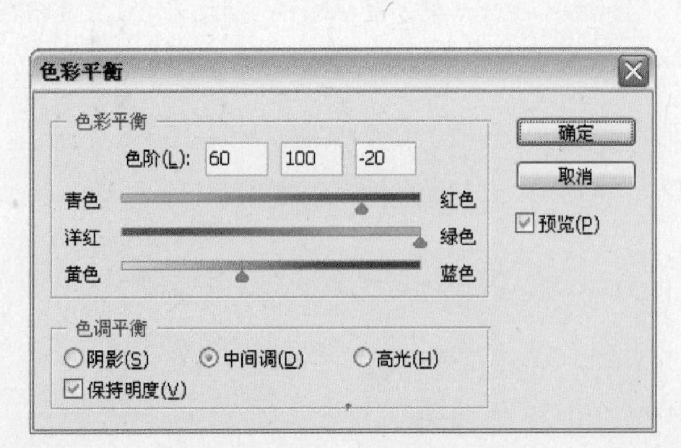


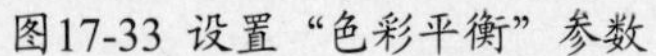

图17-33 设置“色彩平衡”参数

图17-34 图像的颜色效果

35 选择“文件→打开”命令，打开配套光盘中的素材图片“头饰 2.tif”，如图 17–35 所示。

36 单击工具箱中的“移动”工具，将图片拖曳到“树林”文件窗口中释放，并按“Ctrl+T”组合键，对素材的大小和位置进行调整，如图 17–36 所示，双击图像确定变换。

图17-35 打开素材图片

图17-36 导入素材图片

37 选择“图像→调整→色彩平衡”命令，或按“Ctrl+B”组合键，打开“色彩平衡”对话框，设置参数为 60，100，–17，如图 17–37 所示。

38 单击“确定”按钮，图像的颜色效果如图 17–38 所示。

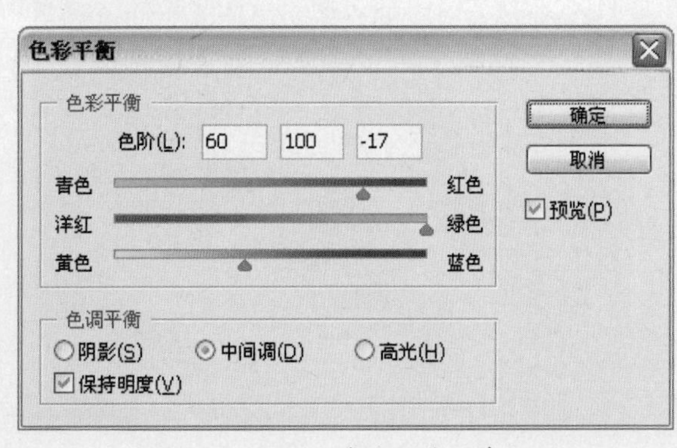


图17-37 设置“色彩平衡”参数

图17-38 图像的颜色效果

39 选择“文件→打开”命令，打开配套光盘中的素材图片“耳坠 .tif”，如图 17–39 所示。

40 单击工具箱中的“移动”工具，将图片拖曳到“树林”文件窗口中释放，按“Ctrl+T”组合键，对素材的大小和位置进行调整，如图 17-40 所示，双击图像确定变换。

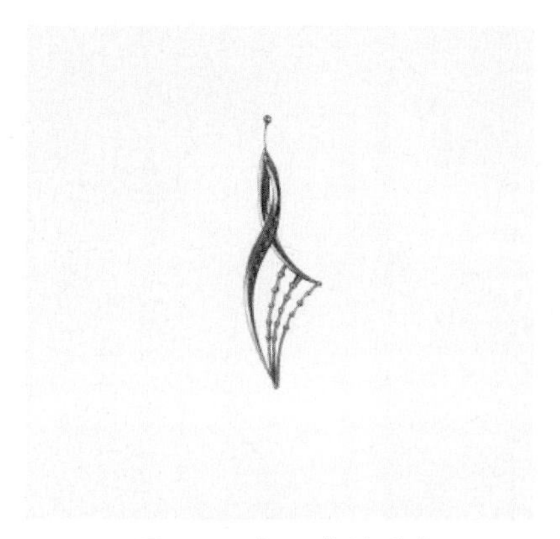

图17-39 打开素材图片

图17-40 导入素材图片

**41** 选择“图像→调整→曲线”命令，打开“曲线”对话框，在对话框中调整曲线，如图 17-41 所示，单击“确定”按钮。

**42** 选择“图像→调整→色彩平衡”命令，或按“Ctrl+B”组合键，打开“色彩平衡”对话框，设置参数为 -9，26，-65，如图 17-42 所示。

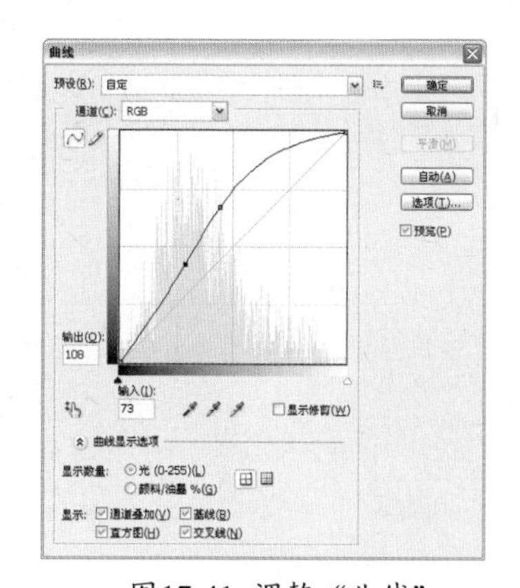

图17-41 调整“曲线”

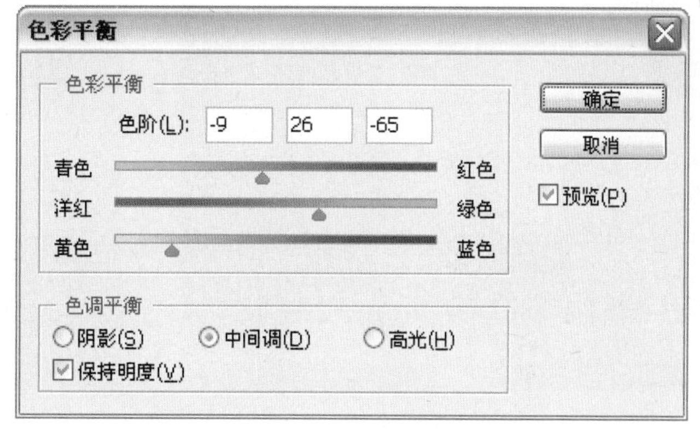


图17-42 设置“色彩平衡”参数

**43** 单击“确定”按钮，图像的颜色效果如图 17-43 所示。

**44** 在“图层”面板中，双击“图层 2”后的空白区域，打开“图层样式”对话框，在对话框中选择“外发光”复选框，设置“颜色”为绿色（R:28，G:134，B:15），“不透明度”为 52%，设置其他参数如图 17-44 所示。

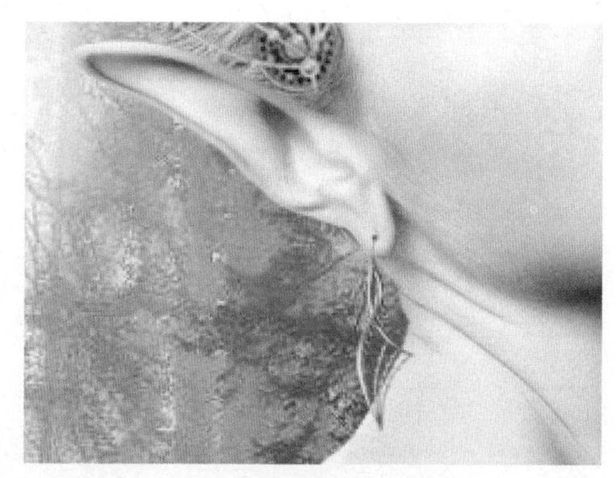

图17-43 图像的颜色效果

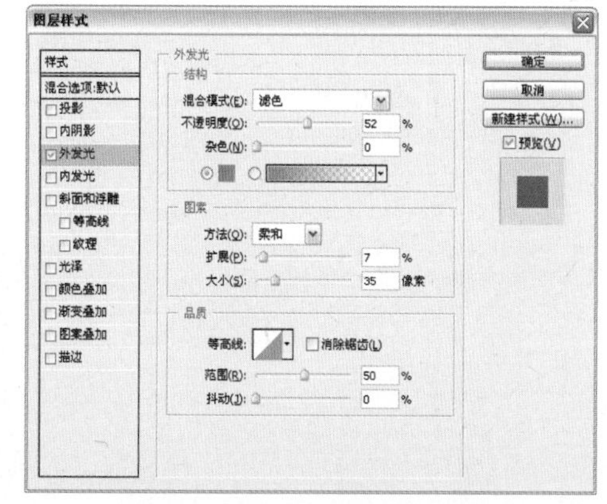

图17-44 设置“外发光”参数

**45** 选择“内发光”复选框，设置“颜色”为深绿色（R:53，G:74，B:19），设置其他参数如图 17-45 所示。

**46** 单击“确定”按钮，效果如图 17-46 所示。

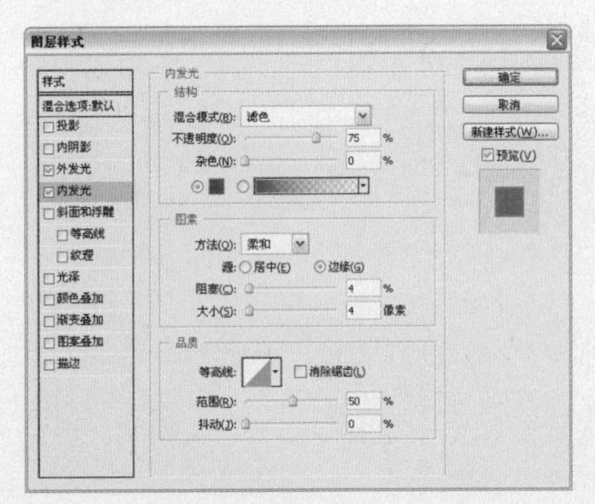

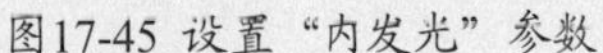

图17-45 设置“内发光”参数　　图17-46 添加图层样式后的效果

**47** 单击工具箱中的“钢笔”工具，在窗口中绘制路径，如图 17-47 所示。

**48** 新建图层，按“Ctrl+Enter”组合键，将路径转换为选区，设置“前景色”为淡黄色（R:243，G:235，B:173），单击工具箱中的“画笔”工具，在选区边缘绘制颜色，如图 17-48 所示。

图17-47 绘制路径　　图17-48 绘制选区边缘颜色

**49** 设置“前景色”为淡黄色（R:255，G:254，B:245），单击工具箱中的“渐变”工具，单击其属性栏上的“编辑渐变”按钮，打开“渐变编辑器”对话框，在对话框中选择“前景色到透明”渐变样式，如图 17-49 所示，单击“确定”按钮。

**50** 新建图层，运用“渐变”工具，在窗口中从右往左拖动鼠标，添加选区渐变效果如图 17-50 所示。

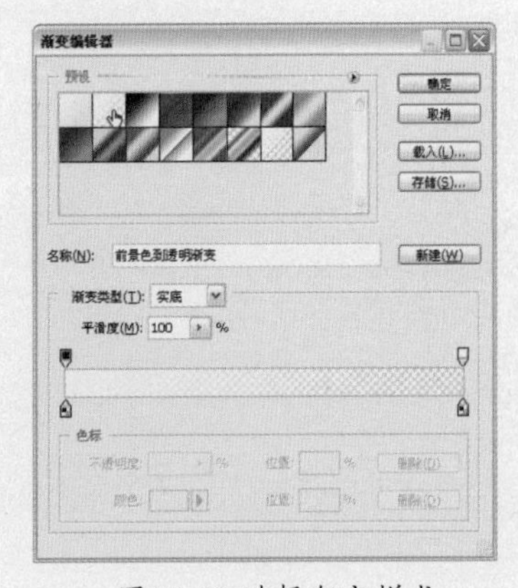

图17-49 选择渐变样式　　图17-50 添加选区渐变效果

**51** 新建图层，选择“编辑→描边”命令，打开“描边”对话框，在对话框中设置“宽度”为 2px，设置其他参数如图 17-51 所示，单击“确定”按钮。

**52** 添加“描边”效果后，按“Ctrl+D”组合键取消选区，效果如图 17–52 所示。

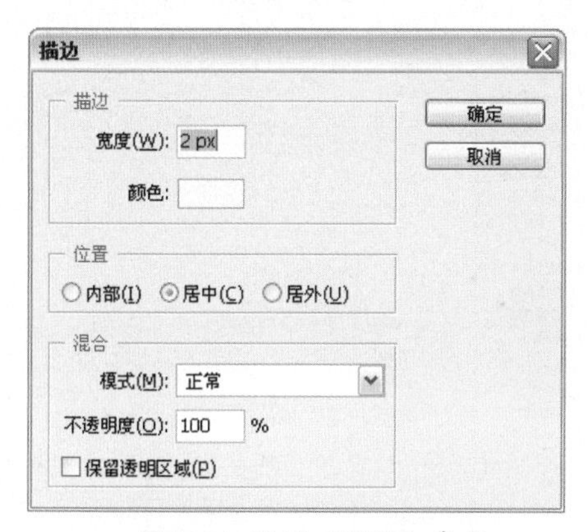


图17-51 设置“描边”参数

图17-52 “描边”效果

**53** 在“图层”面板中，双击该图层名后的空白区域，打开“图层样式”对话框，在对话框中选择“外发光”复选框，并设置其参数如图 17–53 所示。

**54** 单击“确定”按钮，效果如图 17–54 所示。

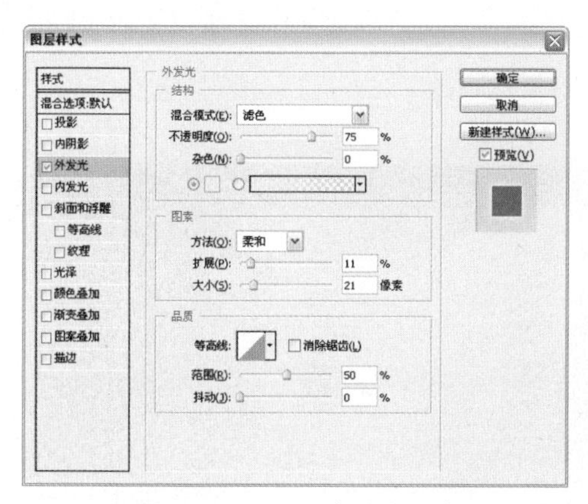


图17-53 设置“外发光”参数

图17-54 “外发光”效果

**55** 单击工具箱中的“钢笔”工具，在窗口中绘制路径，如图 17–55 所示。

**56** 新建图层，按“Ctrl+Enter”组合键，将路径转换为选区，选择“编辑→描边”命令，打开“描边”对话框，在对话框中设置“宽度”为 2px，设置其他参数如图 17–56 所示，单击“确定”按钮。

图17-55 绘制路径

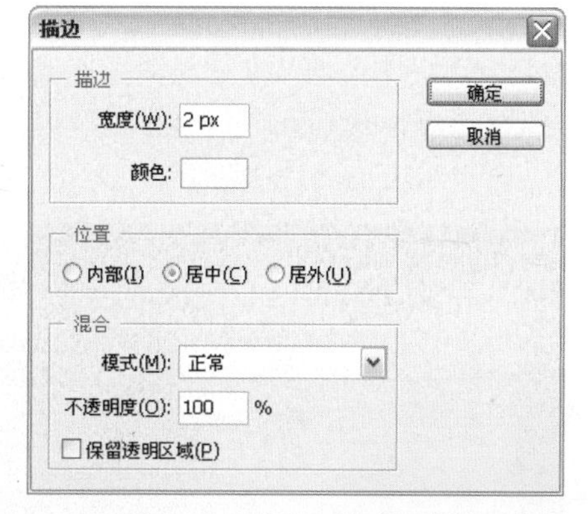


图17-56 设置“描边”参数

**57** 添加“描边”效果后，按“Ctrl+D”组合键取消选区，效果如图 17–57 所示。

**58** 在“图层”面板中，双击该图层名后的空白区域，打开“图层样式”对话框，在对话框中选择“外发光”复选框，设置参数如图 17–58 所示，单击“确定”按钮。

图17-57 “描边”效果

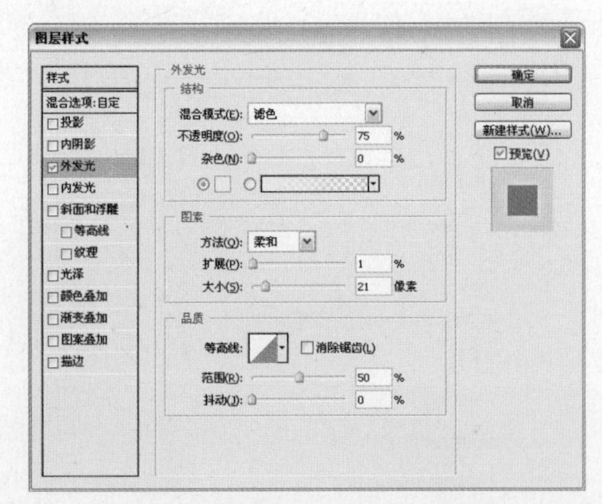


图17-58 设置“外发光”参数

**59** 添加“外发光”效果后，单击工具箱中的“橡皮擦”工具，擦除线条的边缘部分，效果如图 17–59 所示。

**60** 在“图层”面板中，合并制作的翅膀图层，按“Ctrl+J”组合键，创建副本图层，按“Ctrl+T”组合键，打开“自由变换”调节框，调整图像如图 17–60 所示，按“Enter”键确定。

按住“Ctrl”键，拖动“自由变换”调节框的角点，可以斜切图像。

图17-59 擦除线条的边缘部分

图17-60 复制图形并调整位置

**61** 按“Ctrl+E”组合键，向下合并图层，按住“Ctrl”键，单击该图层的缩览图窗口，载入图像外轮廓选区，如图 17–61 所示。

**62** 单击图层面板下方的“创建新的填充或调整图层”按钮，选择“色相 / 饱和度”命令，打开“色相 / 饱和度”调整面板，分别调整参数如图 17–62 所示。调整“色相 / 饱和度”命令后，图像的颜色效果如图 17–63 所示。

图17-61 载入图像外轮廓选区

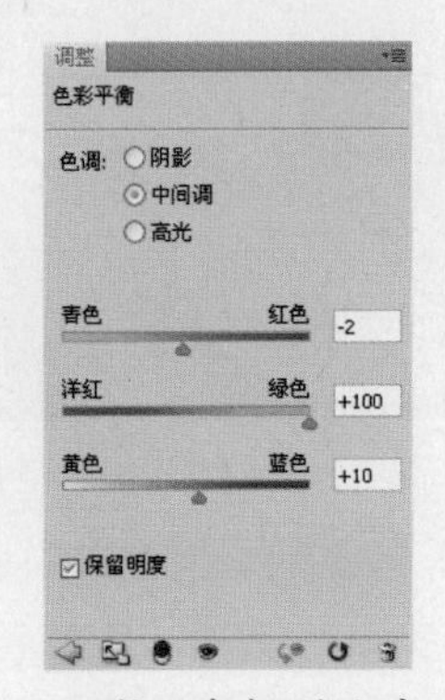


图17-62 调整“色相/饱和度”参数

63 新建图层，设置“前景色”为淡黄色（R:252，G:255，B:209），单击工具箱中的“画笔”工具，在图像中绘制颜色，效果如图 17-64 所示。

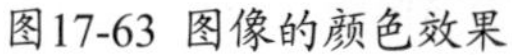

图17-63 图像的颜色效果

图17-64 绘制颜色

64 选择“文件→打开”命令，打开配套光盘中的素材图片“蝴蝶.tif”，如图 17-65 所示。

65 单击工具箱中的“移动”工具，将图片拖曳到“树林”文件窗口中释放，按“Ctrl+T”组合键，对素材的大小和位置进行调整，如图 17-66 所示，双击图像确定变换。

图17-65 打开素材图片

图17-66 导入素材图片

66 选择“图像→调整→色彩平衡”命令，或按“Ctrl+B”组合键，打开“色彩平衡”对话框，设置参数为 65，100，−96，如图 17-67 所示。

67 单击“确定”按钮，图像的颜色效果如图 17-68 所示。

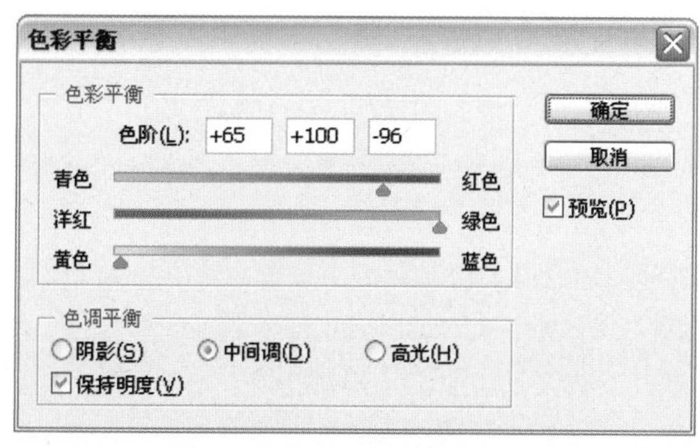


图17-67 设置“色彩平衡”参数

图17-68 图像的颜色效果

68 单击“画笔”工具，单击其属性栏上的“切换画笔面板”按钮，打开“画笔”面板，选择“画笔笔尖形状”选项，选择“柔边 9 像素”画笔样式，设置“间距”为 346%，设置其他参数如图 17-69 所示。

69 选择“形状动态”复选框，设置“大小抖动”为 100%，“控制”为渐隐，参数为 50，并设置其他参数如图 17-70 所示。

70 选择“散布”复选框，设置“散布”为 833%，设置其他参数如图 17-71 所示。

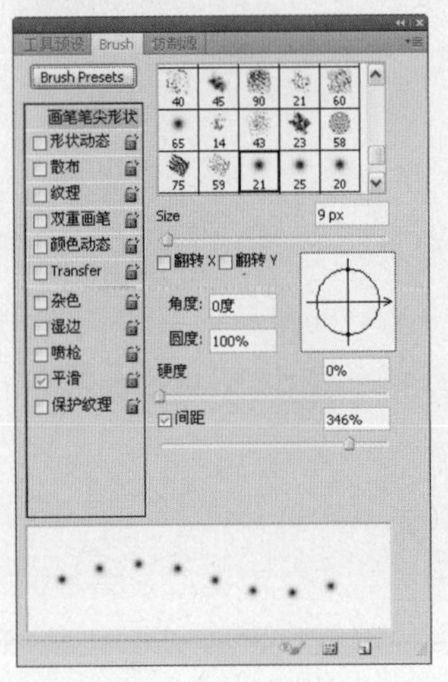

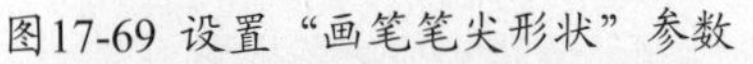

图17-69 设置“画笔笔尖形状”参数

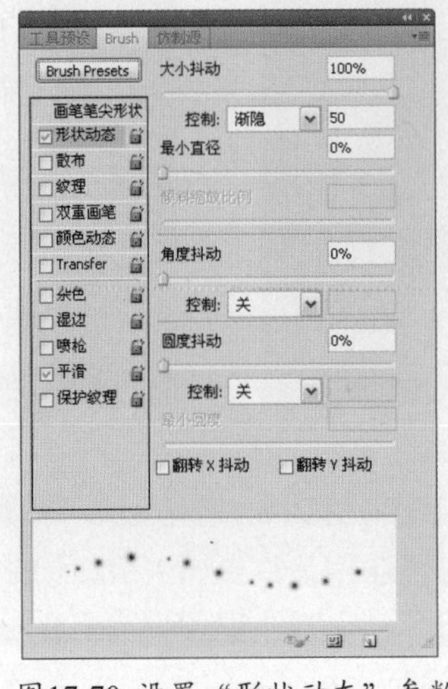

图17-70 设置“形状动态”参数

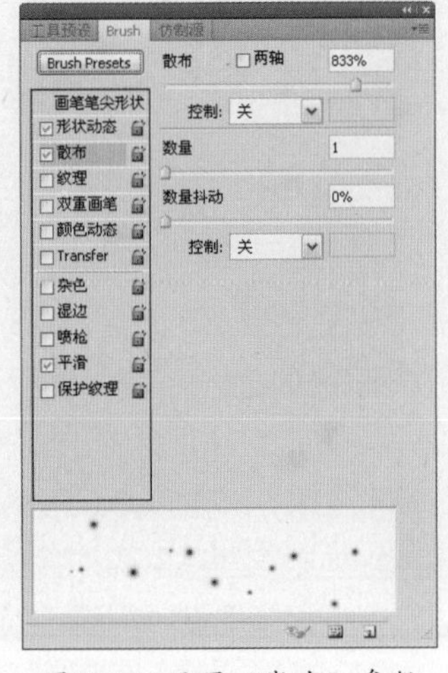

图17-71 设置“散布”参数

71 新建图层，设置“前景色”为白色，在窗口中拖动鼠标，绘制圆点图像，效果如图 17-72 所示。

72 在“图层”面板中，双击该图层名后的空白区域，打开“图层样式”对话框，在对话框中选择“外发光”复选框，设置“颜色”为绿色（R:148，G:196，B:22），设置其他参数如图 17-73 所示。

图17-72 绘制圆点图像

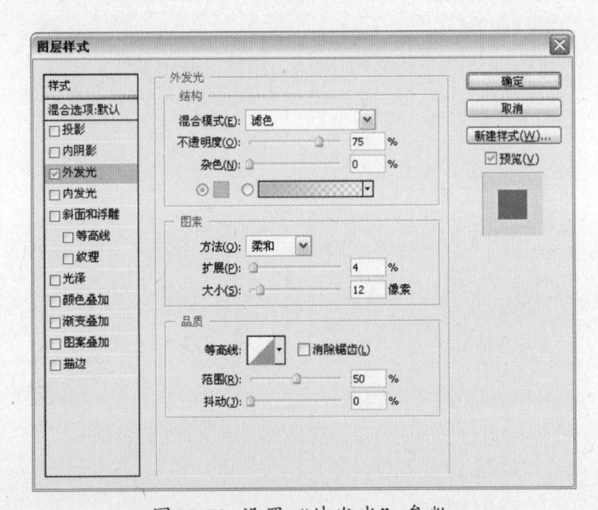



图17-73 设置“外发光”参数

73 单击“确定”按钮，效果如图 17-74 所示。

74 单击工具箱中的“椭圆选框”工具，在窗口中按住“Shift”键拖动鼠标，绘制正圆选区，如图 17-75 所示。

75 新建图层，选择“编辑→描边”命令，打开“描边”对话框，在对话框中设置“宽度”为 2px，“颜色”为嫩绿色（R:222，G:255，B:179），设置其他参数如图 17-76 所示，单击“确定”按钮。

76 添加选区“描边”效果后，按“Ctrl+D”组合键取消选区，如图 17-77 所示。

图17-74 “外发光”效果

图17-75 绘制正圆选区

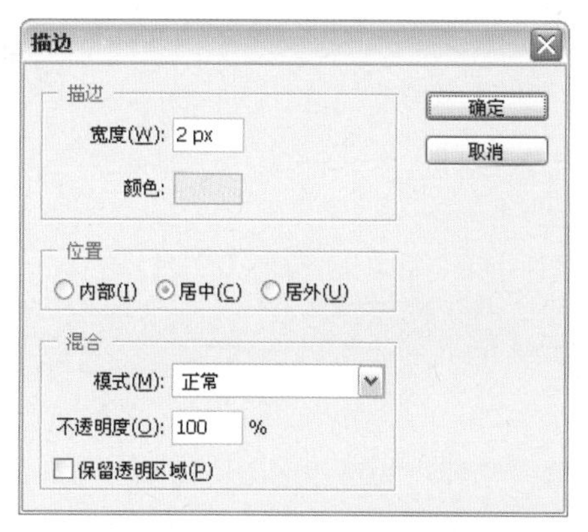


图17-76 设置“描边”参数

图17-77 “描边”效果

**77** 单击工具箱中的“画笔”工具，单击其属性栏上的“画笔预设”下拉按钮，在列表中选择“交叉排线 4”画笔样式，如图 17–78 所示。

**78** 设置“前景色”为白色，在窗口中单击鼠标，绘制闪烁的光点效果，制作完成后的最终效果如图 17–79 所示。

**提示**

在绘制闪烁的光点效果时，可以根据图像中圆点的大小，按键盘上的“[”键和“]”键，调整画笔大小进行绘制。

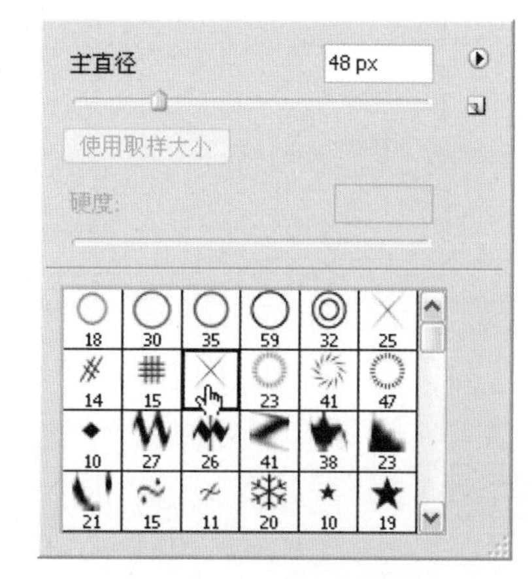


图17-78 选择画笔样式

图17-79 最终效果

## 17.2 终结者5

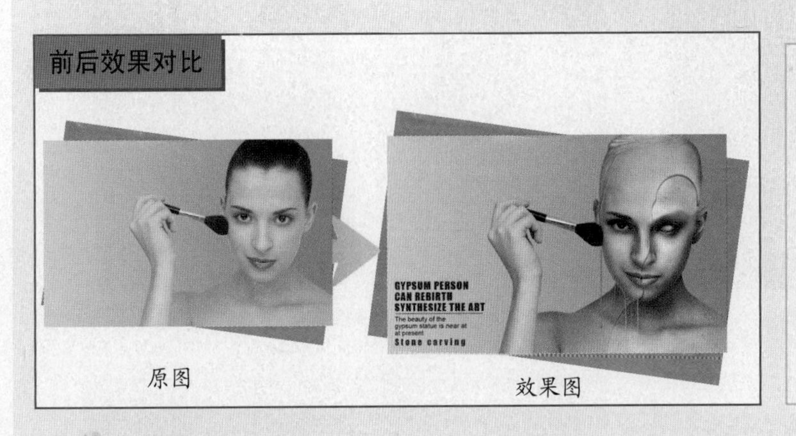


原图　　效果图

素材文件　人物.tif、石材.tif

效果文件　终结者5.psd

存放路径　光盘\源文件与素材\第17章\17.2终结者5

### 案例点评

本案例将制作“终结者 5”的创意效果图。主要运用“钢笔”工具选取人物的面部，运用“画笔”、“加深”、“减淡”等工具，将人物的面部调整出层次感，运用素材图片和“图层混合模式”等命令，制作出人物另一半的石材效果，运用“色阶”、“色相 / 饱和度”等命令，使石材效果更加强烈，更有质感，最后运用“钢笔”、“加深”、“减淡”等工具，制作出滴液效果，让画面整体更加逼真美观。

修图步骤

**1** 选择“文件→新建”命令，或按“Ctrl+N”组合键，设置“名称”为终结者 5，“宽度”为 8 厘米，“高度”为 5 厘米，“分辨率”为 350 像素 / 英寸，“颜色模式”为 RGB 颜色，设置其他参数如图 17–80 所示，单击“确定”按钮。

**2** 单击工具箱中的“渐变”工具，单击其属性栏上的“编辑渐变”按钮，打开“渐变编辑器”对话框，设置：

位置 0 的颜色为（R:222，G:214，B:212）

位置 100 的颜色为（R:153，G:134，B:121）

如图 17–81 所示，单击“确定”按钮。

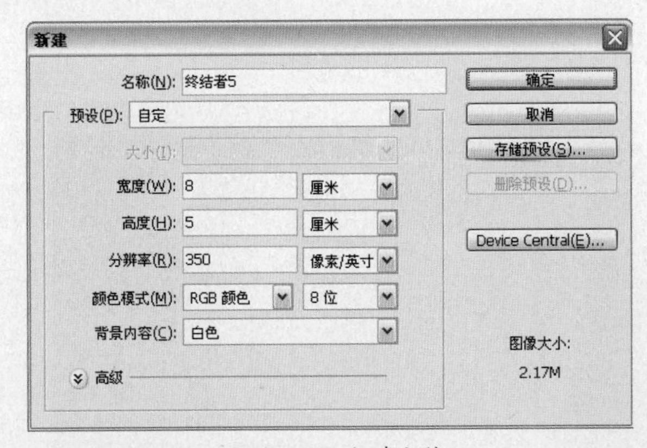


图17-80 新建文件

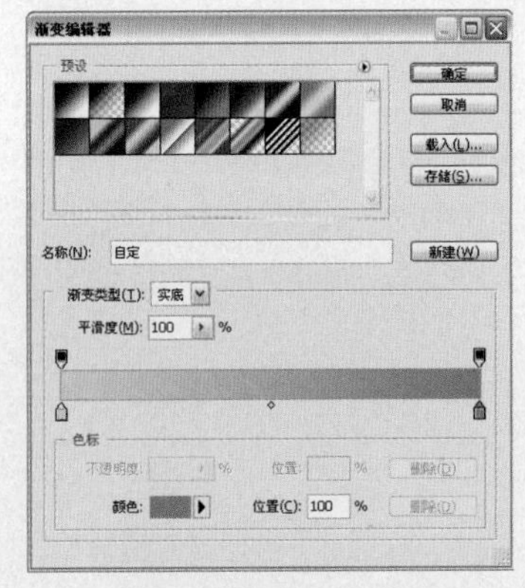


图17-81 调整渐变色

**3** 单击属性栏上的“线性渐变”按钮，在窗口中拖动鼠标，填充渐变色如图 17–82 所示。

**4** 选择“文件→打开”命令，或按“Ctrl+O”组合键，打开配套光盘中的素材图片“人物 .tif”，如图 17–83 所示。

图17-82 填充渐变色

图17-83 打开素材图片

**5** 单击工具箱中的“移动”工具，将图片拖曳到“终结者 5”文件窗口中释放，按“Ctrl+T”组合键，对素材的大小和位置进行调整，如图 1784 所示，双击图像确定变换。

**6** 按“Ctrl+J”组合键，创建“图层 1 副本”图层，单击“图层 1 副本”的“指示图层可见性”按钮，隐藏该图层，如图 17–85 所示。

图17-84 导入素材图片

图17-85 隐藏该图层

**7** 选择“图层 1”，选择“图像→调整→去色”命令，去掉图片颜色，如图 17–86 所示。

**8** 选择“图层 1 副本”，单击“指示图层可见性”按钮，显示该图层，单击工具箱中的“钢笔”工具，在窗口中绘制路径，如图 17–87 所示。

图17-86 去掉图片颜色

图17-87 绘制路径

**9** 按“Ctrl+Enter”组合键，将路径转换为选区，按“Ctrl+Shift+I”组合键，反选选区，按“Delete”键，删除选区内容，如图 17–88 所示。

**10** 按住“Ctrl”键，单击“图层 1 副本”的缩览图窗口，载入图像外轮廓选区，单击工具箱中的“画笔”工具，设置“前景色”为粉红色（R:228，G:203，B:187），在选区中涂抹，覆盖人物的头发颜色，如图 17–89 所示。

图17-88 反选选区

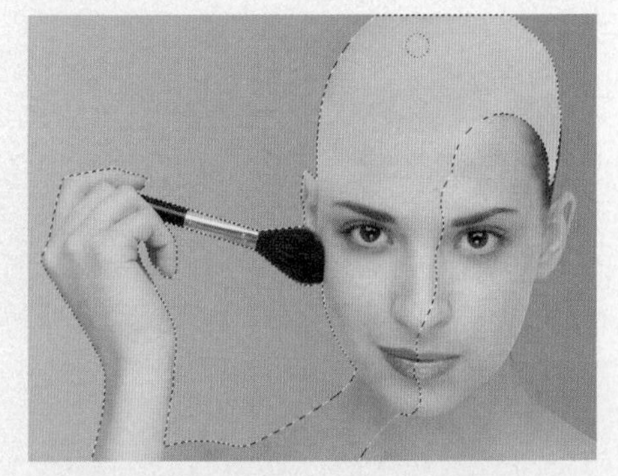
图17-89 覆盖人物的头发颜色

11 单击工具箱中的"加深"工具和"减淡"工具，分别调整图像的明暗，效果如图 17–90 所示。

12 按住"Ctrl"键，单击"图层 1 副本"的缩览图窗口，载入图像外轮廓选区，单击选区工具，将选区向左上移动，按"Ctrl+Shift+I"组合键，反选选区，选择"选择→修改→羽化"命令，打开"羽化选区"对话框，设置"羽化半径"为 3 像素，单击工具箱中的"加深"工具，对图像边缘进行涂抹，加深效果如图 17–91 所示。

图17-90 调整图像的明暗

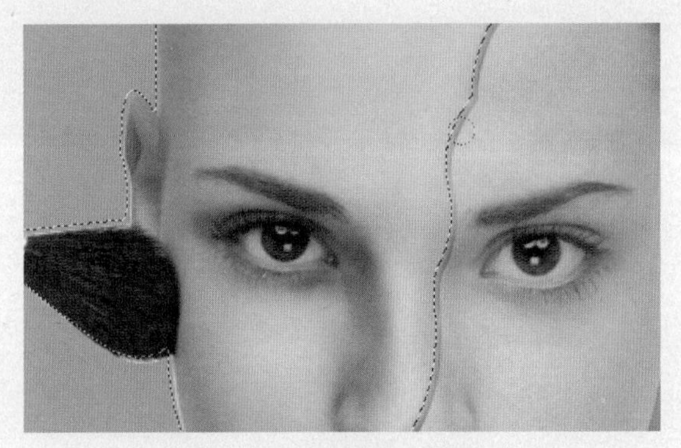
图17-91 加深图像的边缘

13 运用同样的方法，分别运用"加深"工具和"减淡"工具，调整图像的明暗，如图 17–92 所示。

14 按住"Ctrl"键，单击"图层 1 副本"的缩览图窗口，载入图像外轮廓选区，单击选区工具，将选区向右下移动，如图 17–93 所示。

图17-92 调整图像的明暗

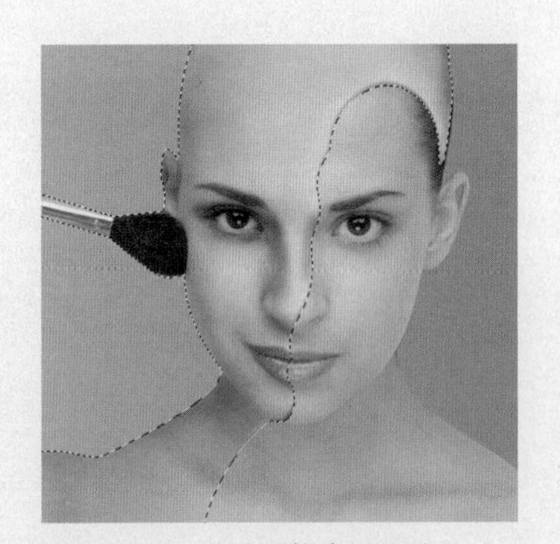
图17-93 调整选区位置

15 新建"图层 2"，设置"前景色"为黑色，按"Alt+Delete"组合键填充选区颜色，设置"图层"面板上的"不透明度"为 60%，效果如图 17–94 所示。

16 选择"图层 1"，单击工具箱中的"修复画笔"工具，在窗口中按住"Alt"键，单击人物的肌肤部分，选择仿制的位置如图 17–95 所示。

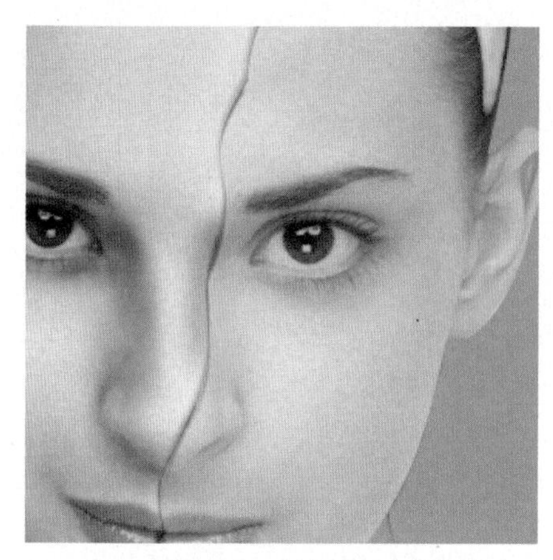

图17-94 填充选区颜色

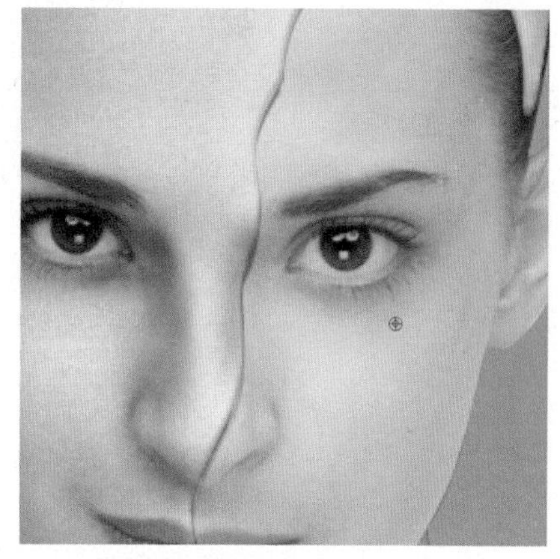

图17-95 选择仿制的位置

**17** 释放鼠标，在面部的眼睫毛部分单击鼠标，去掉眼睫毛，如图 17–96 所示。

**18** 运用同样的方法，去掉人物的头发和眉毛部分，效果如图 17–97 所示。

图17-96 去掉眼睫毛

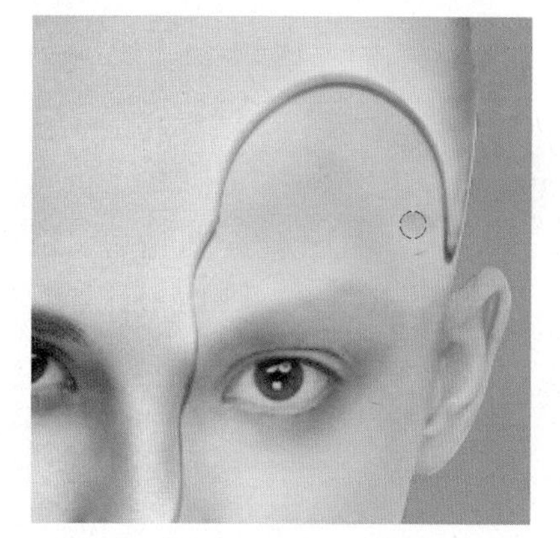

图17-97 去掉人物的头发和眉毛部分

**19** 单击工具箱中的“加深”工具和“减淡”工具，分别调整人物脸庞的明暗，效果如图 17–98 所示。

**20** 单击工具箱中的“钢笔”工具，在窗口中绘制路径，如图 17–99 所示。

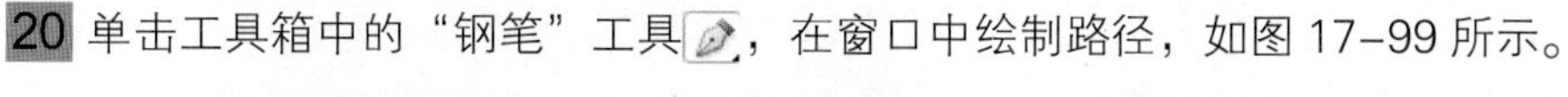

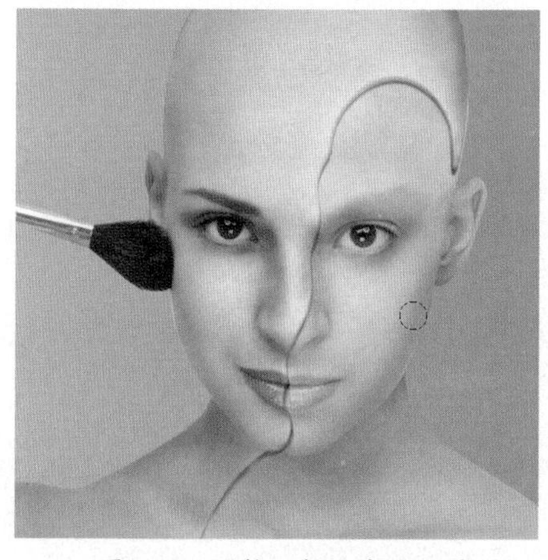

图17-98 调整人物脸庞的明暗

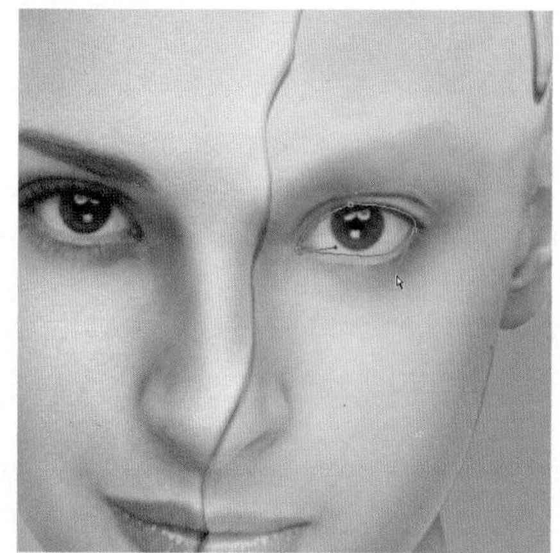

图17-99 绘制路径

**21** 新建“图层 3”，设置“前景色”为灰色（R:136，G:136，B:136），按“Alt+Delete”组合键填充选区颜色，如图 17–100 所示，按“Ctrl+D”组合键取消选区。

**22** 单击工具箱中的“加深”工具和“减淡”工具，分别调整眼睛部分的明暗，效果如图 17–101 所示。

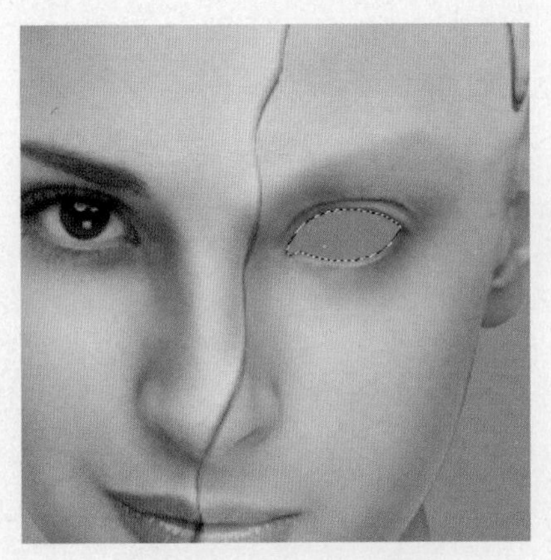
图17-100 填充选区颜色

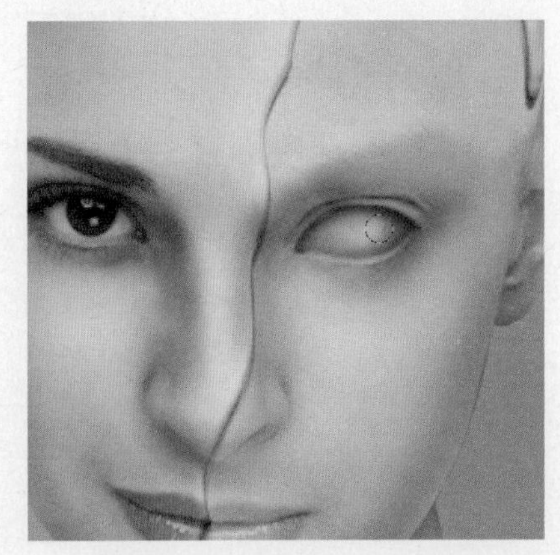
图17-101 调整眼睛部分的明暗

**23** 选择“文件→打开”命令，或按“Ctrl+O”组合键，打开配套光盘中的素材图片“石材 .tif”，如图 17–102 所示。

**24** 单击工具箱中的“移动”工具，将图片拖曳到“终结者 5”文件窗口中释放，按“Ctrl+T”组合键，对素材的大小和位置进行调整，如图 17–103 所示，双击图像确定变换。

图17-102 打开素材图片

图17-103 导入素材图片

**25** 按住“Ctrl”键，单击“图层 1”的缩览图窗口，载入图像外轮廓选区，单击“图层”面板下方的“添加图层蒙版”按钮，添加图层蒙版效果如图 17–104 所示。

**26** 设置“图层”面板中“图层混合模式”为线性加深，“不透明度”为 14%，效果如图 17–105 所示。

图17-104 添加图层蒙版

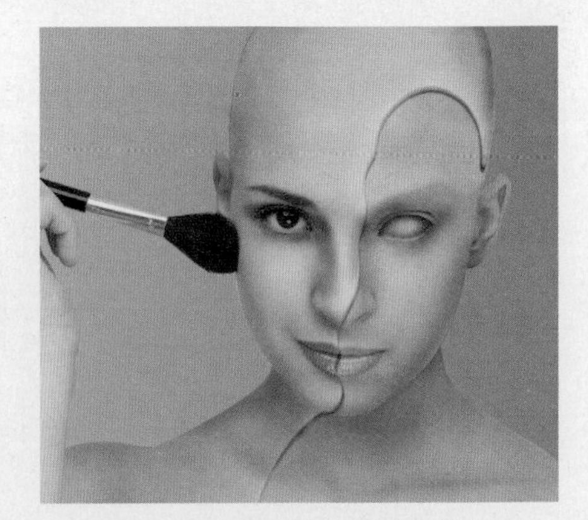
图17-105 设置“图层混合模式”

**27** 按住“Ctrl”键，单击“图层 1”的缩览图窗口，载入图像外轮廓选区，单击图层面板下方的“创建新的填充或调整图层”按钮，选择“色阶”命令，打开“色阶”调整面板，调整参数如图 17–106 所示。调整“色阶”命令后，图像的明暗对比度变得更加强烈，效果如图 17–107 所示。

28 运用同样的方法，按住“Ctrl”键，单击“图层 1”的缩览图窗口，载入图像外轮廓选区，单击图层面板下方的“创建新的填充或调整图层”按钮，选择“色相 / 饱和度”命令，打开“色相 / 饱和度”调整面板，调整参数如图 17–108 所示。调整“色相 / 饱和度”命令后，图像颜色效果如图 17–109 所示。

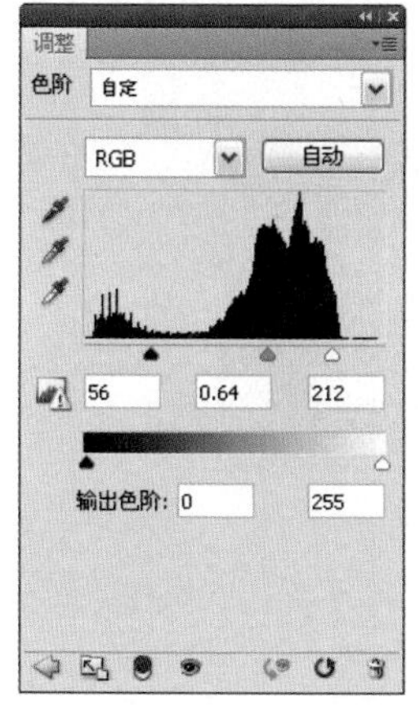

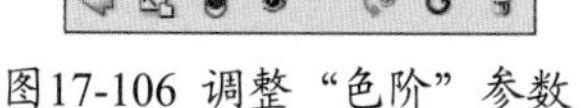

图17-106 调整“色阶”参数

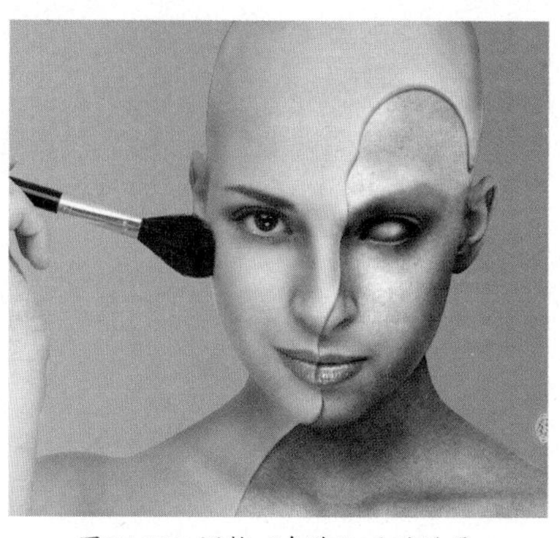

图17-107 调整“色阶”后的效果

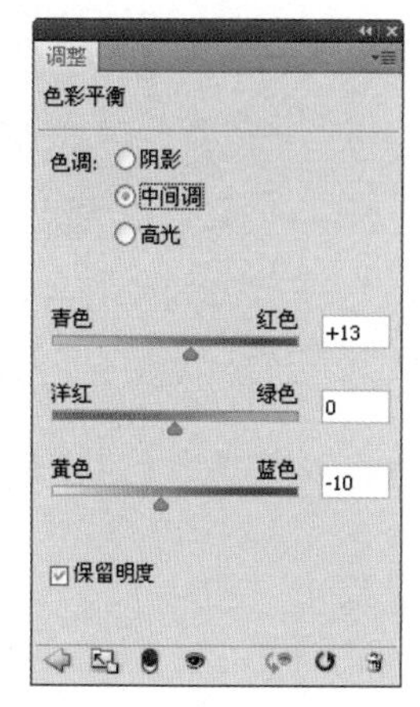


图17-108 调整“色相/饱和度”参数

29 选择“图层 1 副本”图层，选择“图像→调整→色相 / 饱和度”命令，打开“色相 / 饱和度”对话框，设置参数为 0，–29，0，如图 17–110 所示。

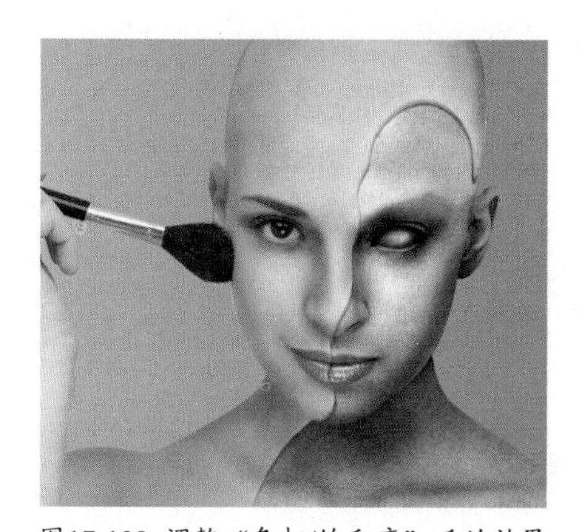

图17-109 调整“色相/饱和度”后的效果

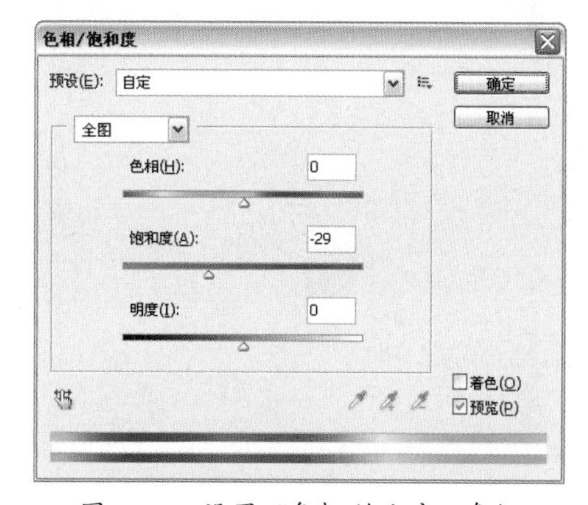


图17-110 设置“色相/饱和度”参数

30 单击“确定”按钮，图像饱和度降低，颜色效果如图 17–111 所示。

31 选择“图像→调整→色阶”命令，打开“色阶”对话框，设置参数为 44，0.92，255，如图 17–112 所示。

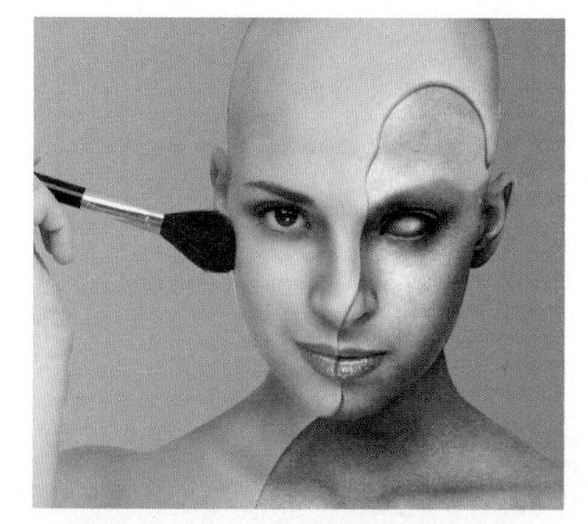

图17-111 降低图像饱和度后的效果

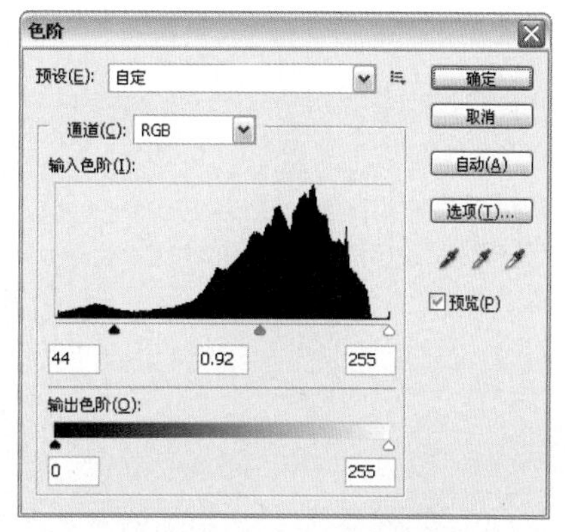


图17-112 设置“色阶”参数

32 单击“确定”按钮，效果如图 17–113 所示。

33 单击工具箱中的“钢笔”工具，在窗口中绘制路径，如图 17–114 所示。

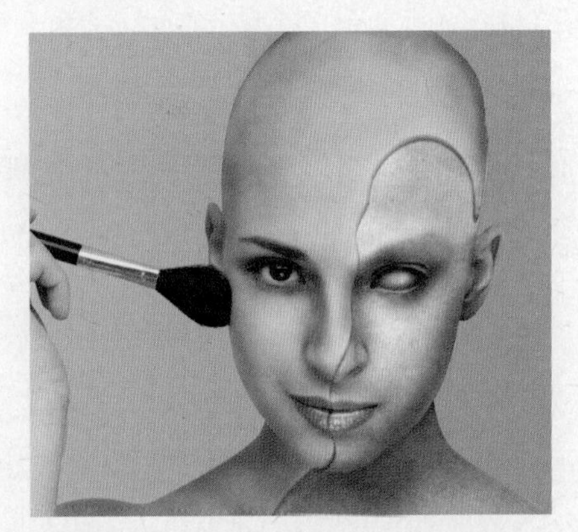

图17-113 调整“色阶”后的效果

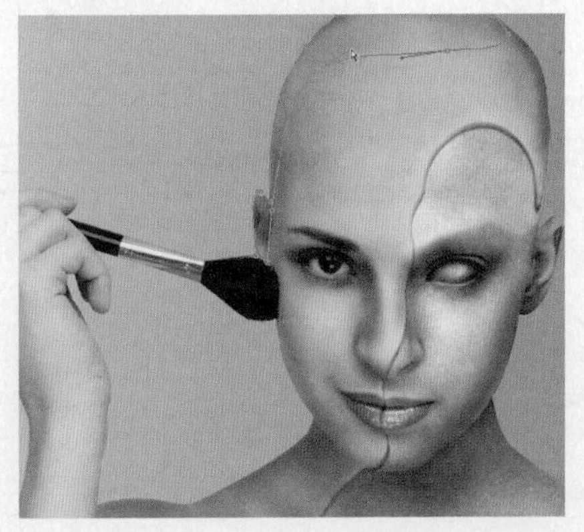

图17-114 绘制路径

34 新建“图层 5”，按“Ctrl+Enter”组合键，将路径转换为选区，设置“前景色”为粉红色（R:190，G:162，B:146），按“Alt+Delete”组合键填充选区颜色，如图 17–115 所示。

35 单击选区工具，将选区向左上移动，按“Ctrl+Shift+I”组合键，反选选区，选择“选择→修改→羽化”命令，打开“羽化选区”对话框，设置“羽化半径”为 1 像素，单击工具箱中的“减淡”工具，对图像边缘进行涂抹，效果如图 17–116 所示。

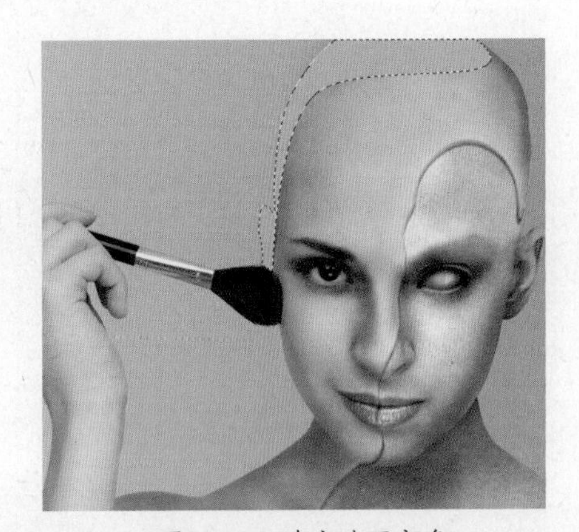

图17-115 填充选区颜色

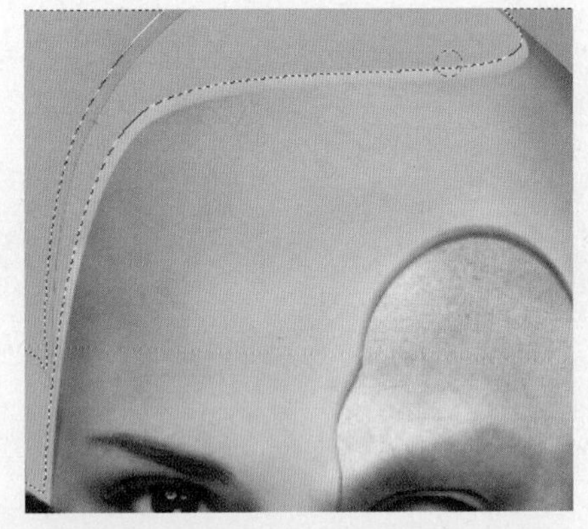

图17-116 减淡图像边缘颜色

36 按“Ctrl+Shift+I”组合键，反选选区，单击工具箱中的“加深”工具，对图像边缘进行涂抹，加深效果如图 17–117 所示。

37 运用同样的方法，分别调整图像的纹路效果如图 17–118 所示。

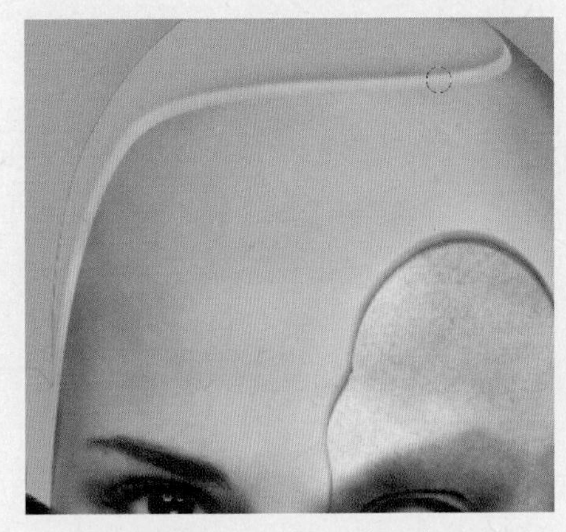

图17-117 加深图像边缘

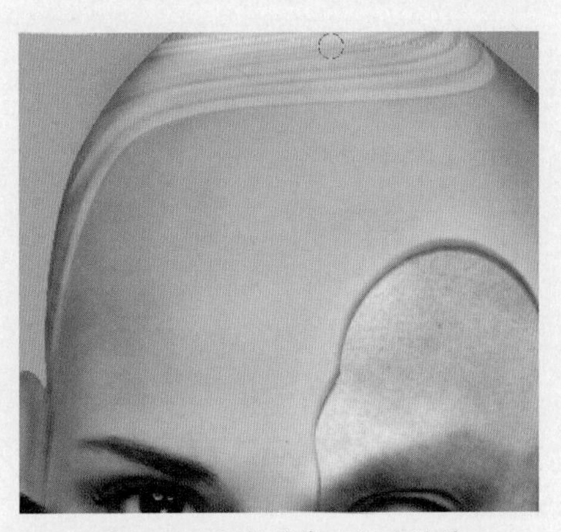

图17-118 调整图像的纹路效果

**38** 运用同样的方法，制作图像的纹路效果如图 17–119 所示。

**39** 单击工具箱中的“钢笔”工具，在窗口中绘制路径，如图 17–120 所示。

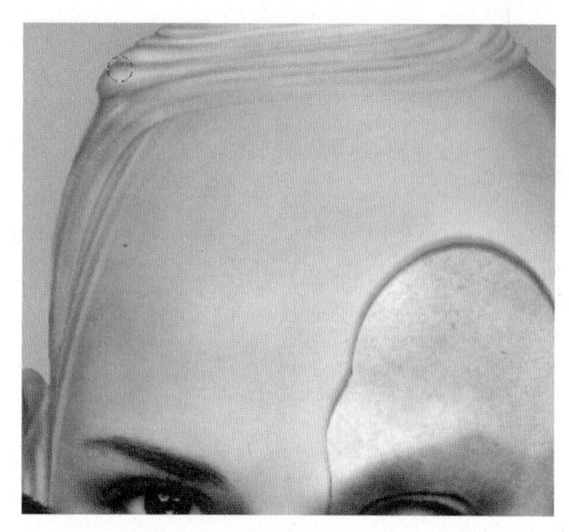

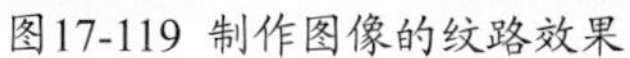

图17-119 制作图像的纹路效果

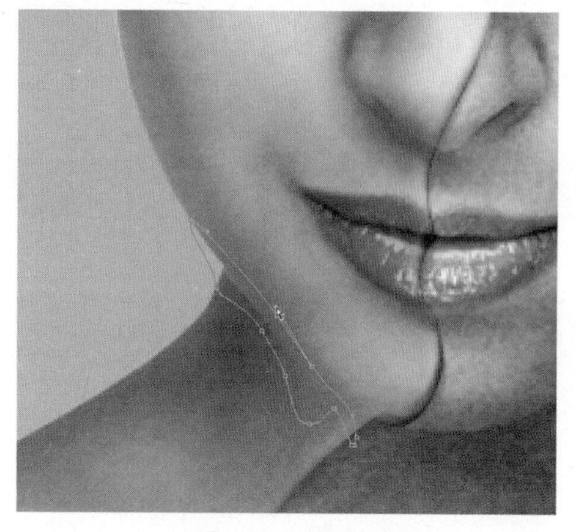

图17-120 绘制路径

**40** 新建图层，设置“前景色”为粉红色（R:170，G:136，B:120），按“Alt+Delete”组合键，填充选区颜色，如图 17–121 所示。

**41** 运用同样的方法，单击工具箱中的“加深”工具和“减淡”工具，分别调整图像的明暗，效果如图 17–122 所示。

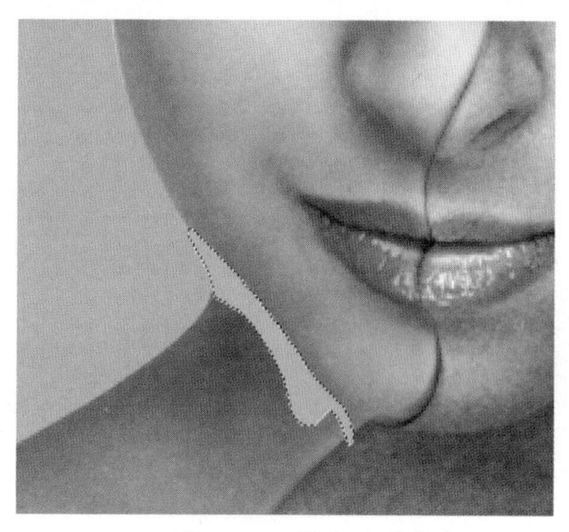

图17-121 填充选区颜色

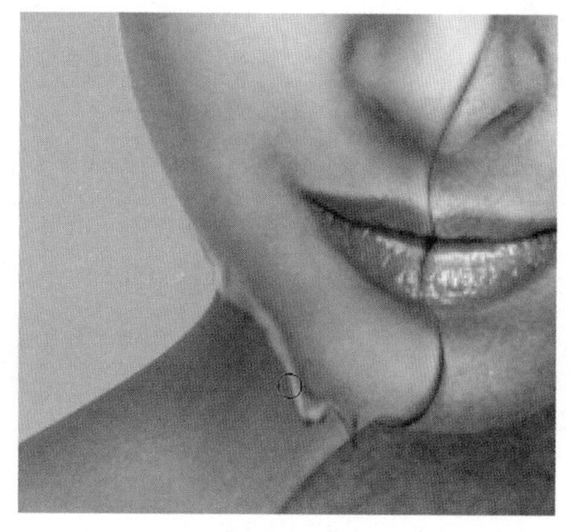

图17-122 调整图像的明暗

**42** 运用同样的方法，制作液滴的效果如图 17–123 所示。

**43** 单击工具箱中的“横排文字”工具，在窗口中分别输入文字，制作完成后的最终效果如图 17–124 所示。

图17-123 制作液滴效果

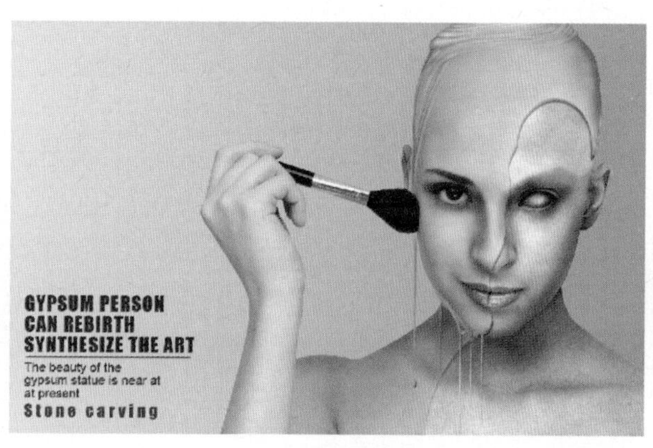



图17-124 最终效果

## 17.3 微妙小国度

前后效果对比

原图　　效果图

**素材文件** 背景.tif、蘑菇1.tif、人物.tif、蘑菇2.tif、蒲公英1.tif、蒲公英2.tif、蒲公英3.tif、蒲公英4.tif

**效果文件** 微妙小国度.psd

**存放路径** 光盘\源文件与素材\第17章\17.3微妙小国度

### 案例点评

本案例将制作“微妙小国度”的合成效果图。主要运用“色彩平衡”命令，调整人物的环境颜色，通过“橡皮擦”、“画笔”等工具，制作人物的投影效果，让人物更加融合于背景中，通过素材蘑菇、蒲公英等图片的组合，让人物拥有了更多的参照物，使整体效果更具有小人国的感觉。

修图步骤

**1** 选择“文件→打开”命令，或按“Ctrl+O”组合键，打开配套光盘中的素材图片“背景.tif”，如图17–125所示。

**2** 选择“文件→打开”命令，打开配套光盘中的素材图片“蘑菇1.tif”，如图17–126所示。

图17-125 打开素材图片

图17-126 打开素材图片

**3** 单击工具箱中的“移动”工具，将图片拖曳到“背景”文件窗口中释放，对素材的大小和位置进行调整，如图17–127所示。

**4** 选择“文件→打开”命令，打开配套光盘中的素材图片“人物.tif”，如图17–128所示。

**5** 单击工具箱中的“移动”工具，将图片拖曳到“背景”文件窗口中释放，按“Ctrl+T”组合键，对素材的大小和位置进行调整，如图17–129所示，双击图像确定变换。

**6** 单击工具箱中的“橡皮擦”工具，擦除人物底部边缘部分，效果如图17–130所示。

**7** 选择“图像→调整→色彩平衡”命令，或按“Ctrl+B”组合键，打开“色彩平衡”对话框，设置参数为47，50，–19，如图17–131所示。

**8** 选择“阴影”单选按钮，设置参数为 3，15，–15，如图 17–132 所示。

图17-127 导入素材图片

图17-128 打开素材图片

图17-129 导入素材图片

图17-130 擦除人物底部边缘部分

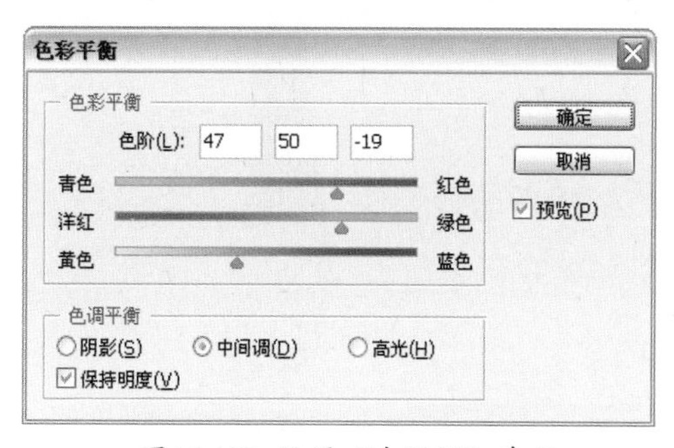


图17-131 设置“中间调”参数

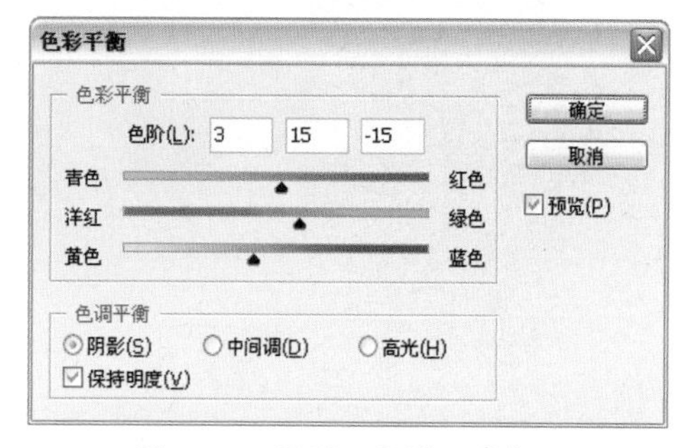


图17-132 设置“阴影”参数

**9** 单击“确定”按钮，照片的颜色效果如图 17–133 所示。

**10** 按住“Ctrl”键，单击“图层 1”的缩览图窗口，载入图像外轮廓选区，如图 17–134 所示。

图17-133 照片的颜色效果

图17-134 载入图像外轮廓选区

**11** 在“图层 1”下一层新建“图层 3”，选择“选择→修改→羽化”命令，打开“羽化选区”对话框，设置“羽化半径”为 10 像素，单击选区工具，将选区向下移动，设置“前景色”为黑色，按“Alt+Delete”组合键，填充选区颜色，如图 17–135 所示。

**12** 按“Ctrl+D”组合键取消选区，单击工具箱中的“橡皮擦”工具，擦除图形边缘，效果如图 17–136 所示。

图17-135 填充选区颜色

图17-136 擦除图形边缘

**13** 新建“图层 4”，按住“Ctrl”键，单击“图层 1”的缩览图窗口，载入图像外轮廓选区，单击工具箱中的“画笔”工具，设置属性栏上的“不透明度”为 75%，“前景色”为黑色，在人物的头发部分绘制颜色，效果如图 17–137 所示。

**14** 选择“文件→打开”命令，打开配套光盘中的素材图片“蘑菇 2.tif”，如图 17–138 所示。

图17-137 绘制颜色

图17-138 打开素材图片

**15** 单击工具箱中的“移动”工具，将图片拖曳到“背景”文件窗口中释放，按“Ctrl+T”组合键，对素材的大小和位置进行调整，如图 17–139 所示，双击图像确定变换。

**16** 单击工具箱中的“橡皮擦”工具，擦除图片边缘部分，效果如图 17–140 所示。

图17-139 导入素材图片

图17-140 擦除图片边缘部分

**17** 按“Ctrl+J”组合键，创建多个副本图层，分别调整图片的大小和位置，如图 17–141 所示。

**18** 选择“文件→打开”命令，打开配套光盘中的素材图片“蒲公英 1.tif”，如图 17–142 所示。

图17-141 复制图像并调整位置

图17-142 打开素材图片

**19** 单击工具箱中的“移动”工具，将图片拖曳到“背景”文件窗口中释放，按“Ctrl+T”组合键，对素材的大小和位置进行调整，如图 17–143 所示，双击图像确定变换。

**20** 单击工具箱中的“橡皮擦”工具，擦除图片底部边缘部分，效果如图 17–144 所示。

图17-143 导入素材图片

图17-144 擦除图片底部边缘部分

**21** 选择“文件→打开”命令，打开配套光盘中的素材图片“蒲公英 2.tif”，如图 17–145 所示。

**22** 单击工具箱中的“移动”工具，将图片拖曳到“背景”文件窗口中释放，按“Ctrl+T”组合键，对素材的大小和位置进行调整，如图 17–146 所示，双击图像确定变换。

图17-145 打开素材图片

图17-146 导入素材图片

**23** 选择“图像→调整→色彩平衡”命令，或按“Ctrl+B”组合键，打开“色彩平衡”对话框，设置参数为 85，22，–33，如图 17–147 所示。

**24** 选择“阴影”单选按钮，设置参数为 33，52，2，如图 17–148 所示。

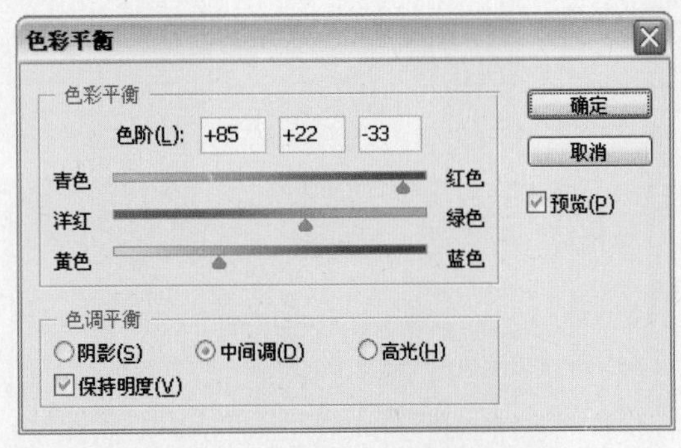


图17-147 设置“中间调”参数

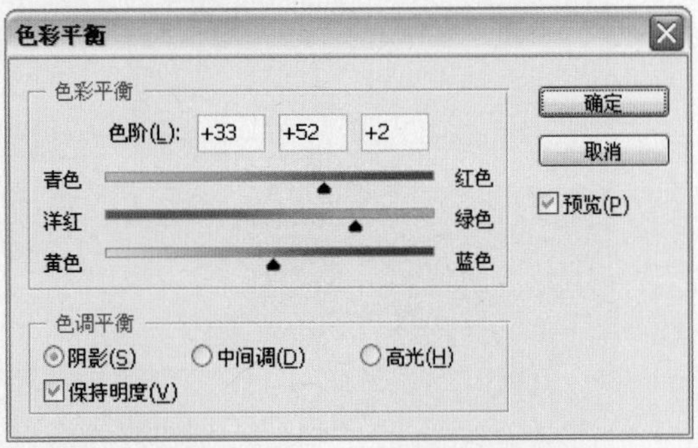

图17-148 设置“阴影”参数

**25** 单击“确定”按钮，照片的颜色效果如图 17–149 所示。

**26** 选择“文件→打开”命令，打开配套光盘中的素材图片“蒲公英 3.tif”和“蒲公英 4.tif”，如图 17–150 和图 17–151 所示。

图17-149 照片的颜色效果

图17-150 打开素材图片

图17-151 打开素材图片

**27** 单击工具箱中的“移动”工具，分别将图片拖曳到“背景”文件窗口中释放，按“Ctrl+T”组合键，分别对素材的大小和位置进行调整，如图 17–152 所示。

**28** 新建图层，单击工具箱中的“画笔”工具，设置“前景色”为绿色（R:94，G:133，B:15），窗口中绘制颜色，效果如图 17–153 所示。

图17-152 导入素材图片

图17-153 绘制颜色

**29** 单击“画笔”工具，单击其属性栏上的“切换画笔面板”按钮，打开“画笔”面板，选择“画笔笔尖形状”选项，选择“尖角 20 px”画笔样式，设置“间距”为 500%，设置其他参数如图 17–154 所示。

**30** 选择“形状动态”复选框，设置“大小抖动”为100%，设置其他参数如图17–155所示。

**31** 选择“散布”复选框，设置“散布”为650%，设置其他参数如图17–156所示。

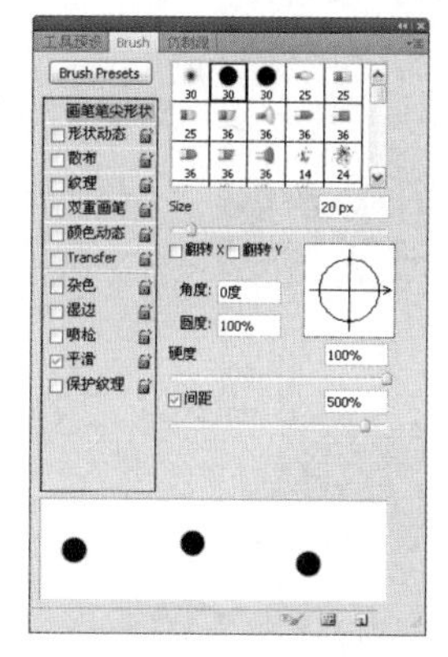

图17-154 设置“画笔笔尖形状”参数

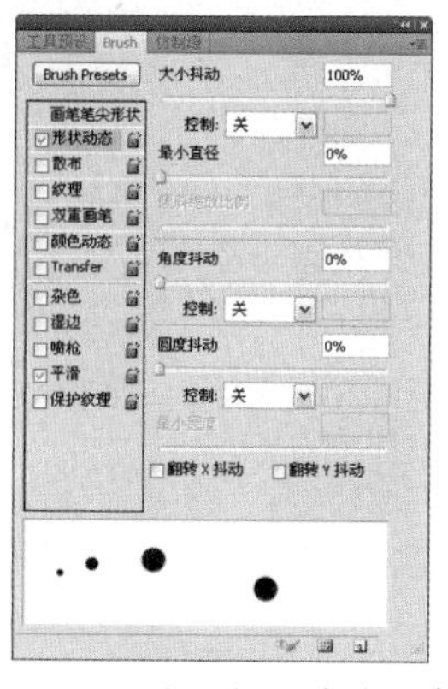

图17-155 设置“大小抖动”参数

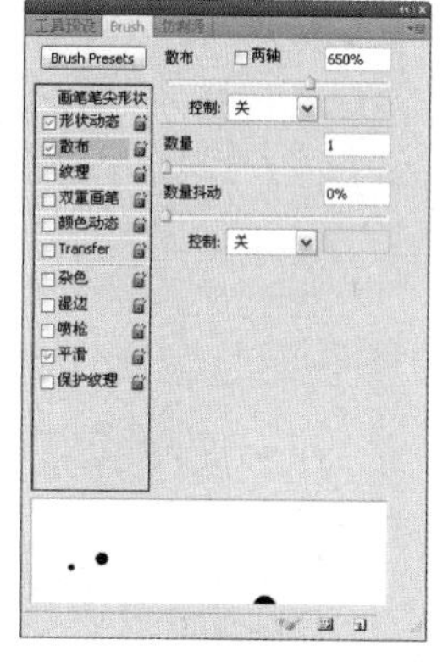

图17-156 设置“散布”参数

**32** 新建图层，设置“前景色”为白色，在窗口中拖动鼠标，绘制圆点图像，效果如图17–157所示。

**33** 双击图层，打开“图层样式”对话框，在对话框中选择“外发光”复选框，设置“不透明度”为70%，设置其他参数如图17–158所示。

图17-157 绘制圆点图像

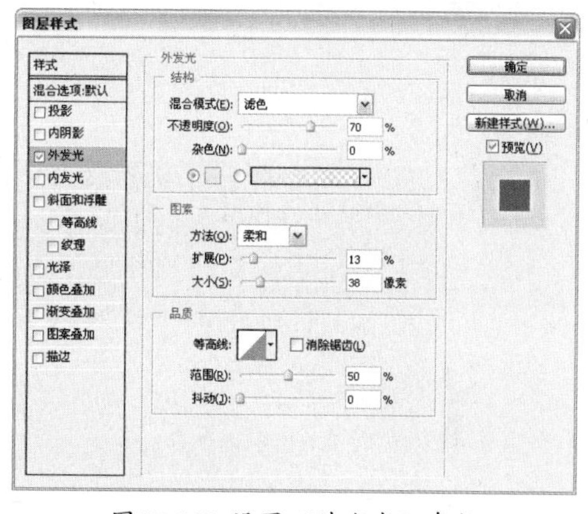


图17-158 设置“外发光”参数

**34** 单击“确定”按钮，效果如图17–159所示。

**35** 单击图层面板下方的“创建新的填充或调整图层”按钮，选择“色彩平衡”命令，打开“色彩平衡”调整面板，调整参数如图17–160所示。

**36** 选择“阴影”单选按钮，设置参数为8，–5，13，如图17–161所示。

图17-159 添加“外发光”的效果

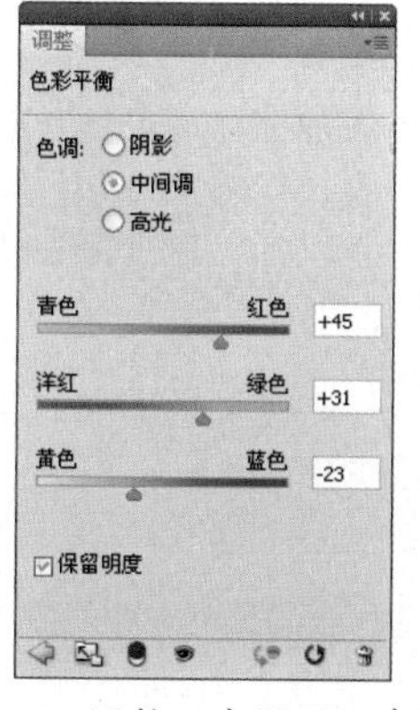


图17-160 调整“中间调”参数

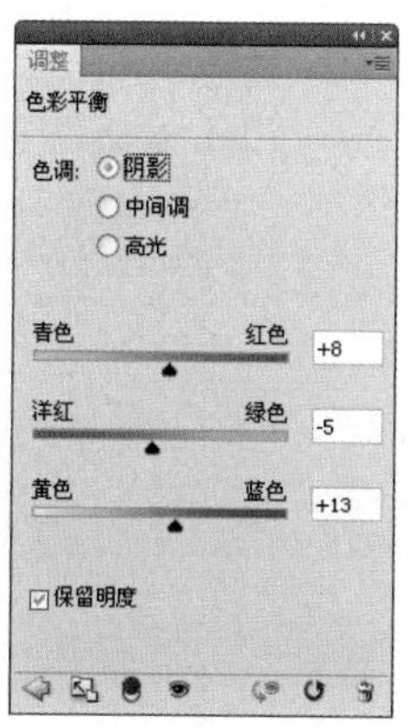


图17-161 设置“阴影”参数

37 选择“高光”单选按钮，设置参数为 0，10，0，如图 17–162 所示。

38 单击“确定”按钮，图像颜色效果如图 17–163 所示。

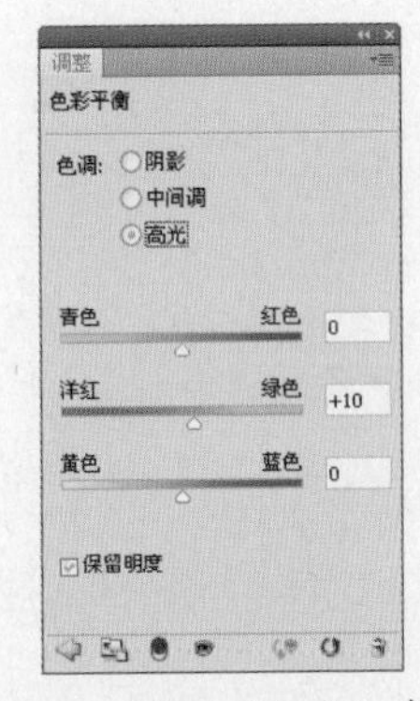

图17-162 设置“高光”参数

图17-163 图像颜色效果

39 新建图层，单击工具箱中的“圆角矩形”工具，设置“前景色”为淡绿色（R:223，G:237，B:161），单击属性栏上的“填充像素”按钮，设置“半径”为 3px，在窗口中拖动鼠标，绘制圆角矩形图形如图 17–164 所示。

40 按“Ctrl+Alt+T”组合键，打开“自由变换”调节框，向右平行移动图形，图层面板自动创建副本图层，如图 17–165 所示，按“Enter”键确定变换。

按住“Shift”键移动图形或按键盘上的方向键，可以平行移动图形。

图17-164 绘制圆角矩形

图17-165 移动复制图形

41 按“Ctrl+Alt+Shift+T”组合键，重复上一次的移动复制操作，复制多个图形，合并圆角矩形图形，如图 17–166 所示。

42 运用同样的方法，按“Ctrl+Alt+T”组合键，向下移动复制图形，如图 17–167 所示。

图17-166 重复移动复制操作

图17-167 移动复制图形

**43** 按“Ctrl+Alt+Shift+T”组合键，重复上一次的移动复制操作，向下复制图形，并合并圆角矩形图形，如图 17–168 所示。

**44** 设置“前景色”为白色，单击工具箱中的“横排文字”工具T，在窗口中输入文字，如图 17–169 所示。

图17-168 重复移动复制图形

图17-169 输入文字

**45** 选择圆角矩形图层，按住“Ctrl”键，单击“文字”图层的缩览图窗口，载入文字外轮廓选区，单击“文字”图层的“指示图层可见性”按钮，隐藏该图层，按“Delete”键删除选区内容，如图 17–170 所示。

**46** 双击图层后的空白区域，打开“图层样式”对话框，在对话框中选择“描边”复选框，设置“颜色”为绿色（R:119，G:157，B:4），“大小”为 3 像素，设置其他参数如图 17–171 所示。

图17-170 删除选区内容

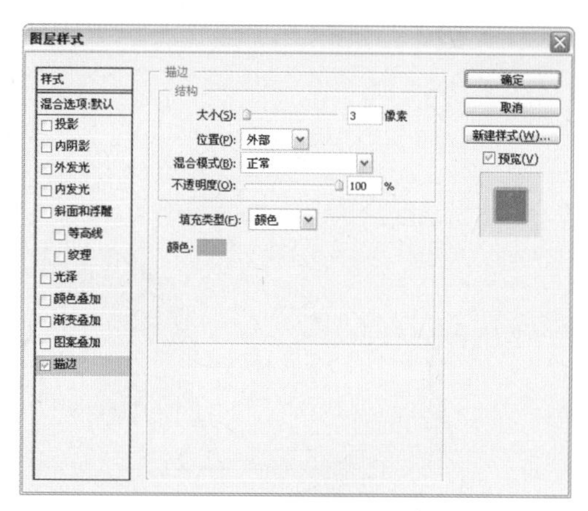


图17-171 设置“描边”参数

**47** 单击“确定”按钮，主题文字与背景更加融合，效果如图 17–172 所示。

**48** 单击工具箱中的“横排文字”工具T，在窗口中分别输入文字，制作完成后的最终效果如图 17–173 所示。

图17-172 描边后的效果

图17-173 最终效果

# 第 18 章　奇异图片缝合

本章讲解的内容主要以奇异图片缝合为主，将一些寻常的图片进行调整和组合，制作出意想不到的奇异效果。图片的合成，少不了对素材的筛选、图像的选取、图像组合、色彩调整等一系列操作步骤，本章将列举猫与狗、帽子下的脸、海龟飞船 3 个合成效果，带领读者掌握其中的组合方法和操作技巧，通过本章的学习，读者可以展开自己丰富的想象力，制作出更多有趣的奇异图片。

## 18.1 猫与狗

素材文件 小猫.tif、小狗.tif

效果文件 猫与狗.psd

存放路径 光盘\源文件与素材\第18章\18.1猫与狗

### 案例点评

本案例主要制作一幅“猫与狗”的合成效果图。在制作过程中主要将小狗的头部与猫的身体部分进行合成，通过“橡皮擦”工具的擦除，让小狗的头部吻合地与猫进行组合，运用“色彩平衡”命令的调整，使两幅图片的颜色统一，让吻合的图片更加逼真。

修图步骤

1 选择“文件→打开”命令，或按“Ctrl+O”组合键，打开配套光盘中的素材图片“猫 .tif”，如图 18–1 所示。

2 选择“文件→打开”命令，或按“Ctrl+O”组合键，打开配套光盘中的素材图片“小狗 .tif”，如图 18–2 所示。

图18-1 打开素材图片

图18-2 打开素材图片

3 单击工具箱中的“移动”工具，将素材图片拖曳到“猫”文件窗口中释放，按“Ctrl+T”组合键，对素材的大小和位置进行调整，如图 18–3 所示，双击图像确定变换。

4 单击工具箱中的“橡皮擦”工具，对图像中小狗颈部的多余皮毛进行擦除，效果如图 18–4 所示。

5 选择“图像→调整→色彩平衡”命令，打开“色彩平衡”对话框，设置参数为 +15，–5，–10，参数如图 18–5 所示。

6 在“色彩平衡”对话框中选择“阴影”单选按钮，设置参数为 –10，0，+16，如图 18–6 所示。

7 单击“确定”按钮，小狗与猫的色调更加吻合，效果如图 18–7 所示。

图18-3 导入素材图片

图18-4 擦除多余图像

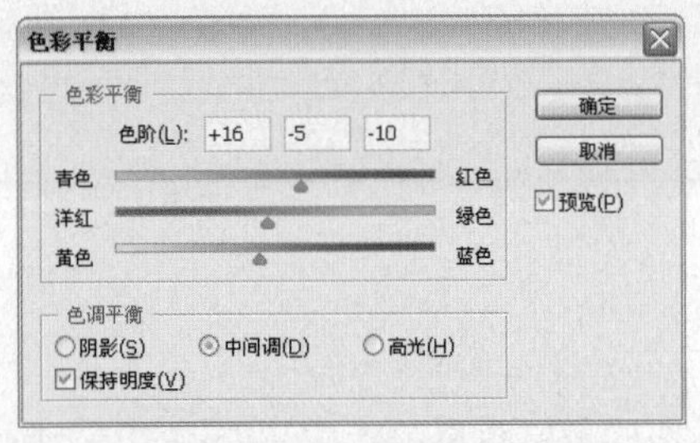


图18-5 设置“中间调”参数

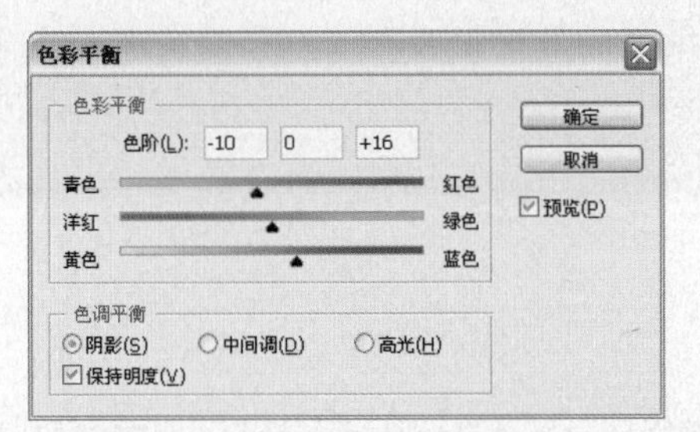


图18-6 设置“阴影”参数

图18-7 调整“色彩平衡”后的效果

## 18.2 帽子下的脸

素材文件 小狗.tif、帽子.tif

效果文件 帽子下的脸.psd

存放路径 光盘\源文件与素材\第18章\18.2帽子下的脸

### 案例点评

本案例主要制作一幅“帽子下的脸”合成效果图。在制作过程中主要将帽子与小狗进行合成处理，首先将帽子导入到小狗素材图片中，调整合适的大小和位置，然后根据帽子的位置添加投影效果，具体的操作步骤下面将为读者详细讲解。

修图步骤

**1** 选择“文件→打开”命令，或按“Ctrl+O”组合键，打开配套光盘中的素材图片“小狗.tif”，如图18–8所示。

**2** 选择“文件→打开”命令，或按“Ctrl+O”组合键，打开配套光盘中的素材图片“帽子.tif”，如图18–9所示。

图18-8 打开素材图片

图18-9 打开素材图片

**3** 单击工具箱中的“移动”工具，将素材图片拖曳到“小狗”文件窗口中释放，按“Ctrl+T”组合键，对素材的大小和位置进行调整，如图18–10所示，双击图像确定变换。

**4** 按住“Ctrl”键，在“图层”面板中单击“图层1”的缩览图窗口，载入图像外轮廓选区，如图18–11所示。

图18-10 导入素材图片

图18-11 载入选区

**5** 选择“选择→修改→羽化→”命令，打开“羽化选区”对话框，设置“羽化半径”为10像素，如图18–12所示，单击“确定”按钮。

**6** 新建“图层2”，拖动该图层到“图层1”的下一层，设置“前景色”为黑色，按“Alt+Delete”组合键，填充选区颜色，单击工具箱中的“移动”工具，对图像的位置进行调整，如图18–13所示，按“Ctrl+D”取消选区。

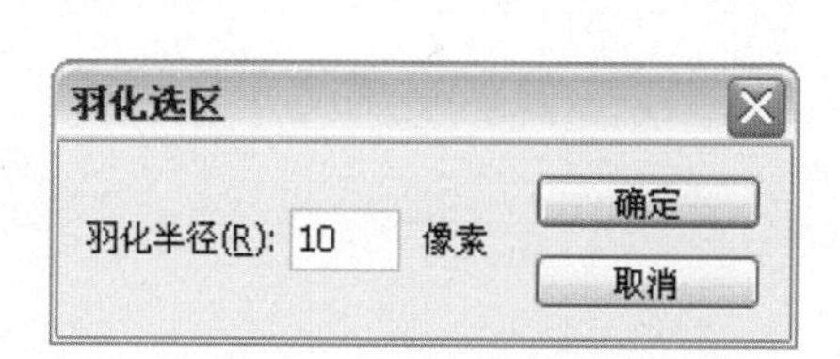


图18-12 设置“羽化”参数

图18-13 调整位置

7 单击工具箱中的“橡皮擦”工具，对图像中的“投影”边缘部分进行擦除，制作完成后的最终效果如图 18-14 所示。

图18-14 最终效果

## 18.3 海龟飞船

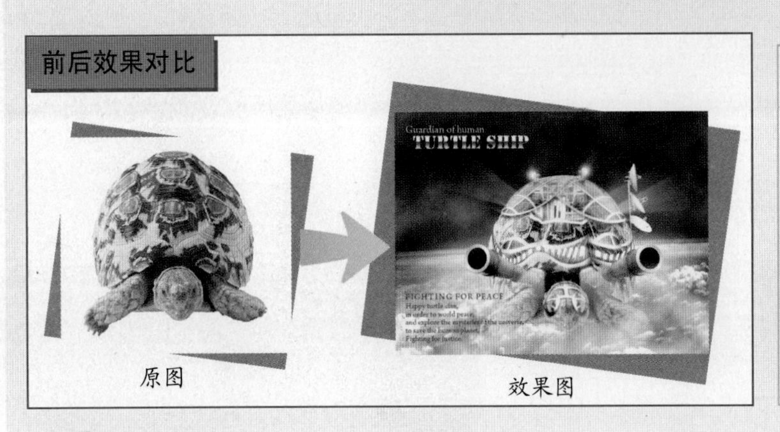


**素材文件** 天空.tif、海龟.tif、炮筒.tif、别墅.tif、窗户.tif、玻璃天窗.tif、车灯.tif、雷达.tif、船窗.tif

**效果文件** 海龟飞船.psd

**存放路径** 光盘\源文件与素材\第18章\18.3海龟飞船

### 案例点评

本案例制作一幅“海龟飞船”的合成效果图。主要将一系列素材图片对“海龟”进行修饰和处理，组合成一幅奇异的效果图，不同的素材图片有不同的合成方法，在制作过程中需要根据物体的位置、光照方向等，来添加投影效果、环境色，这样才能使合成的效果更加逼真。

修图步骤

1 选择“文件→打开”命令，或按“Ctrl+O”组合键，打开配套光盘中的素材图片“天空.tif”，如图 18-15 所示。

2 选择“图像→调整→去色”命令，或按“Ctrl+Shift+U”组合键，去掉图像颜色，如图 18-16 所示。

图18-15 打开素材图片

图18-16 去掉图像颜色

3 选择“图像→调整→色阶”命令，打开“色阶”对话框，设置参数为111，0.66，216，如图18-17所示。

4 单击“确定”按钮，图像的明暗对比变得更加强烈，效果如图18-18所示。

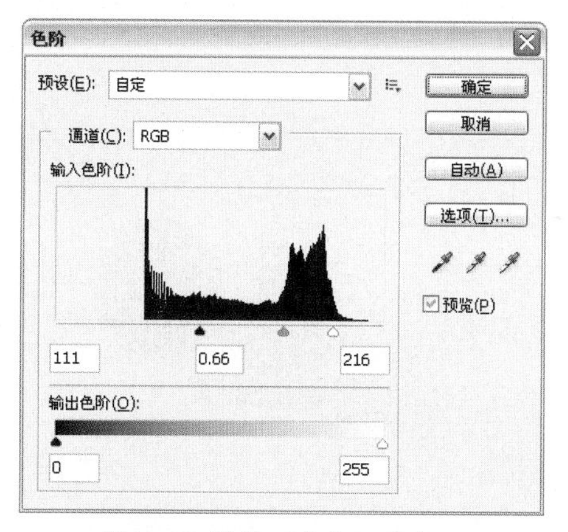


图18-17 调整“色阶”参数

图18-18 调整“色阶”后的效果

5 新建“图层1”，设置“前景色”为绿色（R:50，G:75，B:1），按“Alt+Delete”组合键填充颜色，设置“图层混合模式”为叠加，效果如图18-19所示。

6 新建“图层2”，设置“前景色”为橘红色（R:254，G:144，B:25），单击工具箱中的“画笔”工具，在窗口中绘制颜色，如图18-20所示。

图18-19 设置“图层混合模式”

图18-20 绘制颜色

7 设置“图层混合模式”为柔光，“不透明度”为50%，效果如图18-21所示。

8 选择“文件→打开”命令，或按“Ctrl+O”组合键，打开配套光盘中的素材图片“海龟.tif”，如图18-22所示。

图18-21 设置“图层混合模式”

图18-22 打开素材图片

**9** 单击工具箱中的“移动”工具，将素材图片拖曳到“天空”文件窗口中释放，按“Ctrl+T”组合键，对素材的大小和位置进行调整，如图 18–23 所示，按“Enter”键确定。

**10** 选择“文件→打开”命令，或按“Ctrl+O”组合键，打开配套光盘中的素材图片“炮筒 .tif”，如图 18–24 所示。

图18-23 导入素材图片

图18-24 打开素材图片

**11** 单击工具箱中的“移动”工具，将素材图片拖曳到“天空”文件窗口中释放，按“Ctrl+T”组合键，对素材的大小和位置进行调整，如图 18–25 所示，按“Enter”键确定。

**12** 单击工具箱中的“橡皮擦”工具，对图像的边缘进行擦除，效果如图 18–26 所示。

图18-25 导入素材图片

图18-26 擦除图像的边缘

**13** 按“Ctrl+J”组合键，创建副本图像，按“Ctrl+T”组合键，打开“自由变换”调节框，在窗口中单击鼠标右键，选择快捷菜单中的“水平翻转”命令，调整图像位置如图 18–27 所示，按“Enter”键确定。

**14** 单击工具箱中的“钢笔”工具，在窗口中绘制路径，选择龟壳部分，如图 18–28 所示。

图18-27 复制图像并调整位置

图18-28 绘制路径

**15** 按“Ctrl+Enter”组合键，将路径转换为选区，如图 18–29 所示。

**16** 选择“选择→存储选区”命令，打开“存储选区”对话框，设置“名称”为选区 1，如图 18–30 所示，单击“确定”按钮保存选区。

图18-29 路径转换为选区

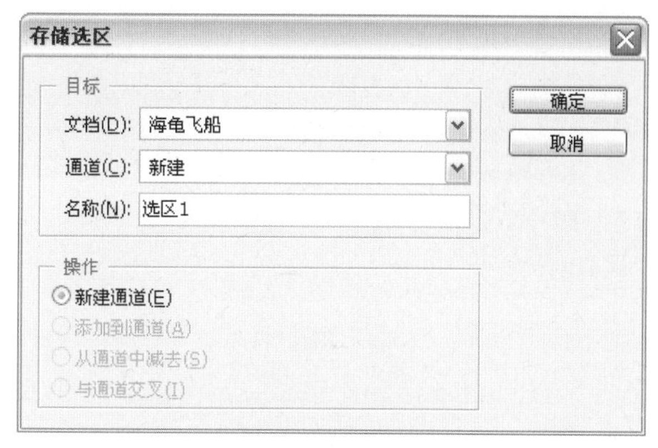


图18-30 存储选区

**17** 选择“文件→打开”命令，或按“Ctrl+O”组合键，打开配套光盘中的素材图片“别墅.tif”，如图 18–31 所示。

**18** 单击工具箱中的“移动”工具，将素材图片拖曳到“天空”文件窗口中释放，并按“Ctrl+T”组合键，对素材的大小和位置进行调整，如图 18–32 所示，按“Enter”键确定。

图18-31 打开素材图片

图18-32 导入素材图片

**19** 选择“图像→调整→曲线”命令，打开“曲线”对话框，在对话框中调整曲线，如图 18–33 所示。

**20** 单击“确定”按钮，图像的整体亮度和对比度提高了，效果如图 18–34 所示。

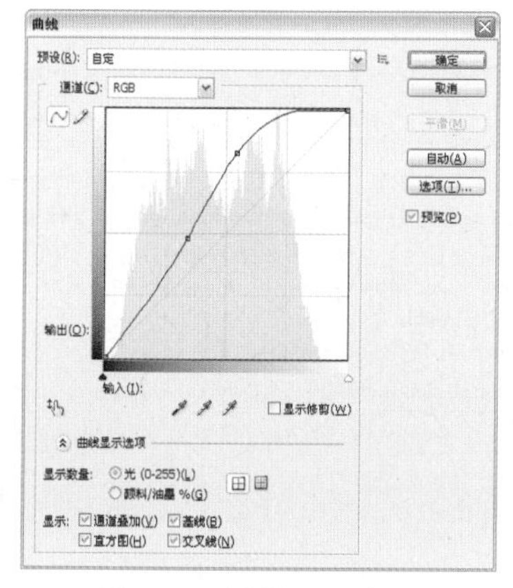


图18-33 调整“曲线”

图18-34 调整“曲线”后的效果

**21** 选择“图像→调整→色彩平衡”命令，或按“Ctrl+B”组合键，打开“色彩平衡”对话框，设置参数为 30，-16，-40，如图 18-35 所示。

**22** 单击“确定”按钮，图像的颜色效果如图 18-36 所示。

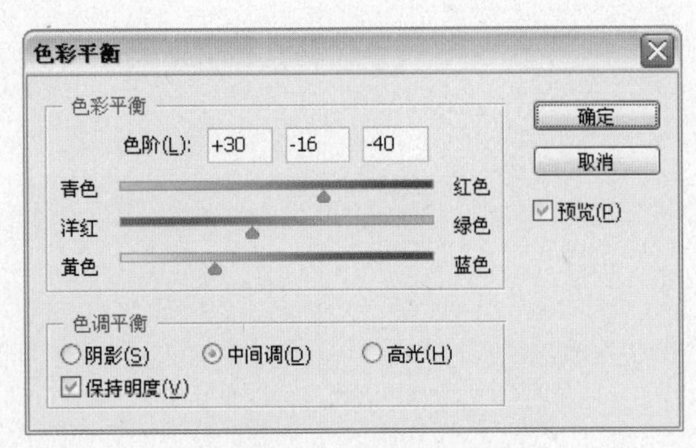


图18-35 设置“色彩平衡”参数

图18-36 调整“色彩平衡”后的效果

**23** 选择“选择→载入选区”命令，打开“载入选区”对话框，在“通道”下拉列表中选择存储的“选区 1”，如图 18-37 所示，单击“确定”按钮载入选区。

**24** 选择“选择→反向”命令，或按“Ctrl+Shift+I”组合键，反选选区，单击工具箱中的“橡皮擦”工具，擦除图像边缘部分如图 18-38 所示。

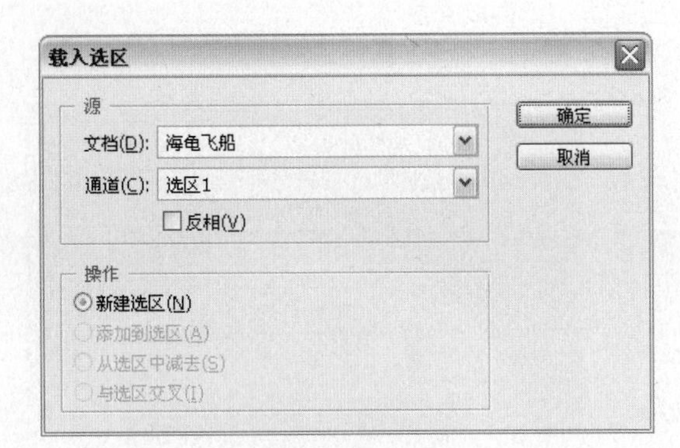


图18-37 载入选区

图18-38 擦除图像边缘部分

**25** 新建图层，按“Ctrl+Shift+I”组合键，反选选区，设置“前景色”为褐色（R:87，G:65，B:38），单击工具箱中的“画笔”工具，设置属性栏上的“不透明度”为 60%，“流量”为 60%，在选区边缘绘制颜色，制作投影效果如图 18-39 所示。

**26** 选择“文件→打开”命令，或按“Ctrl+O”组合键，打开配套光盘中的素材图片“窗户 .tif”，如图 18-40 所示。

图18-39 绘制颜色

图18-40 打开素材图片

**27** 单击工具箱中的“移动”工具，将素材图片拖曳到“天空”文件窗口中释放，按“Ctrl+T”组合键，打开“自由变换”调节框，在窗口中单击鼠标右键，选择快捷菜单中的“变形”命令，并拖动调结点变形图像如图 18–41 所示，按“Enter”键确定。

**28** 运用同样的方法，导入多个“窗户”图像，分别变形图像如图 18–42 所示。

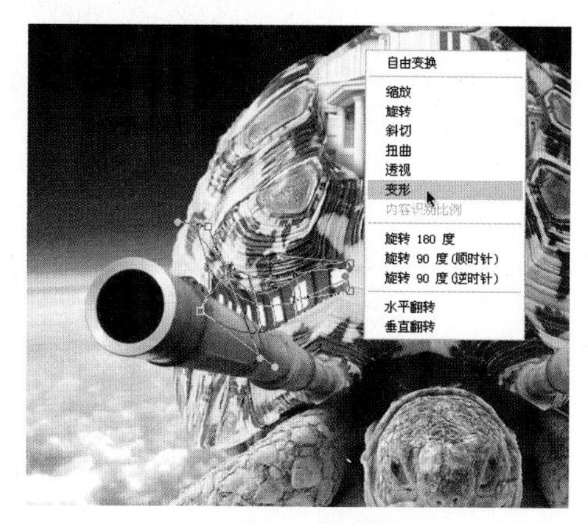


图18-41 变形图像

图18-42 分别变形图像

**29** 按住“Ctrl”键不放，在“图层”面板中加选导入的多个“窗户”图层，按“Ctrl+E”组合键，合并图层，重命名为船窗，如图 18–43 所示。

**提示**

*双击图层名，可以对图层名进行更改，或者选择“图层→图层属性”命令，打开“图层属性”对话框，也可以对图层名进行更改。*

**30** 选择“图像→调整→曲线”命令，打开“曲线”对话框，在对话框中调整曲线，如图 18–44 所示，单击“确定”按钮。

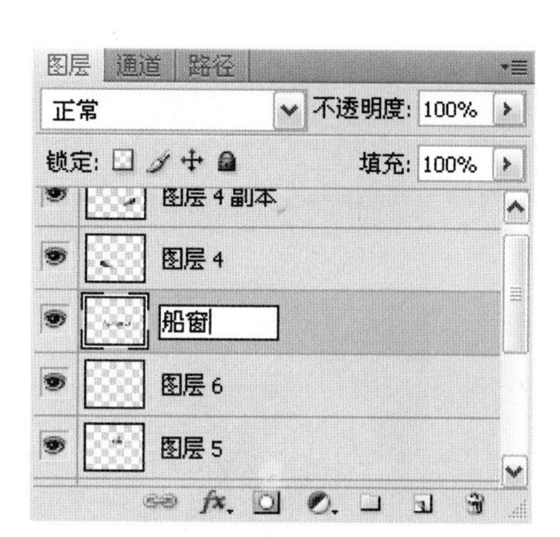


图18-43 合并图层并重命名

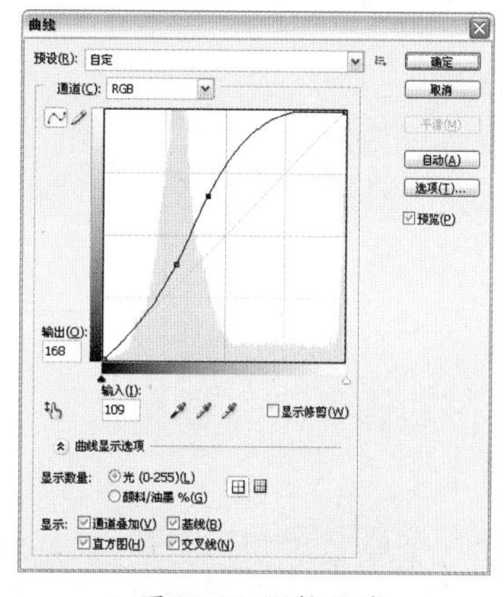


图18-44 调整曲线

**31** 选择“图像→调整→色彩平衡”命令，打开“色彩平衡”对话框，在对话框中拖动“滑块”，分别调整参数，如图 18–45 所示。

**32** 单击“确定”按钮，图像颜色效果如图 18–46 所示。

**33** 按住“Ctrl”键，单击“船窗”图层的缩览图窗口，载入图像外轮廓选区，新建图层，设置“前景色”为褐色（R:42，G:25，B:12），单击工具箱中的“画笔”工具，在选区下部边缘绘制颜色，制作投影效果如图 18–47 所示。

**34** 选择“文件→打开”命令，或按“Ctrl+O”组合键，打开配套光盘中的素材图片“玻璃天窗 .tif”，如图 18–48 所示。

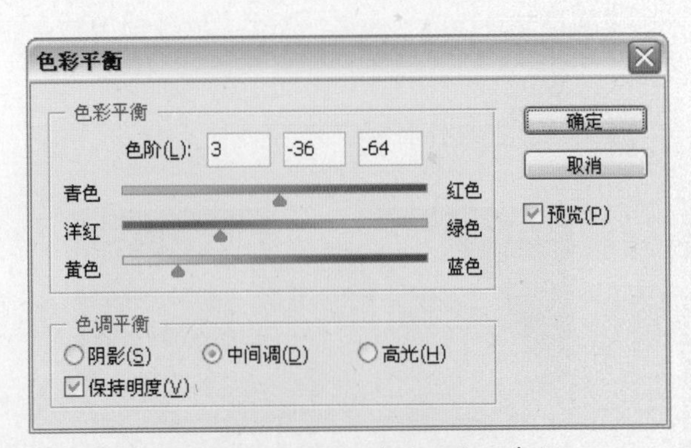


图18-45 调整“色彩平衡”参数

图18-46 调整“色彩平衡”后的效果

图18-47 绘制颜色

图18-48 打开素材图片

**35** 单击工具箱中的“钢笔”工具，在窗口中绘制路径，选择图像如图 18-49 所示。

**36** 按“Ctrl+Enter”组合键，将路径转换为选区，单击工具箱中的“移动”工具，将选区图片拖曳到“天空”文件窗口中释放，按“Ctrl+T”组合键，打开“自由变换”调节框，在窗口中单击鼠标右键，选择快捷菜单中的“水平翻转”命令，调整图像大小位置，如图 18-50 所示，按“Enter”键确定。

图18-49 绘制路径

图18-50 导入素材图片

**37** 选择“图像→调整→色相 / 饱和度”命令，打开“色相 / 饱和度”对话框，设置“色相”为 -77，“饱和度”为 5，如图 18-51 所示。

**38** 单击“确定”按钮，图像颜色效果如图 18-52 所示。

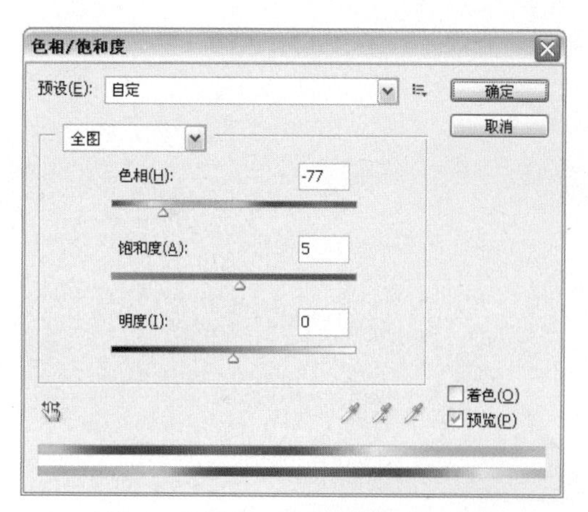


图18-51 设置“色相/饱和度”参数

图18-52 调整“色相/饱和度”后的效果

**39** 按“Ctrl+J”组合键，创建副本图像，按“Ctrl+T”组合键，打开“自由变换”调节框，在窗口中单击鼠标右键，选择组合菜单中的“水平翻转”命令，调整图像位置如图 18–53 所示，按“Enter”键确定。

**40** 单击工具箱中的“钢笔”工具，在窗口中绘制路径，如图 18–54 所示。

图18-53 复制图像并调整位置

图18-54 绘制路径

**41** 新建图层，按“Ctrl+Enter”组合键，将路径转换为选区，设置“前景色”为灰色（R:202，G:202，B:202），按“Alt+Delete”组合键填充选区颜色，如图 18–55 所示。

**42** 单击工具箱中的“加深”工具和“减淡”工具，分别调整图像的明暗部分，效果如图 18–56 所示

图18-55 填充选区颜色

图18-56 调整图像的明暗部分

**43** 运用同样的方法，制作其他窗户边缘图像，效果如图 18–57 所示。

**44** 选择“文件→打开”命令，或按“Ctrl+O”组合键，打开配套光盘中的素材图片“车灯 .tif”，如图 18–58 所示。

图18-57 制作窗户边缘图像

图18-58 打开素材图片

**45** 单击工具箱中的“移动”工具，将素材图片拖曳到“天空”文件窗口中释放，并按“Ctrl+T”组合键，调整图像大小位置如图 18–59 所示，按“Enter”键确定。

**46** 选择“图像→调整→色阶”命令，打开“色阶”对话框，设置参数为 77，1.92，192，如图 18–60 所示。

图18-59 导入素材图片

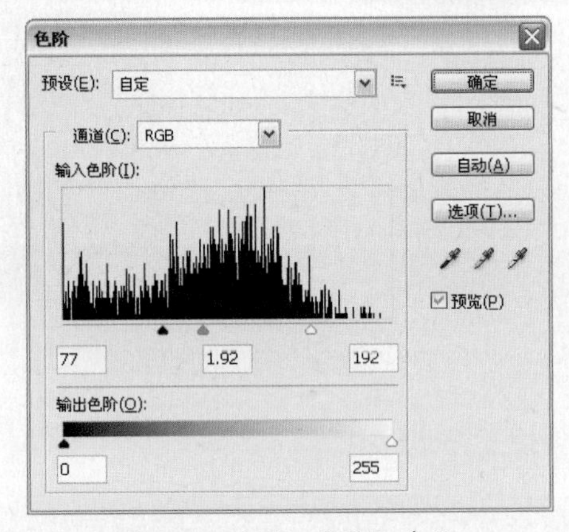


图18-60 设置“色阶”参数

**47** 单击“确定”按钮，图像的整体色调变亮，效果如图 18–61 所示。

**48** 按“Ctrl+J”组合键，创建副本图像，按“Ctrl+T”组合键，打开“自由变换”调节框，并在窗口中单击鼠标右键，选择快捷菜单中的“水平翻转”命令，调整图像位置如图 18–62 所示，按“Enter”键确定。

图18-61 调整“色阶”后的效果

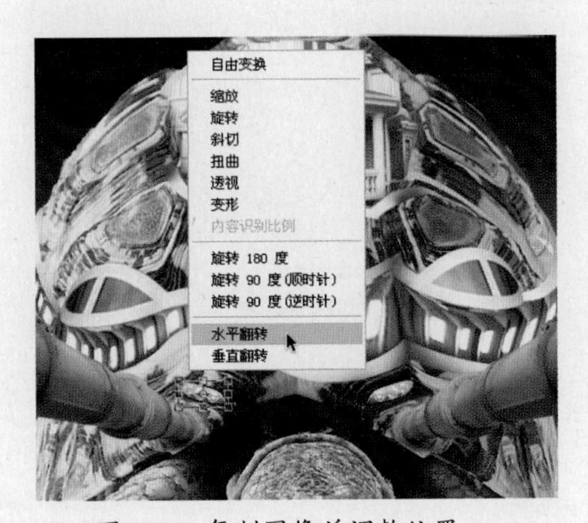


图18-62 复制图像并调整位置

**49** 按住“Shift”键，在“图层”面板中同时选中除“背景”、“图层 1”、“图层 2”以外的所有图层，按“Ctrl+E”组合键，合并图层，重命名为海龟，如图 18-63 所示。

**50** 选择“图像→调整→色彩平衡”命令，打开“色彩平衡”对话框，在对话框中拖动“滑块”，调整参数如图 18-64 所示。

图18-63 合并图层并重命名

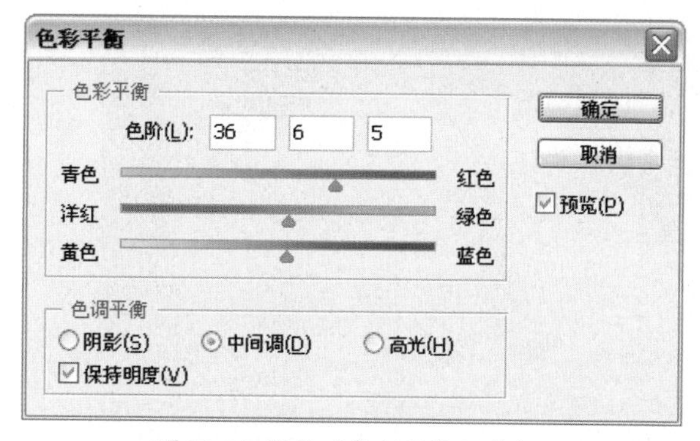


图18-64 调整“色彩平衡”参数

**51** 单击“确定”按钮，图像的颜色效果如图 18-65 所示。

**52** 再次打开“玻璃天窗 .tif”素材图片，单击工具箱中的“移动”工具，将素材图片拖曳到“天空”文件窗口中释放，按“Ctrl+T”组合键，调整图像的大小位置如图 18-66 所示，按“Enter”键确定。

图18-65 调整“色彩平衡”后的效果

图18-66 导入素材图片

**53** 按“Ctrl+J”组合键，创建副本图像，按“Ctrl+T”组合键，打开“自由变换”调节框，在窗口中单击鼠标右键，选择快捷菜单中的“水平翻转”命令，调整图像大小位置，如图 18-67 所示，按“Enter”键确定

**54** 按住“Ctrl”键，在“图层”面板中单击副本图像的缩览图窗口，载入图像外轮廓选区，如图 18-68 所示。

图18-67 复制图像并调整位置

图18-68 载入图像外轮廓选区

55 选择“图层 3”，按“Ctrl+Shift+I”组合键，反选选区，单击工具箱“橡皮擦”工具，擦除多余部分，如图 18–69 所示，按“Ctrl+D”组合键取消选区。

56 合并“图层 3”与“图层 3 副本”图层，选择“图像→调整→色相 / 饱和度”命令，打开“色相 / 饱和度”对话框，在对话框中拖动“滑块”调整参数，如图 18–70 所示，单击“确定”按钮。

图18-69 擦除图像

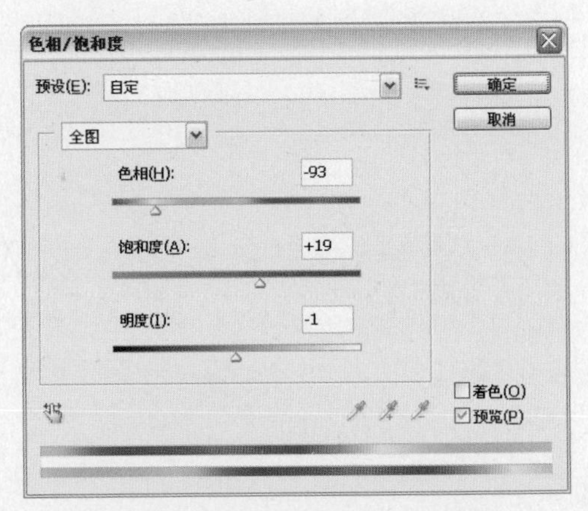


图18-70 调整“色相/饱和度”参数

57 选择“图像→调整→曲线”命令，打开“曲线”对话框，在对话框中调整曲线，如图 18–71 所示。

58 单击“确定”按钮，图像的颜色效果如图 18–72 所示。

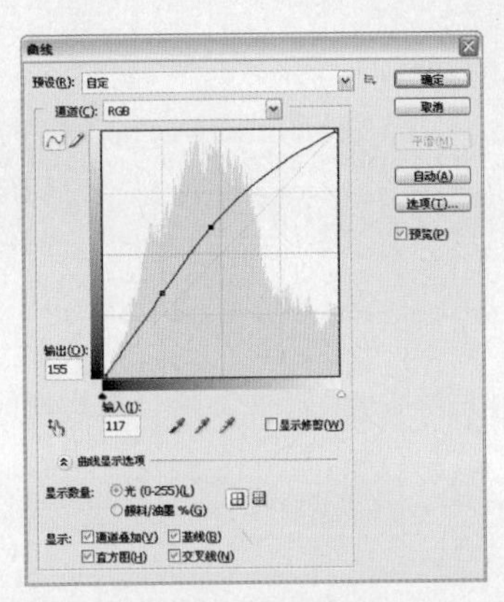


图18-71 调整曲线

图18-72 调整后的颜色效果

59 新建图层，设置“前景色”为嫩绿色（R:229，G:254，B:179），单击工具箱中的“画笔”工具，设置属性栏上的“不透明度”为 100%，“流量”为 100%，在图像中绘制圆点如图 18–73 所示。

60 在“图层”面板中，设置“图层混合模式”为线性光，效果如图 18–74 所示。

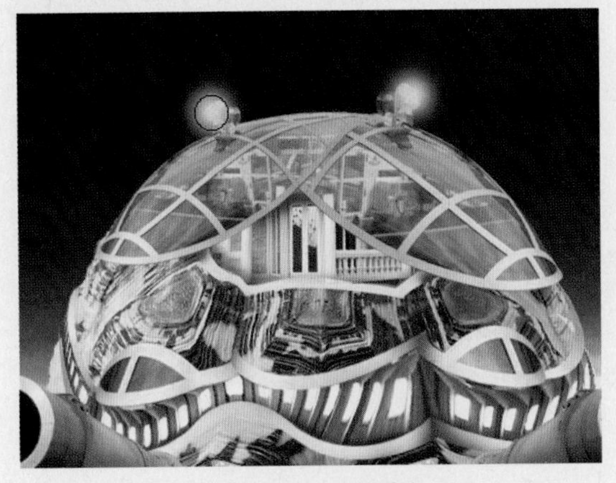

图18-73 绘制圆点

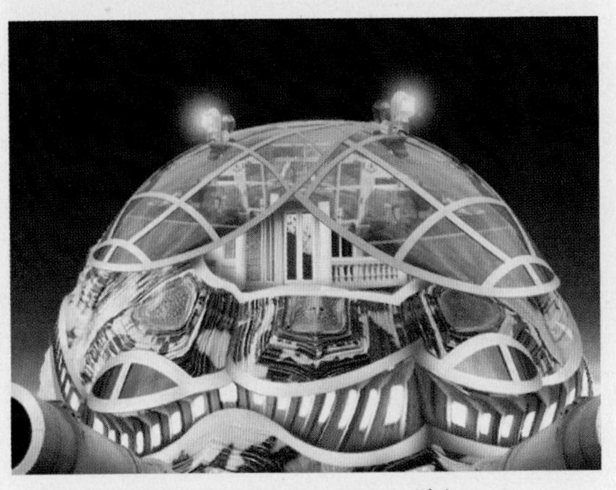

图18-74 设置“图层混合模式”

**61** 按住“Ctrl”键，单击“图层 3”的缩览图窗口，载入图形外轮廓选区，如图 18–75 所示。

**62** 新建图层，拖动该图层到“图层 3”的下一层，选择“选择→修改→羽化”命令，打开“羽化选区”对话框，设置“羽化半径”为 5 像素，并设置“前景色”为深绿色（R:16，G:90，B:1），按“Alt+Delete”组合键，填充选区颜色，如图 18–76 所示。

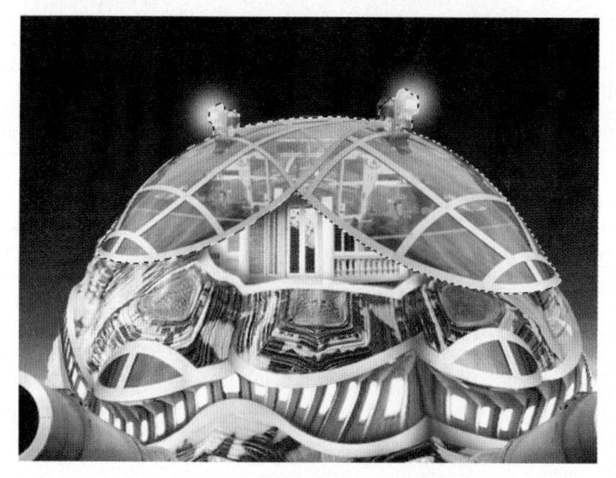
图18-75 载入图形外轮廓选区

图18-76 填充选区颜色

**63** 单击工具箱“橡皮擦”工具，擦除图像的边缘部分，制作投影效果如图 18–77 所示。

**64** 选择“文件→打开”命令，或按“Ctrl+O”组合键，打开配套光盘中的素材图片“雷达 .tif”，如图 18–78 所示。

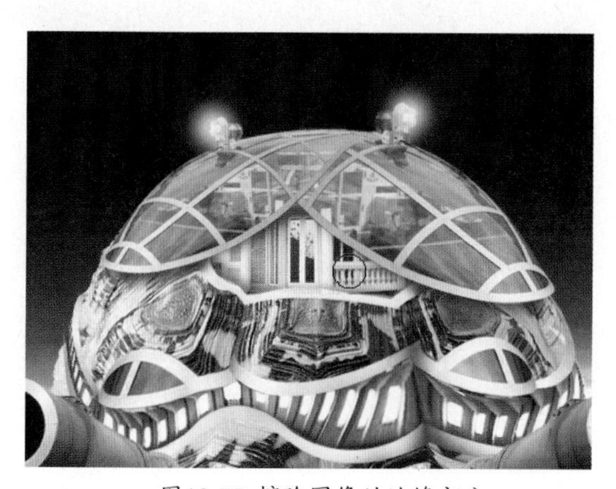
图18-77 擦除图像的边缘部分

图18-78 打开素材图片

**65** 单击工具箱中的“移动”工具，将素材图片拖曳到“天空”文件窗口中释放，并按“Ctrl+T”组合键，调整图像大小位置，如图 18–79 所示，按“Enter”键确定。

**66** 选择“图像→调整→色阶”命令，打开“色阶”对话框，设置参数为 46，1.21，232，如图 18–80 所示。

图18-79 导入素材图片

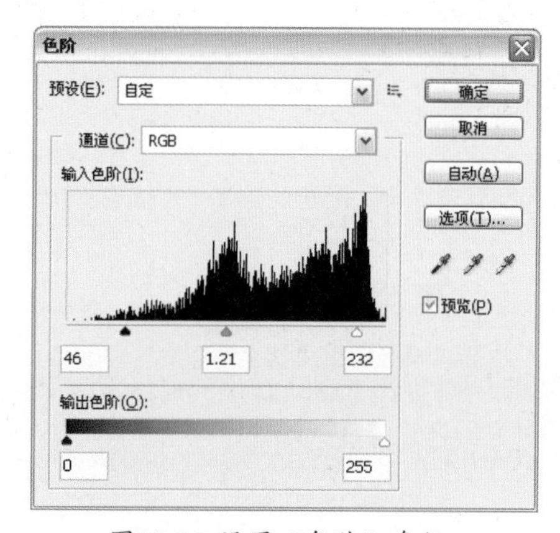

图18-80 设置“色阶”参数

67 选择“图像→调整→色彩平衡”命令，打开“色彩平衡”对话框，在对话框中拖动“滑块”分别调整参数，如图 18-81 所示。

68 单击“确定”按钮，图像的颜色效果如图 18-82 所示。

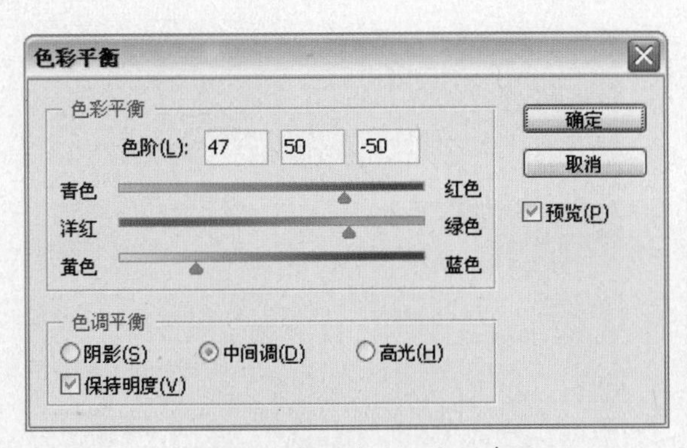


图18-81 调整“色彩平衡”参数

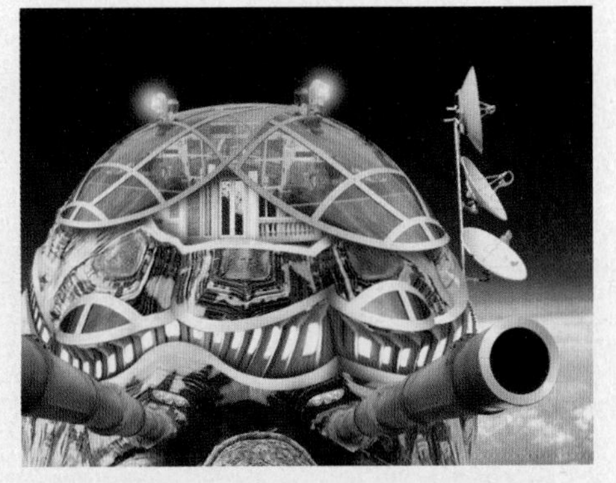

图18-82 调整“色彩平衡”后的效果

69 选择“文件→打开”命令，或按“Ctrl+O”组合键，打开配套光盘中的素材图片“船窗.tif”，如图 18-83 所示。

70 单击工具箱中的“移动”工具，将素材图片拖曳到“天空”文件窗口中释放，并按“Ctrl+T”组合键，调整图像大小位置，如图 18-84 所示，按“Enter”键确定。

图18-83 打开素材图片

图18-84 导入素材图片

71 选择“图像→调整→曲线”命令，打开“曲线”对话框，在对话框中调整曲线，如图 18-85 所示，单击“确定”按钮。

72 选择“图像→调整→色相/饱和度”命令，打开“色相/饱和度”对话框，设置“色相”为 -69，“饱和度”为 -21，如图 18-86 所示。

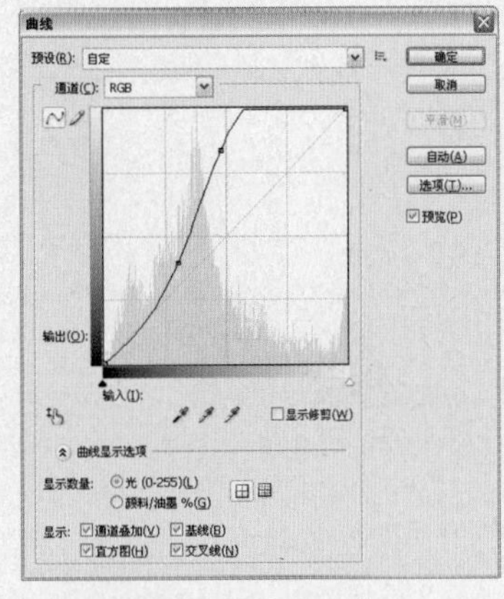


图18-85 调整“曲线”

图18-86 设置“色相/饱和度”参数

73 单击“确定”按钮，图像的颜色效果如图 18–87 所示。

74 按“Ctrl+J”组合键，创建副本图像，按“Ctrl+T”组合键，打开“自由变换”调节框，在窗口中单击鼠标右键，选择快捷菜单中的“水平翻转”命令，调整图像位置如图 18–88 所示，按“Enter”键确定。

图18-87 调整“色相/饱和度”后的效果

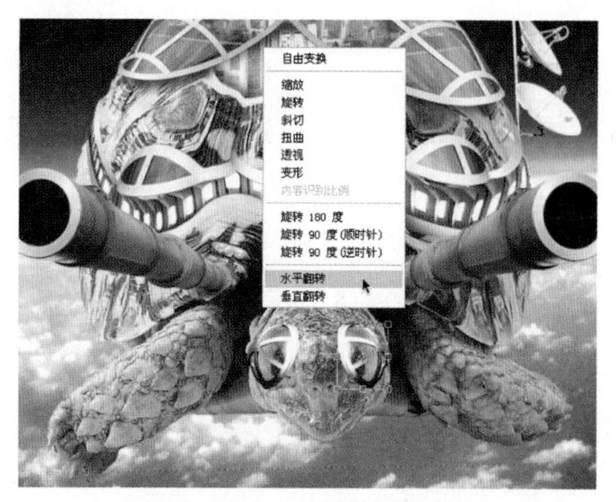

图18-88 复制图像并调整位置

75 新建图层，单击工具箱中的“钢笔”工具，在窗口中制作选区，设置“前景色”为灰色（R:202，G:202，B:202），按“Alt+Delete”组合键填充选区颜色，如图 18–89 所示。

76 单击工具箱中的“加深”工具和“减淡”工具，分别调整图像的明暗部分，效果如图 18–90 所示。

图18-89 填充选区颜色

图18-90 调整图像的明暗部分

77 双击图层名后的空白区域，打开“图层样式”对话框，在对话框中选择“投影”复选框，设置“不透明度”为 100%，设置其他参数如图 18–91 所示，单击“确定”按钮。

78 运用同样的方法，制作眼镜的投影效果，如图 18–92 所示。

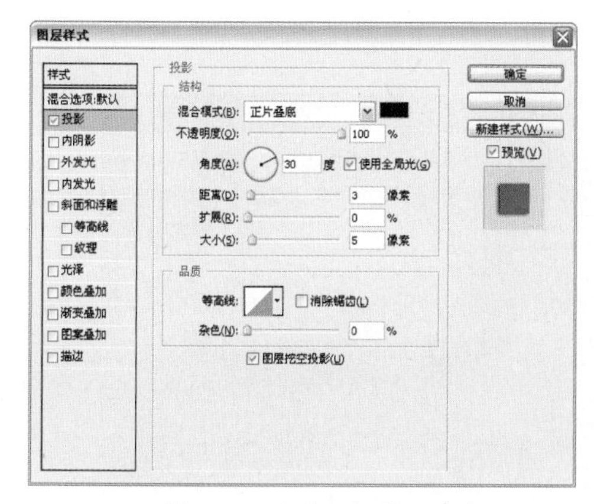

图18-91 设置“投影”参数

图18-92 制作眼镜的投影效果

79 选择“通道”面板，拖动“蓝”通道到“创建新通道”按钮上，创建“蓝 副本”通道，如图 18-93 所示。

80 选择“图像→调整→色阶”命令，打开“色阶”对话框，设置参数为 85，0.77，217，如图 18-94 所示。

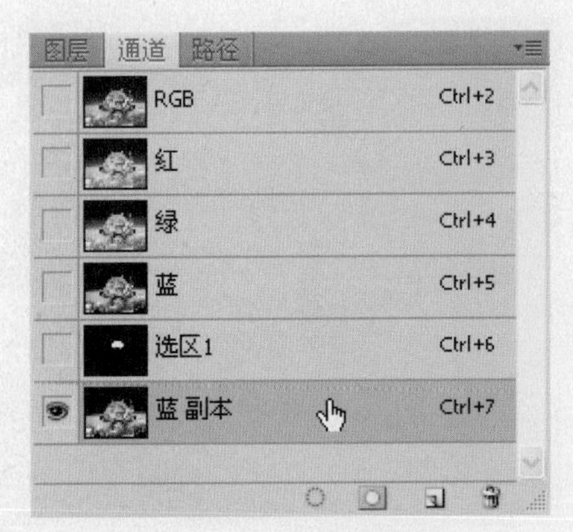


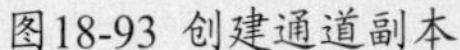
图18-93 创建通道副本

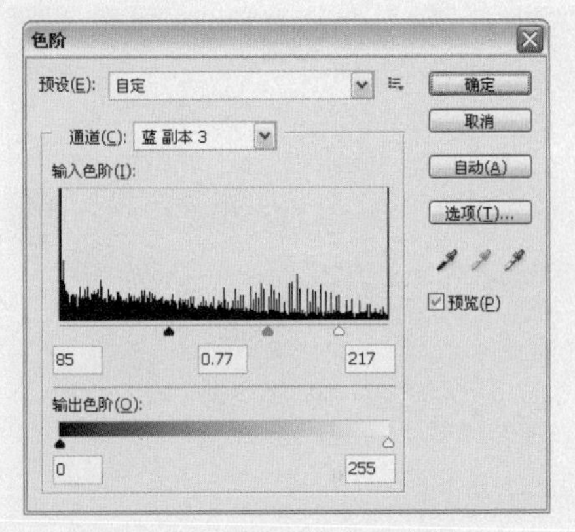

图18-94 设置“色阶”参数

81 设置“前景色”为黑色，单击工具箱中的“画笔”工具，在图像中涂抹其他多余部分，效果如图 18-95 所示。

82 按住“Ctrl”键，单击“蓝 副本”通道的缩览图窗口，载入通道选区，选择“图层”面板，新建图层，设置“前景色”为浅绿色（R:240，G:253，B:210），按“Alt+Delete”组合键填充选区颜色，如图 18-96 所示，按“Ctrl+D”组合键取消选区。

图18-95 绘制颜色

图18-96 填充选区颜色

83 选择“滤镜→模糊→径向模糊”命令，打开“径向模糊”对话框，设置“数量”为 100，选择“缩放”单选按钮，如图 18-97 所示，单击“确定”按钮。

84 在“图层”面板中设置“图层混合模式”为滤色，效果如图 18-98 所示。

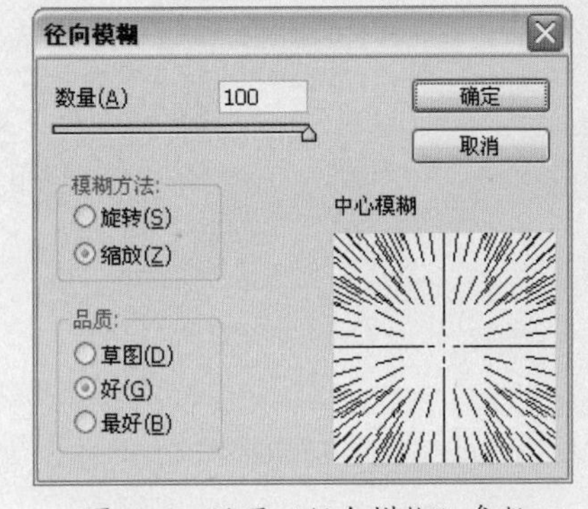

图18-97 设置“径向模糊”参数

图18-98 设置“图层混合模式”

**85** 新建图层，按“D”键，恢复工具箱中“前景色”与“背景色”为默认的黑、白色，选择“滤镜→渲染→云彩”命令，制作云彩效果如图 18–99 所示。

**86** 选择“图像→调整→色阶”命令，打开“色阶”对话框，设置参数为 64，1.00，235，如图 18–100 所示。

图18-99 制作云彩效果

图18-100 设置“色阶”参数

**87** 在“图层”面板中设置“图层混合模式”为滤色，“不透明度”为 80%，效果如图 18–101 所示。

**88** 单击工具箱“橡皮擦”工具，设置属性栏上的“不透明度”为 60%，“流量”为 60%，在窗口中擦除图像如图 18–102 所示。

图18-101 设置“图层混合模式”

图18-102 擦除图像

**89** 按“Ctrl+J”组合键，创建副本图像，选择“图像→调整→色彩平衡”命令，打开“色彩平衡”对话框，在对话框中拖动“滑块”，调整参数如图 18–103 所示，单击“确定”按钮。

**90** 单击工具箱“橡皮擦”工具，在窗口中擦除图像，效果如图 18–104 所示。

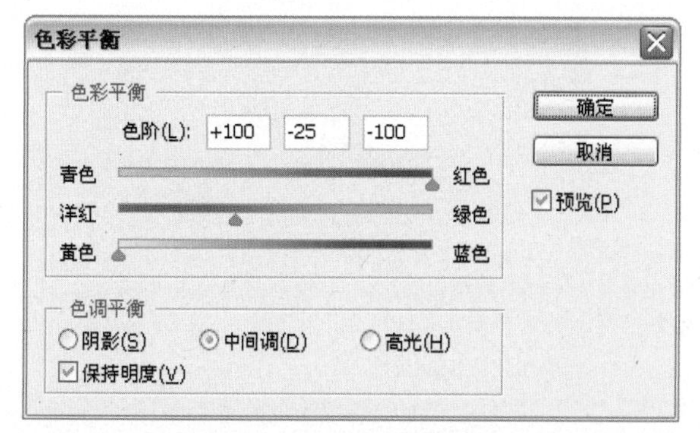


图18-103 调整“色彩平衡”参数

图18-104 擦除图像

**91** 新建图层，设置“前景色”为黑色，单击工具箱中的“画笔”工具，在图像的两侧边缘部分绘制颜色，如图 18–105 所示。

**92** 在“图层”面板中设置“图层混合模式”为叠加，效果如图 18–106 所示。

图18-105 绘制颜色

图18-106 设置“图层混合模式”

93 单击工具箱中的“钢笔”工具，在窗口中绘制路径，如图 18–107 所示。

94 设置“前景色”为淡黄色（R:255，G:237，B:190），单击工具箱中的“渐变”工具，单击其属性栏上的“编辑渐变”按钮，打开“渐变编辑器”对话框，在对话框中选择“前景色到透明”渐变样式，如图 18–108 所示，单击“确定”按钮。

图18-107 绘制路径

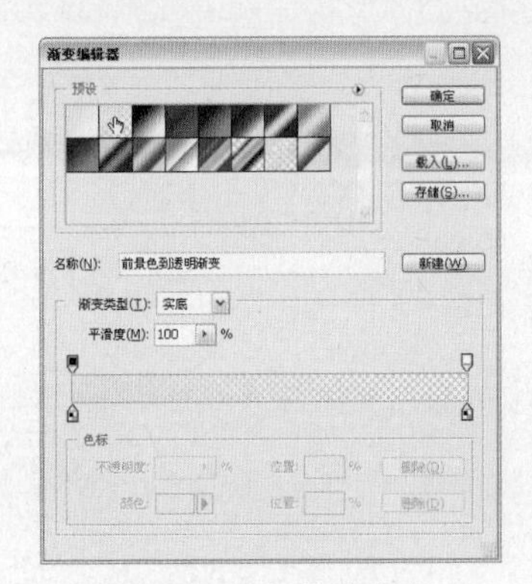


图18-108 调整渐变色

95 新建图层，按“Ctrl+Enter”组合键，将路径转换为选区，选择“选择→修改→羽化”命令，设置“羽化半径”为 5 像素，在选区中拖动鼠标，填充渐变效果如图 18–109 所示，按“Ctrl+D”组合键取消选区。

96 按“Ctrl+J”组合键，创建副本图像，按“Ctrl+T”组合键，打开“自由变换”调节框，在窗口中单击鼠标右键，选择快捷菜单中的“水平翻转”命令，调整图像位置如图 18–110 所示，按“Enter”键确定。

图18-109 填充渐变效果

图18-110 复制图像并调整位置

97 新建图层，单击工具箱中的“钢笔”工具，在图像中绘制选区，选择“选择→修改→羽化”命令，设置“羽化半径”为 5 像素，设置“前景色”为浅绿色（R:228，G:255，B:199），单击工具箱中的“渐变”工具，渐变选区如图 18–111 所示。

98 运用同样的方法，在图像中分别制作其他放射灯光效果，如图 18–112 所示。

图18-111 渐变选区

图18-112 制作放射灯光效果

**99** 单击工具箱中的“横排文字”工具[T]，在窗口中输入文字，如图 18–113 所示。

**100** 双击文字图层，打开“图层样式”对话框，在对话框中选择“渐变叠加”复选框，在窗口中设置参数如图 19–114 所示。

图18-113 输入文字

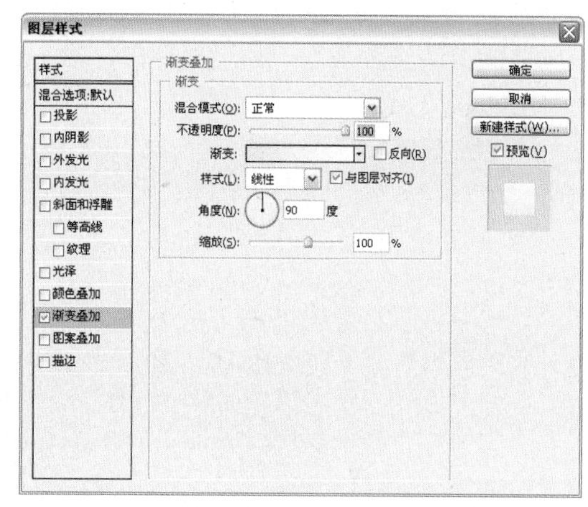


图18-114 设置“渐变叠加”参数

**101** 单击“渐变叠加”对话框中的“渐变”按钮[ ]，打开“渐变编辑器”对话框，设置：

位置 0 的颜色为（R:229，G:230，B:228）

位置 53 的颜色为（R:52，G:62，B:34）

位置 60 的颜色为（R:228，G:232，B:196）

位置 100 的颜色为（R:225，G:229，B:223）

如图 18–115 所示，单击“确定”按钮。

**102** 运用“横排文字”工具[T]，分别在窗口中输入文字，制作完成后的最终效果如图 18–116 所示。

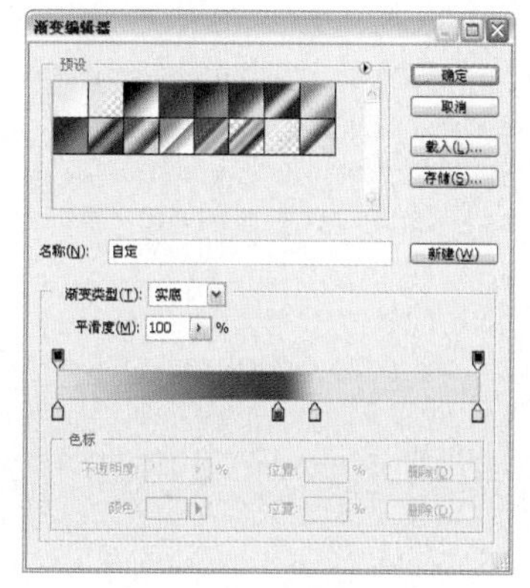


图18-115 调整渐变色

图18-116 最终效果

# 第 19 章 意——修图之美

很多时候，站在美丽的景色中可以带给我们美好的心情，也能使我们产生许多的幻象，我们在拍摄许多罕见又独特的景致后，照片常常表现不出那种身临其境的感觉，在此时我们可以通过一些修饰和处理，表达出那些心目中的幻象效果，让美丽的风景更能呈现出那种情景交融、虚实相生、韵味无穷的诗意景象。

本章将针对风景照片进行修饰和处理，其中主要列举了幻象森林、梦幻国度、人与自然 3 种意境效果的制作方法，同时在案例制作过程中还为读者讲解了许多操作技巧和简便方法，有利于读者进一步提高修图水平。

# 19.1 幻象森林

原图　　效果图

素材文件 树林.tif

效果文件 幻象森林.psd

存放路径 光盘\源文件与素材\第19章\19.1幻象森林

## 案例点评

本案例主要制作一幅幻象森林的意境效果图。在制作过程中主要应用"黑白"、"色相/饱和度"等命令，将一幅黄色色调的风景照片调整成一幅层次分明的红叶树林，通过"纤维"和"动感模糊"等命令的运用和处理，在图像中添加了阳光透过树叶照射的感觉，使整幅图像体现出梦幻般的意境。

修图步骤

**1** 选择"文件→打开"命令，或按"Ctrl+O"组合键，打开配套光盘中的素材图片"树林.tif"，如图19-1所示。

**2** 选择"图像→调整→亮度/对比度"命令，打开"亮度/对比度"对话框，设置"亮度"为-45，"对比度"为84，如图19-2所示。

图19-1 打开素材图片

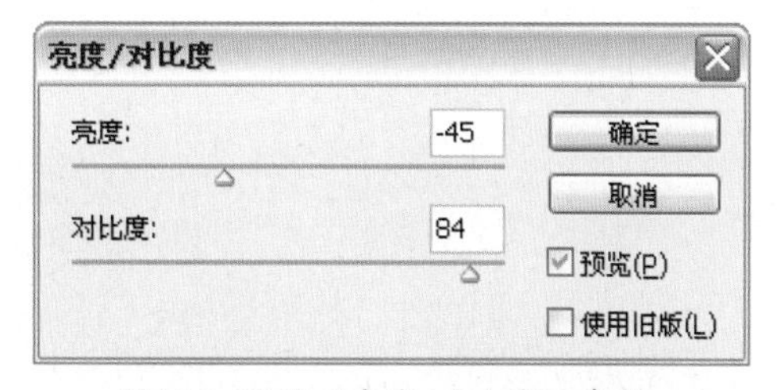


图19-2 设置"亮度/对比度"参数

**3** 单击"确定"按钮，图片变暗，效果如图19-3所示。

**4** 按"Ctrl+J"组合键，创建副本图层，设置"图层混合模式"为强光，效果如图19-4所示。

**5** 按"Ctrl+J"组合键，再次创建副本图层，并更改"图层混合模式"为柔光，效果如图19-5所示。

**6** 选择"图像→调整→色相/饱和度"命令，打开"色相/饱和度"对话框，设置参数为-180，70，-2，如图19-6所示。

图19-3 调整“亮度/对比度”后的效果

图19-4 创建副本图层

图19-5 设置“图层混合模式”

图19-6 设置“色相/饱和度”参数

7 单击“确定”按钮，图像颜色变暗，效果如图 19-7 所示。

8 按“Ctrl+J”组合键，创建副本图层，选择“图像→调整→黑白”命令，打开“黑白”对话框，设置参数为 40，60，75，211，23，-75，选择“色调”复选框，设置“色相”为 85，“色调”为 88，如图 19-8 所示。

图19-7 调整“色相/饱和度”后的效果

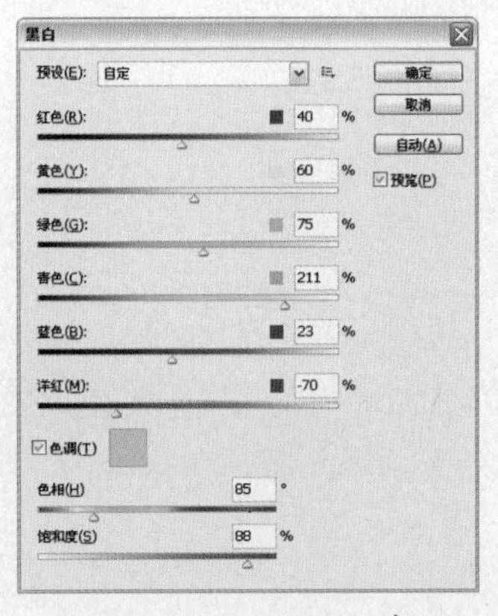


图19-8 设置“黑白”参数

9 单击“确定”按钮，效果如图 19-9 所示。

10 选择“图像→调整→色相 / 饱和度”命令，打开“色相 / 饱和度”对话框，设置“明度”为 -13，如图 19-10 所示。

11 单击“确定”按钮，效果如图 19-11 所示。

12 选择“滤镜→模糊→高斯模糊”命令，打开“高斯模糊”对话框，设置“半径”为 10 像素，如图 19-12 所示。

图19-9 调整“黑白”后的效果

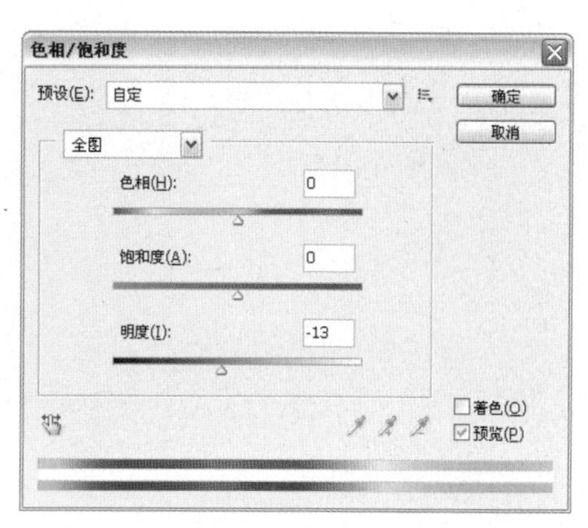


图19-10 设置“色相/饱和度”参数

图19-11 调整“色相/饱和度”后的效果

图19-12 设置“高斯模糊”参数

13 单击“确定”按钮，模糊效果如图 19-13 所示。

14 单击图层面板下方的“创建新的填充或调整图层”按钮，打开“色相 / 饱和度”调整面板，设置参数为 -46，+21，+3，如图 19-14 所示。

图19-13 “高斯模糊”效果

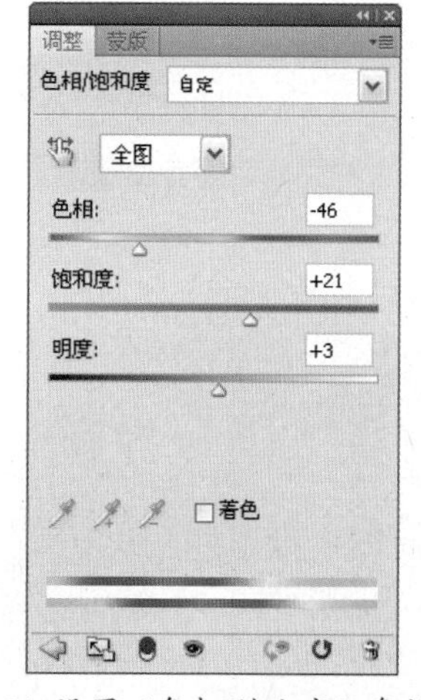


图19-14 设置“色相/饱和度”参数

15 单击“确定”按钮，图像颜色变为红色，效果如图 19-15 所示。

16 新建图层，设置“前景色”为黄色（R:255，G:208，B:18），单击工具箱中的“画笔”工具，在图像中绘制颜色，如图 19-16 所示。

17 选择“滤镜→模糊→高斯模糊”命令，打开“高斯模糊”对话框，设置“半径”为 100，如图 19-17 所示。

18 单击“确定”按钮，制作出阳光照射进树林效果，如图 19-18 所示。

图19-15 调整“色相/饱和度”后的效果

图19-16 绘制颜色

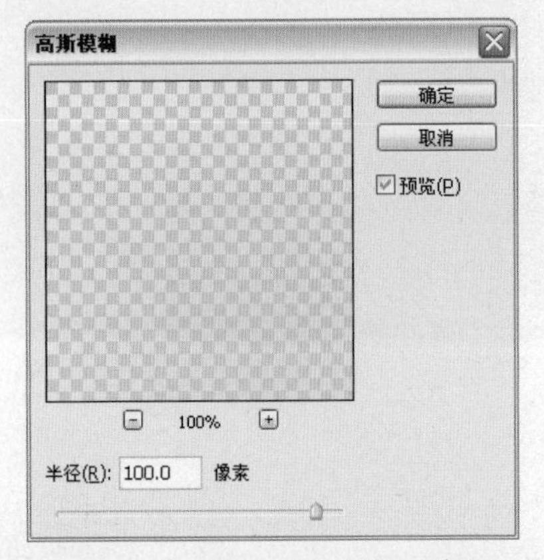


图19-17 设置“高斯模糊”参数

图19-18 “高斯模糊”效果

19 新建图层，设置“前景色”为黑色，单击工具箱中的“矩形选框”工具，在图像中绘制选区，按“Alt+Delete”组合键填充选区颜色，如图 19-19 所示。

20 按“D”键，恢复工具箱中“前景色”与“背景色”为默认的黑、白色，选择“滤镜→渲染→纤维”命令，打开“纤维”对话框，设置“差异”为 37，“强度”为 42，如图 19-20 所示。

图19-19 填充选区颜色

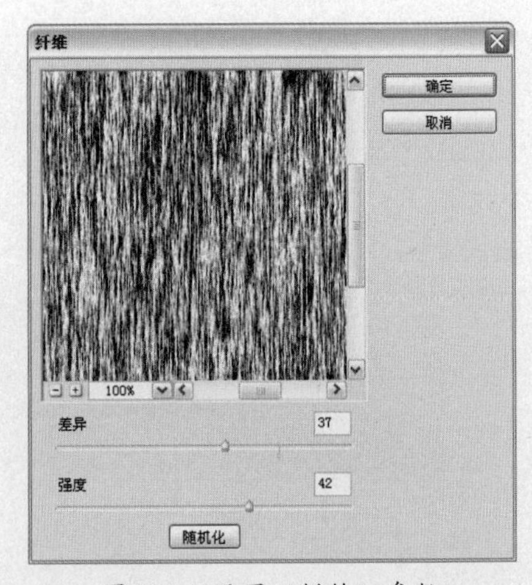


图19-20 设置“纤维”参数

21 单击“确定”按钮，效果如图 19-21 所示，按“Ctrl+D”组合键取消选区。

22 按“Ctrl+T”组合键，打开“自由变换”调节框，对图像进行旋转，如图 19-22 所示，双击图像确定变换。

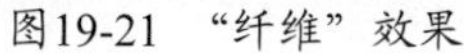

图19-21 “纤维”效果

图19-22 旋转图像

**23** 选择“滤镜→模糊→动感模糊”命令，打开“动感模糊”对话框，设置“角度”为 -50，“距离”为 527，如图 19-23 所示。

**24** 单击“确定”按钮，绘制出阳光光束，效果如图 19-24 所示。

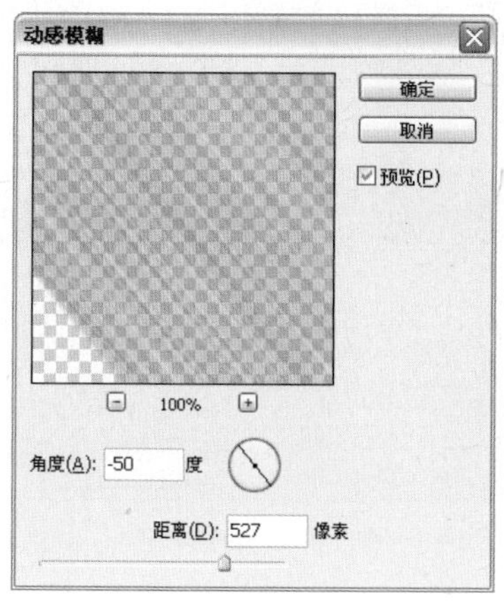


图19-23 设置“动感模糊”参数

图19-24 “动感模糊”效果

**25** 选择“图像→调整→曲线”命令，打开“曲线”对话框，调整曲线如图 19-25 所示。

**26** 单击“确定”按钮，阳光光束更为明亮，效果如图 19-26 所示。

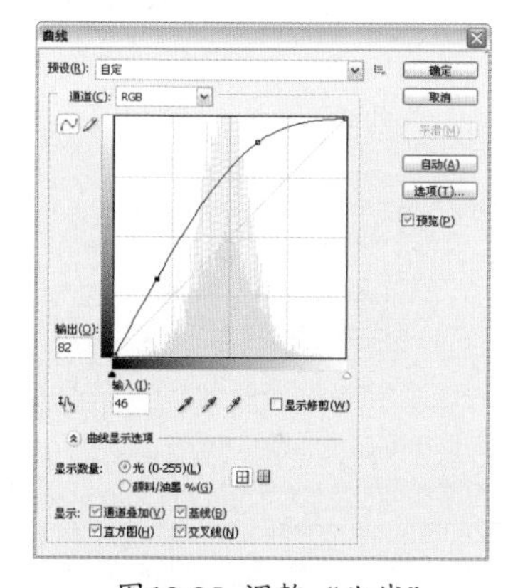


图19-25 调整“曲线”

图19-26 调整“曲线”后的效果

**27** 选择工具箱中的“橡皮擦”工具，在图像中擦除图像，设置“图层混合模式”为叠加，效果如图 19-27 所示。

**28** 新建图层，设置“前景色”为黄色（R:255，G:208，B:18），单击工具中的“画笔”工具，在图像中绘制颜色，如图 19-28 所示。

图19-27 擦除图像

图19-28 绘制颜色

29 设置“图层混合模式”为线性加深，并设置“不透明度”为60%，效果图19-29所示。

30 新建图层，设置“前景色”参数为绿色（R:87，G:119，B:13），单击工具中的“画笔”工具，在图像中绘制颜色，效果如图19-30所示。

图19-29 设置“图层混合模式”

图19-30 绘制颜色

31 设置“图层混合模式”为叠加，效果如图19-31所示。

32 单击图层面板下方的“创建新的填充或调整图层”按钮，打开“色相/饱和度”调整面板，设置参数为+6，-23，+4，参数如图19-32所示。调整“色相/饱和度”命令后，效果如图19-33所示。

图19-31 设置“图层混合模式”

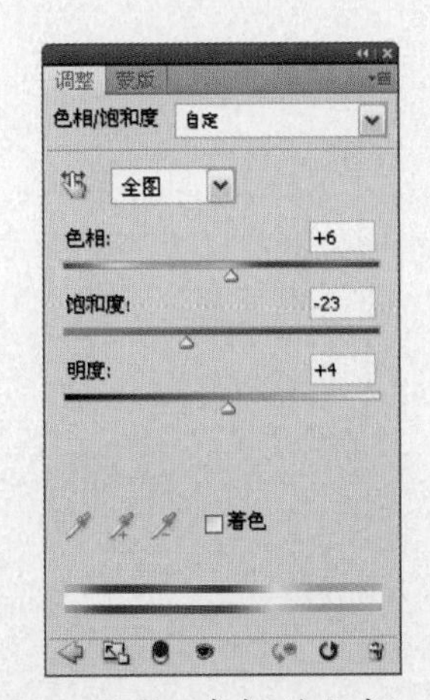

图19-32 设置“色相/饱和度”参数

33 单击工具箱中的“横排文字”工具T，分别在图像中输入文字，调整文字大小与字体，最终效果如图19-34所示。

图19-33 调整“色相/饱和度”后的效果

图19-34 最终效果

## 19.2 梦幻国度

前后效果对比

原图　　效果图

**素材文件** 树林.tif、建筑.tif、草地.tif、菊花.tif

**效果文件** 梦幻国度.psd

**存放路径** 光盘\源文件与素材\第19章\19.2梦幻国度

### 案例点评

本案例主要制作一幅梦幻国度的意境效果图。在制作过程中主要运用了“镜头光晕”、“云彩”、“高斯模糊”、“可选颜色”等命令，让组合的风景色调更加和谐，运用半透明文字的搭配使整幅图像更能体现出如梦如幻的感觉。

修图步骤

**1** 选择“文件→新建”命令，或按“Ctrl+N”组合键，打开“新建”对话框，设置“名称”为梦幻国度“宽度”为28厘米，“高度”为15厘米，“分辨率”为72像素/英寸，如图19-35所示，单击“确定”按钮。

**2** 选择“文件→打开”命令，或按“Ctrl+O”组合键，打开配套光盘中的素材图片“树林.tif”，如图19-36所示。

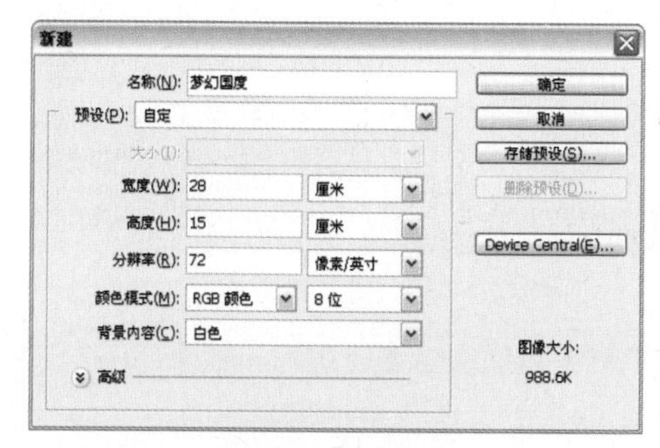

图19-35 新建文件

图19-36 打开素材图片

3 单击工具箱中的“移动”工具，将素材图片拖曳到“梦幻国度”文件窗口中释放，按“Ctrl+T”组合键，对素材的大小和位置进行调整，如图 19-37 所示，双击图像确定变换。

4 选择“滤镜→渲染→镜头光晕”命令，打开“镜头光晕”对话框，设置“亮度”为 100%，单击“35 毫米聚焦”单选按钮，如图 19-38 所示。

图19-37 导入素材图片

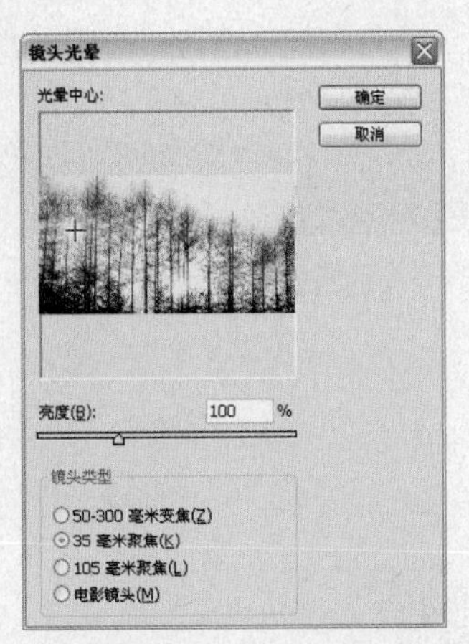


图19-38 设置“镜头光晕”参数

5 单击“确定”按钮，效果如图 19-39 所示。

6 选择“文件→打开”命令，或按“Ctrl+O”组合键，打开配套光盘中的素材图片“建筑 .tif”，如图 19-40 所示。

图19-39 “镜头光晕”效果

图19-40 打开素材图片

7 单击工具箱中的“移动”工具，将素材图片拖曳到“梦幻国度”文件窗口中释放，按“Ctrl+T”组合键，对素材的大小和位置进行调整，如图 19-41 所示，双击图像确定变换。

8 单击图层面板上的“图层混合模式”，设置“图层混合模式”为正片叠底，效果如图 19-42 所示。

图19-41 导入素材图片

图19-42 设置“图层混合模式”

9 单击工具箱中的“橡皮擦”工具，选择“图层 1”，对多余的图像进行擦除，效果如图 19-43 所示。

10 选择“文件→打开”命令，或按“Ctrl+O”组合键，打开配套光盘中的素材图片“草地 .tif”，如图 19-44 所示。

图19-43 擦除多余图像

图19-44 打开素材图片

**11** 单击工具箱中的“移动”工具，将素材图片拖曳到“梦幻国度”文件窗口中释放，按“Ctrl+T”组合键，对素材的大小和位置进行调整，如图 19-45 所示，双击图像确定变换。

**12** 单击工具箱中的“橡皮擦”工具，对图像进行擦除，效果如图 19-46 所示。

图19-45 导入素材图片

图19-46 擦除多余图像

**13** 选择“文件→打开”命令，或按“Ctrl+O”组合键，打开配套光盘中的素材图片“菊花 .tif”，如图 19-47 所示。

**14** 单击工具箱中的“移动”工具，将素材图片拖曳到“梦幻国度”文件窗口中释放，按“Ctrl+T”组合键，对素材的大小和位置进行调整，如图 19-48 所示，双击图像确定变换。

图19-47 打开素材图片

图19-48 导入素材图片

**15** 按“Ctrl+J”组合键，创建多个副本图层，单击工具箱中的“移动”工具，按“Ctrl+T”组合键，分别对图像的大小位置进行调整，如图 19-49 所示。

**16** 单击图层面板下方的“创建新的填充或调整图层”按钮，选择“色彩平衡”命令，打开“色彩平衡”调整面板，设置“中间调”为 +6，-10，-48，如图 19-50 所示。

图19-49 创建副本图层

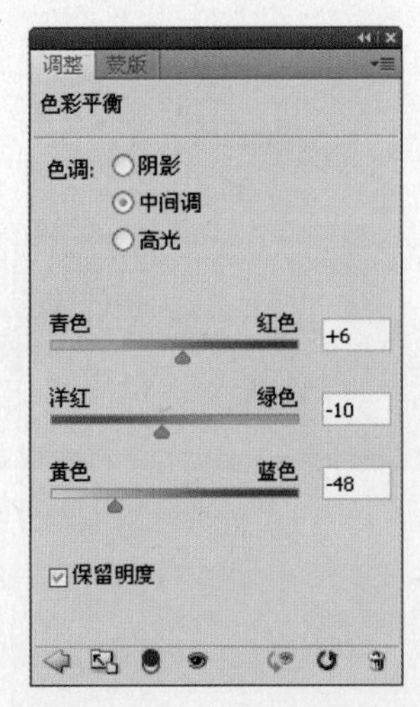


图19-50 设置“中间调”参数

**17** 选择“阴影”单选按钮，设置参数为 –36，–44，–43，如图 19–51 所示。

**18** 选择“高光”单选按钮，设置参数为 –26，–13，–33，如图 19–52 所示。应用“色彩平衡”命令后，效果如图 19–53 所示。

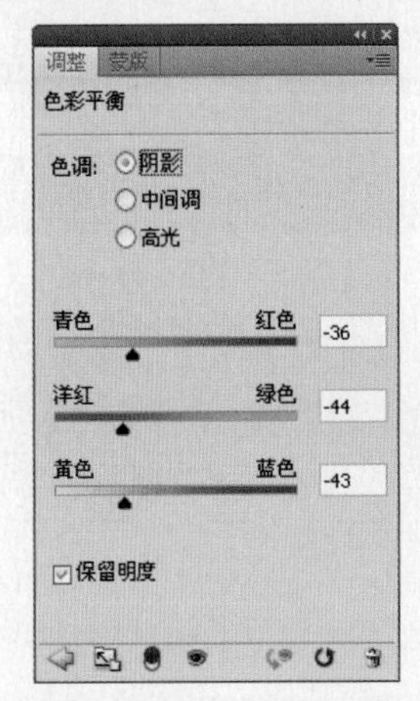


图19-51 设置“阴影”参数

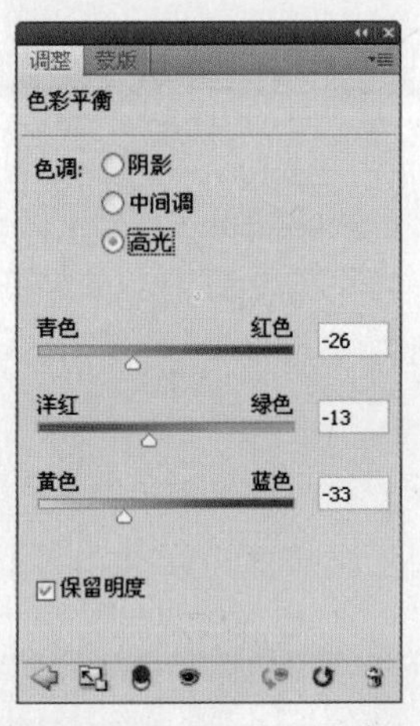


图19-52 设置“高光”参数

**19** 单击图层面板下方的“创建新的填充或调整图层”按钮，选择“可选颜色”命令，打开“可选颜色”调整面板，设置“黄色”为 –57，–40，–32，+77，如图 19–54 所示。

图19-53 调整“色彩平衡”后的效果

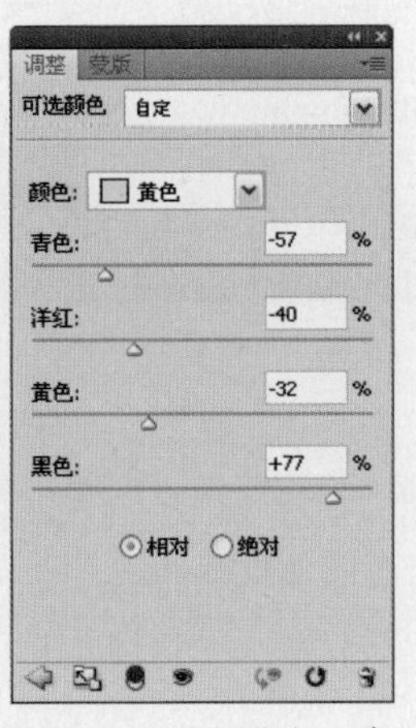


图19-54 设置“黄色”参数

**20** 单击“颜色”下拉按钮，选择“绿色”，设置参数为 -43，+6，-16，0，如图 19-55 所示。

**21** 单击“颜色”下拉按钮，选择“中性色”，设置参数为 -33，-26，-4，+42，如图 19-56 所示。应用“可选颜色”命令后，效果如图 19-57 所示。

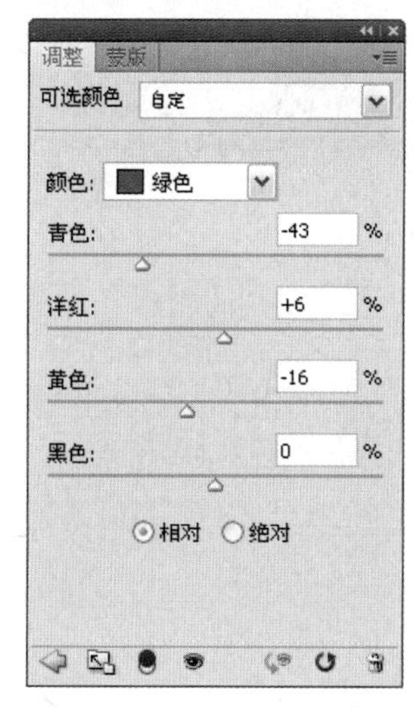


图19-55 设置“绿色”参数

图19-56 设置“中性色”参数

**22** 新建图层，设置“前景色”为橘红色（R:224，G:91，B:4），按“Alt+Delete”组合键填充颜色，如图 19-58 所示。

图19-57 调整“可选颜色”后的效果

图19-58 填充颜色

**23** 设置“图层混合模式”为叠加，并调整“不透明度”为 60%，效果如图 19-59 所示。

**24** 单击工具箱中的“橡皮擦”工具，在花朵和绿草的位置对图像进行擦除，效果如图 19-60 所示。

图19-59 设置“图层混合模式”

图19-60 擦除图像

**25** 新建图层，按“D”键，恢复工具箱中“前景色”与“背景色”为默认的黑、白色，选择“滤镜→渲染→云彩”命令，制作云彩效果如图 19-61 所示。

**26** 选择“图像→调整→色阶”命令，设置参数为 0，1.13，217，如图 19-62 所示。

图19-61 制作云彩效果

图19-62 设置“色阶”参数

**27** 单击“确定”按钮后，云彩效果的明暗对比变得更加分明，效果如图 19-63 所示。

**28** 选择“图像→调整→反相”命令，或按“Ctrl+I”组合键，反转图像颜色，设置“图层混合模式”为滤色，效果如图 19-64 所示。

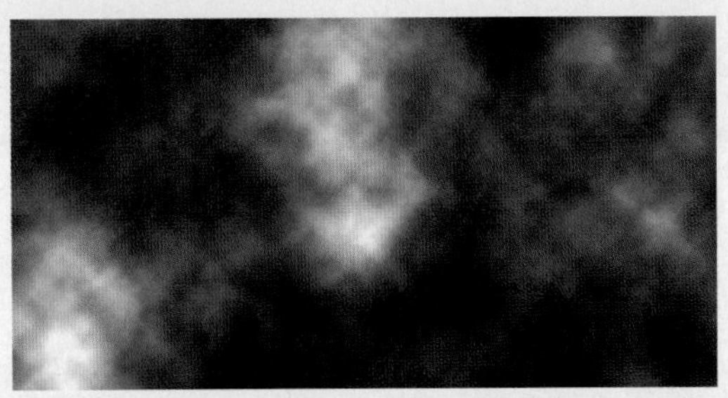

图19-63 调整“色阶”后的效果

图19-64 设置“图层混合模式”

**29** 单击工具箱中的“橡皮擦”工具，对多余的图像进行擦除，设置“不透明度”为 60%，效果如图 19-65 所示。

**30** 在“背景”图层名后的空白区域单击鼠标右键，选择“拼合图像”命令，合并所有图层，按“Ctrl+J”组合键，创建“背景 副本”图层，如图 19-66 所示。

图19-65 擦除图像

图19-66 合并图层并创建副本

**31** 按“Ctrl+J”组合键，创建副本图层，选择“滤镜→模糊→高斯模糊”命令，打开“高斯模糊”对话框，设置“半径”为 2 像素，如图 19-67 所示。

**32** 单击“确定”按钮，效果如图 19-68 所示。

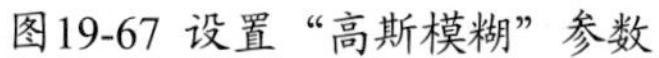

图19-67 设置“高斯模糊”参数

图19-68 “高斯模糊”效果

33 按“Ctrl+T”组合键，打开“自由变换”调节框，按住“Shift+Alt”组合键，拖动调节框的角点，等比例放大图像，单击工具箱中的“圆角矩形”工具，在图像中绘制圆角矩形路径，按“Ctrl+Enter”组合键，将路径转换为选区，按“Delete”键删除选区内容，效果如图 19-69 所示。

34 新建图层，选择“编辑→描边”命令，打开“描边”对话框，设置“宽度”为 5px，“颜色”为黑色，设置其他参数如图 19-70 所示，单击“确定”按钮。

图19-69 删除选区内容

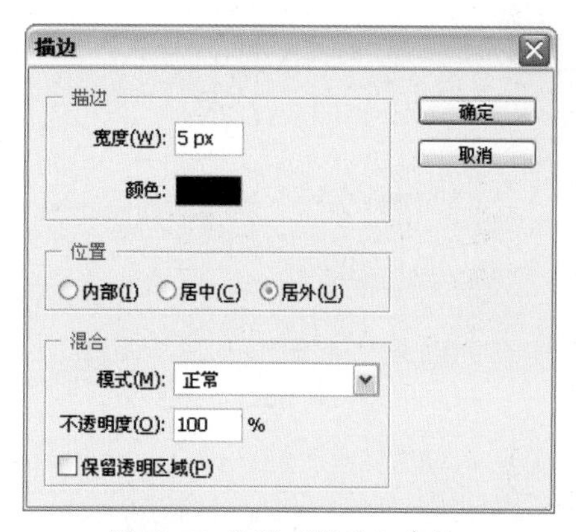


图19-70 设置“描边”参数

35 单击“确定”按钮，按“Ctrl+D”组合键取消选区，效果如图 19-71 所示。

36 选择“背景”图层，选择“图像→调整→曲线”命令，打开“曲线”对话框，调整曲线如图 19-72 所示。

图19-71 “描边”效果

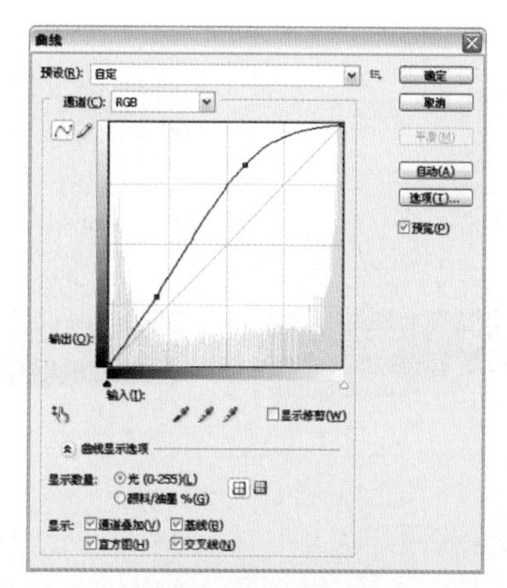


图19-72 调整“曲线”

37 单击“确定”按钮，效果如图 19-73 所示。

38 单击工具箱中的“横排文字”工具，分别在图像中输入文字，如图 19-74 所示。

图19-73 调整“曲线”后的效果

图19-74 输入文字

**39** 双击文字图层名后的空白区域，打开“图层样式”对话框，选择“外发光”复选框，设置发光“颜色”为黄色（R:218，G:210，B:33），设置其他参数如图 19-75，单击“确定”按钮。

**40** 添加文字“外发光”效果后，运用“横排文字”工具T，在窗口中输入其他文字，设置“不透明度”为 20%，完成后的最终效果如图 19-76 所示。

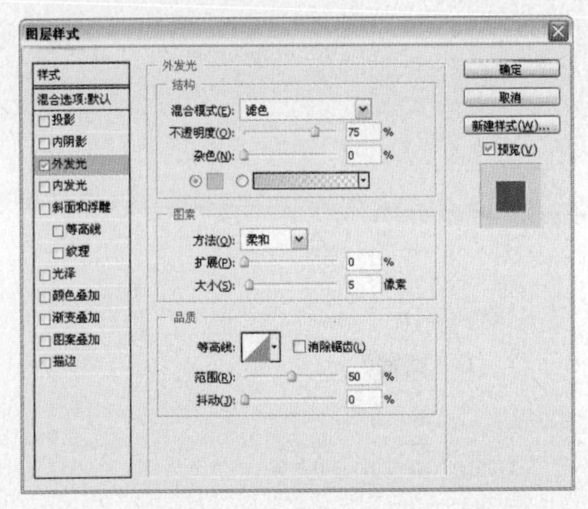


图19-75 设置“外发光”参数

图19-76 最终效果

## 19.3 人与自然

- **素材文件** 蓝天风景.tif、木板路.tif、背影.tif
- **效果文件** 人与自然.psd
- **存放路径** 光盘\源文件与素材\第19章\19.3人与自然

### 案例点评

本案例主要制作一幅人与自然的意境效果图。首先将两幅大自然风景组合成一幅异常的景象图，然后通过“加深”工具和“减淡”工具分别对图像的明暗进行调整，运用蓝与黄两种色调对图像进行叠加，呈现出差异的冷暖季节分化，让整幅图像更具有视觉冲击力，强烈的表现出独特的大自然意境效果。

修图步骤

**1** 选择“文件→打开”命令，或按“Ctrl+O”组合键，打开配套光盘中的素材图片“蓝天风景.tif”，如图19-77所示。

**2** 选择“文件→打开”命令，或按“Ctrl+O”组合键，打开配套光盘中的素材图片“木板路.tif”，如图19-78所示。

图19-77 打开素材图片

图19-78 打开素材图片

**3** 单击工具箱中的“移动”工具，将素材图片拖曳到“蓝天风景”文件窗口中，调整位置，如图19-79所示。

**4** 单击工具箱中的“渐变”工具，单击其属性栏上的“编辑渐变”按钮，打开“渐变编辑器”对话框，设置：

位置0的颜色为（R:17，G:50，B:53）

位置100的颜色为（R:175，G:234，B:232）

如图19-80所示，单击“确定”按钮。

图19-79 导入素材图片

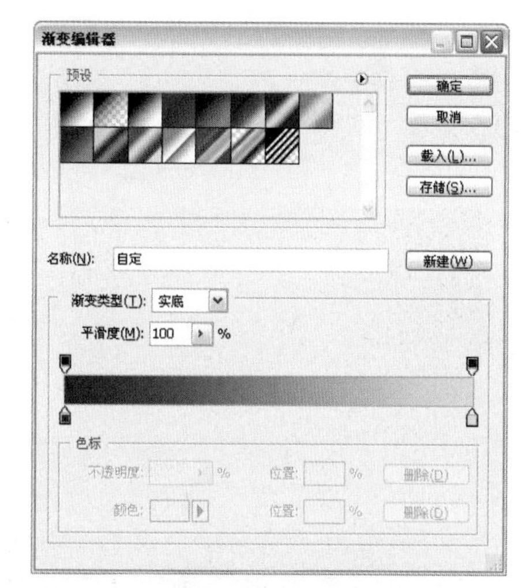


图19-80 调整渐变色

**5** 新建“图层2”，拖动该图层到“图层1”的下一层，单击属性栏上的“径向渐变”按钮，在窗口中拖动鼠标，填充渐变色如图19-81所示。

**6** 在“图层”面板中设置“图层混合模式”为色相，效果如图19-82所示。

图19-81 填充渐变色

图19-82 设置“图层混合模式”

**7** 选择“背景”图层，分别运用工具箱中的“加深”工具和“减淡”工具，在窗口中涂抹，调整图像的颜色如图 19-83 所示。

**8** 按“Ctrl+J”组合键，创建“背景 副本”图层，如图 19-84 所示。

图19-83 调整图像颜色

图19-84 创建“背景 副本”

**9** 选择“图像→调整→去色”命令，或按“Ctrl+Shift+U”组合键，去掉图像颜色，如图 19-85 所示。

**10** 单击工具箱中的“橡皮擦”工具，在窗口中擦除图像如图 19-86 所示。

图19-85 去掉图像颜色

图19-86 擦除图像

**11** 新建“图层 3”，设置“前景色”为黄色（R:250，G:183，B:22），单击工具箱中的“画笔”工具，在窗口中绘制颜色，如图 19-87 所示。

**12** 在“图层”面板中设置“图层混合模式”为叠加，效果如图 19-88 所示。

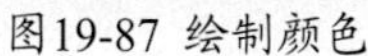

图19-87 绘制颜色

图19-88 设置“图层混合模式”

**13** 选择“图层 1”，分别运用工具箱中的“加深”工具和“减淡”工具，在窗口中涂抹，调整图像的颜色，如图 19–89 所示。

**14** 新建“图层 4”，设置“前景色”为淡黄色（R:247，G:235，B:205），单击工具箱中的“画笔”工具，在窗口中绘制颜色，如图 19–90 所示。

图19-89 调整图像颜色

图19-90 绘制颜色

**15** 在“图层”面板中设置“图层混合模式”为叠加，效果如图 19–91 所示。

**16** 选择“文件→打开”命令，或按“Ctrl+O”组合键，打开配套光盘中的素材图片“背影 .tif”，如图 19–92 所示。

图19-91 设置“图层混合模式”

图19-92 打开素材图片

**17** 单击工具箱中的“移动”工具，将素材图片拖曳到“蓝天风景”文件窗口中，按“Ctrl+T”组合键，调整图像的大小位置，如图 19–93 所示，按“Enter”组合键确定。

**18** 按“Ctrl+J”组合键，创建“图层 5 副本”图层，按“Ctrl+T”组合键，打开“自由变换”调节框，按住“Ctrl”键，拖动调节框的角点，调整图像的透视角度，如图 19-94 所示，按“Enter”组合键确定。

图19-93 导入素材图片

图19-94 调整图像的透视角度

**19** 在“图层”面板中设置“不透明度”为 50%，效果如图 19-95 所示。

**20** 新建“图层 6”，设置“前景色”为褐色（R:72，G:39，B:8），单击工具箱中的“画笔”工具，在窗口中绘制颜色如图 19-96 所示。

图19-95 设置“不透明度”

图19-96 绘制颜色

**21** 在“图层”面板中设置“图层混合模式”为正片叠底，效果如图 19-97 所示。

**22** 设置“前景色”为浅蓝色（R:188，G:226，B:220），单击工具箱中的“横排文字”工具 T，在窗口中输入文字，如图 19-98 所示。

图19-97 设置“图层混合模式”

图19-98 输入文字

**23** 双击文字图层，打开“图层样式”对话框，在对话框中选择“渐变叠加”复选框，在窗口中设置参数如图 19-99 所示。

**24** 单击“渐变叠加”对话框中的“渐变”按钮，打开“渐变编辑器”对话框，设置：
位置 0 的颜色为（R:17，G:50，B:53）
位置 100 的颜色为（R:175，G:234，B:232）
如图 19-100 所示，单击“确定”按钮。

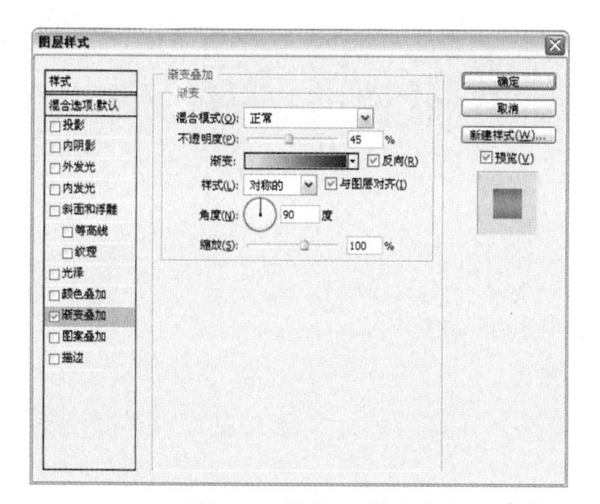


图19-99 设置“渐变叠加”参数

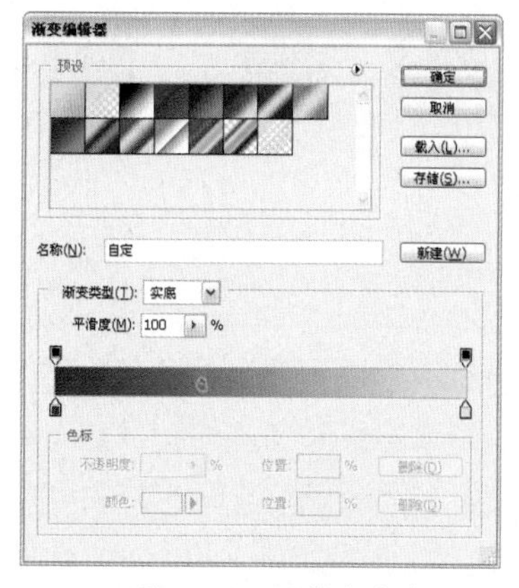


图19-100 调整渐变色

**25** 选择“图案叠加”复选框，在“图案”下拉列表中选择“织物 2”图案，并设置参数如图 19-101 所示。

**26** 单击“确定”按钮，效果如图 19-102 所示。

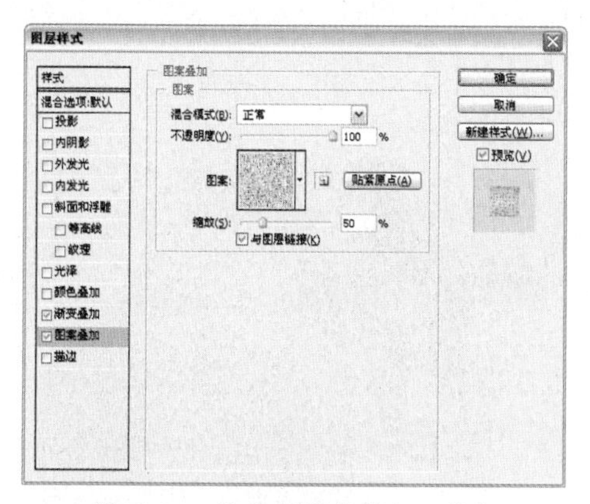


图19-101 设置“图案叠加”参数

图19-102 添加“图层样式”后的效果

**27** 设置“前景色”为深蓝色（R:16，G:77，B:79），单击工具箱中的“横排文字”工具，在窗口中输入文字，如图 19-103 所示。

**28** 运用同样的方法，运用“横排文字”工具，在窗口中分别输入不同颜色的文字，制作完成后的最终效果如图 19-104 所示。

图19-103 输入文字

图19-104 最终效果

# 第 20 章 极——绚丽写真

本章将针对绚丽写真进行修饰，也是照片艺术化处理的终极篇，主要运用 Photoshop 软件将一些普通的个人写真和艺术照，通过一系列的装饰和美化，让照片体现出另一番美丽动人的景象，在本章中主要列举了梦幻写真、单色艺术写真、绚丽艺术写真、个性艺术写真 4 种不同风格的艺术写真效果。

# 20.1 梦幻写真

素材文件　艺术照.tif

效果文件　梦幻写真.psd

存放路径　光盘\源文件与素材\第20章\20.1梦幻写真

## 案例点评

本案例主要制作一幅梦幻写真效果。在制作过程中，首先运用“调整”中的命令，对照片色调进行调整，然后运用“高斯模糊”命令，让照片中的人物融入到梦幻的景色中，最后通过“画笔”工具，为照片添加星星点点的装饰圆点，让照片的整体更能体现出梦幻的特色。

修图步骤

**1** 选择“文件→新建”命令，或按“Ctrl+N”组合键，打开“新建”对话框，设置“名称”为“梦幻写真”，设置“宽度”为17.5厘米，“高度”为24厘米，“分辨率”为150像素/英寸，如图20-1所示，单击“确定”按钮。

**2** 选择“文件→打开”命令，或按“Ctrl+O”组合键，打开配套光盘中的素材图片“艺术照.tif”，如图20-2所示。

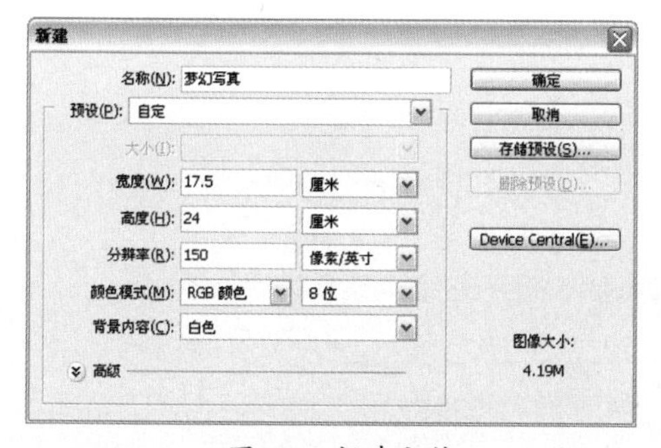


图20-1 新建文件

图20-2 打开素材图片

**3** 单击工具箱中的“移动”工具，将素材图片拖曳到“梦幻写真”文件窗口中释放，并按“Ctrl+T”组合键对素材的大小和位置进行调整，如图20-3所示，双击图像确定变换。

**4** 选择“图像→调整→色阶”命令，打开“色阶”对话框，设置参数为0,1.14,255,参数如图20-4所示。

图20-3 导入素材图片

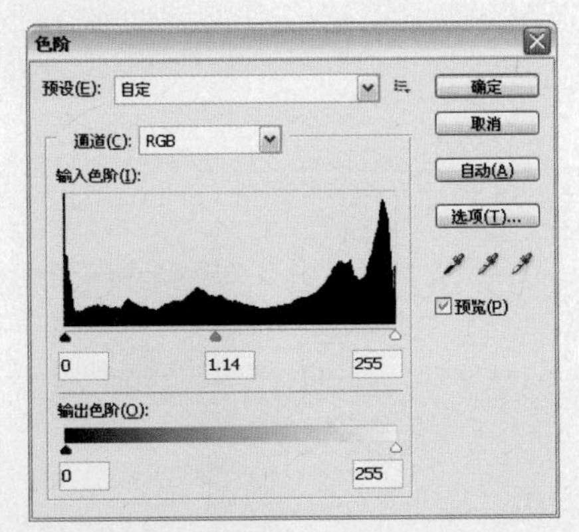

图20-4 调整“色阶”参数

5 单击“确定”按钮，人物的整体亮度变亮，效果如图 20-5 所示。

6 选择“图像→调整→曲线”命令，打开“曲线”对话框，调整曲线如图 20-6 所示，单击“确定”按钮。

图20-5 调整“色阶”后的效果

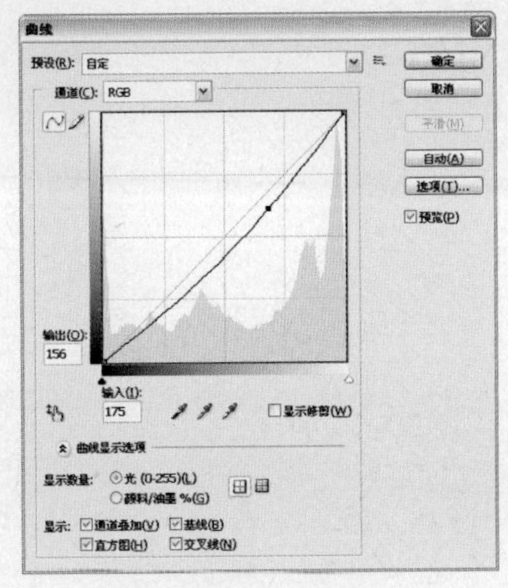

图20-6 调整“曲线”

7 单击“确定”按钮，效果如图 20-7 所示。

8 选择“图像→调整→色彩平衡”命令，打开“色彩平衡”对话框，设置参数为 17，48，27，参数如图 20-8 所示。

图20-7 调整“曲线”后的效果

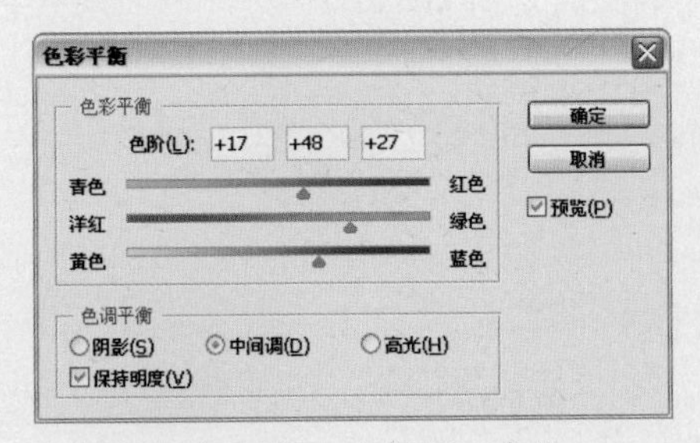

图20-8 设置“中间调”参数

9 选择“阴影”单选按钮，设置参数为 -2，-9，-1，如图 20-9 所示，单击“确定”按钮。

10 单击“确定”按钮，照片整体颜色偏绿，效果如图 20-10 所示。

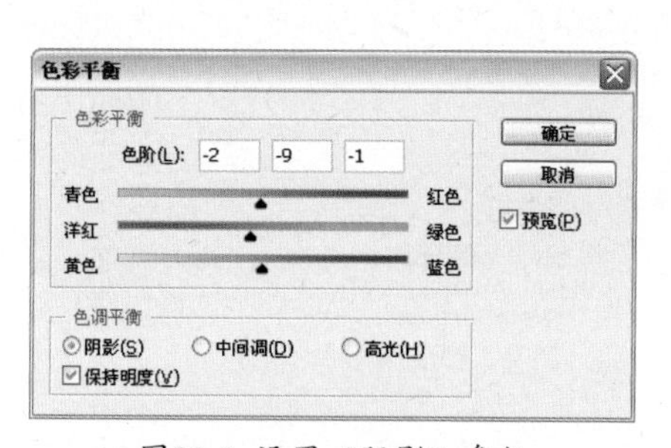


图20-9 设置“阴影”参数

图20-10 调整“色彩平衡”后的效果

**11** 按“Ctrl+J”组合键，创建副本图层，按住“Ctrl”键单击当前图层缩缆图载入选区，并选择“滤镜→模糊→高斯模糊”命令，打开“高斯模糊”对话框，设置“半径”为20像素，如图20-11所示。

**12** 单击“确定”按钮，图像变得模糊，效果如图20-12所示。

> **提示**
>
> 当选中选区后，运用的“高斯模糊”命令，只对选区中的图像进行模糊。

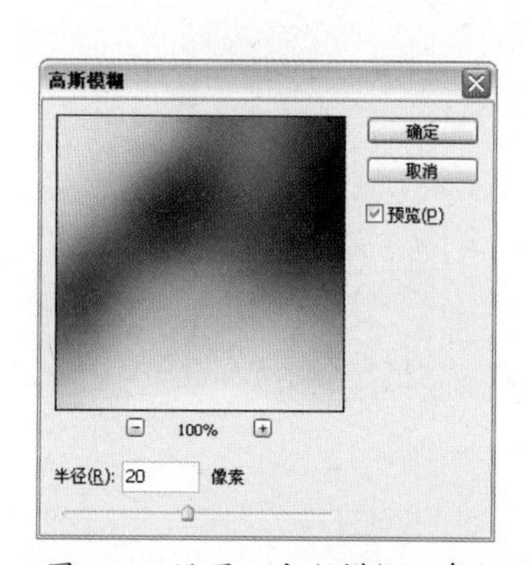


图20-11 设置“高斯模糊”参数

图20-12“高斯模糊”效果

**13** 在“图层”面板上，设置图层混合模式为“柔光”，效果如图20-13所示。

**14** 按“Ctrl+J”组合键，创建“图层1副本2”，设置图层混合模式为“正常”，并单击工具箱中的“橡皮擦”工具，在图像中擦除头像部分，效果如图20-14所示。

图20-13 设置“图层混合模式”

图20-14 擦除多余图像

**15** 按住“Ctrl”键，单击“图层 1”的缩览图，载入图像外轮廓选区，如图 20–15 所示。

**16** 选择“编辑→描边”命令，打开“描边”对话框，设置“颜色”为灰色（R:102，G:102，B:102），设置“宽度”为 15px，设置其他参数如图 20–16 所示。

图20-15 载入图像外轮廓选区

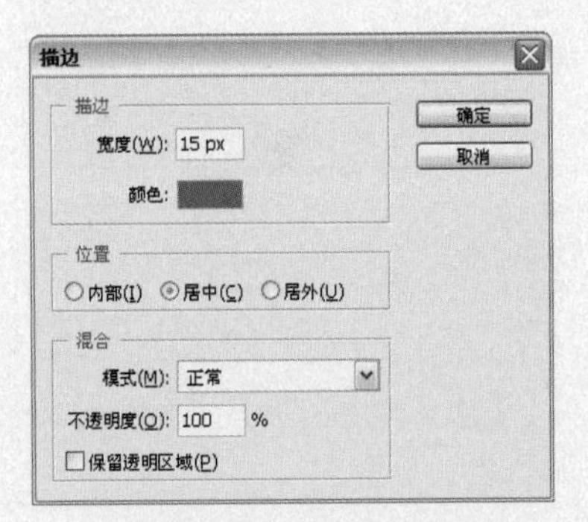


图20-16 设置“描边”参数

**17** 单击“确定”按钮，按“Ctrl+D”组合键取消选区，描边效果如图 20–17 所示。

**18** 按“Ctrl+J”组合键，创建副本图层，并按“Ctrl+T”组合键，调整描边边框的大小和位置，效果如图 20–18 所示，双击图像确定变换。

图20-17 “描边”效果

图20-18 调整描边边框的大小和位置

**19** 新建图层，设置“前景色”为白色，单击工具箱中的“画笔”工具，在图像中绘制装饰圆点，效果如图 20–19 所示。

**20** 运用以上同样的方法，绘制装饰圆点，效果如图 20–20 所示。

在运用“画笔”工具时，可按键盘上的“[”和“]”键，调整画笔大小。

图20-19 绘制圆点装饰

图20-20 绘制圆点装饰效果

**21** 单击其属性栏上的“切换画笔面板”按钮，选择“画笔笔尖形状”选项，设置“直径”为45px，“硬度”为0%，“间距”为241%，设置其他参数如图20-21所示。

**22** 选择“形状动态”复选框，设置“大小抖动”为100%，“最小直径”为0%，设置其他参数如图20-22所示。

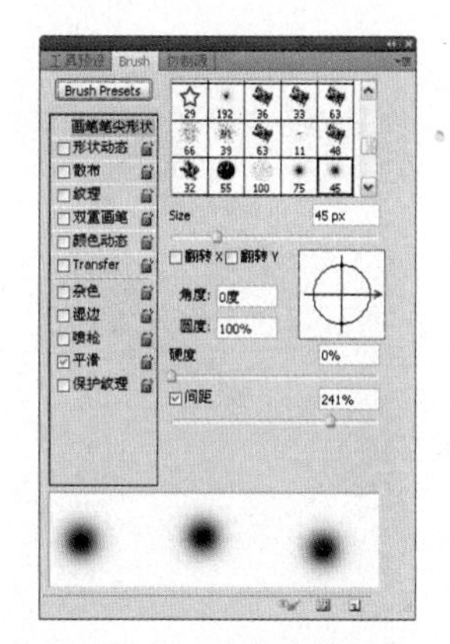


图20-21 设置“画笔笔尖形状”参数

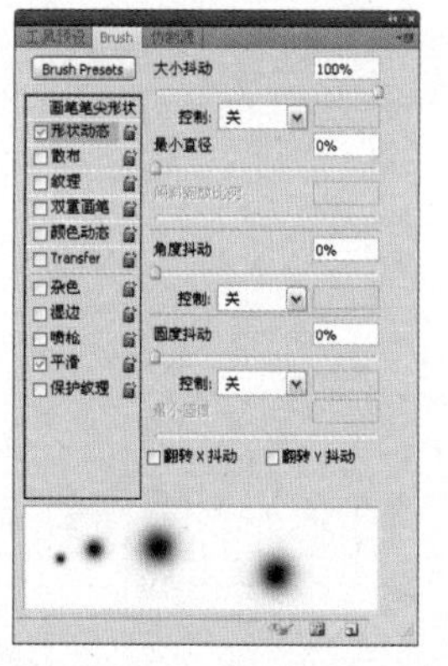


图20-22 设置“形状动态”参数

**23** 选择“散布”复选框，设置“散布”为1000%，“数量”为1，设置其他参数如图20-23所示。

**24** 新建图层，在图像中拖动鼠标，绘制白色圆点，效果如图20-24所示。

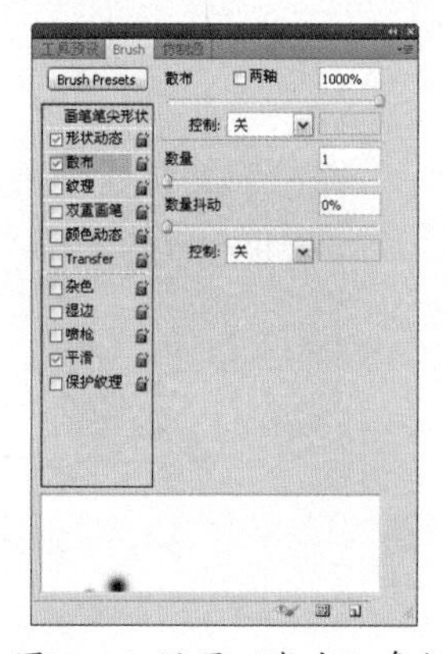


图20-23 设置“散布”参数

图20-24 绘制圆点

**25** 单击其属性栏上的“画笔预设”下拉按钮，选择“交叉排线4”画笔样式，如图20-25所示。

**26** 新建图层，在图像中绘制闪光图形，效果如图20-26所示。

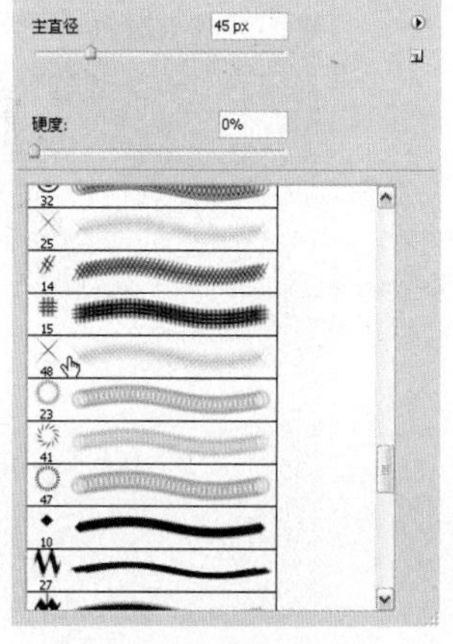


图20-25 选择画笔形状

图20-26 绘制图形

27 单击工具箱中的“自定义形状”工具，单击其属性栏上的“形状”下拉按钮，选择“三叶草”形状，如图 20-27 所示。

28 单击属性栏上的“路径”按钮，在窗口中拖动鼠标绘制形状，按“Ctrl+Enter”组合键，将路径转换为选区，并设置“前景色”为紫色（R:185，G:44，B:150），按“Alt+Delete”组合键，填充选区颜色，效果如图 20-28 所示。

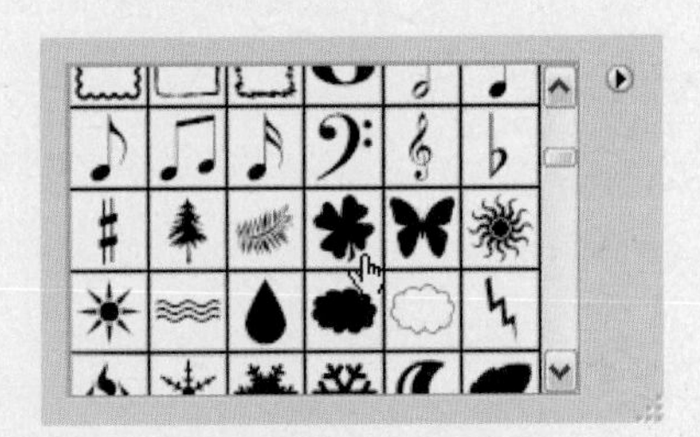

图20-27 选择形状

图20-28 绘制形状

29 双击当前图层后的空白区域，打开“图层样式”对话框，在对话框中选择“描边”复选框，设置“大小”为 4 像素，“颜色”为白色，设置其他参数如图 20-29 所示。

30 单击“确定”按钮，效果如图 20-30 所示。

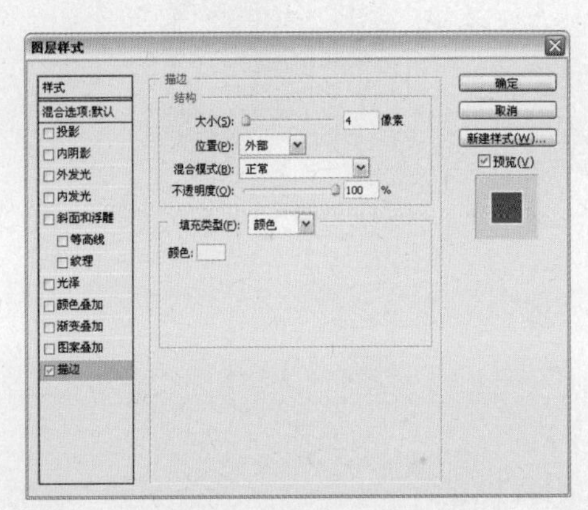



图20-29 设置“描边”参数

图20-30 “描边”效果

31 单击工具箱中的“横排文字”工具，分别在图像中输入文字，用以上同样的方法添加文字的“描边”图层样式，最终效果如图 20-31 所示。

图20-31 最终效果

## 20.2 单色艺术写真

素材文件 郊外照.tif
效果文件 单色艺术写真.psd
存放路径 光盘\源文件与素材\第20章\20.2单色艺术写真

### 案例点评

本案例主要学习制作单色艺术写真效果。首先运用“去色”命令，去掉照片颜色，让照片转换为黑白照片，通过“色阶”、“曲线”等命令，对照片的色调进行调整，然后运用“纤维”和“画笔”等工具，为照片制作一些装饰图像，最后通过“色彩平衡”命令，调节照片的整体颜色，让一副普通的郊外写真变为单色艺术写真效果。

修图步骤

**1** 选择“文件→新建”命令，或按“Ctrl+N”组合键，打开“新建”对话框，设置“名称”为单色艺术写真，设置“宽度”为 18 厘米，“高度”为 14 厘米，“分辨率”为 150 像素 / 英寸，如图 20-32 所示，单击“确定”按钮。

**2** 选择“文件→打开”命令，或按“Ctrl+O”组合键，打开配套光盘中的素材图片“郊外照 .tif”，如图 20-33 所示。

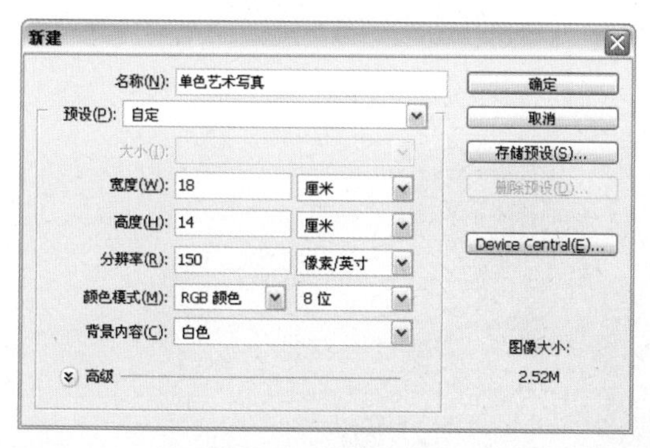


图20-32 新建文件

图20-33 打开素材图片

**3** 单击工具箱中的“移动”工具，将素材图片拖曳到“单色艺术写真”文件窗口中释放，并按“Ctrl+T”组合键对素材的大小和位置进行调整，如图 20-34 所示，双击图像确定变换。

**4** 选择“图像→调整→去色”命令，或按“Shift+Ctrl+U”组合键，去掉图片颜色，效果如图 20-35 所示。

图20-34 导入素材图片

图20-35 “去色”效果

5 单击工具箱中的“圆角矩形”工具，在窗口中绘制圆角矩形路径，并按“Ctrl+Enter”组合键，将路径转换为选区，如图 20–36 所示。

6 按“Ctrl+Shift+I”组合键，反选选区，并按“Delete”键，删除选区内容，效果如图 20–37 所示，按“Ctrl+D”组合键取消选区。

图20-36 路径转换为选区

图20-37 切除多余图像

7 选择“图像→调整→色阶”命令，打开“色阶”对话框，设置参数为 23，0.51，255，其他参数如图 20–38 所示。

8 单击“确定”按钮，人物的整体色调变暗，效果如图 20–39 所示。

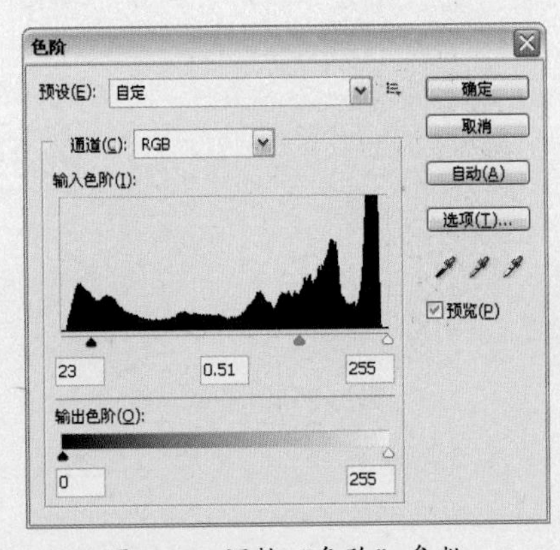


图20-38 调整“色阶”参数

图20-39 调整“色阶”后的效果

9 选择“图像→调整→曲线”命令，打开“曲线”对话框，调整曲线如图 20–40 所示。

10 单击“确定”按钮，使照片明暗对比变得强烈，效果如图 20–41 所示。

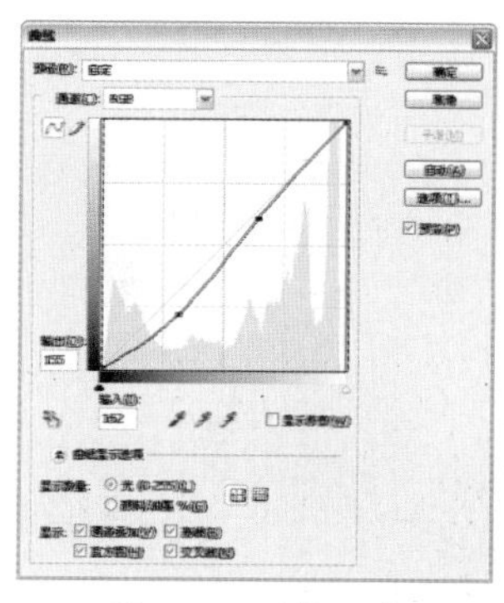

图20-40 调整曲线

图20-41 调整曲线后的效果

**11** 新建图层，设置“前景色”为黑色，单击工具箱中的“矩形选框”工具，在图像中绘制矩形选区，并按“Alt+Delete”组合键，填充选区颜色，如图20-42所示，按“Ctrl+D”组合键取消选区。

**12** 选择“滤镜→渲染→纤维”命令，打开“纤维”对话框，设置“差异”为16，“强度”为20，如图20-43所示。

**提示**

在“纤维”对话框中，如果产生的纤维效果不合适，可以单击对话框下方的“随机化”按钮 随机化 ，对纤维效果进行随机变化，但不会改变设置的参数。

图20-42 填充选区颜色

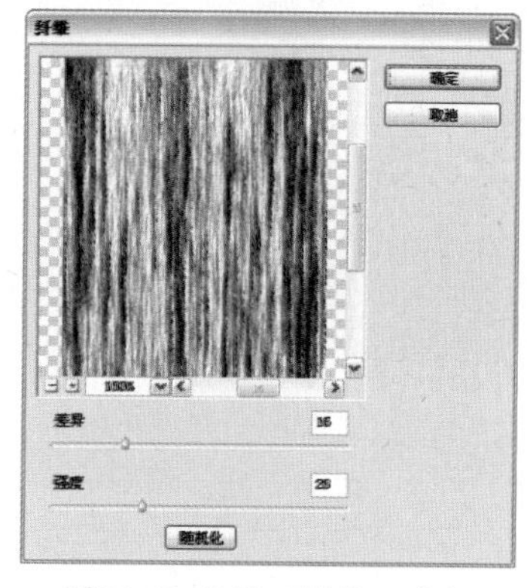

图20-43 设置“纤维”参数

**13** 应用“纤维”命令后，按“Ctrl+T”组合键，对图像的角度进行调整，效果如图20-44所示，按“Enter”键确定变换。

**14** 选择“滤镜→模糊→动感模糊”命令，打开“动感模糊”对话框，设置“角度”为42，“距离”为441，参数设置如图20-45所示。

图20-44 “纤维”效果

图20-45 设置“动感模糊”参数

**15** 应用“动感模糊”命令后，设置“图层混合模式”为变亮，按“Ctrl+J”组合键，创建副本图层，单击工具箱中的“移动”工具，将副本图像拖曳到左上角，效果如图 20–46 所示。

**16** 单击工具箱中的“橡皮擦”工具，对图像的边缘进行擦除，并设置“不透明度”为 75%，效果如图 20–47 所示。

图20-46 创建副本并调整位置

图20-47 擦除图像

**17** 新建图层，设置“前景色”为白色，单击工具箱中的“多边形套索”工具，在图像中绘制选区，并按“Alt+Delete”组合键填充选区颜色，效果如图 20–48 所示，按“Ctrl+D”组合键取消选区。

**18** 在“图层”面板中设置“不透明度”为 30%，效果如图 20–49 所示。

图20-48 填充选区颜色

图20-49 设置“不透明度”

**19** 单击工具箱中的“圆角矩形”工具，在图像中绘制路径，并按“Ctrl+Enter”组合键将路径转换为选区，如图 20–50 所示。

**20** 新建图层，选择“编辑→描边”命令，打开“描边”对话框，设置“宽度”为 15px，“颜色”为黑色，设置其他参数如图 20–51 所示，单击“确定”按钮。

图20-50 路径转换为选区

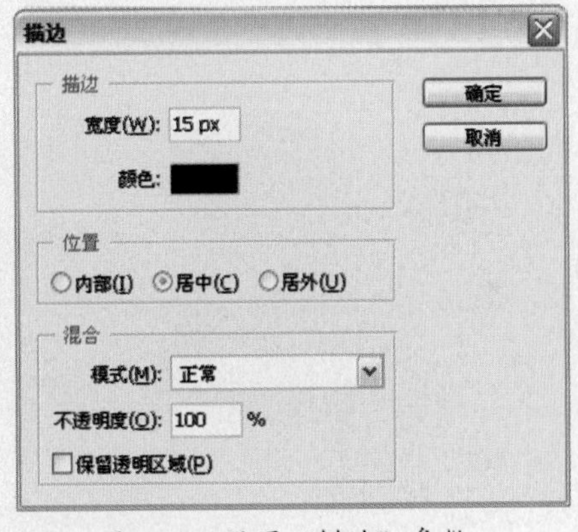


图20-51 设置“描边”参数

**21** 应用“描边”命令后，按“Ctrl+D”组合键取消选区，效果如图 20-52 所示。

**22** 单击工具箱中的“画笔”工具，单击其属性栏上的“切换画笔面板”按钮，选择“画笔笔尖形状”选项，设置“直径”为 15px，“间距”为 222%，设置其他参数如图 20-53 所示。

图20-52 “描边”效果

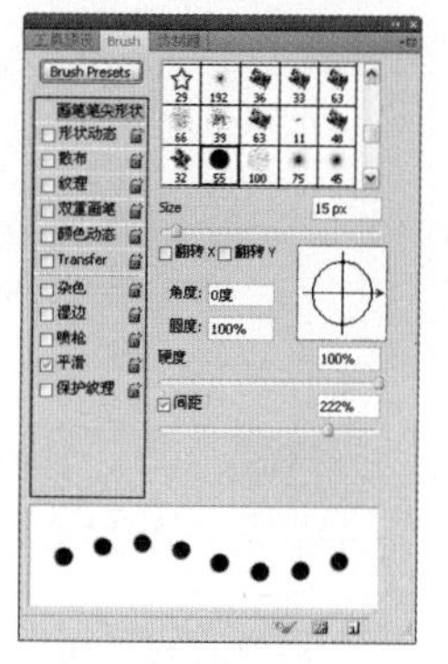

图20-53 设置“画笔笔尖形状”参数

**23** 设置“前景色”为白色，按住“Shift”键，在相框中垂直拖动鼠标，绘制白色直线圆点，如图 20-54 所示。

**24** 运用以上的同样的方法，绘制白色圆点，效果如图 20-55 所示。

**提示**

在绘制圆点时，可以首先在起点位置单击鼠标绘制一个圆点，然后按住“Shift”键在终点位置单击鼠标，将自动在起点与终点之间绘制出直线圆点。

图20-54 绘制白色直线圆点

图20-55 绘制其他圆点

**25** 单击其属性栏上的“切换画笔面板”按钮，选择“画笔笔尖形状”选项，设置“直径”为 40px，“间距”为 279%，设置其他参数如图 20-56 所示。

**26** 选择“形状动态”复选框，设置“大小抖动”为 93%，“最小直径”为 13%，设置其他参数如图 20-57 所示。

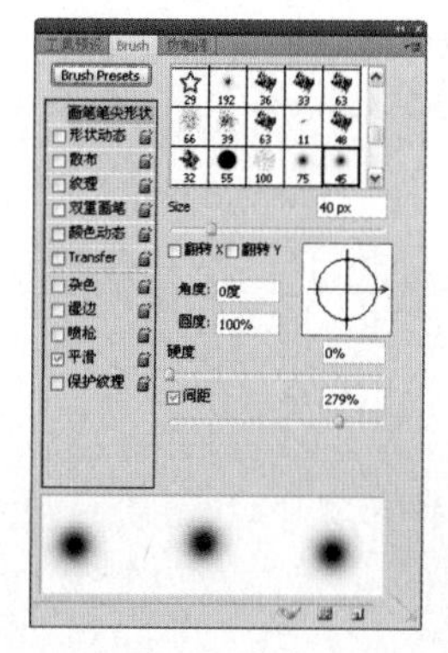

图20-56 设置“画笔笔尖形状”参数

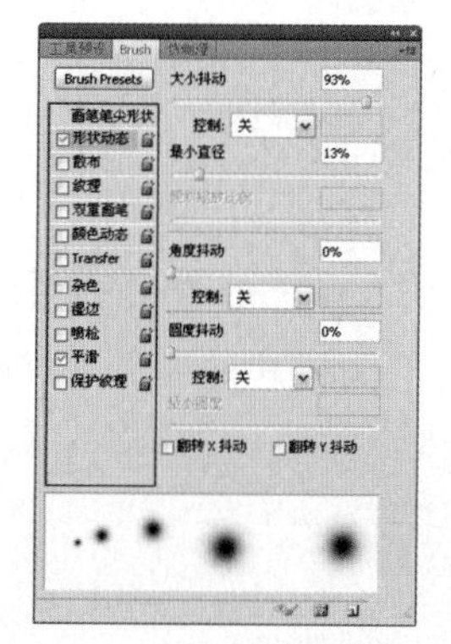

图20-57 设置“形状动态”参数

**27** 选择“散布”复选框，设置“散布”为 1000%，“数量”为 1，设置其他参数如图 20-58 所示。

**28** 新建图层，在图像中拖动鼠标绘制白色圆点，效果如图 20-59 所示。

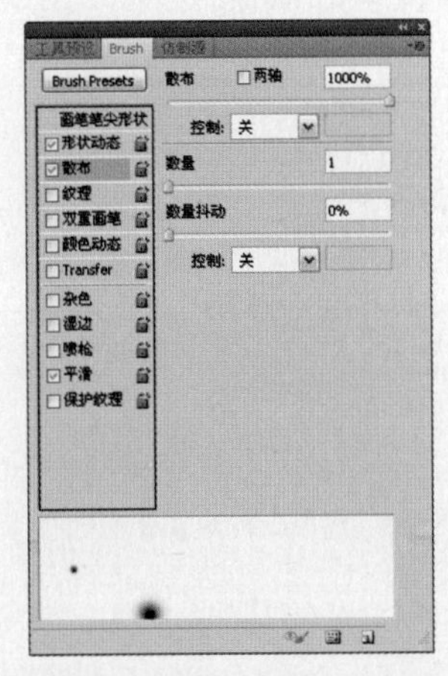

图20-58 设置“散布”参数

图20-59 绘制白色圆点

**29** 单击其属性栏上的“画笔预设”下拉按钮，选择“交叉排线 4”选项，如图 20-60 所示。

**30** 在图像中单击鼠标，绘制闪光形状，效果如图 20-61 所示。

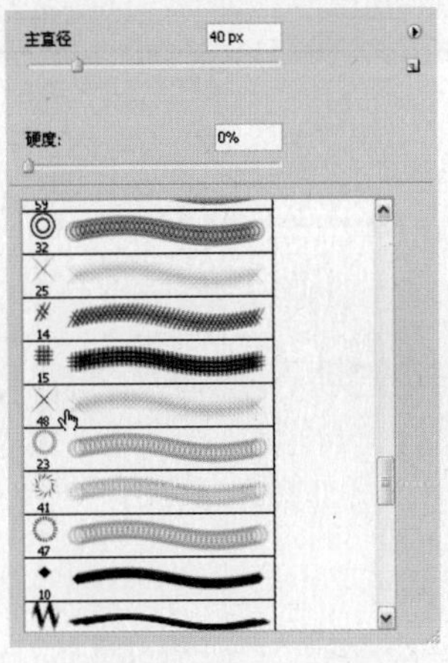

图20-60 选择画笔形状

图20-61 绘制形状

**31** 单击“图层”面板下方的“创建新的填充或调整图层”按钮，在弹出的快捷菜单中选择“色彩平衡”命令，打开色彩平衡“调整”面板，设置参数为 -47，-1，-6，如图 20-62 所示。应用“色彩平衡”命令后，将黑白图像转换为单色艺术写真，效果如图 20-63 所示。

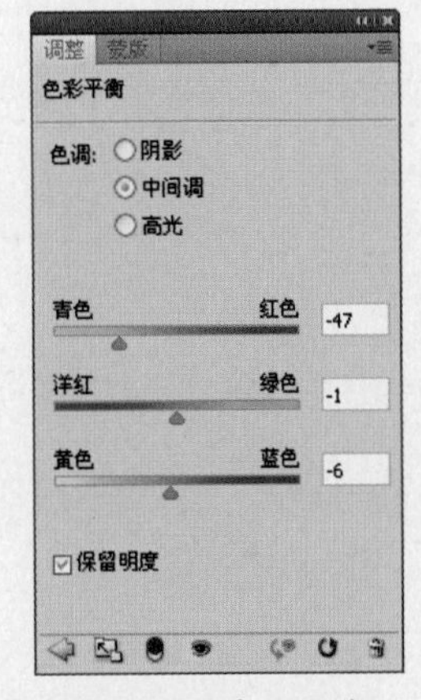

图20-62 设置“色彩平衡”参数

图20-63 调整“色彩平衡”后的效果

32 单击工具箱中的“横排文字”工具 T，在窗口中分别输入文字，完成后的最终效果如图 20-64 所示。

图20-64 最终效果

## 20.3 绚丽艺术写真

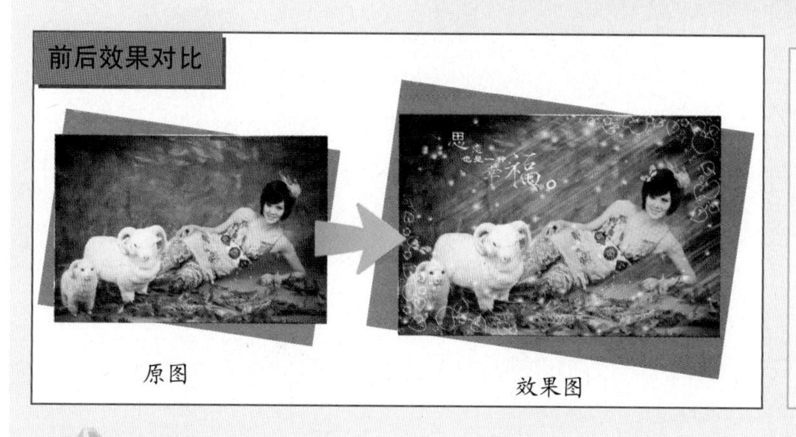


- **素材文件** 艺术照.tif
- **效果文件** 绚丽写真.psd
- **存放路径** 光盘\源文件与素材\第20章\20.3绚丽艺术写真

### 案例点评

本案例主要学习制作绚丽写真效果。首先运用“色彩平衡”命令，对照片的色调进行调整，然后运用“纤维”与“动感模糊”制作出光束效果，最后通过“渐变”和“图层混合模式”的配合使用，为照片添加五彩缤纷的颜色，让一幅简单的艺术写真显得更加绚丽多姿。

修图步骤

1 选择“文件→打开”命令，或按“Ctrl+O”组合键，打开配套光盘中的素材图片“艺术照 .tif”，如图 20-65 所示。

2 选择“图像→调整→色彩平衡”命令，打开“色彩平衡”对话框，设置参数为 -71，+12，-24，如图 20-66 所示。

3 选择“阴影”单选按钮，设置参数为 +16，-13，-17，如图 20-67 所示。

4 单击“确定”按钮，调整整体图像色彩，效果如图 20-68 所示。

图20-65 打开素材图片

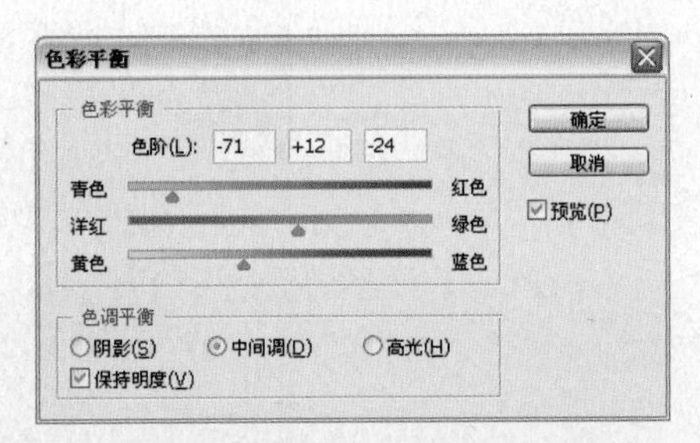


图20-66 调整“中间调”参数

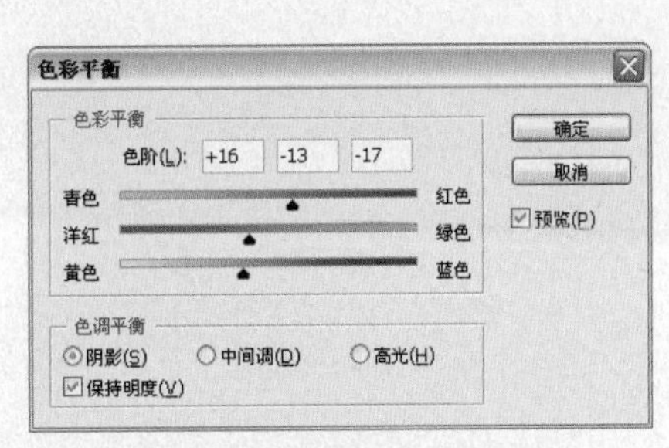


图20-67 调整“阴影”参数

图20-68 调整“色彩平衡”后的效果

**5** 新建图层，设置“前景色”为黑色，单击工具箱中的“矩形选框”工具[]，在图像中绘制选区，并按“Alt+Delete”组合键，填充选区颜色，如图 20–69 所示。

**6** 按“D”键，恢复工具箱中“前景色”与“背景色”为默认的黑、白色，选择“滤镜→渲染→纤维”命令，打开“纤维”对话框，设置“差异”为 13，“强度”为 19，如图 20–70 所示。

**提示**

在运用“纤维”命令时，纤维效果的颜色与工具箱中“前景色”和“背景色”有直接的联系，纤维效果的颜色将随着“前景色”与“背景色”的颜色变化而变化。

图20-69 填充选区颜色

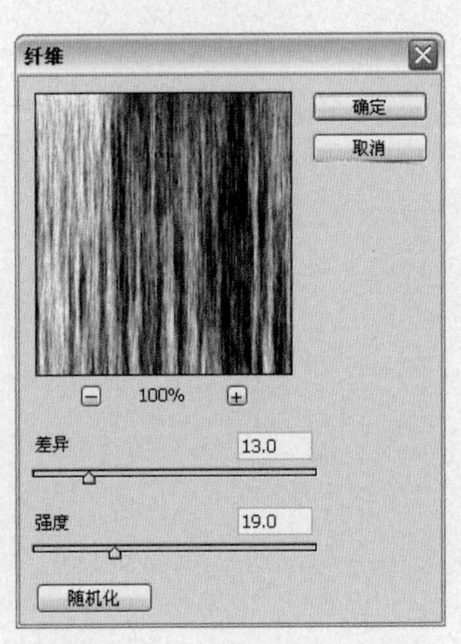


图20-70 设置“纤维”参数

**7** 单击“确定”按钮，效果如图 20–71 所示。

**8** 按“Ctrl+T”组合键，对图像的角度进行调整，如图 20–72 所示，按“Enter”键确定。

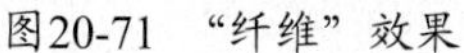

图20-71 “纤维”效果

图20-72 调整图像角度

**9** 选择“滤镜→模糊→动感模糊”命令，打开“动感模糊”对话框，设置“角度”为 30 度，“距离”为 742 像素，如图 20–73 所示，单击“确定”按钮。

**10** 应用“动感模糊”命令后，在“图层”面板中设置图层混合模式为“强光”，效果如图 20–74 所示。

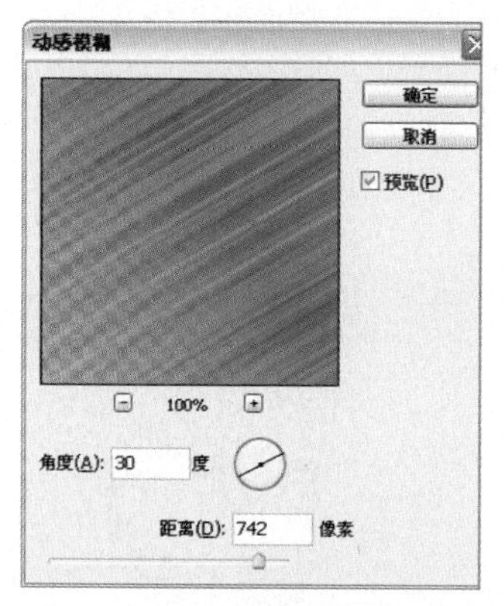


图20-73 设置“动感模糊”参数

图20-74 设置图层混合模式

**11** 选择“图像→调整→曲线”命令，打开“曲线”对话框，调整曲线如图 20–75 所示。

**12** 单击“确定”按钮，让白色图像变得更加明亮，效果如图 20–76 所示。

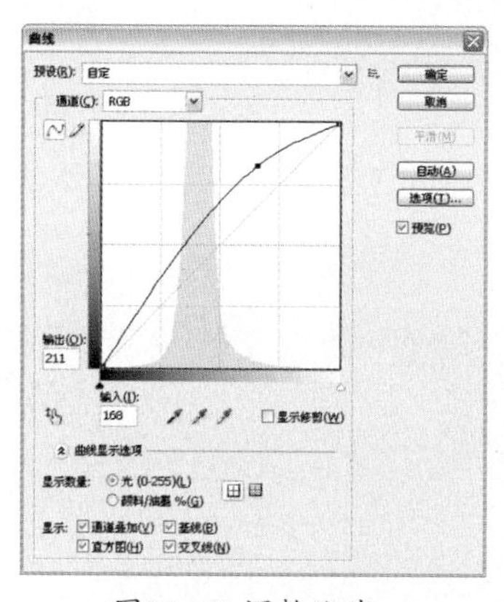


图20-75 调整曲线

图20-76 调整曲线后的效果

**13** 单击工具箱中的“渐变”工具，单击其属性栏上的“编辑渐变”按钮，打开“渐变编辑器”对话框，设置：

位置 0 的颜色为（R:226，G:31，B:40）；

位置 25 的颜色为（R:254，G:200，B:9）；

位置 70 的颜色为（R:156，G:192，B:83）；

位置 100 的颜色为（R:13，G:134，B:201）

如图 20-77 所示，单击“确定”按钮。

14 新建图层，在窗口中从左上角往右下角拖动鼠标，填充渐变色如图 20-78 所示。

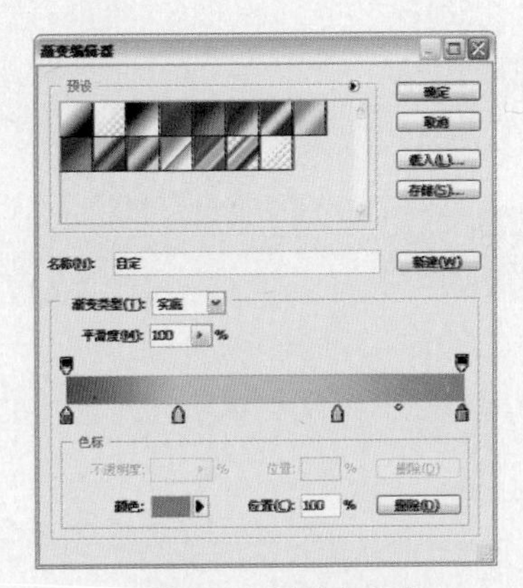


图20-77 调整渐变色

图20-78 填充渐变色

15 在“图层”面板中设置图层混合模式为“颜色”，效果如图 20-79 所示。

16 选择“文件→打开”命令，或按“Ctrl+O”组合键，打开配套光盘中的素材图片“蝴蝶.tif”，如图 20-80 所示。

图20-79 设置图层混合模式

图20-80 打开素材图片

17 单击工具箱中的“移动”工具，将素材图片拖曳到“艺术写真”文件窗口中释放，并按“Ctrl+T”组合键，对素材的大小和位置进行调整，如图 20-81 所示，双击图像确定变换。

18 按“Ctrl+J”组合键，创建多个副本图像，并按“Ctrl+T”组合键，分别调整蝴蝶的大小位置，如图 20-82 所示。

图20-81 导入素材图片

图20-82 创建副本图像并调整位置

**19** 选择“文件→打开”命令，或按“Ctrl+O”组合键，打开配套光盘中的素材图片“花纹.tif”，如图20-83所示。

**20** 单击工具箱中的“移动”工具，将素材图片拖曳到“艺术写真”文件窗口中释放，并按“Ctrl+T”组合键对素材的大小和位置进行调整，如图20-84所示，双击图像确定变换。

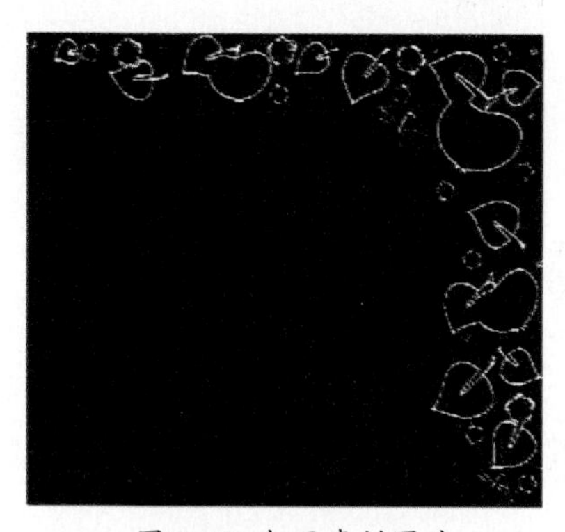

图20-83 打开素材图片

图20-84 导入素材图片

**21** 按“Ctrl+J”组合键创建副本图像，按“Ctrl+T”组合键旋转图像的角度，并调整图像的位置如图20-85所示。

**22** 单击工具箱中的“画笔”工具，单击其属性栏上的“切换画笔面板”按钮，单击“画笔笔尖形状”选项，设置“硬度”为0，“间距”为400%，设置其他参数如图20-86所示。

图20-85 创建副本图层

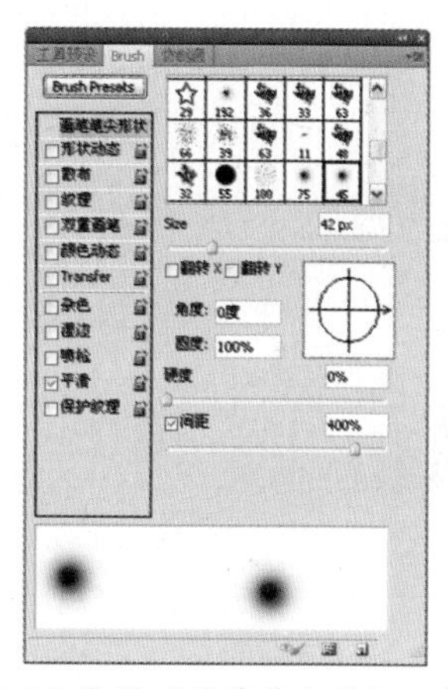

图20-86 设置“画笔笔尖形状”参数

**23** 选择“形状动态”复选框，设置“大小抖动”为100%，“最小直径”为10%，设置其他参数如图20-87所示。

**24** 选择“散布”复选框，设置“散布”参数为1000%，“数量”为1，设置其他参数如图20-88所示。

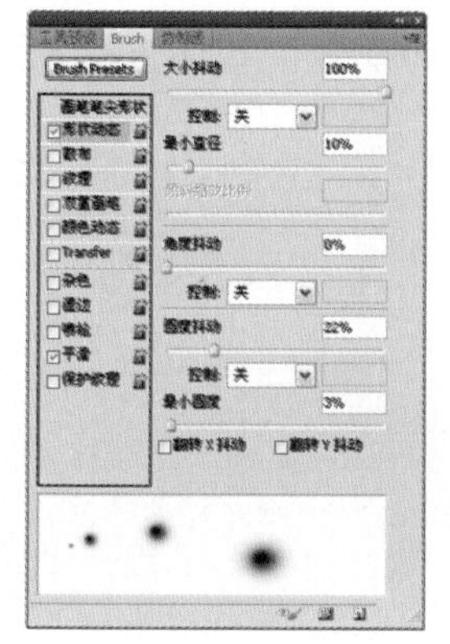

图20-87 设置“形状动态”参数

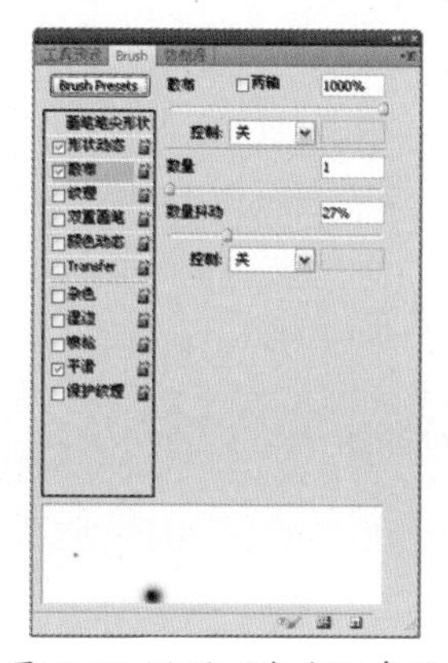

图20-88 设置“散布”参数

**25** 新建图层，设置“前景色”为白色，在窗口中拖动鼠标，绘制圆点图像，效果如图 20-89 所示。

**26** 单击工具箱中的“横排文字”工具[T]，分别在图像中输入文字，制作完成后的最终效果如图 20-90 所示。

图20-89 绘制圆点图像

图20-90 最终效果

## 20.4 个性艺术写真

前后效果对比

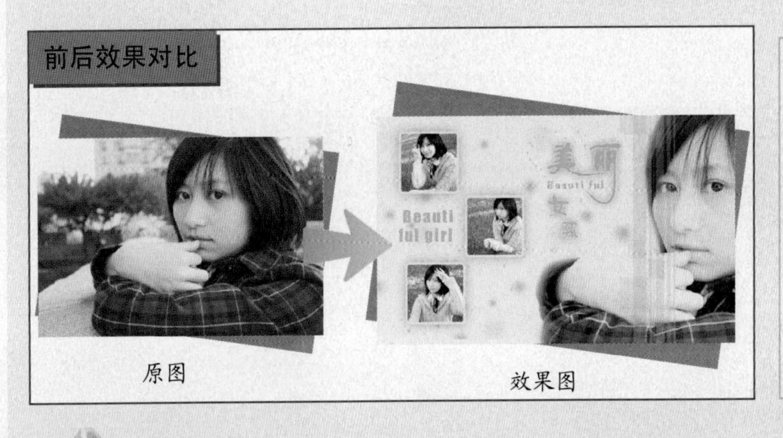


原图　　效果图

**素材文件** 户外写真1.tif、户外写真2.tif、户外写真3.tif、户外写真4.tif

**效果文件** 个性艺术写真.psd

**存放路径** 光盘\源文件与素材\第20章\20.4个性艺术写真

### 案例点评

本案例主要学习制作一幅个性艺术写真效果。在制作过程中主要以蓝色色调为主，首先运用“橡皮擦”工具和“色阶”命令，对主题人物进行修饰和调整，然后运用“矩形选框”工具，在图像中制作出简单的矩形相框和一些简洁的装饰图形，最后运用圆点与文字的搭配，让照片的整体效果更个性化。

修图步骤

**1** 选择“文件→新建”命令，或按“Ctrl+N”组合键，打开“新建”对话框，设置“名称”为美丽女孩，设置“宽度”为 18 厘米，“高度”为 11 厘米，“分辨率”为 150 像素 / 英寸，如图 20-91 所示，单击“确定”按钮。

**2** 设置“前景色”为浅蓝色（R:208，G:240，B:248），并按“Alt+Delete”组合键，填充颜色如图 20-92 所示。

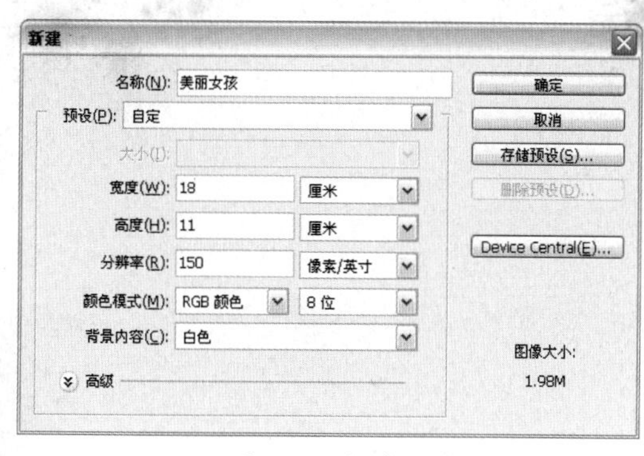


图20-91 新建文件

图20-92 填充颜色

3 选择“文件→打开”命令，或按“Ctrl+O”组合键，打开配套光盘中的素材图片“户外写真 1.tif”，如图 20-93 所示。

4 单击工具箱中的“移动”工具，将素材图片拖曳到“美丽女孩”文件窗口中释放，并按“Ctrl+T”组合键，对素材的大小和位置进行调整，如图 20-94 所示，双击图像确定变换。

图20-93 打开素材图片

图20-94 导入素材图片

5 单击工具箱中的“橡皮擦”工具，对人物边缘的风景进行擦除，效果如图 20-95 所示。

6 选择“图像→调整→色阶”命令，打开“色阶”对话框，设置参数为 32，1.45，247，如图 20-96 所示。

图20-95 擦除图像

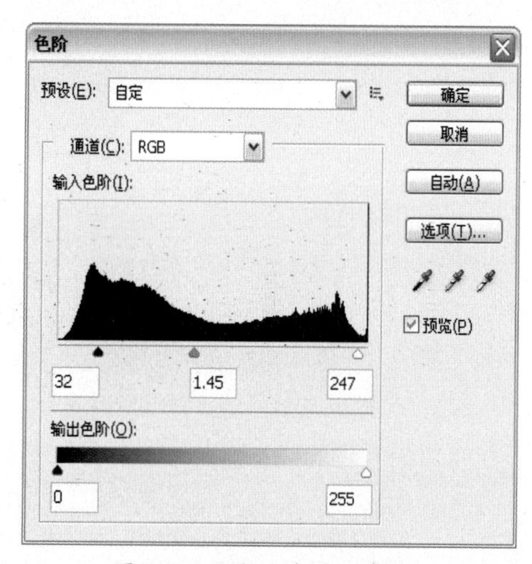


图20-96 调整“色阶”参数

7 选择“通道”面板，按住“Ctrl”键单击“红”通道缩缆图，载入通道选区，效果如图 20-97 所示。

8 选择“图层”面板，新建图层，设置“前景色”为白色，单击工具箱中的“油漆桶”工具，在选区中单击鼠标，填充选区颜色，如图 20-98 所示，按“Ctrl+D”组合键取消选区。

图20-97 载入通道选区

图20-98 填充选区颜色

9 新建图层，设置“前景色”为蓝色（R:73，G:197，B:232），单击工具箱中的“矩形选框”工具，在图像中绘制选区，并按“Alt+Delete”组合键填充选区颜色，如图 20–99 所示。

10 设置当前图层“不透明度”为 30%，并按“Ctrl+D”组合键取消选区，效果如图 20–100 所示。

图20-99 填充选区颜色

图20-100 设置“不透明度”

11 运用以上同样的方法，在图像中分别绘制透明的矩形图像，效果如图 20–101 所示。

12 新建图层，设置“前景色”为浅蓝色（R:208，G:240，B:248），单击工具箱中的“圆角矩形”工具，在窗口中拖动鼠标，绘制圆角矩形路径，并按“Ctrl+Enter”组合键将路径转换为选区，按“Alt+Delete”组合键，填充选区颜色，如图 20–102 所示，按“Ctrl+D”组合键取消选区。

图20-101 绘制矩形图形

图20-102 填充选区颜色

13 双击当前图层后的空白区域，打开“图层样式”对话框，选择“投影”复选框，设置“颜色”为蓝色（R:54，G:210，B:248），设置“不透明度”为 100%，“距离”为 0 像素，“扩展”为 0%，“大小”为 30 像素，设置其他参数如图 20–103 所示。

14 单击“确定”按钮，效果如图 20–104 所示。

15 按“Ctrl+J”组合键创建多个副本图形，并分别调整图形位置，如图 20–105 所示。

16 选择“文件→打开”命令，或按“Ctrl+O”组合键，打开配套光盘中的素材图片“户外写真 2.tif”，如图 20–106 所示。

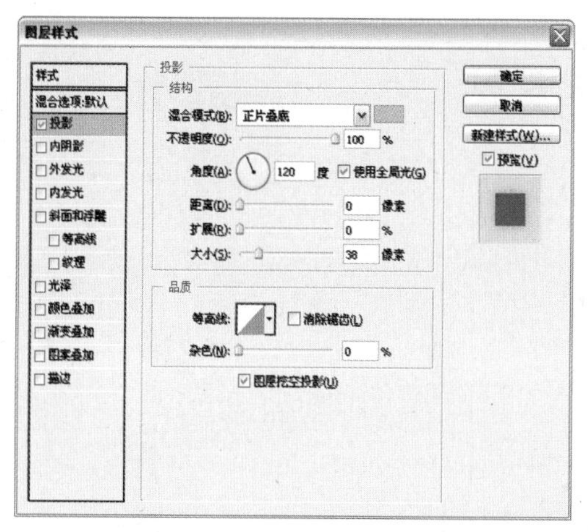


图20-103 设置“投影”参数

图20-104 投影效果

图20-105 创建副本图形并调整位置

图20-106 打开素材图片

**17** 单击工具箱中的“移动”工具，将素材图片拖曳到“美丽女孩”文件窗口中释放，并按“Ctrl+T”组合键，对素材的大小和位置进行调整，如图 20-107 所示，双击图像确定变换。

**18** 按住“Ctrl”键单击“图层 5”的缩览图，载入图形外轮廓选区，如图 20-108 所示。

图20-107 导入素材图片

图20-108 载入图形外轮廓选区

**19** 单击“图层”面板上的“添加图层蒙版”按钮，为图像添加选区蒙版，并单击“图层 6”缩览图与蒙版之间的“指示图层蒙版链接到图层”按钮，取消图像与蒙版的链接，如图 20-109 所示。

**20** 选择“图层 6”的图层缩览图，按“Ctrl+T”组合键对图像进行旋转，调整图像位置，效果如图 20-110 所示。

图20-109 添加图层蒙版

图20-110 调整图像位置

**21** 选择“图像→调整→色阶”命令，打开“色阶”对话框，设置参数为 19，1.25，216，如图 20-111 所示。应用“色阶”命令后，效果如图 20-112 所示。

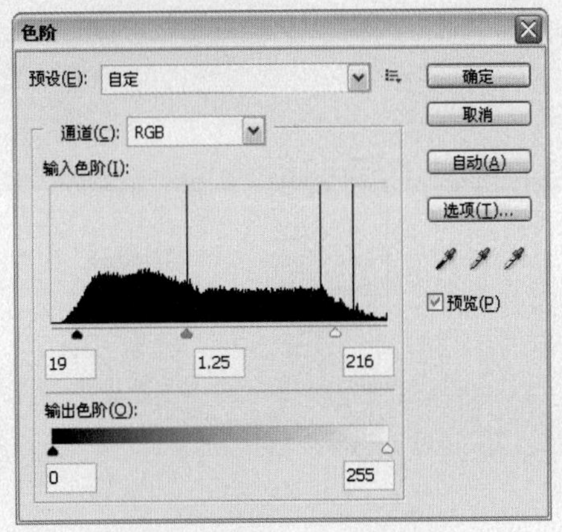


图20-111 调整“色阶”参数

图20-112 调整“色阶”后的效果

**22** 选择“图像→调整→色彩平衡”命令，或按“Ctrl+B”组合键，打开“色彩平衡”对话框，设置参数为 -76，+2，+72，如图 20-113 所示。通过“色彩平衡”命令的调整后，照片被调整为蓝色色调，效果如图 20-114 所示。

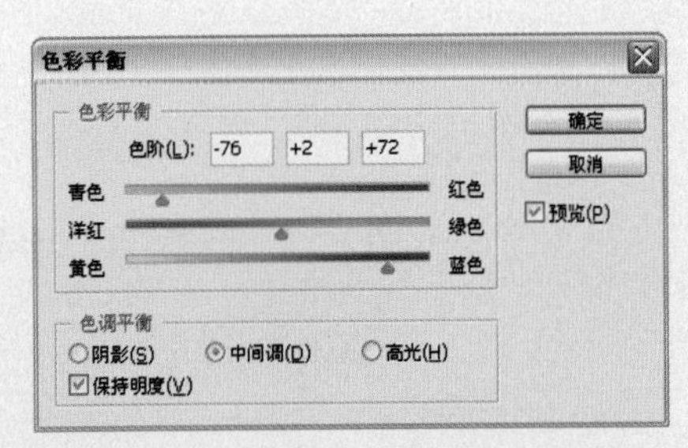


图20-113 调整“色彩平衡”参数

图20-114 调整“色彩平衡”后的效果

**23** 选择“文件→打开”命令，或按“Ctrl+O”组合键，打开配套光盘中的素材图片“户外写真 3.tif”和“户外写真 4.tif”，如图 20-115 和图 20-116 所示。

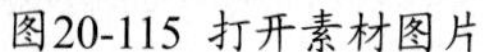
图20-115 打开素材图片

图20-116 打开素材图片

**24** 用以上同样的方法，将素材图片拖曳到“花样女子”文件窗口中释放，并分别为照片添加选区蒙版，调整照片的大小位置和色调，效果如图 20–117 所示。

**25** 单击工具箱中的“画笔”工具，单击其属性栏上的“切换画笔面板”按钮，单击“画笔笔尖形状”选项，设置“硬度”为 0，“间距”为 197%，设置其他参数如图 20–118 所示。

图20-117 分别调整和修饰照片

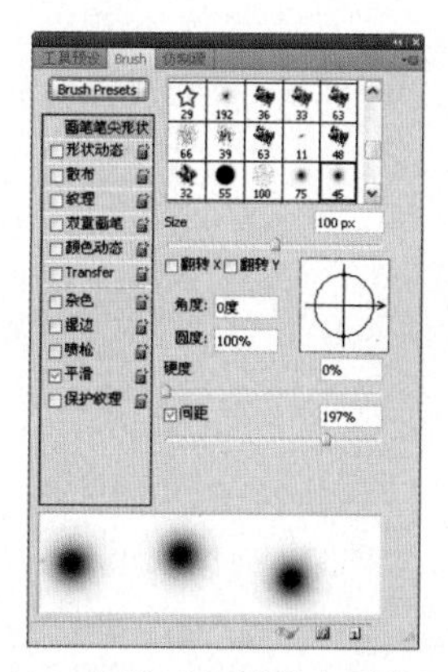


图20-118 设置“画笔笔尖形状”参数

**26** 选择“形状动态”复选框，设置“大小抖动”为 89%，设置其他参数如图 20–119 所示。

**27** 选择“散布”复选框，设置“散布”为 426%，“数量”为 1，设置其他参数如图 20–120 所示。

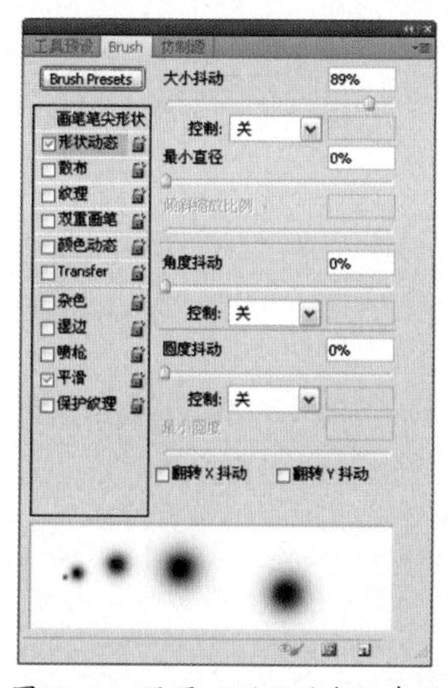


图20-119 设置“形状动态”参数

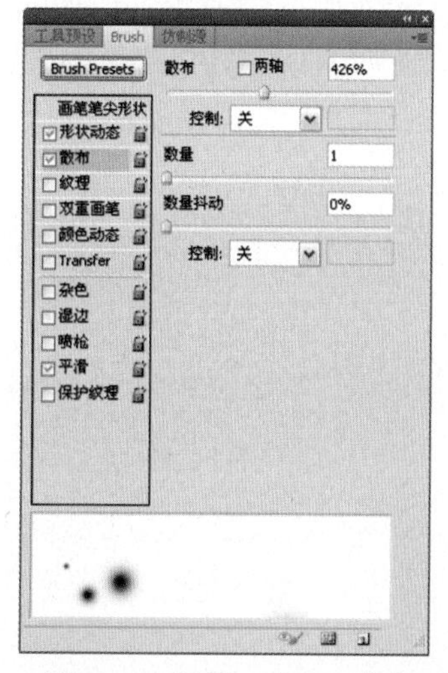


图20-120 设置“散布”参数

**28** 新建图层，设置“前景色”为蓝色（R:118，G:209，B:235），在窗口中拖动鼠标，绘制圆点图像，效果如图 20–121 所示。

**29** 单击工具箱中的“横排文字”工具，分别在图像中输入文字，如图 20–122 所示。

图20-121 绘制圆点

图20-122 输入文字

**30** 双击文字图层后的空白区域，打开“图层样式”对话框，选择“投影”复选框，设置“颜色”为蓝色（R:41，G:176，B:213），设置“距离”为0像素，“扩展”为5%，“大小”为24像素，设置其他参数如图20-123所示。

**31** 选择“外发光”复选框，设置发光“颜色”为浅蓝色（R:161，G:226，B:242），设置“大小”为5像素，设置其他参数如图20-124所示。

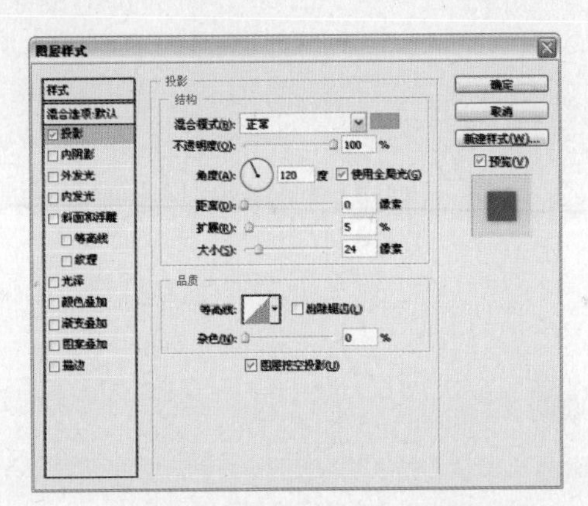


图20-123 设置“投影”参数

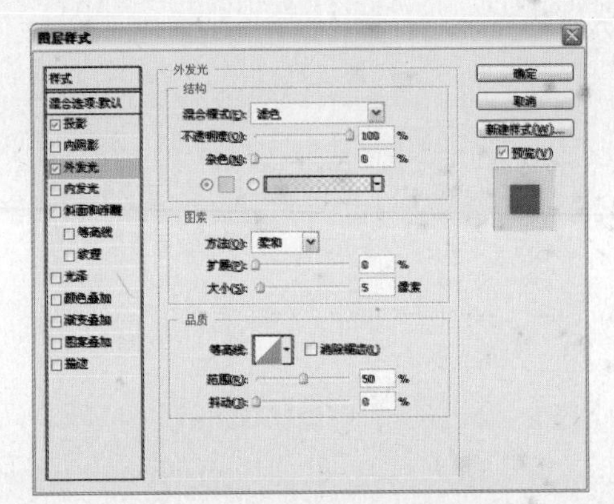


图20-124 设置“外发光”参数

**32** 单击“确定”按钮，制作完成后的最终效果如图20-125所示。

图20-125 最终效果